目 录

必背知识点 1

1 经济部分 1
    1.1 建筑项目及其基本建设程序 1
    1.2 建设工程投资构成 1
    1.3 建设工程策划阶段 4
    1.4 建设工程设计阶段 4
    1.5 建设工程招标投标阶段 5
    1.6 建设工程施工阶段 6
    1.7 建设工程竣工阶段 7
    1.8 建设工程后评价阶段 8

2 施工部分 8
    1.1 建筑工程施工质量验收 8
    1.2 砌体工程 9
    1.3 混凝土结构工程 10
    1.4 防水工程 11
    1.5 建筑装饰装修工程 12
    1.6 建筑地面工程 12

3 设计业务管理部分 13
    1.1 相关法律法规 13
    1.2 建筑师注册管理 13
    1.3 招标投标及发包承包 14
    1.4 设计文件编制和强制性标准管理 15
    1.5 建设工程监理 16
    1.6 工程总承包管理 16
    1.7 城乡规划管理 16

模拟试题、参考答案及解析 17

必背知识点

1 经济部分

1.1 建筑项目及其基本建设程序

【01】★

建设项目及其组成：建设项目由单项工程、单位工程、分部工程和分项工程组成。

【02】★

工程造价计价特点：具有单件性计价、多次性计价和组合计价的特点。

工程造价计价过程和计算顺序为：分部分项工程造价→单位工程造价→单项工程造价→项目总造价。

【03】★★★

工程造价各阶段的作用

① 编制项目建议书和可行性研阶段：该阶段确定项目投资估算；投资估算作为工程造价的目标限额，是控制初步设计概算和整个工程造价的限制，也是编制投资计划、筹措资金和申请贷款的依据。

② 初步设计阶段：初步设计阶段，设计单位采用概算定额或概算指标和费用标准等编制设计总概算；经批准的设计总概算是建设项目造价控制的最高限额，一般应控制在立项批准的投资控制额以内，如果设计概算值超过控制额，必须修改设计或重新立项审批。

③ 施工图设计阶段：施工图预算是根据施工图纸，依据预算定额、工程量清单计价规范、工程所在地生产要素价格水平以及其他计价文件编制，此阶段工程预期造价称为预算造价；施工图预算造价不应超过设计总概算；施工图预算是控制工程造价、进行工程招标投标、签订承包合同的依据，也是确定标底的依据。

④ 签订承包合同：合同价属于市场价格性质，是发包承包双方工程结算的基础。

⑤ 合同实施阶段价格调整：由于设计变更、超出合同规定的市场价格变化等各种因素，对合同价进行调整并确定工程结算价；结算价是该结算工程的实际价格。

⑥ 竣工验收阶段：竣工验收交付使用时，建设单位编制竣工决算；竣工决算价是该工程项目的实际工程造价；竣工决算是核定建设项目资产实际价值的依据。

1.2 建设工程投资构成

【01】★★

建设项目总投资：是为完成工程项目建设并达到使用要求或生产条件，在建设期内预计或实际投入的全部费用总和（图1）。

图1 建设项目总投资构成

① 生产性项目：建设项目总投资＝建设投资＋建设期贷款利息＋流动资金。

② 非生产性项目：建设项目总投资＝建设投资＋建设期贷款利息。

【02】★★★

建筑安装工程费用的划分

① 按费用构成要素组成划分：划分为人工费、材料费、施工机具使用费、企业管理费、利润、规费和税金（图2）。

② 按工程造价形成划分：由分部分项工程费、措施项目费、其他项目费、规费、税金组成（图3）。

③ 按《市政工程投资估算编制办法》划分：建筑安装工程费由直接费、间接费、利润和税金组成。

图2 建筑安装工程费的划分（按费用组成要素划分）

图3 建筑安装工程费的划分（按工程造价形成划分）

【03】★★★

工程建设其他费用

① **土地使用费**：包括农用土地征用费和取得国有土地使用费。

② **与项目建设有关的费用**：包括建设单位管理费、建设单位临时设施费、勘察设计费、研究试验费、工程监理费、工程保险费、引进技术和进口设备其他费用、环境影响评价费、劳动安全卫生评价费、工程质量监督费、特殊设备安全监督检验费、市政公用设施建设和绿化补偿费。

③ **与未来企业生产经营有关的费用**：包括联合试运转费、生产准备费、办公和生活家具购置费。

【04】★★★

预备费

① **基本预备费**：又称不可预见费，是指在可行性研究投资估算中难以预料的工程和费用，其中包括实行按施工图预算加系数包干的预算包干费用。

基本预备费＝（设备及工器具购置费＋建筑安装工程费用＋工程建设其他费用）×基本预备费率。

② **价差预备费**：即涨价预备费，指建设期间内，由于人工、设备、材料、施工机械价格及费

率、利率、汇率等变化,引起工程造价变化而需要增加的预留费用。

【05】★

流动资金:流动资金＝流动资产－流动负债

1.3 建设工程策划阶段

【01】★★

策划阶段:通常可划分为项目决策、项目建议书、可行性研究和评审四个阶段。

① **项目决策**:其正确与否,直接关系到项目建设的成败,关系到工造价的高低及投资效果的好坏。

② **项目建议书**:是拟建项目单位向国家提出的要求建设某一项目的建议文件,是对工程项目建设的轮廓设想。

③ **可行性研究**:可行性研究报告与项目申请报告是不同性质的两个文件,可行性研究报告的编写先于项目申请报告。可行性研究阶段建设项目投资估算原则上应采用指标估算法。

凡可行性研究未通过的项目,不得进行下一步工作。

【02】★★★

投资估算:是指对拟建项目固定资产投资、流动资金和项目建设期贷款利息的估算。用于确定和控制建设项目全过程的各项投资总额,其估算范围涉及建设投资前期、建设实施期(施工建设期)和竣工验收交付使用期(生产经营期)各个阶段的费用支出。

编制项目建议书和可行性研究报告时,确定项目投资估算。

项目建议书阶段建设项目投资估算可采用生产能力指数法、系数估算法、比例估算法、混合法、指标估算法等。

可行性研究阶段建设项目投资估算原则上应采用指标估算法。

【03】★★★

工程项目经济评价

① **经济效果评价的内容**:主要包括盈利能力分析、偿债能力分析、财务生存能力分析和抗风险能力评价。

② **经济效果评价的基本方法**:按是否考虑资金时间价值,可分为静态评价方法和动态评价方法。静态评价方法不考虑资金时间价值,其最大特点是计算简便,适用于方案的初步评价,或对短期投资项目进行评价,以及对于逐年收益大致相等的项目评价;动态评价方法考虑资金时间价值,能较全面地反映投资方案整个计算期的经济效果,在进行方案比较时,一般以动态评价方法为主。

③ **经济效果评价指标**(图4)

图4 经济效果评价指标体系

1.4 建设工程设计阶段

【01】★★★

限额设计:是指按照批准的可行性研究报告中的投资限额进行初步设计、按照批准的初步设计概算进行施工图设计、按照施工图预算造价编制施工图设计中各个专业设计文件的过程。限额设计需要在投资额度不变的情况下,实现使用功能和建设规模的最大化。策划阶段是限额设计的关键。限额设计是整个工程的最高限额,当超过限额设计时应修改方案达到设计限额的要求。

限额设计实施程序:包括确定目标、目标分解、目标推进和成果评价。

【02】★

设计方案经济比选:通常采用技术经济分析法,即将技术与经济相结合,按照建设工程经济效果,针对不同的设计方案,分析其技术经济指标,从中选出经济效果最优的方案。

评价指标体系包括:使用价值指标、消耗量指标和其他指标。

设计方案的评价方法主要有多指标法、单指标法以及多因素评分法（常采用综合费用法、全寿命期费用法和价值工程法）。

【03】★★★

价值工程：是指以产品或作业的功能分析为核心，以提高产品或作业的价值为目的，力求以最低寿命周期成本实现产品或作业使用所要求的必要功能的一项有组织的创造性活动。

【04】★★

设计概算：是对建设项目总投资及其构成的详细计算结果。设计概算是设计文件的重要组成部分，是在投资估算的控制下由设计单位根据初步设计图纸及说明、概算定额（或概算指标）、各项费用定额（或取费标准）、设备、材料预算价格等资料，用科学的方法计算、编制和确定的建设项目从筹建至竣工交付使用所需全部费用的文件。

采用两阶段设计的建设项目，初步设计阶段必须编制设计概算。

采用三阶段设计的，技术设计阶段必须编制修正概算。

经批准的设计概算是工程造价管理的最高限额。

建筑工程概算的编制方法有概算定额法、概算指标法、类似工程预算法等。

【05】★★

施工图预算：是根据施工图、预算定额、各项取费标准、建设地区的自然及技术经济条件等资料编制的建筑安装工程预算造价文件。

施工图预算是办理财务拨款、工程贷款和工程结算的依据，是编制或调整固定资产投资计划的依据。

① 编制内容：施工图预算包括单项工程预算、单位工程预算和建设项目总预算。汇总所有各单位工程施工图预算，成为单项工程施工图预算；再汇总所有各单项工程施工图预算，形成建筑项目建筑安装工程总预算。

② 编制模式：传统计价模式，亦称为定额计价模式，采用的计价方式是工料单价法；工程量清单计价模式，采用的计价方式是综合单价法。

【06】★★★

建设工程主要技术经济指标

① **工业厂区总平面设计方案的技术经济指标**

建筑密度指标：是指厂区内建筑物、构筑物、各种堆场的占地面积之和与厂区占地面积之比。它是工业建筑总平面设计中比较重要的技术经济指标，反映总平面设计中用地是否合理紧凑。

土地利用系数：土地利用系数是指厂区的建筑物、构筑物、各种堆场、铁路、道路、管线等的占地面积之和与厂区占地面积之比，比建筑密度更能反映厂区用地是否经济合理的情况。

② **民用建筑主要技术经济指标**

建筑面积＝使用面积＋辅助面积＋结构面积
＝有效面积＋结构面积。

建筑平面系数：也称"建筑系数"，或称"K"值，指使用面积占建筑面积的比例，一般用百分比表示。平面系数越大，说明方案的平面有效利用率越高。

辅助面积系数：在居住建筑设计方案的技术经济指标中，辅助面积系数 K_1＝（标准层的辅助面积÷使用面积）×100%。

③ **居住小区（或工矿生活区）主要技术经济指标**

居住区用地：是指生活住宅用地、公共建筑用地、道路用地、绿化用地、其他用地的总和。

人口毛密度＝居住总人口÷居住区用地面积（人/hm^2）

人口净密度＝居住总人口÷住宅用地面积（人/hm^2）

建筑密度＝[各类建筑的基底（即占地）面积之和÷居住区用地面积]×100%。

1.5 建设工程招标投标阶段

【01】★★★

工程量清单

① 使用国有资金投资的建设工程发承包，必须采用工程量清单计价。

② 工程量清单应采用综合单价计价。

③ 招标工程量清单应由具有编制能力的招标人或受其委托、具有相应资质的工程造价咨询人编制。

④ 招标工程量清单必须作为招标文件的组成

部分，其准确性和完整性应由招标人负责。

⑤ 招标工程量清单是工程量清单计价的基础，应作为编制招标控制价、投标报价、计算或调整工程量、索赔等的依据之一。

⑥ 工程施工招标发包可采用多种方式，但采用工程量清单方式招标发包。招标人必须将工程量清单作为招标文件的组成部分，连同招标文件一并发（或售）给投标人。招标人对编制的招标工程量清单的准确性和完整性负责，投标人依据招标工程量清单进行投标报价。

⑦ 工程量清单编制的准确性与图纸的准确性密切相关。

⑧ 工程量必须按照相关工程现行国家计量规范规定的工程量计算规则计算，计算依据为工程的设计施工图纸。

⑨ 招标工程量清单应以单位（项）工程为单位编制，应由分部分项工程项目清单、措施项目清单、其他项目清单、规费和税金项目清单组成。

【02】★★

标底：是招标人按预算编制的认为最合理的价格；招标人可以自行决定是否编制标底；一个招标项目只能有一个标底，标底必须保密。

【03】★★★

招标控制价：即最高投标限价，是指根据国家或省级建设行政主管部门颁发的有关计价依据和办法，依据拟订的招标文件和招标工程量清单，结合工程具体情况发布的招标工程的最高投标限价。最高投标限价包括分部分项工程费、措施项目费、其他项目费、规费和增值税。国有资金投资的建设工程招标，招标人必须编制招标控制价；非国有资金投资的建筑工程招标，可以设有最高投标限价或者招标标底。

【04】★★

竞争性费用：规费和增值税应按国家或省级、行业建设主管部门的规定计算，不得作为竞争性费用。

【05】★★

投标报价：编制原则包括自主报价原则；不低于成本原则；发挥自身优势原则；科学严谨原则。投标人的投标报价高于招标控制价的应予

废标。

【06】★★★

投标文件：投标人应当按照招标文件的要求编制投标文件。

招标人应当确定投标人编制投标文件所需要的合理时间，自招标文件开始发出之日起至投标人提交投标文件截止之日止，时限最短不少于20日。

招标人可以对已发出的招标文件进行必要的澄清或者修改。澄清或者修改的内容可能影响投标文件编制的，招标人应当在投标截止时间至少15日前，以书面形式通知所有获取招标文件的潜在投标人，不足15日的，招标人应当顺延提交投标文件的截止时间。

1.6 建设工程施工阶段

【01】★

施工预算：是施工单位根据施工图纸、施工定额、施工及验收规范、标准图集、施工组织设计（或施工方案）编制的单位工程（或分部分项工程），是施工企业内部文件，是单位工程或分部分项工程施工所需的人工、材料和施工机械台班消耗数量的标准。

编制施工预算的方法主要有实物法、实物金额法和单位估价法三种。

【02】★

资金使用计划：依据项目结构分解方法的不同，资金使用计划的编制可分为按工程造价构成编制资金使用计划、按工程项目组成编制资金使用计划和按工程进度编制资金使用计划。其中，在按工程进度编制资金使用计划中，通过对项目投资目标按时间进行分解，在网络计划基础上可获得项目进度计划的横道图，在此基础上编制的资金使用计划是时间—投资累计曲线。

【03】★★

工程变更：包括工程量变更、工程项目变更、进度计划变更、施工条件变更等，通常包括以下五个方面。

① 取消合同中任何一项工作，但被取消的工作不能转由建设单位或其他单位实施。

② 改变合同中任何一项工作的质量或其他特

性。

③ 改变合同工程的基线、标高、位置或尺寸。

④ 改变合同中任何一项工作的施工时间或改变已批准的施工工艺或顺序。

⑤ 为完成工程需要追加的额外工作。

因工程变更引起已标价工程量清单项目或其工程数量发生变化时，已标价工程量清单中无适用或类似子目的单价，可按照成本加利润的原则，由监理人商定或确定变更工作的单价。

【04】★★

不可抗力：因不可抗力事件导致的人员伤亡、财产损失及其费用增加，发承包双方应按下列原则分别承担并调整合同价款和工期。

① 合同工程本身的损害、因工程损害导致第三方人员伤亡和财产损失以及运至施工场地用于施工的材料和待安装的设备的损害，应由发包人承担。

② 发包人、承包人人员伤亡应由其所在单位负责，并应承担相应费用。

③ 承包人的施工机械设备损坏及停工损失，应由承包人承担。

④ 停工期间，承包人应发包人要求留在施工场地的必要管理人员及保卫人员的费用应由发包人承担。

⑤ 工程所需清理、修复费用，应由发包人承担。

【05】★

现场签证：是发包人现场代表（或其授权的监理人、工程造价咨询人）与承包人现场代表就施工过程中涉及的责任事件所作的签认证明。

1.7 建设工程竣工阶段

【01】★★★

工程结算：工程完工后，双方应按照约定的合同价款、合同价款调整内容以及索赔事项，进行工程竣工结算。工程竣工结算分为单位工程竣工结算、单项工程竣工结算和建设项目竣工总结算。

建设工程质量保证金是指发包人与承包人在建设工程承包合同中约定，从应付的工程款中预留，用以保证承包人在缺陷责任期内对建设工程出现的缺陷进行维修的资金。发包人应当在招标文件中明确保证金预留、返还等内容，并与承包人在合同条款中约定保证金是否计付利息。保证金总预留比例不得高于工程价款结算总额的3%。在合同约定的缺陷责任期终止后，发包人应将剩余的质量保证金返还给承包人。

【02】★★★

竣工决算：竣工决算是以实物数量和货币指标为计量单位，综合全面地反映竣工项目建设成果及财务情况的总结性文件，全面地反映建设项目自开始建设到竣工为止全部建设成果和财务状况。它是工程项目的实际工程造价，是办理交付使用资产的依据，是核定建设项目资产实际价值的依据，也是竣工验收报告的重要组成部分。竣工验收交付使用时，建设单位编制竣工决算。

建设项目竣工决算应包括从筹建到竣工投产全过程的全部实际费用，由竣工财务决算说明书、竣工财务决算报表、工程竣工图和工程竣工造价对比分析四部分组成。其中竣工财务决算说明书和竣工财务决算报表两部分又称建设项目竣工财务决算，是竣工决算的核心内容。

基本建设项目完工可投入使用或者试运行合格后，应当在3个月内编报竣工财务决算，特殊情况确需延长的，中小型项目不得超过2个月，大型项目不得超过6个月。

【03】★★★

施工索赔：在工程合同履行过程中，当事人一方因非己方的原因而遭受经济损失或工期延误，按照合同约定或法律规定，应由对方承担责任，而向对方提出工期和（或）费用补偿要求的行为。

索赔依据包括：①工程施工合同文件，是工程索赔中最关键和最主要的依据；②国家颁布实施的相关法律、行政法规；③工程建设强制性标准；④工程施工合同履行过程中与索赔事件有关的各种凭证。

索赔成立的条件包括：①索赔事件已造成了承包人直接经济损失或工期延误；②造成费用增加或工期延误的索赔事件是因非承包人的原因发生的；③承包人已经按照工程施工合同规定的期

1.8 建设工程后评价阶段

【01】★★

项目后评价：是在项目竣工验收并投入使用或运营一定时间后，运用规范、科学、系统的评价方法与指标，将项目建成后达到的实际效果与项目的可行性研究报告、初步设计（含概算）文件及其审批文件的主要内容进行对比分析，找出差距及原因，总结经验教训，提出相应对策建议，并反馈到项目参与各方，形成良性项目决策机制。根据需要，可以针对项目建设（或运行）的某一问题进行专题评价，可以对同类的多个项目进行综合性、政策性、规划性评价。

自我总结评价报告：项目单位可委托具有相应资质的工程咨询机构编写自我总结评价报告。项目单位对自我总结评价报告及相关附件的真实性负责。

项目后评价的基本指标包括：技术、经济、环境、社会和管理5个方面。其中，项目社会效益评价主要指标包括利益相关群体、移民和拆迁、项目区贫困人口、最低生活保障线等。

【02】★

新增资产：建设项目竣工投入运营后，所花费的总投资形成相应的资产。按照新的财务制度和企业会计准则，新增资产按资产性质可分为固定资产、流动资产、无形资产等。

2 施工部分

1.1 建筑工程施工质量验收

【01】★★

建筑工程施工质量验收的基本规定

① **施工现场要求**：施工现场应具有健全的质量管理体系、相应的施工技术标准、施工质量检验制度和综合施工质量水平评定考核制度。

② **履行监理职责的主体**：未实行监理的建筑工程，建设单位相关人员应履行本标准涉及的监理职责。

③ **调整抽样复验、试验数量**：符合下列条件之一时，可按相关专业验收规范的规定适当调整抽样复验、试验数量，调整后的抽样复验、试验方案应由施工单位编制，并报监理单位审核确认：①同一项目中由相同施工单位施工的多个单位工程，使用同一生产厂家的同品种、同规格、同批次的材料、构配件、设备；②同一施工单位在现场加工的成品、半成品、构配件用于同一项目中的多个单位工程；③在同一项目中，针对同一抽样对象已有检验成果可以重复利用。

④ **未作出相应规定的验收项目**：当专业验收规范对工程中的验收项目未作出相应规定时，应由建设单位组织监理、设计、施工等相关单位制定专项验收要求。涉及安全、节能、环境保护等项目的专项验收要求应由建设单位组织专家论证。

【02】★★★

建筑工程施工质量验收的划分和验收：建筑工程施工质量验收应划分为单位工程、分部工程、分项工程和检验批。施工前，应由施工单位制定分项工程和检验批的划分方案，并由监理单位审核。

具备独立施工条件并能形成独立使用功能的建筑物或构筑物为一个单位工程。

当建筑工程施工质量不符合要求时，应按下列规定进行处理：①经返工或返修的检验批，应重新进行验收；②经有资质的检测机构检测鉴定能够达到设计要求的检验批，应予以验收；③经有资质的检测机构检测鉴定达不到设计要求、但经原设计单位核算认可能够满足安全和使用功能的检验批，可予以验收；④经返修或加固处理的分项、分部工程，满足安全及使用功能要求时，可按技术处理方案和协商文件的要求予以验收。

【03】★★★

建筑工程质量验收的程序和组织：①检验批应由专业监理工程师组织施工单位项目专业质量

检查员、专业工长等进行验收；②分项工程应由专业监理工程师组织施工单位项目专业技术负责人等进行验收；③分部工程应由总监理工程师组织施工单位项目负责人和项目技术负责人等进行验收，勘察、设计单位项目负责人和施工单位技术、质量部门负责人应参加地基与基础分部工程的验收，设计单位项目负责人和施工单位技术、质量部门负责人应参加主体结构、节能分部工程的验收。

1.2 砌体工程

【01】★★

名词术语

① **瞎缝**：是指砌体中相邻块体间无砌筑砂浆，又彼此接触的水平缝或竖向缝。

② **假缝**：是指为掩盖砌体灰缝内在质量缺陷，砌筑砌体时仅在靠近砌体表面处抹有砂浆，而内部无砂浆的竖向灰缝。

③ **通缝**：是指砌体中上下皮块体搭接长度小于规定数值的竖向灰缝。

④ **透明缝**：是指由于灰浆不饱满导致墙体透光的竖缝。

【02】★★

砌筑材料

① **块体**：块体为骨架材料，砌筑工程常用的块体有砖、砌块和石块三大类。

② **砂浆**：为粘结、填充材料。

配制砌筑砂浆时，各组分材料应采用质量计量，水泥及各种外加剂配料的允许偏差为±2%，砂、粉煤灰、石灰膏等配料的允许偏差为±5%。

加水拌制的砂浆应随拌随用，以免影响强度和性能；拌制后应在3h内用完；当气温超过30℃时，应在2h内用完。砌筑砂浆应采用机械搅拌，搅拌时间自投料完起算应符合：水泥砂浆和水泥混合砂浆不得少于120s；水泥粉煤灰砂浆和掺用外加剂的砂浆不得少于180s。

砂浆饱满度：砖墙水平灰缝的砂浆饱满度不得低于80%；砖柱水平灰缝和竖向灰缝饱满度不得低于90%；砌体水平灰缝和竖向灰缝的砂浆饱满度，按净面积计算不得低于90%。石砌体工程的砌体灰缝的砂浆饱满度不应小于80%。竖向灰缝砂浆的饱满度一般对砌体的抗压强度影响不大，但是对砌体的抗剪强度影响明显。

【03】★★★

砌体工程：包括砖砌体工程、混凝土小型空心砌块工程、石砌体工程、配筋砌体工程、填充墙砌体工程等。

① **砌体施工质量控制**：分为三个等级，分别为A、B、C级，其中A级的等级最高。

② **皮数杆**：皮数杆是划有每皮砖和灰缝的厚度，以及门窗洞口、过梁、楼板、预埋件等的标高位置的一种木制标杆；是砌筑时控制砌体水平灰缝厚度和竖向尺寸位置的标志；皮数杆常立于房屋的四大角、内外墙交接处等位置，其间距一般为10~15m。

③ **基底标高不同时的砌筑**：基底标高不同时，应从低处砌起，并应由高处向低处搭砌；砌体的转角处和交接处应同时砌筑。

④ **留置临时施工洞口**：在墙上留置临时施工洞口，其侧边离交接处墙面不应小于500mm，洞口净宽度不应超过1m。抗震设防烈度为9度地区建筑物的临时施工洞口位置，应会同设计单位确定。临时施工洞口应做好补砌。墙梁构件的墙体部分不宜留置临时施工洞口；当需留置时，应会同设计单位确定。

⑤ **脚手眼**：不得在下列墙体或部位设置脚手眼：120mm厚墙、清水墙、料石墙、独立柱和附墙柱；过梁上与过梁成60°角的三角形范围及过梁净跨度1/2的高度范围内；宽度小于1m的窗间墙；门窗洞口两侧石砌体300mm，其他砌体200mm范围内；转角处石砌体600mm，其他砌体450mm范围内；梁或梁垫下及其左右500mm范围内；设计不允许设置脚手眼的部位；轻质墙体；夹心复合墙外叶墙。

⑥ **洞口、沟槽、管道**：设计要求的洞口、沟槽、管道应于砌筑时正确留出或预埋，未经设计同意，不得打凿墙体和在墙体上开凿水平沟槽。宽度超过300mm的洞口上部，应设置钢筋混凝土过梁。

【04】★★

砖砌体工程：在没有采取有效措施的情况下，建筑物防潮层以下墙体、长期浸水或化学侵蚀环境、砌体表面温度高于80℃的部位及长期处于有振动源环境的墙体，不应使用轻骨料混凝土小型空心砌块或蒸压加气混凝土砌块砌体。在厨房、卫生间、浴室等处采用轻骨料混凝土小型空心砌块、蒸压加气混凝土砌块砌筑墙体时，墙底部宜现浇混凝土坎台，其高度宜为150mm。当砌筑烧结普通砖、烧结多孔砖、蒸压灰砂砖和蒸压粉煤灰砖砌体时，砖应提前1～2d适度湿润，不得采用干砖或吸水饱和状态的砖砌筑。砌筑墙体时，小砌块产品龄期不应小于28d。

砖砌体表面平整度用2m靠尺和楔形塞尺检查。

【05】★★

混凝土小型空心砌块砌体工程：施工采用的小砌块的产品龄期不应小于28d。砌筑普通混凝土小型空心砌块砌体，不需对小砌块浇水湿润，如遇天气干燥炎热，宜在砌筑前对其喷水湿润；对轻骨料混凝土小砌块，应提前浇水湿润，块体的相对含水率宜为40%～50%。雨天及小砌块表面有浮水时，不得施工。

【06】★★

配筋砌体工程及构造柱：是指为加强砌体强度和整体性而采取的构造柱、芯柱、组合砌体构件、配筋砌体剪力墙构件等构造加固措施，即在砌体中加入钢筋。砌体水平灰缝中钢筋居中放置的目的：一是对钢筋有较好的保护，二是有利于钢筋的锚固。

① **构造柱**：也称组合柱，通过与墙体、圈梁、楼板等连成整体而对砌体结构起到加固作用，是重要的抗震措施。

② **马牙槎**：墙体应砌成马牙槎，马牙槎凹凸尺寸不宜小于60mm，高度不应超过300mm，马牙槎应先退后进，对称砌筑。

【07】★★

砌体冬期施工：当室外日平均气温连续5d稳定低于5℃时，砌体工程应采取冬期施工措施；此外，当日最低气温低于0℃时，也应按冬期施工执行。

① **外加剂法**：又称为掺盐砂浆法，即采用掺入盐类等抗冻早强剂砂浆砌筑砌体的方法，砌筑工程的冬期施工宜选用该法。

② **暖棚法**：适用于地下工程、基础工程以及工期紧迫的砌体结构。

1.3 混凝土结构工程

【01】★★

模板分项工程

① **模板系统**：是使新浇的混凝土成形的模型，由模板、支架及连接件组成。模板及支架应根据施工过程中的各种控制工况（含安装、使用和拆除工况）进行设计，并应满足承载力、刚度和整体稳固性要求。

② **常见现浇钢筋混凝土结构及其适用范围**：大模板是采用专业设计和工业化加工制作而成的一种工具式模板，一般与支架连为一体；由于它自重大，施工时需配以相应的吊装和运输机械，用于现场浇筑混凝土墙体，具有安装和拆除简便、尺寸准确、板面平整、周转使用次数多等优点。滑升模板适用于高耸的现浇钢筋混凝土结构，如电视塔、高层建筑等。组合模板适用于各种现浇钢筋混凝土工程，可事先按设计要求组拼成梁、柱、墙、楼板的大型模板，整体吊装就位，也可采用散装散拆方法，比较方便。爬升模板是施工剪力墙体系和筒体体系的钢筋混凝土结构高层建筑的一种有效的模板体系。

【02】★

钢筋分项工程：钢筋连接常采用焊接、机械连接和绑扎搭接，直接承受动力荷载的结构构件中，不宜采用焊接。当施工中进行混凝土结构构件的钢筋、预应力筋代换时，应取得设计单位出具的设计变更文件。

【03】★★

预应力分项工程：预应力混凝土结构施工与一般混凝土结构施工的最大不同在于预应力钢筋张拉。先张法适用于构件厂生产中小型构件连接；后张法适用于现场施工及构件厂制作大型预应力构件。

预应力筋张拉或放张前，应对构件混凝土强度进行检验。同条件养护的混凝土立方体试件抗压强度应符合设计要求，当设计无要求时，应达到配套锚固产品技术要求的混凝土最低强度且不应低于设计混凝土强度等级值的75%；后张法预应力梁和板，现浇结构混凝土的龄期分别不宜小于7d和5d。

【04】★★

质量缺陷：现浇结构的外观质量不应有严重缺陷。对已经出现的严重缺陷，应由施工单位提出技术处理方案，并经监理单位认可后进行处理；对裂缝或连接部位的严重缺陷及其他影响结构安全的严重缺陷，技术处理方案尚应经设计单位认可，对经处理的部位应重新验收。

【05】★★★

混凝土分项工程

① **非标准尺寸试件**：当采用非标准尺寸试件时，应将其抗压强度乘以尺寸折算系数，折算成边长为150mm的标准尺寸试件抗压强度。

② **施工缝和后浇带的留设位置**：应在混凝土浇筑前确定；施工缝和后浇带宜留设在结构受剪力较小且便于施工的位置；受力复杂的结构构件或有防水抗渗要求的结构构件，施工缝留设位置应经设计单位确认。

③ **混凝土的养护**：混凝土的养护是指混凝土浇筑后，在硬化过程中进行温度和湿度的控制。施工现场多采用自然养护法，蒸汽养护法主要用于构件厂。硅酸盐水泥、普通硅酸盐水泥或矿渣硅酸盐水泥拌制的混凝土，不得少于7d；采用缓凝型外加剂或大掺量矿物掺合料配制的混凝土、大体积混凝土、后浇带、抗渗混凝土以及C60以上混凝土不得少于14d。

④ **结构缺陷**：混凝土结构缺陷可分为尺寸偏差缺陷和外观缺陷。尺寸偏差缺陷和外观缺陷可分为一般缺陷和严重缺陷。混凝土结构尺寸偏差超出规范规定，但尺寸偏差对结构性能和使用功能未构成影响时，应属于一般缺陷；而尺寸偏差对结构性能和使用功能构成影响时，应属于严重缺陷。

现浇结构的外观质量不应有严重缺陷。对已经出现的严重缺陷，应由施工单位提出技术处理方案，并经监理单位认可后进行处理；对裂缝或连接部位的严重缺陷及其他影响结构安全的严重缺陷，技术处理方案尚应经设计单位认可，对经处理的部位应重新验收。

【06】★★★

装配式混凝土结构分项工程：梁板类简支受弯预制构件进场时应进行结构性能检验，并应符合：①钢筋混凝土构件和允许出现裂缝的预应力混凝土构件应进行承载力、挠度和裂缝宽度检验；②不允许出现裂缝的预应力混凝土构件应进行承载力、挠度和抗裂检验；③对大型构件及有可靠应用经验的构件，可只进行裂缝宽度、抗裂和挠度检验；④对使用数量较少的构件，当能提供可靠依据时，可不进行结构性能检验。

【07】★★

混凝土结构子分部工程：对涉及混凝土结构安全的有代表性的部位应进行结构实体检验，应由监理单位组织施工单位实施，并见证实施过程。施工单位应制定结构实体检验专项方案，并经监理单位审核批准后实施。除结构位置与尺寸偏差外的结构实体检验项目，应由具有相应资质的检测机构完成。

【08】★★

混凝土工程冬期和高温施工

① **冬期施工**：当室外日平均气温连续5日稳定低于5℃时，应采取冬期施工措施；当室外日平均气温连续5日稳定高于5℃时，可解除冬期施工措施。

② **高温施工**：当日平均气温达到30℃及以上时，应按高温施工要求采取措施。

1.4 防水工程

【01】★★★

屋面保温层：宜选用吸水率低、密度和导热系数小，并有一定强度的保温材料。

【02】★

屋面工程隐蔽工程验收内容：①卷材、涂膜防水层的基层；②保温层的隔汽和排汽措施；③保温层的铺设方式、厚度、板材缝隙填充质量及热桥部位的保温措施；④接缝的密封处理；⑤瓦材与基层的固定措施；⑥檐沟、天沟、泛水、水落口和变形缝等细部做法；⑦在屋面易开裂和渗水部位的附加层；⑧保护层与卷材、涂膜防水层之间的隔离层；⑨金属板材与基层的固定和板缝间的密封处理；⑩坡度较大时，防止卷材和保温层下滑的措施。

【03】★

屋面工程蓄水隔热层：蓄水隔热层与屋面防

水层之间应设隔离层；蓄水池的所有孔洞应预留，不得后凿；每个蓄水区的防水混凝土应一次浇筑完毕，不得留施工缝；防水混凝土初凝后应覆盖养护，终凝后浇水养护不得少于14d；蓄水后不得断水。

【04】★★
屋面工程卷材防水层：屋面坡度大于25%时，卷材应采取满粘和钉压固定措施。卷材宜平行屋脊铺贴；上下层卷材不得相互垂直铺贴。平行屋脊的卷材搭接缝应顺流水方向；相邻两幅卷材短边搭接缝应错开。

【05】★★★
瓦屋面做法：在大风及地震设防地区或屋面坡度大于100%时，瓦片应采取固定加强措施；瓦屋面与山墙及突出屋面结构的交接处，均应做不小于250mm高的泛水处理；瓦屋面檐沟、天沟的防水层，可采用防水卷材或防水涂膜，也可采用金属板材，烧结瓦、混凝土瓦屋面的坡度不应小于30%；沥青瓦屋面的坡度不应小于20%；在瓦材的下面应铺设防水层或防水垫层。

【06】★★
地下防水工程施工条件：不得在雨天、雪天和五级风及其以上天气时施工。

【07】★★★
地下防水工程卷材防水层施工：卷材防水层适用于受侵蚀性介质作用或受振动作用的地下工程，卷材防水层应铺设在主体结构的迎水面；铺贴双层卷材时，上下两层和相邻两幅卷材的接缝应错开1/3~1/2幅宽，且两层卷材不得相互垂直铺贴；卷材防水层完并经验收合格后应及时做保护层，顶板的细石混凝土保护层与防水层之间宜设置隔离层，细石混凝土保护层机械回填时不宜小于70mm，人工回填时不宜小于50mm；底板的细石混凝土保护层厚度不应小于50mm。

1.5 建筑装饰装修工程

【01】★★★
对设计和施工的要求：当既有建筑装饰装修工程设计涉及主体结构和承重结构变动时，应在施工前委托原结构设计单位或具有相应资质等级的设计单位提出设计方案，或由鉴定单位对建筑结构的安全性进行鉴定，依据鉴定结果确定设计方案。

【02】★
抹灰工程：进行复验的指标包括砂浆的拉伸粘结强度和聚合物砂浆的保水率。抹灰层与基层之间及各抹灰层之间应粘结牢固，抹灰层应无脱层和空鼓，面层应无爆灰和裂缝，检验方法包括观察、用小锤轻击检查、检查施工记录。

【03】★
外墙防水工程：验收时应检查材料的产品合格证书、性能检验报告、进场验收记录和复验报告。

【04】★★★
门窗工程：复验人造木板门的甲醛释放量，以及建筑外窗的气密性能、水密性能和抗风压性能。金属门窗和塑料门窗安装应采用预留洞口的方法施工。

【05】★★
玻璃幕墙工程：①应使用安全玻璃；②玻璃的厚度不应小于6.0mm，全玻幕墙玻璃肋的厚度不应小于12mm；③中空玻璃应采用双道密封；④钢化玻璃表面不得有损伤，8.0mm以下的钢化玻璃应进行引爆处理；⑤所有幕墙玻璃均应进行边缘处理。

硅酮结构密封胶的注胶应在洁净的专用注胶室进行。

1.6 建筑地面工程

【01】★★★
基层铺设：地面应铺设在均匀密实的基土上；基土不应用淤泥、腐殖土、冻土、耕植土、膨胀土和建筑杂物作为填土；灰土垫层不宜在冬期施工；水泥混凝土垫层的厚度不应小于60mm；陶粒混凝土垫层的厚度不应小于80mm。三合土垫层应采用石灰、砂（可掺入少量黏土）与碎砖的拌和料铺设，其厚度不应小于100mm；四合土垫层应采用水泥、石灰、砂（可掺少量黏土）与碎砖的拌和料铺设，其厚度不应小于80mm。

【02】★★
厕浴间建筑地面做法：必须设置防水隔离层；楼层结构必须采用现浇混凝土或整块预制混

凝土板，混凝土强度等级不应小于C20；房间的楼板四周除门洞外应做混凝土翻边，高度不应小于200mm；施工时结构层标高和预留孔洞位置应准确，严禁乱凿洞。

【03】★★★
　　大理石、花岗石的铺设：应在结合层上铺设；铺设前，板材应浸湿、晾干，结合层与板材应分段同时铺设；铺设前，板块的背面和侧面应进行防碱处理；板块碎拼的面层表面平整度允许偏差值为3mm。

【04】★★★
　　放射性检测：建筑地面工程采用的大理石、花岗石、料石等天然石材以及砖、预制板块、地毯、人造板材、胶粘剂、涂料、水泥、砂、石、外加剂等材料或产品应符合国家现行有关室内环境污染控制和放射性、有害物质限量的规定。材料进场时应具有检测报告。

3　设计业务管理部分

1.1　相关法律法规

【01】★★★
　　建设工程合同：包括工程勘察、设计、施工合同。建设工程合同应当采用书面形式。

【02】★
　　代位追偿：经发包人同意，总承包单位将非主体结构设计分包给具有相应资质的设计单位。发包人拖欠合同款，总承包单位懈怠追款，分包人有权起诉发包人。

【03】★★★
　　质量负责制：注册建筑师、注册结构工程师等注册执业人员应当在设计文件上签字，对设计文件负责。设计文件应当符合国家规定的设计深度要求，注明工程合理使用年限。注册建筑师、注册结构工程师、监理工程师等注册执业人员因过错造成质量事故的，责令停止执业1年；造成重大质量事故的，吊销执业资格证书，5年以内不予注册；情节特别恶劣的，终身不予注册。

【04】★★
　　资质申请：工程设计资质分为工程设计综合资质、工程设计行业资质、工程设计专业资质和工程设计专项资质。工程设计综合资质只设甲级；工程设计行业资质、工程设计专业资质、工程设计专项资质设甲级、乙级。企业首次申请、增项申请工程勘察、工程设计资质，其申请资质等级最高不超过乙级，且不考核企业工程勘察、工程设计业绩。

【05】★★
　　消防设计审查：消防设计审查验收中，设计单位应当履行下列消防设计、施工质量责任和义务：①按照建设工程法律法规和国家工程建设消防技术标准进行设计，编制符合要求的消防设计文件，不得违反国家工程建设消防技术标准强制性条文；②在设计文件中选用的消防产品和具有防火性能要求的建筑材料、建筑构配件和设备，应当注明规格、性能等技术指标，符合国家规定的标准；③参加建设单位组织的建设工程竣工验收，对建设工程消防设计实施情况签章确认，并对建设工程消防设计质量负责。

1.2　建筑师注册管理

【01】★★★
　　注册：初始注册者可以自执业资格证书签发之日起3年内提出申请；逾期未申请者，须符合继续教育的要求后方可申请初始注册。

　　高等学校（院）从事教学、科研并具有注册建筑师资格的人员，只能受聘于本校（院）所属建筑设计单位从事建筑设计，不得受聘于其他建筑设计单位。

　　申请人有下列情形之一的，不予注册：①不具有完全民事行为能力的；②申请在2个或者2个以上单位注册的；③未达到注册建筑师继续教育要求的；④因受刑事处罚，自刑事处罚执行完毕之日起至申请注册之日止不满5年的；⑤因在建筑设计或者相关业务中犯有错误受行政处罚或者撤职以上行政处分，自处罚、处分决定之日起至申请之日止不满2年的；⑥受吊销注册建筑师证书的行政处罚，自处罚决定之日起至申请注册之日止不满5年的；⑦申请人的聘用单位不符合注册单位要求的；⑧法律、法规规定不予注册的其他情形。

注册后有下列情形之一的，由准予注册的全国注册建筑师管理委员会或者省、自治区、直辖市注册建筑师管理委员会撤销注册，收回注册建筑师证书：①完全丧失民事行为能力的；②受刑事处罚的；③因在建筑设计或者相关业务中犯有错误，受到行政处罚或者撤职以上行政处分的；④自行停止注册建筑师业务满2年的。

被注销注册者或者不予注册者，重新具备注册条件的，可以按照程序重新申请注册。

【02】★★★

执业：注册建筑师执行业务，应当加入建筑设计单位，由建筑设计单位统一接受委托并统一收费。

注册建筑师的执业范围具体为：①建筑设计；②建筑设计技术咨询；③建筑物调查与鉴定；④对本人主持设计的项目进行施工指导和监督；⑤国务院建设主管部门规定的其他业务。

一级注册建筑师筑师不受工程项目规模和工程复杂程度的限制；二级注册建筑师只限于承担工程设计资质标准中建设项目设计规模划分表中规定的小型规模的项目。

注册建筑师的执业范围不得超越其聘用单位的业务范围。注册建筑师的执业范围与其聘用单位的业务范围不符时，个人执业范围服从聘用单位的业务范围。

【03】★★

继续教育：作为注册建筑师逾期初始注册、延续注册、重新申请注册的条件之一。继续教育分为必修课和选修课；在每一注册有效期内各为40学时。

【04】★★★

法律责任：因建筑设计质量不合格发生重大责任事故、造成重大损失的，对该建筑设计负有直接责任的注册建筑师，由县级以上人民政府建设行政主管部门责令停止执行业务；情节严重的，由全国注册建筑师管理委员会或者省自治区直辖市注册建筑师管理委员会吊销注册建筑师证书。

因设计质量造成的经济损失，由建筑设计单位承担赔偿责任；建筑设计单位有权向签字的注册建筑师追偿。

1.3 招标投标及发包承包

【01】★★

招标

勘察、设计、施工、监理以及与工程建设有关的重要设备、材料等的采购达到下列标准之一的，必须招标：①施工单项合同估算价在400万元人民币以上；②重要设备、材料等货物的采购，单项合同估算价在200万元人民币以上；③勘察、设计、监理等服务的采购，单项合同估算价在100万元人民币以上。

建筑工程设计招标范围和规模标准按照国家有关规定执行，有下列情形之一的，可以不进行招标：①采用不可替代的专利或者专有技术的；②对建筑艺术造型有特殊要求，并经有关主管部门批准的；③建设单位依法能够自行设计的；④建筑工程项目的改建、扩建或者技术改造，需要由原设计单位设计，否则将影响功能配套要求的；⑤国家规定的其他特殊情形。

招标人不得以不合理的条件限制排斥潜在投标人或者投标人。

建设工程勘察设计方案评标，应当以投标人的业绩信誉和勘察设计人员的能力以及勘察设计方案的优劣为依据，进行综合评定。

【02】★★★

发包承包管理：发包人可以与总承包人订立建设工程合同，也可以分别与勘察人、设计人、施工人订立勘察、设计、施工承包合同。发包人不得将应当由一个承包人完成的建设工程支解成若干部分发包给数个承包人。

总承包人或者勘察、设计、施工承包人经发包人同意，可以将自己承包的部分工作交由第三人完成。第三人就其完成的工作成果与总承包人或者勘察、设计、施工承包人向发包人承担连带责任。承包人不得将其承包的全部建设工程转包给第三人或者将其承包的全部建设工程支解以后以分包的名义分别转包给第三人。

禁止承包人将工程分包给不具备相应资质条件的单位。禁止分包单位将其承包的工程再分包。建设工程主体结构的施工必须由承包人自行完成。

中标人应当按照合同约定履行义务，完成中标项目。中标人不得向他人转让中标项目，也不得将中标项目支解后分别向他人转让。中标人按照合同约定或者经招标人同意，可以将中标项目的部分非主体、非关键性工作分包给他人完成。接受分包的人应当具备相应的资格条件，并不得再次分包。

因发包人变更计划，提供的资料不准确，或者未按照期限提供必需的勘察设计工作条件而造成勘察设计的返工停工或者修改设计，发包人应当按照勘察人设计人实际消耗的工作量增付费用。

1.4 设计文件编制和强制性标准管理

【01】★

设计文件编制原则：应当坚持先勘察、后设计、再施工的原则。

【02】★★★

设计文件编制依据：①项目批准文件；②城乡规划；③工程建设强制性标准；④国家规定的建设工程勘察、设计深度要求。

【03】★★★

设计文件编制深度：①方案设计阶段：编制方案设计文件，应满足编制初步设计文件和控制概算的需要，以及方案审批或报批的需要；②初步设计阶段：编制初步设计文件，应满足编制施工图设计文件的需要，应满足初步设计审批的需要，应满足编制施工招标文件、主要设备材料订货和编制施工图设计文件的需要；③施工图设计阶段：编制施工图设计文件，应满足设备材料采购、非标准设备制作和施工的需要，并注明建设工程合理使用年限。

【04】★★

设计文件标注：设计文件中选用的材料构配件设备，应当注明其规格型号性能等技术指标，其质量要求必须符合国家规定的标准。除有特殊要求的建筑材料专用设备和工艺生产线等外，设计单位不得指定生产厂、供应商。

【05】★

施工图设计文件审查：建设单位应当将施工图设计文件报县级以上人民政府建设行政主管部门或者其他有关部门审查。

【06】★★★

设计文件修改：建设单位、施工单位、监理单位不得修改建设工程勘察设计文件；确需修改建设工程勘察设计文件的，应当由原建设工程勘察设计单位修改。经原建设工程勘察设计单位书面同意，建设单位也可以委托其他具有相应资质的建设工程勘察设计单位修改。修改单位对修改的勘察设计文件承担相应责任。

施工单位监理单位发现建设工程勘察设计文件不符合工程建设强制性标准合同约定的质量要求的，应当报告建设单位，建设单位有权要求建设工程勘察设计单位对建设工程勘察设计文件进行补充修改。

建设工程勘察、设计文件内容需要作重大修改的，建设单位应当报经原审批机关批准后，方可修改。

【07】★★

标准：标准包括国家标准、行业标准、地方标准和团体标准、企业标准。

其中，国家标准分为强制性标准、推荐性标准，行业标准、地方标准是推荐性标准。强制性标准必须执行，国家鼓励采用推荐性标准。

推荐性国家标准、行业标准、地方标准、团体标准、企业标准的技术要求不得低于强制性国家标准的相关技术要求。国家鼓励社会团体、企业制定高于推荐性标准相关技术要求的团体标准、企业标准，团体标准由本团体成员约定采用或者按照本团体的规定供社会自愿采用。国家积极推动参与国际标准化活动，开展标准化对外合作与交流，参与制定国际标准。

【08】★★★

强制性标准监督管理：建设工程勘察、设计文件中规定采用的新技术、新材料，可能影响建设工程质量和安全，又没有国家技术标准的，应当由国家认可的检测机构进行试验、论证，出具检测报告，并经国务院有关主管部门或者省、自治区、直辖市人民政府有关主管部门组织的建设工程技术专家委员会审定后，方可使用。

1.5 建设工程监理

【01】★★★

工程监理单位：与被监理工程的施工承包单位以及建筑材料建筑构配件和设备供应单位有隶属关系或其他利害关系的，不得承担该项建设工程的监理业务。

1.6 工程总承包管理

【01】★★★

申请施工总承包资质：鼓励设计单位申请取得施工资质，已取得工程设计综合资质行业甲级资质、建筑工程专业甲级资质的单位，可以直接申请相应类别施工总承包一级资质；鼓励施工单位申请取得工程设计资质，具有一级及以上施工总承包资质的单位可以直接申请相应类别的工程设计甲级资质；完成的相应规模工程总承包业绩可以作为设计施工业绩申报。

【02】★★★

工程总承包单位：建设单位应当根据项目情况和自身管理能力等，合理选择工程建设组织实施方式；建设内容明确、技术方案成熟的项目，适宜采用工程总承包方式。

建设单位依法采用招标或者直接发包等方式选择工程总承包单位。

工程总承包单位不得是工程总承包项目的代建单位、项目管理单位、监理单位、造价咨询单位、招标代理单位。

【03】★

工程总承包项目经理应当具备的条件：①取得相应工程建设类注册执业资格，包括注册建筑师、勘察设计注册工程师、注册建造师或者注册监理工程师等；未实施注册执业资格的，应取得高级专业技术职称；②担任过与拟建项目相类似的工程总承包项目经理、设计项目负责人、施工项目负责人或者项目总监理工程师；③熟悉工程技术和工程总承包项目管理知识以及相关法律法规、标准规范；④具有较强的组织协调能力和良好的职业道德。

工程总承包项目经理不得同时在2个或者2个以上工程项目担任工程总承包项目经理、施工项目负责人。

1.7 城乡规划管理

【01】★

规划条件核实：县级以上地方人民政府城乡规划主管部门按照国务院规定对建设工程是否符合规划条件予以核实。未经核实或者经核实不符合规划条件的，建设单位不得组织竣工验收。

【02】★★

报送有关竣工验收资料：建设单位应当在竣工验收后6个月内向城乡规划主管部门报送有关竣工验收资料。

【03】★★

依法修改城乡规划的补偿：选址意见书、建设用地规划许可证、建设工程规划许可证或者乡村建设规划许可证发放后，因依法修改城乡规划给被许可人合法权益造成损失的，应当依法给予补偿。

经依法审定的修建性详细规划、建设工程设计方案的总平面图不得随意修改；确需修改的，城乡规划主管部门应当采取听证会等形式，听取利害关系人的意见；因修改给利害关系人合法权益造成损失的，应当依法给予补偿。

模拟试题、参考答案及解析

01. 下列建设总投资中,属于工程建设其他费用的是(　　)。
    A　工器具购置费　　　B　建筑安装工程费　　C　建设用地费　　　D　流动资金

02. 在项目投资估算中预留的,用于实施中可能发生的、难以预料的工程变更等可能增加的费用是(　　)。
    A　价差预备费　　　B　基本预备费　　　C　临时设施费　　　D　研究试验费

03. 在建设工程可行性研究阶段,较为适合估算建筑工程费用的方法是(　　)。
    A　指标估算法　　　B　生产能力指数法　　C　系数估算法　　　D　比例估算法

04. 下列关于投资估算的说法,正确的是(　　)。
    A　建设项目总投资应由建设投资、建设期利息、固定资产投资方向调节税和流动资金组成
    B　投资估算在建设项目设计阶段编制
    C　投资估算是实行招标、投标的重要依据
    D　投资估算是考核建设项目投资效果的依据

05. 下列财务分析指标中,属于动态指标的是(　　)。
    A　资产负债率　　　B　偿债备付率　　　C　投资收益率　　　D　净年值

06. 下列关于限额设计的说法,正确的是(　　)。
    A　限额设计实现的是建设规模的最大化
    B　对造价目标进行分解是实行限额设计的有效途径之一
    C　设计阶段是限额设计的关键
    D　若不能在分配的限额内完成设计,设计人员一般会采取降低技术标准的做法

07. 关于设计概算编制的说法,正确的是(　　)。
    A　设计概算编制时应考虑项目所在地的价格水平
    B　设计概算不应考虑建设项目施工条件等因素的影响
    C　设计概算应达到施工图预算的准确程度
    D　设计概算编制完成后不允许调整

08. 以下关于施工图预算的作用,说法正确的是(　　)。
    A　是建设项目造价控制的最高限额
    B　是设计阶段控制工程造价的重要环节
    C　是控制施工图设计和施工图预算的依据
    D　是签订建设工程合同和贷款合同的依据

09. 下列有关工程量清单的叙述中,正确的是(　　)。
    A　工程量清单中含有工程量清单和综合单价
    B　工程量清单是招标文件的组成部分
    C　在招标人同意的情况下,工程量清单可以由投标人自行编制
    D　工程量清单编制准确性和完整性的责任单位是投标单位

10. 下列关于最高投标限价的说法，正确的是( )。
   A 招标人必须编制最高投标限价
   B 投标价可以高于最高投标限价
   C 最高投标限价包含总承包服务费
   D 规费、税金按照国家和行业部门的规定标准要求计算

11. 通过对项目投资目标按时间进行分解，在网络计划基础上可获得项目进度计划的横道图，在此基础上编制的资金使用计划是( )。
   A 按工程造价构成编制资金使用计划 B 按工程项目组成编制资金使用计划
   C 时间—项目累计曲线   D 时间—投资累计曲线

12. 某建设工程项目在施工过程中，因不可抗力造成损失，承包人及时向项目监理机构提出索赔申请，包括在建工程损失30万元，承包方受伤人员医药费用10万元，施工机具损坏费用20万元，施工机具闲置窝工损失8万元，工程清理与修复费用6万元。监理机构应批准的补偿金额是( )。
   A 74万元   B 46万元   C 44万元   D 36万元

13. 发包人现场代表与承包人现场代表就施工过程中涉及的责任事件所作的是( )。
   A 计日工签证   B 索赔签证   C 现场签证   D 工程签证

14. 下列关于工程造价各阶段的作用，说法有误的是( )。
   A 投资估算是申请银行贷款的依据
   B 经批准的设计总概算是该工程建设投资的最高限额
   C 施工图预算是签订承包合同的依据
   D 合同价是结算工程的实际价格

15. 建设项目后评价指标中，属于社会效益性评价指标的是( )。
   A 工期、进度质量   B 总投资、建设投资、资金控制
   C 物种、植被   D 征地拆迁、生活保障

16. 未实行监理的项目中，履行监理单位职责的单位是( )。
   A 建设单位   B 建设主管部门
   C 设计单位的项目设计组   D 质量监督部门

17. 建设工程施工质量验收中，当规范未作出规定时，涉及安全、节能、环境保护等项目的专项验收要求应由( )组织专家论证。
   A 设计单位   B 施工单位   C 监理单位   D 建设单位

18. 建筑工程施工质量验收中，需要适当调整抽样复验数量时，由施工单位编制调整方案后，需报批审核确认的单位是( )。
   A 建设单位   B 监理单位   C 设计单位   D 咨询单位

19. 当建筑工程施工质量不符合要求，下列处理方式错误的是( )。
   A 经返工或返修的检验批应重新验收
   B 经有资质的检测单位，验收达到要求的，检验批予以验收
   C 经有资质的检测机构检测鉴定达不到设计要求，但经原设计单位核算认可能够满足安全和使用功能的检验批，也不予检验
   D 经返修或加固处理的分项、分部工程，确认能够满足安全及使用功能要求时，应按技术处理方案和协商文件的要求予以验收

20. 分部工程应由( )组织施工单位项目负责人和项目技术负责人等进行验收。
    A 建设单位　　　　B 设计单位　　　　C 监理工程师　　　　D 总监理工程师

21. 下列部位环境中的填充墙,可使用轻骨料混凝土小型空心砌块的是( )。
    A 建筑物防潮层以下墙体　　　　　　B 长期浸水或化学侵蚀环境
    C 砌体表面温度60℃的部位　　　　　D 长期处于有振动源环境的墙体

22. 同一砌体基础的基底标高不同时,下列砌筑方式中正确的是( )。
    A 基底标高不同时,应从高处砌起　　B 应由低处向高处搭砌
    C 搭接长度 L 应小于基础底的高差 H　D 搭接长度范围内下层基础应扩大砌筑

23. 下列砌体结构的施工工况中,当设计文件无要求时,不必征得设计单位同意的是( )。
    A 墙体上开凿水平沟槽
    B 墙体上设置脚手眼的部位
    C 抗震设防烈度为9度地震区建筑物的临时施工洞口位置
    D 墙梁构件的墙体部分留置临时施工洞口

24. 构造柱与墙体的连接处应砌成马牙槎,下列表述错误的是( )。
    A 每个马牙槎的高度不应超过300mm　　B 马牙槎凹凸尺寸不宜小于60mm
    C 马牙槎应先进后退　　　　　　　　　D 马牙槎应对称砌筑

25. 某砌体结构建筑的厕浴间墙体砌筑底部,最适宜的做法是( )。
    A 墙体底部宜设面砖坎台　　　　　　B 墙体底部宜设石材坎台
    C 墙体底部宜设预制混凝土坎台　　　D 墙体底部宜设现浇混凝土坎台

26. 根据《混凝土结构通用规范》,现浇混凝土结构及其支架设计时,通常不作为基本要求的是( )。
    A 耐候性　　　　B 承载力　　　　C 稳固性　　　　D 刚度

27. 关于预应力钢筋张拉和放张时,对构件混凝土抗压强度的选择要求是( )。
    A 不需对构件混凝土强度进行检验
    B 同条件养护下试块的检测值应符合设计要求
    C 设计无要求时,不应低于设计混凝土强度等级值的50%
    D 后张法预应力梁,现浇结构混凝土的龄期不宜小于5d

28. 不允许出现裂缝的预应力混凝土构件进行结构性能检验时,下列无需进行检验的是( )。
    A 裂缝宽度　　　B 承载力　　　C 挠度　　　D 抗裂

29. 组织混凝土实体检验的单位是( )。
    A 建设单位　　　B 设计单位　　　C 监理单位　　　D 施工单位

30. 下列关于地下连续墙的说法,错误的是( )。
    A 能作为地下工程的主体结构　　　　B 宜采用低坍落度的混凝土
    C 槽段接缝为防水薄弱环节　　　　　D 孔洞缺陷应采用混合砂浆修补

31. 下列关于卷材防水层的说法,正确的是( )。
    A 卷材防水层应铺设在主体结构的背水面
    B 顶板保护层采用人工回填的厚度不大于50mm
    C 铺贴双层卷材时,两层卷材相互垂直铺贴

D 底板可采用细石混凝土保护层

32. 屋面保温材料选择中,不需要考虑的因素( )。
    A 导热系数　　　B 干密度　　　C 吸水率　　　D 强度

33. 下列关于瓦屋面工程做法的说法中,错误的是( )。
    A 瓦屋面与山墙及突出屋面结构的交接处,均应做泛水处理
    B 抗震烈度不大于7度的地区,不需要采取瓦材固定措施
    C 瓦材的下面应铺设防水层或防水垫层
    D 瓦屋面檐沟、天沟的防水层可采用金属板材

34. 下列关于建筑装饰装修施工的说法中,错误的是( )。
    A 建筑装饰装修工程应具完整的施工图设计文件
    B 金属门窗安装应采用预留洞口的方法施工
    C 轻质隔墙与顶棚和其他墙体的交接处应采取防开裂措施
    D 验收后施工现场的垃圾清理干净

35. 建筑装饰装修工程中,无需进行复验的指标是( )。
    A 室内人造地板的传热系数
    B 抹灰工程中,砂浆的拉伸粘结强度
    C 建筑外窗的抗风压性能
    D 室内用花岗石板的放射性

36. 室内装修后以下材料应测试甲醛的是( )。
    A 人造木板　　　B 大理石　　　C 瓷砖　　　D 墙纸

37. 下列关于玻璃幕墙的说法,错误的是( )。
    A 玻璃的厚度不应小于6.0mm
    B 中空玻璃应采用双道密封
    C 钢化玻璃表面不得有损伤
    D 硅酮结构密封胶必须现场注胶

38. 下列关于大理石、花岗石面层铺设的做法,正确的是( )。
    A 应在结合层上铺设
    B 应在找平层上铺设
    C 应在湿润的状态下铺设
    D 碎拼的面层表面平整度允许偏差值为5mm

39. 下列关于木地板施工的说法,错误的是( )。
    A 实木踢脚线背面应抽槽并做防腐处理
    B 大面积铺设实木复合地板面层的铺设不应分段
    C 软木地板面层应采用粘贴方式铺设
    D 地面辐射供暖的木地板面层采用无龙骨的空铺法铺设时,应在填充处设一层耐热防潮纸(布)

40. 下列材料进入施工现场时,不需要提供放射性检测报告的是( )。
    A 砖面层　　　B 预制板块　　　C 金属板材　　　D 石材

41. 关于设计单位应承担的消防设计的责任和义务,下列说法正确的是( )。
    A 应该对消防设计质量承担首要责任
    B 应负责申请消防审查
    C 挑选满足防火要求的建筑产品、材料、配件和设备,并检验其质量
    D 参加工程项目竣工验收,并对消防设计实施情况盖章确认

42. 某建设工程项目，由于发包方提供的相关基础资料不准确造成设计单位返工的，发包人应( )。
   A 按设计人实际消耗的工作量增付费用　　B 双倍支付设计费
   C 延长设计周期　　　　　　　　　　　　D 重新签订设计合同

43. 以下选项属于注册建筑师进行建筑设计技术咨询的是( )。
   A 对项目进行施工指导和监督　　　　　　B 工程质量评估
   C 授权他人以自己名义进行执业　　　　　D 建筑施工图审查

44. 注册建筑师小李在某乙级设计院注册执业工作20个月后跳槽到某甲级设计院。小李变更注册时，同时提出延续注册申请，如果准予延续，则注册有效期为( )。
   A 4个月　　　　B 12个月　　　　C 20个月　　　　D 24个月

45. 违反《建设工程质量管理条例》规定，设计单位超越本单位资质等级承包工程的，对设计单位的处罚方式不包括( )。
   A 罚款　　　　　　　　　　　　　　　　B 降低资质等级
   C 吊销营业执照　　　　　　　　　　　　D 吊销资质证书

46. 按照《建筑工程设计招标投标管理办法》的规定，下列可不进行公开招标的是( )。
   A 对建筑艺术造型有特殊要求的项目　　　B 建设单位承诺能够自行设计的项目
   C 建设单位依法能够自行设计的项目　　　D 建设单位认可原设计单位的改建项目

47. 下列招标人的行为中，不合法的是( )。
   A 编制标底　　　　　　　　　　　　　　B 委托招标代理机构进行招标
   C 分多次组织不同投标人踏勘项目现场　　D 实行总承包招标

48. 关于建设工程设计发包与承包，以下做法正确的是( )。
   A 发包方只能将整个建设工程设计发包给一个具有相应设计资质等级的设计单位
   B 经发包方书面同意，承包方将建设工程转包给其他设计单位
   C 经发包方书面同意，承包方将建设工程设计主体部分分包给其他设计单位
   D 经主管部门批准，发包方将采用特定专利或专有技术的建设工程设计直接发包

49. 根据《建设工程勘察设计管理条例》，以下选项不属于判断建筑方案优劣的是( )。
   A 投标人的业绩和信誉　　　　　　　　　B 设计单位的净资产
   C 勘察设计人员的能力　　　　　　　　　D 设计方案的优劣

50. 经发包人同意，总承包单位将非主体结构设计分包给具有相应资质的设计单位。发包人拖欠合同款，总承包单位懈怠追款，分包人有权( )。
   A 举报总承包单位　　B 举报发包人　　C 起诉发包人　　D 拒绝施工

51. 依据《建设工程勘察设计管理条例》，以下选项中，编制初步设计文件应满足( )。
   A 全部设备材料采购的需要　　　　　　　B 控制概算的需要
   C 施工的需要　　　　　　　　　　　　　D 编制施工图设计文件的需要

52. 根据《建设工程勘察设计管理条例》，下列关于设计文件修改的说法，正确的是( )。
   A 建设单位可以直接委托其他具有相应资质的建设工程设计单位修改
   B 修改单位与原设计单位对修改的设计文件承担连带责任
   C 设计文件需重大修改时，建设单位应报经原审批单位批准后方可修改
   D 建设单位无权要求设计单位修改

53. 根据《建设工程勘察设计管理条例》，工程项目设备招标中，设计文件中选用的材料、构配件、设备应当注明其（　　）。
    A 生产厂　　　　　　B 供应商　　　　　　C 销售渠道　　　　　　D 技术指标

54. 根据《建设工程勘察设计管理条例》，设计单位未按照国家规定的设计深度要求编制设计文件的，其行政处罚不包括（　　）。
    A 警告　　　　　　　B 罚款　　　　　　　C 降低资质等级　　　　D 吊销资质证书

55. 根据《中华人民共和国标准化法》，下列关于团体标准的说法中正确的是（　　）。
    A 国家鼓励各行业团体制定高于推荐性标准的团体标准
    B 国家鼓励各行业团体制定高于强制性标准的团体标准
    C 国家标准不包括推荐性标准
    D 国家鼓励采用强制性标准

56. 根据《实施工程建设强制性标准监督规定》，以下选项中，对监理阶段执行强制性标准的情况实施监督的是（　　）。
    A 建设项目规划审查机构　　　　　　B 施工图设计文件审查单位
    C 建筑安全监督管理机构　　　　　　D 工程质量监督机构

57. 下列单位中，可以与工程监理单位存在隶属关系的是（　　）。
    A 施工承包单位　　　　　　　　　　B 设计单位
    C 建筑构配件供应单位　　　　　　　D 设备供应单位

58. 下列关于城市规划的说法，错误的是（　　）。
    A 修建性详细规划、建设工程设计方案的总平面图确需修改的，城乡规划主管部门必须采取听证会，听取利害关系人的意见
    B 因依法修改规划给利害关系人合法权益造成损失的，应当依法给予补偿
    C 未经核实或者经核实不符合规划条件的，建设单位不得组织竣工验收
    D 建设单位应当在竣工验收后六个月内向城乡规划主管部门报送有关竣工验收资料

59. 根据《房屋建筑和市政基础设施项目工程总承包管理办法》，已取得（　　）的设计单位可以直接申请相应类别施工总承包一级资质。
    A 工程设计专业资质　　　　　　　　B 工程设计综合资质
    C 工程设计行业乙级资质　　　　　　D 建筑工程专业乙级资质

60. 根据《房屋建筑和市政基础设施项目工程总承包管理办法》，下列关于工程总承包的说法，正确的是（　　）。
    A 建设单位必须采用招标的方式选择工程总承包单位
    B 建设内容明确、技术方案成熟的项目，适宜采用工程总承包方式
    C 工程总承包单位可以选择工程总承包项目造价咨询单位
    D 工程总承包项目经理可以同时在两个工程项目担任工程总承包项目经理

01. 【解析】工程建设其他费用按其内容可分为以下三类。
　　1. 土地使用费：包括农用土地征用费和取得国有土地使用费。
　　2. 与项目建设有关的费用：包括建设单位管理费、建设单位临时设施费、勘察设计费、研究试验费、工程监理费、工程保险费、引进技术和进口设备其他费用、环境影响评价费、劳动安全卫生评价费、工程质量监督费、特殊设备安全监督检验费、市政公用设施建设和绿化补偿费。
　　3. 与未来企业生产经营有关的费用：包括联合试运转费、生产准备费和办公和生活家具购置费。
　　故选项C正确。
【答案】C

02. 【解析】基本预备费（又称不可预见费），是指在可行性研究投资估算中难以预料的工程和费用，其中包括实行按施工图预算加系数包干的预算包干费用，其用途如下：
　　1. 技术设计、施工图设计及施工过程中所增加的工程费用，设计变更、局部地基处理等增加的费用；
　　2. 一般自然灾害造成的损失和预防自然灾害所采取的措施费用；
　　3. 竣工验收时为鉴定工程质量，对隐蔽工程进行必要的挖掘和修复费用。
　　可见，选项B正确。
【答案】B

03. 【解析】根据《建设项目投资估算编审规程》CECA/GC 1—2015中第6.2.2条，项目建议书阶段建设项目投资估算可采用生产能力指数法系数估算法比例估算法混合法指标估算法等。6.3.1 可行性研究阶段建设项目投资估算原则上应采用指标估算法。故选项A正确。
【答案】A

04. 【解析】根据《建设项目投资估算编审规程》CECA/GC 1—2015中第4.0.1条，建设项目总投资由建设投资、建设期利息、固定资产投资方向调节税和流动资金组成。其中，建设期利息包括银行借款、其他债务资金利息，以及其他融资费用。故选项A正确。
　　投资估算在建设项目策划阶段编制。故选项B错误。
　　施工图预算是实行招标、投标的重要依据。故选项C错误。
　　设计概算是考核建设项目投资效果的依据。故选项D错误。
【答案】A

05. 【解析】由题解析图所示的经济效果评价指标体系可知，选项D正确。

经济效果评价指标体系图

【答案】D

模拟试题、参考答案及解析

06.【解析】限额设计是指按照批准的可行性研究报告中的投资限额进行初步设计、按照批准的初步设计概算进行施工图设计、按照施工图预算造价编制施工图设计中各个专业设计文件的过程;限额设计需要在投资额度不变的情况下,实现使用功能和建设规模的最大化。故选项 A 错误。

分解工程造价目标是实行限额设计的一个有效途径和主要方法。将上一阶段确定的投资额分解到建筑、结构、电气、给水排水和暖通等设计部门各个专业;再将投资限额分解到各单项工程、单位工程、分部工程及分项工程;最后将各细化的目标明确到相应设计人员,制定明确的限额设计方案;通过层层目标分解和限额设计,实现对投资限额的有效控制。故选项 B 正确。

策划阶段是限额设计的关键。故选项 C 错误。

限额设计是整个工程的最高限额,当超过限额设计时应修改方案达到设计限额的要求。故选项 D 错误。

【答案】B

07.【解析】编制设计概算时应把握以下原则:

1. 严格按照国家的建设方针和经济政策的原则;

2. 要完整、准确地反映设计内容的原则,根据设计文件和图纸资料准确地计算工程量,设计修改后要及时修正概算;

3. 坚持结合拟建工程的实际,反映工程所在地当时价格水平的原则。应实事求是地对所在地的建设条件、可能影响造价的各种因素进行认真的调查研究。

故选项 A 正确。

【答案】A

08.【解析】施工图预算的作用包括以下几个方面:

1. 是设计阶段控制工程造价的重要环节;

2. 是编制或调整固定资产投资计划的依据;

3. 在委托承包时,施工图预算是签订工程承包合同的依据;

4. 在委托承包时,施工图预算是办理财务拨款、工程贷款和工程结算的依据;

5. 是施工单位编制施工计划的依据;

6. 是加强施工企业实行经济核算的依据;

7. 是实行招标、投标的重要依据。

依据第1点,选项 B 正确。

【答案】B

09.【解析】根据《建设工程工程量清单计价规范》GB 50500—2013 中第 4.1.2 条,招标工程量清单必须作为招标文件的组成部分,其准确性和完整性应由招标人负责。故选项 B 正确。

【答案】B

10.【解析】根据《建设工程工程量清单计价规范》GB 50500—2013 中第 5.1.1 条,国有资金投资的建设工程招标,招标人必须编制招标控制价。故选项 A 错误。依据第 2.0.45 条文说明,投标价不能高于招标人设定的招标控制价。故选项 B 错误。

最高投标限价包括分部分项工程费、措施项目费、其他项目费、规费和增值税,总承包服务费属于其他项目费。故选项 C 错误。规费和增值税应按国家或省级、行业建设主管部门的规定计算,不得作为竞争性费用。故选项 D 正确。

【答案】D

11.【解析】依据项目结构分解方法的不同,资金使用计划的编制可分为按工程造价构成编制资金使用计划、按工程项目组成编制资金使用计划和按工程进度编制资金使用计划。其中，在按工程进度编制资金使用计划时，通过对项目投资目标按时间进行分解，在网络计划基础上可获得项目进度计划的横道图，在此基础上编制的资金使用计划是时间—投资累计曲线。故选项D正确。

【答案】D

12．【解析】根据《建设工程工程量清单计价规范》GB 50500—2013中第9.10.1条，因不可抗力事件导致的人员伤亡、财产损失及其费用增加，发承包双方应按下列原则分别承担并调整合同价款和工期：1. 合同工程本身的损害、因工程损害导致第三方人员伤亡和财产损失以及运至施工场地用于施工的材料和待安装的设备的损害，应由发包人承担；2. 发包人、承包人人员伤亡应由其所在单位负责，并应承担相应费用；3. 承包人的施工机械设备损坏及停工损失，应由承包人承担；4. 停工期间，承包人应发包人要求留在施工场地的必要的管理人员及保卫人员的费用应由发包人承担；5. 工程所需清理、修复费用，应由发包人承担。

因此，该项目应当被批复的补偿金额包括在建工程损失30万元及工程清理与修复费用6万元，合计36万元。故选项D正确。

【答案】D

13．【解析】根据《建设工程工程量清单计价规范》GB 50500—2013中第2.0.24条，现场签证：发包人现场代表（或其授权的监理人、工程造价咨询人）与承包人现场代表就施工过程中涉及的责任事件所作的签认证明。故选项C正确。

【答案】C

14．【解析】合同价格属于市场价格性质，合同价是发包承包双方工程结算的基础。由于设计变更、超出合同规定的市场价格变化等各种因素，对合同价进行调整并确定工程结算价；结算价是该结算工程的实际价格。故选项D错误。

【答案】D

15．【解析】项目后评价的基本指标包括技术、经济、环境、社会和管理5个方面。项目社会效益评价主要指标包括：利益相关群体、移民和拆迁、项目区域贫困人口、最低生活保障线等。故选项D正确。

【答案】D

16．【解析】根据《建筑工程施工质量验收统一标准》GB 50300—2013中第3.0.2条，未实行监理的建筑工程，建设单位相关人员应履行本标准涉及的监理职责。故选项A正确。

【答案】A

17．【解析】根据《建筑工程施工质量验收统一标准》GB 50300—2013中第3.0.5条，当专业验收规范对工程中的验收项目未作出相应规定时，应由建设单位组织监理、设计、施工等相关单位制定专项验收要求。涉及安全、节能、环境保护等项目的专项验收要求应由建设单位组织专家论证。故选项D正确。

【答案】D

18．【解析】根据《建筑工程施工质量验收统一标准》GB 50300—2013中，第3.0.4条，符合下列条件之一时，可按相关专业验收规范的规定适当调整抽样复验试验数量，调整后的抽样复验试验方案应由施工单位编制，并报监理单位审核确认。1. 同一项目中由相同施工单位施工的多个单位工程，使用同一生产厂家的同品种同规格同批次的材料构配件设备；2. 同一施工单位在现场加工的成品半成品构配件用于同一项目中的多个单位工程；3. 在同一项目中，针对同一抽样对象已有检验成

25

果可以重复利用。

故选项 B 正确。

【答案】B

19.【解析】根据《建筑工程施工质量验收统一标准》GB 50300—2013 中第 5.0.6 条，当建筑工程施工质量不符合要求时，应按下列规定进行处理：1. 经返工或返修的检验批，应重新进行验收（故选项 A 正确）；2. 经有资质的检测机构检测鉴定能够达到设计要求的检验批，应予以验收（故选项 B 正确）；3. 经有资质的检测机构检测鉴定达不到设计要求、但经原设计单位核算认可能够满足安全和使用功能的检验批，可予以验收（故选项 C 错误）；4. 经返修或加固处理的分项、分部工程，满足安全及使用功能要求时，可按技术处理方案和协商文件的要求予以验收（故选项 D 正确）。

【答案】C

20.【解析】根据《建筑工程施工质量验收统一标准》GB 50300—2013 中第 6.0.3 条，分部工程应由总监理工程师组织施工单位项目负责人和项目技术负责人等进行验收。故选项 D 正确。

【答案】D

21.【解析】根据《砌体结构工程施工规范》GB 50924—2014 中第 10.1.4 条，在没有采取有效措施的情况下，不应在下列部位或环境中使用轻骨料混凝土小型空心砌块或蒸压加气混凝土砌块砌体：1. 建筑物防潮层以下墙体；2. 长期浸水或化学侵蚀环境；3. 砌体表面温度高于 80℃ 的部位；4. 长期处于有振动源环境的墙体。故选项 C 正确。

【答案】C

22.【解析】根据《砌体结构工程施工质量验收规范》GB 50203—2011 中第 3.0.6 条，砌筑顺序应符合下列规定：1. 基底标高不同时，应从低处砌起，并应由高处向低处搭砌。当设计无要求时，搭接长度 L 不应小于基础底的高差 H，搭接长度范围内下层基础应扩大砌筑；2. 砌体的转角处和交接处应同时砌筑，当不能同时砌筑时，应按规定留槎、接槎。故选项 A、B、C 错误，选项 D 正确。

【答案】D

23.【解析】根据《砌体结构工程施工规范》GB 50924—2014 中相关条款如下。

3.3.6 设计要求的洞口、沟槽或管道应在砌筑时预留或预埋，并应符合设计规定。未经设计同意，不得随意在墙体上开凿水平沟槽。对宽度大于 300mm 的洞口上部，应设置过梁（故选项 A 错误）。

3.3.7 当墙体上留置临时施工洞口时，应符合下列规定：

3. 对抗震设防烈度为 9 度及以上地震区建筑物的临时施工洞口位置，应会同设计单位确定（故选项 C 错误）；

4. 墙梁构件的墙体部分不宜留置临时施工洞口；当需留置时，应会同设计单位确定（故选项 D 错误）。

【答案】B

24.【解析】根据《砌体结构工程施工质量验收规范》GB 50203—2011 中第 8.2.3 条，构造柱与墙体的连接应符合下列规定：1. 墙体应砌成马牙槎，马牙槎凹凸尺寸不宜小于 60mm，高度不应超过 300mm，马牙槎应先退后进，对称砌筑；马牙槎尺寸偏差每一构造柱不应超过 2 处。

可见，选项 A、B、D 正确，选项 C 错误。

【答案】C

25.【解析】根据《砌体结构工程施工质量验收规范》GB 50203—2011 中第 9.1.6 条，在厨房、卫间、浴室等处采用轻骨料混凝土小型空心砌块、蒸压加气混凝土砌块砌筑墙体时，墙底部宜现浇混凝土坎台，其高度宜为150mm。故选项D正确。

【答案】D

26.【解析】根据《混凝土结构通用规范》GB 55008—2021中第5.2.1条，模板及支架应根据施工过程中的各种控制工况进行设计，并应满足承载力、刚度和整体稳固性要求。故选项A符合题意。

【答案】A

27.【解析】《混凝土结构工程施工规范》GB 50666—2011相关条款如下。

6.4.3 施加预应力时，混凝土强度应符合设计要求，且同条件养护的混凝土立方体抗压强度，应符合下列规定：

1. 不应低于设计混凝土强度等级值的75%；
2. 采用消除应力钢丝或钢绞线作为预应力筋的先张法构件，尚不应低于30MPa；
3. 不应低于锚具供应商提供的产品技术手册要求的混凝土最低强度要求；
4. 后张法预应力梁和板，现浇结构混凝土的龄期分别不宜小于7d和5d。

故选项A、C、D错误，选项B正确。

【答案】B

28.【解析】根据《混凝土结构工程施工质量验收规范》GB 50204—2015相关条款如下。

9.2.2 专业企业生产的预制构件进场时，预制构件结构性能检验应符合下列规定：

1. 梁板类简支受弯预制构件进场时应进行结构性能检验，并应符合下列规定：2）钢筋混凝土构件和允许出现裂缝的预应力混凝土构件应进行承载力、挠度和裂缝宽度检验；不允许出现裂缝的预应力混凝土构件应进行承载力、挠度和抗裂检验。故选项A符合题意。

【答案】A

29.【解析】根据《混凝土结构工程施工质量验收规范》GB 50204—2015中第10.1.1条，对涉及混凝土结构安全的有代表性的部位应进行结构实体检验。结构实体检验应包括混凝土强度、钢筋保护层厚度、结构位置与尺寸偏差，以及合同约定的项目；必要时可检验其他项目。结构实体检验应由监理单位组织施工单位实施，并见证实施过程。施工单位应制定结构实体检验专项方案，并经监理单位审核批准后实施。除结构位置与尺寸偏差外，结构实体检验项目，应由具有相应资质的检测机构完成。故选项C正确。

【答案】C

30.【解析】《地下防水工程质量验收规范》GB 50208—2011相关条款如下。

6.2.1 地下连续墙适用于地下工程的主体结构、支护结构以及复合式衬砌的初期支护（故选项A说法正确）。

6.2.2 地下连续墙应采用防水混凝土。胶凝材料用量不应小于400kg/m³，水胶比不得大于0.55，坍落度不得小于180mm（故选项B说法错误）。

6.2.5 地下连续墙应根据工程要求和施工条件减少槽段数量；地下连续墙槽段接缝应避开拐角部位（故选项C说法正确）。

6.2.6 地下连续墙如有裂缝、孔洞、露筋等缺陷，应采用聚合物水泥砂浆修补；地下连续墙槽段接缝如有渗漏，应采用引排或注浆封堵（故选项D说法正确）。

【答案】B

31.【解析】《地下防水工程质量验收规范》GB 50208—2011相关条款如下。

4.3.1 卷材防水层适用于受侵蚀性介质作用或受振动作用的地下工程；卷材防水层应铺设在

主体结构的迎水面（故选项 A 错误）。

4.3.6 防水卷材的搭接宽度应符合表 4.3.6 的要求。铺贴双层卷材时，上下两层和相邻两幅卷材的接缝应错开 1/3～1/2 幅宽，且两层卷材不得相互垂直铺贴（故选项 C 错误）。

4.3.13 卷材防水层完工并经验收合格后应及时做保护层。保护层应符合下列规定：1. 顶板的细石混凝土保护层与防水层之间宜设置隔离层。细石混凝土保护层厚度：机械回填时不宜小于 70mm，人工回填时不宜小于 50mm（故选项 B 错误）。2. 底板的细石混凝土保护层厚度不应小于 50mm（故选项 D 正确）。3. 侧墙宜采用软质保护材料或铺抹 20mm 厚 1∶2.5 水泥砂浆。

【答案】D

32.【解析】《屋面工程技术规范》GB 50345—2012 相关条款如下。

4.4.1 保温层应根据屋面所需传热系数或热阻选择轻质、高效的保温材料。

4.4.2 保温层设计应符合下列规定：1. 保温层宜选用吸水率低、密度和导热系数小，并有一定强度的保温材料。

由此可知，屋面保温材料不需要考虑的因素是选项 B。

【答案】B

33.【解析】《屋面工程技术规范》GB 50345—2012 相关条款如下。

4.8.3 瓦屋面与山墙及突出屋面结构的交接处，均应做不小于 250mm 高的泛水处理（故选项 A 正确）。

4.8.4 在大风及地震设防地区或屋面坡度大于 100% 时，瓦片应采取固定加强措施（故选项 B 错误）。

4.8.8 瓦屋面檐沟、天沟的防水层，可采用防水卷材或防水涂膜，也可采用金属板材（故选项 D 正确）。

《屋面工程质量验收规范》GB 50207—2012 相关条款如下。

7.1.6 在瓦材的下面应铺设防水层或防水垫层，其品种、厚度和搭接宽度均应符合设计要求（故选项 C 正确）。

【答案】B

34.【解析】《建筑装饰装修工程质量验收标准》GB 50210—2018 相关条款如下。

3.1.1 建筑装饰装修工程应进行设计，并应出具完整的施工图设计文件（故选项 A 正确）。

6.1.8 金属门窗和塑料门窗安装应采用预留洞口的方法施工（故选项 B 正确）。

8.1.7 轻质隔墙与顶棚和其他墙体的交接处应采取防开裂措施（故选项 C 正确）。

【答案】D

35.【解析】《建筑装饰装修工程质量验收标准》GB 50210—2018 相关条款如下。

4.1.3 抹灰工程应对下列材料及其性能指标进行复验：

1. 砂浆的拉伸粘结强度（选项 B 需复验）；

2. 聚合物砂浆的保水率。

6.1.3 门窗工程应对下列材料及其性能指标进行复验：

1. 人造木板门的甲醛释放量；

2. 建筑外窗的气密性能、水密性能和抗风压性能（选项 C 需复验）。

9.1.3 饰面板工程应对下列材料及其性能指标进行复验：

1. 室内用花岗石板的放射性、室内用人造木板的甲醛释放量（选项 D 需复验）；

2. 水泥基粘结料的粘结强度；

3. 外墙陶瓷板的吸水率；
4. 严寒和寒冷地区外墙陶瓷板的抗冻性。
【答案】A

36.【解析】根据《建筑装饰装修工程质量验收标准》GB 50210—2018 中第 6.1.3 条，门窗工程应对下列材料及其性能指标进行复验：1. 人造木板门的甲醛释放量。故选项 B 正确。
【答案】B

37.【解析】根据《建筑装饰装修工程质量验收标准》GB 50210—2018 中第 11.1.10 条，硅酮结构密封胶的注胶应在洁净的专用注胶室进行，且养护环境、温度、湿度条件应符合结构胶产品的使用规定。故选项 D 错误。
【答案】D

38.【解析】《建筑地面工程施工质量验收规范》GB 50209—2010 相关条款如下。
6.3.1 大理石、花岗石面层采用天然大理石、花岗石（或碎拼大理石、碎拼花岗石）板材，应在结合层上铺设（故选项 A 正确，选项 B 错误）。
6.3.3 铺设大理石、花岗石面层前，板材应浸湿、晾干；结合层与板材应分段同时铺设（故选项 C 错误）。
6.1.8 板块面层的允许偏差和检验方法应符合表 6.1.8 的规定。表 6.1.8 规定的碎拼的面层表面平整度允许偏差值为 3mm（故选项 D 错误）。
【答案】A

39.【解析】《建筑地面工程施工质量验收规范》GB 50209—2010 相关条款如下。
7.2.6 采用实木制作的踢脚线，背面应抽槽并做防腐处理（故选项 A 正确）。
7.3.5 大面积铺设实木复合地板面层时，应分段铺设，分段缝的处理应符合设计要求（故选项 B 错误）。
7.5.1 软木类地板面层应采用软木地板或软木复合地板的条材或块材，在水泥类基层或垫层地板上铺设。软木地板面层应采用粘贴方式铺设，软木复合地板面层应采用空铺方式铺设（故选项 C 正确）。
7.6.8 地面辐射供暖的木板面层采用无龙骨的空铺法铺设时，应在填充层上铺设一层耐热防潮纸（布）（故选项 D 正确）。
【答案】B

40.【解析】《建筑地面工程施工质量验收规范》GB 50209—2010 相关条款如下。
6.2.6 砖面层所用板块产品进入施工现场时，应有放射性限量合格的检测报告。
6.4.7 预制板块面层所用板块产品进入施工现场时，应有放射性限量合格的检测报告。
6.5.6 石材进入施工现场时，应有放射性限量合格的检测报告。
故不需要提供放射性检测报告的是选项 C。
【答案】C

41.【解析】《建设工程消防设计审查验收管理暂行规定》相关条款如下。
第八条 建设单位依法对建设工程消防设计、施工质量负首要责任。设计、施工、工程监理、技术服务等单位依法对建设工程消防设计、施工质量负主体责任。建设、设计、施工、工程监理、技术服务等单位的从业人员依法对建设工程消防设计、施工质量承担相应的个人责任（故选项 A 错误）。
第十条 设计单位应当履行的消防设计、施工质量责任和义务：

1. 按照建设工程法律法规和国家工程建设消防技术标准进行设计，编制符合要求的消防设计文件，不得违反国家工程建设消防技术标准强制性条文；

2. 在设计文件中选用的消防产品和具有防火性能要求的建筑材料、建筑构配件和设备，应当注明规格、性能等技术指标，符合国家规定的标准；

3. 参加建设单位组织的建设工程竣工验收，对建设工程消防设计实施情况签章确认，并对建设工程消防设计质量负责。

可见，选项 B、C、D 说法正确。

【答案】A

42.【解析】根据《中华人民共和国民法典》第八百零五条，因发包人变更计划，提供的资料不准确，或者未按照期限提供必需的勘察、设计工作条件而造成勘察、设计的返工、停工或者修改设计，发包人应当按照勘察人、设计人实际消耗的工作量增付费用。故选项 A 正确。

【答案】A

43.【解析】根据《中华人民共和国注册建筑师条例实施细则》第二十八条，注册建筑师的执业范围具体为：建筑设计、建筑设计技术咨询、建筑物调查与鉴定、对本人主持设计的项目进行施工指导和监督、国务院建设主管部门规定的其他业务。故选项 D 正确。

【答案】D

44.【解析】《中华人民共和国注册建筑师条例实施细则》相关条款如下。

第十九条　注册建筑师每一注册有效期为二年。注册建筑师注册有效期满需继续执业的，应在注册有效期届满三十日前，按照本细则第十五条规定的程序申请延续注册。延续注册有效期为二年。

第二十条　注册建筑师变更执业单位，应当与原聘用单位解除劳动关系，并按照本细则第十五条规定的程序办理变更注册手续。变更注册后，仍延续原注册有效期。原注册有效期届满在半年以内的，可以同时提出延续注册申请。准予延续的，注册有效期重新计算。

故选项 D 正确。

【答案】D

45.【解析】根据《建设工程质量管理条例》第六十条，违反本条例规定，勘察、设计、施工、工程监理单位超越本单位资质等级承揽工程的，责令停止违法行为，对勘察、设计单位或者工程监理单位处合同约定的勘察费、设计费或监理酬金1倍以上2倍以下的罚款；对施工单位处工程合同价款2%以上4%以下的罚款，可以责令停业整顿，降低资质等级；情节严重的，吊销资质证书；有违法所得的，予以没收。故不包括选项 C。

【答案】C

46.【解析】根据《建筑工程设计招标投标管理办法》第四条，建筑工程设计招标范围和规模标准按照国家有关规定执行，有下列情形之一的，可以不进行招标：1. 采用不可替代的专利或者专有技术的；2. 对建筑艺术造型有特殊要求，并经有关主管部门批准的（故选项 A 错误）；3. 建设单位依法能够自行设计的（故选项 B 错误，选项 C 正确）；4. 建筑工程项目的改建、扩建或者技术改造，需要由原设计单位设计，否则将影响功能配套要求的（故选项 D 错误）；5. 国家规定的其他特殊情形。

【答案】C

47.【解析】根据《工程建设项目施工招标投标办法》第三十二条，招标人根据招标项目的具体情况，可以组织潜在投标人踏勘项目现场，向其介绍工程场地和相关环境的有关情况。潜在投标人依据招标人介绍情况作出的判断和决策，由投标人自行负责。

招标人不得单独或者分别组织任何一个投标人进行现场踏勘。故选项C符合。

【答案】C

48.【解析】《建设工程勘察设计管理条例》相关条款如下。

第十六条 下列建设工程的勘察、设计，经有关主管部门批准，可以直接发包：

（一）选用特定的专利或者专有技术的（故选项D正确）；

（二）建筑艺术造型有特殊要求的；

（三）国务院规定的其他建设工程的勘察、设计。

第十八条 发包方可以将整个建设工程的勘察、设计发包给一个勘察、设计单位；也可以将建设工程的勘察、设计分别发包给几个勘察、设计单位（故选项A错误）。

第十九条 除建设工程主体部分的勘察、设计外，经发包方书面同意，承包方可以将建设工程其他部分的勘察、设计再分包给其他具有相应资质等级的建设工程勘察、设计单位（故选项C错误）。

第二十条 建设工程勘察、设计单位不得将所承揽的建设工程勘察、设计转包（故选项B错误）。

【答案】D

49.【解析】根据《建设工程勘察设计管理条例》第十四条，建设工程勘察设计方案评标，应当以投标人的业绩信誉和勘察设计人员的能力以及勘察设计方案的优劣为依据，进行综合评定。故不包括选项B。

【答案】B

50.【解析】根据《中华人民共和国民法典》第五百三十五条，因债务人怠于行使其债权或者与该债权有关的从权利，影响债权人的到期债权实现的，债权人可以向人民法院请求以自己的名义代位行使债务人对相对人的权利，但是该权利专属于债务人自身的除外。

故选项C正确。

【答案】C

51.【解析】根据《建设工程勘察设计管理条例》第二十六条，编制建设工程勘察文件，应当真实、准确，满足建设工程规划、选址、设计、岩土治理和施工的需要。编制方案设计文件，应当满足编制初步设计文件和控制概算的需要。编制初步设计文件，应当满足编制施工招标文件、主要设备材料订货和编制施工图设计文件的需要。编制施工图设计文件，应当满足设备材料采购、非标准设备制作和施工的需要，并注明建设工程合理使用年限。故选项D正确。

【答案】D

52.【解析】《建设工程勘察设计管理条例》相关条例如下。

第二十八条 建设单位、施工单位、监理单位不得修改建设工程勘察、设计文件；确需修改建设工程勘察、设计文件的，应当由原建设工程勘察、设计单位修改。经原建设工程勘察、设计单位书面同意，建设单位也可以委托其他具有相应资质的建设工程勘察、设计单位修改。修改单位对修改的勘察、设计文件承担相应责任（故选项A、B、D错误）。

施工单位、监理单位发现建设工程勘察、设计文件不符合工程建设强制性标准、合同约定的质量要求的，应当报告建设单位，建设单位有权要求建设工程勘察、设计单位对建设工程勘察、设计文件进行补充、修改。

建设工程勘察、设计文件内容需要作重大修改的，建设单位应当报经原审批机关批准后，方

31

可修改（故选项 C 正确）。

【答案】C

53. 【解析】《建设工程勘察设计管理条例》相关条款如下。

第二十七条 设计文件中选用的材料、构配件、设备，应当注明其规格、型号、性能等技术指标，其质量要求必须符合国家规定的标准（故选项 D 正确）。

除有特殊要求的建筑材料、专用设备和工艺生产线等外，设计单位不得指定生产厂、供应商。

【答案】D

54. 【解析】根据《建设工程勘察设计管理条例》第四十条，违反本条例规定，勘察、设计单位未依据项目批准文件，城乡规划及专业规划，国家规定的建设工程勘察、设计深度要求编制建设工程勘察、设计文件的，责令限期改正；逾期不改正的，处 10 万元以上 30 万元以下的罚款；造成工程质量事故或者环境污染和生态破坏的，责令停业整顿，降低资质等级；情节严重的，吊销资质证书；造成损失的，依法承担赔偿责任。故不包括选项 A。

【答案】A

55. 【解析】《中华人民共和国标准化法》相关条款如下。

第二条 本法所称标准（含标准样品），是指农业、工业、服务业以及社会事业等领域需要统一的技术要求。

标准包括国家标准、行业标准、地方标准和团体标准、企业标准。国家标准分为强制性标准、推荐性标准，行业标准、地方标准是推荐性标准（故选项 C 错误）。

强制性标准必须执行。国家鼓励采用推荐性标准（故选项 D 错误）。

第二十一条 推荐性国家标准、行业标准、地方标准、团体标准、企业标准的技术要求不得低于强制性国家标准的相关技术要求。国家鼓励社会团体、企业制定高于推荐性标准相关技术要求的团体标准、企业标准（故选项 A 正确，选项 B 错误）。

【答案】A

56. 【解析】根据《实施工程建设强制性标准监督规定》第六条，建设项目规划审查机关应当对工程建设规划阶段执行强制性标准的情况实施监督。施工图设计文件审查单位应当对工程建设勘察、设计阶段执行强制性标准的情况实施监督。建筑安全监督管理机构应当对工程建设施工阶段执行施工安全强制性标准的情况实施监督。工程质量监督机构应当对工程建设施工、监理、验收等阶段执行强制性标准的情况实施监督。故选项 D 正确。

【答案】D

57. 【解析】根据《建设工程质量管理条例》第三十五条，工程监理单位与被监理工程的施工承包单位以及建筑材料、建筑构配件和设备供应单位有隶属关系或者其他利害关系的，不得承担该项建设工程的监理业务。故选项 B 正确。

【答案】B

58. 【解析】《中华人民共和国城乡规划法》相关条款如下。

第四十五条 县级以上地方人民政府城乡规划主管部门按照国务院规定对建设工程是否符合规划条件予以核实。未经核实或者经核实不符合规划条件的，建设单位不得组织竣工验收（故选项 C 正确）。

建设单位应当在竣工验收后六个月内向城乡规划主管部门报送有关竣工验收资料（故选项 D 正确）。

第五十条 在选址意见书、建设用地规划许可证、建设工程规划许可证或者乡村建设规划许可证发放后，因依法修改城乡规划给被许可人合法权益造成损失的，应当依法给予补偿。

经依法审定的修建性详细规划、建设工程设计方案的总平面图不得随意修改；确需修改的，城乡规划主管部门应当采取听证会等形式，听取利害关系人的意见；因修改给利害关系人合法权益造成损失的，应当依法给予补偿（故选项 A 错误，选项 B 正确）。

【答案】A

59.【解析】根据《房屋建筑和市政基础设施项目工程总承包管理办法》第十二条，鼓励设计单位申请取得施工资质，已取得工程设计综合资质、行业甲级资质、建筑工程专业甲级资质的单位，可以直接申请相应类别施工总承包一级资质；鼓励施工单位申请取得工程设计资质，具有一级及以上施工总承包资质的单位可以直接申请相应类别的工程设计甲级资质；完成的相应规模工程总承包业绩可以作为设计、施工业绩申报。故选项 B 正确。

【答案】B

60.【解析】《房屋建筑和市政基础设施项目工程总承包管理办法》相关条款如下。

第六条 建设单位应当根据项目情况和自身管理能力等，合理选择工程建设组织实施方式。建设内容明确、技术方案成熟的项目，适宜采用工程总承包方式（故选项 B 正确）。

第八条 建设单位依法采用招标或者直接发包等方式选择工程总承包单位（故选项 A 错误）。

第十一条 工程总承包单位不得是工程总承包项目的代建单位、项目管理单位、监理单位、造价咨询单位、招标代理单位（故选项 C 错误）。

第二十条 工程总承包项目经理不得同时在两个或者两个以上工程项目担任工程总承包项目经理、施工项目负责人（故选项 D 错误）。

【答案】B

全国注册建筑师资格考试丛书

一级注册建筑师资格考试教材

1 设计前期与场地设计
2 建筑设计（知识题）
3 建筑结构 建筑物理与设备（上下册）
4 建筑材料与构造
5 建筑经济 施工与设计业务管理
6 建筑方案设计（作图题）

**一级注册建筑师考试建筑方案设计（作图）
考点解析与应试指导**

二级注册建筑师资格考试教材

1 场地与建筑方案设计（作图题）
2 建筑设计 建筑材料与构造
3 建筑结构 建筑物理与设备
4 建筑经济 施工与设计业务管理

二级注册建筑师资格考试考前冲刺

1 建筑设计 建筑材料与构造　考点速记 + 真题解析
2 建筑结构 建筑物理与设备　考点速记 + 真题解析
3 建筑经济 施工与设计业务管理　考点速记 + 真题解析

建工出版社微信

各地建筑书店

建筑与规划中心

责任编辑：刘　丹　徐　冉
　　　　　张　建
封面设计：锋尚设计

经销单位：各地新华书店 / 建筑书店（扫描上方二维码）
网络销售：中国建筑工业出版社官网 http://www.cabp.com.cn
　　　　　中国建筑出版在线 http://www.cabplink.com
　　　　　中国建筑工业出版社旗舰店（天猫）
　　　　　中国建筑工业出版社官方旗舰店（京东）
　　　　　中国建筑书店有限责任公司图书专营店（京东）
　　　　　新华文轩旗舰店（天猫）　凤凰新华书店旗舰店（天猫）
　　　　　博库图书专营店（天猫）　浙江新华书店图书专营店（天猫）
　　　　　当当网　京东商城

图书销售分类：考试用书（R20）

ISBN 978-7-112-30556-8

(43933)定价：106.00元
（含增值服务）

全国注册建筑师资格考试丛书

二级注册建筑师资格考试教材

· 4 ·

建筑经济 施工与设计业务管理

（第三版）

全国注册建筑师资格考试教材编委会 编

曹纬浚 主编

中国建筑工业出版社

图书在版编目(CIP)数据

二级注册建筑师资格考试教材. 4，建筑经济 施工与设计业务管理 / 全国注册建筑师资格考试教材编委会编；曹纬浚主编. -- 3 版. -- 北京：中国建筑工业出版社，2024.12. -- (全国注册建筑师资格考试丛书).
ISBN 978-7-112-30556-8

Ⅰ. TU

中国国家版本馆 CIP 数据核字第 2024U63Y03 号

责任编辑：刘　丹　徐　冉　张　建
责任校对：赵　力

全国注册建筑师资格考试丛书
二级注册建筑师资格考试教材
· 4 ·
建筑经济 施工与设计业务管理
(第三版)
全国注册建筑师资格考试教材编委会　编
曹纬浚　主编

*

中国建筑工业出版社出版、发行（北京海淀三里河路9号）
各地新华书店、建筑书店经销
北京红光制版公司制版
北京圣夫亚美印刷有限公司印刷

*

开本：787 毫米×1092 毫米　1/16　印张：32　字数：773 千字
2024 年 12 月第三版　　2024 年 12 月第一次印刷
定价：106.00 元（含增值服务）
ISBN 978-7-112-30556-8
(43933)

版权所有　翻印必究
如有内容及印装质量问题，请与本社读者服务中心联系
电话：(010) 58337283　　QQ：2885381756
（地址：北京海淀三里河路9号中国建筑工业出版社 604 室　邮政编码：100037）

全国注册建筑师资格考试教材
编委会

主任委员　赵春山

副主任委员　于春普　曹纬浚

主　　　编　曹纬浚

副　主　编　姜忆南

主编助理　曹　京　陈　璐

编　　委（以姓氏笔画为序）

于春普　王又佳　王昕禾　叶　飞
冯　东　冯　玲　刘　捷　刘　博
许　萍　孙　伟　杜晓辉　李　英
陈　岚　陈　璐　陈向东　赵春山
荣玥芳　侯云芬　姜忆南　贾昭凯
晁　军　钱民刚　郭保宁　曹　京
曹纬浚　穆静波　魏　鹏

序

赵春山

(住房和城乡建设部执业资格注册中心原主任)

我国正在实行注册建筑师执业资格制度，从接受系统建筑教育到成为执业建筑师之前，首先要得到社会的认可，这种社会的认可在当前表现为取得注册建筑师执业资格证书，而建筑师在未来怎样行使执业权力，怎样在社会上进行再塑造和被再评价从而建立良好的社会资源，则是另一个角度对建筑师的要求。因此在如何培养一名合格的注册建筑师的问题上有许多需要思考的地方。

一、正确理解注册建筑师的准入标准

我们实行注册建筑师制度始终坚持教育标准、职业实践标准、考试标准并举，三者之间相辅相成、缺一不可。所谓教育标准就是大学专业建筑教育。建筑教育是培养专业建筑师必备的前提。一个建筑师首先必须经过大学的建筑学专业教育，这是基础。职业实践标准是指经过学校专门教育后又经过一段有特定要求的职业实践训练积累。只有这两个前提条件具备后才可报名参加考试。考试实际就是对大学建筑教育的结果和职业实践经验积累结果的综合测试。注册建筑师的产生都要经过建筑教育、实践、综合考试三个过程，而不能用其中任何一个去代替另外两个过程，专业教育是建筑师的基础，实践则是在步入社会以后通过经验积累提高自身能力的必经之路。从本质上说，注册建筑师考试只是一个评价手段，真正要成为一名合格的注册建筑师，还必须在教育培养和实践训练上下功夫。

二、关注建筑专业教育对职业建筑师的影响

应当看到，我国的建筑教育与现在的人才培养、市场需求尚有脱节的地方，比如在人才知识结构与能力方面的实践性和技术性还有欠缺。目前在建筑教育领域实行了专业教育评估制度，一个很重要的目的是想以评估作为指挥棒，指挥或者引导现在的教育向市场靠拢，围绕着市场需求培养人才。专业教育评估在国际上已成为一种通行的做法，是一种通过社会或市场评价教育并引导教育围绕市场需求培养合格人才的良好机制。

当然，大学教育本身与社会的具体应用需要之间有所区别，大学教育更侧重于专业理论基础的培养，所以我们就从衡量注册建筑师第二个标准——实践标准上来解决这个问题。注册建筑师考试前要强调专业教育和三年以上的职业实践。现在专门为报考注册建筑师提供一个职业实践手册，包括设计实践、施工配合、项目管理、学术交流四个方面共十项具体实践内容，并要求申请考试人员在一名注册建筑师指导下完成。

理论和实践是相辅相成的关系，大学的建筑教育是基础理论与专业理论教育，但必须

要给学生一定的时间使其把理论知识应用到实践中去，把所学和实践结合起来，提高自身的业务能力和专业水平。

大学专业教育是作为专门人才的必备条件，在国外也是如此。发达国家对一个建筑师的要求是：没有经过专门的建筑学教育是不能称之为建筑师的，而且不能进入该领域从事与其相关的职业。企业招聘人才也首先要看他们是否具备扎实的基本知识和专业本领，所以大学的本科建筑教育是必备条件。

三、注意发挥在职教育对注册建筑师培养的补充作用

在职教育在我国有两个含义：一种是后补充学历教育，即本不具备专业学历，但工作后经过在职教育通过社会自学考试，取得从事现职业岗位要求的相应学历；还有一种是继续教育，即原来学的本专业和其他专业学历，随着科技发展和自身业务领域的拓宽，原有的知识结构已不适应了，于是通过在职教育去补充相关知识。由于我国建筑教育在过去一段时期底子薄，培养数量与社会需求差距很大。改革开放以后为了满足快速发展的建筑市场需求，一批没有经过规范的建筑教育的人员进入了建筑师队伍。而要解决好这一历史问题，提高建筑师队伍整体职业素质，在职教育有着重要的补充作用。

继续教育是在职教育的一种行之有效的教育形式，它特指具有专业学历背景的在职人员从业后，因社会的发展使得原有知识需要更新，要通过参加新知识、新技术的学习以调整原有知识结构、拓宽知识范围。它在性质上与在职培训相同，但又不能完全画等号。继续教育是有计划性、目标性、提高性的，从整体人才队伍和个人知识总体结构上作调整和补充。当前，社会在职教育在制度上和措施上还不够完善，质量很难保证。有一些人把在职读学历作为"镀金"，把继续教育当作"过关"。虽然最后证明拿到了，但实际的本领和水平并没有相应提高。为此需要我们做两方面的工作，一是要让我们的建筑师充分认识到在职教育是我们职业发展的第一需求；二是我们的教育培训机构要完善制度、改进措施、提高质量，使参加培训的人员有所收获。

四、为建筑师创造一个良好的职业环境

要向社会提供高水平、高质量的设计产品，关键还是要靠注册建筑师的自身素质，但也不可忽视社会环境的影响。大众审美的提高可以让建筑师感受到社会的关注，增强自省意识，努力创造出一个经受得住大众评价的作品。但目前实际上建筑师的很多设计思想受开发商与业主方面很大的影响，有时建筑水平并不完全取决于建筑师，而是取决于开发商与业主的喜好。有的业主审美水平不高，很多想法往往只是自己的意愿，这就很难做出与社会文化、科技、时代融合的建筑产品。要改善这种状态，首先要努力创造尊重知识、尊重人才的社会环境。建筑师要维护自己的职业权利，大众要尊重建筑师的创作成果，业主不要把个人喜好强加于建筑师。同时建筑师自身也要提高自己的素质和修养，增强社会责任感，建立良好的社会信誉。要让创造出的作品得到大众的尊重，首先自己要尊重自己的劳动成果。

五、认清差距，提高自身能力，迎接挑战

目前中国的建筑师与国际水平还存在着一定差距，而面对信息化时代，如何缩小差距

以适应时代变革和技术进步，及时调整并制定新的对策，成为建筑教育需要探讨解决的问题。

我们现在的建筑教育不同程度地存在重艺术、轻技术的倾向。在注册建筑师资格考试中明显感觉到建筑师们在相关的技术知识包括结构、设备、材料方面的把握上有所欠缺，这与教育有一定的关系。学校往往比较注重表现能力方面的培养，而技术方面的教育则相对不足。尽管这些年有的学校进行了一些课程调整，加强了技术方面的教育，但从整体来看，现在的建筑师在知识结构上还是存在缺欠。

建筑是时代发展的历史见证，它凝固了一个时期科技、文化发展的印记，建筑师如果不能与时代发展相适应，努力学习和掌握当代社会发展的科学技术与人文知识，提高建筑的科技、文化内涵，就很难创造出高水平的作品。

当前，我们的建筑教育可以利用互联网加强与国外信息的交流，了解和掌握国外在建筑方面的新思路、新理念、新技术。这里想强调的是，我们的建筑教育还是应该注重与社会发展相适应。当今，社会进步速度很快，建筑所蕴含的深厚文化底蕴也在不断地丰富、发展。现代建筑创作不能单一强调传统文化，要充分运用现代科技发展成果，使建筑在经济、安全、健康、适用和美观方面得到全面体现。在人才培养上也要与时俱进。加强建筑师科技能力的培养，让他们学会适应和运用新技术、新材料去进行建筑创作。

一个好的建筑要实现它的内在和外表的统一，必须要做到：建筑的表现、材料的选用、结构的布置以及设备的安装融为一体。但这些在很多建筑中还做不到，这说明我们一些建筑师在对新结构、新设备、新材料的掌握和运用上能力不够，还需要加大学习的力度。只有充分掌握新的结构技术、设备技术和新材料的性能，建筑师才能够更好地发挥创造水平，把技术与艺术很好地融合起来。

中国加入WTO以后面临国外建筑师的大量进入，这对中国建筑设计市场有很大的冲击，我们不能期望通过政府设立各种约束限制国外建筑师的进入而自保，关键是要使国内建筑师自身具备与国外建筑师竞争的能力，充分迎接挑战、参与竞争，通过实践提高我们的设计水平，为社会提供更好的建筑作品。

前　言

一、本套书出版历程介绍

1994年9月，建设部、人事部下发了《建设部、人事部关于建立注册建筑师制度及有关工作的通知》（建设〔1994〕第598号），决定实行注册建筑师制度，并于1995年组织了第一次全国一级注册建筑师资格考试。北京市规划委员会委托曹纬浚主持整个北京市建筑设计行业考生的培训。参加考试培训的老师均来自北京市各大设计院和高校，都是在各自的专业领域具有较深造诣的专家。培训班受到广大考生的欢迎，当时除北京市以外，有29个省、自治区、直辖市的考生慕名来京参加考前培训。

自2000年起，本套书的主编、作者与中国建筑工业出版社正式合作。主编曹纬浚组织各科目的授课老师将教案整理成书，"一、二级注册建筑师考试教材"和相关教辅配套出版。本套丛书的编写紧扣考试大纲，正确阐述规范、标准的条文内容，并尽量包含高频试题、典型试题的考点。根据每年新修订、颁布的法律法规、标准规范和当年试题的命题情况进行修订更新，并悉心听取广大考生、学员的建议。自一、二级教材第一版正式出版以来，除2015、2016停考的两年外，每年都修订再版，是目前图书市场上出版最早、流传较广、内容严谨、口碑销量俱佳的一套注册建筑师考试用书。

二十余年来，本套丛书已经帮助几万名考生通过考试，并获得了一、二级注册建筑师执业资格。住房和城乡建设部执业资格注册中心原主任赵春山，盛赞本套书为我国注册建筑师制度的实行作出了贡献，还亲自为本套书撰写了序言。

二、套书架构与使用说明

2021年底、2022年初，住房和城乡建设部与人力资源和社会保障部先后发布了全国一、二级注册建筑师资格考试新大纲。一级注册建筑师资格考试2023年过渡，2024年正式执行新大纲；二级注册建筑师资格考试2023年正式执行新大纲。新大纲将一级注册建筑师考试科目由原来的9门改为6门，对二级注册建筑师的4门考试科目进行了调整。

为迎接全新的注册建筑师考试，基于新大纲的变化，整套书包含了"一级注册建筑师资格考试教材"（6本）、"二级注册建筑师资格考试教材"（4本），以及"二级注册建筑师资格考试考前冲刺"（3本）。

读者可以利用"注册建筑师资格考试教材"掌握各科、各板块的知识点，且在各科教材上，编写者均对重点复习内容予以标注，以便考生更好地抓住重点。除了要掌握相应的规范、标准外，教材还按板块归纳总结了历年真题，学习与做题互动，有助于考生巩固知识点，加深理解和记忆。

中国建筑工业出版社为更好地满足考生需求，除了出版纸质教材外，还配套准备了一、二级注册建筑师资格考试数字资源，包括导学课程、考试大纲、科目重难点手册、备考指导。考生可以选择适宜的方式进行复习。

值得一提的是，"二级注册建筑师资格考试考前冲刺"是为应对二级注册建筑师资格考试，全新策划的3本书，旨在帮助考生从总体上建立注册建筑师所需掌握的知识体系，并通过结构化的考点与历年真题对应解析，帮助考生达到速记考点的目的。

三、本书（本版）修订说明

结合考试大纲，本次修订主要新增2024年考试真题。同时，为便于广大考生快速掌握考试科目要点，提高复习效率，本次修订新增配套备考手册，将每个科目的必备知识点进行了梳理，并配一套模拟试题、参考答案及解析。便于考生及时对知识点进行反馈。

四、编写分工

"二级注册建筑师资格考试教材"的作者：

第1分册：魏鹏。

第2分册：第一章晁军，第二章荣玥芳，第三章刘捷，第四章姜忆南，第五章侯云芬，第六章陈岚。

第3分册：第一章钱民刚，第二、三章冯东，第四、五章叶飞，第六章杜晓辉，第七章刘博，第八章李英，第九章许萍，第十章贾昭凯、贾岩，第十一章冯玲。

第4分册：第一章陈向东，第二章穆静波，第三章孙伟。

除上述作者外，多年来曾参与或协助本套书编写、修订的人员有：张思浩、翁如璧、耿长孚、王其明、姜中光、何力、任朝钧、曾俊、林焕枢、张文革、李德富、吕鉴、朋改非、杨金铎、周慧珍、刘宝生、李魁元、尹桔、张英、陶维华、郝昱、赵欣然、霍新民、何玉章、颜志敏、曹一兰、徐华萍、周庄、陈庆年、王志刚、张炳珍、何承奎、孙国樑、李广秋、栾彩虹、翟平、黄莉、汪琪美。

在此预祝各位考生取得好成绩，考试顺利过关！

全国注册建筑师资格考试教材编委会
2024年9月

微信服务号
微信号：JZGHZX

注：本套丛书为一、二级注册建筑师的考生分别建立了交流服务群，用于交流并收集考生在看书过程中发现的问题，以对本丛书进行迭代优化，并及时发布考试动态、共享行业最新资讯；欢迎大家扫码加群，相互交流与促进！

配套增值服务说明

中国建筑工业出版社为更好地服务于考生、满足考生需求，除了出版纸质教材书籍外，还同步配套准备了注册建筑师考试增值服务内容。考生可以选择适宜的方式进行复习。

兑换增值服务将会获得什么？

```
建标知网会员权限                    注册建筑师资格考试
  (6个月)                           知识服务产品

工程建设标准在线阅读  ┐         ┌  免费刷真题
标准资料免费下载      │  全国注册建筑师资格考试丛书  │  考试大纲
标准版本对比          │  增值服务兑换内容            │  科目重难点及学习规划手册
常见问题答疑库        ┘         └  备考指导
```

如何兑换增值服务？

扫描封面二维码，刮开涂层，输入兑换码，即可享有上述免费增值服务内容。

兑换码：××××××× → 刮开涂层输入兑换码

注：增值服务自激活成功之日起生效，如果无法兑换或兑换后无法使用，请及时与我社联系。

客服电话：4008-188-688（周一至周五 9：00～17：00）。

目　录

序 ………………………………………………………………… 赵春山
前言
配套增值服务说明
第一章　建筑经济 ……………………………………………………… 1
　第一节　建设程序与工程造价的确定 …………………………… 1
　　一、建设项目及其组成 ………………………………………… 1
　　二、工程建设程序 ……………………………………………… 3
　　三、建设工程造价的确定 ……………………………………… 5
　第二节　建设项目总投资的构成 ………………………………… 7
　　一、建筑安装工程费用的组成和计算 ………………………… 8
　　二、设备及工器具购置费的构成 ……………………………… 15
　　三、工程建设其他费用的构成 ………………………………… 19
　　四、预备费、建设期利息和流动资金 ………………………… 23
　第三节　策划阶段的投资控制 …………………………………… 24
　　一、建设工程全过程投资控制 ………………………………… 24
　　二、项目建议书 ………………………………………………… 25
　　三、可行性研究 ………………………………………………… 26
　　四、建设项目投资估算 ………………………………………… 28
　第四节　建设工程技术经济分析 ………………………………… 37
　　一、技术方案的经济效果评价 ………………………………… 37
　　二、不确定性分析 ……………………………………………… 48
　　三、建筑工程技术经济指标 …………………………………… 50
　　四、价值工程 …………………………………………………… 59
　第五节　设计阶段的投资控制 …………………………………… 63
　　一、设计方案的经济比选 ……………………………………… 63
　　二、限额设计 …………………………………………………… 68
　　三、建设项目设计概算的编制 ………………………………… 71
　　四、施工图预算的编制 ………………………………………… 86
　第六节　招标投标阶段的投资控制 ……………………………… 94
　　一、建设项目的招标投标 ……………………………………… 94
　　二、工程量清单计价 …………………………………………… 95
　第七节　施工阶段的投资控制 …………………………………… 103
　　一、资金使用计划的编制 ……………………………………… 103
　　二、施工预算 …………………………………………………… 104

三、工程变更 …………………………………………………………… 105
　　　四、施工阶段投资控制的工作内容 …………………………………… 106
　　　五、工程索赔 …………………………………………………………… 107
　　第八节　工程结算、竣工决算与建设项目后评价 ………………………… 108
　　　一、工程结算 …………………………………………………………… 108
　　　二、竣工决算 …………………………………………………………… 110
　　　三、建设项目后评价 …………………………………………………… 113
　　习题 …………………………………………………………………………… 116
　　参考答案及解析 ……………………………………………………………… 119

第二章　建筑施工 ……………………………………………………………… 123
　　第一节　建筑工程的施工质量验收 ………………………………………… 123
　　　一、质量验收的几个基本概念 ………………………………………… 123
　　　二、质量验收的基本规定 ……………………………………………… 124
　　　三、质量验收的划分 …………………………………………………… 125
　　　四、质量验收要求与不合格的处理 …………………………………… 126
　　　五、质量验收的程序和组织 …………………………………………… 127
　　第二节　砌体工程 …………………………………………………………… 128
　　　一、砌筑材料 …………………………………………………………… 128
　　　二、砌体工程施工 ……………………………………………………… 132
　　　三、砌体冬期施工 ……………………………………………………… 143
　　第三节　混凝土结构工程 …………………………………………………… 144
　　　一、模板工程 …………………………………………………………… 145
　　　二、钢筋工程 …………………………………………………………… 150
　　　三、预应力工程 ………………………………………………………… 156
　　　四、混凝土工程 ………………………………………………………… 164
　　　五、现浇结构工程 ……………………………………………………… 171
　　　六、装配式混凝土结构工程 …………………………………………… 176
　　第四节　防水工程 …………………………………………………………… 181
　　　一、基本规定与要求 …………………………………………………… 181
　　　二、地下防水工程 ……………………………………………………… 185
　　　三、屋面防水工程 ……………………………………………………… 205
　　第五节　建筑装饰装修工程 ………………………………………………… 221
　　　一、基本规定 …………………………………………………………… 221
　　　二、抹灰工程 …………………………………………………………… 223
　　　三、外墙防水工程的验收 ……………………………………………… 230
　　　四、门窗工程 …………………………………………………………… 232
　　　五、吊顶工程 …………………………………………………………… 238
　　　六、轻质隔墙工程 ……………………………………………………… 241
　　　七、饰面板、饰面砖工程 ……………………………………………… 246

11

　　　　八、幕墙工程……………………………………………………………250
　　　　九、涂饰工程……………………………………………………………258
　　　　十、裱糊与软包工程……………………………………………………262
　　　　十一、细部工程…………………………………………………………264
　　第六节　建筑地面工程……………………………………………………266
　　　　一、基本规定……………………………………………………………267
　　　　二、地面基层铺设………………………………………………………270
　　　　三、地面面层铺设………………………………………………………278
　　习题…………………………………………………………………………295
　　参考答案及解析……………………………………………………………306

第三章　设计业务管理……………………………………………………327
　　第一节　注册建筑师管理的有关规定……………………………………327
　　　　一、注册建筑师的考试…………………………………………………327
　　　　二、建筑师的注册………………………………………………………328
　　　　三、注册建筑师的执业…………………………………………………328
　　　　四、注册建筑师的继续教育……………………………………………328
　　　　五、注册建筑师的权利、义务与责任…………………………………328
　　　　六、《中华人民共和国注册建筑师条例》………………………………329
　　　　七、《中华人民共和国注册建筑师条例实施细则》……………………333
　　第二节　设计文件编制的有关规定………………………………………341
　　　　一、编制设计文件的原则………………………………………………341
　　　　二、编制设计文件的依据………………………………………………341
　　　　三、设计文件编制深度的相关规定……………………………………342
　　　　四、修改设计文件的相关规定…………………………………………346
　　　　五、其他规定……………………………………………………………347
　　第三节　与工程勘察设计有关的法规……………………………………347
　　　　一、我国法规的基本体系………………………………………………347
　　　　二、《中华人民共和国建筑法》…………………………………………349
　　　　三、《建设工程质量管理条例》…………………………………………351
　　　　四、建设工程勘察设计发包与承包的有关规定………………………354
　　　　五、设计项目招标投标的有关规定……………………………………357
　　　　六、设计企业资质资格管理的有关规定………………………………365
　　　　七、建筑工程施工图设计文件审查……………………………………368
　　　　八、《中华人民共和国民法典　第三编　合同》………………………373
　　　　九、安全生产管理的有关规定…………………………………………391
　　第四节　工程监理的有关规定……………………………………………398
　　　　一、监理的由来与发展…………………………………………………398
　　　　二、监理的任务及工作内容……………………………………………400
　　　　三、监理单位的资质与管理……………………………………………401

第五节　建设工程项目管理和工程总承包管理……………………… 402
　　一、建设工程项目管理……………………………………………… 402
　　二、工程总承包管理………………………………………………… 405
　第六节　行业发展的要求………………………………………… 408
　　一、环境保护与绿色可持续发展………………………………… 408
　　二、加强历史文化保护…………………………………………… 417
　习题……………………………………………………………… 427
　参考答案及解析………………………………………………… 429
2024 年度二级注册建筑师资格考试　建筑经济 施工与设计业务管理……………………………………………………… 435

第一章 建筑经济

本章考试大纲：了解建筑工程投资构成的概念。了解建筑工程全过程投资控制的知识，以及各阶段工作内容与作用。

策划阶段，了解投资估算的作用、编制依据和内容、项目建议书、可行性研究、技术经济分析的作用和基本内容。

设计阶段，理解设计方案经济比选和限额设计方法，估算、概算、预算的作用，编制依据和内容。

招标投标阶段，了解工程量清单、标底、招标控制价、投标报价的基本知识。

施工阶段，了解施工预算、资金使用计划的作用、编制依据和内容，工程变更定价原则。

竣工阶段，了解工程结算、工程决算的作用、编制依据和内容、工程索赔基本概念。

运营阶段，了解项目后评价基本概念。

本章复习重点：建设工程的投资构成；投资估算、项目建议书、可行性研究的作用、编制依据和主要内容；设计方案比选和限额设计方法；设计概算的概念和编制方法；工程量清单、标底、最高投标限价（招标控制价）的基本概念；施工阶段、竣工阶段、运营阶段与建筑经济相关的基本概念等。

第一节 建设程序与工程造价的确定

一、建设项目及其组成

【相关真题：2019-066】

建设项目是指按一个总体规划或设计进行建设的，由一个或若干个互有内在联系的单项工程组成的工程总和。建设项目在经济上独立核算，行政上有独立的组织形式并实行统一管理。

建设项目可分为单项工程、单位工程、分部工程和分项工程（图1-1）。

（一）单项工程

单项工程是指在一个建设项目中，具有独立的设计文件，建成后可以独立发挥生产能力或使用功能的工程项目。

单项工程是建设项目的组成部分，一个建设项目可以只有一个单项工程，也可以有若干个单项工程。

（二）单位工程

根据《工程造价术语标准》GB/T 50875—2013，单位工程是指具有独立的设计文件，能够独立组织施工，但不能独立发挥生产能力或使用功能的工程项目。

根据《建筑工程施工质量验收统一标准》GB 50300—2013，具备独立施工条件并能

图 1-1 建设项目组成示意图

形成独立使用功能的建筑物或构筑物为一个单位工程。

单位工程是单项工程的组成部分。对于建设规模较大的单位工程,可将其能形成独立使用功能的部分划分为一个子单位工程。

一般情况下,将单位工程作为工程成本核算的对象。

(三) 分部工程

分部工程是单位工程的组成部分,一般按专业性质、工程部位、功能等确定。

建筑的分部工程有:地基与基础、主体结构、建筑装饰装修、屋面、建筑给排水及供暖、通风与空调、建筑电气、智能建筑、建筑节能、电梯等。

当分部工程较大或较复杂时,可按材料种类、施工特点、施工程序、专业系统及类别将分部工程划分为若干子分部工程。

(四) 分项工程

分项工程是分部工程的组成部分,一般分项工程按主要工种、材料、施工工艺、设备类别进行划分。例如:土方开挖,土方回填,场地平整,素土、灰土地基,砂和砂石地基,先张法预应力管桩,钢筋混凝土预制桩,钢桩,主体结构防水,细部构造防水,特殊施工法结构防水,木门窗安装,金属门窗安装,塑料门窗安装,特种门安装,门窗玻璃安装等分项工程。

分项工程是形成建筑产品的基础,也是计量工程用工用料和机械台班消耗的基本单元。

例 1-1 (2019) 在一个建设项目中,具有独立的设计文件,且建成后可以独立发挥生产能力或效益的工程是( )。

A 单项工程 B 单位工程
C 分部工程 D 分项工程

解析:建设项目可分为单项工程、单位工程、分部工程和分项工程。具有独立的设计文件,且建成后可以独立发挥生产能力或效益的工程是单项工程。

答案:A

二、工程建设程序

工程建设程序是指建设项目从策划决策、勘察设计、建设准备、施工、生产准备、竣工验收，直至考核评价的整个建设工程中，各项工作必须遵循的先后顺序。

我国工程建设程序可分为策划决策和建设实施两大阶段、六项主要工作，每一个阶段分为若干项工作（图1-2）。工程建设程序各阶段的主要工作有：

图1-2 工程建设程序

（一）编制和报批项目建议书

项目建议书是要求建设某一具体工程项目的建议文件，是投资决策之前对建设项目的轮廓设想。对于政府投资建设的工程项目，首先应进行的工作就是编制和报批项目建议书。

（二）项目可行性研究

可行性研究是对建设项目在技术上和经济上是否可行所进行的科学分析论证。

项目建议书获得批准后即可立项，立项后编制和报批可行性研究报告。可行性研究由粗到细可分为初步可行性研究和详细可行性研究两个阶段。

对于政府投资工程项目，采用直接投资和资本金注入方式的，政府主管部门需要从投资决策角度审批项目建议书和可行性研究报告，除特殊情况外，不再审批开工报告，但要严格审批初步设计和概算；采用投资补助、转贷和贷款贴息方式的，则只审批资金申请报告。

对于企业不使用政府资金投资建设的项目，一律不再实行审批制，区别不同情况实行核准制或登记备案制。其中，政府仅对重大项目和限制类项目从维护社会公共利益角度进行核准，其他项目无论规模大小，均改为备案制。企业投资建设实行核准制的项目，仅需向政府提交项目申请报告，不再经过批准项目建议书、可行性研究报告和开工报告的程序。

（三）编制和报批设计文件

项目决策后，需要对拟建场地进行工程地质勘察，提出勘察报告，为设计做好准备。通过设计招标或方案比选确定设计单位后，即可开始初步设计文件的编制工作。一般工程项目的设计过程分为两个阶段，即初步设计和施工图设计的二段设计；对于大型、复杂的项目，可根据需要在初步设计阶段后增加技术设计阶段（扩大初步设计阶段），即初步设计、技术设计和施工图设计的三段设计，并相应编制初步设计总概算、修正总概算和施工图预算。

编制初步设计文件，应当满足编制施工招标文件、主要设备材料订货和编制施工图设计文件的需要。

编制施工图设计文件，应当满足设备材料采购、非标准设备制作和施工的需要，并注明建设工程合理使用年限。

（四）建设准备

项目开工建设之前的准备工作，主要内容包括落实征地、拆迁和场地平整，完成施工用水、电、路等的接通工作，准备必要的施工图纸，组织选择施工、监理、材料设备供应商，办理施工许可证和质量监督注册等手续。按规定做好建设准备，具备开工条件后，建设单位申请开工，进入施工安装阶段。

（五）施工安装和生产准备

建设工程具备开工条件并取得施工许可证后即可组织施工安装。施工承包单位应按照合同要求、设计图纸、施工规范等按期完成施工任务，并编制和审核工程结算。

对于生产性建设项目，建设单位应在工程竣工投产前做好生产或使用前的准备工作，包括组建生产管理机构、招收培训生产人员、组织有关人员参加设备安装调试验收工作、落实生产原材料供应等。

（六）工程项目竣工验收、投产经营和考核评价

建设项目按照批准的设计文件所规定的内容全部建成并符合验收标准，应按竣工验收报告规定的内容进行竣工验收，竣工验收合格后应办理固定资产移交手续和编制工程决算，竣工验收合格后工程项目即转入生产和使用。

对于有些工程项目，在项目生产运营一段时间后，还需要进行考核评价，即对工程项目的立项决策、设计施工、投产运营和建设效益等进行评价，以便总结经验、改进工作、提高投资效益。

三、建设工程造价的确定

建设工程造价是指工程项目从筹建到竣工交付使用的整个建设过程所花费的全部固定资产投资费用。

(一) 工程造价计价的特点

工程建设项目是一种与一般工业生产不同的特殊的生产活动,具有生产的单件性和流动性、建设周期长、投资额大、建设工期要求紧等特点。由于这些特点,决定了建设工程产品造价有着与一般工业产品不同的计价特点,其工程计价的主要特点是:

1. 单件性计价

每个工程项目都有特定的用途,建筑、结构形式不同,建造地点不同,采用的建筑材料、工艺也不同,因此每个工程项目只能单独设计、单独建设,只能单独计价。

2. 多次性计价

建设工程必须按照建设程序分阶段进行建设,不同阶段对工程造价的计价、管理有不同的要求,因此需要按照建设程序中的各个阶段多次性进行计价。多次计价过程如图1-3所示,图中不同阶段对应不同的工程计价。由图可见,工程的计价是一个由粗到细直到最终确定工程实际造价的过程。

图1-3 工程多次性计价示意图

3. 组合计价

建设项目可分解为单项工程、单位工程、分部工程、分项工程,建设项目的组合性决定了工程造价的计算过程是逐步组合的过程,编制工程建设项目的设计概算和施工图预算时,需要按工程构成的分部分项工程组合,由下向上进行计价,是一个从细部到整体的计价过程。

建设工程项目的计价过程和计算顺序:分部分项工程单价→单位工程造价→单项工程造价→建设项目总造价。

> **例1-2** 下列关于设计文件编制阶段的说法中哪一项是正确的?(　　)
> A 在可行性研究阶段需编制投资估算
> B 在方案设计阶段需编制预算
> C 在初步设计阶段需编制工程量清单
> D 在施工图设计阶段需编制设计概算
> **解析:** 可行性研究阶段、初步设计阶段、技术设计阶段和施工图设计阶段分别需要编制投资估算、设计总概算、修正总概算和施工图预算。
> **答案:** A

> **例 1-3** 下列工程造价由总体到局部的组成划分中，正确的是(   )。
> A　建设项目总造价→单项工程造价→单位工程造价→分部工程费用→分项工程费用
> B　建设项目总造价→单项工程造价→单位工程造价→分项工程费用→分部工程费用
> C　建设项目总造价→单位工程造价→单项工程造价→分项工程费用→分部工程费用
> D　建设项目总造价→单位工程造价→单项工程造价→分部工程费用→分项工程费用
> 解析：工程造价由总体到局部是按建设项目总造价→单项工程造价→单位工程造价→分部工程费用→分项工程费用组成划分的；计价过程正好相反，是由局部到总体。
> 答案：A

（二）工程造价多次计价的依据和作用

1. 编制项目建议书和可行性研究报告时，确定项目的投资估算

一般可按相应工程造价管理部门发布的投资估算指标、类似工程的造价资料、工程所在地市场价格水平，并结合工程实际情况进行投资估算。此阶段为估算造价。

投资估算是进行建设项目技术经济评价和投资决策的重要依据和基础，在项目建议书、预可行性研究、可行性研究、方案设计阶段（包括概念方案设计和报批方案设计）应编制投资估算。作为工程造价的目标限额，是控制初步设计概算和整个工程造价的限额，也是编制投资计划、筹措资金和申请贷款的依据。

2. 初步设计阶段，编制设计总概算

在初步设计阶段，设计单位根据初步设计图纸和有关说明等，采用概算定额或概算指标和费用标准等编制设计总概算。设计总概算包括项目从筹建到竣工验收的全部建设费用。

如进行三段设计，在技术设计阶段编制修正总概算。

初步设计阶段编制的总概算（或技术设计阶段编制的修正总概算）确定的建设工程预期造价称为概算造价。

经批准的设计总概算是建设项目造价控制的最高限额，一般应控制在立项批准的投资控制额以内；如果设计概算值超过控制额，必须修改设计或重新立项审批；设计概算批准后不得任意修改和调整；如需修改或调整时，须经原批准部门重新审批。

设计总概算是确定建设项目总造价，签订建设项目承包总合同的依据，也是控制施工图预算和考核设计经济合理性的依据。

3. 施工图设计阶段

施工图预算是指在建筑安装工程开工之前，根据已经批准的施工图纸，依据预算定额、工程量清单计价规范、工程所在地的生产要素价格水平以及其他计价文件编制的工程计价文件。此阶段工程计价文件确定的工程预期造价称为预算造价。

施工图预算造价比概算造价更加详细和准确，但要受概算造价的控制，经审查批准的施工图预算造价不应超过设计总概算确定的造价。

施工图预算是控制工程造价、进行工程招标投标、签订建筑安装工程承包合同的依据，也是确定标底的依据。

4. 签订合同阶段

签订建设项目承包合同、建筑安装工程承包合同、材料设备采购合同等所确定的合同价格，是由发包方和承包方共同依据有关计价文件、市场行情等确定的工程项目的价格，属于市场价格性质。合同价是发包承包双方进行工程结算的基础。

5. 合同实施阶段对合同价格的调整

合同实施过程中，由于设计变更、超出合同规定的市场价格变化等各种因素使工程造价发生变化，因此在合同实施阶段往往需要根据合同规定的工程造价调整范围和调整方法，对合同价进行必要的调整，并确定工程结算价。

工程结算是发承包双方依据合同约定，对合同范围内部分完成、中止、竣工工程项目进行计算和确定价款的文件。

竣工结算是承包人按照合同约定的内容完成全部工作，经发包人或有关机构验收合格后，发承包双方依据约定的合同价款的确定和调整以及索赔等事项，最终计算和确定竣工项目工程价款的文件。

工程竣工时，施工单位还应依据施工合同、发承包双方根据施工合同确认的索赔、现场签证等编制工程竣工结算计价文件。结算价是该结算工程的实际价格。

6. 竣工验收阶段

竣工决算是以实物数量和货币形式，对工程建设项目建设期的总投资、投资效果、新增资产价值及财务状况进行的综合测算和分析。竣工决算确定的建设项目实际完成投资额综合反映了竣工建设项目的全部建设费用。

工程项目通过竣工验收交付使用时，建设单位需根据建设项目发生的实际费用编制竣工决算，竣工决算确定的竣工决算价是该工程项目的实际工程造价。竣工决算是核定建设项目资产实际价值的依据。

注意竣工结算与竣工决算的区别，竣工结算的对象是发、承包双方合同约定的工程项目，竣工决算的对象是整个工程建设项目。

> **例 1-4** 竣工结算应依据的文件是( )。
> A 施工合同　　　　　　B 初步设计图纸
> C 承包方申请的签证　　D 投资估算
> **解析**：竣工结算计价文件应由施工单位依据施工合同、发承包双方根据施工合同确认的索赔、现场签证等，编制工程竣工结算计价文件。施工单位根据施工合同确认的索赔、现场签证等编制工程竣工结算。
> **答案**：A

第二节　建设项目总投资的构成

建设项目费用一般是指进行某项工程建设所耗费的全部费用，也就是指建设项目从建设前期决策工作开始到项目全部建成投产为止所发生的全部投资费用。

建设项目总投资是指为完成工程项目建设并达到使用要求或生产条件，在建设期内预计或实际投入的全部费用总和。建设项目总投资包括建设投资、建设期利息和流动资金之和。其中建设投资由工程费用（建筑工程费、设备购置费、安装工程费）、工程建设其他费用和预备费（基本预备费和涨价预备费）组成（图1-4）。

图1-4 建设项目总投资的构成

下面分别详细介绍上述各项费用的构成。

一、建筑安装工程费用的组成和计算

【相关真题：2022-066，2022-073，2021-069，2019-067】

（一）建筑安装工程费用内容

1. 建筑工程费用

（1）各类房屋建筑工程和列入房屋建筑工程预算的供水、供暖、供电、卫生、通风、燃气等设备费用及其装饰、防腐工程的费用，列入建筑工程预算的各种管道、电力、电信和电缆导线敷设工程的费用。

（2）设备基础、支柱、工作台、烟囱、水塔、水池、灰塔等建筑工程以及各种窑炉的砌筑工程和金属结构工程的费用。

（3）为施工而进行的场地平整，工程和水文地质勘查，原有建筑物和障碍物的拆除以及施工临时用水、电、气、路和完工后的场地清理、环境绿化、美化等工作的费用。

（4）矿井开凿、井巷延伸、露天矿剥离，石油、天然气钻井，修建铁路、公路、桥梁、水库、堤坝、灌溉及防洪等工程的费用。

2. 安装工程费用

（1）生产、动力、起重、运输、传动和医疗、实验等各种需要安装的机械设备的装配费用，与设备相连的工作台、梯子、栏杆等装设工程，附属于被安装设备的管线敷设工程费用，以及被安装设备的绝缘、防腐、保温、油漆等工作的材料费和安装费。

(2) 为测定安装工程质量，对单台设备进行单机试运转，对系统设备进行系统联动无负荷试运转工作的调试费。

（二）建筑安装工程费用的组成

建筑安装工程费用即建筑安装工程造价，是指建筑安装施工过程中，发生的构成工程实体和非工程实体项目的直接费用（人工费、材料费、施工机具使用费、措施项目费）、施工企业在组织管理工程施工中为工程支出的间接费用（企业管理费、规费）、企业应获得的利润，以及应缴纳的税金的总和。

根据《中华人民共和国环境保护税法》和《关于停征排污费等行政事业性收费有关事项的通知》，从2018年1月1日起，不再征收工程排污费，将原来由环保部门征收的工程排污费，改为由税务部门征收的环境保护税。

建筑业营业税改征增值税改革后，建筑安装工程费用的税金是指国家税法规定应计入建筑安装工程造价内的增值税销项税额。

建筑安装工程费用项目按费用构成要素组成划分为人工费、材料（含工程设备）费、施工机具使用费、企业管理费、利润、规费和增值税。其中人工费、材料费、施工机具使用费、企业管理费和利润包含在分部分项工程费、措施项目费和其他项目费中（图1-5）。

图1-5 建筑安装工程费用项目组成（按费用构成要素划分）

为了便于计算建筑安装工程造价，又可以将建筑安装工程费用按工程造价形成的顺序，划分为分部分项工程费、措施项目费、其他项目费、规费和增值税。分部分项工程费、措施项目费、其他项目费中包含了人工费、材料费、施工机具使用费、企业管理费和利润（图1-6）。

图1-6　建筑安装工程费用项目组成（按造价形成划分）

（三）建筑安装工程费的计算方法

1. 人工费

指按工资总额构成规定，支付给从事建筑安装工程施工的生产工人和附属生产单位工人的各项费用。内容包括：

（1）计时工资或计件工资：是指按计时工资标准和工作时间或对已做工作按计件单价支付给个人的劳动报酬。

（2）奖金：是指对超额劳动和增收节支支付给个人的劳动报酬。如节约奖、劳动竞赛奖等。

（3）津贴补贴：是指为了补偿职工特殊或额外的劳动消耗和因其他特殊原因支付给个人的津贴，以及为了保证职工工资水平不受物价影响支付给个人的物价补贴。如流动施工津贴、特殊地区施工津贴、高温（寒）作业临时津贴、高空津贴等。

（4）加班加点工资：是指按规定支付的在法定节假日工作的加班工资和在法定日工作时间外延时工作的加点工资。

（5）特殊情况下支付的工资：是指根据国家法律、法规和政策规定，因病、工伤、产假、计划生育假、婚丧假、事假、探亲假、定期休假、停工学习、执行国家或社会义务等原因按计时工资标准或计时工资标准的一定比例支付的工资。

2. 材料费

指施工过程中耗费的原材料、辅助材料、构配件、零件、半成品或成品、工程设备的费用。内容包括：

（1）材料原价：是指材料、工程设备的出厂价格或商家供应价格。

（2）运杂费：是指材料、工程设备自来源地运至工地仓库或指定堆放地点所发生的全部费用。

（3）运输损耗费：是指材料在运输装卸过程中不可避免的损耗。

（4）采购及保管费：是指在组织采购、供应和保管材料、工程设备的过程中所需要的各项费用；包括采购费、仓储费、工地保管费、仓储损耗。

工程设备是指构成或计划构成永久工程一部分的机电设备、金属结构设备、仪器装置及其他类似的设备和装置。

3. 施工机具使用费

指施工作业所发生的施工机械、仪器仪表的使用费或其租赁费。

（1）施工机械使用费：以施工机械台班耗用量乘以施工机械台班单价表示，施工机械台班单价应由下列七项费用组成：

1）折旧费：指施工机械在规定的使用年限内，陆续收回其原值的费用。

2）大修理费：指施工机械按规定的大修理间隔台班进行必要的大修理，以恢复其正常功能所需的费用。

3）经常修理费：指施工机械除大修理以外的各级保养和临时故障排除所需的费用。包括为保障机械正常运转所需替换设备与随机配备工具附具的摊销和维护费用，机械运转中日常保养所需润滑与擦拭的材料费用及机械停滞期间的维护和保养费用等。

4）安拆费及场外运费：安拆费指施工机械（大型机械除外）在现场进行安装与拆卸所需的人工、材料、机械和试运转费用，以及机械辅助设施的折旧、搭设、拆除等费用；场外运费指施工机械整体或分体自停放地点运至施工现场或由一施工地点运至另一施工地点的运输、装卸、辅助材料及架线等费用。

5）人工费：指机上司机（司炉）和其他操作人员的人工费。

6）燃料动力费：指施工机械在运转作业中所消耗的各种燃料及水、电等费用。

7）税费：指施工机械按照国家规定应缴纳的车船税、保险费及年检费等。

（2）仪器仪表使用费：是指工程施工所需使用的仪器仪表的摊销及维修费用。

4. 企业管理费

指建筑安装企业组织施工生产和经营管理所需的费用。内容包括：

（1）管理人员工资：是指按规定支付给管理人员的计时工资、奖金、津贴补贴、加班加点工资及特殊情况下支付的工资等。

（2）办公费：是指企业管理办公用的文具、纸张、账表、印刷、邮电、书报、电子信息网络、办公软件、现场监控、会议、水电、烧水和集体取暖降温（包括现场临时宿舍取暖降温）等费用。

（3）差旅交通费：是指职工因公出差、调动工作的差旅费、住勤补助费、市内交通费和误餐补助费，职工探亲路费，劳动力招募费，职工退休、退职一次性路费，工伤人员就医路费，工地转移费以及管理部门使用的交通工具的油料、燃料等费用。

（4）固定资产使用费：是指管理和试验部门及附属生产单位使用的属于固定资产的房屋、设备、仪器等的折旧、大修、维修或租赁费。

（5）工具用具使用费：是指企业施工生产和管理使用的不属于固定资产的工具、器具、家具、交通工具和检验、试验、测绘、消防用具等的购置、维修和摊销费。

（6）劳动保险和职工福利费：是指由企业支付的职工退职金、按规定支付给离休干部的经费，集体福利费、夏季防暑降温、冬季取暖补贴、上下班交通补贴等。

（7）劳动保护费：是企业按规定发放的劳动保护用品的支出。如工作服、手套、防暑降温饮料，以及在有碍身体健康的环境中施工的保健费用等。

（8）检验试验费：是指施工企业按照有关标准规定，对建筑以及材料、构件和建筑安装物进行一般鉴定、检查所发生的费用，包括自设试验室进行试验所耗用的材料等费用。不包括新结构、新材料的试验费，对构件做破坏性试验及其他特殊要求检验试验的费用和建设单位委托检测机构进行检测的费用，对此类检测发生的费用，由建设单位在工程建设其他费用中列支。但对施工企业提供的具有合格证明的材料进行检测不合格的，该检测费用由施工企业支付。

（9）工会经费：是指企业按《工会法》规定的全部职工工资总额比例计提的工会经费。

（10）职工教育经费：是指按职工工资总额的规定比例计提，企业为职工进行专业技术和职业技能培训，专业技术人员继续教育、职工职业技能鉴定、职业资格认定以及根据需要对职工进行各类文化教育所发生的费用。

（11）财产保险费：是指施工管理用财产、车辆等的保险费用。

（12）财务费：是指企业为施工生产筹集资金或提供预付款担保、履约担保、职工工资支付担保等所发生的各种费用。

（13）税金：是指企业按规定缴纳的房产税、车船税、土地使用税、印花税、城市维护建设税、教育费附加、地方教育附加等。

（14）其他：包括技术转让费、技术开发费、投标费、业务招待费、绿化费、广告费、公证费、法律顾问费、审计费、咨询费、保险费等。

施工企业管理费由企业自主确定，可选用以分部分项工程费、人工费和机械费合计、人工费三种计算基础。

5. 利润

指施工企业完成所承包工程获得的盈利。施工企业根据企业自身需求并结合建筑市场实际情况自主确定，利润应计入分部分项工程费和措施项目费中，并列入工程报价中。

6. 规费

指按国家法律、法规规定，由省级政府和省级有关权力部门规定必须缴纳或计取的费用。包括：

（1）社会保险费

1）养老保险费：是指企业按照规定标准为职工缴纳的基本养老保险费。

2）失业保险费：是指企业按照规定标准为职工缴纳的失业保险费。

3）医疗保险费：是指企业按照规定标准为职工缴纳的基本医疗保险费。

4）生育保险费：是指企业按照规定标准为职工缴纳的生育保险费。

5）工伤保险费：是指企业按照规定标准为职工缴纳的工伤保险费。

（2）住房公积金：是指企业按规定标准为职工缴纳的住房公积金。

社会保险费和住房公积金应以定额人工费为计算基础，根据工程所在地省、自治区、直辖市或行业建设主管部门规定的费率计算。

其他应列而未列入的规费应按工程所在地环境保护等部门规定的标准缴纳，按实计取列入。

7. 增值税

是指按国家税法规定应计入建筑安装工程造价内的增值税销项税额。税前工程造价为人工费、材料费、施工机械使用费、企业管理费、利润和规费之和，各费用项目均以不包含增值税（可抵扣进项税额）的价格计算。增值税销项税额等于税前工程造价乘以税率。

（四）建筑安装工程费的计价过程

1. 分部分项工程费

分部分项工程费是指各专业工程的分部分项工程应予列支的各项费用。

（1）专业工程：是指按现行国家计量规范划分的房屋建筑与装饰工程、仿古建筑工程、通用安装工程、市政工程、园林绿化工程、矿山工程、构筑物工程、城市轨道交通工程、爆破工程等各类工程。

（2）分部分项工程：指按现行国家计量规范对各专业工程划分的项目。如房屋建筑与装饰工程划分的土石方工程、地基处理与桩基工程、砌筑工程、混凝土及钢筋混凝土工程等。

各类专业工程的分部分项工程划分见现行国家标准《房屋建筑与装饰工程工程量计算规范》GB 50854—2013（以下简称《计量规范》）。

$$\text{分部分项工程费} = \Sigma(\text{分部分项工程量} \times \text{综合单价}) \qquad (1-1)$$

式中综合单价包括人工费、材料费、施工机具使用费、企业管理费和利润，以及一定范围的风险费用（下同），但不包括规费和税金。

2. 措施项目费

指为完成建设工程施工，发生于该工程施工前和施工过程中的技术、生活、安全、环境保护等方面的费用。内容包括：

（1）安全文明施工费

1）环境保护费：是指施工现场为达到环保部门要求所需要的各项费用。

2）文明施工费：是指施工现场文明施工所需要的各项费用。

3）安全施工费：是指施工现场安全施工所需要的各项费用。

4）临时设施费：是指施工企业为进行建设工程施工所必须搭设的生活和生产用的临时建筑物、构筑物和其他临时设施的费用。包括临时设施的搭设、维修、拆除、清理费或摊销费等。

（2）夜间施工增加费：是指因夜间施工所发生的夜班补助费、夜间施工降效、夜间施工照明设备摊销及照明用电等费用。

（3）二次搬运费：是指因施工场地条件限制而发生的材料、构配件、半成品等一次运输不能到达堆放地点，必须进行二次或多次搬运所发生的费用。

（4）冬雨季施工增加费：是指在冬季或雨季施工需增加的临时设施、防滑、排除雨雪，人工及施工机械效率降低等费用。

（5）已完工程及设备保护费：是指竣工验收前，对已完工程及设备采取的必要保护措施所发生的费用。

（6）工程定位复测费：是指工程施工过程中进行全部施工测量放线和复测工作的费用。

（7）特殊地区施工增加费：是指工程在沙漠或其边缘地区、高海拔、高寒、原始森林等特殊地区施工增加的费用。

（8）大型机械设备进出场及安拆费：是指机械整体或分体从停放场地运至施工现场或由一个施工地点运至另一个施工地点，所发生的机械进出场运输及转移费用及机械在施工现场进行安装、拆卸所需的人工费、材料费、机械费、试运转费和安装所需的辅助设施的费用。

（9）脚手架工程费：是指施工需要的各种脚手架搭、拆、运输费用以及脚手架购置费的摊销（或租赁）费用。

措施项目及其包含的内容详见各类专业工程的现行国家或行业《计量规范》。

3. 其他项目费

（1）暂列金额：是指建设单位在工程量清单中暂定并包括在工程合同价款中的一笔款项。用于施工合同签订时尚未确定或者不可预见的所需材料、工程设备、服务的采购，施工中可能发生的工程变更、合同约定调整因素出现时的工程价款调整以及发生的索赔、现场签证确认等的费用。

暂列金额由建设单位根据工程特点，按有关计价规定估算，施工过程中由建设单位掌握使用，扣除合同价款调整后如有余额，归建设单位。

（2）计日工：是指在施工过程中，施工企业完成建设单位提出的施工图纸以外的零星项目或工作所需的费用。计日工由建设单位和施工企业按施工过程中的签约证明计价。

（3）总承包服务费：是指总承包人为配合、协调建设单位进行的专业工程发包，对建设单位自行采购的材料、工程设备等进行保管以及施工现场管理、竣工资料汇总整理等服务所需的费用。

总承包服务费由建设单位在招标控制价中根据总包服务范围和有关计价规定编制，施工企业投标时自主报价，施工过程中按签约合同价执行。

4. 规费和增值税

建设单位和施工企业均应按照省、自治区、直辖市或行业建设主管部门发布的标准计算规费和增值税，不得作为竞争性费用。

建筑安装工程造价为分部分项工程费、措施项目费、其他项目费、规费和增值税之和。

> **例 1-5 （2019）** 根据我国现行按费用构成要素划分的建筑安装工程费用项目，下列费用中，属于建筑安装工程费的是（　　）。
> A 施工单位人工费　　　　　　　B 土地使用权费
> C 铺底流动资金　　　　　　　　D 建设单位管理费
> **解析：** 按费用构成要素划分，施工单位人工费属于建筑安装工程费中的人工费。选项 B、D 属于工程建设其他费，选项 C 属于建设项目总投资中的流动资金。
> **答案：** A
>
> **例 1-6 （2021）** 建筑安装工程中的规费，应包括（　　）。
> A 五险一金　　　　　　　　　　B 工会会费
> C 风险费　　　　　　　　　　　D 税金
> **解析：** 根据《建设工程工程量清单计价规范》GB 50500—2013 第 4.5.1 条，规费项目包括社会保险费和住房公积金，其中社会保险费包括养老保险费、失业保险费、医疗保险费、工伤保险费、生育保险费。
> **答案：** A

二、设备及工器具购置费的构成

【相关真题：2022-068，2019-077】

设备及工器具购置费，是指建设项目设计范围内需要安装及不需要安装的设备、仪器、仪表等及其必要的备品备件购置费；为保证投产初期正常生产所必需的仪器仪表、工卡具模具、器具及生产家具等购置费。

（一）设备、工器具费用构成概述

设备、工器具费用是由设备购置费用和工器具、生产家具购置费用组成，它是固定资产投资中的积极部分。在生产性工程项目建设中，设备、工器具费用与资本的有机构成相联系。设备、工器具费用占工程造价比重的增大，意味着生产技术的进步和资本有机构成的提高。

（1）设备购置费是指为工程建设项目购置或自制的达到固定资产标准的设备、工具、器具的费用。

设备购置费按下式计算：

$$设备购置费 = 设备原价（或进口设备抵岸价）+ 设备运杂费 \qquad (1-2)$$

上式中，设备原价是指国产标准设备、国产非标准设备、引进设备的原价。设备运杂费系指设备原价中未包括的设备包装和包装材料费、运输费、装卸费、采购费及仓库保管费和设备供销部门手续费等。如果设备是由设备成套公司供应的，成套公司的服务费也应计入设备运杂费之中。

（2）工器具及生产家具购置费是指新建项目或扩建项目初步设计规定，保证生产初期正常生产所必须购置的、没有达到固定资产标准的设备、仪器、工卡模具、器具、生产家具和备品备件等的购置费用，一般是以设备购置费为计算基数，按照行业（部门）规定的工器具及生产家具定额费率计算。其计算公式为：

工器具及生产家具购置费＝设备购置费×工器具及生产家具定额费率　　（1-3）

（二）设备原价的构成与计算

1. 国产标准设备原价

国产标准设备是指按照主管部门颁布的标准图纸和技术要求，由我国设备生产厂批量生产的，符合国家质量检验标准的设备。国产标准设备原价一般指的是设备制造厂的交货价，即出厂价。如设备由设备成套公司供应，则以订货合同价为设备原价，一般按带有备件的出厂价计算。它一般根据生产厂或供应商的询价、报价、合同价确定，或采用一定方法计算确定。

2. 国产非标准设备原价

国产非标准设备是指国家尚无定型标准，各设备生产厂不可能在工艺过程中采用批量生产，只能按一次订货，并根据具体的设计图纸制造的设备。非标准设备原价有多种不同的计算方法，如成本计算估价法、系列设备插入估价法、分部组合估价法、综合定额估价法等。但无论哪种方法都应该使非标准设备计价接近实际出厂价，并且计算方法要简便。

3. 进口设备抵岸价

（1）进口设备的交货方式和交货价。可分为内陆交货类、目的地交货类、装运港交货类三种。

1）内陆交货类即卖方在出口国内陆的某个地点交货。在交货地点，卖方及时提交合同规定的货物和有关凭证，并负担交货前的一切费用并承担风险；买方按时接收货物，交付货款，负担接货后的一切费用并承担风险，并自行办理出口手续和装运出口。货物的所有权也在交货后由卖方转入买方。这适用于任何运输方式。主要有工厂交货价（EXW）和货交承运人价（FCA）两种交货价。

2）目的地交货类即卖方要在进口国的港口或内地交货，有目的港船上交货价（DES）、目的港码头交货价（DEQ）（关税已付）和完税后交货价（DDP）（进口国的指定地点）等几种交货价。它们的特点是：买卖双方承担的责任、费用和风险是以目的地约定交货点为分界线，只有当卖方在交货点将货物置于买方控制下才算交货，才能向买方收取货款。这类交货价对卖方来说承担的风险较大，在国际贸易中卖方一般不愿采用这类交货方式。

3）装运港交货类即卖方在出口国装运港完成交货任务。主要有装运港船上交货价（FOB），亦称离岸价；运费在内价（C&F）装运港船边交货价（FAS）和运费、保险费在内价（CIF）等几种价格。它们的特点主要是：卖方按照约定的时间在装运港交货，只要卖方把合同规定的货物装船后提供货运单据便完成交货任务，可凭单据收回货款。这适用于海运或内陆水运。

装运港船上交货价（FOB）是我国进口设备采用最多的一种货价。采用船上交货价时卖方的责任是：在规定的限期内，负责在合同规定的装运港口将货物装上买方指定的船只，并及时通知买方；负责货物装船前的一切费用和风险；负责办理出口手续提供出口国政府或有关方面签发的证件；负责提供有关装运单据。买方的责任是：负责租船或订舱，支付运费，并将船期、船名通知卖方；负担货物装船后的一切费用和风险；负责办理保险及支付保险费,办理在目的港的进口和收货手续;接受卖方提供的有关装运单据,并按合同规定支付货款。

(2)进口设备抵岸价的构成。进口设备抵岸价是指抵达买方边境港口或车站,且缴完关税以后的价格,是由进口设备货价和进口从属费用组成。我国进口设备采用最多的是装运港船上交货价(FOB),其抵岸价构成可按下列公式计算:

$$
\begin{aligned}
进口设备抵岸价 &= 货价 + 进口从属费用 \\
&= 货价 + 国外运费 + 国外运输保险费 + 银行财务费 \quad (1-4)\\
&\quad + 外贸手续费 + 进口关税 + 增值税 + 消费税 \\
&\quad + 海关监管手续费
\end{aligned}
$$

1) 进口设备货价

进口设备货价分为原币货价和人民币货价。

原币货价一般按离岸价(即 FOB 价)计算,币种一律折算为美元表示。人民币货价为原币货价(FOB 价)乘以外汇牌价(美元兑换人民币中间价)。

2) 国外运费

国外运费是从装运港(站)到我国抵达港(站)的运费,注意软件不计算运费。

3) 国外运输保险费

对外贸易货物运输保险是由保险人(保险公司)与被保险人(出口人或进口人)订立保险契约,在被保险人交付议定的保险费后,保险人根据保险契约的规定对货物在运输过程中发生的承保责任范围内的损失给予经济上的补偿。这属于财产保险。

4) 银行财务费

银行财务费一般是指中国银行手续费,按货价(FOB 价)乘以人民币外汇牌价,再乘以银行财务费率计算。

5) 外贸手续费

外贸手续费是指按对外经济贸易部规定的外贸手续费率计取的费用,外贸手续费按到岸价格(CIF)乘以人民币外汇牌价,再乘以外贸手续费率计算。式中的外贸手续费率一般取 1.5%。

6) 进口关税

关税是由海关对进出国境或关境的货物和物品征收的一种税。进口货物按海关审定的以成交价格为基础的到岸价作为完税价格。到岸价格(CIF 价)包括原币货价、加上货物运抵中国海关境内运入地点起卸前的包装费、运费、保险费和其他劳务费等费用。

进口关税税率分为优惠和普通两种。普通税率适用于与我国未订有关税互惠条款的贸易条约或协定的国家与地区的进口设备;当进口货物来自与我国签订有关税互惠条款的贸易条约或协定的国家时,按优惠税率征税。进口关税税率按中华人民共和国海关总署发布的进口关税税率计算。以租赁(包括租借)方式进口的货物以货物的租金作为完税价格。

7) 消费税

仅对进口时应纳消费税的货物(如轿车、摩托车等)计算消费税,消费税税率按国家颁发的税率计算。即根据《中华人民共和国消费税暂行条例》规定的税率计算。

8) 增值税

增值税是我国政府对从事进口贸易的单位和个人，在进口商品报关进口后征收的税种。我国增值税条例规定，进口应税产品均按组成计税价格和增值税税率直接计算应纳税额。

增值税税率根据《中华人民共和国增值税暂行条例》规定的税率计算。对减、免进口关税的货物，同时减、免进口环节的增值税。目前进口设备适用增值税率一般为17%。

9) 海关监管手续费

海关监管手续费是指海关对进口减税、免税、保税货物实施监督、管理、提供服务的手续费，对于全额征收进口关税的货物不计本项费用。

(三) 设备运杂费

1. 设备运杂费的组成

设备运杂费通常由下列各项组成：

(1) 国产标准设备由设备制造厂交货地点起至工地仓库（或施工组织设计指定的需要安装设备的堆放地点）止所发生的运费和装卸费。

进口设备则为我国到岸港口、边境车站起至工地仓库（或施工组织设计指定的需安装设备的堆放地点）止所发生的运费和装卸费。

(2) 在设备出厂价格中没有包含的设备包装和包装材料器具费。在设备出厂价或进口设备价格中如已包括了此项费用，则不应重新计算。

(3) 设备供销部门的手续费。按有关部门规定的统一费率计算。

(4) 建设单位（或工程承包公司）的采购与仓库保管费。指采购、验收、保管和收发设备所发生的各种费用，包括设备采购、保管和管理人员的工资、工资附加费、办公费、差旅交通费、设备供应部门办公和仓库所占固定资产使用费、工具用具使用费、劳动保护费、检验试验费等。这些费用可按主管部门规定的采购与保管费率计算。

一般来讲，沿海和交通便利的地区，设备运杂费率相对低一点；内地和交通不很便利的地区就要相对高一点，边远省份则要更高一些。对于非标准设备来讲，应尽量就近委托设备制造厂、施工企业制作或由建设单位自行制作，以大幅度降低设备运杂费。进口设备由于原价较高，国内运距较短，因而运杂费比率应适当降低。我国一般按6%费率计算。

2. 设备运杂费的计算

(1) 进口货物的运杂费＝到岸价（外币）×外汇汇价×设备运杂费率   (1-5)

(2) 出口货物的运杂费＝$\dfrac{离岸价 \times 外汇汇价 - 国内运费}{1 + 运杂费率} \times$运杂费率   (1-6)

(3) 国内非贸易货物的设备运杂费＝出厂价（设备原价）（元）×运杂费率   (1-7)

设备运杂费率按各部门及省、市等的规定计取。

例1-7 (2022) 设备购置费包括设备原价和（ ）。

A 损耗费   B 消费税   C 设备运杂费   D 增值税

解析： 设备购置费由设备原价和设备运杂费组成。

设备购置费＝设备原价（或进口设备抵岸价）＋设备运杂费

答案： C

三、工程建设其他费用的构成

工程建设其他费用是指从工程项目筹建起到工程竣工验收交付使用止的整个建设期间，除建筑安装工程费用和设备、工器具购置费以外的，为保证工程建设顺利完成和交付使用后能够正常发挥效用而发生的各项费用的总和。该费用应列入建设项目总造价或单项工程造价。

工程建设其他费用，按其内容大体可分为三类。第一类为建设用地费，由于工程项目固定于一定地点与地面相连接，必须占用一定量的土地，也就必然要发生为获得建设用地而支付的费用；第二类是与项目建设有关的费用；第三类是与未来企业生产经营有关的费用。

（一）建设用地费

建设用地费是指建设项目通过划拨或土地使用权出让方式取得土地使用权，所需土地征用及迁移的补偿费或土地使用权出让金。

目前建设用地费主要包括：农用土地征用费和取得国有土地使用费两种：

1. 农用土地征用费

农用土地征用费由土地补偿费、安置补助费、土地投资补偿费、青苗补偿费、地上建筑物补偿费、耕地占用税、征地和土地管理费以及土地开发费等组成，并按被征用土地的原用途给予补偿。

农用土地征用费按工程所在地省、自治区、直辖市人民政府颁布的土地管理有关规定及费用标准计算。

2. 取得国有土地使用费

取得国有土地使用费包括土地使用权出让金、城市建设配套费、拆迁补偿与临时安置补助费等。

（1）土地使用权出让金

土地使用权出让金指建设项目通过土地使用权出让方式，取得有限期的土地使用权，依照《中华人民共和国城镇国有土地使用权出让和转让暂行条例》规定支付的土地使用权出让金。

城市土地的出让和转让可采用协议、招标、公开拍卖等方式。

1）协议方式是由用地单位申请，经市政府批准双方洽谈具体地块及地价，适用于市政工程、公益事业用地及机关部队和需要重点扶持、优先发展的产业用地；

2）招标方式是用地单位在规定期限内投标，市政府根据投标报价、规划方案以及企业信誉综合考虑、择优而取，适用于一般工程建设用地；

3）公开拍卖是在指定的地点和时间，由申请用地者叫价应价，价高者得，这完全是由市场竞争决定。适用于盈利高的行业用地。

（2）城市建设配套费。是指因进行城市公共设施的建设而分摊的费用。

（3）拆迁补偿与临时安置补助费。此项费用由拆迁补偿费和临时安置补助费（或搬迁补助费）两部分构成。拆迁补偿费是指拆迁人对被拆迁人，按照有关规定予以补偿所需的费用。拆迁补偿的形式可分为产权调换和货币补偿两种。产权调换的面积按照所拆迁房屋的建筑面积计算；货币补偿的金额是按照被拆迁人或者房屋承租人所支付的搬迁补助费。在过渡期内，被拆迁人或者房屋承租人自行安排住处的，拆迁人应当支付临时安置补助费。

（二）与项目建设有关的其他费用

1. 建设单位管理费

建设单位管理费指建设项目从立项、筹建、建设、联合试运转到竣工验收交付使用及后评估等全过程建设管理所需的费用。内容包括：

（1）建设单位开办费——指新建项目为保证筹建和建设工作正常进行所需办公设备、生活家具、用具、交通工具等的购置费用；

（2）建设单位经费——包括建设单位工作人员的基本工资、工资性补贴、施工现场津贴、职工福利费、劳动保护费、住房基金、劳动保险费、办公费、差旅交通费、工会经费、职工教育经费、固定资产使用费、工具用具使用费、技术图书资料费、生产人员招募费、工程招标费、审计费、合同契约公证费、工程质量监督检测费、工程咨询费、法律顾问费、设计审查费、业务招待费、排污费、竣工交付使用清理及竣工验收费、后评估费用、印花税和其他管理性质开支等。但不包括应计入设备、材料预算价格的建设单位采购及保管设备材料所需的费用。如果建设管理采用工程总承包方式，其总包管理费由建设单位与总包单位根据总包工作范围在合同中商定，并从建设管理费中支出。

建设单位管理费率按照建设项目的不同性质、不同规模确定。有的建设项目按照建设工期和规定的金额计算建设单位管理费。

2. 建设单位临时设施费

建设单位临时设施费是指建设期间建设单位所需生产、生活用临时设施的搭设、维修、摊销费用或租赁费用。

建设单位临时设施包括：临时宿舍、文化福利及公用事业房屋与构筑物、仓库、办公室、加工厂以及规定范围内的道路、水、电、管线等临时设施和小型临时设施。

3. 勘察设计费

勘察设计费是指为建设项目提供项目建议书、可行性研究报告、设计文件等所需的费用，内容包括：

（1）编制项目建议书、可行性研究报告及投资估算、工程咨询、评价以及为编制上述文件所进行的工程勘察、设计、研究试验等所需费用；

（2）委托勘察、设计单位进行初步设计、技术设计、施工图设计、概预算编制以及设计模型制作等所需的费用；

（3）在规定的范围内由建设单位自行完成的勘察、设计工作所需的费用。

此项费用应依据委托合同计算或按国家规定计算。

4. 研究试验费

研究试验费是指为本建设项目提供或验证设计参数、数据资料等进行必要的研究试验，以及按照设计规定在施工中必须进行的试验、验证所需费用。包括自行或委托其他部门研究试验所需的人工费、材料费、试验设备及仪器使用费，支付的科技成果、先进技术的一次性技术转让费。

这项费用按照设计单位根据本工程项目的需要提出的研究试验内容和要求计算。

5. 工程监理费

工程监理费是指委托工程监理单位对工程实施监理工作所需的费用。监理费应根据委托的监理工作范围和监理深度在监理合同中商定。具体收费标准按国家发展改革委、建设部《建设工程监理与相关服务收费管理规定》等文件规定计算。

6. 工程保险费

工程保险费是指建设项目在建设期间根据需要实施工程保险所需的费用。它包括以各种建筑工程及其在施工过程中的物料、机器设备为保险标的的建筑工程一切险，以安装工程中的各种机器、机械设备为保险标的的安装工程一切险，以及机器损坏保险等。

这项费用是根据不同的工程类别，分别以其建筑安装工程费乘以建筑安装工程保险费率计算。不同工程项目可根据工程特点选择投保险种，并按投保合同计列保险费用。

7. 引进技术和进口设备其他费用

引进技术和进口设备其他费用，包括出国人员费用、国外工程技术人员来华费用、技术引进费用、分期或延期付款利息、担保费以及进口设备检验鉴定费。

(1) 出国人员费用，是指为引进技术和进口设备派出人员到国外培训和进行设计联络，设备检验等的差旅费、制装费、生活费等。这项费用根据设计规定的出国培训和工作人数、时间及派往国家，按财政部、外交部规定的临时出国人员费用开支标准，以及中国民用航空公司现行国际航线票价等进行计算，其中使用外汇部分应计算银行财务费用。

(2) 国外工程技术人员来华费用，是指为安装进口设备，引进国外技术等聘用外国工程技术人员进行技术指导工作所发生的费用。包括技术服务费、外国技术人员的在华工资、生活补贴、差旅费、医药费、住宿费、交通费、宴请费、参观游览等招待费用。这项费用按每人每月费用指标计算。

(3) 引进技术费，是指为引进国外先进技术而支付的费用。包括专利费、专有技术费（技术保密费）、国外设计及技术资料费、计算机软件费等。这项费用根据合同或协议的价格计算。

(4) 分期或延期付款利息，是指利用出口信贷引进技术或进口设备，采取分期或延期付款的办法所支付的利息。

(5) 担保费，是指国内金融机构为买方出具保函的担保费。这项费用按有关金融机构规定的担保费率计算（一般可按承保金额的5‰计算）。

(6) 进口设备检验鉴定费，是指进口设备按规定付给商品检验部门的进口设备检验鉴定费。这项费用按进口设备货价的3‰～5‰计算。

8. 环境影响评价费

系指按照《中华人民共和国环境影响评价法》的规定，为全面、详细评价工程建设项目对环境可能产生的污染或造成的重大影响所需的费用。包括编制和评估环境影响报告书（含大纲）和环境影响报告表等费用。此项费用可依据环境影响评价委托合同计列，或按照国家有关部门规定计算。

9. 劳动安全卫生评价费

系指按照劳动部《建设工程项目（工程）劳动安全卫生监察规定》和《建设工程项目（工程）劳动安全卫生预评价管理办法》的规定，为预测和分析建设工程项目存在的职业危险、危害因素的种类和危险危害程度，并提出先进、科学、合理可行的劳动安全、卫生技术和管理对策所需的费用。包括编制建设工程项目劳动安全卫生预评价大纲和劳动安全卫生预评价报告书，以及为编制上述文件所进行的工程分析和环境现状调查某工作所需费用。此评价费应依据劳动安全卫生预评价委托合同计列，或按工程项目所在省（市、自治区）劳动行政部门规定的标准计算。

10. 工程质量监督费

工程质量监督费是指工程质量监督检验部门检验工程质量而收取的费用，应由建设单位管理部门按照国家有关部门规定的费用标准进行计算支出。

11. 特殊设备安全监督检验费

系指在施工现场组装的锅炉及压力容器、压力管道、消防设备、燃气设备、电梯等特殊设备和设施，由安全监察部门按照有关安全监察条例和实施细则以及设计技术要求进行安全检验，应由建设工程项目支付而向安全监察部门缴纳的费用。此项费用应按项目所在省（市、自治区）安全监察部门的规定标准计算。

12. 市政公用设施建设和绿化补偿费

系指使用市政公用设施的工程项目，按照项目所在省一级人民政府有关规定建设或缴纳的市政公用设施建设配套费用，以及绿化工程补偿费用，按工程所在地人民政府规定标准计列，如不发生或按规定免征的项目则不计取。

（三）与未来企业生产经营有关的费用

1. 联合试运转费

是指新建企业或新增加生产工艺过程的扩建企业在竣工验收前，按照设计规定的工程质量标准，进行整个车间、生产线或装置的有负荷或无负荷联合试运转发生的费用支出大于试运转收入的亏损部分。费用内容包括：试运转所需的原料、燃料、油料和动力的费用，机械使用费用，低值易耗品及其他物品的购置费用，联合试运转人员工资和施工单位参加联合试运转人员的工资及管理费用等。试运转收入包括试运转产品销售和其他收入。不包括应由设备安装工程费项目开支的单台设备调试费及试车费用。

联合试运转费用一般根据不同性质的项目，按需要试运转车间的工艺设备购置费的百分比计算。

2. 生产准备费

生产准备费是指新建企业或新增生产能力的企业，为保证竣工交付使用进行必要的生产准备所发生的费用。费用内容包括：

（1）生产人员培训费。自行培训、委托其他单位培训人员的工资、工资性补贴、职工福利费、差旅交通费、学习资料费、学习费、劳动保护费。

（2）生产单位提前进厂参加施工、设备安装、调试以及熟悉工艺流程与设备性能等人员的工资、工资性补贴、职工福利费、差旅交通费、劳动保护费等。

这项费用一般根据需要培训和提前进厂人员的人数及培训时间，按工程项目设计定员、生产准备费指标进行估算。

3. 办公和生活家具购置费

办公和生活家具购置费是指为保证新建、改建、扩建项目初期正常生产、使用和管理所必须购置的办公和生活家具、用具的费用。改、扩建项目所需的办公和生活用具购置费，应低于新建项目。其范围包括办公室、会议室、资料档案室、阅览室、文娱室、食堂、浴室、理发室、单身宿舍和设计规定必须建设的托儿所、卫生所、招待所、中小学校等家具用具购置费。应本着勤俭节约的精神，严格控制购置范围。

这项目费用不包括微机、复印机及医疗设备等购置费，一般可按照设计定员人数乘以综合指标计算，约为 600~800 元/人。

> **例 1-8** 设计单位编制建设项目初步设计文件收取的费用属于( )。
> A 建筑安装工程费　　　　　　B 预备费
> C 工程建设其他费用　　　　　D 建设单位管理费
> 解析："与工程建设有关的其他费用"包括勘察设计费。勘察设计费是指为建设项目提供项目建议书、可行性研究报告、设计文件等所需的费用。
> 答案：C

四、预备费、建设期利息和流动资金
【相关真题：2022-067，2019-068】

（一）预备费

预备费是指在建设期内因各种不可预见因素的变化而预留的可能增加的费用，包括基本预备费和价差预备费（亦称涨价预备费）。

1. 基本预备费

指在投资估算或工程概算阶段预留的，由于工程实施中不可预见的工程变更及洽商、一般自然灾害处理、地下障碍物处理、超规超限设备运输等而可能增加的费用。又称不可预见费，费用包括：

（1）在已批准的初步设计范围内，技术设计、施工图设计及施工过程中所增加的工程费用；设计变更、局部地基处理等增加的费用。

（2）一般自然灾害造成的损失和预防自然灾害所采取的措施费用。实行工程保险的工程项目费用应适当降低。

（3）竣工验收时为鉴定工程质量，对隐蔽工程进行必要的挖掘和修复费用。

基本预备费是按设备及工器具购置费、建筑安装工程费用和工程建设其他费用三部分费用之和为计算基础，乘以基本预备费率进行计算，如下式：

$$基本预备费 = (设备及工器具购置费 + 建筑安装工程费用 + 工程建设其他费用) \times 基本预备费率 \quad (1-8)$$

建筑工程费、安装工程费、设备及工器具购置费均属于工程费用，因此基本预备费也是以工程费用和工程建设其他费用之和为计算基础的：

$$基本预备费 = (工程费用 + 工程建设其他费用) \times 基本预备费率 \quad (1-9)$$

基本预备费率的取值应执行国家及部门的有关规定，约为 8%~15%。

2. 价差预备费（即涨价预备费）

指建设项目在建设期间内，由于人工、设备、材料、施工机械价格及费率、利率、汇率等变化，引起工程造价变化而需要增加的预留费用。内容包括：人工、设备、材料、施工机械价差费，建筑安装工程费及工程建设其他费用调整，利率、汇率、税率的调整等增加的费用（计算详见第三节）。

例 1-9 （2019）在项目投资估算中预留的，用于实施中可能发生的、难以预料的工程变更等可能增加的费用是（　　）。
A　价差预备费　　　　　　　B　基本预备费
C　临时设施费　　　　　　　D　研究试验费

解析：基本预备费是指投资估算或工程概算阶段预留的，由于工程实施中不可预见的工程变更及洽商，一般自然灾害处理、地下障碍物处理、超规超限设备运输等而可能增加的费用，又称不可预见费。

答案：B

例 1-10 （2022）下列属于价差预备费的是（　　）。
A　因设计变更而增加的费用　　B　因地基处理而增加的费用
C　因台风而产生的停工费用　　D　因人工价格上涨而增加的费用

解析：价差预备费（涨价预备费）是指由于人工、设备、材料、施工机械价格及费率、利率、汇率等变化，引起工程造价变化而需要增加的费用。因设计变更、局部地基处理、一般自然灾害造成的损失等，属于基本预备费。选项 A、B、C 属于基本预备费。

答案：D

（二）建设期利息

建设期利息，是指建设项目建设投资中有偿使用部分（即借贷资金）在建设期内应偿还的借款利息及承诺费。除自有资金、国家财政拨款和发行股票外，凡属有偿使用性质的资金，包括国内银行和其他非银行金融机构贷款、出口信贷、外国政府贷款、国际商业贷款、在境内外发行的债券等，均应计算建设期利息（计算详见第三节）。

（三）经营性项目铺底流动资金

经营性项目铺底流动资金，是指经营性项目为保证生产和经营正常运行，按规定应列入建设项目总资金的铺底流动资金。它是在项目建成投产初期，为保证正常生产所必需的周转资金（计算详见第三节）。

第三节　策划阶段的投资控制

一、建设工程全过程投资控制

（一）建设工程项目投资控制的概念

建设工程项目具有投资数额大、建设周期长、涉及面广、建设条件复杂等特点，从立项到竣工通常经历较长的建设期，在整个建设期间经常会出现对建设工程项目投资产生影响的难以预料的因素，如法律法规政策变化，建设方案调整，工程设计变更，人工、材料、设备价格变化，利率、汇率调整，不可抗力因素等，都可能引起建设工程项目投资额的变动。建设工程项目投资在整个建设期内的不确定性和对投资限额控制的要求，需要对工程项目投资随时进行动态跟踪、调整，这也决定了对建设项目的投资必须加以控制才能确保建设工程项目投资目标的实现。

建设工程项目投资控制是指为了实现投资目标，将投资尽可能控制在预定范围内所进行的一系列工作。

建设工程项目投资控制的工作应该贯穿从投资决策阶段、设计阶段、发包阶段、施工阶段以及竣工阶段等整个工程建设的全过程，即应该进行建设工程项目全过程投资控制，把各个阶段的建设工程投资额控制在批准的投资限额以内，随时纠正发生的偏差，以保证项目投资管理目标的实现，从而取得良好的社会效益和经济效益。

（二）建设工程项目投资控制的目标

工程项目的建设周期长、经历多个阶段，投资控制目标的设置应是随着工程项目建设的不断深入分阶段设置的，在项目建议书、可行性研究阶段编制的投资估算是设计阶段工程设计方案选择、进行初步设计的投资控制目标；初步设计阶段编制的设计概算是进行技术设计和施工图设计的投资控制目标；施工图阶段编制的施工图预算是发承包阶段的投资控制目标；发承包阶段的招标控制价（标底）是签订工程承包合同的投资控制目标；发包阶段确定的工程承发包合同价是承包工程施工阶段的投资控制目标等。工程项目建设各个阶段的目标相互制约、相互补充、前者控制后者、后者补充前者，构成建设工程投资控制的目标系统。

（三）投资控制的重点

建设工程项目投资控制贯穿于整个工程项目建设的全过程，各个阶段对投资的影响程度是不同的，投资控制必须突出重点。根据研究和国内外工程建设的实践，虽然投资决策和设计阶段的投资在整个建设项目总投资中占比不大，但对整个建设项目投资的影响程度最大，因此工程建设项目投资控制的重点应在施工以前的投资决策和设计阶段。在作出建设项目投资决策之后，控制项目投资的关键就在于设计阶段的工作。

二、项目建议书

项目建议书是项目建设单位向国家提出的要求建设一个具体工程项目的建议文件，是在投资决策之前对建设项目的轮廓设想。

对于政府投资项目，项目单位应当编制项目建议书、可行性研究报告、初步设计，按照政府投资管理权限和规定的程序，报投资主管部门或者其他有关部门审批。

项目建议书的主要作用是推荐拟建项目，论述其建设必要性、可行性和盈利可能性，供政府有关部门选择并确定是否进行下一步工作；也是项目批复后，编制项目可行性研究报告的依据。

项目建议书要对项目建设的必要性、主要建设内容、拟建地点、拟建规模、投资估算、资金筹措以及社会效益和经济效益等进行初步分析，并附相关文件资料。一般应包括以下内容。

（1）项目建设的必要性和依据。

（2）项目规划和设计方案、产品方案、拟建规模和拟建地点的初步设想。

（3）资源情况、建设条件、协作关系和设备技术引进国别、厂商的初步分析。

（4）投资估算、资金筹措及还贷方案设想。

（5）项目进度安排。

（6）社会效益和经济效益的初步分析、环境影响的初步评价。

对于政府投资项目的项目建议书，编制完成后应根据建设规模和限额划分报送有关部门审批。项目建议书经评估、批准后，可进行下一步的可行性研究工作。

根据政府投资项目审批制度改革的有关要求，对列入相关发展规划、专项规划和区域规划范围的政府投资项目，可以不再审批项目建议书；对改扩建项目和建设内容单一、投资规模较小、技术方案简单的项目，可以合并编制、审批项目建议书、可行性研究报告和初步设计。

对于企业不使用政府资金投资建设的项目，属于《政府核准的投资项目目录》内的项目，政府不再对项目建议书、可行性研究报告进行投资决策性质的审批，但需要向政府提交项目申请报告，政府有关部门从维护公共利益的角度进行核准。其他项目，除国家规定禁止投资的项目以外，无论规模大小，均改为备案制。

企业投资项目申请报告应当主要包括以下内容：
(1) 项目单位情况；
(2) 拟建项目情况，包括项目名称、建设地点、建设规模、建设内容等；
(3) 项目资源利用情况分析以及对生态环境的影响分析；
(4) 项目对经济和社会的影响分析。

项目单位在报送项目申请报告时，应附①城乡规划行政主管部门出具的选址意见书（仅指以划拨方式提供国有土地使用权的项目）；②国土资源（海洋）行政主管部门出具的用地（用海）预审意见（国土资源主管部门明确可以不进行用地预审的情形除外）；③法律、行政法规规定需要办理的其他相关手续。

三、可行性研究

可行性研究是对建设工程项目在技术上和经济上是否可行所进行的科学分析论证。项目建议书获得批准后即可立项，项目单位依据项目建议书批复文件，组织开展可行性研究，并按照规定向城乡规划、国土资源、环境保护等部门申请办理规划选址、用地预审、环境影响评价等审批手续。可行性研究是建设项目投资决策的重要依据。政府投资项目必须进行可行性研究，并按照要求编制和报批可行性研究报告。其他投资项目应参照国家、地区、行业的有关规定，根据工程项目具体情况等进行编制。

1. 可行性研究的作用

(1) 作为建设项目投资决策的依据。

可行性研究对建设项目的评价结果是项目投资的主要依据。政府投资的项目，可行性研究的结论是政府投资主管部门审批决策的依据。企业投资项目，可行性研究的结论既是企业内部投资决策的依据，同时，对属于《政府核准的投资项目目录》内、须经政府投资主管部门核准的投资项目，可行性研究又可以作为编制项目申请报告的依据。对于使用政府投资补助、贷款贴息等方式的企业投资项目，可行性研究可以作为编制资金申请报告的依据。

(2) 作为项目融资、筹措资金和申请贷款的依据。

银行等金融机构为了控制贷款风险，一般都要求项目业主提交可行性研究报告，通过对可行性研究报告的评估，对项目的产品竞争力、盈利能力、还款能力、项目风险等进行分析研究，然后再决定是否为项目提供贷款。

(3) 作为项目主管部门商谈合同、签订协议的依据。

根据可行性研究报告，项目主管部门可同有关部门签订项目所需原材料、能源资源和基础设施等方面的协议和合同，以及同国外厂商就引进技术和设备谈判签约。

（4）作为项目进行工程设计、设备订货、施工准备等建设前期工作的依据。

按照项目建设程序，一般只有在可行性研究报告完成并经过审批后，才能进行初步设计。初步设计文件应在可行性研究的基础上，根据审定的可行性研究报告进行编制。可行性研究的投资估算，应作为初步设计概算限额设计的依据。

（5）作为项目拟采用的新技术、新设备的研制和进行地形、地质及工业性试验工作的依据。

项目拟采用新技术、新设备必须是经过技术经济论证认为可行的，才能制定相应的研制计划。

（6）作为环保部门审查项目对环境影响的依据，也是向项目建设所在地政府和规划部门申请建设执照的依据。

（7）其他。为优化建设方案、落实建设条件、其他专项审批项等提供重要的基础资料和数据来源。

2. 可行性研究的依据

可行性研究的依据主要有以下内容。

（1）项目建议书，对于政府投资项目还应有项目建议书的批复文件。
（2）国家、地方的经济和社会发展规划、行业部门的发展规划。
（3）有关法律、法规和政策。
（4）有关工程建设的标准、规范、定额等。
（5）拟建厂（场）址的自然、经济、社会概况等基础资料。
（6）合资、合作项目各方签订的协议书或意向书。
（7）与拟建项目有关的各种市场信息资料、社会公众要求等。
（8）与拟建项目有关的有关专题研究报告。

3. 可行性研究的主要内容

可行性研究应完成主要工作内容如下。

（1）进行需求分析与市场研究：主要解决项目建设的必要性及建设规模、标准等问题；
（2）研究设计方案、工艺技术方案、建设方案：解决项目建设的技术可行性问题；
（3）进行财务分析和经济分析：解决项目建设的经济合理性问题；
（4）进行社会评价、环境影响评价、风险分析：解决项目建设对社会、环境的影响以及项目建设的风险。

可行性研究工作完成后，需要编制可行性研究报告，一般工业项目的可行性研究报告应包括以下基本内容：

（1）项目提出的背景、项目概况及投资的必要性；
（2）市场预测，包括产品供需、价格预测及市场风险分析；
（3）资源条件评价（对于资源开发项目）；
（4）建设规模及产品方案的技术经济分析；
（5）场址选择，包括场址建设条件、场址方案比选；

(6) 技术方案、设备方案和工程方案；
(7) 主要原材料、燃料供应；
(8) 总图布置、场内外运输与公共辅助工程；
(9) 节能、节水措施；
(10) 环境影响评价；
(11) 劳动安全卫生与消防；
(12) 组织机构与人力资源配置；
(13) 项目实施进度；
(14) 投资估算及融资方案；
(15) 财务评价和国民经济评价；
(16) 社会评价和项目风险分析；
(17) 研究结论与建议。

此外，政府投资项目的可行性研究报告还应包含有关的招标内容。

四、建设项目投资估算

投资估算是项目决策的重要依据之一。在整个投资决策过程中，要对建设项目工程造价进行估算，在此基础上研究项目是否建设。投资估算要有准确性，如果误差太大，必将导致决策的失误。因此，准确、全面地估算建设项目的工程造价，是项目可行性研究乃至整个建设项目的投资决策阶段造价管理的重要任务。

（一）投资估算的阶段划分

投资估算是指在建设项目整个投资决策阶段，依据现有的资料和一定的方法，对建设项目的投资数额进行粗略的估计。

由于投资决策过程可进一步分为规划阶段、项目建议书阶段、可行性研究阶段、评审阶段，所以投资估算工作也相应分为四个阶段。由于不同阶段所具备的条件和掌握的资料不同，因而投资估算的准确程度不同，进而每个阶段投资估算所起的作用也不同。但是随着阶段的不断发展，调查研究的不断深入，掌握的资料越来越丰富，投资估算逐步准确，其所起的作用也越来越重要。

投资估算阶段划分情况概括其相应的投资估算误差率如表 1-1 所示。

（二）投资估算的作用

按照现行项目建议书和可行性研究报告编制深度和审批要求，其中投资估算一经批准，在一般情况下不得随意突破。据此，投资估算的准确与否不仅影响到建设前期的投资决策，而且还直接关系到下阶段设计概算、施工图预算以及项目建设期造价管理和控制。具体作用如下：

（1）根据国家对拟建项目投资决策的要求，在报批的项目建议书和可行性研究报告内应客观切实地编制项目总投资估算。因此，它是作为主管部门审批建设项目的主要依据，也是银行评估拟建项目投资贷款的依据。

（2）根据《建筑工程设计招标投标管理办法》和《标准设计招标文件》，投标文件应对招标文件的实质性要求和条件作出响应。项目设计投标单位报送的投标书中，应包括方案设计的图纸、说明、建设工期、工程投资估算和经济分析，以考核设计方案是否技术先进、可靠和经济合理。因此工程投资估算是工程设计投标的重要组成部分。

投资估算的阶段划分 表 1-1

	投资估算阶段划分	投资估算误差率	投资估算的主要作用
投资决策过程	1. 规划（机会研究）阶段的投资估算	±30%以内	1. 说明有关的各项目之间相互关系； 2. 作为否定一个项目或决定是否继续进行研究的依据之一
	2. 项目建议书（初步可行性研究）阶段的投资估算	±20%以内	1. 从经济上判断项目是否应列入投资计划； 2. 作为领导部门审批项目建议书的依据之一； 3. 可否定一个项目，但不能完全肯定一个项目是否真正可行
	3. 可行性研究阶段的投资估算	±10%以内	可对项目是否真正可行作出初步的决定
	4. 评审阶段（含项目评估）的投资估算	±10%以内	1. 可作为对可行性研究结果进行最后评价依据； 2. 可作为对建设项目是否真正可行进行最后决定的依据

（3）在工程项目初步设计阶段，为了保证不突破可行性研究报告批准的投资估算范围，需要进行多方案的优化设计，实行按专业切块进行投资控制。因此编好投资估算，正确选择技术先进和经济合理的设计方案，为施工图设计打下坚实可靠的基础，才能最终使项目总投资的最高限额不被突破。

（4）建设项目的投资估算，作为业主资金筹措、银行贷款及项目建设期造价管理和控制的重要依据。

（5）项目投资估算的正确与否，也直接影响到对项目生产期所需的流动资金和生产成本的估算，并对项目未来的经济效益（盈利、税金）和偿还贷款能力的大小也具有重要作用。它不仅是确定项目投资决策的命运，也影响到项目能否持续生存发展的能力。

> **例 1-11** 建设项目投资估算的作用之一是（ ）。
> A 作为向银行借款的依据　　　　　B 作为招标投标的依据
> C 作为编制施工图预算的依据　　　D 作为工程结算的依据
> **解析：** 投资估算的作用之一是业主筹措资金，向银行贷款的依据。
> **答案：** A

（三）投资估算的编制依据

（1）设计文件。批准的项目建议书、可行性研究报告及其批文、设计方案（包括文字说明和图纸）。

（2）工程建设各类投资估算指标、概算指标、类似工程实际投资资料，以及技术经济总指标与分项指标。

（3）设备现行出厂价格（含非标准设备）及运杂费率。

（4）工程所在地主要材料价格实际资料、工业和民用建筑造价指标、土地征用价格和建设外部条件。

（5）引进技术设备情况简介及询价，报价资料。

（6）现行的建筑安装工程费用定额及其他费用定额指标。

（7）资金来源及建设工期。

（8）其他有关文件、合同、协议书等。

（9）工程所在地形、地貌、地质条件、水电气源、基础设施条件等现场情况，以及其他有助于编制投资估算的参考资料和同类工程的竣工决算资料等。

（四）投资估算的编制内容和深度

1. 投资估算的编制内容

投资估算是确定和控制建设项目全过程的各项投资总额，其估算范围涉及建设投资前期、建设实施期（施工建设期）和竣工验收交付使用期（生产经营期）各个阶段的费用支出。

全厂性工业项目或整体性民用工程项目（如小区住宅、机关、学校、医院等），应包括厂（院）区红线以内的主要生产项目，附属项目、室外工程的竖向布置土石方、道路、围墙大门、室外综合管网、构筑物和厂区（庭院）的建筑小区、绿化等工程，还应包括厂区外专用的供水、供电、公路、铁路等工程费用以及为建设工程发生的其他费用等，从筹建到竣工验收交付使用的全部费用。

投资估算文件，一般应包括投资估算编制说明及投资估算表（表1-2）。

建设项目投资估算表（单位：万元、万美元） 表1-2

序号	工程或费用名称	估算价值					占建设投资的比例（%）	备注
		建筑工程	设备购置	安装工程	其他费用	合计	其中外币		
1	建设投资								
1.1	工程费用								
	主要生产项目								
	……								
	其他附属项目								
	……								
	工程费用合计								
1.2	其他费用								
	……								
	……								
	……								
1.3	预备费用								
1.3.1	基本预备费								
1.3.2	涨价预备费（建设期价差预备费）								
2	建设期利息								
3	流动资金								
	合计（1+2）								

注：工程或费用名称，可根据本部门的要求分项列出。

（1）编制说明包括

1）工程概况；

2）编制原则；

3）编制依据；

4）编制方法；

5）投资分析。应列出按投资构成划分、按设计专业划分和按生产用途划分的三项投资百分比分析表；

6）主要技术经济指标。如单位产品投资指标等，与已建成或正在建设的类似项目投资作比较分析，并论述其产生差异的原因；

7）存在的问题和改进建议。

(2) 总估算表（表1-2）

1）总估算表是由按工程系统划分的工程费用估算与其他费用，工程预备费，固定资产投资方向调节税，建设期利息等构成。

2）总估算表的构成：

① 工程费用。包括主要生产项目工程、辅助生产系统工程、公用系统工程、生活福利设施工程、民用及生活设施工程等；

② 工程建设其他费用；

③ 工程预备费，包括基本预备费和建设期价差预备费；

④ 方向调节税和贷款利息，是指固定资产投资方向调节税和建设期利息。

3）项目建议书和可行性研究报告投资估算构成框图见图1-7。

2. 投资估算的编制深度

建设项目投资估算的编制深度，应与项目建议书和可行性研究报告的编写深度相适应。

(1) 在项目建议书阶段，应编制出项目总估算书，它包括工程费的单项工程投资估算、工程建设其他费用估算、预备费的基本预备费和价差预备费、投资方向调节税及建设期贷款利息。

(2) 在可行性研究报告阶段，应编制出项目总估算书、单项工程投资估算。主要工程项目应分别编制每个单位工程的投资估算；对于附属项目或次要项目可简化编制一个单项工程的投资估算（其中包括土建、水、暖、通、电等）；对于其他费用也应按单项费用编制；预备费应分别列出基本预备费和价差预备费；对于应缴投资方向调节税的建设项目，还应计算投资方向调节税以及建设期贷款利息。

（五）投资估算的编制方法

按照我国现行项目投资管理规定，建设项目建设投资按照费用性质划分，可分为建筑安装工程费、设备及工器具购置费、工程建设其他费用、预备费（含基本预备费和价差预备费）、固定资产投资方向调节税和建设期贷款利息等内容。

根据国家发改委对建设投资实行静态控制、动态管理的要求，又将建设投资分为静态投资和动态投资两部分（图1-7）。其中静态投资是在不考虑物价上涨、建设期利息等动态因素影响下形成的固定资产投资，包括：建筑安装工程费、设备及工器具购置费、工程建设其他费用及基本预备费等内容；而动态投资是指工程项目在考虑物价上涨、建设期利息等动态因素影响下形成的固定资产投资，包括建设期价差预备费（亦称涨价预备费）、固定资产投资方向调节税和建设期贷款利息。在概算审查和工程竣工决算中还应考虑国家批准新开征的税费和建设期汇率变动而增加的投资内容。建设项目总投资不仅包括项目的建设投资的静态部分，而且还包括建设投资的动态部分和铺底流动资金。它是反映完成一个建设项目预计所需投资的总和，因此，建设项目总投资也是一个完整的动态投资。为了

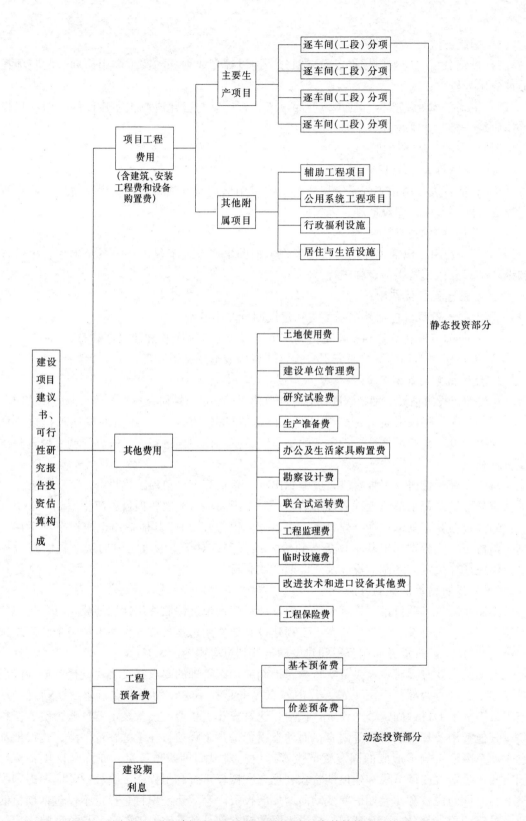

图 1-7 项目建议书、可行性研究报告投资估算构成系统图

遵循估足投资不留缺口的原则，不仅要准确地计算出建设投资的静态部分，而且还应该客观地估算建设投资的动态部分与铺底流动资金。这样项目投资估算才能全面地反映项目工程造价的构成。

1. 静态投资的估算

静态投资是建设项目投资估算的基础。由于民用建筑与工业生产项目的静态投资估算的出发点及具体办法不同，一般情况，工业项目的投资估算大多以设备费为基础进行，而民用项目则以建筑工程投资估算为基础。根据静态投资费用项目内容的不同，投资估算采用的方法和深度也不尽相同，以下将分别予以介绍。

（1）按设备费用的百分比估算法（比例估算法）

设备购置费用在静态投资中占有很大比重。在项目规划或可行性研究中，对工程情况不完全了解，不可能将所有设备开出清单；但根据工业生产建设的经验，辅助生产设备、服务设施的装备水平与主体设备购置费用之间存在着一定的比例关系，类似地，设备安装费与设备购置费用之间也有一定的比例关系。因此，在对主体设备或类似工程情况已有所了解的情况下，有经验的造价工程师往往采用比例估算的办法估算投资，而不必分项去详细计算。这种方法在实际中有很多的应用，下面介绍两种具体计算方法。

1）以拟建项目或装置的设备费为基数，根据已建成的同类项目或装置的建筑安装工程费和其他费用等占设备价值的百分比，求出相应的建筑安装及其他有关费用，其总和即为项目装置的投资。

2）以拟建项目中的最主要、投资比重较大、并与生产能力直接相关的工艺设备的投资（包括运杂费及安装费）为基数，根据同类型的已建项目的有关统计资料，计算出拟建项目的各专业工程（总图、土建、采通、给水排水、管道、电气及电信、自控及其他费用等）占工艺设备投资的百分比，据以求出各专业的投资，然后把各部分投资费用（包括工艺设备费）相加求和，即为项目的总费用。

（2）资金周转率法

这是一种用资金周转率来推测投资额的简便方法。

拟建项目的资金周转率可以根据已建相似项目的有关数据进行估计，然后再根据拟建项目的预计产品的年产量及单价，进行估算拟建项目的投资额。

这种方法比较简便，计算速度快，但精确度较低，可用于投资机会研究及项目建议书阶段的投资估算。

（3）朗格系数法

以设备费用为基础，乘以适当的系数来推算项目的建设费用。

此法比较简单，但没有考虑设备规格和材质的差异，所以精确度不高。

（4）生产能力指数法

根据已建成的、性质类似的建设项目（或生产装置）的投资额和生产能力，以及拟建项目（或生产装置）的生产能力，估算建设项目的投资额。

采用这种方法，计算简单，速度快；但要求类似工程的资料可靠，条件基本相同，否则误差就会增大。

（5）综合指标投资估算法

对于房屋、建筑物进行造价估算，通常采用综合指标投资估算法。即根据各种具体的投资估算指标、取费标准，以及设备材料价格，先进行单位工程投资估算。投资估算指标的形式较多，例如元/m^2、元/m^3、元/kVA 等。根据这些投资估算指标，乘以所需的面积、体积、容量等，就可以求出相应的土建工程、给排水工程、照明工程、供暖工程、变配电工程等各单位工程的投资。在此基础上，可汇总成每一单项工程的投资。另外再估算工程建设其他费用及预备费，即求得建设项目总投资。此法有一定的估算精度、精确度相对较高。

采用这种方法时，一方面要注意，若套用的指标与具体工程之间的标准或条件有差异时，应加以必要的局部换算或调整；另一方面要注意，使用的指标单位应密切结合每个单位工程的特点，能正确反映其设计参数，切勿盲目地单纯地套用一种单位指标。

在编制可行性研究报告的投资估算时，应根据可行性研究报告的内容、国家有关规定和估算指标等，以估算编制时的价格进行编制，并应按照有关规定，合理地预测估算编制后到竣工期间工程的价格、利率、汇率等动态因素的变化，打足建设投资，不留缺口，确保投资估算的编制质量（本节后面的实例就是一个用投资估算指标法编制的投资估算）。

工程建设其他费用的估算应根据不同的情况采取不同的方法。例如土地使用费，应根据取得土地的方式以及当地土地管理部门的具体规定计算；与项目建设有关的其他费用、业主费用等特定性强，没有固定的比例和项目，可与建设单位共同研究商定。

总之，静态投资的估算办法较多，并没有规定统一使用的固定公式，在实际工作中，应根据项目的特性、所掌握的项目组成部分的费用数据和有关技术资料，按照具体要求有针对性地选用各种适合的方法来估算。需要指出的是这里所说的虽然是静态投资，但它也是有一定时间性的，应该统一按某一确定的时间来计算，特别是对编制时间距开工时间较远的项目，一定要以开工前一年为基准年，以这一年的价格为依据计算，按照近年的价格指数将编制年的静态投资进行适当地调整，否则就会失去基准作用，影响投资估算的准确性。

2. 动态投资的估算

动态投资主要包括价格变动可能增加的投资额（价差预备费）和建设期利息两部分内容，如果是涉外项目，还应该计算汇率的影响。动态投资的估算应以基准年静态投资的资金使用计划额为基础来计算以上各种变动因素，而不是以编制年的静态投资为基础计算。

（1）价差预备费（涨价预备费）的估算

价差预备费是指从估算年到项目建成期间内，预留的因物价上涨而引起的投资费用增加额。

价差预备费的估算方法，一般根据国家规定的投资综合价格指数，按估算年份价格水平的投资额为基数，采用复利方法计算。

（2）建设期利息

建设期利息，是指建设项目使用投资贷款在建设期内应归还的贷款利息。贷款利息应以建设期工程造价扣除资本金后的分年度资金供应计划为基数，计算逐年应付利息。具体地讲，项目建设期利息，可按照项目可行性研究报告中的项目建设资金筹措方案确定的初步贷款意向规定的利率、偿还方式和偿还期限计算。对于没有明确意向的贷款，可按项目适用的现行一般（非优惠）的贷款利率、期限和偿还方式计算。贷款利息计算中采用的利率，应为有效利率。建设期利息实行复利计算。由于建设期借款利息是计入建设项目总投资的利息，故亦称为资本化利息。

为简化计算，在编制投资估算时，通常假设项目总贷款是分年均衡发放的，建设期贷款利息的计算可按当年贷款在年中支用考虑，即为当年贷款按半年计算，上年贷款按全年计息；还款当年按年末还款，按全年计息。计算公式为：

$$国内贷款建设期利息 = 各年应计利息之和 \quad (1-10)$$

$$本年应计利息 = \left(本年年初贷款本利和累计金额 + \frac{当年贷款额}{2}\right) \times 年有效利率 \quad (1-11)$$

当总贷款是分年均衡发放时，其复利利息计算公式为：

$$q_i = \left(p_{j-1} + \frac{1}{2}A_j\right) \times i \quad (1-12)$$

式中　q_i——建设期第 i 年应付利息；

p_{j-1}——建设期第 $j-1$ 年末贷款余额，它由第 $j-1$ 年末贷款累计加上此时贷款利息累计；

A_j——建设期第 j 年支用贷款（全年总数）；

i——年利率。

> **例 1-12**　某新建项目建设期为 1 年，向银行贷款 500 万元，年利率为 10%，建设期内贷款分季度均衡发放，只计息不还款，则建设期贷款利息为(　　)。
>
> 　　A　0 万元　　　　B　25 万元　　　　C　50 万元　　　　D　100 万元
>
> **解析**：本题贷款均衡发放，可按下列公式计算：
>
> 本年应计利息 =（本年年初贷款本利和累计金额 + 当年贷款额/2）× 年利率 =（0+500/2）×10% = 25 万元
>
> 本题建设期只有 1 年，建设期贷款利息即本年应计利息 25 万元。
>
> **答案**：B

在向国外借款利息的计算中，还应包括国外贷款银行根据贷款协议向借款方以年利率的方式收取的手续费、管理费和承诺费；以及国内代理机构经国家主管部门批准的、以年利率的方式向贷款单位收取的转贷费、担保费和管理费等资金成本费用。为简化计算，可采用适当提高利率的方法进行处理和计算。

（六）铺底流动资金的估算方法

铺底流动资金是保证项目投产初期，能正常生产经营所需要的最基本的周转资金数额。铺底流动资金是项目总资金中的一个组成部分，在项目决策阶段，这部分资金就要落实。铺底流动资金按流动资金的 30% 计算。

流动资金是指建设项目投产后，为维持正常生产年份的正常经营，用于购买原材料、燃料、支付工资及其他生产经营费用等所必不可少的周转资金。它是伴随着固定资产投资而发生的永久性流动资产投资，它等于项目投产运营后所需全部流动资产扣除流动负债后的余额。其中，流动资产主要考虑应收及预付账款、现金和存货；流动负债主要考虑应付及预收款。由此看出，这里所解释的流动资金的概念，实际上就是财务中的营运资金。

流动资金的估算一般采用两种方法。

1. 扩大指标估算法

扩大指标估算法是按照流动资金占某种基数的比率来估算流动资金。一般常用的基数有销售收入、经营成本、总成本费用和固定资产投资等，究竟采用何种基数可依照行业习惯而定。所采用的比率根据经验确定，或根据现有同类企业的实际资料确定，或依照行业

(部门)给定的参考值确定。扩大指标估算法简便易行,但准确度不高,适用于项目建议书阶段的估算。

(1) 产值(或销售收入)资金率估算法

估算的流动资金额为年产值(年销售收入额)乘以产值(销售收入)资金率。例如,某项目投产后的年产值为1.5亿元,其同类企业的百元产值流动资金占用额为17.5元,则该项目的流动资金估算额为:

$$15000 \times 17.5/100 = 2625 \text{(万元)}$$

(2) 经营成本(或总成本)资金率估算法

经营成本是一项反映物质、劳动消耗和技术水平、生产管理水平的综合指标。一些工业项目,尤其是采掘工业项目常用经营成本(或总成本)资金率估算流动资金。估算的流动资金额为年经营成本(年总成本)乘以经营成本资金率(总成本资金率)。

(3) 固定资产投资资金率估算法

固定资产投资资金率是流动资金占固定资产投资的百分比。如化工项目流动资金约占固定资产投资的15%～20%,一般工业项目流动资金占固定资产投资的5%～12%。估算的流动资金额为固定资产投资乘以固定资产投资资金率。

(4) 单位产量资金率估算法

单位产量资金率,即单位产量占用流动资金的数额。

估算的流动资金额为年生产能力乘以单位产量资金率。

2. 分项详细估算法

分项详细估算法,也称分项定额估算法。它是国际上通行的流动资金估算方法,应按照下列公式,分项详细估算。

$$\text{流动资金} = \text{流动资产} - \text{流动负债} \tag{1-13}$$

其中:流动资产=现金+应收账款+预付账款+存货,

流动负债=应付账款+预收账款,

流动资金本年增加额=本年流动资金-上年流动资金。

流动资产和流动负债各项构成估算:

(1) 现金的估算

现金按年工资及福利费与年其他费用之和除以周转次数估算。

(2) 应收(预付)账款的估算

应收账款以年销售收入除以周转次数估算。

(3) 存货的估算

存货包括各种外购原材料、燃料、包装物、低值易耗品、在产品、外购商品、协作件、自制半成品和产成品等。在估算中的存货一般仅考虑外购原材料、燃料、在产品、产成品,也可考虑备品备件。

(4) 应付(预收)账款的估算(略)

第四节 建设工程技术经济分析

在工程建设过程中,不同阶段需要制定各种不同的技术方案,广义的技术方案包括策划决策阶段的项目建设方案、设计阶段的工程设计方案、施工阶段的施工方案等,在某一建设阶段,对不同的方案进行研究,从中选择出最佳方案,对于实现工程建设项目投资目标具有重要的意义。

技术经济分析就是运用科学的方法,通过对各种技术方案的分析、对比、论证和择优选择,选出技术先进适用、经济效益最佳的方案。

技术经济分析的主要作用有:

(1) 通过技术经济分析,可以不断完善相应的技术方案,实现方案优化;
(2) 选择出技术先进、适用、具有一定前瞻性,经济效益最佳的技术方案;
(3) 技术经济分析的结论,是选择合理技术方案的依据;
(4) 为下一步的工程建设工作提供基础资料和依据。

技术经济分析的基本经济要素包括投资、成本与费用、销售收入、利润与税金等,通过对这些基本经济要素的预测、分析,计算在项目计算期内的现金流入、现金流出以及净现金流量(现金流入与现金流出之差),然后采用适用的技术分析方法计算相应的评价指标,以此来评价方案的经济效果。

技术经济分析的基本程序如下:

(1) <u>确定目标</u>。首先确定技术方案要达到的目标和要求。
(2) <u>提出备选方案</u>。收集整理有关技术经济分析的相关基础数据和参数,列出各种可能的技术方案作为备选方案。
(3) <u>方案评价</u>。选择评价方案的技术经济指标,计算、评价各方案的经济效果,选出可行方案。
(4) <u>选择最优方案</u>。通过对不同方案的衡量和比较,对方案进行综合评价,选择最优方案并完善。

一、技术方案的经济效果评价

(一) 建设工程项目经济评价的层次与范围

一般工程建设项目的经济评价分为财务评价(也称财务分析)、国民经济评价(也称经济分析)两个层次。其中财务评价属于微观评价,而国民经济评价属于宏观评价。

建设项目财务评价是根据国民经济与社会发展以及行业、地区发展规划的要求,在拟定的工程建设方案、财务效益与费用估算的基础上,采用科学的分析方法,对工程建设方案的财务可行性和经济合理性进行分析论证,为项目的科学决策提供依据。

从不同的评价角度来看,财务评价又可分为企业财务评价(即商业评价)和国家财务评价(即财政评价)。前者是从企业的角度出发,考察项目在具有投资风险和不确定情况下给企业(或私人投资者)带来的用货币表示的财务效益(如净收入或利润),它适用于私人或企业投资的建设项目。后者是从政府的财政预算角度出发,分析项目对国家财政的影响,它适用于国家财政预算拨款或贷款的建设项目。一般情况下,工程建设项目财务评价通常是指企业财务评价,同时也采用投资利税率和资金报酬率等评价指标来衡量国家的财政收入效益。

国民经济评价是从国民经济的角度出发,按照合理配置资源的原则,采用货物影子价格、影子汇率、影子工资率和社会折现率等国民经济评价参数,考察项目所耗费的社会资源(即经济费用)和对国民经济与社会的净贡献(即经济效益),评价建设项目的经济合理性和经济可行性。它主要适用于交通运输项目、大型水利水电项目、国家战略性资源开发项目等建设项目。

项目财务评价是根据国家现行财务、会计与税收制度的规定和按照现行市场价格体系,从项目的财务角度,分析预测项目直接发生的财务效益和费用,通过编制财务报表,计算财务评价指标,考察建设项目的财务盈利能力、偿债能力、生存能力和抗风险能力等财务状况,据以判断项目的财务可行性,明确项目对投资主体的价值贡献,为项目投资决策提供科学依据。对于非经营项目财务评价主要分析评价项目的财务生存能力。

对于投资方案或技术方案,我们可以运用财务评价的方法和指标体系,评价技术方案的经济效果。

(二)经济效果评价的内容

经济效果评价就是在对技术方案的财务效益和费用估算的基础上,运用科学的方法,计算、分析、评价技术方案的经济效果。

经济效果评价的基本目标是考察技术方案的财务生存能力、盈利能力、偿债能力和抗风险能力,主要包括下列内容。

(1) 方案的盈利能力

方案的盈利能力是指项目投资方案在计算期的盈利水平。主要评价指标包括方案的财务净现值、财务内部收益率、资本金财务内部收益率等动态评价指标和静态投资回收期、总投资收益率、项目资本金净利润率等静态指标。

(2) 方案的偿债能力

方案的偿债能力是指项目投资方案按期偿还到期债务的能力。主要评价指标包括利息备付率偿债备付率和资产负债率等指标。

(3) 方案的财务生存能力

方案的财务生存能力是指项目(企业)在生产运营期间,为确保从各项经济活动中能得到足够的净现金流量(净收益),以维持项目(企业)持续生存条件的能力。为此,在项目财务评价中应根据项目财务计划现金流量表,通过考察项目计算期内各年的投资活动、融资活动和经营活动所产生的各项现金流入和流出,计算净现金流量和累计盈余资金,分析项目是否有足够的净现金流量维持正常运营,以实现财务可持续性。各年累计盈余资金不应出现负值,出现负值时,应进行短期融资借款,还应分析短期借款的可靠性。短期借款应体现在财务计划现金流量表中,其利息应计入财务费用。

(4) 项目投资的抗风险能力

通过不确定性分析(如盈亏平衡分析、敏感性分析)和风险分析,预测分析客观因素变动对项目盈利能力的影响,检验不确定性因素的变动对项目收益、收益率和投资借款偿还期等评价指标的影响程度,考察建设项目投资承受各种投资风险的能力,提高项目投资的可靠性和营利性。

(三) 经济效果的评价方法

经济效果评价的基本方法包括确定性分析和不确定性分析两大类。按评价方法的性质不同,经济效果评价可分为定性分析和定量分析;按评价方法是否考虑资金时间价值因素可分为静态分析和动态分析;按是否考虑融资因素可分为融资前分析和融资后分析。

项目决策可分为投资决策和融资决策两个层次,一般情况下,投资决策在先,融资决策在后。因此,根据不同层次决策的需要,财务评价可分为融资前分析评价和融资后分析评价。在融资前财务分析结论满足要求的情况下,初步设定融资方案,再进行融资后的财务分析。在项目建议书阶段,可只进行融资前财务分析。

经济效果评价中,应该采用定性分析和定量分析相结合、以定量分析为主的原则,以及静态分析和动态分析相结合、以动态分析为主的原则。

一个建设项目要经历若干个不同阶段。在进行经济评价时,需要选定一个计算期。项目计算期是指经济评价中为进行动态分析所设定的期限,包括建设期和运营期。建设期是指项目资金正式投入开始到项目建成投产为止所需要的时间,一般按合理工期或预定的建设进度确定;运营期又分为投产期和达产期两个阶段。投产期是指项目投入生产,但生产能力尚未达到设计能力时的过渡阶段。达产期是指生产运营达到设计预期水平后的阶段。

(四) 经济效果评价的指标体系

进行经济效果评价,需要根据不同财务报表中的数据,计算一系列评价指标,分析项目的盈利能力、偿债能力和财务生存能力,对方案进行经济性评价。项目财务评价的基本报表有:财务计划现金流量表、项目投资现金流量表、项目资本金财务现金流量表、投资各方财务现金流量表、利润与利润分配表、借款还本付息计划表和资产负债表等。

经济效果评价的指标体系见图1-8和表1-3。

图1-8 经济效果评价的指标体系

财务报表与评价指标　　　　表 1-3

序号	评价内容	财务基本报表	财务评价指标	
			静态指标	动态指标
1	财务生存能力分析	财务计划现金流量表	净现金流量、累计盈余资金	—
2	盈利能力分析	项目投资现金流量表	项目静态投资回收期、财务净现金流量	项目投资财务内部收益率、财务净现值
		项目资本金现金流量表	—	项目资本金财务内部收益率
		投资各方现金流量表	—	项目投资各方财务内部收益率
		利润和利润分配表	总投资收益率、资本金净利润率	
3	偿债能力分析	借款还本付息计划表	利息备付率、偿债备付率、借款偿还期	
		资产负债表	资产负债率、流动比率、速动比率	
4	其他	—	价值指标、实物指标	

> **例 1-13**　在项目财务评价指标中，反映项目盈利能力的静态评价指标的是（　　）。
> A　投资收益率　　　　　　　　B　借款偿还期
> C　财务净现值　　　　　　　　D　财务内部收益率
> **解析**：投资收益率、财务净现值、财务内部收益率都是反映项目盈利能力的指标，其中投资收益率是反映项目盈利能力的静态评价指标，财务净现值和财务内部收益率都是反映项目盈利能力的动态评价指标。借款偿还期是反映项目偿债能力的指标。
> **答案**：A

根据编制的项目财务评价基本报表，可以计算项目盈利能力分析和偿债能力分析的财务评价指标。

1. 项目盈利能力分析

项目财务盈利能力分析主要是考察项目投资的盈利水平，它是项目财务评价的主要内容之一。为此目的，在编制财务现金流量表的基础上，计算项目投资财务内部收益率、财务净现值、投资回收期、总投资收益率和资本金净利润率等主要财务盈利性评价指标；可根据项目特点及财务评价的实际需要，选用指标。

（1）财务内部收益率（$FIRR$）

财务内部收益率是指在项目整个计算期内，各年净现金流量现值累计等于零时的折现率。它反映项目整个寿命期内（即计算期内）总投资支出所能获得的实际最大投资收益率，即为项目内部潜在的最大盈利能力。它是评价项目盈利能力的主要动态指标，按下式计算：

$$\sum_{t=1}^{n}(CI-CO)_t(1+FIRR)^{-t}=0 \qquad (1-14)$$

式中　　CI——现金流入量；

　　　　CO——现金流出量；

$(CI-CO)_t$——第 t 年的净现金流量；

　　　　n——计算期年数。

财务内部收益率可根据财务现金流量表中的净现金流量，用计算机求解，手算可用试差法和图解法计算。

按照项目分析范围和对象不同，财务内部收益率可分为项目投资财务内部收益率、资本金财务内部收益率（简称为资本金收益率）和投资各方财务内部收益率（即投资各方收益率）。

1）项目投资财务内部收益率是以项目全部投资均为自有资金作为计算基础，考察项目在未确定融资方案和所得税前整个项目的盈利能力。它为项目投资决策者对项目方案比选和银行贷款单位进行信贷决策，提供了对不同方案进行优选的可比性基础。

2）资本金财务内部收益率，是以项目资本金为计算基础，从资本金出资者整体角度出发，考察项目所得税后资本金可能获得的收益水平，投资者可据此作出最终决策。

3）投资各方财务内部收益率，是以投资各方的出资额作为计算基础，根据投资各方实际收入和支出，考察投资各方可能获得的收益水平。

内部收益率的经济含义可以这样理解：资金投入项目后，通过项目各年的净收益回收投资，各年尚未回收的资金以内部收益率 $FIRR$ 为利率增值，则到项目寿命期末（计算期末）时，正好可以全部收回投资。内部收益率是项目投资占用的尚未回收资金的获利能力，取决于项目内部，与项目的投资额、各年的净收益以及被占用资金的增值率等内部因素有关，反映了项目内部潜在的最大获利能力。

常规项目投资方案是指净现金流量除建设期初或投产期初的净现金流量为负值外，以后年份均为正值，计算期内净现金流量由负到正只变化一次，常规投资项目只要累计净现金流量大于零，则内部收益率就有唯一解。

采用财务内部收益率（$FIRR$）评价项目方案时，判别准则是项目财务内部收益率应大于或等于部门（行业）发布规定或者由评价人员设定的财务基准收益率（i_c），即 $FIRR \geqslant i_c$，此时方案在经济效果上可以接受，反之则不能接受。

采用财务内部收益率指标的好处是不需要事先给定基准收益率（基准折现率），财务内部收益率可以反映投资过程的收益程度，不受外部参数的影响。

对于独立方案或单一方案，采用财务内部收益率指标和财务净现值指标的评价结论是相同的。

（2）财务净现值（$FNPV$）

财务净现值是反映项目在整个计算期内总的盈利能力的动态评价指标。财务净现值是指按行业的基准收益率或设定的折现率，将项目计算期内各年的净现金流量折现到建设期初的现值之和。

基准收益率也称基准折现率，是企业或行业或投资者以动态的观点所确定的、可接受的投资项目最低标准的收益水平。

财务净现值的计算公式为：

$$FNPV = \sum_{t=0}^{n}(CI-CO)_t(1+i_c)^{-t} \tag{1-15}$$

式中　$FNPV$——净现值；
　　　　CI——现金流入量；
　　　　CO——现金流出量；
　　$(CI-CO)_t$——第t年的净现金流量；
　　　　n——项目计算期；
　　　　i_c——基准收益率（折现率）。

确定基准收益率应考虑年资金费用率（资金成本）、机会成本、投资风险和通货膨胀等因素。利用财务净现值指标时，首先确定一个基准收益率i_c，然后确定计算现值的基准年，计算时将各年发生的净现金流量等值换算到基准年，最后根据计算结果进行评价。

根据财务净现值的计算结果进行评价，当财务净现值大于或等于零，即$FNPV \geq 0$，表示项目的投资方案在财务上可以接受，反之方案在财务上不可接受。

(3) 静态投资回收期（P_t）

静态投资回收期指在不考虑资金时间价值的条件下，以项目的净收益（包括利润和折旧）回收全部投资所需要的时间。投资回收期通常以"年"为单位，一般从建设年开始计算。通常按下式计算：

$$P_t = \left[\begin{array}{c}\text{累计净现金流量开始}\\\text{出现正值的年份数}\end{array}\right] - 1 + \left[\frac{\text{上年累计净现金流量的绝对值}}{\text{当年净现金流量}}\right] \tag{1-16}$$

计算出静态投资回收期P_t后，应与部门或行业的基准投资回收期P_c进行比较，当静态投资回收期P_t小于或等于基准投资回收期P_c时，即$P_t \leq P_c$时，表明项目投资在规定的时间内可以回收，该项目在投资回收能力上是可以接受的。

> **例 1-14**　在投资方案财务评价中，获利能力较好的方案是(　　)。
> A　内部收益率小于基准收益率，净现值大于零
> B　内部收益率小于基准收益率，净现值小于零
> C　内部收益率大于基准收益率，净现值大于零
> D　内部收益率大于基准收益率，净现值小于零
>
> **解析**：评价投资方案的盈利能力可采用内部收益率、净现值等指标，采用内部收益率指标的评判标准是内部收益率大于或等于基准收益率；采用净现值指标的评判标准是净现值大于或等于零。满足上述条件的投资方案说明盈利能力满足要求，在财务上可行。
>
> **答案**：C

(4) 总投资收益率（ROI）

总投资收益率表示总投资的盈利水平，是指项目达到设计能力后，正常年份的年息税前利润或运营期内年平均息税前利润（EBIT）与项目总投资（TI）的比率。总投资收益率是考察单位投资盈利能力的静态指标，表示总投资的盈利水平。可根据"利润与利润分配表"按下式计算：

$$总投资收益率(ROI) = \frac{正常年份的年息税前利润或运营期内年平均息税前利润(EBIT)}{项目总投资(TI)} \times 100\%$$

$$= \frac{年利润总额 + 年借款利息}{总投资} \times 100\%$$

(1-17)

式中　息税前利润＝利润总额＋利息

息税前利润是指企业支付利息和缴纳所得税之前的利润。

当总投资收益率大于或等于同行业的平均投资收益率参考值（或基准投资收益率）时，说明用总投资收益率表示的盈利能力满足要求，在财务上可以接受。

（5）资本金净利润率（ROE）

项目资本金净利润率是用以表示项目资本金的盈利能力的静态评价指标，是指项目达到设计能力后，正常年份的年净利润或运营期内年平均净利润与项目资本金的比率。其计算公式为：

$$资本金净利润率(ROE) = \frac{正常年份的年净利润或运营期内年平均净利润}{项目资本金} \times 100\%$$

(1-18)

如果项目资本金净利润率高于同行业的资本金净利润率参考值，说明用项目资本金净利润率表示的盈利能力满足要求。

2. 偿债能力分析

项目偿债能力分析是在财务盈利能力分析的基础上，根据借款还本付息计划表和资产负债表等债务报表，计算借款偿还期、利息备付率、偿债备付率，以及资产负债率、流动比率和速动比率等评价指标评价项目的借款偿债能力。

（1）借款偿还期（P_d）

借款偿还期是指在国家财政及项目具体财务条件下，以项目投产后获得的可用于还本付息的资金（包括：利润＋折旧费＋摊销费＋其他项目收益）来偿还借款本息所需要花费的时间（以年为单位），它是反映工程项目偿还借款能力和经济效益好坏的一个综合性评价指标。

借款偿还期旨在计算最大偿还能力，适用于尽快还款的项目，不适用于已约定借款偿还期限的项目。对于已约定借款偿还期限的项目，应采用利息备付率和偿债备付率指标分析项目的偿债能力。

（2）利息备付率（ICR）

利息备付率是指项目在借款偿还期内，各年可用于支付利息的息税前利润（EBIT）与当期应付利息费用（PI）的比值。该指标从付息资金来源的充裕性角度，反映偿付债务利息的保障程度和支付能力。计算公式为：

$$利息备付率(ICR) = \frac{息税前利润(EBIT)}{当期应付利息费用(PI)}$$

(1-19)

式中 息税前利润＝利润总额＋计入总成本费用的利息费用。

利息备付率应分年计算。利息备付率表示以项目息税前利润偿付利息的保障程度，利息备付率越高，利息偿付的保障程度越高。利息备付率应大于1，一般不宜低于2，并结合债权人的要求确定。

（3）偿债备付率（DSCR）

偿债备付率是指在借款偿还期内，各年可用于还本付息的资金与当期应还本付息金额之比。该指标从还本付息资金来源的充裕性角度，反映偿付债务本息的保障程度和支付能力。计算公式为：

$$偿债备付率(DSCR) = \frac{可用于还本付息的资金}{当期应还本付息金额} \tag{1-20}$$

式中 可用于还本付息的资金＝息税前利润＋折旧和摊销－所得税。

偿债备付率应分年计算。偿债备付率越高，可用于还本付息的资金保障程度越高。利息备付率应大于1，一般不宜低于1.3，并结合债权人的要求确定。

（4）资产负债率（LOAR）

系指各期末负债总额（TL）与资产总额（TA）的比率，它反映了总资产中有多大比例是通过借债来筹集的，按下式计算：

$$资产负债率(LOAR) = \frac{期末负债总额(TL)}{期末资产总额(TA)} \times 100\% \tag{1-21}$$

从债权人的角度看，资产负债率越低，企业偿债能力越强，回收借款的保障越大；从企业所有者和经营者的角度看，通常希望资产负债率指标高些，可利用财务杠杆增加企业获利能力。适度的资产负债率，表明企业经营安全、有较强的筹资能力，企业和债权人的风险较小。

（5）流动比率（CR）

流动比率是流动资产与流动负债的比值，是反映项目偿还流动负债能力的评价指标。按下式计算：

$$流动比率(CR) = \frac{流动资产}{流动负债} \tag{1-22}$$

式中 流动资产＝应收账款＋预付账款＋存货＋库存现金；

流动负债＝应付账款＋预收账款。

这一指标显示出每一单位货币的流动负债（即短期借款）需要有多少企业流动资产来做偿债担保，由于流动资金＝流动资产－流动负债，若流动比率小于1，说明流动资金不足以偿还流动负债。一般流动比率可取1.2～2.0较为适宜。

（6）速动比率（QR）

速动比率是指速动资产与流动负债的比率，是反映项目快速偿付流动负债能力的指标。按下式计算：

$$速动比率(QR) = \frac{速动资产}{流动负债} \tag{1-23}$$

式中 速动资产＝流动资产－存货

速动资产是指可以快速变现的流动资产。速动比率最好在1.0～1.2之间较为合适，低于1则说明企业偿债能力不强。

速动比率和流动比率都是反映企业偿还短期债务能力的指标。

> **例 1-15** （2021）下列经济指标中，反映企业短期偿债能力的指标是（　　）。
> A　总投资收益率　　　　　　　B　速动比率
> C　投资回收期　　　　　　　　D　内部收益率
> **解析**：反映企业短期偿债能力有流动比率、速动比率等指标，速动比率是反映企业快速偿付流动负债的指标。
> **答案**：B

对于单一方案，可以用内部收益率、净现值等反映项目盈利能力的动态评价指标和静态投资回收期、投资收益率、资本金净利润率等静态评价指标，评价方案的经济效果，作出方案经济上是否可行的判断。

（五）多方案经济比选

方案经济比选是对不同的项目方案从技术和经济相结合的角度进行多方面分析论证，比较、择优的过程。

1. 方案比选的类型

对项目方案的经济评价中除了要计算各种评价指标，分析指标是否达到了标准的要求（如 $IRR \geqslant i_c$，$NPV \geqslant 0$ 等），往往还需要对多个方案进行比选，进而从中选择较优方案。项目的备选方案根据其相互之间的关系主要可分为三种类型。

（1）独立型

独立型是指各个方案的现金流量是独立的，不具有相关性，任一方案的采用与否不影响是否采用其他方案的决策。其特点是具有可加性。方案采用与否取决于方案自身的经济性。

（2）互斥型

互斥型是指方案具有排他性，选择了一个方案，就不能选择另外的方案，只能在不同方案中选择其一。比如对于同一地域土地的利用方案、厂址选择方案、建设规模方案等都是互斥方案。

（3）混合型

混合型是指独立方案、互斥方案等不同类型方案混合的情况。

2. 方案经济比选的方法

（1）独立方案的经济比选

独立方案的采用与否取决于方案自身的经济性，可用内部收益率、净现值、净年值、投资回收期、总投资收益率等作为方案的评价指标，当内部收益率 $IRR \geqslant i_c$、净现值 $NPV \geqslant 0$ 或净年值 $NAV \geqslant 0$ 时，则方案在财务上是可行的。

1）应用内部收益率 IRR 指标进行评价

① 计算内部收益率 IRR；

② 判断：当内部收益率 IRR 大于或等于基准收益率 i_c 时，即 $IRR \geqslant i_c$、方案在经济上可行。

2）应用净现值指标进行评价

① 选取行业或投资者可接受的基准收益率 i_c，并计算方案的净现值 NPV；

② 判断：当净现值 $NPV \geqslant 0$，则方案在经济上可行。

3) 应用净年值 NAV 指标进行评价

净年值 NAV（或 NAW）是指按给定的折现率，通过等值换算将方案计算期内不同时点的净现金流量分摊到计算期内各年的等额年值。

① 选取行业或投资者可接受的基准收益率 i_c；并计算方案的净年值 NAV；

② 判断：当净年值 NAV≥0，则方案在经济上可行。

4) 应用投资回收期指标进行评价

投资回收期分为动态投资回收期和静态投资回收期，动态投资回收期考虑了资金的时间价值，静态投资回收期不考虑资金的时间价值。

① 计算投资回收期；

② 判断：当投资回收期小于或等于基准投资回收期时，方案在经济上可行。

5) 应用总投资收益率指标进行评价

① 计算方案的总投资收益率；

② 判断：当方案的总投资收益率大于或等于基准投资收益率时，方案在经济上可行。

上述方案比选的评价指标中，内部收益率 IRR、净现值 NPV、净年值 NAV、动态投资回收期都属于动态评价指标；总投资收益率、静态投资回收期属于静态评价指标。

(2) 互斥型方案的比选

对于互斥型方案，在多个方案进行比较选择时，首先要确定各方案自身的绝对经济效果，即方案本身的经济指标满足评价标准（如 IRR≥i_c、NPV≥0 或 NAV≥0 等），然后再确定方案之间的相对经济效果，即通过方案比选考察哪个方案较优。

互斥型方案比选分为方案的计算期相等和计算期不等两种情况。

1) 计算期相等的方案比较

方案比选可以采用效益比选法、费用比选法等。

① 效益比选法

比较备选方案的效益，从中择优。具体方法有净现值法、净年值法、差额投资内部收益率法（增量投资内部收益率法）等。

a. 净现值法

分别计算各方案的净现值，以净现值较大的方案为优。

b. 净年值法

净年值法比较各方案的净收益的等额年值，以净年值较大的方案为优。

c. 差额投资内部收益率法

对于若干个互斥方案，可两两比较，计算 A、B 两个方案（假设 A 方案投资额大于 B 方案投资额）的差额投资内部收益率（也称增量投资内部收益率）ΔIRR_{A-B}，若差额投资内部收益率 ΔIRR_{A-B} 大于基准收益率 i_c，则投资大的方案较优；若 $\Delta IRR_{A-B} < i_c$，则投资小的方案较优；若 $\Delta IRR_{A-B} = i_c$，则可选择任一个方案。

差额内部收益率只反映两方案增量现金流的经济性（相对经济性），不能反映各方案自身的经济效果。

互斥方案的比较，不能直接用内部收益率 IRR 进行比较。

如果选取相同的基准收益率 i_c，对于计算期相同的互斥方案，采用净现值法、净年值法或差额内部收益率法，其评价结果是一致的。

② 费用比选法

通过比较备选方案的费用现值或年值，从中择优。费用比选法包括费用现值法、费用年值法和费用效果分析等。对于一些各年收益相同的项目或者是非盈利项目或者效益难以用货币计量的项目可以采用费用比选法。

a. 费用现值法。计算备选方案的费用现值并进行比较，费用现值较低的方案较优。

b. 费用年值法。计算备选方案的费用年值并进行比较，费用年值较低的方案较优。

c. 费用效果分析。费用效果分析是指费用以货币计量，效果采用非货币计量的经济效果分析方法。这里的费用指为实现项目预定目标所付出的财务代价或经济代价，采用货币计量；效果指项目的结果所起到的作用、效应和效能，是项目目标的实现程度。有些公共项目的效益难以用货币计量，比如一些非盈利项目的设计方案，这时费用效果分析是一种有效的工具。

费用效果分析既可用于财务分析，又可用于经济分析。分析方法有最小费用法（固定效果法）和最大效果法（固定费用法）。前者是在效果相同的条件下，选择方案中费用最小的方案；后者是在费用固定的条件下，选择效果最大的方案。费用效果分析的指标是效果费用比，即单位费用达到的效果，按下式计算：

$$效果费用比 = \frac{项目效果}{项目费用} \qquad (1-24)$$

习惯上也可以采用费用效果比（效果费用比的倒数）指标进行评价，即单位效果所花费的费用。

2) 计算期不等的互斥方案的比选

当方案的计算期不等时，不能直接采用净现值法、净现值率法、差额内部收益率等方法进行方案比较，可采用净年值法、最小公倍数法或研究期法等进行方案比较。

① 净年值法

计算备选方案的净年值。以净年值不小于0且等额年值最大者为最优方案。由此可见，净年值法既可用于计算期相等的方案比较，也可用于计算期不等的方案比较。

② 最小公倍数法

这种方法是先求出两个方案计算期的最小公倍数，然后以最小公倍数作为方案比较的计算期（寿命期），即假定方案重复实施，将计算期不等的方案转化为计算期相等的方案，然后可采用上述计算期相等的方案比较方法进行指标计算，从中择优。

③ 研究期法

研究期法是通过研究分析，直接选取一个适当的计算期作为备选方案共同的计算期，计算各个方案在该计算期内的净现值，以净现值较大的为优。通常选取各方案中最短的计算期作为共同的计算期。

例1-16　对于非营利性项目，进行设计方案的经济效果比选时，可采用的指标是(　　)。

A　利润总额　　　　　　　　B　财务净现值
C　费用效果比　　　　　　　D　内部收益率

> **解析：** 费用效果分析也称为成本效果分析，是通过比较所达到的效果所付出的耗费，用以分析判断所付出的代价是否值得。利润总额、财务净现值、内部收益率都是计算项目盈利能力的参数或指标，对于非营利项目，可采用费用效果比（效果费用比）指标。
>
> **答案：** C

二、不确定性分析

不确定性分析是对影响项目的不确定性因素进行分析，测算不确定性因素变化对经济评价指标的影响程度，从而判断项目可能承担的风险，为投资决策提供依据。不确定性分析方法有盈亏平衡分析、敏感性分析等。

（一）盈亏平衡分析

通过分析产品的产量、成本和盈利之间的关系，找出项目方案在产量、单价、成本等方面的临界点，进而判断不确定因素对方案经济效果的影响程度。这个临界点称为盈亏平衡点（BEP）。盈亏平衡点是企业盈利与亏损的转折点，在该点上销售收入（扣除销售税金及附加）正好等于总成本费用，达到盈亏平衡。盈亏平衡分析就是通过计算项目达产年的盈亏平衡点，分析项目收入与成本费用的平衡关系，判断项目对产品数量变化的适应能力和抗风险能力。

盈亏平衡分析只用于财务分析。

盈亏平衡分析可分为线性盈亏平衡分析和非线性盈亏平衡分析，对建设项目评价仅进行线性盈亏平衡分析。线性盈亏平衡分析的基本假定有：

（1）产量等于销售量；

（2）产量变化，单位可变成本不变，从而总成本费用是产量的线性函数；

（3）产量变化，产品售价不变，从而销售收入是销售量的线性函数；

（4）按单一产品计算，生产多种产品的应换算成单一产品，不同产品的生产负荷率变化保持一致。

如果营业收入和成本费用都是按含税价格计算的，还应减去增值税。

为了便于进行盈亏平衡分析，可将项目投产后的总成本费用分为固定成本和可变成本（变动成本）两部分。固定成本指在一定生产规模限度内不随产量变动而变动的费用；可变成本是指随产品产量变动而变动的费用。总成本费用是固定成本与可变成本之和。对于线性盈亏平衡分析，销售收入与销售量、成本费用与销售量的关系可以在同一坐标图上表示出来，即盈亏平衡分析图，见图1-9。

图中纵坐标为销售收入和成本费用，横坐标为产品销售量。销售收入线与总成本费用线的交点称作盈亏平衡点（BEP），该点是项目盈利与亏损的临界点。在 BEP 右边，

图1-9 盈亏平衡分析图

销售收入大于总成本费用，项目盈利；在 BEP 左边，销售收入小于总成本费用，项目亏损；在 BEP 上，销售收入等于总成本费用，项目不盈不亏。盈亏平衡点对应的产量称为盈亏平衡产量。盈亏平衡点可以用生产能力利用率、产量或单位产品售价等表示，盈亏平衡产量按以下公式计算：

$$BEP_{产量} = \frac{年固定总成本}{单位产品销售价格 - 单位产品可变成本 - 单位产品税金及附加} \quad (1-25)$$

在其他条件不变的前提下，盈亏平衡产量与年固定总成本成正比。盈亏平衡点越低，项目盈利可能性越大、抗风险能力越强。

（二）敏感性分析

敏感性分析是通过测定一个或者多个不确定因素的变化所导致财务或经济评价指标的变化幅度，了解各种因素变化对实现预期目标的影响程度，从而对外部因素发生变化时项目投资方案的承受能力作出判断。

单因素敏感性分析在计算敏感因素对经济效果指标影响时，假定只有一个因素变动，其他因素不变。通常只进行单因素敏感性分析。

1. 单因素敏感性分析的步骤

（1）选择需要分析的不确定性因素，并设定这些因素的变动范围

对于一般工业投资项目，常从以下因素中选取需要作为敏感性分析的因素：①投资额，包括固定资产投资和流动资金占用；②项目建设期限、投产期限、投产时产出能力及达到设计能力所需时间；③产品产量及销售量；④产品价格；⑤经营成本，特别是其中的变动成本；⑥项目寿命期；⑦项目寿命期的资产残值；⑧折现率；⑨外汇汇率。

选择需要分析的不确定因素时，应根据实际情况设定其可能的变动范围，一般选择不确定性因素变化的百分率为±5%、±10%、±15%、±20%等。

（2）确定分析指标

敏感性分析可选用前述各种评价指标，如内部收益率、净现值、投资回收期等。一般进行敏感性分析的指标应与确定性分析采用的指标一致。通常财务分析与评价中的敏感性分析必选的指标是项目投资财务内部收益率。

（3）计算各不确定性因素在不同幅度变化下，所导致的评价指标变动结果。

建立起一一对应关系，一般用图或表的形式表示。

（4）确定敏感因素，对方案的风险情况作出判断。通过计算敏感度系数和临界点，找出敏感因素，可粗略预测项目可能承担的风险。

敏感因素是指其数值变动能显著影响方案经济效果的因素。

2. 敏感性分析示例

图 1-10 是单因素敏感性分析的一个例子，该例选取的分析指标为净现值 NPV，考虑投资额、产品价格、经营成本的变动（按一定百分比变动）对净现值指标的影响。

图 1-10 敏感性分析图

由图1-10可以看出，本方案的净现值对产品价格最敏感，不确定性因素产品价格的临界点约为10%，即产品价格降低10%左右，净现值将为0，项目对三个不确定性因素的敏感程度由高到低依次为产品价格、经营成本、投资额。

三、建筑工程技术经济指标

【相关真题：2022-021，2022-076，2022-077，2021-068，2021-075，2021-076，2019-072，2019-073】

对工程建设项目方案的技术经济分析，不仅需要用项目的经济性指标评价方案的经济性，常常还需要对方案的其他技术经济指标进行分析，即考虑多项技术经济指标，进行综合分析。下面介绍对建筑工程进行技术经济分析常用的技术经济指标。

（一）工业建筑设计的主要技术经济指标

1. 工业厂区总平面设计方案的建设用地控制指标

工业项目建设必须加强用地管理，促进节约集约用地。工程项目建设用地控制指标包括容积率、建筑系数、行政办公及生活服务设施用地所占比重、固定资产投资强度、绿地率等土地利用控制性指标。

（1）容积率

容积率是指项目用地范围内总建筑面积与项目总用地面积的比值。按下式计算：

$$容积率 = 总建筑面积 \div 总用地面积 \tag{1-26}$$

建筑物层高超过8m的，在计算容积率时该层建筑面积加倍计算。

容积率反映了项目对土地的空间利用情况，是衡量土地利用强度的重要尺度之一。

按行业不同，容积率应不低于规定的控制值。

（2）建筑系数

建筑系数是指项目用地范围内各种建筑物、用于生产和直接为生产服务的构筑物的占地面积总和占总用地面积的比例。建筑系数反映了项目对土地在平面上的利用情况，是衡量土地利用强度及合理性的尺度之一。按下式计算：

$$建筑系数 = (建筑物占地面积 + 构筑物占地面积 + 堆场用地面积) \div 项目总用地面积 \times 100\% \tag{1-27}$$

按行业不同，建筑系数应不低于规定的控制值，工业项目的建筑系数应不低于30%。

（3）行政办公及生活服务设施用地所占比重

行政办公及生活服务设施用地所占比重是指项目用地范围内行政办公、生活服务设施占用土地面积（或分摊土地面积）占总用地面积的比例。该指标反映项目中非生产配套设施使用土地的情况，是反映企业内部用地结构合理性的重要尺度之一。按下式计算：

$$\begin{aligned}行政办公及生活服务\\设施用地所占比重\end{aligned} = 行政办公及生活服务设施占用土地面积 \div 项目总用地面积 \times 100\% \tag{1-28}$$

工业项目所需行政办公及生活服务设施用地面积不得超过工业项目总用地面积的7%。

当无法单独计算行政办公及生活服务设施占用土地面积时，可以采用行政办公和生活服务设施建筑面积占总建筑面积的比重计算得出的分摊土地面积代替。

(4) 固定资产投资强度

固定资产投资强度是指项目用地范围内单位面积固定资产投资额。固定资产投资强度反映了单位土地上项目固定资产投资情况，是衡量工业用地投入水平的重要尺度。按下式计算：

$$固定资产投资强度 = 项目固定资产总投资 \div 项目总用地面积 \quad (1-29)$$

式中　项目固定资产总投资包括厂房、设备和地价款。

(5) 绿地率

绿地率是指规划建设用地范围内的绿地面积与规划建设用地面积之比。按下式计算：

$$绿地率 = 规划建设用地范围内的绿地面积 \div 项目总用地面积 \times 100\% \quad (1-30)$$

绿地率所指绿地面积包括厂区内公共绿地、建（构）筑物周边绿地等。

工业企业内部一般不得安排绿地。但因生产工艺等特殊要求需要安排一定比例绿地的，绿地率不得超过20%。

(6) 土地利用系数

土地利用系数是指厂区的建筑物、构筑物、各种堆场、铁路、道路、管线等的占地面积之和与厂区总用地面积之比。土地利用系数全面反映了厂区用地是否经济合理。按下式计算：

$$土地利用系数 = (建筑物占地面积 + 构筑物占地面积 + 堆场用地面积$$
$$+ 铁路、道路、管线和绿化用地面积) \quad (1-31)$$
$$\div 项目总用地面积 \times 100\%$$

2. 工业厂区总平面设计方案的其他技术经济指标

单项工业建筑设计方案的技术经济指标除容积率、建筑系数、行政办公及生活服务设施用地所占比重、固定资产投资强度和绿地率等建设用地控制指标外，还考虑以下指标：

(1) 厂区用地面积（m^2）；

(2) 建（构）筑物用地面积（hm^2）；

(3) 铁路长度（km）；

(4) 道路及广场用地面积（m^2）；

(5) 绿化用地面积（m^2）；

(6) 土（石）方工程量（m^3）；

(7) 生产管理及生活服务设施用地面积（hm^2）。

不同类型性质的工业企业总平面设计的技术经济指标除本条所列的指标外，可根据其特点和需要，列出本行业有特殊要求的技术经济指标。如生产面积、辅助面积和服务面积之比，单位设备占用面积，平均每个工人占用的生产面积等。

例1-17 （2022）工业厂区总平面设计中，反映用地是否经济合理的土地使用指标是（　　）。

A　土地利用系数　　　　　　B　建筑密度
C　容积率　　　　　　　　　D　建筑平面系数

解析：土地利用系数是指厂区的建筑物、构筑物、各种堆场、铁路、道路、管线等的占地面积之和与厂区占地面积之比，土地利用系数全面反映了厂区用地是否经济合理。

答案：A

(二) 民用建筑主要技术经济指标和工程量表

民用建筑按使用功能分为居住建筑和公共建筑两大类,居住建筑中的住宅建筑是最常见的建筑形式。

民用建筑主要技术经济指标,包括总用地面积、总建筑面积及各分项建筑面积(分别列出地上部分和地下部分建筑面积)、建筑用地总面积、绿地总面积、容积率、建筑密度、绿地率、停车泊位数(分室内、室外和地上、地下),以及主要建筑或核心建筑的层数、层高和总高度等指标。根据不同的建筑功能,还应表述能反映工程规模的主要技术经济指标,如住宅的套型、套数及每套的建筑面积、使用面积,旅馆建筑中的客房数和床位数,医院建筑中的门诊人次和病床数等指标。

1. 民用建筑主要技术经济指标和工程量表

民用建筑主要技术经济指标和工程量表见表 1-4。

民用建筑主要技术经济指标和工程量表　　　　表 1-4

序号	名称		单位	数量	备注
1	总用地面积		hm²		
2	建筑用地面积		hm²		
3	构筑物用地面积		hm²		
4	露天专用堆场面积		hm²		如煤、灰堆场
5	体育用地面积		hm²		
6	道路广场及停车场面积		hm²		
7	绿地总面积		hm²		
8	总建筑面积		m²		
9	建筑系数		%		[(2)+(3)+(4)]/(1)
10	容积率				(8)/(1)
11	绿地率		%		(7)/(1)
12	单位综合指标				如:医院 m²/床,学校 m²/学生
	工程量				
13	拆迁房屋		m²		
14	排水沟长度		m		
15	围墙长度		m		注明材料和高度
16	挡土墙长度		m		注明材料和平均高度
17	土方量	填土	m³		
		挖土	m³		

注:1. 表列项目随工程内容增减;
　　2. 体育用地系指田径、球类、器械等用地面积。

2. 居住建筑设计方案的技术经济指标

(1) 适用性指标

1) 居住面积系数(K)

$$K = (标准层的居住面积 \div 建筑面积) \times 100\% \qquad (1-32)$$

居住面积系数反映居住面积占建筑面积的比例，$K>50\%$为佳。

2) 辅助面积系数（K_1）

$$K_1 = (标准层的辅助面积 \div 使用面积) \times 100\% \tag{1-33}$$

使用面积也称作有效面积。它等于居住面积加上辅助面积。辅助面积系数K_1，一般在$20\% \sim 27\%$。

3) 结构面积系数（K_2）

$$K_2 = (墙体等结构所占面积 \div 建筑面积) \times 100\% \tag{1-34}$$

结构面积系数，反映结构面积与建筑面积之比，一般在20%左右。

4) 建筑周长系数（K'）

$$K' = (建筑周长 \div 建筑占地面积)(m/m^2) \tag{1-35}$$

建筑周长系数，反映建筑物外墙周长与建筑占地面积之比。

5) 每户面宽

$$每户面宽 = 建筑总长 \div 总户数(m/户) \tag{1-36}$$

6) 平均每户建筑面积

$$平均每户建筑面积 = 建筑总面积 \div 总户数(m^2/户) \tag{1-37}$$

7) 平均每户居住面积

$$平均每户居住面积 = 居住总面积 \div 总户数(m^2/户) \tag{1-38}$$

8) 平均每人居住面积

$$平均每人居住面积 = 居住总面积 \div 总人数(m^2/人) \tag{1-39}$$

9) 平均每户居室数及户型比

$$平均每户居室数 = 总居室数 / 总户数 \tag{1-40}$$

$$户型比 = 某户型的户数 \div 总户数 \tag{1-41}$$

10) 通风

主要以自然通风组织的通畅程度为准。评价时以通风路线短直、通风流畅为佳；对角通风次之；路线曲折、通风受阻为差。

11) 保温隔热

根据建筑外围护结构的热工性能指标来评价。

12) 采光

居住建筑的采光面积应保证居室有适宜的阳光和照度。采光面积过小，不仅不符合卫生要求，而且视觉、感觉上也感到不适；但若窗口面积过大，对隔声、隔热、保温也是不利的。

(2) 经济性指标

1) 工期

工期指工程从开工到竣工的全部日历天数。评价工期应以法定的定额工期（或计算工期）为标准。

2) 投资及总造价

① 工程总造价（万元）；

② 每平方米建筑面积造价（元/m^2）；

③ 每平方米居住面积造价（元/m^2）；

④ 平均每户造价：平均每户造价＝工程总造价÷总户数（元/户）；

⑤ 平均每人造价：平均每人造价＝工程总造价÷总居住人数（元/人）；

⑥ 一次性投资。一次性投资是指为发展某一建筑体系而必须设置的制造厂、生产线及专用生产设备、施工设备所需的基建投资。

3）主要材料消耗量

主要材料消耗量指用于建设工程中的主要材料（如钢材、木材、水泥、普通砖等）的总消耗量及单方耗用量。

4）其他材料消耗量

其他材料耗用量指用于建设工程中的其他材料（如平板玻璃、卫生陶瓷、沥青、装饰材料等）的消耗数量。

5）劳动耗用量

劳动耗用量指工程建设过程中直接耗用的各工种劳动量之和。

6）土地占用量

土地占用量指建筑红线范围内的占用面积。

(3) 使用阶段评价指标

1）经常使用费

经常使用费是指建筑物投入使用后每年所支出的费用。如维修费、折旧费等费用。

2）能源耗用量

能源耗用量指建筑物用于供暖、电梯等方面能源的耗用量。

3）使用年限

使用年限是指建筑物从投入使用到报废的全部日历天数。

3. 公共建筑设计方案的技术经济指标

(1) 适用性指标

1）单位建筑面积

$$单位建筑面积 = 总建筑面积 ÷ 使用单位(人、座、床位)$$
$$总数(m^2/人、m^2/座、m^2/床) \tag{1-42}$$

教学楼、办公楼等按人数计算建筑面积；体育馆、影剧院、餐馆等按座位计算旅馆、医院等按床位计算。

2）单位使用面积

$$单位使用面积 = 总使用面积 ÷ 使用单位(人、座、床位)总数(m^2/人、m^2/座、m^2/床) \tag{1-43}$$

公共建筑中的使用面积包括主要使用房间面积（如教室、实验室、病房、营业厅、观众厅等的面积）和辅助房间面积（如厕所、储藏室、电气和设备用房的面积）。

3）建筑平面系数

$$建筑平面系数 = 使用面积 ÷ 建筑面积 \tag{1-44}$$

使用面积＝使用房间面积＋辅助房间面积。平面系数越大，说明方案的平面有效利用率越高。

4）辅助面积系数

$$辅助面积系数 = 辅助面积 ÷ 使用面积 \tag{1-45}$$

辅助面积系数小，则方案在辅助面积上的浪费少，也说明方案的平面有效利用率高。

5）结构面积系数

$$结构面积系数 = 结构面积 \div 建筑面积 \quad (1-46)$$

结构面积系数越小，说明有效使用面积增加，这是评价采用新材料、新结构的重要指标。

(2) 经济性指标

1) 反映建设期经济性的指标

反映建设期经济性的指标主要有工程工期、工程造价、单位造价、主要工程材料耗用量、劳动消耗量等指标。

2) 反映使用期内经济性的指标

反映使用期内经济性的指标主要有土地占用量、年度经常使用费、能源耗用量等指标。

3) 经济效果指标

① 对于生产性项目可采用内部投资收益率、投资回收期等指标；

② 对于非生产性项目可采用效益费用比的指标。

例1-18 （2022）公共建筑使用期经济指标为（　　）。

A 容积率　　B 建筑平面系数　　C 能源耗用量　　D 建筑利用系数

解析：公共建筑在使用期的经济指标主要包括土地占用量、年度经常使用费、能源耗用量等指标。

答案：C

(三) 居住小区（或工矿生活区）主要技术经济指标和工程量表

1. 居住小区（或工矿生活区）主要技术经济指标和工程量表（表1-5）

居住小区（或工矿生活区）主要技术经济指标和工程量表　　表1-5

序号	名称	单位	数量	备注
1	总用地面积	hm²		
	其中：居住建筑用地面积	hm²		
	公共建筑用地面积	hm²		
	道路广场用地面积	hm²		
	集中绿化用地面积	hm²		
	道路广场及停车场面积	hm²		
2	总建筑面积	m²		
	其中：居住建筑面积	m²		
	公共建筑面积	m²		
3	总建筑用地面积	m²		
4	总居住户数	户		
5	总居住人口	人		注明户均人口
6	住宅平均层数	层		

续表

序号	名称		单位	数量	备注
7	居住建筑面积毛密度		m²/hm²		居住建筑面积/总用地面积
8	容积率		m²/hm²		总建筑面积/总用地面积
9	居住建筑面积净密度		m²/hm²		居住建筑面积/居住建筑用地面积
10	建筑系数		%		总建筑用地面积/总用地面积
11	人口毛密度		人/hm²		总居住人口/总用地面积
12	人口净密度		人/hm²		总居住人口/居住建筑用地面积
13	人均居住建筑用地		m²/人		
14	人均公共建筑用地		m²/人		
15	人均道路、广场用地		m²/人		
16	人居绿化用地		m²/人		
	工程量				
17	拆迁房屋		m²		
18	排水沟长度		m		
19	围墙长度		m		
20	挡土墙长度		m		
21	土方量	填土	m³		
		挖土	m³		

注：表列项目随工程内容增减。

2. 居住小区设计方案的技术经济指标

居住小区设计方案的技术经济指标，核心问题是提高土地的利用率、降低造价。

（1）居住区用地

居住区用地是城市居住区的住宅用地、配套设施用地、公共绿地以及城市道路用地的总称。

（2）居住总人口

居住总人口是指居住区内常住人口的总人数。

（3）人口密度

1）人口毛密度

$$人口毛密度 = 居住总人口 \div 居住区总用地面积（人/hm^2） \quad (1\text{-}47)$$

2）人口净密度

$$人口净密度 = 居住总人口 \div 居住建筑用地面积（人/hm^2） \quad (1\text{-}48)$$

（4）住宅建筑套密度

1）住宅建筑套毛密度

$$住宅建筑套毛密度 = 住宅建筑套数 \div 居住区用地面积（套/hm^2） \quad (1\text{-}49)$$

2）住宅建筑套净密度

$$住宅建筑套净密度 = 住宅建筑套数 \div 住宅用地面积（套/hm^2） \quad (1\text{-}50)$$

（5）住宅面积密度

1) 住宅面积毛密度

$$住宅面积毛密度 = 住宅建筑面积 \div 居住区用地面积(m^2/hm^2) \quad (1-51)$$

2) 住宅面积净密度

$$住宅面积净密度 = 住宅建筑面积 \div 住宅用地面积(m^2/hm^2) \quad (1-52)$$

住宅面积净密度也称住宅容积率。

(6) 容积率

$$容积率 = 各类建筑的建筑面积之和 \div 居住区用地面积(m^2/hm^2) \quad (1-53)$$

容积率也称建筑面积毛密度。

(7) 住宅建筑净密度

$$住宅建筑净密度 = (住宅建筑基底面积 \div 住宅用地面积) \times 100\% \quad (1-54)$$

式中 住宅建筑基底面积——住宅建筑的占地面积总和。

(8) 建筑密度

$$建筑密度 = [各类建筑的基底(即占地)面积之和 \div 居住区用地面积] \times 100\% \quad (1-55)$$

(9) 绿地率

$$绿地率 = (各类绿地面积之和 \div 居住区用地面积) \times 100\% \quad (1-56)$$

(10) 工程造价及投资

1) 土地开发费。土地开发费指每公顷居住区用地开发所需的前期工程的测算投资,包括征地、拆迁、各种补偿、平整土地、敷设外部市政管线设施、绿化道路工程等各项费用。

2) 工程总投资、住宅单方综合造价。

(11) 主要材料及资源消耗量

主要材料及资源消耗量是指居住小区建设中所需的各种材料、人工、机械等的数量。

(12) 居住区分级控制规模

居住区按照居民在合理的步行距离内满足基本生活需求的原则,可分为十五分钟生活圈居住区、十分钟生活圈居住区、五分钟生活圈居住区及居住街坊四级,其分级控制规模应符合表1-6的规定。

居住区分级控制规模　　　　　表1-6

距离与规模	十五分钟生活圈居住区	十分钟生活圈居住区	五分钟生活圈居住区	居住街坊
步行距离（m）	800～1000	500	300	—
居住人口（人）	50000～100000	15000～25000	5000～12000	1000～3000
住宅数量（套）	17000～32000	5000～8000	1500～4000	300～1000

例1-19 （2019）某住宅小区规划用地面积为3000m², 总建筑面积为10000m², 建筑基地面积之和为2100m², 绿化面积为500m², 该小区的建筑密度为(　　)。

　　A　21.0%　　　B　26.0%　　　C　70.0%　　　D　86.7%

解析：建筑密度=[各类建筑的基底（即占地）面积之和÷居住区用地面积]×100%
　　　　=(2100÷3000)×100%=70%。

答案：C

> **例 1-20** （2021）下列关于建筑技术经济指标的表述，正确的是（　　）。
> A　辅助面积系数越小，建筑使用面积浪费越少
> B　居住面积系数反映居住面积与建筑占地面积的比例
> C　结构面积系数一般在10%左右
> D　建筑周长系数反映建筑物外墙周长与建筑面积之比
> **解析**：建筑设计方案的技术经济指标中，辅助面积系数=（辅助面积÷使用面积）×100%。辅助面积系数越小，说明辅助面积占使用面积的比例越小，建筑使用面积浪费越少，也说明方案的平面有效利用率高。结构面积系数为结构面积与建筑面积之比，一般在20%左右。
> **答案**：A

（四）绿色建筑评价指标体系

绿色建筑是在全寿命期内节约资源、保护环境、减少污染，为人们提供健康、适用、高效的使用空间，最大限度地实现人与自然和谐共生的高质量建筑。为贯彻落实绿色发展理念，推进绿色建筑高质量发展，满足人民日益增长的美好生活的需要，住房和城乡建设部2019年批准发布了《绿色建筑评价标准》GB/T 50378—2019，标准构建了绿色建筑评价技术指标体系。绿色建筑评价技术指标体系由安全耐久、健康舒适、生活便利、资源节约、环境宜居五类指标组成。每类指标包括控制项和评分项，并统一设置提高创新加分项，通过相关指标的评定打分对建筑进行评价。

（1）安全耐久

建筑安全是人们使用建筑的最基本前提，建筑耐久则是提升建筑使用时间、降低再建成本、减少资源消耗的重要途径。该指标对绿色建筑的安全性和耐久性提出了具体要求。

（2）健康舒适

室内健康舒适是人们正常使用建筑的重要保障，减少疾病风险，提升人们工作和学习效率。该指标从室内空气品质、水质、声环境与光环境、室内热湿环境四方面对绿色建筑达到健康舒适性能提出了具体要求。

（3）生活便利

完善的生活配套设施，使人们工作生活更加便利，可提升居住质量。该指标从出行与无障碍、服务设施、智慧运行、物业管理四方面对绿色建筑达到生活便利性提出了具体要求。

（4）资源节约

节省消耗、减少排放、降低成本是建筑生产发展的趋势。该指标从节地与土地利用、节能与能源利用、节水与水资源利用、节材与绿色建材四方面对绿色建筑达到资源节约提出了具体要求。

（5）环境宜居

绿色建筑应与生态环境和谐相处，通过合理规划场地生态与景观，减少噪声、光污染及热岛效应，提升人们生活舒适性。该指标从场地生态与景观、室外物理环境两方面对绿色建筑达到环境宜居性能提出了具体要求。

提高与创新为加分项，对各项指标中有提高和创新的适当加分，鼓励绿色建筑企业发

挥自身优势，在建筑各环节和阶段采用先进、适用、经济的技术、产品和管理方式，创新发展绿色建筑。

绿色建筑评定分为基本级、一星级、二星级、三星级四个等级。当满足全部控制项要求时，绿色建筑等级为基本级。

一星级、二星级、三星级三个等级的绿色建筑均应满足标准全部控制项要求，且每类评分项得分不小于满分值的30%；一星级、二星级、三星级三个等级的绿色建筑均应进行全装修，质量应符合国家标准的规定；总得分分别达到60分、70分、85分，且满足标准规定的绿色建筑技术要求时，绿色建筑等级分别为一星级、二星级、三星级。

绿色建筑分为四个等级是目前国际上主要绿色建筑评价标准的普遍做法。

四、价值工程

(一) 价值工程的基本概念

1. 价值、功能和寿命周期成本

（1）功能

功能是指产品或作业的功用和效能。它实质上也是产品或作业的使用价值。

（2）寿命周期成本

寿命周期成本是指产品或服务在寿命期内所花费的全部费用。其费用不仅包括产品生产工程中的费用，也包括使用过程中的费用和残值。

（3）价值

价值工程中的"价值"，是指产品或作业的功能与实现其功能的总成本的比值。它是对所研究的对象的功能和成本的综合评价。其表达式为：

$$价值(V) = \frac{功能(F)}{成本(C)} \tag{1-57}$$

这里的成本是指实现产品或作业的寿命周期成本。

2. 价值工程的定义

价值工程，也可称为价值分析，是指以产品或作业的功能分析为核心，以提高产品或作业的价值为目的，力求以最低寿命周期成本实现产品或作业使用所要求的必要功能的一项有组织的创造性活动。

价值工程是一种以提高产品和作业价值为目标的管理技术。其主要特点如下。

（1）价值工程着眼于寿命周期成本，把研究的重点放在对产品的功能研究上，核心是功能分析。

（2）价值工程将保证产品功能和降低成本作为一个整体考虑。

（3）价值工程强调创新。

（4）价值工程要求将功能定量化。

（5）价值工程是一种有计划、有组织的活动。

3. 提高价值的途径

从上面价值的表达式可知，在成本不变的情况下，价值与功能成正比；功能不变的情况下，价值与成本成反比。由此可以得出提高产品或作业的五种主要途径：

（1）成本不变，提高功能；

(2) 功能不变，降低成本；
(3) 成本略有增加，功能较大幅度提高；
(4) 功能略有下降，成本大幅度降低；
(5) 成本降低，功能提高，则价值更高。

（二）价值工程的实施步骤

价值工程一般包括准备阶段、功能分析阶段、方案创造阶段和方案实施阶段。

1. 准备阶段

（1）对象选择；
（2）组成价值工程领导小组；
（3）制订工作计划。

2. 功能分析阶段

（1）收集整理信息资料；
（2）功能系统分析；
（3）功能评价。

3. 方案创造阶段

（1）方案创新；
（2）方案评价；
（3）提案编写。

4. 方案实施阶段

（1）方案审批；
（2）实施与检查；
（3）成果评价。

（三）价值工程研究对象的选择

1. 选择研究对象的原则

研究对象的选择，通常选择对国计民生影响大的、需求量大的、正在研制准备投放市场的、质量功能急需改进的、市场竞争激烈的、成本高利润低的、需提高市场占有率的、改善价值有较大潜力的产品等。对于建筑工程，可从下面几方面考虑价值工程研究对象的选择。

（1）设计方面：选择工程结构复杂、性能要求高、技术指标差距大、工程量大的部位作为价值工程研究对象。

（2）施工方面：选择量多面广、关键部位、工艺复杂、原材料和能源消耗高、成本占比大的部位作为价值工程研究对象。

（3）成本方面：选择成本高于同类产品、成本比重大的费用作为价值工程研究对象。

2. 选择研究对象的方法

常用方法有 ABC 分析法、强制确定法、价值指数法、因素分析法、百分比法、最合适区域法等。

（1）ABC 分析法

应用数理统计分析的方法选择对象。按产品零部件成本大小由高到低排列，绘出费用累计曲线，一般规律如下。

A类部件：占部件的5%~10%，占总成本的70%~75%；
B类部件：占部件的20%左右，占总成本的20%左右；
C类部件：占部件的70%~75%，占总成本的5%~10%。

A类部件数量较少，但占总成本比重较大；C类部件数量较多，但占总成本比例不大，B类部件介于A类部件和B类部件之间，通常把A类部件作为分析对象。

(2) 强制确定法

强制确定法是根据功能重要程度选择价值工程研究对象的一种方法。具体做法是：采用打分法计算零件或部位的功能系数、计算成本系数，然后计算价值系数，根据价值系数判断分析对象的功能与成本是否相符。根据价值系数的大小，确定重点改进对象。

计算结果存在的三种情况如下。

1) 价值系数小于1，表明该零件相对不重要且费用偏高，应作为价值工程研究的对象。

2) 价值系数大于1，即功能系数大于成本系数，表明该零件较重要而成本偏低，是否需要提高费用视具体情况而定。

3) 价值系数接近或等于1，表明该零件重要性与成本适应，较为合理。

(四) 功能分析

功能分析是价值工程的核心。功能是某个产品或零件在整体中所担负的职能或所起的作用。功能分析的目的是用最小的成本实现同一功能。

功能分析一般有功能定义、功能整理、功能评价三个步骤。

1. 功能定义

功能定义就是用简明准确的语言表达功能的本质内容。根据功能的不同特性，功能可以按以下标志分类。

(1) 按功能的重要程度分为基本功能和辅助功能。基本功能是必不可少的功能，辅助功能属于次要功能。

(2) 按功能的性质可分为使用功能和美学功能。使用功能有使用目的，如手机的通话功能；美学功能也称为外观功能，具有外观的艺术特征，如手机的造型、色彩款式等。

(3) 按目的和手段功能可分为上位功能和下位功能。上位功能是目的性功能，下位功能是实现上位功能的手段性功能。这种上位与下位、目的与手段是相对的。

(4) 按总体和局部，功能可分为总体功能和局部功能。总体功能体现出整体性的特征，是以局部功能为基础的。

(5) 按功能的有用性可分为必要功能和不必要功能。使用功能、美学功能、基本功能、辅助功能等都是必要功能。多余功能、过剩功能都属于不必要功能。

2. 功能整理

功能整理就是要明确功能之间的逻辑关系，确定必要功能，剔除不必要功能。功能整理有功能分析系统技术和功能卡片排列法两种方法。功能分析系统技术的主要步骤如下。

(1) 分析出基本功能，列在最左侧，称为上位功能，其余的是辅助功能。

(2) 确定功能之间的关系，是并列关系还是上下位关系。

(3) 绘出功能系统图。

3. 功能评价

功能评价主要解决功能的定量化问题，以便进行比较分析。功能评价就是评定功能的价值。

价值工程的成本：一种是目前的实际成本，称为功能现实成本；另一种是实现功能的最低费用，称为功能的目标成本（功能评价值）。

将功能目标成本与功能现实成本比较，求出两者的比值（功能价值）和两者的差异值（改善期望值），然后选择功能价值低、改善期望值大的功能作为价值工程的重点对象。

功能价值的计算方法有功能成本法和功能指数法，这里只介绍功能成本法。

（1）功能现实成本的计算

功能现实成本应当按功能计算成本，即需要将产品或零部件的现实成本换算成功能的现实成本。

（2）功能评价值的计算

对象的功能评价值（目标成本），是指可靠地实现用户要求功能的最低成本，可以看成是用户期望的成本目标值。

确定功能评价值的一种方法是功能重要系数法，这种方法将功能划分为几个功能区，然后确定各功能在总功能中的比重，即功能重要性系数，将产品的目标成本按功能重要性系数分配到各功能区作为该功能区的目标成本（功能评价值）。

$$F_i = 目标成本 \times 功能重要性系数 \quad (1-58)$$

式中　F_i＝第 i 个评价对象的功能评价值（目标成本）。

（3）功能价值的计算

按功能成本法计算的功能价值表达式为：

$$第\,i\,个评价对象的价值系数 = \frac{第\,i\,个评价对象的功能评价值}{第\,i\,个评价对象的功能现实成本} \quad (1-59)$$

功能的价值系数计算结果有以下三种情况。

1）$V_i=1$，即功能评价值等于功能现实成本。说明评价对象的功能现实成本与实现功能所必需的最低成本大致相当，较为理想。

2）$V_i<1$，即功能现实成本大于实现功能所必需的最低成本（功能评价值）。说明评价对象的现实成本过高或有过剩的功能现象。此时应将此功能作为价值工程分析的对象，通过改进降低成本或剔除过剩功能。

3）$V_i>1$，即功能现实成本小于功能评价值。表明该部件功能比较重要，但分配的成本较少。此时，是否需要提高成本或减少不必要的功能，应进行具体分析。

对于 V_i 小于 1 的功能区域，尤其是小于 1 较多的，即成本期望值（$C_i - F_i$）较大的功能区域，应作为价值工程分析对象，通过改进，使 V_i 等于或接近 1。

（五）方案创新

通过采用适当的方法，如头脑风暴法、专家意见法（德尔菲法）、哥顿法等提出创新方案，经过综合评价选出最佳方案。

（六）方案实施

确定方案后，经批准即可实施，实施过程中应检查方案实施情况，方案实施完成后对成果进行评定验收。

第五节　设计阶段的投资控制

　　大型、复杂的工业项目，需要经过初步设计、技术设计和施工图设计三个阶段设计；对于民用建筑、工业厂房、仓库的建筑工程设计，一般分为方案设计、初步设计和施工图设计三个阶段；对于技术要求相对简单的民用建筑工程，当有关主管部门在初步设计阶段没有审查要求，且合同中没有作初步设计的约定时，可在方案设计审批后直接进入施工图设计。设计阶段中，方案设计、初步设计阶段对工程造价的影响程度最大，必须解决好设计工作中的技术、经济关系，通过设计方案技术经济分析与比选、限额设计、标准化设计等手段有效控制工程造价。

一、设计方案的经济比选

　　对于建设项目的多方案整体宏观方面的经济比选，一般采用投资回收期法、净现值法、净年值法、差额投资内部收益率法、计算费用法等，或者上述几种方法同时使用。在建设项目中具体多方案的比选，如建筑工程设计方案，除了可用上述技术经济分析多方案比较方法外，还可以利用价值工程原理或多指标综合评分法比选。

　　建筑工程设计方案是指建筑师根据用户对功能的要求，具体确定建筑形式、结构形式、建筑物的空间和平面布置以及建筑群体组合的设计。设计方案的优劣直接影响建设工程的造价、进度、质量，决定了项目建成后的使用价值和经济效果。

　　建筑工程方案设计应按照科学发展观，全面贯彻适用、经济、绿色、美观的建筑方针。建筑工程设计方案要与当地经济发展水平相适应，积极鼓励采用节能、节地、节水、节材、环保技术的建筑工程设计方案。因此应当对设计方案进行技术经济分析，通过经济比选，选出技术经济效果较好的设计方案。

　　建筑工程设计方案的技术经济分析，就是采用科学的方法，按照技术经济分析的原则和方法，用一个或一组评价指标对设计方案的项目功能、造价、工期、人工、材料、设备消耗等方面进行定量与定性分析相结合的综合评价，从而择优确定技术上先进可行、经济效果好的设计方案。

（一）工程设计方案技术经济分析的基本要求

　　建筑工程设计方案必须执行适用、经济、绿色、美观的建筑方针，这是评价建筑工程设计方案的基本准则。对设计方案进行技术经济分析的基本要求是：

（1）适用与经济的统一；
（2）美观与经济的统一；
（3）绿色与经济的统一；
（4）方案要有可比性；
（5）综合考虑评价指标、突出主要指标。

（二）建筑工程设计方案的技术经济原则

　　城市住宅和公共建筑设计应遵循的技术经济原则是：
（1）严格执行国家有关的建设标准、设计规范、所在城市总体规划要求；
（2）科学合理利用土地；

(3) 满足使用功能要求，方便生活、工作；

(4) 正确处理使用、辅助、交通三大部分关系，对建筑空间进行合理组合，优化设计；

(5) 正确处理装修构造和选择设备标准；

(6) 与当地的经济发展水平相适应；

(7) 充分考虑节能、节地、节水、节材和环保技术；

(8) 满足卫生、防火、日照、通风和安全疏散的要求；

(9) 要正确选择结构形式和建筑材料，降低工程造价，缩短建设工期，提高工程质量。

（三）建筑工程设计方案的技术经济评价指标

建筑工程设计方案的技术经济评价指标很多，有适用性指标，如单位建筑面积、每户建筑面积、建筑平面系数、保温隔热指标等；有经济性指标，如工程造价、单方造价、主要工程材料耗用量、劳动消耗量等；有关于土地利用的指标，如容积率、建筑系数、人均居住用地、单位土地住房建设套数等。技术经济指标从不同角度反映了建筑工程某方面的特性，不同技术经济指标构成建筑工程的技术经济评价指标体系。对设计方案进行技术经济分析评价，需要采用合理的指标体系，才能正确、合理地选择与优化设计方案。技术经济指标详见本章第四节。

（四）建筑工程设计方案的技术经济评价步骤与方法

建筑工程设计方案技术经济评价的基本步骤是：列举可供选择的方案→确定可比条件和评价标准→建立反映经济效果的指标体系、选择计算方法→计算不同方案的技术经济指标值→进行比较、分析、评价和选优。

设计方案的可比性包括建筑功能的可比性、消耗费用的可比性、价格的可比性和时间上的可比性。

建筑工程设计方案的技术经济评价方法，是按照工程项目经济效果评价原则，用一个或一组主要指标对设计方案的项目功能、造价、工期和设备、材料、人工消耗等方面进行定性与定量相结合的综合评价，从而择优选定技术经济效果好的设计方案。设计方案评价的基本方法有定性评价法、定量评价法以及将两种方法结合的综合评价法。

1. 定性评价法

定性评价法有专家意见法、用户意见法等。

2. 定量评价方法

（1）多指标法

多指标法是指采用多个指标评价各个设计方案并进行对比分析，然后作出评价结论。

（2）单指标法

设计方案比选很少存在一个方案所有指标都优于其他方案的情况，通常是不同方案各有所长，对不同方案难以作出优劣的判断，这时可以采用单指标法评价方案，比较容易对方案作出评价结论。单指标法是以单一指标对建筑工程设计方案进行综合分析与评价的方法。如果方案的建设标准、功能等条件基本相同时，可以用费用指标进行评价。

单指标法有很多种类，常用的有以下几种。

1) 综合费用法

这是一种不考虑资金时间价值的静态评价方法,费用包括方案的建设投资、投产后的年度使用费等,综合费用最低者为最佳方案。只适用于建设周期较短的工程。

2) 全寿命期费用法

全寿命期费用法考虑了资金的时间价值,是一种动态评价方法。

采用动态分析方法计算费用,可以计算费用现值,也可以计算年度费用。费用现值法只适用于寿命期相等的方案比较,费用现值最低的方案为最优方案;年度费用法既可以用于寿命期相等的方案比较,也可以用于寿命期不等的方案比较,年度费用最低的为最优方案。

3) 价值工程法

在设计中应用价值工程的原理和方法,就是在保证建筑工程功能基本不变的条件下力求节约成本或者在成本基本不变的条件下尽量改善功能。

在工程设计阶段,应用价值工程原理对设计方案进行评价的步骤如下。

① 功能分析。分析工程项目满足社会和生产需要的各种主要功能。
② 功能评价。比较各项功能的重要程度、确定各项功能的重要性系数。
③ 计算功能评价系数、成本系数、价值系数。
④ 根据价值系数对方案进行评价。价值系数最大的方案为最优方案。

(3) 多因素评分法

多因素评分法是多指标法与单指标法相结合、将多指标转化为单指标的一种方法。

对需要评价的设计方案设定若干个评价指标,按其重要程度分配权重,然后按照评价标准给各指标打分,根据权重和评分计算各方案的总分,以总分最高者为最佳方案。多因素评分法综合了定量分析评价与定性分析评价的优点,应用广泛。

(五) 建筑设计中影响工程造价的主要因素

1. 影响工业建设项目工程造价的主要因素

设计阶段影响工业建设项目工程造价的因素包括总平面设计、工艺设计、建筑设计、材料和设备选用等。工业建筑的总平面图设计对整个设计方案的经济合理性有重大影响。合理的总平面设计可以节约用地、减少建筑工程量、加快建设进度、降低工程造价和运行使用成本。下面介绍建筑设计阶段影响工业建筑工程造价的主要因素。

(1) 平面形状

一般情况下,建筑物的平面越简单,建筑工程量越小、能源消耗越少、施工工艺越简单,因而工程造价越低。

(2) 流通空间

在满足建筑功能的前提下,流通空间越小越经济,因为多余的流通空间会增加采光、供暖、装饰、维护等方面的费用。

(3) 空间组合

1) 厂房高度和层高。工业厂房的高度增加,则单位建筑面积造价增加。拥有重型生产设备的车间,一般采用单层工业厂房更加经济合理;轻型车间应尽量采用多层工业厂房,可以缩短交通线路,减少外部传热面积,减少能源消耗,减少厂房基础和屋面的工程量,大大地减少厂区占地面积,因此更加经济合理。

建筑面积不变的情况下,层高会引起墙体、装饰、楼梯、电梯、水暖管线等费用和施工费用的增加。对于工业厂房,其高度在满足生产工艺配置和车间内部运输的前提下,厂房高度和层高要尽可能地降低。

2) 层数。层数不同,会影响多层厂房占地面积、结构形式、基础形式、楼梯、电梯、供暖方式,对工程造价的影响需要具体分析。

3) 室内外高差。室内外高差过大,工程施工土方量增加会引起造价增加;过小可能影响使用、防涝。

4) 建筑物的体积和面积。合理地配置设备可减少单位设备的占地面积,道路宽度要合理、适当,在保证车间生产工艺要求的条件下,尽量减少车间的面积和体积,均可以减少建筑安装工程量、提高单位面积的产量、减少能源消耗,从而降低工程造价。

5) 建筑结构。工业建筑的结构形式主要选择取决于工厂生产工艺,选用时应结合实际采用经济合理的结构。

6) 跨度和柱距。单跨厂房的柱距不变时,跨度越大,单位建筑面积的造价越低;多跨厂房的跨度不变时,中跨越多越经济。适当地扩大柱距,可以更加合理布置设备而节省车间面积。

2. 影响民用建筑工程造价的主要因素

(1) 住宅小区建设规划中影响工程造价的主要因素

住宅小区建设规划应根据小区的基本功能和要求,对居住小区的功能分区、住宅群体布置、交通系统、公共服务设施、绿地和市政设施等各个系统进行综合安排,并合理确定各部分的投资比例。小区规划设计的核心问题是提高土地的利用率、降低造价。

1) 居住小区用地面积。居住小区用地面积指标,反映居住小区内居住房屋和非居住房屋、绿地、道路和管网等占地面积及比重,是考核建设用地利用率和经济性的重要指标。居住小区用地面积指标在很大程度上影响居住小区建设的总造价。

2) 建筑群体的布置形式。对建筑群体进行合理布置可节约用地,如采取高低搭配、前后错列、合理压缩建筑物的间距、适当提高建筑层数、高低层搭配以及适当增加房屋长度等方式节约用地。

(2) 民用住宅建筑设计中影响工程造价的主要因素

1) 平面形状。一般来说,建筑物平面形状越简单,单方造价就越低。复杂的建筑平面形状,导致工程复杂、施工难度增加,从而增加工程费用。建筑面积相同的情况下,L形、T形、矩形、正方形、圆形等不同的平面形状,其外墙工程量、墙身装修面积、墙身基础、能源消耗依次减小,即建筑周长系数 $K_周$ 依次减小。通常建筑周长系数越小越经济,圆形建筑虽然建筑周长系数最小,但由于其构造和施工工艺复杂使得工程费用难以降低。正方形和矩形的平面形状简单、施工难度小,在工程造价上更为经济合理,一般认为长宽比为 2∶1 的矩形平面布置较优。住宅建筑通常以 3~4 个住宅单元、房屋长度 60~80m 较为经济。

在满足住宅功能和居住质量、建筑面积和层数一定的前提下,适当加大住宅进深可减少外墙周长、节省墙体工程量,从而降低工程造价。

2) 层高和净高。住宅的层高和净高,直接影响工程造价。据测算住宅层高每降低 10cm,可降低造价 1.2%~1.5%,同时还可以节省材料、节约能源、节约用地并利于抗震。

3) 住宅的层数。影响住宅层数经济性的有两个方面的因素，一是住宅建筑费用，包括一次建设费和日常使用费；二是居住区建设其他费用，包括工程设施和公共建筑费用（包括日常使用费）以及土地费用。住宅建筑费用随着层数增加而增加，但高层住宅与多层住宅相比较，高层住宅由于层数增加，建筑费用增加的幅度更大；随着住宅层数和居住密度的提高，居住区建设其他费用都相应减少。对于民用建筑，在一定幅度内，住宅层数的增加具有降低单方造价和使用费用以及节约用地的优点。砖混多层住宅（6层以内）随着层数的增加，单方造价降低，即在一定范围内的砖混多层住宅，层数越多越经济。

4) 住宅单元组成、户型和住户面积。结构面积系数是衡量单元组成、户型设计的指标之一，该系数小则有效面积增加，设计方案较为经济。结构面积系数与房屋结构形式、平面形状、房间平均面积大小和户型组成等有关。房屋平均面积越大，内墙、隔墙在建筑面积中所占比重就越小。一般三居室住宅的单方造价比两居室的低，四居室住宅的单方造价又比三居室的低。

5) 住宅建筑结构。不同结构形式的住宅，其工程造价也不同，比如对于多层住宅，钢筋混凝土结构住宅的单方造价高于砖混结构的单方造价；对于高层住宅，装配式结构住宅的建造成本高于现浇钢筋混凝土结构住宅的建造成本，但装配式结构住宅有节约资源、工期短、适合工业化生产、可减少施工中的环境污染等优点，钢结构装配式还有抗震性能好、自重轻、结构面积小等优点，因此国家出台多项政策大力推广装配式住宅的发展。随着社会经济的发展，装配式住宅可以展现其具有良好综合经济效益的一面。具体住宅结构形式的选择，应根据城市规模、规划要求、地区经济发展、抗震设防要求、工程造价等因素综合考虑，采用经济合理的结构形式。

6) 建筑材料的选择

民用住宅设计中，建筑材料的选择是否合理，不仅会影响房屋的工程质量、耐久性，而且对工程造价有很大的影响。建筑材料一般占人工费、材料费、机械使用费之和的70%左右。因此，合理选择建筑材料，控制材料单价或工程量，是控制工程造价的有效途径之一。

① 基础材料

对于条形基础，其单价从高到低依次为钢筋混凝土、混凝土、毛石混凝土、砖、毛石的条形基础。

对于钢筋混凝土基础，满堂红基础（筏形基础、平板基础）的单价高于条形基础的单价；筏形基础的单价高于平板基础的单价、有梁基础的单价高于无梁基础的单价；混凝土强度等级高的基础单价高等。

对于桩基础，其单价从高到低依次为钢筋混凝土桩、混凝土桩、CFG桩、砂石桩等。

② 结构材料

一般对于同样功能的构件来说，钢结构构件的单价高于钢筋混凝土构件的单价、预制钢筋混凝土构件的单价高于现浇钢筋混凝土构件的单价等。

③ 装饰材料

对于吊顶材料，采用铝合金方板吊顶的综合单价较高，胶合板、纤维板、纸面石膏板的综合单价较低；对于饰面材料，一般天然石材的价格较高，人造石材的单价较低，同样是天然石材，采用干挂法施工的单价又高于采用挂贴法施工的单价；又比如对于地面，采用天然磨光大理石或花岗石的地面综合单价较高，采用预制水磨石、玻化砖、陶瓷锦砖、PVC塑料块材地面的综合单价较低。

建筑材料种类繁多，其质量、价格差异也较大，需要根据功能要求、工程造价信息、市场等情况了解其价格信息并作出合理选择。

二、限额设计

建设工程造价的合理确定和有效控制是工程建设管理的重要组成部分。控制工程造价的目的不仅在于控制项目投资不超过批准的造价限额，更积极的意义在于合理使用人力、物力、财力，以取得最大的投资效益。

工程设计阶段是控制工程造价的关键环节，限额设计是控制设计阶段工程造价的重要手段。

（一）限额设计的概念

限额设计是指按照投资或造价的限额开展满足技术要求的设计工作。即按照可行性研究报告批准的投资限额进行初步设计，按照批准的初步设计概算进行施工图设计，按照施工图预算对施工图设计中各专业设计文件作出决策的设计工作程序。

采用限额设计，首先应保证设计的技术标准、使用功能符合国家和行业标准以及合同要求、建设规模应满足可行性研究和合同的要求。

限额设计首先要合理确定限额设计总值。可行性研究报告中的投资估算是确定总投资额的重要依据，经过批准的投资估算应作为限额设计总值。

限额设计作为我国工程建设领域控制投资支出、保证投资资金有效使用的一项有力措施，是设计阶段工程造价控制工作的关键。同时限额设计也是促进设计单位改善管理、优化结构、提高设计水平的有效途径。

（二）限额设计的工作内容

在实施限额设计的过程中，应从纵向和横向两方面实施和加以控制。纵向控制即从可行性研究、初步勘察、初步设计、详细勘察、技术设计直到施工图设计和设计变更的整个过程中，将限额设计贯穿各个阶段，在每一阶段又贯穿于各个专业，既要按照批准的可行性研究报告中的投资估算控制初步设计及概算，按照批准的初步设计及总概算控制施工图设计及预算，又要在保证工程功能要求的前提下，按各专业分配的造价限额进行设计，保证估算、概算起到层层控制的作用，不突破造价限额，最终保证限额设计目标的实现。

限额设计的横向控制是指通过签订合同的方式，约定建设单位和设计单位的责任、权利和义务，以及建立和加强设计单位内部的经济责任制，明确设计单位内部各专业、各参与项目的设计人员具体负责的事项、承担的责任、权利和义务，强化设计单位内部的分工协作关系，做到技术经济的统一。

限额设计的主要工作内容包括以下几个方面。

1. 合理确定设计限额目标

经批准的投资估算应作为工程造价的最高限额，初步设计阶段限额设计应以批准的投资估算作为设计的总限额，不得任意突破；施工图设计阶段限额设计应按照批准的初步设计及总概算确定的工程造价控制施工图设计及预算。提高可行性研究中投资估算的编制质量和准确性，是保证合理确定设计限额目标值的前提。

2. 选择合理的初步设计方案

初步设计阶段需要根据可行性研究方案和投资估算，对初步设计方案进行技术经济比选，确定技术经济合理的初步设计方案，是实现限额设计目标的前提。

3. 科学、合理分配限额设计值

限额设计一方面要按专业将上一阶段确定的投资额分解，并分配到各个专业设计部门；另一方面要将投资限额分配到各个单项工程、单位工程、分部分项工程。由于工程项目设计涉及的影响因素较多，按类似工程凭经验分配限额的做法往往与实际情况出入较大，若仅以类似工程的投资比例作参考并不一定能够正确反映工程造价各组成部分的合理关系。可以在充分掌握类似工程的技术经济资料的基础上，利用价值工程等方法对传统配额分配方法进行改进，在合理确定限额总值后，利用价值工程原理进行限额的分配。

4. 依据限额设计分配额进行初步设计

确定初步设计方案和分配限额设计值后，各专业依据设计限额进行初步设计并编制设计概算，设计概算确定的各专业和单项工程、单位工程造价应满足限额设计的要求。

5. 在设计概算范围内进行施工图设计

初步设计完成后，按批准的初步设计方案和设计概算进行施工图的限额设计，根据需要编制施工图预算。

（三）限额设计实施步骤

根据目标管理的原理，可以确定限额设计的步骤。

1. 确定限额设计目标

初步设计阶段限额设计应以批准的投资估算作为设计的总限额；施工图设计阶段应以批准的设计概算作为限额设计的总限额。在综合考虑设计方案满足工程项目的功能要求、技术标准、工程质量、进度、安全等的基础上，确定合理的限额设计目标。

2. 目标分解

一方面要按专业将投资估算的投资额分解，分配到各个专业设计部门，作为专业设计部门、设计人员的具体目标；另一方面要将投资限额分配到各个单项工程、单位工程、分部分项工程，作为相应局部工程的限额设计控制目标。

按专业、按建设项目组成分解的目标与总目标构成限额设计的目标系统。

3. 组织实施与过程监控

通过目标确定和分解，有了具体的限额设计目标，各专业设计部门、设计人员按设定的目标进行设计工作。初步设计阶段进行工程项目的初步设计、编制设计概算并控制设计概算不超过投资估算的限额；施工图阶段按经批准的初步设计和概算进行施工图设计、编制施工图预算。实施过程中应进行有效的追踪和监控，及时发现问题和采取调整措施，对于没有达到限额目标要求的应修改设计，严格控制设计变更，控制施工图预算不超过设计概算的限额，以保证限额目标的实现。

对于政府投资项目，初步设计提出的投资概算超过经批准的可行性研究报告提出的投资估算10%的，项目单位应当向投资主管部门或者其他有关部门报告，投资主管部门或者其他有关部门可以要求项目单位重新报送可行性研究报告。

4. 成果评价

通过对设计成果的评价，总结经验教训，及时调整并进行下一阶段的工作。

纵向控制的限额设计程序示意图见图1-11。

（四）限额设计工作中应注意的一些问题

限额设计在工程造价控制中有着重要的地位，但目前在理论上和实际操作技术上还有待进一步发展，在实际应用中还有需要改进的地方。限额设计在实际应用中应注意以下问题。

（1）应注意科学合理地确定限额值的分配。常规限额设计的做法是以类似工程的技术经济资料作为参考，将投资估算按类似工程的投资比例分配到各单项工程、单位工程中。由于工程建设中涉及的各类因素较多，随着时间、工程地点和技术条件的不同工程造价也存在着差异。限额值的分配有时与实际情况出入较大，大多只是一定程度上的近似，若仅以类似工程的投资比例作参考并不一定能够正确反映工程造价各组成部分的合理关系。

（2）限额设计中应有价值工程的理念。如果单纯强调设计限额的重要性，可能导致部分工程在设计过程中忽视工程功能水平与成本的匹配性，不符合价值工程的原理。同时在某种程度上设计人员的创造性被限额设计的传统观念所限制，致使一些新型材料、高新技术不能在工程中得到充分应用。

（3）限额设计中应注意对工程全寿命周期的考虑。限额中的投资估算、设计概算和施工图预算等限额值，都是基于项目建设过程的一次性造价，反映的是工程的实际建造成本，对项目工程的运营维护成本没有给予充分的考虑，因此可能出现建设成本较经济但运营成本偏高的状况，有可能工程项目的全寿命周期成本并不一定经济。

图1-11 限额设计程序示意图

因此限额设计应当是基于建筑工程全寿命周期的优化设计，限额设计工作中应注意不能简单地按类似工程的投资比例分配到各专业、各单项工程和各单位工程中，应充分考虑拟建工程的特点、各部分功能水平与成本的匹配，以及新技术、新材料的应用；不能只考虑建筑工程的建造成本，应当考虑设计方案的全寿命周期成本，将价值工程、全寿命周期成本分析等理论和方法引入到限额设计中，科学合理地进行限额分配，力求在投资限额内使工程达到最佳功能水平，同时综合考虑工程项目的全寿命周期成本，不断改进限额设计方法。

例 1-21 关于初步设计阶段限额设计的说法正确的是（   ）。
A 限额的分配一般是根据类似工程的经验分配的，确保了分配的合理性
B 限额设计必须考虑项目全生命周期的成本，因此限额一般较高
C 限额设计应以批准的投资估算作为设计的总限额
D 若不能在分配的限额内完成设计，设计人员一般会采取降低技术标准的做法
解析：经批准的投资估算应作为工程造价的最高限额，不得任意突破。
答案：C

三、建设项目设计概算的编制
【相关真题】：2022-069，2022-070，2019-069，2019-070，2019-071】

设计概算是指以初步设计文件为依据，按照规定的程序、方法和依据，对建设项目总投资及其构成进行的概略计算。

（一）设计概算的作用

设计概算是设计文件的重要组成部分，是在投资估算的控制下由设计单位根据初步设计图纸及说明、概算定额（或概算指标）、各项费用定额（或取费标准）、设备、材料价格信息等资料，用科学的方法计算、编制和确定的建设项目从筹建至竣工验收交付使用所需的全部费用的文件。采用两阶段设计的建设项目，初步设计阶段必须编制设计概算；采用三阶段设计的，技术设计阶段必须编制修正概算。

设计概算的编制依据应包括编制期价格、费率、利率、汇率等确定的静态投资和编制期到竣工验收前的工程和价格变化等多种因素的动态投资两部分。静态投资作为考核工程设计和施工图预算的依据；动态投资作为筹措、供应和控制资金使用的限额。

设计概算的主要作用可归纳为如下几点。

(1) 控制建设投资的依据

对于政府投资的建设项目，经批准的设计总概算的投资额，是该工程建设项目投资的最高限额，不得任意突破，如有突破须报原审批部门批准。

在工程建设中，年度固定资产投资计划安排、银行拨款或贷款、施工图设计及其预算、竣工决算等，未经规定的程序批准，都不能突破这一限额，以确保国家固定资产投资计划的严格执行和有效控制。

(2) 编制固定资产投资计划的依据

对于政府投资项目，国家规定编制年度固定资产投资计划，确定计划投资总额及其构成数额，要以批准的初步设计概算为依据，没有批准的初步设计及其概算的建设工程不能列入年度固定资产投资计划。

(3) 银行贷款的依据

设计概算是银行拨款或签订合同的最高限额，建设项目的全部拨款或贷款依据各单项工程的拨款或贷款的累计总额，不能超过设计概算。银行根据批准的设计概算和年度投资计划进行贷款，并进行监督。如果项目投资计划所列投资额或拨款与贷款突破设计概算时，必须查明原因后由建设单位报请上级主管部门调整或追加设计概算总投资额，未批准之前，银行对其超支部分拒不拨付。

(4) 编制最高投标限价（或招标标底）和投标报价的依据

设计总概算一经批准，就作为工程造价管理的最高限额，并据此对工程造价进行严格的控制。进行招标投标的工程，招标人编制的最高投标限价（或标底）是以设计概算作为依据的，编制的最高投标限价（或标底）也是评标的依据之一。

(5) 签订工程总承包合同的依据

对于采用工程总承包方式建设的大中型建设工程项目，可根据批准的建设计划、初步设计和总概算文件确定工程项目的总承包价。

(6) 考核设计方案的经济合理性的依据

设计概算是设计方案技术经济合理性的综合反映，据此可以用来对不同的设计方案进行技术与经济的合理性比较，以便选择最佳的设计方案。

(7) 施工图设计和控制施工图预算的依据

经批准的设计概算是建设项目投资的最高限额，设计单位必须按照批准的初步设计和总概算进行施工图设计，施工图预算不得突破设计概算。如需突破总概算时，应按规定程序报经审批。

(8) 项目实施全过程造价控制管理、评价建设工程项目成本和投资效果的依据

通过设计概算与竣工决算的对比，可以分析和考核建设工程项目成本和投资效果，同时还可以验证设计概算的准确性，有利于加强设计概算管理和建设项目的造价管理工作。

(二) 设计概算的编制原则和依据

1. 设计概算的编制原则

为提高建设项目设计概算的编制质量，科学合理地确定建设项目投资，设计概算编制应坚持以下原则。

(1) 严格执行国家的建设方针和经济政策的原则。设计概算是一项重要的技术经济工作，要严格按照党和国家的方针、政策办事，坚决执行勤俭节约的方针，严格执行规定的设计标准。

(2) 要完整、准确地反映设计内容的原则。编制设计概算时，要认真了解设计意图，根据设计文件、图纸准确计算工程量，避免重算和漏算。设计修改后，要及时修正概算。

(3) 要坚持结合拟建工程的实际、反映工程所在地当时价格水平的原则。为提高设计概算的准确性，要求实事求是地对工程所在地的建设条件、可能影响造价的各种因素进行认真的调查研究。在此基础上正确使用定额、指标、费率和价格等各项编制依据，按照现行工程造价的构成，根据有关部门发布的价格信息及价格调整指数，考虑建设期的价格变化因素，使概算尽可能地反映设计内容、施工条件和实际价格。

2. 设计概算的编制依据

(1) 批准的可行性研究报告；

(2) 工程勘察与设计文件或设计工程量；

(3) 项目涉及的概算指标或定额，以及工程所在地编制同期的人工、材料、机械台班市场价格，相应工程造价管理机构发布的概算定额（或指标）；

(4) 国家、行业和地方政府颁布的有关法律、法规或规定，政府有关部门、金融机构等发布的价格指数、利率、汇率、税率，以及工程建设其他费用等；

(5) 资金筹措方式；

(6) 正常的施工组织设计或拟定的施工组织设计和施工方案；
(7) 项目涉及的设备材料供应方式及价格；
(8) 项目的管理（含监理）、施工条件；
(9) 项目所在地区的气候、水文、地质地貌等自然条件；
(10) 项目所在地区的经济、人文等社会条件；
(11) 项目的技术复杂程度以及新技术、专利使用情况等；
(12) 有关文件、合同、协议等；
(13) 委托单位提供的其他技术经济资料和其他相关资料。

（三）设计概算的内容

设计概算可分单位工程概算、单项工程综合概算和建设项目总概算三级。各级之间概算的相互关系如图 1-12 所示。

图 1-12 设计概算的编制内容及相互关系

设计概算的编制，是从单位工程概算这一级编制开始，经过逐级汇总而成。

1. 单位工程概算

单位工程概算是确定各单位工程建设费用的文件，是编制单项工程综合概算的依据，是单项工程综合概算的组成部分。单位工程概算按其工程性质分为建筑单位工程概算和设备及安装单位工程概算两大类。

(1) 建筑工程概算包括土建工程概算，给水排水、供暖工程概算，通风、空调工程概算，电气照明工程概算，弱电工程概算，特殊构筑物工程概算和工业管道工程概算等（图 1-13）。

(2) 设备及安装工程概算包括机械设备及安装工程概算，电气设备及安装工程概算，热力设备及安装工程概算，以及工具、器具及生产家具购置费概算等（图 1-13）。

2. 单项工程综合概算

单项工程综合概算是确定一个单项工程所需建设费用的文件，它是由单项工程中的各单位工程概算汇总编制而成的，是建设项目总概算的组成部分。对于一般工业民用建筑工程单项工程综合概算的组成内容如图 1-13 所示。

3. 建设项目总概算

建设项目总概算是确定整个建设项目从筹建到竣工验收所需全部费用的文件，它是由各单项工程综合概算、工程建设其他费用概算、预备费、建设期贷款利息概算和经营性项目铺底流动资金概算等汇总编制而成的，如图 1-14 所示。

图 1-13 单项工程综合概算的组成内容

图 1-14 建设项目总概算的组成内容

例 1-22 （2022） 设计三级概算是指（　　）。
A　一般土建工程概算、单项工程综合概算、建设项目总概算
B　单位工程概算、单项工程综合概算、一般土建工程概算
C　单位工程概算、单项工程综合概算、建设项目总概算
D　单位工程概算、一般土建工程概算、建设项目总概算
解析： 设计概算可分为单位工程概算、单项工程综合概算和建设项目总概算三级。设计概算的编制从单位工程概算这一级开始，经过逐级汇总而成。
答案： C

（四）设计概算的编制方法

1. 单位工程概算的编制方法

单位工程概算是指以初步设计文件为依据，按照规定的程序、方法和依据，计算单位工程费用的成果文件。单位工程是单项工程的组成部分，是指具有单独设计可以独立组织施工、但不能独立发挥生产能力或使用效益的工程。建筑单位工程概算由建筑安装工程中的人工费、材料费、机械使用费、措施费、企业管理费、利润、规费和税金构成的。

单位工程概算分建筑工程概算和设备及安装工程概算两大类：①建筑工程概算的编制方法有概算定额法、概算指标法、类似工程预算法等；②设备及安装工程概算的编制方法有：预算单价法、扩大单价法、概算指标法、设备价值百分比法和综合吨位指标法等。

（1）单位建筑工程概算的编制方法

1）概算定额法（扩大单价法）

概算定额法又叫扩大单价法或扩大结构定额法。它是利用概算定额编制单位建筑工程概算的方法。

当初步设计建设项目达到一定深度，建筑结构比较明确，基本上能按初步设计图纸计算出楼面、地面、墙体、门窗和屋面等分部工程的工程量时，可采用这种方法编制建筑工程概算。在采用扩大单价法编制概算时，首先根据概算定额编制成扩大单位估价表（表1-7、表1-8），作为概算定额基价，然后用算出的扩大分部分项工程的工程量，乘以单位估价，进行具体计算。概算定额是按一定计量单位规定的，扩大分部分项工程或扩大结构部分的劳动、材料和机械台班的消耗量标准。扩大单位估价表是确定单位工程中各扩大分部分项工程或完整的结构件所需全部材料费、人工费、施工机械使用费之和的文件。

扩大单位估价表（单位：10m³）　　　　　　　　　　表 1-7

序号	项目	单价	数量	合计
1	综合人工	×××	12.45	××××
2	水泥混合砂浆 M5	×××	1.39	××××
3	普通黏土砖	×××	4.34	××××
4	水	×××	0.87	××××
5	灰浆搅拌机 200L	×××	0.23	××××
	合计			××××

扩大单位估价汇总表（单位：元） 表1-8

定额编号	工程名称	计算单位	单位价值	其中			附注
				工资	材料费	机械费	
4—23	空斗墙一眠一斗	10m³	××××				
4—24	空斗墙一眠二斗	10m³	××××				
4—25	空斗墙一眠三斗	10m³	××××				

注：表格内容摘自《全国统一建筑工程基础定额》土建上册。

扩大单价法完整的编制步骤如下：

① 根据初步设计图纸和说明书，按概算定额中的项目计算工程量。工程量的计算，必须根据定额中规定的各个扩大分部分项工程内容，遵循定额中规定的计量单位、工程量计算规则及方法来进行。有些无法直接计算工程量的零星工程，如散水、台阶、厕所蹲台等，可根据概算定额的规定，按主要工程费用的百分比（一般为5%～8%）计算。

② 根据计算的工程量套用相应的扩大单位估价（概算定额基价），计算出材料费、人工费、施工机械使用费三项费用之和即为直接工程费。

③ 根据有关取费标准计算措施费、企业管理费、利润、规费和税金，再将上述各项汇总加在一起，其和为建筑工程概算造价。

单位建筑工程概算造价＝人、料、机费用＋措施费＋企业管理费＋利润＋规费＋税金

(1-60)

④ 将概算造价除以建筑面积可以求出单位建筑工程单方造价等有关技术经济指标。

单位建筑工程单方造价＝单位建筑工程概算造价/建筑面积 (1-61)

采用扩大单价法编制建筑工程概算比较准确，但计算比较繁琐。只有具备一定的设计基本知识，熟悉概算定额，才能弄清分部分项的综合内容，才能正确地计算扩大分部分项的工程量。同时在套用扩大单位估价时，如果所在地区的工资标准及材料预算价格与概算定额不一致，则需要重新编制扩大单位估价或测定系数加以调整。

2）概算指标法

概算指标法是利用概算指标编制单位工程概算的方法。当初步设计深度不够，不能准确地计算工程量，但工程设计采用的技术比较成熟，而又有类似概算指标可以利用时，可采用概算指标法来编制概算。

概算指标，是按一定计量单位规定的通常以整个房屋每100m²建筑面积或1000m³建筑体积为计量单位来规定人工、材料和施工机械台班的消耗量以及价值表现的标准，比概算定额更综合扩大的分部工程或单位工程等劳动、材料和机械台班的消耗量标准和造价指标。在建筑工程中，它往往按完整的建筑物、构筑物以"m²、m³"或"座"等为计量单位。

概算指标法是拟建的厂房、住宅的建筑面积或体积乘以技术条件相同或基本相同的概算指标编制概算的方法。

用此法编制概算时，首先要计算建筑面积和建筑体积，再根据拟建工程的性质、规模、结构和层数等基本条件，选定相应概算指标，按下式计算建筑工程概算直接工程费和

主要材料消耗量：

$$\text{直接工程费} = \frac{\text{每}100\text{m}^2\text{造价指标}}{100} \times \text{建筑面积} \tag{1-62}$$

$$\text{各主要材料消耗量} = \frac{\text{每}100\text{m}^2\text{建筑面积材料消耗量}}{100} \times \text{建筑面积} \tag{1-63}$$

或

$$\text{直接工程费} = \frac{\text{每}1000\text{m}^3\text{造价指标}}{1000} \times \text{建筑体积} \tag{1-64}$$

$$\text{各主要材料消耗量} = \frac{\text{每}1000\text{m}^3\text{建筑体积材料消耗量}}{1000} \times \text{建筑体积} \tag{1-65}$$

$$\text{调整直接工程费} = \text{直接工程费} \times \text{调整费率} \tag{1-66}$$

计算完直接工程费后，计取措施费、企业管理费、利润、规费、税金等，确定工程造价和技术经济指标。

① 当设计对象在结构特征、地质及自然条件上与概算指标完全相同，如基础埋深及形式、层高、墙体、楼板等主要承重构件相同，就可直接套用概算指标编制概算。计算公式如下：

$$1000\text{m}^3\text{建筑物体积的人工费} = \Sigma(\text{指标规定的工日数} \times \text{相应地区人工工日单价}) \tag{1-67}$$

$$1000\text{m}^3\text{建筑物体积的主要材料费} = \Sigma(\text{指标规定的主要材料数量} \times \text{相应的地区材料预算价格}) \tag{1-68}$$

$$1000\text{m}^3\text{建筑物体积的其他材料费} = \Sigma(\text{主要材料费} \times \text{其他材料费占主要材料费的百分比}) \tag{1-69}$$

$$1000\text{m}^3\text{建筑物体积的机械使用费} = \Sigma(\text{人工费} + \text{主要材料费} + \text{其他材料费}) \times \text{机械使用费占百分比} \tag{1-70}$$

$$\text{每立方米建筑体积的直接工程费} = (\text{人工费} + \text{主要材料费} + \text{其他材料费} + \text{机械使用费})/1000 \tag{1-71}$$

$$\text{每立方米建筑体积的概算单价} = \text{直接工程费} + \text{措施费} + \text{企业管理费} + \text{利润} + \text{规费} + \text{税金} \tag{1-72}$$

$$\text{单位工程概算造价} = \text{设计对象的建筑体积} \times \text{概算单价} \tag{1-73}$$

由于拟建工程（设计对象）往往与类似工程的概算指标的技术条件不尽相同，而且概算指标编制年份的设备、材料、人工等价格与拟建工程当时当地的价格也不会一样。因此，必须对其进行调整。

② 当设计对象的结构特征与某个概算指标有局部不同时，则需要对该概算指标进行修正，然后用修正后的概算指标进行计算。这里，可采用两种修正方法：

a. 第一种修正概算指标的单位造价方法如下：

$$\text{结构变化单位造价修正概算指标} = \text{原概算指标单价} - \text{换出结构构件价值}/1000 + \text{换入结构构件价值}/1000 \tag{1-74}$$

$$\text{换出（入）结构单价} = \text{换出（入）结构构件工程量} \times \text{相应的概算定额的地区单价} \tag{1-75}$$

b. 第二种修正概算指标中的工、料、机数量方法。此法是从原指标的工料数量中减去与设计对象不同部分结构的人工、材料数量和机械使用费,再加上所需的结构件的人工、材料数量和机械使用费。换入和换出的结构构件的人工、材料数量和机械使用费,是根据换入和换出的结构构件的工程量,乘以相应的定额中的人工、材料数量和机械使用台班计算出来的。这种方法不是从概算着手修正,而是直接修正指标中的工料数量。按下列公式计算:

$$\begin{aligned}\text{结构变化修正概算指标的工、料、机数量} =& \text{原概算指标的工、料、机数量} + \text{换入结构件工程量} \times \text{相应定额工、料、机消耗量} \\ &- \text{换出结构件工程量} \times \text{相应定额工、料、机消耗量}\end{aligned} \quad (1\text{-}76)$$

以上两种方法,前者是直接修正结构件指标单价,后者是修正结构件指标的工料机数量。修正之后,方可按上述结构相同情况分别套用。

③ 设备、人工、材料、机械台班费用的调整。

$$\begin{aligned}\text{设备、工、料、机修正概算费用} =& \text{原概算指标的设备、工、料、机费用} + \Sigma\left[\text{换入设备、工、料、机数量} \times \text{拟建地区相应单价}\right] \\ &- \Sigma\left[\text{换出设备、工、料、机数量} \times \text{原概算指标设备、工、料、机单价}\right]\end{aligned} \quad (1\text{-}77)$$

3) 类似工程预算法

<u>当建设工程对象尚无完整的初步设计方案,而建设单位又急需上报设计概算时,可采用此法。</u>类似工程预算法是利用技术条件与设计对象相类似的已完工程或在建工程的工程造价资料来编制拟建单位工程概算的方法。类似工程预算法就是以原有的相似工程的预算为基础,按编制概算指标方法,求出单位工程的概算指标,再按概算指标法编制建筑工程概算。

类似工程预算法适用于拟建工程初步设计与已建工程或在建工程的设计相类似又没有可用的概算指标时,但必须对建筑结构差异和价差进行调整。建筑结构差异的调整方法与概算指标法的调整方法相同。类似工程造价的价差调整常有两种方法:一是类似工程造价资料有具体的人工、材料、机械台班的用量时,可按类似工程造价资料中的主要材料用量、工日数量、机械台班用量乘以拟建工程所在地的主要材料预算价格、人工单价、机械台班单价,计算出直接工程费和措施费,再乘以当地的综合费率,即可得出所需的造价指标;二是类似工程造价资料只有人工、材料、机械台班费用和措施费、间接费时,可按综合系数法、价格(费用)变动系数法、地区价差系数法或结构、材质差异换算法进行调整。下面重点介绍综合系数法。

综合系数法是运用类似工程预(决)算编制概算时,经常因拟建工程与已建在建工程的建设地点不同,而引起人工费、材料费和施工机械台班费以及间接费、利润、税金等项的费用差别。则可采用综合系数法调整类似工程预(决)算。

利用类似工程预算,应考虑以下条件:

① 设计对象与类似预算的设计在结构上的差异;

② 设计对象与类似预算的设计在建筑上的差异;

③ 地区工资的差异;
④ 材料预算价格的差异;
⑤ 施工机械使用费的差异;
⑥ 间接费用的差异。

其中第①、②两项差异可参考修正概算指标的方法加以修正,第③~⑥项则须编制修正系数。计算修正系数时,先求类似工程预算的人工工资、材料费、机械使用费、间接费在全部预算造价中所占比重;然后分别求其修正系数;最后求出总的修正系数;再用总修正系数乘以类似工程预算的造价,就可以得到概算价值。

> **例 1-23** 当初步设计深度不够,不能准确计算工程量,但工程设计采用的技术比较成熟而又有类似工程概算指标可以利用时,编制工程概算可以采用( )。
> A 单位工程指标法
> B 概算指标法
> C 概算定额法
> D 类似工程预算法
> **提示:** 初步设计深度不够,不能准确计算工程量,但工程设计采用的技术比较成熟而又有类似工程概算指标可以利用时,适于采用概算指标法编制工程概算。
> **答案:** B

(2) 设备及安装工程概算的编制方法

1) 设备购置费概算

设备购置费由设备原价和运杂费两项组成。可按下式计算:

$$设备购置概算价值=设备原价+设备运杂费$$
$$=设备原价(1+设备运杂费率) \tag{1-78}$$

① 国产标准设备原价,可根据设备型号、规格、性能、材质、数量及附带的配件,向设备制造厂家询价或向设备、材料信息部门查询或按主管部门规定的现行价格逐项计算。非主要标准设备和工器具、生产家具的原价,可按占主要标准设备原价的百分比计算,百分比指标按主管部门或地区有关规定执行。

② 国产非标准设备原价,在初步设计阶段的设计概算时可按下列两种方法确定:

a. 非标设备台(件)估价指标法

根据非标准设备的类别、质量、性能、材质精密程度及制造厂家等情况,按每台设备规定的估价指标计算。

b. 非标准设备吨重估价指标法

根据非标准设备的类别、性能、质量、材质等情况,按某类设备所规定吨重估价指标计算。

③ 设备运杂费按各部、省、自治区、直辖市有关规定的运杂费率计算,即:

$$设备运杂费=设备原价×运杂费率(\%) \tag{1-79}$$

2) 设备安装工程概算

设备安装工程概算造价的编制方法有如下几种。

① 预算单价法。当初步设计较深，有详细的设备清单时，可直接按安装工程预算定额单价编制设备安装单位工程概算，概算程序基本同于安装工程施工图预算。就是根据计算的设备安装工程量，乘以安装工程预算综合单价，经汇总求得。用此法编制概算，计算比较具体，精确性较高。

② 扩大单价法。当初步设计深度不够，设备清单不完备，只有主体设备或仅有成套设备的数量时，可采用主体设备、成套设备或工艺线的综合扩大安装单价来编制概算。

③ 概算指标法。当初步设计的设备清单不完备，或安装预算单价及扩大综合单价不全，无法采用预算单价法和扩大单价法时，可采用概算指标编制概算。概算指标形式较多，概括起来主要可按下列几种指标进行计算：

a. 设备价值百分比法又叫安装设备百分比法。当初步设计深度不够，只有设备出厂价而无详细规格、重量时，安装费可按占设备费的百分比计算。其百分比值（即安装费率）由主管部门制定或由设计单位根据已完类似工程确定的概算指标。该法常用于价格波动不大的定型产品和通用设备产品。计算公式为：

$$设备安装费 = 设备原价 \times 设备安装费率（\%） \qquad (1-80)$$

b. 综合吨位指标法。当初步设计提供的设备清单有规格和设备重量时，可采用综合吨位设备安装费指标编制概算，其综合吨位指标由主管部门或由设计院根据已完类似工程资料确定。该法常用于设备价格波动较大的非标准设备和引进设备的安装工程概算。计算公式为：

$$设备安装费 = 设备吨重 \times 每吨设备安装费指标（元/t） \qquad (1-81)$$

c. 按座、台、套、组、根或功率等为计量单位的概算指标计算。如工业炉，按每台安装费指标计算；冷水箱，按每组安装费指标计算安装费等。

d. 按设备安装工程每平方米建筑面积的概算指标计算。有些设备安装工程可以按不同的专业内容（如通风、动力、照明、管道）采用每平方米建筑面积的安装费用概算指标计算安装费。

3) 设备及其安装工程概算书的编制。设备及其安装工程概算书的内容，主要包括编制说明书和设备及其安装工程概算表两部分：

编制说明书是用简明的文字，对工程概况、编制依据、编制方法和其他有关问题等加以概括说明。

设备及其安装工程概算表，是将所计算的项目列于表格之中，计算工程直接费、计取间接费、其他费用、利润和税金，最后汇总设备及其安装工程概算造价。

2. 单项工程综合概算的编制方法

单项工程综合概算是以初步设计文件为依据，在单位工程概算的基础上汇总单项工程费用的成果文件。单项工程综合概算是以其所辖的建筑工程概算表和设备安装概算表为基础汇总编制的。当建设项目只有一个单项工程时，单项工程综合概算（实为总概算）还应包括工程建设其他费用、含建设期贷款利息、预备费和固定资产投资方向调节税的概算。

(1) 综合概算书的内容

单项工程综合概算文件一般包括编制说明（不编制总概算时列入）和综合概算表。

1）编制说明

主要包括：编制依据；编制方法；主要设备和材料的数量；其他有关问题说明。

2）综合概算表

综合概算表见表1-9，是根据单项工程所辖范围内的各单位工程概算等基本资料，按照国家或部委所规定统一表格进行编制。

综 合 概 算 表　　　　　　　　　　　　　　　　表 1-9

建设单位：××××

单项工程：×××××　　　　　综合概算价值：　　　　　工程编号：×××-×

序号	单位工程编号	工程和费用名称	概算价值（万元）						技术经济指标（元）			占总投资额（%）
			建筑工程	设备购置费	设备安装费	生产工器具费	其他费用	总价	单位	数量	单位价值	
1	2	3	4	5	6	7	8	9	10	11	12	13
1	×××	×××	×××					×××	×	×××××	×××××	×××
2	×××	×××		×××	×××						×××	×××
3	×××	×××				×××	×××				×××	×××
4	……	……										
		合计						××××	×	×××××	×××××	×××

审核：　　　　　校对：　　　　　编制：　　　　　年　月　日

（2）编制步骤和方法

综合概算书的编制，一般从单位工程概算书开始编制，然后统一汇编而成。其编制顺序为：

1）建筑工程；

2）给水与排水工程；

3）供暖、通风和煤气工程；

4）电气照明工程；

5）工业管道工程；

6）设备购置；

7) 设备安装工程；

8) 工器具及生产家具购置；

9) 其他工程和费用（当不编总概算时列此项费用）；

10) 不可预见的工程和费用；

11) 回收金额。

按上述顺序汇总的各项费用总价值，即为该单项工程全部建设费用，并以适当的计量单位求出技术经济指标。

填制综合概算表。按照表格形式和所要求的内容，逐项填写计算，最后求出单项工程综合概算总价值。

3. 建设项目总概算的编制方法

建设项目总概算是以初步设计文件为依据，在单项工程综合概算的基础上计算建设项目概算总投资的成果文件。<u>建设项目总概算是设计文件的重要组成部分，是确定整个建设项目从筹建到建成竣工交付使用所预计花费的全部费用的总文件</u>。它是由各单项工程综合概算、工程建设其他费用、建设期贷款利息、预备费、固定资产投资方向调节税和经营性项目的铺底流动资金，按照主管部门规定的统一表格进行编制而成的。

建筑工程项目设计概算文件（总概算书）一般应包括：封面及目录、编制说明、总概算表、工程建设其他费用概算表、单项工程综合概算表、单位工程概算表、工程量计算表、分年度投资汇总表、分年度资金流量汇总表、主要材料汇总表与工日数量表等。现将有关主要问题说明如下。

（1）封面、签署页及目录

封面、签署页格式如表1-10所示。

封面、签署页格式　　　　　　　　　　　　　表1-10

建设项目设计概算文件

建设单位_____
建设项目名称_____
设计单位（或工程造价咨询单位）_____
编制单位_____
编制人（资格证号）_____
审核人（资格证号）_____
项目负责人_____
总工程师_____
单位负责人_____
　　　　　　　　年　　　　　月　　　　　日

（2）编制说明

编制说明应包括下列内容：

1) 工程概况。简述建设项目的建设规模、范围和性质，产品规格、品种、特点和生产能力、建设周期、建设条件、厂外工程和建设地点等主要情况。引进项目要说明引进内容以及与国内配套工程等主要情况。

2) 资金来源及投资方式。

3) 编制依据及编制原则。说明设计文件依据、概算指标、概算定额、材料概算价格及各种费用标准等编制依据。

4) 编制方法。说明编制设计概算是采用概算定额法，还是采用概算指标法等。

5) 投资分析。主要分析各项投资的比例、各专业投资的比重等经济指标，并与类似工程比较，分析投资高低的原因，说明该设计是否经济合理。为了说明设计的经济合理性，在编制总概算时，必须计算出各项工程和费用的投资占总投资的比例，编制投资比例分析表（表1-11），对工程建设投资分配、构成等情况进行分析比较，列入总概算书中。

投资比例分析表　　　　　　　　　　　　　　　　表 1-11

项 目 名 称	价 值 （万元）	占总价值（%）
建筑工程费用		
安装工程费用		
设备及工器具购置费		
工程建设其他费用		
工程预备费		
固定资产投资方向调节税		
建设期投资贷款利息		
建设期涨价预备费		
动态投资总造价		

6) 主要材料和设备数量。说明建筑安装主要材料（钢材、木材、水泥等）和主要机械设备、电气设备的数量。

7) 其他需要说明的有关问题。说明在编制概算过程中存在的有关问题。

(3) 总概算表

1) 总概算表的内容。总概算表的项目由四大部分组成，见表1-12。

总 概 算 表　　　　　　　　　　　　　　　　　表 1-12

建设单位：×××
规　　模：×××　　　　　　　总概算投资：×××××
总建筑面积：×××××　　　　　单位投资：×××

序号	综合概算编号	工程和费用名称	概算总价值（万元）						技术经济指标（元）			占总投资额（%）
			建筑工程费	设备购置费	设备安装费	生产工器具费	其他费用	总价	单位	数量	单位价值	
1	2	3	4	5	6	7	8	9	10	11	12	13
一		第一部分工程费	×××××					××××				
(一)		场地平整费										
(二)		主要生产工程项目										
1	×××	总装配车间	158.67	××××	××××	××××	××××	××××	m²	××××	××××	××

续表

序号	综合概算编号	工程和费用名称	概算总价值（万元）						技术经济指标（元）			占总投资额（%）
			建筑工程费	设备购置费	设备安装费	生产工器具费	其他费用	总价	单位	数量	单位价值	
1	2	3	4	5	6	7	8	9	10	11	12	13
2		……										
(三)		辅助生产及服务项目	×××									
1		中央实验室	×××									
2		……										
(四)		动力系统工程	×××									
1		锅炉房	×××									
2		……										
(五)		运输及通信系统工程	×××									
1		汽车库	×××									
2		……										
(六)		室外给水排水工程	×××									
1		深水泵房	×××									
2		……										
(七)		生产福利区项目	×××									
1		家属宿舍	×××									
2		……										
(八)		厂区整理及绿化	×××									
1		厂区围墙及大门	×××									
2		……										
(九)		其他项目和费用	×××									
1		冬雨季施工增加费	×××									
2		完工清理费	×××									
3		施工机构迁移费	×××									
4		防洪工程费	×××									
5		……	×××									
二		第二部分其他工程费用	×××					××××				
1		土地征用、迁移费	×××									
2		建设单位管理费	×××									
3		研究试验费	×××									
4		……										
		第一、二部分合计										

续表

序号	综合概算编号	工程和费用名称	概算总价值（万元）						技术经济指标（元）			占总投资额（%）
			建筑工程费	设备购置费	设备安装费	生产工器具费	其他费用	总价	单位	数量	单位价值	
1	2	3	4	5	6	7	8	9	10	11	12	13
三		第三部分										
1		预备费［（一）＋（二）］×5%						××××				
2		建设期利息										
3		投资方向调节税										
4		铺底流动资金										
四		总概算价值						××××	×××			
		其中投资回收金额										
五		投资比例（%）										

复审： 初审： 校对： 编制： 年 月 日

① 第一部分工程费用。工程费用包括设备及工器具购置和建筑安装工程费。项目有：主要生产项目，这是根据不同企业的性质按设计规定进行排列，如机械厂的主要生产工程项目有铸造、锻压、金工、装配等车间；附属辅助生产服务性的工程项目，包括工具、机修、木工和模型等车间，以及仓库、生活福利、文化和服务性工程项目；动力系统工程项目，包括发电站、变电所、输配电线路、锅炉房等；运输及通信系统工程项目，包括铁路专用线和轻便铁路、公路运输、通信设备等；室外给水、排水、供热、煤气及附属构筑物；厂区整理及绿化设施；一些特殊工程项目；以及其他项目和费用。

② 第二部分工程建设其他费用。项目主要包括：土地征用、迁移费、勘察设计费、建设单位管理费、研究试验费、生产准备费等。

③ 第三部分预备费，其中的基本预备费，是指初步设计和概算中难以预料的工程和费用；差价预备费，是由于价格波动引起的费用增加。

④ 第四部分项目是列出概算总价值和投资回收金额。

总概算表应反映静态投资和动态投资两个部分。静态投资是按设计概算编制期价格、费率、利率、汇率等确定的投资；动态投资是指概算编制期到竣工验收前的工程和价格变化等多种因素所需的投资。

初步设计概算应根据概算定额（概算指标）、费用定额等，以概算编制时的价格进行编制，并按照有关规定合理地预测概算编制至竣工期的价格、利率、汇率等动态因素，打足建设费用，并严格控制在可行性研究报告投资估算范围内。

2）总概算表的编制方法。按总概算表的格式，依次填入各工程项目和费用名称，按项、栏分别汇总，依次求出各工程和费用小计、合计及第一部分项目，第二部分项目总计，按规定计算不可预见费，计算总概算价值，计算回收金额。

3）回收金额的计算。回收金额是指在施工中或施工完毕后所获得的各种收入。其中包括临时房屋及构筑物、旧有房屋、金属结构及设备的拆除、临时供水、供气、供电的配电线、试车收入大于支出部分的价格等回收的金额应按地区主管部门的规定计算。

(4) 工程建设其他费用概算表

工程建设其他费用概算按国家或地区或部委所规定的项目和标准确定，并按统一表格式编制。

(5) 单项工程综合概算表和建筑安装单位工程概算表

(6) 工程量计算表和工、料数量汇总表

(7) 分年度投资汇总表和分年度资金流量汇总表

(8) 计算总概算价值

总概算价值＝第一部分费用＋第二部分费用＋第三部分(含预备费＋建设期利息＋铺底流动资金)－投资回收金额 (1-82)

4. 设计概算的审查

设计概算完成后应进行审查，通过审查使设计概算完整、准确，满足工程设计技术先进、经济合理的要求。

设计概算审查的内容包括概算编制依据、概算编制深度和概算编制内容三个方面。

设计概算审查常用的五种方法如下：

(1) 对比分析法。通过对比分析工程建设规模、建设标准、概算编制内容等，找出存在的偏差或问题。

(2) 查询核实法。对某些关键设备设施、重要装置以及图纸不全、难以核算的较大投资进行多方查询核对，逐项落实。对复杂的建筑安装工程向同类工程的建设、承包、施工单位征求意见。

(3) 主要问题复核法。对审查中发现的重大问题、重大偏差、关键设备、投资大的项目进行复核审查。

(4) 分类整理法。对审查中发现的问题和偏差，按单项工程、单位工程等分类整理并汇总增减投资额。

(5) 联合会审法。由相关单位、专家组成联合审查组共同进行审核。

四、施工图预算的编制

【相关真题：2022-071，2022-072，2021-072】

(一) 施工图预算及其作用

1. 施工图预算

施工图预算是施工图设计预算的简称，又叫设计预算，是以施工图设计文件为依据，按照规定的程序、方法和依据，在工程施工前对工程项目的工程费用进行的预测和计算。它是在施工图设计完成后，根据施工图设计图纸、按照主管部门制定的现行预算定额、费用定额和其他取费文件以及地区设备、材料、人工、施工机械台班等预算价格编制和确定的单位工程、单项工程预算价格和建筑安装工程造价的文件。

设计合同要求编制工程预算的，应编制工程预算书，对于方案设计后直接进入施工图设计的项目，若合同未要求编制工程预算书，施工图设计文件应包括工程概算书。

2. 施工图预算的作用

在社会主义市场经济条件下，施工图预算的主要作用是：

（1）施工图预算是设计阶段控制工程造价的重要环节，是控制施工图设计不突破设计概算的重要措施。

（2）施工图预算是编制或调整固定资产投资计划的依据。由于施工图预算比设计概算更具体更切合实际，因此，可据以落实或调整年度投资计划。

（3）在委托承包时，施工图预算是签订工程承包合同的依据。建设单位和施工单位双方以施工图预算为基础，签订承包工程经济合同，明确甲、乙双方的经济责任。

（4）在委托承包时，施工图预算是办理财务拨款、工程贷款和工程结算的依据。建设银行在施工期间按施工图预算和工程进度办理工程款预支和结算。单项工程或建设项目竣工后，也以施工图预算为主要依据办理竣工结算。

（5）施工图预算是施工单位编制施工计划的依据。施工图预算工料统计表列出了单位工程的各类人工和材料的需要量，施工单位据以编制施工计划，控制工程成本，进行施工准备活动。

（6）施工图预算是加强施工企业实行经济核算的依据。施工图预算所确定的工程预算造价，是建筑安装企业产品的预算价格，建筑安装企业必须在施工图预算的范围内加强经济核算，降低成本，增加盈利。

（7）施工图预算是实行招标、投标的重要依据。施工图预算是建设单位在实行工程招标时确定最高投标限价或标底的依据，也是施工单位参加投标时报价的依据。

（二）施工图预算的编制依据

（1）施工图纸及说明书和标准图集。经批准审定的施工图纸、说明书和标准图集，完整地反映了工程的具体内容、各部的具体做法、结构尺寸、技术特征以及施工方法，是编制施工图预算的重要依据。

（2）预算定额及单位估价表。国家和地区都颁发有现行建筑、安装工程预算定额及单位估价表，并有相应的工程量计算规则，是编制施工图预算确定分项工程子目、计算工程量、选用单位估价表、计算直接工程费的主要依据。

（3）施工组织设计或施工方案。施工组织设计或施工方案中包括了与编制施工图预算必不可少的有关资料，如建设地点的土质、地质情况、土石方开挖的施工方法及余土外运方式与运距、施工机械使用情况、结构件预制加工方法及运距、重要的梁板柱的施工方案、重要或特殊机械设备的安装方案等。

（4）材料、人工、机械台班市场价格及工程造价指标和指数。材料、人工、机械台班预算价格是预算定额的三要素，是构成直接工程费的主要因素。尤其是材料费在工程成本中占的比重大，而且在市场经济条件下，材料、人工、机械台班的价格是随市场而变化的。为使预算造价尽可能接近实际，应掌握工程所在地的市场价格信息。

（5）建筑安装工程费用定额和工程量计算规则。

（6）预算工作手册及有关工具书。预算工作手册和工具书包括了计算各种结构件面积和体积的公式，钢材、木材等各种材料规格、型号及用量数据，各种单位换算比例，特殊断面、结构件的工程量的速算方法，金属材料重量表等。显然，以上这些公式、资料、数据是施工图预算中常常要用到的。所以它是编制施工图预算必不可少的依据。

（7）经批准的设计概算文件。它是控制工程拨款或贷款的最高限额，也是控制单位工程预算的主要依据。如果施工图预算确定的投资总额超过设计概算，则需补充调整设计概算、经批准后方可实施。

(三) 施工图预算的内容

施工图预算有单位工程预算、单项工程预算和建设项目总预算。单位工程预算是根据施工图设计文件、现行预算定额、费用标准以及人工、材料、设备、机械台班等预算价格资料，以一定方法，编制单位工程的施工图预算；然后汇总所有各单位工程施工图预算，成为单项工程施工图预算；再汇总所有各单项工程施工图预算，便是一个建设项目建筑安装工程的总预算。

单位工程预算包括建筑工程预算和设备安装工程预算。建筑工程预算按其工程性质分为一般土建工程预算、卫生工程预算（包括室内外给排水工程、供暖通风工程、煤气工程等）、电气照明工程预算、特殊构筑物如炉窑、烟囱、水塔等工程预算和工业管道工程预算等。设备安装工程预算可分为机械设备安装工程预算、电气设备安装工程预算和化工设备、热力设备安装工程预算等。

(四) 施工图预算编制模式

从现有意义上讲，只要是按照施工图纸以及计价所需的各种依据在工程实施前所计算的工程价格，均可称为施工图预算价格。它可以是按照主管部门统一规定的预算单价、取费标准、计价程序计算得到的计划中的价格，也可以是根据企业自身的实力和市场供求及竞争状况计算的反映市场的价格。实际上，这就体现了两种不同的计价模式。

按照预算造价的计算方式和管理方式的不同，施工图预算可以分为两种计价模式。

1. 传统计价模式

就是采用国家、部门或地区统一规定的定额和取费标准进行工程造价计价的模式，亦称为定额计价模式。它是我国长期使用的一种施工图预算编制方法。

按传统计价模式应由主管部门制定工程预算定额，规定间接费的内容和取费标准。建设单位和施工单位均先根据预算定额中规定的工程量计算规则和定额单价（包括消耗量标准和单位价格）计算直接工程费，再按照规定的费率和取费程序计取间接费、利润和税金，汇总得到工程造价。传统计价模式采用的计价方式是工料单价法。

2. 工程量清单计价模式

这种计价模式是按照工程量清单规范规定的全国统一工程量计算规则，由招标人提供工程量清单和有关技术说明，投标人根据企业自身的定额水平和市场价格进行计价。工程量清单计价的方式是采用综合单价法。

(五) 施工图预算的编制方法

施工图预算的编制可以采用工料单价法和综合单价法两种计价方法。

1. 工料单价法

工料单价法是指分部分项工程单价为直接工程费单价，此分部分项工程量乘以相对应的分部分项工程单价后的合计为单位工程直接工程费，直接工程费汇总后另加措施费、间接费、利润、税金生成工程承发包价。按照分部分项工程单价产生方法的不同，工料单价法又可分为预算单价法（下面简称单价法）和实物法。

(1) 单价法编制施工预算的方法与案例

1) 概述

单价法编制施工图预算,就是将各分项工程综合单价,乘以相应的各分项工程的工程量,并汇总相加,得到单位工程的人工费、材料费和机械使用费用之和;再加上措施费、企业管理费、利润、规费和税金,即可得到单位工程的施工图预算。

用单价法编制施工图预算的计算公式为:

单位工程施工图预算造价=Σ(分项工程量×分项工料单价)+措施费+企业管理费+利润+规费+税金 (1-83)

2) 单价法编制施工图预算的步骤

用单价法编制施工图预算的完整步骤如图 1-15 所示。

图 1-15 单价法编制施工图预算的步骤

具体步骤如下。

① 搜集各种编制依据资料。各种编制依据资料包括施工图纸、施工组织设计或施工方案、现行建筑安装工程预算定额、取费标准、统一的工程量计算规则、预算工作手册和工程所在地区的材料、人工、机械台班预算价格与调价规定等。

② 熟悉施工图纸和定额。只有对施工图和预算定额有全面详细的了解,才能全面准确地计算出工程量,进而合理地编制出施工图预算造价。

在准备资料的基础上,关键一环是熟悉施工图纸。施工图纸是了解设计意图和工程全貌,从而准确计算工程量的基础资料。只有对施工图纸有较全面详细的了解,才能结合预算划分项目,全面而正确地分析各分部分项工程,有步骤地计算其工程量。另外,还要充分了解施工组织设计和施工方案,以便编制预算时注意影响工作费用的因素,如土方工程中的余土外运或缺土的来源、深基础的施工方法、放坡的坡度、大宗材料的堆放地点、预制件的运输距离及吊装方法等。必要时还需深入现场实地观察,以补充有关资料。例如,了解土方工程的土的类别、现场有无施工障碍需要拆除清理、现场有无足够的材料堆放场、超重设备的运输路线和路基的状况等。

③ 计算工程量。计算工程量工作在整个预算编制过程中是最繁重、花费时间最长的一个环节,直接影响预算的及时性。同时,工程量是预算的主要数据,它的准确与否又直接影响预算的准确性。因此,必须保证工程量计算的完整性、准确性,才能保证预算的质量。

计算工程量一般按下列具体步骤进行:

a. 根据施工图示的工程内容和定额项目,列出计算工程量分部分项工程;

b. 根据一定的计算顺序和计算规则,列出工程量计算式;

c. 根据施工图纸上的设计尺寸及有关数据,代入计算式进行数值计算;

d. 对计算结果的计量单位进行调整,使之与定额中相应的分部分项工程的计量单位保持一致。

④ 套用预算定额单价(预算定额基价)。工程量计算完毕并核对无误后,将所得到的

各分部分项工程量与单位估价表中的对应分项工程的综合单价相乘,并把各相乘的结果相加,求得单位工程的人工费、材料费和机械使用费之和,即为单位工程直接工程费。

⑤ 编制工料分析表。根据各分部分项工程项目的实物工程量和相应预算定额中的项目所列的用工工日及材料数量,计算出各分部分项工程所需的人工及材料数量,进行汇总计算后,得出该单位工程所需的各类人工和各类材料的数量。

⑥ 计算其他各项费用、利税并汇总造价。根据建筑安装单位工程造价构成规定的费用项目、费率和相应的计费基础,分别计算措施费、企业管理费、利润和税金,并汇总造价,求得单位工程的预算造价。

税金按有关规定计算。

⑦ 汇总单位工程造价

把上述费用相加,并与前面套用综合单价算出的人工费、材料费和机械使用费进行汇总,从而求得单位工程的预算造价。

$$单位工程造价 = 直接工程费 + 措施费 + 企业管理费 + 利润 + 规费 + 税金 \quad (1-84)$$

⑧ 复核。单位工程预算编制后,有关人员对单位工程预算进行复核,以便及时发现差错,提高预算质量。复核时应对工程量计算公式和结果、套用定额基价、各项费用的取费费率及计算基础和计算结果、材料和人工预算价格及其价格调整等方面是否正确进行全面复核。

⑨ 编制说明、填写封面。编制说明是编制者向审核者交代编制方面有关情况,可以逐条分述,包括编制依据,工程性质、内容范围,设计图纸编号、所用预算定额编制年份(即价格水平年份),承包单位(企业)的等级和承包方式,有关部门现行的调价文件号,套用单价或补充单位估价表方面的情况及其他需要说明的问题。

封面填写应写明工程名称、工程编号、工程量(建筑面积)、预算总造价及单方造价、编制单位名称及负责人和编制日期,审查单位名称及负责人和审核日期等。

(2) 实物法编制施工图预算

1) 概述

定额实物法是首先根据施工图纸分别计算出各分项工程的实物工程量,然后套用相应预算人工、材料、机械台班的定额用量、消耗指标,求得人工、材料、机械台班等的总消耗量;再分别乘以工程所在地当时的人工、材料、机械台班的实际单价,求出单位工程的人工费、材料费和施工机械使用费,并汇总求和,进而求得直接工程费;最后根据当时当地建筑市场的供求情况,按规定计取措施费、企业管理费、利润、规费和税金,汇总就可得出单位工程施工图预算造价。

实物法编制施工图预算的主要公式为:

$$\begin{aligned}单位工程预算直接工程费 =& \left[\sum\left(分部分项工程量 \times \frac{人工预算}{定额用量} \times \frac{当时当地人工}{工资单价}\right)\right.\\&+ \sum\left(分部分项工程量 \times \frac{材料预算}{定额用量} \times \frac{当时当地材料}{预算价格}\right)\\&+ \left.\sum\left(分部分项工程量 \times \frac{施工机械台班}{预算定额用量} \times \frac{当时当地机械}{台班单价}\right)\right] \quad (1-85)\end{aligned}$$

$$单位工程预算造价 = 直接工程费 + 措施费 + 企业管理费 + 利润 + 规费 + 税金 \quad (1-86)$$

2) 实物法编制施工图预算的步骤

实物法编制施工图预算的步骤如图 1-16 所示。

图 1-16　实物法编制施工图预算步骤

从图 1-16 可以看出，实物法编制施工图预算的首尾步骤与单价法相似，但在具体内容上有一些区别。另外，实物法和单价法在编制步骤中最大的区别在于中间的步骤，也就是计算人工费、材料费和施工机械使用费及汇总三者费用之和的方法不同。

下面就实物法步骤加以说明。

① 搜集各种编制依据资料。

针对实物法的特点，在此阶段中需要全面地收集各种人工、材料、机械当时当地的实际价格，包括：不同品种、不同规格的材料预算价格，不同工种的人工资单价，不同种类、不同型号的机械台班单价等。要求获得的各种实际价格全面、系统、真实、可靠。

② 熟悉施工图纸和定额。可参考单价法相应的内容。

③ 计算工程量。本步骤的内容与单价法相同。

④ 套用相应预算人工、材料、机械台班定额用量。预算定额反映一定时期施工工艺水平的分项工程计价所需的人工、材料、施工机械的消耗量的标准。这个消耗量标准，在建材产品、标准、设计、施工技术及其相关规范和工艺水平等没有大的突破性变化之前，是定额的"量"，是相对稳定不变的，因此，它是合理确定和有效控制造价的依据。这个定额消耗量标准是由工程造价主管部门按照定额管理分工进行统一制定，并根据技术发展适时地补充修改。

⑤ 统计汇总单位工程所需的各类人工工日的消耗量、材料消耗量、机械台班消耗量。

根据预算人工定额所列的各类人工工日的数量，乘以各分项工程的工程量，算出各分项工程所需的各类人工工日的数量，然后统计汇总，获得单位工程所需的各类人工工日消耗量。同样，根据预算材料定额所列的各种材料数量，乘以各分项工程的工程量，并按类相加求出单位工程各材料的消耗量。根据预算机械台班定额所列的各种施工机械台班数量，乘以各分项工程的工程量，并按类相加，从而求出单位工程各施工机械台班的消耗量。

⑥ 根据当时、当地人工、材料和机械台班单价，汇总人工费、材料费和机械使用费。随着我国劳动工资制度、价格管理制度的改革，预算定额中的人工单价、材料价格等的变化，已经成为影响工程造价的最活跃的因素。因此，对人工单价、设备、材料的因素价格和施工机械台班单价，可由工程造价主管部门定期发布价格、造价信息，为基层提供服务。企业也可以根据自己的情况，自行确定人工单价、材料价格、施工机械台班单价。人工单价可按各专业、各地区企业一定时期实际发放的平均工资（奖金除外）水平合理确定，并按规定加入相应的工资性补贴。材料预算价格可分为原价（或供应价）和运杂费及采购保管费两部分，材料原价可按各地生产资料交易市场或销售部门一定时间的销售量和

销售价格综合确定。

用当时当地的各类实际工料机单价乘以相应的工料机消耗量,即得单位工程人工费、材料费和机械使用费。

⑦ 计算其他各项费用,汇总造价。这里的各项费用包括措施费、企业管理费、利润、规费和税金等。一般讲,措施费和税金相对比较稳定,而间接费、利润则要根据建筑市场供求状况予以确定。

⑧ 复核。要求认真检查人工、材料、机械台班的消耗量计算得是否合理准确等。有无漏算或多算、套取的定额是否准确,采用的价格是否合理。其他的内容,可参考单价法相应步骤的介绍。

⑨ 编制说明、填写封面。本步骤的内容与单价法相同,这里不再重复。

总之,采用实物法编制施工图预算,由于所用的人工、材料和机械台班的单价都是当时的当地实际价格,所以编制出的预算能比较准确地反映实际水平,误差较小,这种方法适合于市场经济条件下价格波动较大的情况。但是,采用实物法编制施工预算需要统计人工、材料、机械台班消耗量,还需要搜集相应的实际价格,因而工作量较大,计算过程繁琐。然而,随着建筑市场的开放和价格信息系统的建立,以及竞争机制作用的发挥和计算机的普及,实物法将是一种与统一"量"、指导"价"、竞争"费"的工程造价管理机制相适应的行之有效的预算编制方法。因此,实物法是与市场经济体制相适应的预算编制方法。

2. 综合单价法

综合单价是指分部分项工程单价综合了除直接工程费以外的多项费用内容。按照单价综合内容的不同,综合单价可分为全费用综合单价和部分费用综合单价。

(1) 全费用综合单价

全费用综合单价即单价中综合了人、料、机费用,措施费,企业管理费,利润,规费和税金等。以各分项工程量乘以综合单价的合价计总后,就生成工程承发包价。

(2) 部分费用综合单价

我国目前实行的工程量清单计价采用的综合单价是部分费用综合单价,分部分项工程、措施项目、其他项目单价中综合了人、料、机费用、企业管理费、利润、并考虑了一定范围内的风险费用,单价中未包括规费和税金,是不完全费用综合单价,以各分项工程量乘以部分费用综合单价的合价汇总,再加上措施项目费、其他项目费、规费和税金后,生成工程承发包价。

(六) 施工图预算的审查

审查依据主要有施工图设计资料、有关定额、施工组织设计、有关造价文件规定和技术规范、规程等。

1. 审查的主要内容

(1) 施工图预算的编制是否符合现行国家、行业、地方政府有关法律、法规和规定要求;

(2) 工程量计算的准确性、工程量计算规则与计价规范规则或定额规则的一致性;

(3) 计价依据使用是否恰当,各项费率计取是否正确;

(4) 各种要素市场价格选用是否合理;

(5) 施工图预算是否超过概算以及进行偏差分析。

2. 施工图预算的审查方法

审查施工图的审查方法很多,主要有下列审查方法。

(1) 全面审查法

该方法按全部施工图结合预算定额工程子目,逐一、全部审查的方法。优点是全面、审查质量好,缺点是工作量太大。

(2) 标准预算审查法

该方法以采用标准图纸或通用图纸的工程编制的预算作为标准,对施工图预算进行审查的方法。优点是审查时间短、效果好,缺点是适用范围小。

(3) 分组计算审查法

该方法将有一定内在联系的项目编为一组,审查其中某个分量,并利用不同量之间的相互关系判断同组其他分项工程量的准确性。优点是审查速度快、工作量小,缺点是审查精度较差。

(4) 对比审查法

该方法是指用类似工程的已完工程预算或已审查修正的预算,对比审查拟建工程预算的方法。优点是审查速度快,但需要有相应的资料。

(5) 筛选审查法

该方法实质上也是一种对比审查法,这种方法首先计算整理类似建筑物分部分项工程单位面积的工程量、造价、用工等基本数值,用来筛选拟建工程预算中相应的分部分项工程,对不在基本数值范围内的再详细审查。优点是易于掌握、速度快,但应用有局限性,一般适用于住宅建筑。

(6) 重点审查法

该方法是指对预算中对工程造价影响大、容易发生差错的部分重点进行审查的方法。优点是审查速度快,但要求审查人员有较丰富的经验。

(7) 分解对比法

该方法是指将单位工程的费用按其组成进行分解,将拟审定工程预算与已审定类似工程的标准预算进行对比分析,找出差异大的部分的方法。

例 1-24 (2022)以下关于施工图预算作用的说法正确的是( )。
A 是建设项目造价控制的最高限额
B 是设计阶段控制工程造价的重要环节
C 是控制施工图设计和施工图预算的依据
D 是签订建设工程合同和贷款的依据
解析: 施工图预算是设计阶段控制工程造价的重要环节,是控制施工图设计不突破设计概算的重要措施。
答案: B

例 1-25 (2022)用实物法进行施工图预算计价,计算工程量后应( )。
A 套用预算人工、材料、机械定额用量
B 统计汇总单位工程所需的各类消耗量

C 计算并汇总人工费、材料费、机械使用费
D 统计汇总单位工程所需的各类消耗量

解析：实物法编制施工图预算步骤：搜集资料、熟悉施工图纸和定额→计算工程量→套用相应预算人工、材料、机械台班定额用量→统计汇总各单位工程所需的各类人工、材料、机械台班消耗数量→根据当时当地人工、材料、机械台班的单价，汇总人工费、材料费和机械使用费→计算其他各项费用，汇总造价→复核→编制说明、填写封面。

答案：A

第六节　招标投标阶段的投资控制

一、建设项目的招标投标

根据《中华人民共和国招标投标法》（简称《招标投标法》），对于规定范围内和达到一定规模标准的工程建设项目包括项目的勘察、设计、施工、监理以及与工程建设有关的重要设备、材料等的采购，必须进行招标。

通过设计招标选择设计、管理水平高的设计单位，通过施工招标选择报价合理、技术管理水平高的承包单位，对于控制不同阶段的投资具有重要意义。

（一）招标范围及其有关规定

1. 招标范围

（1）全部或者部分使用国有资金投资或者国家融资的项目，包括：

1）使用预算资金200万元人民币以上，并且该资金占投资额10%以上的项目；

2）使用国有企业事业单位资金，并且该资金占控股或者主导地位的项目。

（2）使用国际组织或者外国政府贷款、援助资金的项目。包括：

1）使用世界银行、亚洲开发银行等国际组织贷款、援助资金的项目；

2）使用外国政府及其机构贷款、援助资金的项目。

（3）大型基础设施、公用事业等关系社会公共利益、公众安全的项目。

必须招标的具体范围由有关部门制订，报国务院批准。

2. 必须招标的规模标准

上述招标范围内的工程建设项目，包括项目的勘察、设计、施工、监理以及与工程建设有关的重要设备、材料等的采购，达到下列标准之一的，必须进行招标：

（1）施工单项合同估算价在400万元人民币以上；

（2）重要设备、材料等货物的采购，单项合同估算价在200万元人民币以上；

（3）勘察、设计、监理等服务的采购，单项合同估算价在100万元人民币以上。

《招标投标法》规定的招标方式有公开招标和邀请招标，目前多数工程项目采用公开招标的方式，经批准采用邀请招标方式的，被邀请的有资格的投标人不得少于3个。

（二）工程建设项目的施工招标工作内容和程序

招标人招标的主要工作内容和程序如下。

1. 招标准备阶段

主要工作包括报批工程建设项目招标申请书、组建招标组织、制定招标方案、发布招标公告（或投标邀请）、编写招标文件和确定招标控制价（或编制标底）。

2. 招标阶段

主要工作包括发售资格预审文件并进行资格预审、发售招标文件、组织现场踏勘和标前会议、接收投标人的投标文件。

3. 决标成交阶段

主要工作内容包括开标、评标、决标和签订施工合同。

目前我国招标投标阶段的施工招标主要采用工程量清单计价方式，国有资金投资的工程建设项目应实行工程量清单招标，并应编制最高投标限价（招标控制价）。

招标人在招标文件设有的最高投标限价，是对投标人报价的限制，投标人高于最高投标限价的投标为废标，从而对建设工程造价起到了控制作用。最高投标限价的作用主要如下。

（1）招标人可以有效控制项目投资，降低投资风险。

（2）提高招标过程的透明度，有利于正常评标顺利进行。

（3）便于引导投标方投标报价，避免哄抬标价、无序竞争。

（4）最高投标限价反映的是社会平均水平，招标人可据此判断投标报价是否低于成本。

（5）作为评标的重要依据，有利于客观、合理地评审投标报价，避免投标报价出现较大偏离。

（6）投标人根据自身实力等报价，不必揣测招标人的标底，提高了市场交易效率。

（7）减少了投标人的交易成本，使投标人不必花费人力、财力去套取招标人的标底。

（8）可为工程变更新增项目确定单价提供计算依据。

（9）招标人把工程投资控制在最高投标限价范围内，提高了交易成功的可能性。

《中华人民共和国招标投标法实施条例》规定的最高投标限价与《建设工程工程量清单计价规范》GB 50500—2013 中的招标控制价内涵相同，本书按前者统一表述为最高投标限价。

二、工程量清单计价

【相关真题：2022-074，2022-075，2021-070，2021-071，2021-073，2019-075，2019-076】

为适应我国建设投资体制和管理体制改革的需要，规范建设工程施工发承包行为，统一建设工程工程量清单的编制和计价方法，我国自 2003 年 7 月 1 日开始实施国家标准《建设工程工程量清单计价规范》GB 50500—2003，后又经两次修订，现行国家标准为《建设工程工程量清单计价规范》GB 50500—2013（以下简称《计价规范》）。工程量清单计价是国际上普遍采用的、科学的工程造价计价模式，现在已经成为我国在施工阶段公开招标投标活动中主要采用的计价模式。《计价规范》规定全部使用国有资金投资或以国有资金投资为主的建设工程施工发承包，必须采用工程量清单计价。非国有资金投资的建设工程，宜采用工程量清单计价。

（一）概述

1. 工程量清单计价的基本概念

（1）工程量清单是建设工程的分部分项工程项目、措施项目、其他项目、规费项目和税金项目的名称和相应数量的明细清单。

工程量清单可分为招标工程量清单和已标价工程量清单。

招标工程量清单是招标人依据国家标准、招标文件、设计文件以及施工现场实际情况编制的，随招标文件发布、供投标报价的工程量清单，包括说明和表格。

招标工程量清单是工程量清单计价的基础，是编制最高投标限价、投标报价、计算或调整工程量、索赔等的依据之一。

已标价工程量清单是构成合同文件组成部分的投标文件中已标明价格，经算术性错误修正（如有）且承包人已确认的工程量清单，包括说明和表格。

（2）招标工程量清单必须作为招标文件的组成部分，其准确性和完整性应由招标人负责。

采用工程量清单方式招标发包，招标人必须将工程量清单作为招标文件的组成部分，连同招标文件一并发（或卖）给投标人。招标工程量清单反映了拟建工程应完成的全部工程内容和相应工作，招标人对编制的招标工程量清单的准确性和完整性负责，投标人依据招标工程量清单进行投标报价。

（3）工程量清单计价是建设工程招标投标活动中，招标人按照国家统一的工程量计算规则提供工程量清单，由投标人依据招标工程量清单并结合建筑企业自身情况进行自主报价的工程造价计价方式。

为了统一工程量计算规则和工程量清单编制方法，与《计价规范》相配套，国家有关部门制定了《房屋建筑与装饰工程工程量计算规范》GB 50854—2013 等九本相关专业的工程量计算规范（简称《计量规范》）。

2. 工程量清单的作用

工程量清单计价适用于建设工程发承包及实施阶段的计价活动，是目前我国施工阶段公开招标投标主要采用的计价方式。

建设工程发承包及实施阶段的计价活动包括编制招最高投标限价、投标报价、合同价款约定、工程计量、合同价款调整、合同价款期中支付、竣工结算与支付、合同的价款与支付、合同价款争议的解决、工程造价鉴定等。

工程量清单的主要作用如下。

（1）工程量清单为投标人的投标竞争提供了公开、公正和公平的共同基础，招标工程量清单提供了要求投标人完成的拟建工程的基本内容、实体数量和质量要求等基础信息，为投标人提供了统一的工程内容、工程量，在招标投标中，投标人的竞争有了一个共同基础。

（2）工程量清单是建设工程计价的依据。

招标投标过程中，招标人根据工程量清单编制招标工程的最高投标限价；投标人根据工程量清单的内容，依据企业定额计算投标报价，自主填报工程量清单所列项目的单价、合价。

（3）工程量清单是工程付款和结算的依据。发包人以承包人在施工阶段是否完成工程量清单规定的内容和投标所报的综合单价,作为支付工程进度款和工程结算的依据。

(4) 工程量清单是调整工程价款、处理索赔等的依据。当发生工程变更、索赔、工程量偏差等情况时,可参照已标价工程量清单中的合同单价确定相应项目的单价及相关费用。

(二) 工程量清单的编制

招标工程量清单应由具有编制能力的招标人或受其委托、具有相应资质的工程造价咨询人编制。招标工程量清单必须作为招标文件的组成部分,其准确性和完整性应由招标人负责。

编制招标工程量清单的依据如下。

(1)《计价规范》和相关工程的国家计量规范;

(2) 国家或省级、行业建设主管部门颁发的计价定额和办法;

(3) 建设工程设计文件及相关资料;

设计人员应避免和减少设计图纸中的错误,有助于提高工程量清单编制的准确性。

(4) 与建设工程有关的标准、规范、技术资料;

(5) 拟定的招标文件;

(6) 施工现场情况、地勘水文资料、工程特点及常规施工方案;

(7) 其他相关资料。

工程量清单包括分部分项工程量清单、措施项目清单、其他项目清单、规费项目清单和税金项目清单。

1. 分部分项工程量清单的编制

(1) 分部分项工程量清单为不可调整闭口清单。投标人必须按照招标工程量清单填报价格。项目编码、项目名称、项目特征、计量单位、工程量必须与招标工程量清单一致。投标人不得更改分部分项工程量清单所列内容,如果投标人认为清单内容不妥或有遗漏,只能通过质疑方式由招标人统一修改更正。

(2) 分部分项工程量清单必须按照《计价规范》和《计量规范》规定的项目编码、项目名称、项目特征、计量单位和工程量计算规则进行编制。

1) 项目编码。分部分项工程量清单项目编码以五级编码设置,用12位阿拉伯数字表示,前9位应按《计价规范》统一编码,后3位由编制人根据设置的清单项目编制。

2) 项目名称。应按《计量规范》附录的项目名称结合拟建工程的实际确定。

3) 项目特征。是指构成分部分项工程项目自身价值的本质特征,包括其自身特征、工艺特征等。应按《计量规范》附录规定的项目特征,结合拟建工程项目的实际情况予以描述。

4) 计量单位。应采用基本单位,按照《计量规范》中各项目规定的单位确定。

5) 工程数量。除另有说明外,清单项目的工程量以实体工程量为准,并以完成后的净值计算。投标人报价时,应在单价中考虑施工中的损耗和增加的工程量。工程量应按《计量规范》中规定的工程量计算规则计算。

2. 措施项目清单的编制

措施项目是指为完成工程项目施工,发生于该工程施工准备和施工过程中的技术、生活、安全、环境保护等方面的项目。

措施项目不构成拟建工程实体，属于非实体项目。

措施项目清单必须根据相关工程现行国家计量规范的规定编制。措施项目清单应根据拟建工程的实际情况列项，在编制措施项目清单时，因工程情况不同，出现计量规范附录中未列的措施项目，可根据工程的具体情况对措施项目作补充。

房屋建筑与装饰工程的措施项目应根据《计量规范》的规定编制。根据《计量规范》房屋建筑与装饰工程的措施项目包括以下几项：

(1) 脚手架工程；

(2) 混凝土模板及支架；

(3) 垂直运输；

(4) 超高施工增加；

(5) 大型机械设备进出场及安拆；

(6) 安全文明施工（包括环境保护、文明施工、安全施工和临时设施项目）；

(7) 其他措施项目（包括夜间施工，非夜间施工照明，二次搬运，冬雨季施工，地上、地下设施和建筑物的临时保护设施，已完工程及设备保护）。

措施项目清单应根据拟建工程的实际情况列项，因工程情况不同，规范中未列出的措施项目，可根据工程的具体情况对措施项目清单作补充。

措施项目分为两类：一类是不能计算工程量的项目，如文明施工、安全施工、临时设施等，以"项"计价，称为"总价项目"；另一类是可以计算工程量的项目，如脚手架、降水工程等，以"量"计价，称为"单价项目"。

3. 其他项目清单的编制

其他项目清单是指分部分项工程量清单、措施项目清单所包含的内容以外，因招标人的特殊要求而发生的与拟建工程有关的其他费用项目和相应数量的清单。其他项目清单应根据拟建工程的具体情况列项。《计价规范》列举了四项内容，拟建工程出现规范未列的项目，应根据工程实际情况补充。

(1) 暂列金额。是指招标人在工程量清单中暂定并包括在合同价款中的一笔款项。用于工程合同签订时尚未确定或者不可预见的所需材料、工程设备、服务的采购，施工中可能发生的工程变更、合同约定调整因素出现时的合同价款调整以及发生的索赔、现场签证确认等的费用。暂列金额应根据工程特点按有关计价规定估算。

(2) 暂估价。是指招标人在工程量清单中提供的用于支付必然发生但暂时不能确定价格的材料、工程设备的单价以及专业工程的金额。暂估价中的材料、工程设备暂估单价应根据工程造价信息或参照市场价格估算，列出明细表；专业工程暂估价应分不同专业，按有关计价规定估算，列出明细表。

(3) 计日工。是指在施工过程中，承包人完成发包人提出的工程合同范围以外的零星项目或工作，按合同中约定的单价计价的一种方式。计日工应列出项目名称、计量单位和暂估数量。

(4) 总承包服务费。是指总承包人为配合协调发包人进行的专业工程发包，对发包人自行采购的材料、工程设备等进行保管以及施工现场管理、竣工资料汇总整理等服务所需的费用。总承包服务费应列出服务项目及其内容等。

编制竣工结算时，索赔与现场签证总的调整在暂列金额中处理，暂列金额的余额归招标人。

4. 规费项目清单的编制

规费是指根据国家法律、法规的规定,由省级政府或省级有关权力部门规定施工企业必须缴纳的,应计入建筑安装工程造价的费用。

规费项目清单应按照下列内容列项。

(1) 社会保险费(包括养老保险费、失业保险费、医疗保险费、工伤保险费、生育保险费)。

(2) 住房公积金。

出现上述未列的项目,应根据省级政府或省级有关部门的规定列项。

5. 税金项目清单

税金是指国家税法规定的应计入建筑安装工程造价内的增值税销项税额。出现上述未列项目,应根据税务部门的规定列项。

(三) 工程量清单计价

工程量清单计价可以分为招标工程量清单编制和工程量清单应用两个阶段。招标工程量清单编制阶段,由具有编制能力的招标人或受其委托、具有相应资质的工程造价咨询人编制。

工程量清单应用阶段,包括投标人按照招标文件要求和招标工程量清单填报价格,编制投标报价、合同履行过程中的工程计量和工程价款支付、合同价款调整、索赔和现场签证、竣工结算等计价活动。

采用工程量清单计价,建设工程造价由分部分项工程费、措施项目费、其他项目费、规费和税金组成。

本书主要介绍最高投标限价和投标报价的编制。

1. 最高投标限价的编制

最高投标限价是指招标人根据国家或省级、行业建设主管部门颁发的有关计价依据和办法,以及拟定的招标文件和招标工程量清单,结合工程具体情况编制的对招标工程限定的最高价格。

最高投标限价是在招标文件中公开的、招标人可接受的最高投标价格。

国有资金投资的建设工程招标,招标人必须编制最高投标限价。最高投标限价应由具有编制能力的招标人或受其委托具有相应资质的工程造价咨询人编制和复核。

最高投标限价应根据下列依据编制和复核。

(1)《计价规范》和《计量规范》。

(2) 国家或省级、行业建设主管部门颁发的计价定额和计价办法、相关配套计价文件。

(3) 建设工程设计文件及其相关资料。

(4) 拟定的招标文件及招标工程量清单。

(5) 与建设项目相关的标准、规范、技术资料。

(6) 施工现场情况、工程特点及常规施工方案。

(7) 工程造价管理机构发布的工程造价信息,当工程造价信息没有发布时,参照市场价。

(8) 其他的相关资料。

最高投标限价应按照上述依据编制，不应上调和下浮。当最高投标限价超过批准的概算时，招标人应将其报原概算审批部门审核。招标人应在发布招标文件时公布最高投标限价，同时应将最高投标限价及有关资料报送工程所在地或有该工程管辖权的行业管理部门工程造价管理机构备查。

组成最高投标限价的各项费用汇总参见投标报价汇总表 1-13，所不同的是施工单位报价中自主报价的分部分项工程和措施项目费用，计算最高投标限价时按计价规定计算，其他项目费用按计价规定估算。

单位工程投标报价汇总表　　　　　　　　　　　　　　　　　表 1-13

工程名称：　　　　　　　　　　　　　　　　　　　标段：

序号	汇总内容	金额	其中：暂估价	计算方法
1	分部分项工程			自主报价
1.1				
1.2				
1.3				
2	措施项目		—	自主报价
2.1	其中：安全文明施工费		—	按规定标准计算
3	其他项目			
3.1	其中：暂列金额		—	按招标文件提供金额计列
3.2	其中：专业工程暂估价		—	按招标文件提供金额计列
3.3	其中：计日工		—	自主报价
3.4	其中：总承包服务费		—	自主报价
4	规费		—	按规定标准计算
5	税金		—	税前工程造价×税率
投标报价合计＝1＋2＋3＋4＋5				

例 1-26　（2021）招标控制价应（　　）。
A　在资格预审后公布　　　　B　在发布招标文件时公布
C　在评标过程中公布　　　　D　在投标截止前公布
解析： 根据《建设工程工程量清单计价规范》GB 50500—2013 第 5.1.6 条，招标人应在发布招标文件时公布招标控制价。
答案： B

国有资金投资的建筑工程招标的，应当设有最高投标限价；非国有资金投资的建筑工程招标的，可以设有最高投标限价或者招标标底。

招标标底简称标底，标底是招标人依据工程计价有关规定和市场价格信息等编制的拟发包工程的预期价格。招标人可以自行决定是否编制标底，一个招标项目只能有一个标底，招标项目设有标底的，开标前标底必须保密，招标人应当在开标时公布标底。标底只能作为评标的参考，不得以投标报价是否接近标底作为中标条件，也不得以投标报价超过标底上下浮动范围作为否决投标的条件。

招标人设有最高投标限价的，应当在招标文件中明确最高投标限价或者最高投标限价的计算方法。最高投标限价应当依据工程量清单、工程计价有关规定和市场价格信息等编制。招标人设有最高投标限价的，应当在招标时公布最高投标限价的总价。

最高投标限价和标底的共同点是：两者均必须依据招标文件确定的内容和范围，以及与投标报价相同的工程量清单进行编制；两者都有难以避免和不同程度的风险，编制工作的失误都将影响评标和中标结果，特别是最高投标限价编制失误可能会导致招标失败或者损失。

最高投标限价和标底的主要区别如下。

（1）最高投标限价必须在招标文件中公布；标底在开标前必须保密，在开标时公布。

（2）最高投标限价是招标人可以承受的最高价格，对投标报价的有效性具有强制约束力，投标报价不得超过最高投标限价，否则为废标；标底是招标人可以接受的预期市场价格，对投标报价没有强制约束力，只能作为评标的参考，投标报价可在招标文件规定范围内高于或低于标底价。

2. 投标报价的编制

投标报价应由投标人或受其委托具有相应资质的工程造价咨询人编制。投标报价由投标人自主确定，但不得低于工程成本。投标人必须按招标工程量清单填报价格。项目编码、项目名称、项目特征、计量单位、工程量必须与招标工程量清单一致。投标人的投标报价高于最高投标限价的应予废标。

投标报价应根据下列依据编制和复核：①《计价规范》；②国家或省级、行业建设主管部门颁发的计价办法；③企业定额，国家或省级、行业建设主管部门颁发的计价定额和计价办法；④招标文件、招标工程量清单及其补充通知、答疑纪要；⑤建设工程设计文件及相关资料；⑥施工现场情况、工程特点及投标时拟定的施工组织设计或施工方案；⑦与建设项目相关的标准、规范等技术资料；⑧市场价格信息或工程造价管理机构发布的工程造价信息；⑨其他的相关资料。

（1）分部分项工程费

《计价规范》规定，工程量清单应采用综合单价计价。分部分项工程中的单价项目，应根据招标文件和招标工程量清单项目中的特征描述确定综合单价计算。

综合单价是指完成一个规定清单项目所需的人工费、材料和工程设备费、施工机具使用费和企业管理费、利润以及一定范围内的风险费用。其中一定范围内的风险费用是指招标文件中划分的应由投标人承担的风险范围及其费用。这种综合单价不属于全费用综合单价，属于不包括规费和税金等不可竞争性费用的不完全综合单价。

在合同履行过程中，当出现的风险内容和范围在合同规定的范围之内时，综合单价不得变更。分部分项工程费按公式（1-1）计算。

（2）措施项目费

措施项目中的单价项目，应根据招标文件和招标工程量清单项目中的特征描述确定综合单价计算。措施项目中的总体项目金额，应根据招标文件及投标时拟定的施工组织设计或施工方案，自主确定。

措施项目中的安全文明施工费必须按国家或省级、行业建设主管部门的规定计算,不得作为竞争性费用。安全文明施工费包括文明施工费、环境保护费、临时设施费、安全施工费。

> **例1-27** (2021) 根据《建设工程工程量清单计价规范》,土建分部分项工程的综合单价除了包含人工费、材料和施工机具使用费以外,还应包括( )。
> A 企业管理费、利润、风险费用   B 规费、风险费用、税金
> C 规费、税金、利润   D 企业管理费、规费、税金
> **解析:** 根据《建设工程工程量清单计价规范》GB 50500—2013 第2.0.8条,综合单价是指完成一个规定清单项目所需的人工费、材料和工程设备费、施工机具使用费和企业管理费、利润以及一定范围内的风险费用。分部分项工程综合单价中不包括规费和税金。
> **答案:** A

(3) 其他项目费

其他项目应按下列规定报价:

1) 暂列金额应按招标工程量清单中列出的金额填写;
2) 材料、工程设备暂估价应按招标工程量清单中列出的单价计入综合单价;
3) 专业工程暂估价应按招标工程量清单中列出的金额填写;
4) 计日工应按招标工程量清单中列出的项目和数量,自主确定综合单价并计算计日工金额;
5) 总承包服务费应根据招标工程量清单中列出的内容和提出的要求自主确定。

其他项目费为暂列金额、专业工程暂估价、计日工费、总承包服务费之和。

(4) 规费

规费中社会保险费和住房公积金以定额人工费为计算基础,根据工程所在地省、自治区、直辖市或行业建设行政主管部门规定费率计算。

(5) 税金

税金按规定计算。

规费和税金必须按国家或省级、行业建设主管部门的规定计算,不得作为竞争性费用。

> **例1-28** 采用工程量清单计价,可作为竞争性费用的是( )。
> A 分部分项工程费   B 税金
> C 规费   D 安全文明施工费
> **解析:** 根据《建设工程工程量清单计价规范》GB 50500—2013 第3.1.5条,措施项目中的安全文明施工费必须按国家或省级、行业建设主管部门的规定计算,不得作为竞争性费用。第3.1.6条,规费和税金必须按国家或省级、行业建设主管部门的规定计算,不得作为竞争性费用。
> **答案:** A

（6）工程项目的投标报价

$$单位工程报价＝分部分项工程费＋措施项目费＋其他项目费＋规费＋税金 \quad (1-87)$$
$$单项工程报价＝\Sigma 单位工程报价 \quad (1-88)$$
$$工程项目总报价＝\Sigma 单项工程报价 \quad (1-89)$$

招标工程量清单与计价表中列明的所有需要填写单价和合价的项目，投标人均应填写且只允许有一个报价。未填写单价和合价的项目，可视为此项费用已包含在已标价工程量清单中其他项目的单价和合价之中。当竣工结算时，此项目不得重新组价予以调整。

（四）工程计价表格

工程计价表宜采用统一格式。工程计价表格的设置应满足工程计价的需要，方便使用。《计价规范》附录中给出了工程量清单编制、最高投标限价、投标报价、竣工结算、工程造价鉴定所采用的表格。投标人投标报价的汇总表和计价程序见表1-13。

第七节 施工阶段的投资控制

施工阶段是建设工程投入资金量最大的阶段，这一阶段参与单位多，施工条件、环境复杂，影响投资控制的因素多，如不加以控制，将影响建设项目投资目标的实现。施工阶段需要各个参与单位共同协作、加强管理，以保证建设项目投资目标的顺利实现。施工阶段，建设单位、监理单位应通过编制资金使用计划、及时进行工程计量和结算、处理好工程变更与索赔，有效控制工程造价；施工单位应通过编制施工预算、成本计划、监控管理等工作，有效控制工程建设施工成本。

一、资金使用计划的编制

（一）资金使用计划的作用

资金使用计划的编制和执行，有利于加强资金使用的计划性、规范性、准确性和高效性，资金使用计划是施工阶段投资控制的标准、考核的依据，可以明确、合理地确定投资控制目标值，是确保施工阶段有效控制投资的基础。施工阶段资金使用计划的主要作用有以下几个方面。

（1）合理确定施工阶段工程造价总目标值和各阶段目标值，使工程造价的控制有所依据，并为项目资金的筹集、协调打下基础。

（2）科学编制资金使用计划，可以对未来工程项目的资金使用和进度控制有所预测，减少资金浪费、充分利用现有资金。

（3）可以有效地控制工程造价，节约投资，提高投资效益。

（二）资金使用计划的编制依据

资金使用计划的编制依据主要有：

（1）工程建设有关的法律、法规、规定、文件等；

（2）工程施工承包合同、银行贷款合同等；

（3）施工组设计，包括施工方案、施工进度计划和资源配置计划；

（4）经批准的施工概算、施工图预算等技术经济文件；

（5）其他资料。

(三) 资金使用计划的编制方法

常见的资金使用计划有按投资构成分解、按项目分解和按工程进度分解三种编制方法。

1. 按投资构成分解编制资金使用计划

按投资构成将投资分为建筑工程费、安装工程费、设备及工器具购置费和工程建设其他费、预备费和建设期贷款利息，以及对各项投资再进一步分解，编制相应的资金使用计划。

2. 按建设项目组成分解编制资金使用计划

建设项目按其组成可分为单项工程、单位工程和分部分项工程，这种方法把建设投资的建筑工程费、安装工程费、设备及工器具购置费、工程建设其他费、预备费、建设期利息分解到各相应的分项，编制相应的资金使用计划。

3. 按工程进度编制资金使用计划

施工阶段的建设投资是随着工程进展而陆续投入的，资金使用是否合理与工程进度有密切关系，按工程进度编制资金使用计划，可以据此合理筹集资金、减少利息支出和不合理的资金占用。

根据管理需要，实践中往往需要几种编制方法结合使用。

二、施工预算

施工预算是在建筑工程施工前，施工企业根据企业内部施工定额编制的完成建筑安装单位工程所需人工、材料、施工机械台班数量和费用标准的技术经济文件。

(一) 施工预算的作用

(1) 可准确计算各工种劳动力需要量，为施工企业有计划进行劳动调配提供依据；

(2) 可准确计算材料、施工机械需要量，便于施工企业进行物资技术供应；

(3) 计算所得的分层、分段、分部、分项工程量，分工种用工数，材料用量是编制施工作业计划的依据；

(4) 是编制施工任务书、向班组下达施工任务并指导施工、衡量工人劳动成果的依据；

(5) 便于控制施工成本并进行企业内部经济核算，通过施工预算与施工图预算对比、分析，可有针对性地控制人力、物力消耗。

(二) 施工预算的编制依据

(1) 图纸会审后的施工图纸、设计说明书和有关标准图；

(2) 施工组织设计或施工方案；

(3) 现行的施工定额（包括劳动定额、材料消耗定额、机械台班使用定额）、人工工资标准、材料价格和机械台班费用、工程造价指数及有关文件；

(4) 施工图预算书；

(5) 工程现场勘查、测量资料；

(6) 建筑材料、预算手册等资料。

(三) 施工预算的编制方法和步骤

施工预算的编制方法有实物法和实物金额法两种。按下列步骤编制施工预算：

(1) 熟悉图纸、施工组织设计、现场资料、施工预算和有关规定；

(2) 列出工程项目；
(3) 计算工程量；
(4) 套用施工定额，进行人工、材料、机械台班消耗量分析；
(5) 单位工程人工、材料和机械台班消耗量汇总；
(6) "两算"（施工图预算与施工预算）对比分析；
(7) 编写编制说明。

（四）施工预算的编制内容

施工预算的内容主要包括工程量、人工、材料和机械台班四项，一般以单位工程为对象。施工预算通常由编制说明和计算表格两部分组成。

编制说明一般是以简练文字说明工程概况、编制依据、会审记录或设计图纸修改内容、工程范围、遗留项目或暂估的项目、存在的问题及处理办法等。

为了便于应用和减少重复计算，编制施工预算常用表格表达，主要计算表格有如下几种。

(1) 工程量计算汇总表。
(2) 工料分析表

施工预算一般要按工程量汇总表的划分，按分层、分段、分部位进行工料分析计算。

(3) 人工汇总表。
(4) 材料消耗量汇总表

包括各种构件、门窗加工表、各种材料需用表等。

(5) 机械台班使用量汇总表。
(6) 施工预算汇总表

计算人工、材料、机械台班费用并汇总。

(7) "两算"对比表。

"两算"对比是指将施工预算与施工图预算的对比，以施工预算所包括的项目为准。有实物量对比法和实物金额对比法两种方法。

实物量对比法将"两算"中分项工程所需人工、材料和机械台班消耗量进行对比；实物金额法是将人工、材料、机械台班消耗量乘以各自的单价并汇总成人工费、材料费和机械使用费，然后进行比较。

一般人工、材料可以用消耗量进行对比，施工机具、措施项目中的脚手架、模板等要用费用进行对比分析。

三、工程变更

工程变更是指在合同实施过程中，由发包人或承包人提出，经发包人批准的对合同工程的工作内容、工程数量、质量要求、施工顺序与时间、施工条件、施工工艺或其他特征及合同条件等的改变。

工程变更一般都会对工程进度和工程造价产生影响。

（一）变更的范围和内容

《标准施工招标文件》（2007版）和《建设工程施工合同（示范文本）》GF-2017-0201中均有关于工程变更范围的条款，内容基本一致，根据《建设工程施工合同（示范文本）》

中的工程变更条款，工程变更包括下列情形：

(1) 增加或减少合同中任何工作，或追加额外的工作；
(2) 取消合同中任何工作，但转由他人实施的工作除外；
(3) 改变合同中任何工作的质量标准或其他特性；
(4) 改变工程的基线、标高、位置和尺寸；
(5) 改变工程的时间安排或实施顺序。

(二) 控制工程变更的原则

工程索赔常常由工程变更引起，应加强对工程变更的管理，尽量避免工程变更对质量、工期和投资产生不利影响。控制工程变更的原则如下。

(1) 任何变更都应得到建设单位、监理单位、承建单位三方书面确认，工程变更由监理工程师发出；
(2) 工程变更须符合实际需要、工程标准及规范；
(3) 建立严格的工程变更审批制度，加强对变更风险、变更效果的评估，将投资控制在合理范围之内；
(4) 对变更申请及时响应，避免因拖延对项目进度等造成不利影响；
(5) 经审批的设计文件不能任意变更，若需要变更要根据变更分级按照规定逐级上报经过审批后才能进行变更，设计修改与变更应经设计单位确认，并进行工程量及造价增减分析，如突破总概算必须经有关部门审批。

(三) 工程变更的定价原则

因工程变更引起已标价工程量清单项目或其工程数量发生变化时，应按下列规定调整。

(1) 已标价工程量清单中有适用于变更工程项目的，应采用该项目的单价。但当工程变更导致该清单项目的工程数量发生变化，且工程量偏差超过 15%时可进行调整。当工程量增加 15%以上时，增加部分的工程量的综合单价应予调低；当工程减少 15%以上时，减少后剩余部分的工程量的综合单价应予调高。
(2) 已标价工程量清单中没有适用、但有类似于变更工程项目的，可在合理范围内参照类似项目的单价。
(3) 已标价工程量清单中没有适用，也没有类似于变更工程项目的，应由承包人根据变更工程资料、计量规则和计价办法、工程造价管理机构发布的信息价格和承包人报价浮动率，提出变更工程项目的单价，报发包人确认后调整。
(4) 已标价工程量清单中没有适用，也没有类似于变更工程项目，且工程造价管理机构发布的信息价格缺价的，由承包人根据变更工程资料、计量规则、计价办法和通过市场调查等取得的有合法依据的市场价格提出变更工程项目的单价，报发包人确认后调整。

工程变更引起施工方案改变导致措施项目发生变化时，承包人提出调整措施项目费的，应事先将拟实施的方案提交发包人确认，并详细说明与原方案措施项目相比的变化情况。拟实施的方案经发承包双方确认后执行并按《计价规范》调整措施项目费。

四、施工阶段投资控制的工作内容

施工阶段进行投资控制应做好以下工作。

（1）加强对各项费用支出的审核工作。
（2）做好工程预付款的工作。
（3）做好施工过程中的工程计量和工程结算工作。

工程结算是指发承包双方根据国家有关法律、法规和合同约定，对合同工程实施中、终止时、已完工后的工程项目进行的合同价款计算、调整和确认。

工程结算包括施工过程中的中间结算和竣工验收阶段的竣工结算。

工程结算根据合同规定的调价范围、调价方法，按实际完成的合同范围内的合格工程量确定结算价格，工程结算反映了工程项目的实际价格。

（4）做好工程价款调整的控制工作。

加强对工程变更、索赔的控制工作，尽量避免工程价款的增加。

五、工程索赔

【相关真题：2022-029】

建设工程索赔是指在工程合同履行过程中，合同当事人一方因非己方的原因而遭受损失，按合同约定或法律法规规定应由对方承担责任，从而向对方提出补偿的要求。

索赔是合同双方依据合同约定维护自身合法权益的行为，其性质属于经济补偿行为，而不是惩罚。建设工程施工中的索赔是发承包双方行使正当权利的行为，承包人可向发包人索赔，发包人也可向承包人索赔。在工程实践中，多数发生的是承包人向发包人索赔。

施工阶段由于施工现场条件、气候的变化，施工图纸的变更、合同条款、标准文件变化等多种复杂因素的影响，索赔在工程承包过程中经常发生，索赔事件的出现会影响工程项目的投资，因此对索赔的控制是施工阶段投资控制的重要工作。

（一）索赔产生的原因

工程索赔是由于施工过程中发生了难以控制的干扰事件，从而影响了合同的正常履行，造成工期延长、费用增加而引起索赔。

（1）业主方违约。比如未按合同规定及时交付施工场地、提供现场水电；未按合同规定及时提供设计资料、图纸；未及时提供应由建设单位提供的材料和设备；未按合同规定按时支付工程款等。

（2）合同缺陷。如合同文件规定表达不清、合同条款遗漏或错误、设计图纸错误等。

（3）工程变更。如建设单位指令增减工程量、提高设计标准、质量标准；建设单位要求施工承包单位加快施工进度；建设单位要求完成合同规定以外的工作等。

（4）工程环境的变化。如材料价格和人工工日单价的大幅上涨、外汇汇率变化等。

（5）不可抗力或不利的物质条件。如施工过程中发生不能克服的自然灾害，包括地震、海啸、瘟疫、水灾等；国家政策、法律、法令的变更等。不利物质条件是指有经验的承包人在施工现场遇到的不可预见的自然物质条件、非自然的物质障碍和污染物，包括地表以下物质条件和水文条件等。

（二）工程索赔分类

工程索赔按不同的划分标准可分为不同类型。

（1）按索赔的目的分类，工程索赔分为工期索赔和费用索赔。

1）工期索赔。由于非承包人的原因导致施工进度拖延，要求批准延长合同工期的索赔，称为工期索赔。

2）费用索赔。费用索赔是指承包人要求发包人补偿其经济损失。

（2）按索赔事件的性质分类。工程索赔可分为工程延期索赔、工程变更索赔、合同被迫终止索赔、工程加速索赔、意外风险和不可预见因素索赔和其他索赔。

（3）按索赔的合同依据分类。工程索赔可分为合同中明示的索赔和合同中默示的索赔。合同中明示的索赔在合同文件中有文字规定的合同条款，称为明示条款；合同中默示的索赔在合同条款中没有明示的条款，但可根据该合同中某些条款的含义，推断出承包人有索赔权。

（三）索赔成立的前提条件

索赔的成立，应该同时具备以下三个前提条件。

（1）与合同对照，事件已造成了承包人工程项目成本的额外支出，或直接工期损失。

（2）造成费用增加或工期损失的原因，按合同约定不属于承包人的行为责任或风险责任。

（3）承包人按合同规定的程序和时间提交索赔意向通知和索赔报告。

以上三个条件必须同时具备，缺一不可。

（四）索赔处理程序

施工过程中如果发生索赔事件，应根据合同约定按下列程序处理。

（1）承包人递交索赔意向书

施工过程中如发生索赔事件，在该事件发生后28天内，承包商必须以正式函件向监理工程师（或业主）送达索赔意向书，并根据合同约定抄送、报送有关单位。

索赔事件发生后承包商原则上应该继续施工，同时做好记录、准备索赔材料。

（2）承包人递交索赔报告

承包人应在发出索赔意向通知书后28天内，向监理人正式递交索赔报告。索赔报告应详细说明索赔理由以及要求追加的付款金额和（或）延长的工期，并附必要的记录和证明材料。

（3）监理工程师审查索赔报告

监理人应在收到索赔报告后14天内完成审查并报送发包人。

（4）发包人签认索赔处理结果

发包人应在监理人收到索赔报告或有关索赔的进一步证明材料后的28天内，由监理人向承包人出具经发包人签认的索赔处理结果。

承包人接受索赔处理结果的，索赔款项在当期进度款中进行支付；承包人不接受索赔处理结果的，按照合同争议解决的约定处理。

第八节　工程结算、竣工决算与建设项目后评价

一、工程结算

【相关真题：2022-027】

（一）工程结算的概念

工程结算是指发承包双方根据国家有关法律、法规规定和合同约定，对合同工程实施

中、终止时、已完工后的工程项目进行的合同价款计算、调整和确认。

工程结算包括期中结算、终止结算和竣工结算。期中结算又称中间结算，包括月度、季度、年度结算和形象进度结算。终止结算是合同解除后的结算。

建筑工程投资大、持续时间长，因此涉及工程结算的经济活动不是一次完成的，而是随着工程进展，按不同阶段和进度完成的。工程结算涉及工程预付款、进度款、竣工结算、最终结清等活动。

工程预付款是指在开工前，发包人按照合同约定，预先支付给承包人用于购买工程施工所需的材料、工程设备，以及组织施工机械和人员进场等的价款。发承包双方在合同中约定工程预付款的支付方式和扣回方式。

期中结算就是工程进度款的结算支付。发承包双方应按照合同约定的时间、程序和方法，根据工程计量结果，办理期中结算，支付工程进度款。进度款的支付周期应与合同约定的工程计量周期一致。

竣工结算是指发承包双方根据国家有关法律、法规规定和合同约定，在承包人完成合同约定的全部工作后，对最终工程价款的调整和确定。

竣工结算是期中结算的汇总。竣工结算包括单位工程竣工结算、单项工程竣工结算和建设项目竣工结算。单项工程竣工结算由单位工程竣工结算组成，建设项目竣工结算由单项工程竣工结算组成。

竣工结算时，发包人通常要预留质量保证金（总预留比例不得高于工程价款结算总额的3%），即用于保证承包人在缺陷责任期内对建设工程出现的缺陷进行维修的资金。最终结清是指合同约定的缺陷责任期终止后，承包人已按合同规定完成全部剩余工作且质量合格的，发包人与承包人结清全部剩余款项的活动。

竣工结算价是发承包双方依据国家有关法律、法规和标准规定，按照合同约定确定的，包括在履行合同过程中按合同约定进行的合同价款调整，是承包人按合同约定完成了全部承包工程后，发包人应付给承包人的合同总金额，即根据已签约合同价、合同价款调整（包括工程变更、索赔和现场签证）等事项确定的该施工合同工程的最终工程造价。

工程结算确定的工程结算价是该结算工程的实际建造价格，竣工结算确定的竣工结算价是该施工承包合同工程的实际建造价格。

工程结算文件一般由承包单位编制，由发包单位或其委托的工程造价咨询机构审查。

（二）工程结算的作用

工程结算是施工阶段工程造价管理中一项十分重要的工作，是可以衡量工程进度的指标，按照施工中已完成的工程进行统计和计价，反映了实际完成的工程进度。通过已完成工程的资金投入与工程总的资金投入比值，可以确认整个工程的施工进度和完成情况，有利于把握工程施工进度、及时发现工程资金的使用问题，根据需要进行科学合理的调整。工程结算也是施工企业成本核算、加速资金周转的重要环节，施工企业通过工程结算取得货币收入，可以确定已完成工程的实际成本和企业经济效益，是考核经济效益的重要指标。建设单位通过工程结算，加强对资金使用的控制，可以保证资金的合理利用。

竣工结算的作用主要有：

（1）竣工结算是建设单位编制竣工决算的依据；

（2）竣工结算是统计建设单位完成建设投资任务、施工企业完成生产计划的依据；

(3) 竣工结算是施工企业完成合同工程的总货币收入，是企业考核工程成本、进行经济核算和确定经济效益的重要依据；

(4) 竣工结算是确定承包工程最终造价、建设单位与施工企业结清工程价款的依据；

(5) 竣工结算是编制概算定额和概算指标的依据。

工程竣工结算的完成，是发承包双方所承担的合同义务和经济责任结束的标志。

(三) 竣工结算的编制依据

工程竣工结算文件编制的主要依据有：

(1)《建设工程工程量清单计价规范》GB 50500；

(2) 工程合同；

(3) 发、承包双方实施过程中已确认的工程量及其结算的合同价款；

(4) 发、承包双方实施过程中已确认调整后追加（减）的合同价款；

(5) 建设工程设计文件及相关资料；

(6) 投标文件；

(7) 其他依据。

工程完工后，发承包双方必须在合同约定的时间内办理工程竣工结算。

(四) 竣工结算的内容

工程结算文件一般由编制说明、结算相关表式和附件组成。

(1) 编制说明

编制说明包括工程概况，编制范围，编制依据，编制方法，有关材料、设备、参数和费用说明以及其他有关问题的说明。

(2) 工程结算相关表式

包括工程结算汇总表、单项工程结算汇总表、单位工程结算汇总表、分部分项清单计价表、措施项目清单与计价表、其他项目清单与计价汇总表、规税、税金项目清单与计价表以及必要的相关表格。

(3) 必要的附件

包括所依据的发承包合同调整条款、设计变更、工程洽商、材料及设备定价单、调价后的单价分析表等与工程结算相关的书面证明材料等。

二、竣工决算

【相关真题：2022-028】

(一) 竣工决算的概念

竣工决算是以实物数量和货币形式，对工程建设期的总投资、投资效果、新增资产价值及财务状况进行的综合测算和分析。

竣工决算是正确核定新增固定资产价值，考核分析投资效果，建立健全经济责任制的依据，是反映建设项目实际造价和投资效果的文件。竣工决算是建设工程经济效益的全面反映，是项目法人核定各类新增资产价值、办理其交付使用的依据。通过竣工决算，既能够正确反映建设工程的实际造价和投资结果，又可以通过竣工决算与概算、预算的对比分析，考核投资控制的工作成效，为工程建设提供重要的技术经济方面的基础资料，提高未来工程建设的投资效益。

(二)建设项目竣工决算的作用

(1) 全面、综合反映竣工项目的建设成果及财务情况

竣工决算以实物数量和货币指标为计量单位,综合反映了竣工建设项目从筹建开始到竣工为止的全部建设费用、建设成果和财务状况。

(2) 核定项目资产价值、办理资产交付使用手续和产权登记的依据

建设单位与使用单位办理交付资产的验收交接手续时,竣工决算反映了交付资产的全部价值,包括固定资产、流动资产、无形资产和其他资产的价值。

(3) 考核设计概算的执行情况、建设项目管理水平和投资效果的依据

竣工决算反映了竣工项目计划与实际的建设规模、建设工期以及设计和实际的生产能力,反映了概算总投资和实际的建设成本,以及达到的技术经济指标。通过对这些指标的计划值与实际值进行对比分析,可以全面掌握建设项目计划和概算执行情况、考核建设项目的投资效果,为今后制订建设项目计划、降低建设成本、提高投资效益提供必要的参考资料。

(三)编制竣工决算的基本原则

竣工决算的编制是建设单位的责任,由建设单位或委托工程造价咨询企业、代建设单位编制。竣工决算编制的基本原则是:

(1) 指标口径一致;

(2) 报表格式统一;

(3) 依据充分完整;

(4) 评价客观深入;

(5) 程序合规合理。

(四)竣工决算的编制依据

竣工决算编制的依据主要包括:

(1) 国家有关法律、法规和规范性文件;

(2) 项目计划任务书及立项批复文件;

(3) 项目总概算、单项工程概算及概算调整文件;

(4) 经批准的可行性研究报告、设计文件、图纸会审资料;

(5) 招标文件及招标投标书,施工、代建、勘察设计、监理及设备采购等合同,政府采购审批文件、采购合同;

(6) 设备、材料调价文件记录、工程签证、工程索赔等合同价款调整文件,工程结算资料;

(7) 有关的会计及财务管理资料;

(8) 历年下达的项目年度财政资金投资计划、预算;

(9) 征地批复(国有土地使用证)、建设工程规划许可证、建设用地规划许可证、建设工程开工证、竣工验收单或验收报告、质量鉴定、检验等有关文件;

(10) 其他有关资料。

(五)竣工决算的编制内容

建设项目竣工决算应包括从项目筹建到竣工交付使用全过程的全部实际费用,包括建筑工程费、安装工程费、设备工器具购置费用、工程建设其他费用、建设期利息和预备费

等费用。竣工决算由竣工财务决算说明书、竣工财务决算报表、工程竣工图和工程竣工造价对比分析四部分组成。竣工决算的核心内容是基本建设竣工财务决算，主要包括竣工财务决算说明书和竣工财务决算报表。

其中竣工财务决算说明书和竣工财务决算报表两部分又称建设项目竣工财务决算，是竣工决算的核心内容。竣工财务决算是正确核定项目资产价值、反映竣工项目建设成果的文件，是办理资产移交和产权登记的依据。对于建设周期长、建设内容多的大型项目，单项工程竣工并具备交付使用条件的，单项工程竣工财务决算可单独编制、报批，单项工程结余资金在整个项目竣工财务决算中一并处理。

1. 竣工财务决算说明书

竣工财务决算说明书主要包括以下内容：①项目概况；②会计账务处理、财产物资清理及债权债务的清偿情况；③项目建设资金计划及到位情况，财政资金支出预算、投资计划及到位情况；④项目建设资金使用、项目结余资金分配情况；⑤项目概（预）算执行情况及分析，竣工实际完成投资与概算差异及原因分析；⑥尾工工程情况；⑦历次审计、检查、审核、稽查意见及整改落实情况；⑧主要技术经济指标的分析、计算情况；⑨项目管理经验、主要问题和建议；⑩预备费动用情况；⑪项目建设管理制度执行情况、政府采购情况、合同履行情况；⑫征地拆迁补偿情况、移民安置情况；⑬需说明的其他事项。

2. 建设项目竣工财务决算报表

竣工财务决算报表包括：

（1）项目概况表；

（2）项目竣工财务决算表；

（3）资金情况明细表；

（4）交付使用资产总表；

（5）交付使用资产明细表；

（6）待摊投资明细表；

（7）待核销基建支出明细表；

（8）转出投资明细表。

3. 工程竣工图

建设工程竣工图是真实地记录工程完工后各种地上和地下建筑物、构筑物等情况的技术文件，是工程交工验收、维护、改建和扩建的依据，也是重要的技术档案。

4. 建设项目工程造价对比分析

竣工决算是综合反映竣工建设项目或单项工程的建设成果和财务状况的总结性文件，在竣工决算报告中必须对控制工程造价采取的措施、效果及其动态的变化进行对比分析，总结经验教训。

经批准的设计概算是考核建设工程造价的依据。在分析时，可先对比整个建设项目的总概算，然后将建筑安装工程费、设备及工器具费和其他工程费用等逐一与竣工决算表中所提供的实际数据和相关资料及批准的概算、预算指标、实际的工程造价进行对比分析，以确定竣工项目总造价是节约还是超支，并分析原因，总结经验教训，提出改进措施。

具体对比分析的内容包括主要实物工程量、主要材料消耗量、主要费用支出等。

（六）竣工决算的编制程序

编制项目竣工决算首先应具备编制的条件，包括经批准的初步设计所确定的工程内容已完成、单项工程或建设项目竣工结算已完成、收尾工程投资和预留费用不超过规定的比例、涉及法律诉讼和工程质量纠纷的事项已处理完毕、其他影响工程竣工决算编制的重大问题已解决。竣工决算的编制程序可分为前期准备、实施、完成和资料归档四个阶段。

1. 前期准备

主要工作内容包括了解项目基本情况、收集和整理编制资料；确定项目负责人并配备相应的编制人员；制定切实可行、符合建设项目情况的编制计划；由项目负责人对编制成员进行培训等。

2. 实施阶段

主要工作内容包括收集完整的编制依据资料；协助建设单位做好各项清理工作；编制完成规范的工作底稿；对过程中发现的问题与建设单位进行充分沟通，达成一致意见；与建设单位相关部门一起作好实际支出与批复概算的对比分析工作。

3. 完成阶段

主要工作内容包括完成工程竣工决算编制咨询报告、基本建设项目竣工决算报表及附表、工程竣工决算说明书、相关附件等；与建设单位沟通工程竣工决算的所有事项；经工程造价咨询企业内部复核后，出具正式工程竣工决算编制成果文件。

4. 资料归档

主要工作内容包括对工程竣工决算编制过程中形成的工作底稿进行分类整理，与工程竣工决算编制成果文件一并形成归档纸质资料；对工作底稿、编制数据、工程竣工决算报告进行电子化处理，形成电子档案。

三、建设项目后评价

【相关真题：2022-030】

（一）建设项目后评价及其范围

建设项目后评价是指在项目竣工验收并投入使用或运营一定时间后，运用规范、科学、系统的评价方法与指标，对项目从策划决策到竣工投产、生产运营全过程以及建成后所达到的实际效果进行评价的技术经济活动。

对于国家发展改革委审批可行性研究报告的中央政府投资项目，主要从以下项目中选择并列入后评价年度计划：

（1）对行业和地区发展、产业结构调整有重大指导和示范意义的项目；

（2）对节约资源、保护生态环境、促进社会发展、维护国家安全有重大影响的项目；

（3）对优化资源配置、调整投资方向、优化重大布局有重要借鉴作用的项目；

（4）采用新技术、新工艺、新设备、新材料、新型投融资和运营模式，以及其他具有特殊示范意义的项目；

（5）跨地区、跨流域、工期长、投资大、建设条件复杂以及项目建设过程中发生重大方案调整的项目；

（6）征地拆迁、移民安置规模较大，可能对贫困地区、贫困人口及其他弱势群体影响较大的项目，特别是在项目实施过程中发生过社会稳定事件的；

(7) 使用中央预算内投资数额较大且比例较高的项目;
(8) 重大社会民生项目;
(9) 社会舆论普遍关注的项目。

（二）建设项目后评价的作用

通过建设项目后评价，将项目建成后所达到的实际效果与项目的可行性研究报告、初步设计（含概算）文件及其审批文件的主要内容进行对比分析，找出差距及原因，总结经验教训，提出相应对策建议并反馈到项目参与各方，可以形成良好的项目决策机制。

建设项目后评价的主要作用体现在以下几方面：
(1) 有利于提高项目前期工作质量、提高投资决策水平；
(2) 有利于加强投资项目全过程管理；
(3) 有利于提高项目生产能力和经济效益；
(4) 有利于提高设计施工水平；
(5) 有利于提高项目业主的管理水平；
(6) 有利于控制投资；
(7) 有利于提高引进技术和装备的成功率。

（三）建设项目后评价的工作程序

(1) 项目单位编写自我总结评价报告并上报。

项目单位在项目竣工验收并投入使用或运营一年后两年内，编写自我总结评价报告并上报。自我总结报告的主要内容包括：

1) 项目概况：项目目标、建设内容、投资估算、前期审批情况、资金来源及到位情况、实施进度、批准概算及执行、情况等；

2) 项目实施过程总结：前期准备、建设实施、项目运行等；

3) 项目效果评价：技术水平、财务及经济效益、社会效益、资源利用效率、环境影响、可持续能力等；

4) 项目目标评价：目标实现程度、差距及原因等；

5) 项目总结：评价结论、主要经验教训和相关建议。

应随报告提交项目审批文件、项目实施文件和其他资料。

项目单位编制自我总结评价报告的费用在投资项目不可预见费中列支。

(2) 项目可行性研究报告审批部门结合项目单位自我总结评价情况，确定需要开展后评价工作的项目，委托具备相应资质的工程咨询机构承担项目后评价任务。

(3) 成果应用。

可行性研究报告审批部门将后评价成果提供给相关部门和有关机构参考，推广通过项目后评价总结出来的成功经验和做法，不断提高投资决策水平和投资效益。

（四）建设项目后评价的内容和方法

1. 建设项目后评价的主要内容

(1) 项目概况

包括项目基本情况、项目决策理由与目标、建设内容及规模、投资和资金到位情况、项目财务及经济效益现状、社会效益现状、项目自我总结评价报告情况及主要结论、项目后评价依据、评价的主要内容和基础资料。

(2) 项目全过程总结与评价

1) 项目前期决策总结与评价

包括对项目建议书、可行性研究报告（可行性研究报告和项目建议书主要变化并对主要变化原因进行简要分析）、项目初步设计（含概算）、项目前期决策的总结与评价。

2) 项目建设准备、实施总结与评价

包括项目实施准备组织管理；项目施工图设计情况；各阶段与可行性研究报告相比主要变化及原因分析，初步设计、施工图设计等各设计阶段与可行性研究报告相比较的主要变化及主要原因分析（对比的内容主要包括：工程规模、主要技术标准、主要技术方案及运营管理方案、工程投资、建设工期）；项目勘察设计工作评价；征地拆迁工作情况及评价；招标投标工作评价；项目资金落实情况及其评价；开工程序执行情况评价；项目管理组织机构与管理模式；参与单位的名称及组织机构（设计、施工、监理、其他）；管理制度的制定及运行情况；对项目组织与管理的评价；合同执行与管理评价；信息管理；控制管理（进度、质量、投资控制管理，安全、卫生、环保管理）评价；重大变更设计情况；资金使用管理；工程监理情况；新技术、新工艺、新材料、新设备的运用情况；竣工验收及项目试运营（行）情况；工程档案管理情况等。

3) 项目运营（行）总结与评价

包括项目运营（行）概况、项目运营（行）状况评价，如项目能力评价、运营（行）现状评价、达到预期目标可能性分析等。

(3) 项目效果和效益评价

项目效果和效益评价的主要内容如下。

1) 项目技术水平评价

包括项目技术效果评价、技术标准评价、技术方案评价、技术创新评价和设备国产化评价（主要适用于轨道交通等国家特定要求项目）等。

2) 项目财务及经济效益评价

包括竣工决算与可行性研究报告的投资对比分析评价；资金筹措与可行性研究报告对比分析评价；运营（行）收入与可行性研究报告对比分析评价；项目成本与可行性研究报告对比分析评价；财务评价与可行性研究报告对比分析评价；国民经济评价与可行性研究报告对比分析评价；其他财务、效益相关分析评价。

3) 项目经营管理评价；

4) 项目资源环境效益评价；

5) 项目社会效益评价。

(4) 项目目标和可持续性评价

1) 项目目标评价。

包括对项目的工程建设目标、总体及分系统技术目标、总体功能及分系统功能目标、投资控制目标、经济目标（对经济分析及财务分析主要指标、运营成本、投资效益等是否达到决策目标的评价）、项目影响目标（项目实现的社会经济影响、项目对自然资源综合利用和生态环境的影响以及对相关利益群体的影响等是否达到决策目标）的评价。

2) 项目可持续性评价。

包括对项目的经济效益、资源利用情况、建设期资源利用情况、运营（行）期资源利用情况、目的可改造性、环境影响、项目的可维护性等的评价。

（5）项目后评价结论

1）项目后评价主要结论

项目后评价的主要结论如下。

① 过程总结与评价。根据对项目决策、实施、运营阶段的回顾分析，归纳总结评价结论。

② 效果、目标总结与评价。根据对项目经济效益、外部影响、持续性的回顾分析，归纳总结评价结论。

③ 综合评价。

2）主要经验教训

经验和教训主要从决策和前期工作评价、建设目标评价、建设实施评价、征地拆迁评价、经济评价、环境影响评价、社会评价、可持续性评价等方面评述项目建设的主要经验和主要教训。

（6）对策建议

包括对国家、行业及地方政府的建议，对企业及项目的建议等。

2. 建设项目后评价的方法

建设项目后评价有很多评价方法，对比法是最基本的评价方法之一，即将工程项目建成投产后所取得的实际效果与策划决策阶段、设计阶段文件的内容进行对比，从中发现问题，总结经验教训，提出相应对策建议。

具体项目的后评价方法应根据项目特点和后评价的要求，选择一种或多种方法对项目进行综合评价。

习　题

1-1　建设项目的实际造价是(　　)。

　　　A　中标价　　　　B　承包合同价　　　C　竣工决算价　　　D　竣工结算价

1-2　下列关于设计文件编制阶段的说法中哪一项是正确的？(　　)

　　　A　在可行性研究阶段需编制工程量清单

　　　B　在方案设计阶段需编制预算

　　　C　在初步设计阶段需编制设计概算

　　　D　在施工图设计阶段需编制投资估算

1-3　(2018)建设项目费用计算的时间段是(　　)。

　　　A　从下达项目设计任务书开始到项目全部建成为止

　　　B　从建设前期决策开始到项目全部建成为止

　　　C　从设计招标开始到项目交付使用为止

　　　D　从编制可研报告开始到项目交付使用为止

1-4　(2022)下列属于价差预备费的是(　　)。

　　　A　因设计变更而增加的费用　　　B　因地基处理而增加的费用

　　　C　因台风而产生的停工费用　　　D　因人工价格上涨而增加的费用

1-5　核定建设项目交付资产实际价值依据的是(　　)。

　　　A　工程项目竣工结算价　　　　B　经修正的设计总概算

C 工程项目竣工决算价　　　　　　D 工程项目承发包合同价

1-6 (2018)在项目实施中可能发生的、难以预料的支出，需要事先预留的工程费用是（　　）。
A 规费　　　　　B 暂列金额　　　　　C 暂估价　　　　　D 基本预备费

1-7 (2018)建筑安装工程费用项目按费用构成要素划分，除人工费、材料费、施工机具使用费外，还应包括（　　）。
A 间接费、利润、规费和税金
B 措施项目费、其他项目费、规费和税金
C 工程建设其他费、预备费、建设期贷款利息
D 企业管理费、利润、规费和税金

1-8 (2018)设计院收取的设计费一般应计入（　　）。
A 建设单位管理费　　　　　　B 建设安装管理费
C 工程建设其他费　　　　　　D 预备费

1-9 (2022)工程量清单中的措施项目费包括（　　）。
A 土方工程费　　B 砌筑工程费　　C 总包服务费　　D 安全文明施工费

1-10 (2019)下列金属幕墙工程相关费项目中，应计入分部分项工程费的是（　　）。
A 总包服务费　　　　　　B 安装时脚手架费用
C 暂列金额　　　　　　　D 金属面板材料费

1-11 (2019)根据《建设工程工程量清单计价规范》GB 50500—2013，下列费用属于措施项目费的是（　　）。
A 土方工程费　　B 砌筑工程费　　C 规费　　　　　D 脚手架工程费

1-12 (2018)设备购置费估算时一般应包括的费用是（　　）。
A 设备原价＋设备运杂费　　　　B 设备出厂价＋供销部门手续费
C 设备原价＋设备采购保管费　　D 设备原价

1-13 (2021)工程量清单的准确性由招标人负责，从设计人员的角度，设计时有助于提高工程量清单编制准确性的做法是（　　）。
A 尽量选用当地原材料　　　　B 尽量考虑业主的建设成本
C 减少设计图纸中的错误　　　D 尽量考虑施工的难易程度

1-14 (2019)某设备从供应商仓库运至安装地点，所发生的费用如下表所示，其设备购置费是（　　）。

序号	项目	金额（万元）
1	设备原价	200
2	运输与装卸费	50
3	设备维护费	30
4	采购与仓库保管费	20

A 300万元　　　B 280万元　　　C 270万元　　　D 250万元

1-15 (2018)一般工程建设项目总价控制的最高限额是（　　）。
A 经批准的设计总概算　　　　B 设计单位编制的初步设计概算
C 发承包双方签订的合同价　　D 经审查批准的施工图预算

1-16 (2018)设计单位完成初步设计后，概算人员若发现初步设计的总投资超过了批准的设计总概算，通常应采取的合理做法是（　　）。
A 设计单位向上级主管部门要求追加设计概算总投资
B 设计单位向建设单位反映要求追加设计概算总投资
C 设计单位修改设计图纸直至总投资不超过批准的设计总概算

D 建设单位直接以该初步设计的总投资为标底进行施工招标,通过投标者的竞争降低投资额

1-17 (2018)关于设计概算及其作用的说法,正确的是(　　)。
A 设计概算是控制施工图设计的依据
B 初步设计可以编制设计概算,也可以不编制设计概算
C 总承包合同价可以超过设计概算
D 项目决算可以适当突破设计概算

1-18 (2019)关于设计概算编制的说法,正确的是(　　)。
A 设计概算编制时应考虑项目所在地的价格水平
B 设计概算不应考虑建设项目施工条件等因素的影响
C 设计概算应达到施工图预算的准确程度
D 设计概算编制完成后不允许调整

1-19 (2019)下列费用中,应包括在工业项目其中一个单项工程综合概算中的费用是(　　)。
A 价差预备费   B 设备安装工程费
C 流动资金   D 设备贷款利息

1-20 (2019)政府投资的建设项目造价控制的最高限额是(　　)。
A 设计单位编制的初步设计概算   B 经批准的设计总概算
C 经审查批准的施工图预算   D 承发包双方合同价

1-21 设计总概算的费用包括(　　)。
A 从筹建到装修完成的费用   B 从开工到竣工验收的费用
C 从筹建到竣工交付使用的费用   D 从立项到施工保修期满的费用

1-22 编制概、预算的过程和顺序是(　　)。
A 单项工程造价→单位工程造价→分部分项工程造价→建设项目总造价
B 单位工程造价→单项工程造价→分部分项工程造价→建设项目总造价
C 分部分项工程造价→单位工程造价→单项工程造价→建设项目总造价
D 单位工程造价→分项工程造价→单项工程造价→建设项目总造价

1-23 当初步设计达到一定深度,建筑结构比较明确,并能够较准确地计算出概算工程量时,编制概算可采用(　　)。
A 概算定额法   B 概算指标法   C 类似工程预算法   D 预算定额法

1-24 关于设计概算编制的说法,正确的是(　　)。
A 采用两阶段设计的建设项目,初步设计可以编制设计概算,也可以不编制设计概算
B 采用三阶段设计的建设项目,技术设计可以修正概算,也可以不修正概算
C 施工图设计突破总概算的建设项目,需要按规定程序报经审批
D 竣工决算超过了批准的设计概算,一定是设计概算编制的质量有问题

1-25 当初步设计内容不够深入,不能准确计算工程量时,若工程采用的技术比较成熟,又有类似概算指标可以运用,则编制概算适用的方法是(　　)。
A 概算指标法   B 扩大单价法   C 综合单价法   D 类似工程预算法

1-26 当建设工程对象尚无完整的初步设计方案,而建设单位又急需上报设计概算时,可采用的编制概算方法是(　　)。
A 概算指标法   B 概算定额法
C 工程量清单法   D 类似工程预算法

1-27 建设项目总概算除了工程建设其他费用概算、预备费及投资方向调节税等,还应包括(　　)。
A 工程监理费   B 单项工程综合概算
C 工程设计费   D 联合试运转费

1-28 建筑工程预算编制的主要依据是（　　）。
   A 初步设计图纸及说明　　　　B 方案招标文件
   C 项目建议书　　　　　　　　D 施工图

1-29 单位工程建筑工程预算按其工作性质分为（　　）。
   Ⅰ 一般土建工程预算；Ⅱ 供暖通风工程预算；Ⅲ 电气照明工程预算；Ⅳ 给排水工程预算；Ⅴ 设备安装工程预算
   A Ⅰ、Ⅲ　　　　　　　　　　B Ⅰ、Ⅲ、Ⅴ
   C Ⅰ、Ⅲ、Ⅳ、Ⅴ　　　　　　D Ⅰ、Ⅱ、Ⅲ、Ⅳ

1-30 (2022)以下关于设计概算的说法正确的是（　　）。
   A 在可行性研究阶段编制设计概算
   B 在施工图设计阶段编制设计概算
   C 设计总概算可以追加
   D 经批准的设计总概算是建设项目造价控制的最高限额

1-31 (2022)工程量清单计价中分部分项工程综合单价不包括（　　）。
   A 项目名称　　B 工程量　　C 规费　　D 计量单位

1-32 (2022)分部分项工程量清单应注明项目编码、项目名称、计量单位和（　　）。
   A 单价、工程量　　　　　　　B 项目特征、工程量
   C 项目特征、单价　　　　　　D 项目特征、税金

1-33 (2018)设计某一个工厂时，有厂房、办公楼、道路、管线、堆场、绿化，可以全面反映厂区用地是否经济合理的指标是（　　）。
   A 建筑密度　　B 土地利用系数　　C 绿化系数　　D 建筑平面系数

1-34 (2019)下列工业建筑设计指标中，能更加全面反映厂区用地是否经济的指标是（　　）。
   A 容积率　　B 建筑面积　　C 建筑周长系数　　D 土地利用系数

1-35 (2022)项目经济技术指标如下：总用地面积10000m²，总建筑面积15000m²，地上建筑面积12000m²，地下建筑面积3000m²，建筑投影面积2500m²，建筑基底面积2200m²，绿化面积3260m²，其建筑密度是（　　）。
   A 10％　　B 15％　　C 22％　　D 30％

1-36 (2021)反映公共建筑使用周期内经济性的指标是（　　）。
   A 单位造价　　B 能源耗用量　　C 面积使用系数　　D 建筑用钢量

1-37 居住小区的建筑密度应当按哪式计算？（　　）
   A （住宅建筑基底面积÷住宅用地面积）×100％
   B （住宅建筑的建筑面积之和÷居住区用地面积）×100％
   C ［各类建筑的基底（即占地）面积之和÷居住区用地面积］×100％
   D ［各类建筑的建筑面积之和÷居住区用地面积］×100％

1-38 下列各类建筑中，土建工程单方造价最高的是（　　）。
   A 砖混结构车库　　　　　　　B 砖混结构锅炉房
   C 框架结构停车棚　　　　　　D 钢筋混凝土结构地下车库

1-39 居住区的技术经济指标中，人口净密度是指（　　）。
   A 居住总户数/居住区用地面积　　B 居住总人口/居住区用地面积
   C 居住总户数/住宅用地面积　　　D 居住总人口/住宅用地面积

参考答案及解析

1-1 解析：竣工决算确定的竣工决算价是该工程项目的实际工程造价。

答案：C

1-2 解析：可行性研究阶段编制投资估算，初步设计阶段编制设计概算，技术设计阶段编制修正设计概算，施工图设计阶段编制施工图预算。

答案：C

1-3 解析：建设项目费用应该包括从项目筹建到竣工验收交付使用为止的全部建设费用。计算的时间段也就是对应的时间段。

答案：B

1-4 解析：价差预备费（涨价预备费）是指由于人工、设备、材料、施工机械价格及费率、利率、汇率等变化，引起工程造价变化而需要增加的费用。因设计变更、局部地基处理、一般自然灾害造成的损失等，属于基本预备费。选项 A、B、C 属于基本预备费。

答案：D

1-5 解析：工程项目在通过竣工验收交付使用时，建设单位需编制竣工决算书，其中确定的竣工决算价是整个建设项目的实际工程造价。

竣工决算是核定建设项目资产实际价值的依据。反映建设项目建成后交付使用的固定资产和流动资产的实际价值。

答案：C

1-6 解析：在项目实施中可能发生、难以预料的支出，需要预先预留的工程费用为基本预备费。

答案：D

1-7 解析：根据《建筑安装工程费用项目组成》（建标〔2013〕44 号），建筑安装工程费用项目按费用构成要素划分，可分为人工费、材料费、施工机具使用费、企业管理费、利润、规费和税金。根据营改税的有关规定，这里的税金是指国家税法规定应计入建筑安装工程造价内的增值税销项税额。

答案：D

1-8 解析：工程建设其他费用包括土地使用费、与项目建设有关的其他费用和与未来生产经营有关的其他费用。勘察设计费属于其中与项目建设有关的其他费用。

答案：C

1-9 解析：建筑安装工程费按照工程造价形成由分部分项工程费、措施项目费、其他项目费、规费和税金组成。土方工程、砌筑工程费均属于分部分项工程费；总包服务费属于其他项目费；安全文明施工费属于项目措施费。

答案：D

1-10 解析：建筑安装工程费用中，分部分项工程费包括人工费、材料费、施工机具使用费、企业管理费、利润和一定范围内的风险费用。脚手架费用应计入措施项目费，暂列金额和总包服务费应计入其他项目费。

答案：D

1-11 解析：根据《建设工程工程量清单计价规范》GB 50500—2013，脚手架工程费属于措施项目费。

答案：D

1-12 解析：设备购置费为设备原价与设备运杂费之和。

答案：A

1-13 解析：招标工程量清单是招标人依据国家标准、招标文件、设计文件以及施工现场实际情况编制的，随招标文件发布供投标报价的工程量清单。减少设计文件中的错误，有助于提高工程量清单编制的准确性。

答案：C

1-14 解析：设备购置费为设备原价与设备运杂费之和。设备运杂费包括国产标准设备由设备制造厂交货地点起至工地仓库止所发生的运费和装卸费，进口设备为我国到岸港口、边境车站起至工地仓库止所发生的运费和装卸费；设备出厂价格中未包含设备包装和包装材料器具费；设备供销部门的手续费；建设单位的采购与仓库保管费用。

设备购置费＝200＋50＋20＝270万元

答案：C

1-15 解析：经批准的建设项目设计总概算的投资额，是该工程建设投资的最高限额。

答案：A

1-16 解析：经批准的设计总概算确定的投资额是该工程项目投资的最高限额，因此设计单位修改设计图纸直至总投资不超过批准的设计总概算。

答案：C

1-17 解析：经批准的设计概算是建设项目投资的最高限额，因此设计概算是控制施工图设计和施工图预算的依据，施工图预算不得突破设计概算。

答案：A

1-18 解析：编制设计概算应结合拟建工程实际，反映工程所在地当时的价格水平，使概算尽可能反映设计内容、施工条件和实际价格。

答案：A

1-19 解析：单项工程综合概算包括建筑单位工程概算和设备及安装单位工程概算，设备安装工程费应计入设备及安装单位工程概算中。

答案：B

1-20 解析：政府投资的建设项目的最高限额是经批准的设计总概算中确定的投资额，也是建设项目造价控制的依据之一。

答案：B

1-21 解析：设计总概算应包括建设项目从筹建到竣工验收交付使用的全部建设费用。

答案：C

1-22 解析：编制设计概算和预算的编制过程和顺序应依次确定：分部分项工程造价→单位工程造价→单项工程造价→建设项目总造价。

答案：C

1-23 解析：当初步设计达到一定深度，建筑结构比较明确，并能够较准确地计算出概算工程量时，可以采用概算定额法（扩大单价法、扩大结构单价法）编制设计概算。由于可以较准确地算出概算工程量，套用概算定额计算出的建筑工程概算比较准确。

答案：A

1-24 解析：设计单位必须按经批准的初步设计和总概算进行施工图设计，施工图预算不得突破设计概算。如确需突破，应按规定程序报经审批。

答案：C

1-25 解析：当初步设计深度不够，不能准确计算工程量，但工程设计采用的技术比较成熟，又有类似概算指标可以利用时，可采用概算指标法编制概算。

答案：A

1-26 解析：当建设工程对象尚无完整的初步设计方案，而建设单位又急需上报设计概算时，可以利用已建或在建类似工程的预算为基础，按编制概算指标的方法先编制概算指标，再按概算指标法编制设计概算，即类似工程预算法。

答案：D

1-27 解析：建设项目总概算按费用划分为6部分：各单项工程综合概算、工程建设其他费用、建设期贷款利息、预备费、固定资产投资方向调节税（目前暂停征收）和经营性项目的铺底流动资金。

答案：B

1-28 解析：建筑工程预算依据施工图编制。

答案：D

1-29 解析：单位工程建筑工程预算按其工作性质分为：一般土建工程、给排水工程、供暖通风工程和电气照明工程等预算。

答案：D

1-30 解析：经批准的设计总概算的投资额，是该工程建设项目投资的最高限额，也是建设项目造价控制的最高限额，不得任意突破，如有突破须报原审批部门批准。

答案：D

1-31 解析：投标人必须按照招标工程量清单填报价格，分部分项工程量清单中的项目编码、项目名称、项目特征、计量单位和工程量必须与招标工程量清单一致。分部分项工程综合单价包括完成一个规定清单项目所需的人工费、材料和工程设备费、施工机具使用费和企业管理费、利润以及一定范围内的风险费用。分部分项工程综合单价中不包括规费和税金，规费和税金另外计算。

答案：C

1-32 解析：根据《建设工程工程量清单计价规范》GB 50500—2013 第 4.2.1 条，分部分项工程项目清单必须载明项目编码、项目名称、项目特征、计量单位和工程量。招标工程量清单中不包括单价，投标人在投标报价时填写的已标价工程量清单中才填报单价。

答案：B

1-33 解析：土地利用系数是指厂区的建筑物、构筑物、各种堆场、铁路、道路、管线等的占地面积之和与厂区占地面积之比，土地利用系数能全面反映厂区用地是否经济合理的情况。

答案：B

1-34 解析：解析同 2-33 题解析。

答案：D

1-35 解析：建筑密度＝各类建筑的基底（即占地）面积之和÷总建设用地面积×100%＝2200÷10000×100%＝22%

答案：C

1-36 解析：反映公共建筑使用期内经济性的指标主要有土地占用量、年度经常使用费、能源耗用量等。

答案：B

1-37 解析：建筑密度＝[各类建筑的基底（即占地）面积之和÷居住区用地面积]×100%。

答案：C

1-38 解析：钢筋混凝土结构单方造价一般高于砖混结构单方造价。相同材料的结构，一般地下部分单方造价高于地上部分单方造价。

答案：D

1-39 解析：根据居住小区设计方案技术经济指标中关于人口净密度的定义：
人口净密度＝居住总人口÷住宅用地面积

答案：D

第二章 建筑施工

本章考试大纲：了解建筑工程施工质量的验收方法、程序和原则；了解砌体工程、混凝土结构工程、防水工程、建筑装饰装修工程、建筑地面工程等施工质量验收规范、标准基本知识。

本章复习重点：施工质量验收的方法要求、程序与组织；各分部、分项工程的施工质量要求和检验方法。

第一节 建筑工程的施工质量验收

建筑工程的施工质量验收应遵循国家《建筑与市政工程施工质量控制通用规范》GB 55032—2022 和《建筑工程施工质量验收统一标准》GB 50300—2013 的规定，并结合相关专业验收规范、标准等进行。

一、质量验收的几个基本概念

（1）进场检验：对进入施工现场的建筑材料、构配件、设备及器具，按相关标准的要求进行检验，并对其质量、规格及型号等是否符合要求作出确认的活动。

（2）见证检验：施工单位在工程监理单位或建设单位的见证下，按照有关规定从施工现场随机抽取试样，送至具备相应资质的检测机构进行检验的活动。

（3）复验：建筑材料、设备等进入施工现场后，在外观质量检查和质量证明文件核查符合要求的基础上，按照有关规定从施工现场抽取试样送至实验室进行检验的活动。

（4）检验批：是按相同的生产条件或按规定的方式汇总起来供抽样检验用的，由一定数量样本组成的检验体。

（5）主控项目：建筑工程中对安全、节能、环境保护和主要使用功能起决定性作用的检验项目。

（6）一般项目：除主控项目以外的检验项目。

（7）计数检验：通过确定抽样样本中不合格的个体数量，对样本总体质量作出判定的检验方法。

（8）计量检验：以抽样样本的检测数据计算总体均值、特征值或推定值，并以此判断或评估总体质量的检验方法。

（9）验收：建筑工程质量在施工单位自行检查合格的基础上，由工程质量验收责任方组织、工程建设相关单位参加，对检验批、分项、分部、单位工程及其隐蔽工程的质量进行抽样检验，对技术文件进行审核，并根据设计文件和相关标准以书面形式对工程质量是否达到合格作出确认。

二、质量验收的基本规定

（1）施工现场应具有健全的质量管理体系、相应的施工技术标准、施工质量检验制度和综合施工质量水平评定考核制度。

（2）未实行监理的建筑工程，建设单位相关人员应履行监理职责。

（3）建筑工程的施工质量控制应符合下列规定：

1）建筑工程采用的主要材料、半成品、成品、建筑构配件、器具和设备应进行进场检验。凡涉及安全、节能、环境保护和主要使用功能的重要材料、产品，应按各专业工程施工规范、验收规范和设计文件等规定进行复验，并应经监理工程师检查认可。

2）各施工工序应按施工技术标准进行质量控制，每道施工工序完成后，经施工单位自检符合规定，才能进行下道工序施工。各专业工种之间的相关工序应进行交接检验，并应记录。

3）对于监理单位提出检查要求的重要工序，应经监理工程师检查认可，才能进行下道工序施工。

（4）符合下列条件之一时，可按相关专业验收规范的规定适当调整抽样复验、试验数量，调整后的抽样复验、试验方案应由施工单位编制，并报监理单位审核确认。

1）同一项目中由相同施工单位施工的多个单位工程，使用同一生产厂家的同品种、同规格、同批次的材料、构配件、设备；

2）同一施工单位在现场加工的成品、半成品、构配件用于同一项目中的多个单位工程；

3）在同一项目中，针对同一抽样对象已有检验成果可以重复利用。

（5）当专业验收规范对工程中的验收项目未作出相应规定时，应由建设单位组织监理、设计、施工等相关单位制定专项验收要求。涉及安全、节能、环境保护等项目的专项验收要求应由建设单位组织专家论证。

（6）建筑工程施工质量应按下列要求进行验收：

1）工程质量验收均应在施工单位自检合格的基础上进行；

2）参加工程施工质量验收的各方人员应具备相应的资格；

3）检验批的质量应按主控项目和一般项目验收；

4）对涉及结构安全、节能、环境保护和主要使用功能的试块、试件及材料，应在进场时或施工中按规定进行见证检验；

5）隐蔽工程在隐蔽前应由施工单位通知监理单位进行验收，并应形成验收文件，验收合格后方可继续施工；

6）对涉及结构安全、节能、环境保护和使用功能的重要分部工程，应在验收前按规定进行抽样检验；

7）工程的观感质量应由验收人员现场检查，并应共同确认。

（7）合格应符合下列规定：

1）符合工程勘察、设计文件的要求；

2）符合《建筑工程施工质量统一验收标准》GB 50300 和相关专业验收规范的规定。

（8）检验批的质量检验，可根据检验项目的特点在下列抽样方案中选取：

1）计量、计数或计量—计数的抽样方案；

2）一次、二次或多次抽样方案；

3）对重要的检验项目，当有简易快速的检验方法时，选用全数检验方案；

4）根据生产连续性和生产控制稳定性情况，采用调整型抽样方案；

5）经实践证明有效的抽样方案。

(9) 检验批抽样样本应随机抽取，满足分布均匀、具有代表性的要求，抽样数量应符合有关专业验收规范的规定。当采用计数抽样时，最小抽样数量应符合表2-1的要求。

检验批最小抽样数量　　　　　　　表2-1

检验批的容量	最小抽样数量	检验批的容量	最小抽样数量
2～15	2	151～280	13
16～25	3	281～500	20
26～90	5	501～1200	32
91～150	8	1201～3200	50

明显不合格的个体可不纳入检验批，但应进行处理，使其满足有关专业验收规范的规定，对处理的情况应予以记录并重新验收。

(10) 计量抽样的错判概率 α（合格批被判为不合格批的概率）和漏判概率 β（不合格批被判为合格批的概率）应根据下列规定采取：

1）主控项目：对应于合格质量水平的 α 和 β 均不宜超过5%；

2）一般项目：对应于合格质量水平的 α 不宜超过5%，β 不宜超过10%。

三、质量验收的划分

(1) 建筑工程施工质量验收应划分为单位工程、分部工程、分项工程和检验批。

(2) 单位工程应按下列原则划分：

1）具备独立施工条件并能形成独立使用功能的建筑物或构筑物为一个单位工程；

2）对于规模较大的单位工程，可将其能形成独立使用功能的部分划分为一个子单位工程。

(3) 分部工程应按下列原则划分：

1）应根据专业性质、工程部位划分；

2）当分部工程较大或较复杂时，可按材料种类、施工特点、施工程序、专业系统及类别将分部工程划分为若干子分部工程。

(4) 分项工程应根据工种、材料、施工工艺、设备类别进行划分。

(5) 检验批可根据施工组织、质量控制和专业验收的需要，按工程量、楼层、施工段、变形缝进行划分。

(6)《建筑工程施工质量统一验收标准》GB 50300对建筑工程的分部工程、分项工程进行了较全面的划分。其中包括分部工程（含地基与基础、主体结构、装饰装修、屋面、给水 排水及供暖、通风与空调、建筑电气、智能建筑、建筑节能、电梯）10个，子分部工程99个，分项工程500余个。

(7) 施工前，应由施工单位制定分项工程和检验批的划分方案，并由监理单位审核通过后实施。对于验收规范未涵盖的分项工程和检验批，可由建设单位组织监理、施工等单位共同确定。

（8）室外工程可根据专业类别和工程规模按表 2-2 划分子单位工程、分部工程和分项工程。

室外工程的划分　　　　　　　　表 2-2

单位工程	子单位工程	分部工程
室外设施	道路	路基、基层、面层、广场与停车场、人行道、人行地道、挡土墙、附属构筑物
	边坡	土石方、挡土墙、支护
附属建筑及室外环境	附属建筑	车棚、围墙、大门、挡土墙
	室外环境	建筑小品、亭台、水景、连廊、花坛、场坪绿化、景观桥

四、质量验收要求与不合格的处理

（1）检验批质量验收合格应符合下列规定：

1）主控项目的质量经抽样检验应全部合格；

2）一般项目的质量经抽样检验合格。当采用计数抽样时，合格点率应符合有关专业验收规范的规定，且不得存在严重缺陷；

3）具有完整的施工操作依据和质量验收记录。

（2）分项工程质量验收合格应符合下列规定：

1）所含检验批的质量均应验收合格；

2）所含检验批的质量验收记录应完整。

（3）分部工程质量验收合格应符合下列规定：

1）所含分项工程的质量均应验收合格；

2）质量控制资料应完整；

3）有关安全、节能、环境保护和主要使用功能的抽样检验结果应符合相应规定；

4）观感质量应符合要求。

（4）单位工程质量验收合格应符合下列规定：

1）所含分部工程的质量均应验收合格；

2）质量控制资料应完整；

3）所含分部工程中有关安全、节能、环境保护和主要使用功能的检验资料应完整；

4）主要使用功能的抽查结果应符合相关专业验收规范的规定；

5）观感质量应符合要求。

（5）建筑工程施工质量验收记录按《建筑工程施工质量统一验收标准》GB 50300 的规定填写。

（6）当检验批施工质量不符合验收标准时，应按下列规定进行处理：

1）经返工或返修的检验批，应重新进行验收；

2）经有资质的检测机构检测鉴定能够达到设计要求的检验批，应予以验收；

3）经有资质的检测机构检测鉴定达不到设计要求、但经原设计单位核算认可能够满足安全和使用功能的检验批，可予以验收；

4）经返修或加固处理的分项、分部工程，确认能够满足安全及使用功能要求时，应按技术处理方案和协商文件的要求予以验收。

（7）工程质量控制资料应齐全完整。当部分资料缺失时，应委托有资质的检测机构按有关标准进行相应的实体检验或抽样试验。

（8）经返修或加固处理仍不能满足安全或重要使用功能要求的分部工程及单位工程，严禁验收。

五、质量验收的程序和组织

（1）检验批应由专业监理工程师组织施工单位项目专业质量检查员、专业工长等进行验收。

（2）分项工程应由专业监理工程师组织施工单位项目专业技术负责人等进行验收。

（3）分部工程应由总监理工程师组织施工单位项目负责人和项目技术负责人等进行验收。

勘察、设计单位项目负责人和施工单位技术、质量部门负责人应参加地基与基础分部工程的验收。

设计单位项目负责人和施工单位技术、质量部门负责人应参加主体结构、节能分部工程的验收。

（4）单位工程中的分包工程完工后，分包单位应对所承包的工程项目进行自检，并应按上述规定的程序进行验收。验收时，总包单位应派人参加。分包单位应将所分包工程的质量控制资料整理完整，并移交给总包单位。

（5）单位工程完工后，勘察单位应编制勘察工程质量检查报告，按规定程序审批后向建设单位提交；设计单位应对设计文件及施工过程的设计变更进行检查，并应编制设计工程质量检查报告，按规定程序审批后向建设单位提交；施工单位应组织有关人员进行自检，自检合格后应编制工程竣工报告，按规定程序审批后向建设单位提交；监理单位应在施工单位自检合格后组织工程竣工预验收，预验收合格后应编制工程质量评估报告，按规定程序审批后向建设单位提交。

（6）建设单位在竣工预验收合格后，应由建设单位项目负责人组织监理、施工、设计、勘察等单位项目负责人进行单位工程验收。

工程资料文件应随工程建设进度同步形成。单位工程质量竣工验收时，应按《建筑工程施工质量统一验收标准》GB 50300 附录 H 填写单位工程质量竣工验收记录、质量控制资料核查记录、安全和功能检验资料核查及抽查记录、观感质量检查记录四种表格。其中质量竣工验收记录表中的验收记录应由施工单位填写；验收结论由监理单位填写；综合验收结论应经参加验收各方共同商定，由建设单位填写，并对工程质量是否符合设计文件和相关标准的规定及总体质量水平作出评价。

工程竣工验收合格后，建设单位应在建（构）筑物的明显位置设置有关工程质量责任主体的永久性标牌。

勘察、设计、施工、监理等单位应将本单位形成的工程文件立卷后向建设单位移交。工程竣工验收备案前，建设单位应根据工程类别和当地城建档案管理机构的要求，将全部工程文件收集齐全、整理立卷，向城建档案管理机构移交。

第二节 砌 体 工 程

砌体工程是指用砂浆等胶结材料，将砖、石、砌块等块体垒砌成墙、柱等砌体的施工。在建筑工程中，砖、石砌筑历史悠久。由于具有取材方便、造价低廉、施工工艺简单等特点，有些地区仍较多应用。随着国家可持续发展战略的实施，非黏土砖及砌块占据了主要地位。

一、砌筑材料

【相关真题：2022-084】

砌筑工程所使用的材料包括块体材料（简称块材）和砂浆。块材为骨架材料，砂浆为粘结、衬垫材料。砌筑所用的各种材料均应有产品合格证书、产品性能型式检验报告，质量应符合国家现行有关标准的要求。块材、水泥、钢筋、外加剂、预拌砂浆、预拌混凝土尚应有材料主要性能的进场复验报告，并应符合设计要求。严禁使用国家明令淘汰的材料。

（一）块材

砌筑工程常用的块材有砖、砌块和石块三大类。块材的强度等级必须符合设计要求及国家标准。进场时应进行抽样检验并合格。

1. 砖

砖的常用种类有烧结普通砖、烧结多孔砖、烧结空心砖、混凝土多孔砖、混凝土实心砖、蒸压灰砂砖、蒸压粉煤灰砖等。

砖进场时，按每一生产厂家，烧结普通砖、混凝土实心砖每15万块，烧结多孔砖、混凝土多孔砖、蒸压灰砂砖及蒸压粉煤灰砖每10万块各为一验收批，不足上述数量时按1批计，抽检数量为1组。

不同品种的砖不得在同一楼层混砌。用于清水墙、柱表面的砖应边角整齐、色泽均匀。多孔砖不得用于冻胀地区的地下部位，以免影响结构耐久性。

砌体砌筑时，混凝土砖、蒸压灰砂砖、蒸压粉煤灰砖等非烧结砖的产品龄期不应少于28d，以免收缩变形造成砌体开裂。

对于烧结普通砖、烧结多孔砖、蒸压灰砂砖、蒸压粉煤灰砖，应在砌筑前的1~2d适度湿润，严禁用干砖或处于吸水饱和状态的砖砌筑，以免影响砂浆与砖的粘结力或砌体的稳定性及砌体的抗压强度。烧结砖的相对含水率宜为60%~70%；蒸压砖的相对含水率宜为40%~50%；混凝土砖不需浇水湿润，但在气候干燥炎热的情况下，宜在砌筑前喷水湿润。

2. 砌块

砌筑结构墙体常用普通混凝土小型空心砌块、轻骨料混凝土小型空心砌块、蒸压加气混凝土砌块等。砌块主规格的高度大于115mm且小于380mm的砌块为小型砌块，简称小砌块。砌块进场时，按每一生产厂家，每1万块小砌块为一验收批，不足1万块按一批计，抽检数量为1组；用于多层以上建筑的基础和底层的小砌块抽检数量不应少于2组。

施工时各种砌块的产品龄期均不应小于28d。承重墙体使用的小砌块应完整、无破损、无裂缝。砌筑小砌块时，应清除表面污物，剔除外观质量不合格的小砌块。砌筑小砌块砌体，宜选用专用小砌块砌筑砂浆。

对于普通混凝土小型空心砌块砌筑时，不需浇水湿润；如遇天气干燥炎热，宜在砌筑前对其喷水湿润。对轻骨料混凝土小砌块，应提前浇水湿润，块体的相对含水率宜为40%～50%；雨天及小砌块表面有浮水时，不得施工。

3. 石材

砌筑石砌体常用毛石、毛料石、粗料石、细料石等石材。毛石的中部厚度不得小于150mm，料石的边长均不得小于200mm。石材应质地坚实，无裂纹和无明显风化剥落。用于清水墙、柱表面的石材，尚应色泽均匀。石材的放射性应经检验合格，强度等级必须符合设计要求。进场时，对同一产地的同类石材抽检不应少于1组。

例2-1 关于砌体工程施工时块体的湿润，表述正确的是（ ）。
A 烧结多孔砖需吸水饱和　　　　　B 蒸压灰砂砖不需浇水湿润
C 轻骨料混凝土小砌块应提前浇水湿润　　D 混凝土实心砖需充分湿润

解析：《砌体结构工程施工质量验收规范》GB 50203—2011 第5.1.6条规定，砌筑烧结普通砖、烧结多孔砖、蒸压灰砂砖、蒸压粉煤灰砖砌体时，砖应提前1～2d适度湿润，严禁采用干砖或处于吸水饱和状态的砖砌筑。混凝土多孔砖及混凝土实心砖不需浇水湿润，但在气候干燥炎热的情况下，宜在砌筑前对其喷水湿润。故A、B、D选项表述错误。第6.1.7条规定，砌筑普通混凝土小型空心砌块砌体，不需对小砌块浇水湿润，如遇天气干燥炎热，宜在砌筑前对其喷水湿润；对轻骨料混凝土小砌块，应提前浇水湿润。故C选项表述正确。

答案：C

例2-2 蒸压加气混凝土砌块和轻骨料混凝土小型空心砌块在砌筑时，其产品龄期应超过28d，其目的是控制（ ）。
A 砌块的规格形状尺寸　　　　　B 砌块与砌体的粘结强度
C 砌体的整体变形　　　　　　　D 砌体的收缩裂缝

解析：采用保湿养护或蒸压养护的砌块或砖，砌筑时，其龄期都必须达到28d以上，以防止因块体收缩变形而引起砌体裂缝。

答案：D

（二）砌筑砂浆

1. 砂浆的种类与性能

砂浆是由胶结材料、细骨料及水等组成的混合物。常用的砌筑砂浆按强度分为M15、M10、M7.5、M5和M2.5五个等级，以边长为7.07cm的立方体试块经标准养护28d的抗压强度为准。按照组成成分的不同，砂浆分为水泥砂浆、石灰砂浆和混合砂浆等；按拌制地点分为现拌砂浆和预拌砂浆，而预拌砂浆又分为湿拌砂浆和干混砂浆；按用途分为一般砂浆和专用砂浆。常用砂浆的性能与用途如下：

（1）水泥砂浆：强度高，属于水硬性材料，但流动性和保水性较差。常用于强度要求高、地下部位，以及处于潮湿环境的砌体。

(2) 水泥混合砂浆：由于掺入塑性外掺料（如石灰膏、粉煤灰等），既可节约水泥，又可提高砂浆的可塑性，易提高砌体的砂浆饱满度，是一般砌体中最常使用的砂浆。

施工中不应采用强度等级小于 M5 水泥砂浆替代同强度等级水泥混合砂浆，如需替代，应将水泥砂浆提高一个强度等级，以免影响砌体强度。

砂浆应具有好的流动性和保水性。流动性好的砂浆便于操作，易使灰缝平整、密实，从而可以提高砌筑效率、保证砌体质量。砂浆的流动性以稠度表示，要求见表 2-3。保水性差的砂浆易产生泌水和离析，从而降低其流动性，影响砌筑质量。砌筑砂浆的保水性用保水率衡量，保水率不得低于：水泥砂浆 80％，水泥混合砂浆 84％，预拌砌筑砂浆 88％。

砌筑砂浆的稠度　　　　　　　　　　表 2-3

砌体种类	砂浆稠度（mm）
烧结普通砖砌体	70～90
烧结多孔砖及空心砖、轻骨料混凝土砌块、加气混凝土砌块砌体	60～80
混凝土砖、普通混凝土砌块、蒸压灰砂砖及粉煤灰砖砌体	50～70
石砌体	30～50

2. 砂浆原材料要求

(1) 水泥。水泥的质量必须符合现行国家标准的有关规定。检验方法是检查产品合格证、出厂检验报告和进场复验报告。

1) 进场时应对其品种、等级、包装或散装仓号、出厂日期等进行检查，并抽样复验其强度、安定性。抽检数量：按同一生产厂家、同品种、同等级、同批号连续进场的水泥，袋装水泥不超过 200t 为一批，散装水泥不超过 500t 为一批，每批抽样不少于一次。

2) 当在使用中对水泥质量有怀疑或水泥出厂超过三个月（快硬硅酸盐水泥超过一个月）时，应复查试验，并按复验结果使用。

3) 不同品种的水泥，不得混合使用。

(2) 砂。宜采用过筛中砂，并应满足下列要求：

1) 不应混有草根、树叶、树枝、塑料、煤块、炉渣等杂物；

2) 含泥量限制。配制水泥砂浆和强度等级大于或等于 M5 的水泥混合砂浆时，砂的含泥量不应超过 5％；配制强度等级小于 M5 的水泥混合砂浆时，含泥量不应超过 10％。

3) 人工砂、山砂及特细砂，应经试配能满足砌筑砂浆技术条件要求。

(3) 水。不得含有害物质。

(4) 外掺料。拌制水泥混合砂浆的粉煤灰、建筑生石灰、建筑生石灰粉的品质指标应符合现行行业标准。建筑生石灰、建筑生石灰粉应熟化为石灰膏，其熟化时间分别不得少于 7d 和 2d；沉淀池中储存的石灰膏，应防止干燥、冻结和污染，严禁采用脱水硬化的石灰膏；不得用建筑生石灰粉、消石灰粉替代石灰膏使用，否则将不能起塑化作用且影响砂浆强度。

(5) 外加剂。技术性能应符合有关标准，其品种和用量应经有资质的检测单位检验和试配确定。

3. 砂浆的拌制与使用

砌筑砂浆应进行配合比设计，采用重量比。在拌制砂浆时应称量配料（石灰膏应按其稠度乘以换算系数称量），水泥及各种外加剂的允许偏差为±2%；砂、粉煤灰、石灰膏等为±5%。应采用机械搅拌，搅拌时间自投料完起算：水泥砂浆和混合砂浆不得少于120s；预拌砂浆和掺粉煤灰、外加剂、保水增稠材料的砂浆不得少于180s。

加水拌制的砂浆应随拌随用，以免影响强度和性能。拌制后应在3h内用完；当气温超过30℃时，应在2h内用完。预拌砂浆及加气块专用砂浆干料的储存期不应超过3个月，否则应重新检验合格后再用；加水搅拌后的使用时间应按照产品说明书确定。砂浆拌制后在使用过程中严禁随意掺入任何材料。

4. 砂浆的检验与验收

每一检验批且不超过250m³砌体的各类、各强度等级的砌筑砂浆，每台搅拌机应至少抽检一次。同一验收批砂浆试块的数量不得少于3组，对预拌或专用砂浆抽检可为3组。同一验收批砂浆试块强度平均值应不小于设计值的1.1倍，且最小一组的强度值应不低于设计强度等级值的85%。砂浆试块应在砂浆搅拌机或储存容器出料口随机取样制作。搅拌的每盘砂浆只应制作1组试块。预拌砂浆中的湿拌砂浆稠度应在进场时取样检验。

当施工中或验收时出现下列情况，可采用现场检验的方法对砂浆或砌体强度进行实体检测，并判定其强度：

(1) 砂浆试块缺乏代表性或试块数量不足；
(2) 对砂浆试块的试验结果有怀疑或有争议；
(3) 砂浆试块的试验结果，不能满足设计要求；
(4) 发生工程事故，需要进一步分析事故原因。

例2-3 （2012）下列关于砌筑砂浆的说法，正确的是（　　）。
A　水泥进场时，应对其强度、安定性和凝结时间进行复验
B　砌筑砂浆配合比按体积比计量
C　砌筑砂浆的强度需通过标准养护28d的砂浆试块进行检验
D　施工中，可以用M2.5的水泥砂浆替代M2.5的水泥混合砂浆

解析：

①《砌体结构工程施工质量验收规范》GB 50203—2011（后简称《规范》）第4.0.1条第1款规定，水泥进场时应对其品种、等级、包装或散装仓号、出厂日期等进行检查，并应对其强度、安定性进行复验。即不需对凝结时间进行复验，故A选项说法错误。

② 砌筑用砂浆属结构用材料，不同于各种抹灰砂浆，因此《规范》第4.0.8条规定，配制砌筑砂浆时，各组分材料应采用质量计量。即砌筑砂浆必须采用质量配比，而各种抹灰用的砂浆才采用体积比。故B选项说法错误。

③《规范》第4.0.12条规定，砌筑砂浆试块应在搅拌机出料口随机取样制作，标养28d后作强度试验。故C选项说法正确。

④ 水泥砂浆的和易性（含黏聚性、保水性、流动性）较差，影响到砌筑时的砂

浆饱满度及与块材的粘结力，进而影响到砌体的抗压、抗拉及抗剪强度，尤其是低标号的水泥砂浆更甚。因此，《规范》第4.0.6条规定，施工中不应采用强度等级小于M5的水泥砂浆代替同强度等级的水泥混合砂浆，如需替代，应将水泥砂浆提高一个强度等级。故D选项说法错误。

答案：C

二、砌体工程施工

【相关真题：2022-081，2022-083，2021-081，2021-082】

砌体工程包括砖砌体工程、混凝土小型空心砌块工程、石砌体工程、配筋砌体工程、填充墙砌体工程等。砌体施工质量控制等级应根据现场质量管理水平、砂浆与混凝土质量控制、砂浆拌合工艺、砌筑工人技术等级四个要素从高到低分为A、B、C三个等级，其划分见表2-4。设计工作年限为50年以上的砌体结构工程，应为A级或B级。

施工质量控制等级　　　　　表2-4

项目	施工质量控制等级		
	A	B	C
现场质量管理	监督检查制度健全，并严格执行；施工方有在岗专业技术管理人员，人员齐全，并持证上岗	监督检查制度基本健全，并能执行；施工方有在岗专业技术管理人员，人员齐全，并持证上岗	有监督检查制度；施工方有在岗专业技术管理人员
砂浆、混凝土强度	试块按规定制作；强度满足验收规定；离散性小	试块按规定制作；强度满足验收规定；离散性较小	试块按规定制作；强度满足验收规定；离散性大
砂浆拌和	机械拌和；配合比计量控制严格	机械拌和；配合比计量控制一般	机械或人工拌和；配合比计量控制较差
砌筑工人	中级工以上；其中，高级工不少于30%	高、中级工不少于70%	初级工以上

注：1. 砂浆、混凝土强度离散性大小根据强度标准差确定；
　　2. 配筋砌体不得为C级施工。

施工前，应编制砌体结构工程施工方案。放线时，标高、轴线应从基准控制点引出；砌筑基础前，应校核放线尺寸。

图2-1　基础标高不同时的搭砌示意
1—混凝土垫层；2—基础扩大部分

基底标高不同时，应从低处砌起，并应由高处向低处搭砌。当设计无要求时，搭接长度L不应小于基础底的高差H，搭接长度范围内，下层基础应扩大砌筑（图2-1）。

砌体的转角处和纵横交接处应同时咬槎砌筑，当不能同时砌筑时应按规定留槎、接槎。砌筑墙体时应设置皮数杆。

在墙上留置临时施工洞口时，洞口的净宽不应超过1m，其侧边离交接处墙面不应小于500mm。设防烈度为9度地区的施工洞口位置，应会同设计单位确定。临时施工洞口应做好补砌。

设计要求的洞口、沟槽、管道应于砌筑时正确留出或预埋,未经设计同意,不得打凿墙体和在墙体上开凿水平沟槽。宽度超过 300mm 的洞口上部,应设置钢筋混凝土过梁。不应在截面长边小于 500mm 的承重墙体、独立柱内埋设管线。

不得在下列墙体或部位设置脚手眼:

(1) 120mm 厚墙、清水墙、料石墙、独立柱和附墙柱、轻质墙、夹心复合墙的外叶墙;

(2) 过梁上与过梁成 60°角的三角形范围及过梁净跨度 1/2 的高度范围内;

(3) 宽度小于 1m 的窗间墙;

(4) 门窗洞口两侧 200mm(石砌体为 300mm)和转角处 450mm(石砌体为 600mm)范围内;

(5) 梁或梁垫下及其左右 500mm 范围内。

施工时应控制墙体的自由高度,尚未施工楼面或屋面的墙或柱,当其高度超过抗风允许自由高度的限值时,必须采用临时支撑等有效措施,防止大风造成危害。

砌筑完基础或每一楼层后,应校核砌体的轴线和标高。在允许偏差范围内,轴线偏差在基础顶面或楼面上校正,标高偏差宜通过调整上部砌体灰缝厚度校正。

搁置预制梁、板的砌体顶面应平整,标高一致。安装时应坐浆(宜用 1:3 水泥砂浆)。

砌体结构中钢筋的防腐,应符合设计规定。

雨天不宜在露天砌筑墙体,对下雨当日砌筑的墙体应进行遮盖。继续施工时,应复核墙体的垂直度,若其超过允许偏差时,应拆除重新砌筑。

砌体施工时,楼面和屋面堆载不得超过楼板的允许荷载值。当施工层进料口处施工荷载较大时,楼板下宜采取临时支撑措施。

正常施工条件下,砖砌体、小砌块砌体每日砌筑高度宜控制在 1.5m 或一步脚手架高度内;石砌体不宜超过 1.2m。

砌体结构分段施工时,分段位置宜设在结构缝、构造柱或门窗洞口处。相邻施工段间的砌筑高度差不得超过一个楼层的高度,也不宜大于 4m。砌体临时间断处的高度差不得超过一步脚手架的高度。

砌体结构工程检验批,是以同类型同强度等级材料每 250m³ 砌体、主体结构每个楼层(基础砌体可按一个楼层计;填充墙砌体量少时可多个楼层合并)作为一个检验批。检验批验收时,其主控项目应全部符合规范的规定;一般项目应有 80% 及以上的抽检处符合规范的规定;有允许偏差的项目,最大超差值为允许偏差值的 1.5 倍。

砌体结构分项工程中检验批抽检时,各抽检项目的样本最小容量除有特殊要求(如砖砌体和混凝土小型空心砌块砌体的承重墙、柱的轴线位移应全数检查;外墙阳角数量小于 5 时,垂直度检查应为全部阳角等)外,按不应小于 5 确定,以便于检验批的统计和质量判定。

在墙体砌筑过程中,当砌筑砂浆初凝后,块体被撞动或需移动时,应将砂浆清除后再铺浆砌筑。

> **例 2-4** 砌筑施工质量控制等级分为 A、B、C 三级，其中对砂浆配合比计量控制严格的是（ ）。
> A A级　　　　B B级　　　　C C级　　　　D A级和B级
> 解析：《砌体结构工程施工质量验收规范》GB 50203—2011 第 3.0.15 条表 3.0.15 规定，A级对砂浆配合比计量控制严格。
> 答案：A

（一）砖砌体工程

砖砌体工程指烧结普通砖、烧结多孔砖、蒸压灰砂砖、粉煤灰砖等砌体施工工程。

1. 砌筑工艺

砌筑砖墙的工艺顺序一般为：抄平→放线→摆砖样→立皮数杆→盘角、挂线→铺灰砌砖→清理及勾缝。

(1) 抄平。砌墙前，应在基础顶面或楼面上定出各层标高，并用水泥砂浆或细石混凝土（厚度在 30mm 以上时）找平，使砖墙底部标高符合设计要求。

(2) 弹线。根据龙门板、外引桩或墙上给出的轴线及图纸上标注的墙体尺寸，在基础顶面或每层楼面上用墨线弹出墙的轴线和边线及门窗洞口位置。

(3) 摆砖样。在弹线的基面上，按选定的组砌方式用"干砖"试摆，以尽可能减少砍砖，且使砌体灰缝均匀、组砌合理有序。

图 2-2　皮数杆及挂线示意图
1—皮数杆；2—准线；3—竹片；4—圆钉

(4) 立皮数杆。皮数杆是划有每皮砖和灰缝的厚度，以及门窗洞口、过梁、楼板、预埋件等的标高位置的一种木制标杆（图 2-2）。它是砌筑时控制砌体水平灰缝厚度和竖向尺寸位置的标志。

皮数杆常立于房屋的四大角、内外墙交接处等位置，其间距一般为 10～15m。皮数杆应抄平竖立，用锚钉或斜撑固定牢固，并保证垂直。

(5) 盘角、挂线。按照干砖试摆位置挂好通线，砌好第一皮砖，接着就进行盘角。盘角是先由高水平技工砌筑大角或交接部位，为挂准线和大墙面的砌筑提供依据。

盘角后，应在其侧面挂线。对厚度为 240mm 及以下的墙体可单面挂线，370mm 及以上的墙体应双面挂线。

(6) 砌砖。砌砖的常用方法有"三一"砌筑法和铺浆法两种。"三一"砌筑法是指一铲灰、一块砖、一挤揉的砌筑方法，该法利于提高砂浆饱满度，砌筑质量高于铺浆法。铺浆法是摊铺一定长度砂浆后，放砖并挤出砂浆。其铺浆长度不得超过 750mm；当施工期间气温超过 30℃时，不得超过 500mm。

240mm 厚承重墙的每层墙的最上一皮砖，砖砌体的阶台水平面上及挑出层的外皮砖，应整砖丁砌。多孔砖的孔洞应垂直于受压面砌筑。半盲孔多孔砖的封底面应朝上砌筑。

弧拱式及平拱式过梁的灰缝应砌成楔形缝，拱底灰缝宽度不宜小于 5mm，拱顶不应大于15mm。平拱式过梁拱脚下面应伸入墙内不小于20mm，过梁底应有1%的起拱。砖过梁底部的模板及其支架拆除时，灰缝砂浆强度不应低于设计强度的75%。

（7）清理及勾缝。砌筑混水墙时，应随砌随清扫墙面。对清水墙，应及时将灰缝划出10mm深的沟槽，以便勾缝施工。勾缝宜采用1:1.5的水泥砂浆，填压密实、深浅一致。

2. 质量要求

（1）灰缝应横平竖直，厚薄均匀。水平灰缝厚度及竖向灰缝宽度宜为10mm，但不应小于8mm和大于12mm。检查时，水平灰缝厚度用尺量10皮砖砌体高度折算；竖向灰缝宽度用尺量2m砌体长度折算。

（2）砂浆应密实饱满。砖墙水平灰缝的砂浆饱满度不得低于80%，竖缝不得出现透明缝、瞎缝和假缝；砖柱的水平、竖向灰缝均不得低于90%。检查时，用百格网检查砖底面与砂浆的粘结痕迹面积，每处检测3块砖，取其平均值。每检验批至少抽查5处。

（3）组砌方法应正确，内外搭砌，上、下错缝，其长度不小于60mm。清水墙、窗间墙无通缝；混水墙中不得有长度大于300mm的通缝，长度200～300mm的通缝每间不超过3处，且不得位于同一面墙体上。砖柱不得采用包心砌法。

（4）留槎合理，接槎可靠。

1）砖砌体的转角处和交接处应同时砌筑，严禁无可靠措施的内外墙分砌施工。

2）在抗震设防烈度8度及以上地区，对不能同时砌筑的临时间断处应砌成斜槎[图2-3（a）]。斜槎的水平投影长度，砌普通砖时不应小于高度的2/3；多孔砖不小于1/2。斜槎高度不得超过一步脚手架的高度。

(a) 斜槎   (b) 直槎

图2-3 砖墙留槎要求

（括号内尺寸用于设防烈度为6度、7度地区）

3）在抗震设防烈度为6度、7度地区，当不能留斜槎时，除转角处外，可留凸直槎[图2-3（b）]，且应加设拉结钢筋。其数量为：沿墙高每500mm设一道，每道不少于2根$\phi 6$，且按每120mm墙厚1根放置；埋入长度从留槎处算起每边均不应小于0.5m或1m（抗震设防者）；钢筋末端应有90°弯钩。砌体外露面钢筋的砂浆保护层厚度应不小于15mm。

接槎处补砌时，必须将表面清理干净，洒水湿润，并填实砂浆，保持灰缝平直。

(5) 偏差在允许范围内。砖砌体尺寸、位置的允许偏差及检验方法见表 2-5。

砖砌体、混凝土小型空心砌块砌体尺寸、位置的允许偏差及检验   表 2-5

项次	项目			允许偏差（mm）	检验方法	抽检数量
1	轴线位移			10	用经纬仪和尺或用其他测量仪器检查	承重墙、柱全数检查
2	基础、墙、柱顶面标高			±15	用水准仪和尺检查	不应小于 5 处
3	墙面垂直度	每层		5	用 2m 托线板检查	不应小于 5 处
		全高	≤10m	10	用经纬仪、吊线和尺或其他测量仪器检查	外墙全部阳角
			>10m	20		
4	表面平整度	清水墙、柱		5	用 2m 靠尺和楔形塞尺检查	不应小于 5 处
		混水墙、柱		8		
5	水平灰缝平直度	清水墙		7	拉 5m 线和尺检查	不应小于 5 处
		混水墙		10		
6	门窗洞口高、宽（后塞口）			±10	用尺检查	不应小于 5 处
7	外墙上下窗口偏移			20	以底层窗口为准，用经纬仪或吊线检查	不应小于 5 处
8	清水墙游丁走缝			20	以每层第一皮砖为准，用吊线和尺检查	不应小于 5 处

例 2-5 砖砌体砌筑时，下列哪条不符合规范要求？（　　）

A　砖提前 1~2d，浇水湿润

B　常温时，多孔砖可用于防潮层以下的砌体

C　多孔砖的孔洞垂直于受压面砌筑

D　竖向灰缝无透明缝、瞎缝和假缝

解析：《砌体结构工程施工质量验收规范》GB 50203—2011 第 5.1.4 规定，有冻胀环境和条件的地区，地面以下或防潮层以下的砌体，不应采用多孔砖。故 B 选项不符合规范要求。

答案：B

例 2-6　(2021) 当基底标高不同时，砖基础砌筑时应（　　）。

A　从低处砌起，并应由低处向高处搭砌

B　从低处砌起，并应由高处向低处搭砌

C　从高处砌起，并应由低处向高处搭砌

D　从高处砌起，并应由高处向低处搭砌

解析：根据《砌体结构工程施工质量验收规范》GB 50203—2011 第 3.0.6 条，砌筑顺序应符合下列规定：① 基底标高不同时，应从低处砌起，并应由高处向低处搭砌（故选项 B 正确），当设计无要求时，搭接长度不应小于基础底的高差，搭接长度范围内下层基础应扩大砌筑；② 砌体的转角处和交接处应同时砌筑，当不能同时砌筑时，应按规定留槎、接槎。

答案：B

（二）混凝土小型空心砌块砌体工程

砌块砌体施工前，应按房屋设计图编绘砌块平、立面排块图，并按排块图施工。砌块排列应错缝搭接，并以主规格砌块为主，不得与其他块体或不同强度等级的块体混砌。

砌块砌体施工的主要工艺包括：抄平弹线、基层处理、立皮数杆、挂线砌筑、勾缝。

1. 基本要求

（1）底层室内地面以下或防潮层以下应采用水泥砂浆砌筑，且用不低于 C20（或 Cb20）的混凝土灌实小砌块的孔洞。

（2）小砌块墙体应孔对孔、肋对肋错缝搭砌。单排孔小砌块的搭接长度应为块体长度的 1/2；多排孔小砌块的搭接长度可适当调整，但不宜小于小砌块长度的 1/3，且不应小于 90mm。墙体的个别部位不能满足上述要求时，应在灰缝中设置拉结钢筋或钢筋网片，但竖向通缝（不满足搭砌长度者）仍不得超过两皮。

（3）小砌块应将生产时的底面朝上反砌于墙上，并逐块铺浆砌筑，以利于砂浆饱满。

（4）在散热器、厨房和卫生间等设备的卡具安装处砌筑的小砌块，宜在施工前用不低于 C20（或 Cb20）的混凝土将其孔洞灌实。

（5）在固定门窗框处应砌入实心混凝土砌块或灌孔形成芯柱；水电管线、孔洞、预埋件等应与砌筑及时配合进行，不得事后凿槽打洞。

（6）每步架墙（柱）砌筑完后，应随即刮平墙体灰缝。

（7）芯柱处，每一楼层第一皮应采用开口小砌块砌筑，以便灌注芯柱前清扫；砌筑时应随砌随清除小砌块孔内的毛边，并将灰缝中挤出的砂浆刮净，以保证芯柱的断面尺寸。

（8）芯柱混凝土宜选用专用小砌块灌孔混凝土。浇筑芯柱混凝土应符合下列规定：

1）每次连续浇筑的高度宜为半个楼层，但不应大于 1.8m；

2）浇筑芯柱混凝土时，砌筑砂浆强度应大于 1MPa；

3）清除孔内掉落的砂浆等杂物，并用水冲淋孔壁；

4）浇筑芯柱混凝土前，应先注入适量与芯柱混凝土成分相同的去石砂浆；

5）每浇筑 400~500mm 高度捣实一次，或边浇筑边捣实。并应对芯柱混凝土浇灌的密实程度进行检测，检测结果应满足设计要求。

2. 验收要求

小砌块和芯柱混凝土、砌筑砂浆的强度等级必须符合设计要求。对砌体进行各项检查时，每检验批抽查均不应少于 5 处。

（1）砌体水平灰缝和竖向灰缝的砂浆饱满度，按净面积计算不得低于 90%。

（2）墙体转角处和纵横交接处应同时砌筑。临时间断处应砌成斜槎，斜槎水平投影长度不应小于斜槎高度［图 2-4（a）］。施工洞口可预留直槎，但在洞口砌筑和补砌时，应在直槎上下搭砌的小砌块孔洞内用强度等级不低于C20（或Cb20）的混凝土灌实［图2-4（b）］。

图2-4 留槎与补砌
1—留洞时随砌随灌的混凝土；2—补洞时随砌随灌的混凝土；3—补洞砌块

（3）小砌块砌体的芯柱在楼盖处应贯通，不得削弱芯柱截面尺寸；芯柱混凝土不得漏灌。

（4）砌体的水平灰缝厚度和竖向灰缝宽度宜为10mm，但不应小于8mm，也不应大于12mm。检验方法：水平灰缝厚度用尺量5皮小砌块的高度折算；竖向灰缝宽度用尺量2m砌体长度折算。

（5）小砌块砌体尺寸、位置的允许偏差见表2-5。

例 2-7 为混凝土小型空心砌块砌体浇筑芯柱混凝土时，其砌筑砂浆强度应大于（　）。

A　2MPa　　　　B　1.2MPa　　　　C　1MPa　　　　D　0.8MPa

解析：《砌体结构工程施工质量验收规范》GB 50203—2011 第 6.1.15 条规定，芯柱混凝土宜选用专用小砌块灌孔混凝土。浇筑芯柱混凝土应符合下列规定：（1）每次连续浇筑的高度宜为半个楼层，但不应大于1.8m；（2）浇筑芯柱混凝土时，砌筑砂浆强度应大于1MPa。故选C。

答案：C

例 2-8 混凝土小型空心砌块砌体的水平灰缝砂浆饱满度按净面积计算不得低于（　）。

A　50%　　　　B　70%　　　　C　80%　　　　D　90%

解析：《砌体结构工程施工质量验收规范》GB 50203—2011 第 6.2.2 条规定，砌体水平灰缝和竖向灰缝的砂浆饱满度，按净面积计算不得低于90%。故选D。

答案：D

（三）石砌体工程

石砌体工程主要材料有：毛石、料石和水泥砂浆。

1. 施工的主要要求

(1) 石材表面的泥垢、水锈等杂质，应在砌筑前清除干净。

(2) 石砌体应采用铺浆法砌筑。转角处和交接处应同时砌筑，对不能同时砌筑而又必须留置的临时间断处应砌成斜槎。

(3) 砌筑毛石基础的第一皮石块应坐浆，并将大面向下；砌筑料石基础的第一皮石块应用丁砌层坐浆砌筑。毛石砌体的第一皮及转角处、交接处和洞口处，应用较大的平毛石砌筑。每个楼层（包括基础）砌体的最上一皮，宜选用较大的毛石砌筑。

(4) 毛石砌筑时，对石块间存在较大缝隙的应先向缝内填灌砂浆并捣实，然后再用小石块嵌填。不得先填小石块后填灌砂浆，石块间不得出现无砂浆而相互接触现象。

(5) 石砌体灰缝厚度应均匀。毛石砌体外露面的灰缝厚度不宜大于40mm；毛料石和粗料石的灰缝厚度不宜大于20mm；细料石的灰缝厚度不宜大于5mm。

(6) 石砌体每天的砌筑高度不宜超过1.2m。

(7) 挡土墙施工：

1) 毛石挡土墙应按分层高度砌筑，每砌3～4皮为一个分层高度，每个分层高度应将顶层石块砌平；两个分层高度间分层处的错缝不得小于80mm。

2) 料石挡土墙，当中间部分用毛石砌筑时，丁砌料石伸入毛石部分的长度不应小于200mm，以加强拉结，提高整体性和稳定性。

3) 挡土墙应设置足够的泄水孔，以防止地面水渗入而造成挡土墙基础沉陷，或墙体受附加水压作用而产生破坏、倒塌。当设计无规定时，施工应符合下列规定：

① 泄水孔应均匀设置，在每米高度上间隔2m左右设置一个泄水孔；

② 泄水孔与土体间铺设长宽各为300mm、厚200mm的卵石或碎石作疏水层。

4) 挡土墙内侧回填土必须分层夯填，每层松土厚度宜为300mm，确保压实，以提高挡土墙的可靠性。墙顶土面应有适当坡度使流水流向挡土墙外侧面，避免渗水而导致挡土墙内侧土含水量和墙的侧向土压力明显变化，以确保挡土墙的安全。

(8) 砌筑毛石和实心砖的组合墙时，毛石与砖应同时砌筑，并每隔4～6皮砖用2～3皮丁砖与毛石拉结砌合；两种砌体间的空隙应填实砂浆。毛石墙和砖墙相接的转角处和交接处应同时砌筑，且应自纵墙（或横墙）每隔4～6皮砖高度引出不小于120mm与横墙（或纵墙）相接。

2. 质量要求与验收

石材及砂浆强度等级必须符合设计要求。料石检查产品质量证明书，石材、砂浆检查试块试验报告。

石砌体的组砌应内外搭砌、上下错缝；拉结石、丁砌石应交错设置，毛石墙拉结石每0.7m²墙面不应少于1块。灰缝的砂浆饱满度不应小于80%。每检验批抽查不应少于5处，采用观察检查。

例2-9 关于石砌体工程的说法，错误的是（　　）。

A　料石砌体采用铺浆法砌筑

B　石砌体每天的砌筑高度不宜超过1.2m

> C 石砌体勾缝一般采用1:1水泥砂浆
> D 料石基础的第一皮石块应采用丁砌层坐浆砌筑
>
> **解析**：石砌体勾缝所用砂浆取决于设计要求，如无要求，一般采用1:1.5水泥砂浆。
>
> **答案**：C

（四）配筋砌体工程

配筋砌体工程是指为加强砌体强度和整体性而采取的构造柱、芯柱、组合砌体构件、配筋砌体剪力墙构件等构造加固措施，即在砌体中加入钢筋。

1. 对配筋砌体的要求

钢筋的品种、规格、数量和设置部位应符合设计要求（检查钢筋的合格证书、复验报告和隐蔽工程记录）。构造柱、芯柱、组合砌体构件、配筋砌体剪力墙构件的混凝土及砂浆的强度等级应符合设计要求（抽检数量按每检验批砌体试块不少于1组，验收批不少于3组，检验试验报告）。配筋砌体中受力钢筋的连接方式及锚固长度、搭接长度应符合设计要求（每检验批抽查不应少于5处）。

<u>设置在砌体水平灰缝内的钢筋，应居中置于灰缝中。水平灰缝厚度应大于钢筋直径4mm以上。砌体外露面砂浆保护层的厚度不应小于15mm。</u>

配筋小砌块砌体剪力墙，应采用专用的小砌块砌筑砂浆砌筑，专用小砌块灌孔混凝土浇筑芯柱。

砌体灰缝中的钢筋设置防腐保护应符合规范要求，防腐涂料无漏刷（喷浸），且钢筋防护层完好，不应有肉眼可见的裂纹、剥落和擦痕等缺陷。

网状配筋砖砌体中，钢筋网规格及放置间距应符合设计规定。每一构件钢筋网沿砌体高度位置偏差超过设计规定一皮砖厚处，不得多于一处（每检验批抽查不少于5处）。

2. 构造柱施工及质量要求

构造柱也称组合柱，通过与墙体、圈梁、楼板等连成整体而对砌体结构起到加固作用，是重要的抗震措施。为了保证连接可靠，构造柱与墙体的连接处应砌成马牙槎。马牙槎应先退后进，对称砌筑；沿高度方向不超过300mm，凹凸尺寸不少于60mm。砌筑时，沿墙高每500mm设置2ϕ6水平拉结钢筋，每边伸入墙内不宜小于600mm，如图2-5所示。

图2-5 构造柱与墙体的连接构造

构造柱混凝土应在砌墙砂浆达到一定强度后浇筑。支模前，应清除落地灰、砖渣等杂物，浇水湿润砌体槎口。浇筑混凝土时，先在底部注入20～30mm厚与构造柱混凝土浆液成分相同的水泥砂浆，再分层浇筑混凝土，并振捣密实，振捣时严禁触碰墙体。

马牙槎尺寸偏差，每一构造柱不应超过 2 处；钢筋的竖向移位不应超过 100mm，且竖向移位每一构造柱不得超过 2 处；施工中不得任意弯折拉结钢筋。构造柱一般尺寸允许偏差及检验方法应符合表 2-6 的规定。

构造柱一般尺寸允许偏差及检验方法　　　表 2-6

项次	项目			允许偏差（mm）	检验方法
1	中心线位置			10	用经纬仪和尺检查或用其他测量仪器检查
2	层间错位			8	用经纬仪和尺检查或用其他测量仪器检查
3	垂直度	每层		10	用 2m 托线板检查
		全高	≤10m	15	用经纬仪、吊线和尺检查或用其他测量仪器检查
			>10m	20	

例 2-10　（2017） 关于砌体结构中构造柱的说法，正确的是（　　）。

A　构造柱与砌体结合部位呈马牙状

B　构造柱靠近楼面处第一步马牙呈现凹形

C　马牙的高度不低于 350mm

D　马牙的凹凸尺寸不大于 50mm

解析：《砌体结构工程施工质量验收规范》GB 50203—2011 第 8.2.3 条 构造柱与墙体连接规定，墙体与构造柱连接处应砌成马牙槎，马牙槎凹凸尺寸不宜小于 60mm，高度不应超过 300mm，马牙槎应先退后进，对称砌筑；并应沿墙高每 500mm 设置 2ϕ6 水平拉结钢筋，每侧伸入墙内不宜小于 600mm。故选 A。

答案：A

（五）填充墙砌体工程

填充墙砌体工程是指框架结构、框架-剪力墙结构等房屋的围护墙、隔墙的砌筑施工。

1. 填充墙砌体材料及要求

填充墙砌体材料常用烧结空心砖、蒸压加气混凝土砌块、轻骨料混凝土小型空心砌块等。其中，轻骨料混凝土小型空心砌块或蒸压加气混凝土砌块不得用于：① 建（构）筑物防潮层以下墙体；② 长期浸水或化学侵蚀环境；③ 砌体表面温度高于 80℃ 的部位；④ 长期处于有振动源环境的墙体。虽然填充墙一般多为非承重墙，但所用空心砖、小砌块及砌筑砂浆的强度等级必须符合设计要求。

块体的运输、装卸过程中，严禁抛掷和倾倒。进场后应按品种、规格分别堆放整齐，堆置高度不宜超过 2m。蒸压加气混凝土砌块含水率宜小于 30%，运输及存放应防止雨淋。

2. 填充墙砌体的施工

填充墙施工前，对伸缩缝、沉降缝、防震缝中的模板应拆除干净，不得夹有砂浆、块体及碎渣等杂物。

在厨房、卫生间、浴室等处采用轻骨料混凝土小型空心砌块、蒸压加气混凝土砌块砌筑墙体时，墙底部宜现浇混凝土坎台，其高度宜为150mm，以利于提高墙底的防水效果和踢脚线施工。

蒸压加气混凝土砌块、轻骨料混凝土小型空心砌块不应与其他块体混砌。不同强度等级的同类块体也不得混砌。但窗台处和因安装门窗需要，可采用其他块体局部嵌砌；填塞墙顶缝隙可采用其他块体。

填充墙拉结筋处的下皮小砌块宜采用半盲孔小砌块或用混凝土灌孔小砌块；薄灰砌筑法施工的蒸压加气混凝土砌块砌体，拉结筋应放置在砌块上表面设置的沟槽内。

填充墙砌筑时应错缝搭砌，蒸压加气混凝土砌块搭砌长度不小于砌块长度的1/3；轻骨料混凝土小型空心砌块搭砌长度不应小于90mm；竖向通缝长度不应大于2皮厚。

填充墙砌体的灰缝厚度和宽度应正确，空心砖、轻骨料混凝土小型空心砌块的砌体灰缝应为8～12mm。蒸压加气块砌体的水平、竖向灰缝，当采用水泥砂浆、水泥混合砂浆或其专用砌筑砂浆时不应超过15mm；当采用专用粘结砂浆时宜为3～4mm。

填充墙砌体的灰缝砂浆应饱满，空心砖砌体的饱满度同砖砌体，砌块砌体的竖向、水平灰缝饱满度均应达到80%以上。

填充墙砌体砌筑，应待承重主体结构检验批验收合格后进行。填充墙与承重主体结构间的空（缝）隙部位施工，应在填充墙砌筑14d后进行，以利于结构变形，避免墙体干缩和沉降裂缝。

3. 质量要求

填充墙砌体应与主体结构可靠连接，其连接构造应符合设计要求。拉结钢筋或网片的位置应与块体皮数相符合，且应置于灰缝中；埋置长度应符合设计要求，竖向位置偏差不应超过一皮块体高度。

填充墙与承重墙、柱、梁的连接钢筋，当采用化学植筋的连接方式时，应进行实体检测。锚固钢筋拉拔试验的轴向受拉非破坏承载力检验值应为6kN，此时基材应无裂缝、钢筋无滑移裂损现象；持荷2min荷载值降低不大于5%。应按规范填写植筋锚固力检测记录。

例2-11 关于填充墙砌体工程，下列表述错误的是（　　）。

A　填充墙砌筑前块材应提前2d浇水

B　蒸压加气混凝土砌块砌筑时的产品龄期为28d

C　空心砖的临时堆放高度不宜超过2m

D　填充墙砌至梁、板底时，应及时用细石混凝土填补密实

解析：《砌体结构工程施工质量验收规范》GB 50203—2011第9.1.2条规定，砌筑填充墙时，蒸压加气混凝土砌块的产品龄期不应小于28d。第9.1.3条规定，烧结空心砖进场后应按品种、规格堆放整齐，堆置高度不宜超过2m。第9.1.5条规定，采用普通砂浆砌筑填充墙时，烧结空心砂、吸水率较大的轻骨料混凝土小型空心砌块应提前1～2d浇（喷）水湿润。第9.1.9条规定，填充墙与承重主体结构间空（缝）隙部位施工，应在填充墙砌筑14d后进行。故D选项表述错误。

答案：D

三、砌体冬期施工

根据当地气象资料，当室外日平均气温连续5d稳定低于5℃时，砌体工程应采取冬期施工措施。此外，当日最低气温低于0℃时，也应按冬期施工执行。

1. 冬期施工对材料的要求

（1）砖、砌块在砌筑前，应清除表面污物、冰雪等，不得使用遭水浸泡和受冻后表面结冰、污染的砖或砌块。

（2）烧结砖、蒸压灰砂砖及粉煤灰砖、吸水率较大的轻骨料混凝土小型空心砌块在气温高于0℃条件下砌筑时，应浇水湿润，且应即时砌筑；气温在0℃及以下时可不浇水，但应增大砂浆稠度。普通混凝土砖及小型空心砌块、采用薄灰砌筑法的蒸压加气块施工时，不应对其浇（喷）水湿润。抗震设防烈度为9度的建筑物，对需浇水块体无法浇水湿润时，如无特殊措施，不得砌筑。

（3）砌筑砂浆宜采用普通硅酸盐水泥配制，不得使用无水泥拌制的砂浆。

（4）现场拌制砂浆所用砂中不得含有冰块或直径大于10mm的冻结块。

（5）石灰膏、电石膏等材料应有保温措施，如遭冻结应经融化后使用。

（6）拌合砂浆时，水温不得超过80℃，砂的温度不得超过40℃，且任何情况下，水泥都不得与80℃以上的热水直接接触，以避免水泥假凝而影响施工和强度。

2. 冬期施工的砌筑要求

砌体工程冬期施工应有完整的冬期施工方案，并应采取相应措施。

冬期施工时，砖砌体应采用"三一"砌筑法施工；砌块砌体应随铺灰随砌筑。每日砌筑高度不宜超过1.2m。

砌筑施工时，砂浆温度不应低于5℃。以便操作和达到受冻临界强度。

冬期施工砌筑间歇期间，宜及时在砌体表面进行保护性覆盖，砌体面层不得留有砂浆。继续砌筑前，应将砌体表面清理干净。

砂浆试块的留置，除应按常温规定要求外，尚应增设一组与砌体同条件养护的试块，用于检验转入常温28d的强度。如有特殊需要，可另外增加相应龄期的同条件试块。

3. 砌体工程冬期施工方法与要求

砌体工程冬期施工主要方法有外加剂法和暖棚法。

（1）外加剂法

外加剂法又称为掺盐砂浆法，即采用掺入盐类等抗冻早强剂砂浆砌筑砌体的方法。砌筑工程的冬期施工宜选用该法。

由于氯盐对钢材具有较强的腐蚀作用，因此，应预先对需埋设的钢筋及钢埋件进行防腐处理；配筋砌体不得使用掺加氯盐和硫酸盐类外加剂的砂浆施工。此外，掺氯盐的砂浆还会使砌体产生析盐、吸湿现象，故不得在以下工程中使用：①可能影响装饰效果的建筑物；②使用湿度大于80%的建筑物；③热工要求高的工程；④变电所、发电站等接近高压电线的建筑物；⑤地下水位经常变化且无防水措施的基础；⑥经常受40℃以上高温影响的建筑物。

当设计无要求，最低气温在-15℃及以下时，砂浆强度等级应较常温施工提高一级。

（2）暖棚法

该法是利用简易结构和廉价的保温材料，将需要砌筑的空间临时封闭，并在棚内加热，使砌体在正温条件下砌筑和养护。适用于地下工程、基础工程以及工期紧迫的砌体结构。

用暖棚法施工时，块体和砂浆在砌筑时的温度均不得低于5℃。距所砌结构底面0.5m处的棚内温度也不得低于5℃。砌体在暖棚内的养护时间，应据表2-7确定。

暖棚法砌体的养护时间　　　　　　　　　　　表2-7

暖棚内温度（℃）	5	10	15	20
养护时间不少于（d）	6	5	4	3

第三节　混凝土结构工程

【相关真题：2022-084】

混凝土结构是以混凝土为主制成的结构，包括素混凝土结构、钢筋混凝土结构和预应力混凝土结构等，按施工方法可分为现浇结构和装配式结构。

混凝土结构子分部工程可划分为模板、钢筋、预应力、混凝土、现浇结构和装配式结构等分项工程。各分项工程可根据与生产和施工方式相一致且便于控制施工质量的原则，按进场批次、工作班、楼层、结构缝或施工段划分为若干检验批。

混凝土工程的验收程序为：检验批验收→分项工程验收→子分部工程验收。验收方法与要求如下：

（1）检验批的质量验收。包括实物检查和资料检查，并应符合下列规定。

1）主控项目的质量经抽样检验均应合格。

2）一般项目的质量经抽样检验应合格；一般项目当采用计数抽样检验时，其合格点率应达到80％及以上，且不得有严重缺陷。

3）应具有完整的质量检验记录，重要工序应具有完整的施工操作记录。

（2）检验批验收时，抽样样本应随机抽取，并应满足分布均匀、具有代表性的要求。不合格检验批的处理应符合下列规定。

1）材料、构配件、器具及半成品检验批不合格时不得使用。

2）混凝土浇筑前施工质量不合格的检验批，应返工、返修，并应重新验收。

3）混凝土浇筑后施工质量不合格的检验批，应按规范有关规定进行处理。

获得认证的产品或来源稳定且连续三批均一次检验合格的产品，进场验收时检验批的容量可按规范的有关规定扩大一倍。扩大后出现不合格情况时，应按扩大前的检验批容量重新验收，且该产品不得再次扩大检验批容量。

混凝土结构工程采用的材料、构配件、器具及半成品，应按进场批次进行检验。属于同一工程项目且同期施工的多个单位工程，对同一厂家生产的同批产品，可统一划分检验批进行验收。

（3）分项工程的质量验收。应在所含检验批验收合格的基础上，进行质量验收记录检查。

（4）混凝土结构子分部工程的质量验收。应在钢筋、预应力、混凝土、现浇结构和装配式结构等相关分项工程验收合格的基础上，进行质量控制资料检查、观感质量验收及结构实体检验。

一、模板工程

【相关真题：2022-085，2021-088，2019-085】

模板系统是使新浇的混凝土成形的模型，由模板、支架及连接件组成（图2-6）。模板系统中与混凝土直接接触的部分称为模板，它决定了混凝土结构的几何尺寸及表面效果。而支承模板的部分称为支架，它保持模板位置及形状的正确并承受模板、混凝土等的重量、压力及施工中产生的荷载。

图 2-6 现浇梁及楼板模板（胶合板模板）

（一）对模板的基本要求

(1) 要保证结构和构件的形状、尺寸，以及位置准确和饰面的效果；
(2) 具有足够的承载力、刚度和整体稳定性；
(3) 构造简单、装拆方便，且便于钢筋安装和混凝土浇筑、养护；
(4) 表面平整、拼缝严密，能满足混凝土内部及表面质量要求；
(5) 材料轻质、高强、耐用、环保，利于周转使用。

（二）模板的分类

(1) 按材料分有：木、钢、钢木、铝合金、胶合板、塑料、玻璃钢模板等；
(2) 按结构类型分有：基础、柱、墙、梁、楼板、楼梯模板等；
(3) 按构造及施工方法分有：①拼装式（如木模板、胶合板模板）；②组合式（如定型组合式钢模板、铝合金模板、钢框胶合板模板）；③工具式（如大模、台模）；④爬升式模板（如爬模、滑模）；⑤永久式（如压型钢板模板、预应力混凝土薄板、叠合板）。
(4) 按作用及承载种类分有：侧模板、底模板。

（三）常用模板的特点

(1) 胶合板模板。包括竹胶合板和木胶合板（也称多层板），其单块面积大、表面平整、重量较轻、可锯可钉拼装方便；但周转次数少，环境负荷大。主要用于楼板模板

图2-7 组合式铝合金模板支设的墙、板模板

(图2-6)。可减少接缝，提高平整度，免除顶棚抹灰。

(2) 组合式模板。包括定型组合式钢模板、铝合金模板、钢框胶合板模板等。该类模板按照一定模数有多种规格、型号，可根据需要组合拼装成各种构件、各种尺寸的模板。其特点是通用性强、周转率高、安装方便，但拼缝多、构件表面平整度较差，机械化作业程度低（图2-7）。

(3) 大模板。它是用于墙体施工的钢制大型工具式模板，两块对拼即可浇筑一片墙体。具有装拆速度快、机械化程度高、刚度大、混凝土表观质量好等优点，但其造价较高、通用性较差。在剪力墙结构施工中应用广泛（图2-8）。

图2-8 大模板构造与组装
1—面板；2—稳定机构；3—次肋；4—主肋；5—穿墙螺栓；6—爬梯；
7—操作平台；8—栏杆

(4) 滑升模板。简称滑模（图2-9），它是随着混凝土的浇筑，通过千斤顶或提升机等设备，使模板沿着混凝土表面向上滑动而逐步完成浇筑的模板系统（每次滑升浇筑300mm左右）。滑模不需频繁安装和拆除模板及脚手架，且模板用量少，施工进度快；但一次性投资较大，需要不间断作业，对施工技术和管理水平要求较高，工程质量控制难度较大。主要用于现浇高耸的构筑物，如烟囱、水塔、筒仓、桥墩等。对有较多水平构件的建筑墙体效果较差，目前已较少使用。

(5) 爬升模板。简称即爬模（图2-10），它是将大块模板与爬升或提升系统结合而形成的模板体系（每次爬升一个楼层高度）。具有大模板和滑升模板共同的优点，是新型、快速发展的模板系统。它可以加快施工速度，减少塔吊的工作量，不需搭设脚手架，垂直度和平整度易于调整控制而避免误差积累。但由于安装位置固定造成周转率低，配置量多于大模板。适于现浇高层、超高层建筑的墙体、核心筒以及桥墩、塔柱等竖直或倾斜结构的施工。目前已逐步形成"单块爬升""整体爬升"等工艺。前者主要用于较大面积房屋的墙体施工，后者多用于筒、柱、墩的施工。

（四）一般规定

(1) 模板工程应编制施工方案。爬升式模板工程、工具式模板工程及高大模板支架工程的施工方案，应按有关规定进行技术论证。

图2-9 液压滑升模板组成示意图
1—支承杆；2—提升架；3—液压千斤顶；
4—围圈；5—围圈支托；6—模板；
7—操作平台；8—外挑三脚架；
9—下吊脚手架；10—混凝土墙体

图2-10 液压爬升模板构造

(2) 模板及支架应根据安装、使用和拆除的工况进行设计，并应满足承载力、刚度和整体稳固性要求。

(3) 现浇混凝土结构模板及支架的安装质量、模板及支架的拆除均应符合施工规范规定和施工方案的要求。

（五）模板安装要求

(1) 模板及支架所用材料的技术指标应符合国家标准的规定，进场时应抽样检验材料的外观、规格和尺寸。

(2) 现浇混凝土结构模板及支架的安装质量，应符合国家标准的规定和施工方案的要求。

（3）后浇带处模板及支架应独立设置，以便持续支撑，防止因两侧模板拆除而造成结构损伤或坍塌。

（4）支架竖杆和竖向模板安装在土层上时，应符合下列规定。

1）土层应坚实、平整，其承载力或密实度应符合施工方案的要求。

2）应有防水、排水措施；对冻胀性土应有预防冻融措施。

3）支架竖杆下应有底座或垫板。

（5）模板表面应平整、清洁，接缝应严密。浇混凝土前，模板内杂物应清理干净，且不得有积水或冰雪等。对清水混凝土及装饰混凝土构件，应使用能达到设计效果的模板。

（6）模板隔离剂的品种和涂刷方法应符合施工方案的要求。隔离剂不得影响结构性能及装饰施工；不得沾污钢筋、预应力筋、预埋件和混凝土接槎处；不得对环境造成污染。

（7）梁、板的跨度在4m及以上时，底模的跨中应起拱。设计无规定时，起拱高度应符合规范及施工方案的要求，一般为跨度的1‰～3‰，以抵消模板及支架在钢筋及新浇混凝土荷载作用下因压缩变形而产生的挠度。对梁，跨度大于18m时应全数检查，跨度不大于18m时应抽查构件数量的10%且不少于3件；对板，应按有代表性的自然间抽查10%且不少于3间。

（8）现浇混凝土结构多层连续支模应符合施工方案的规定。上下层模板支架的竖杆宜对准，以利于荷载的传递与分散。竖杆下垫板的设置应符合施工方案的要求。

（9）固定在模板上的预埋件和预留孔洞不得遗漏，且应安装牢固。其位置应满足设计和施工方案的要求。当设计无具体要求时，其位置偏差应符合表2-8的规定。

（10）现浇结构模板安装偏差及检验方法应符合规范规定（表2-9）。

预埋件和预留孔洞的安装允许偏差　　　　　　　　　　表2-8

项　　目		允许偏差（mm）
预埋板中心线位置		3
预埋管、预留孔中心线位置		3
插筋	中心线位置	5
	外露长度	+10，0
预埋螺栓	中心线位置	2
	外露长度	+10，0
预留洞	中心线位置	10
	尺寸	+10，0

现浇结构模板允许偏差和检查方法　　　　　　　　　　表2-9

项　　目	允许偏差（mm）	检　查　方　法
轴线位置	5	尺量
底模上表面标高	±5	水准仪或拉线、尺量

项目		允许偏差（mm）	检查方法
模板内部尺寸	基础	±10	尺量
	柱、墙、梁	±5	尺量
	楼梯相邻踏步高差	5	尺量
柱、墙垂直度	层高≤6m	8	经纬仪或吊线、尺量
	层高>6m	10	经纬仪或吊线、尺量
相邻模板表面高差		2	尺量
表面平整度		5	2m靠尺和塞尺量测

（六）模板的拆除

模板拆除时，可采取先支的后拆、后支的先拆，先拆非承重模板、后拆承重模板的顺序，并应自上而下进行拆除。现浇结构模板拆模时应符合下列规定：

（1）侧模应在混凝土强度能保证其表面及棱角不受损伤后，方可拆除。

（2）底模及其支架应在混凝土的强度达到设计要求后再拆除。当设计无具体要求时，与结构构件同条件养护的混凝土试件的抗压强度应满足：跨度小于等于2m的板，达到设计强度标准值的50%以上；跨度2~8m的板和跨度小于等于8m的梁、拱、壳，应达到75%；跨度大于8m的板、梁、拱、壳以及任何跨度的悬臂构件，应达到100%。

（3）多个楼层的梁板支架拆除，宜保持在施工层下有2~3个楼层的连续支撑，以分散和传递较大的施工荷载。

（4）对后张法施工的预应力混凝土构件，侧模宜在预应力筋张拉前拆除，底模及支架应在预应力建立后拆除。

（5）后浇带处的模板及支架拆除应按施工技术方案执行。

例 2-12　（2019）根据《混凝土结构工程施工质量验收规范》GB 50204—2015，现浇混凝土结构模板及其支架设计时，通常不作为基本要求的是（　　）。

　　A　耐候性　　　B　承载力　　　C　稳固性　　　D　刚度

解析：《混凝土结构工程施工质量验收规范》GB 50204—2015 第 4.1.2 条及《混凝土结构通用规范》GB 55008—2021 第 5.2.1 条均规定，模板及支架应根据安装、拆除和使用等各种工况进行设计，并应满足承载力、刚度和整体稳固性要求。可见"耐候性"通常不作为基本要求。

答案：A

例 2-13　（2021）支设模板不考虑（　　）的要求。

　　A　冻融预防　　B　起拱设置　　C　经济性　　D　排水设施

解析：《混凝土结构工程施工质量验收规范》GB 50204—2015 相关条款如下：

4.2.4　支架竖杆和竖向模板安装在土层上时，应符合下列规定：

① 土层应坚实、平整，其承载力或密实度应符合施工方案的要求；

② 应有防水、排水措施，对冻胀性土，应有预防冻融措施。

4.2.7 模板的起拱应符合现行国家标准《混凝土结构工程施工规范》GB 50666 的规定，并应符合设计及施工方案的要求。

故选 C。

答案：C

二、钢筋工程

(一) 建筑用钢筋的种类

混凝土结构用的普通钢筋，可分为热轧钢筋、热处理钢筋和冷加工钢筋。热轧钢筋包括低碳钢（牌号 HPB、光圆）、低（微）合金钢（牌号 HRB、带肋）钢筋。热处理钢筋包括用余热处理（RRB）或晶粒细化（HRBF）等工艺加工的钢筋；该类钢筋强度较高，但强屈比低且焊接性能不佳。冷加工钢筋强度较高但脆性大，已很少使用。热轧或热处理钢筋按屈服强度分为 300、335、400、500MPa 级四个等级，按表面形状分为光圆钢筋和带肋钢筋。

预应力钢筋按材料类型可分为：预应力用钢丝、螺纹钢筋、钢绞线等。螺纹钢筋的屈服强度为 785～1080MPa；消除应力钢丝和钢绞线为硬钢，无屈服强度，极限强度为 1570～1960MPa。

钢筋的强度标准值应具有不小于 95% 的保证率。

(二) 钢筋进场检验

钢筋进场时，应检查质量证明文件（产品合格证、出厂检验报告）和钢筋外观质量，并抽样检验力学性能和单位长度重量偏差。

1. 钢筋外观检查

原料钢筋外观应全数检查，要求钢筋平直、无损伤，表面不得有裂纹、油污、颗粒状或片状老锈。

成型钢筋按同一厂家、同一类型的成型钢筋，不超过 30t 为一批，每批随机抽取 3 个成型钢筋进行检查，其外观质量和尺寸偏差应符合国家现行有关标准的规定。

2. 力学性能与重量偏差

(1) 一般钢筋

钢筋进场时，应按国家现行相关标准的规定抽取试件作屈服强度、抗拉强度、伸长率、弯曲性能和重量偏差检验；对成型钢筋，应抽取试件作屈服强度、抗拉强度和重量偏差检验。检验结果应符合相应标准的规定。

检查数量：对原料钢筋，按进场的批次和产品的抽样检验方案确定。对成型钢筋，按同一厂家、同一类型、同一钢筋来源的成型钢筋，不超过 30t 为一批，每批中每种钢筋牌号、规格均应至少抽取 1 个钢筋试件，总数不应少于 3 个。

检验方法：检查质量证明文件和抽样检验报告。

(2) 抗震钢筋

对按一、二、三级抗震等级设计的框架和斜撑构件（含梯段）中的纵向受力普通钢筋应采用 HRB400E、HRB500E、HRBF400E 或 HRBF500E 钢筋，其强度和最大力下总伸长率的实测值应符合下列规定：

1) 抗拉强度实测值与屈服强度实测值的比值不应小于 1.25；
2) 屈服强度实测值与屈服强度标准值的比值不应大于 1.30；
3) 最大力下总伸长率不应小于 9%。

检查数量：按进场的批次和产品的抽样检验方案确定。

检验方法：检查抽样检验报告。

3. 钢筋机械连接套筒、钢筋锚固板以及预埋件

检查数量按国家现行有关标准的规定确定。其外观质量应符合国家现行有关标准的规定。检验方法为检查产品质量证明文件、观察和尺量。

（三）钢筋加工

包括调直、除锈、接长、下料切断、弯曲成型。

1. 加工方法

（1）钢筋调直方法主要根据设备条件决定：对于直径小于 12mm 的盘圆钢筋，一般用卷扬机或调直机调直；大直径钢筋来料为直条，一般不需调直，个别可用弯曲机扳直。

（2）加工中的接长常用闪光对焊，连接直条粗钢筋，以满足长度要求和减少料头。

（3）切断钢筋的方法有：手动剪断器，用于切断直径＜12mm 的钢筋；钢筋切断机，用于切断直径 6～40mm 的钢筋；切割机可切断各种钢筋，能使切面平整，满足机械连接要求。

（4）钢筋弯曲成型有两种方法：一般在工作平台上手工弯曲成型；对大量钢筋加工可用钢筋弯曲机加工。

2. 加工要求

（1）钢筋弯折的弯弧内直径应符合下列规定，以免弯弧外侧裂缝。

1) 光圆钢筋（HPB300），不应小于 2.5d（d 为钢筋直径）；
2) 335MPa 级、400MPa 级带肋钢筋，不应小于 4d；
3) 500MPa 级带肋钢筋，当直径为 28mm 以下时，不应小于 6d；当直径为 28mm 及以上时，不应小于 7d；
4) 箍筋弯折处尚不应小于纵向受力钢筋直径，使其能与纵筋贴合以箍紧。

（2）纵向受力钢筋弯折后平直段长度应符合设计要求，从而满足锚固要求。光圆钢筋末端做 180°弯钩时，弯钩的平直段长度不应小于钢筋直径的 3 倍。

（3）箍筋的末端应按设计要求做弯钩。形式见图 2-11。

对一般结构构件，箍筋弯钩的弯折角度不应小于 90°，弯折后平直段长度不应小于 5d（d 为箍筋直径）；对有抗震设防要求的结构构件，不应小于 135°和 10d。

(a) 135°/135°　(b) 90°/180°　(c) 90°/90°

图 2-11　绑扎箍筋的形式

3. 盘卷钢筋调直后的检验

盘卷钢筋调直后应进行力学性能和重量偏差检验。检验时应对 3 个试件先进行重量偏差检验，再取其中 2 个试件进行力学性能检验。其强度应符合国家标准的规定，其断后伸长率、重量偏差应符合表 2-10 的规定。对采用无延伸功能的机械设备调直的钢筋，可不进行此项检验。

检验重量偏差时,试件切口应平滑并与长度方向垂直,其长度不应小于500mm;长度和重量的量测精度分别不应低于1mm和1g。检查数量按同一设备加工的同一牌号、同一规格的调直钢筋,重量不大于30t为一批,每批见证抽取3个试件。

盘卷钢筋调直的断后伸长率、重量偏差要求 表2-10

钢筋牌号	断后伸长率 A(%)	重量偏差(%)	
		直径6~12mm	直径14~16mm
HPB300	≥21	≥-10	—
HRB335	≥16	≥-8	≥-6
HRB400、HRBF400	≥15	≥-8	≥-6
RRB400	≥13	≥-8	≥-6
HRB500、HRBF500	≥14	≥-8	≥-6

注:断后伸长率A的量测标距为5倍钢筋直径。

4. 钢筋加工质量的检验

钢筋加工的形状、尺寸应符合设计要求。同一设备加工的同一类型钢筋,每工作班抽查不应少于3件。其偏差应符合表2-11的规定。

钢筋加工的允许偏差 表2-11

项 目	允许偏差(mm)
受力钢筋沿长度方向的净尺寸	±10
弯起钢筋的弯折位置	±20
箍筋外廓尺寸	±5

> **例2-14** 纵向钢筋的加工不包括( )。
> A 钢筋绑扎 B 钢筋调直
> C 钢筋除锈 D 钢筋剪切与弯曲
> **解析:**钢筋绑扎属于钢筋的安装,不属于钢筋的加工。
> **答案:**A

(四)钢筋的连接

1. 连接方法

钢筋连接常采用焊接、机械连接和绑扎搭接。钢筋的连接方式应符合设计要求,接头的位置应符合设计和施工方案要求。

(1)焊接连接

焊接是利用热能熔化钢筋待连接处,使其熔融而连成一体。当环境温度低于-5℃时应调整焊接参数或工艺,低于-20℃时不得进行焊接,雨、雪及大风天气应采取遮挡措施。常用焊接方法如下。

1) 闪光对焊

它是在对焊机上,将两接触的钢筋通以低电压的强电流,闪光熔化后,轴向加压顶锻使两钢筋连接的压焊方法。该法焊接质量好、适用范围广、价格低廉,用于粗钢筋下料前的接长或制作闭口箍筋。焊接工艺有连续闪光焊、预热闪光焊和闪光-预热闪光焊三种。

2) 电弧焊

它是利用弧焊机使焊条与焊件之间产生高温电弧,熔化焊条和焊件金属,待其凝固后便形成焊缝或接头。电弧焊广泛用于各种钢筋接头、焊制钢筋骨架、钢筋与钢板的焊接及结构安装的焊接。钢筋接头的常用形式有搭接焊、帮条焊、剖口焊等。

3) 电渣压力焊

电渣压力焊是利用强电流将埋在焊药中的两钢筋端头熔化,然后施加压力使其熔合。用于柱、墙等竖向钢筋的接长。它比电弧焊工效高、成本低、质量好。

4) 电阻点焊

电阻点焊是利用钢筋交叉点电阻较大,在通电瞬间受热而熔化,并在电极的压力下焊合。用于钢丝或较细钢筋的交叉连接,常用来制作钢筋骨架或网片。

(2) 机械连接

钢筋机械连接是利用与连接件的咬合作用来传力的连接方法。具有接头强度高(可与母材等强)、不受气候及环境条件影响、无火灾隐患等优点,可用于柱、梁、板、墙等构件的竖向、水平或任何倾角的粗钢筋连接。常用机械连接方法有螺纹连接和冷挤压连接。

1) 冷挤压连接

它是将两根待连接的钢筋插入套筒,再利用千斤顶挤压,使套筒变形而与钢筋咬合,将两钢筋连接在一起[图2-12(a)]。只能连接带肋钢筋,且直径16mm以上。由于所用套筒大且对钢材要求高,故价格较高。

2) 螺纹连接

螺纹连接是采用专用设备将钢筋端部做出螺纹,拧入套筒而连接。包括锥螺纹(基本淘汰)、镦粗直螺纹和滚轧直螺纹连接。滚轧直螺纹[图2-12(b)]是用机床的滚轮将钢筋端部轧出直径相同的螺纹丝扣,利用钢材"变形硬化"的特性,使接头可与母材等强。施工速度快、费用低,可用于直径16mm以上的光圆、带肋钢筋,得到广泛应用。

(a) 冷挤压连接   (b) 直螺纹连接

图2-12 钢筋机械连接形式
1—钢筋;2—钢套筒;3—待挤压的钢筋

2. 连接的要求

(1) 接头位置

钢筋接头宜设置在受力较小处；有抗震设防要求的结构中，梁端、柱端箍筋加密区范围内不宜设置钢筋接头，且不应进行钢筋搭接。同一纵向受力钢筋不宜设置两个或两个以上接头。接头末端至钢筋弯起点的距离，不应小于钢筋直径的10倍。

(2) 钢筋机械连接及焊接要求

1) 钢筋采用机械连接或焊接连接时，接头的外观质量应符合现行行业标准的规定。接头的力学性能、弯曲性能应符合国家现行有关标准的规定。接头试件应从完成的工程实体中截取。

2) 当纵向受力钢筋采用机械连接接头或焊接接头时，同一连接区段（指长度为35d且不小于500mm的区段，d为相互连接两根钢筋的直径较小值）内纵向受力钢筋的接头面积百分率：当设计无具体要求时，受拉接头不宜大于50%；受压接头可不受限制。直接承受动力荷载的结构构件中，不宜采用焊接；当采用机械连接时，不应超过50%。

检查数量：在同一检验批内，对梁、柱和独立基础，应抽查构件数量的10%，且不应少于3件；对墙和板，应按有代表性的自然间抽查10%，且不应少于3间；对大空间结构，墙可按相邻轴线间高度5m左右划分检查面，板可按纵横轴线划分检查面，抽查10%，且均不应少于3面。

> **例2-15** （2011）当钢筋采用机械连接或焊接接头时，若设计无具体要求，则下述在同一连接区段内纵向受力钢筋的接头面积百分率的说法，错误的是（ ）。
>
> A 在受拉区不宜大于50%
>
> B 接头不宜设置在有抗震设防要求的框架梁端、柱端的箍筋加密区，当无法避开时，对等强度高质量机械连接接头，不应大于50%
>
> C 直接承受动力荷载的结构构件中，采用焊接接头时不应大于50%
>
> D 直接承受动力荷载的结构构件中，采用机械连接时不应大于50%
>
> **解析：**《混凝土结构工程施工质量验收规范》GB 50204—2015第5.4.6条规定，当纵向受力钢筋采用机械连接接头或焊接接头时，同一连接区段（指长度为35d且不小于500mm的区段）内纵向受力钢筋的接头面积百分率：当设计无具体要求时，受拉接头不宜大于50%，受压接头可不受限制。直接承受动力荷载的结构构件不宜采用焊接；当采用机械连接时，不应超过50%。故C选项说法错误。
>
> **答案：** C

(3) 绑扎搭接要求

绑扎搭接是利用搭接段的混凝土将钢筋中的力予以传递。由于混凝土承力能力远低于钢筋，故需有足够的搭接长度，并错开搭接位置。纵向受力筋搭接接头应符合下列规定：

1) 接头处钢筋的净间距不应小于钢筋直径，且不应小于25mm；

2) 同一连接区段（搭接长度l_l的1.3倍）内，纵向受拉钢筋的接头面积百分率，当设计无具体要求时，应符合下列规定：

① 梁类、板类及墙类构件，不宜超过25%；

② 柱类构件、基础筏板，不宜超过 50%，如图 2-13 所示。

③ 当工程中确有必要增大接头面积百分率时，对梁类构件，不应大于 50%。

检查数量：在同一检验批内，对梁、柱和独立基础，应抽查构件数量的 10%，且不应少于 3 件；对墙和板，应按有代表性的自然间抽查 10%，且不应少于 3 件。

图 2-13 钢筋搭接位置错开及净距示意图
注：图中所示 $1.3l_l$ 区段内，有接头的钢筋面积按两根计。

3) 梁、柱纵筋搭接长度范围内箍筋的设置，当设计无具体要求时应符合下列规定：

① 箍筋直径不应小于搭接钢筋较大直径的 1/4；

② 受拉搭接区段的箍筋间距不应大于搭接钢筋较小直径的 5 倍，且不应大于 100mm；

③ 受压搭接区段的箍筋间距不应大于搭接钢筋较小直径的 10 倍，且不应大于 200mm；

④ 当柱纵筋直径大于 25mm 时，应在搭接接头两个端面外 100mm 范围内各设置二道箍筋，其间距宜为 50mm。

（五）钢筋安装

钢筋安装时，受力钢筋的牌号、规格和数量必须符合设计要求。全数检查。

钢筋应安装牢固。受力钢筋的安装位置、锚固方式应符合设计要求。全数检查。

钢筋安装偏差及检验方法应符合表 2-12 的规定，受力钢筋保护层厚度的合格点率应达到 90% 及以上，且不得有超过表中数值 1.5 倍的尺寸偏差。检查 10% 且不应少于 3 件或 3 间。

钢筋安装允许偏差和检验方法　　　　表 2-12

项　目		允许偏差（mm）	检验方法
绑扎钢筋网	长、宽	±10	尺量
	网眼尺寸	±20	尺量连续三档，取最大偏差值
绑扎钢筋骨架	长	±10	尺量
	宽、高	±5	尺量
纵向受力钢筋	锚固长度	−20	尺量
	间距	±10	尺量两端、中间各一点，取最大偏差值
	排距	±5	
纵向受力钢筋、箍筋的混凝土保护层厚度	基础	±10	尺量
	柱、梁	±5	尺量
	板、墙、壳	±3	尺量
绑扎箍筋、横向钢筋间距		±20	尺量连续三档，取最大偏差值
钢筋弯起点位置		20	尺量
预埋件	中心线位置	5	尺量
	水平高差	+3，0	塞尺量测

注：检查中心线位置时，沿纵、横两个方向量测，并取其偏差的较大值。

（六）钢筋隐蔽工程验收

浇筑混凝土之前，应进行钢筋隐蔽工程验收。隐蔽工程验收应包括下列主要内容：

(1) 纵向受力钢筋的牌号、规格、数量、位置；

(2) 钢筋的连接方式，接头的位置、质量及面积百分率，搭接长度，锚固方式及长度；

(3) 箍筋、横向钢筋的牌号、规格、数量、间距、位置，箍筋弯钩角度及平直段长度；

(4) 预埋件的规格、数量和位置。

> **例 2-16** 在混凝土浇筑之前进行钢筋隐蔽验收时，无需对钢筋牌号进行隐蔽验收的是（　　）。
> 　A 纵向受力钢筋　　　B 箍筋　　　C 横向钢筋　　　D 马凳筋
> 解析：《混凝土结构工程质量验收规范》GB 50204—2015 第 5.1.1 条规定，浇筑混凝土之前，应进行钢筋隐蔽工程验收。隐蔽工程验收应包括下列主要内容：①纵向受力钢筋的牌号、规格、数量、位置；②钢筋的连接方式、接头位置、接头质量、接头面积百分率、搭接长度、锚固方式及锚固长度；③箍筋、横向钢筋的牌号、规格、数量、间距、位置，箍筋弯钩的弯折角度及平直段长度；④预埋件的规格、数量和位置。可见，对马凳等定位用钢筋无严格的牌号要求。故选 D。
> 答案：D

三、预应力工程

预应力工程施工主要分先张法和后张法，先张法适用于构件厂生产中小型构件；后张法适用于现场施工及构件厂制作大型预应力构件。

（一）一般要求

1. 隐蔽工程验收

浇筑混凝土前，应进行预应力隐蔽工程验收。隐蔽工程验收应包括下列主要内容：

1) 预应力筋的品种、规格、级别、数量和位置；
2) 成孔管道的规格、数量、位置、形状、连接以及灌浆孔、排气兼泌水孔；
3) 局部加强钢筋的牌号、规格、数量和位置；
4) 预应力筋锚具和连接器及锚垫板的品种、规格、数量和位置。

2. 材料进场检查

（1）预应力筋

1) 应全数进行外观检查。质量应符合：①有粘结预应力筋的表面不应有裂纹、小刺、机械损伤、氧化铁皮和油污等，展开后应平顺、不应有弯折。②无粘结预应力钢绞线护套应光滑、无裂缝、无明显褶皱；轻微破损处应外包防水塑料胶带修补，严重破损者不得使用。

2) 应按国家现行标准的规定抽取试件做抗拉强度、伸长率检验；对无粘结预应力钢绞线，还应进行防腐润滑脂量和护套厚度的检验，其检验结果应符合标准规定。

（2）锚具、夹具和连接器

1) 预应力筋用锚具应和锚垫板、局部加强钢筋配套使用，且能可靠传递预加力。

2) 应全数进行外观检查，其表面应无污物、锈蚀、机械损伤和裂纹。

3) 应检验静载锚固性能。

4) 处于三a、三b类环境条件下的无粘结预应力筋用锚具系统，应检验其防水性能，检验结果应符合相关标准的规定。检查数量：同一品种、同一规格的锚具系统为一批，每批抽取3套。

（3）预应力成孔管道

应全数检查管道外观质量，并抽样检验径向刚度和抗渗漏性能。其检验结果应符合下列规定：

1) 金属管道外观应清洁，内外表面应无锈蚀、油污、附着物、孔洞；金属波纹管不应有不规则褶皱，咬口应无开裂、脱扣；钢管焊缝应连续；

2) 塑料波纹管的外观应光滑、色泽均匀，内外壁不应有气泡、裂口、硬块、油污、附着物、孔洞及影响使用的划伤；

3) 径向刚度和抗渗漏性能应符合现行行业标准的规定。

3. 预应力筋的安装与张拉

（1）预应力筋安装时，其品种、规格、级别、数量以及安装位置必须符合设计要求。安装后须全数检查。预应力筋应平顺，并应与定位支撑钢筋绑扎牢固。定位控制点的竖向位置偏差合格点率应达到90%及以上，且不得有超过允许偏差值1.5倍的尺寸偏差。

（2）张拉机具及压力表应定期维护。张拉设备和压力表应配套标定和使用，标定期限不应超过半年。

（3）采用应力控制方法张拉预应力筋时，应校核最大张拉力下预应力筋的伸长值。实测伸长值与计算伸长值的相对允许偏差为6%。

例 2-17 下列对预应力筋张拉机具设备及仪表的技术要求，哪项不正确？（　　）

A 应定期维护和校验　　　　　　　B 张拉设备应配套使用且分别标定

C 张拉设备的标定期限不应超过半年　D 使用过程中千斤顶检修后应重新标定

解析：《混凝土结构工程施工质量验收规范》GB 50204—2015 第6.1.3条规定，预应力筋张拉机具及压力表应定期维护和标定。张拉设备和压力表应配套标定和使用，标定期限不应超过半年。《混凝土结构工程施工规范》GB 50666—2011 第6.4.2条还规定，当使用过程中出现反常现象时或张拉设备检修后，应重新标定。可见，B选项说法不正确。

答案：B

例 2-18 在混凝土结构预应力分项工程验收的一般项目中，预应力成孔管道进场检验的内容不包括（　　）。

A 外观质量检查　　　　　　　　　B 抗拉强度检验

C 径向刚度检验　　　　　　　　　D 抗渗漏性能检验

> **解析：**《混凝土结构工程施工质量验收规范》GB 50204—2015 第 8.1.2 条表 6.2.8 规定，预应力成孔管道进场时，应进行管道外观质量检查、径向刚度和抗渗漏性能检验。可见，抗拉强度不属于规定的管道进场检验内容。
> **答案：** B

（二）先张法施工

先张法是在浇筑构件混凝土之前，张拉预应力筋，将其临时锚固在台座或钢模上，然后浇筑混凝土构件，待混凝土达到一定强度后，切断预应力筋放张，钢筋弹性回缩，对混凝土产生预压应力（图 2-14）。

图 2-14 先张法施工过程示意图
1—台座；2—横梁；3—台面；4—预应力筋；5—锚固夹具；6—混凝土构件

1. 张拉设备

（1）台座

台座是临时撑住预应力筋的设备，应有足够的强度、刚度和稳定性。

（2）张拉机具和夹具

张拉常采用液压千斤顶作为主要设备，并使用悬吊、支撑、连接等配套组件。夹具是在先张法施工中用于夹持或固定预应力筋的工具，可重复使用。分为张拉夹具和锚固夹具。应根据预应力筋的种类、数量以及张拉与锚固方式的不同，选用相应的机具和夹具。

1）单根钢筋张拉

单根螺纹钢筋的张拉常用拉杆式千斤顶（图 2-15），随张拉用螺母锚具（图 2-16）锚固于台座横梁。

2）多根钢筋成组张拉

张拉成组的多根钢筋或钢绞线时，可采用三横梁装置，通过台座式液压千斤顶顶推张拉横梁进行张拉，见图 2-17。其张拉夹具固定于张拉横梁上。张拉后，将锚固夹具锁固于前横梁上。

所用锚固夹具，对螺纹钢筋可采用螺母锚具；对非螺纹钢筋可采用套筒夹片式锚具（图 2-18），通过楔形原理夹持住预应力筋。施工中应使各钢筋锚固长度及松紧程度一致。

图 2-15 拉杆式千斤顶张拉单根粗钢筋原理图
1—主缸；2—主缸活塞；3—主缸进油孔；4—副缸；5—副缸活塞；6—副缸进油孔；7—连接器；8—传力架；9—拉杆；10—螺母；11—台座横梁；12—钢板；13—螺纹筋

图 2-16 螺纹钢筋的锚固与接长装配

3) 钢丝张拉

钢丝常采用多根成组张拉。先将钢丝进行冷镦头，固定于模板端部的梳筋板夹具上，用千斤顶依托钢模横梁，用张拉抓钩拉动梳筋板，再通过螺母锚固于钢模横梁。当采取单根张拉时，可使用夹片夹具。

图 2-17 三横梁张拉装置示意图（张拉中）
1—张拉夹具；2—张拉横梁；3—台座式千斤顶；4—待锁紧锚固夹具；5—前横梁；6—台座传力柱；7—预应力筋；8—后横梁；9—固定锚具

图 2-18 圆套筒二片式夹具
1—夹片；2—套筒；3—预应力筋

2. 预应力筋张拉

预应力筋的张拉应根据设计要求严格按张拉程序进行。

(1) 张拉控制应力

根据《混凝土结构设计规范》GB 50010 的规定，预应力筋的张拉控制应力 σ_{con} 应满足表 2-13 要求。

张拉控制应力和超张拉允许最大应力　　　　表 2-13

项次	预应力筋种类	张拉控制应力 σ_{con}	调整后的最大应力限值 σ_{max}
1	消除应力钢丝、钢绞线	$0.75 f_{ptk}$	$0.80 f_{ptk}$
2	中强度预应力钢丝	$0.70 f_{ptk}$	$0.75 f_{ptk}$
3	预应力螺纹钢筋	$0.85 f_{pyk}$	$0.90 f_{pyk}$

注：f_{ptk} 为预应力筋抗拉强度标准值，f_{pyk} 为预应力筋屈服强度标准值。

(2) 张拉程序

预应力筋张拉一般可按下列程序进行：

$$0 \to 1.05\sigma_{con} \xrightarrow{\text{持荷 2min}} \sigma_{con} \to \text{固定；或 } 0 \to 1.03\sigma_{con} \to \text{固定}。$$

上述张拉程序中，都有超过张拉控制应力的步骤，其目的是减少预应力筋松弛造成的预应力损失。前者建立的预应力值较为准确，但工效较低；后者将 $3\%\sigma_{con}$ 作为松弛损失的补偿，其特点则与前一张拉程序相反。

（3）张拉要点

预应力筋的张拉应根据设计要求的控制应力及施工方案确定的程序进行。张拉要点如下：

1) 单根张拉时，应从台座中间向两侧对称进行，以防偏心损坏台座。多根成组张拉时，应用测力计抽查钢筋的应力，保证各预应力筋的初应力一致。

2) 张拉要缓慢进行；顶紧夹片时，用力不要过猛，以防钢丝折断；在拧紧螺母时，应注意压力表读数始终保持所需的张拉力。

3) 预应力筋张拉完毕后，与设计位置的偏差不得大于 5mm，也不得大于构件截面最短边长的 4‰。

4) 冬施张拉时，环境温度不得低于 -15℃。

3. 混凝土施工

预应力筋张拉完成后应及时浇筑混凝土。混凝土浇筑必须一次完成，不留施工缝。混凝土可采用自然养护或蒸汽养护。若进行蒸汽养护，应采用二次升温法。

4. 预应力筋放张

（1）放张要求。放张预应力筋时，混凝土强度必须达到设计要求值。设计无要求时，不得低于 75%。

（2）放张顺序。应按设计规定的顺序进行。若设计无规定，可按下列要求进行：

1) 轴心受预压的构件（如拉杆、桩等），所有预应力筋应同时放张；

2) 偏心受预压的构件（如梁等），应先同时放张预压力较小区域的预应力筋，再同时放张预压力较大区域的预应力筋；

3) 如不能满足前两项要求时，应分阶段、对称、交错地放张，以防止在放张过程中构件产生弯曲、裂纹和预应力筋断裂。

（3）放张方法。①板类构件。对每一块板，应从外向内对称放张，以免构件扭转而端部开裂。对钢丝或细钢筋，可直接用钢丝钳剪断或切割机锯断。②粗钢筋放张。放张应缓慢进行，以防击碎构件端部的混凝土。常采用千斤顶放张。

（三）后张法施工

后张法是先制作结构或构件，待其混凝土达到一定强度后，张拉预应力筋的方法(图 2-19)。该法直接在结构构件上进行预应力张拉，不需要台座，灵活性大；但锚具需留在结构体上，费用较高，工艺较复杂。按钢筋与混凝土之间的关系，分为有粘结和无粘结。

1. 机具设备

（1）锚具

锚具是在后张法结构或构件中，为保持预应力筋拉力并将其传递给混凝土的永久性锚固装置。锚具的类型应根据预应力筋的种类选用（表 2-14）。

1) 螺纹钢筋锚具

图 2-19 后张法施工过程示意图
（注：图示为有粘结的施工过程，无粘结则无需留孔与灌浆）
1—混凝土构件；2—预留孔道；3—预应力筋；4—千斤顶；5—锚具

常用锚具的选用 表 2-14

预应力筋品种	张拉端	固定端	
		安装在结构外部	安装在结构内部
钢绞线	夹片锚具 压接锚具	夹片锚具 挤压锚具 压接锚具	压花锚具 挤压锚具
钢丝束	镦头锚具 冷（热）铸锚	冷（热）铸锚	镦头锚具
精轧螺纹钢筋	螺母锚具	螺母锚具	螺母锚具

采用精轧螺纹钢筋作为预应力筋者，其张拉端和非张拉端均可使用螺母锚具（图 2-16）。

2) 钢绞线锚具

① 张拉端。钢绞线作预应力筋时，张拉端常用夹片式锚具。根据锚固钢绞线的数量分为单孔式（图 2-20）和多孔式（图 2-21）。

图 2-20 单孔三夹片锚具构成与装配图

图 2-21 多孔夹片锚固体系
1—波纹管；2—喇叭管锚垫板；3—灌浆孔；4—对中止口；
5—锚板；6—钢绞线；7—钢绞线折角；8—螺旋箍筋

161

② 非张拉端。钢绞线的非张拉端（固定端）的锚固，有挤压式和压花式锚具。挤压锚具挤压完成后，预应力筋外端露出挤压套筒的长度不应小于1mm；压花锚具的梨形头尺寸和直线锚固段长度不应小于设计值。

3) 钢丝锚具

钢丝常用镦头锚具、锥锚式锚具和铸锚。高强钢丝的镦头宜采用冷镦，镦头不得出现横向裂纹，强度不得低于钢丝强度的98%。镦头锚具构造见图2-22。

图2-22 镦头锚具构造与镦头机
1—螺母；2—锚杯；3—锚板；4—排气注浆孔；5—钢丝；6—冷镦器；7—镦粗头

（2）张拉设备

后张法的张拉设备由液压千斤顶、高压油泵、悬吊支架和控制系统组成。常用的液压千斤顶有穿心式、拉杆式、锥锚式和前置内卡式。

2. 后张法施工与要求

（1）孔道留设

孔道留设位置应准确、内壁光滑，端部预埋钢板应与孔道中心线垂直。留设方法有抽芯法及埋管法，抽芯法仅用于预制构件。

抽芯法是通过预埋钢管或胶管，抽出后形成孔道。钢管抽芯法仅适用于留设直线孔道，待混凝土初凝后、终凝前将钢管旋转抽出而成孔。胶管抽芯法既可以留设直线孔道，也可以留设曲线孔道，需待混凝土终凝后拔出。

图2-23 波纹管

埋管法是预埋金属或塑料波纹管（图2-23），无需抽出。这种留设方法施工方便、质量可靠、张拉阻力小，常用于现场施工或大型预应力构件的制作。

成孔管道的安装质量应符合下列规定：

1) 成孔管道的连接应密封；
2) 成孔管道应平顺，并应与定位支撑钢筋绑扎牢固；
3) 锚垫板的承压面应与预应力筋或孔道曲线末端垂直，预应力筋或孔道曲线末端应有400～600mm的直线段长度；
4) 成孔管道定位控制点的竖向位置偏差合格点率应达到90%及以上，且不得有超过允许偏差值1.5倍的尺寸偏差。

此外，当孔道较长时，需在中部增设灌浆孔和排气孔，其间距不宜大于12m。曲线孔道波峰和波谷的高差大于300mm，且采用普通灌浆工艺时，应在孔道波峰设置排气孔（图2-24）。

图2-24 排气孔设置及做法
1—预应力筋；2—泌水、排气孔管；3—弧形盖板；4—塑料管；5—波形管孔道

(2) 预应力筋张拉

1) 张拉条件。预应力筋张拉时，混凝土的强度应满足设计要求，且同条件养护的试件强度不低于设计强度等级值的75%；梁、板混凝土的龄期分别不少于7d和5d。

2) 张拉顺序。预应力筋的张拉顺序应符合设计要求，并根据结构受力特点及操作安全，同时要考虑均匀、对称的原则来确定。对现浇预应力混凝土楼盖，宜先楼板、次梁，再张拉主梁预应力筋。对预制屋架等叠浇构件，应从上至下逐层张拉，逐层加大拉应力，但顶底相差不得超过5%；如不能满足，应在移开上部构件后，进行二次补强。

3) 张拉方式。较短的预应力筋可一端张拉；对长度大于20m的曲线预应力筋和长度大于35m的直线预应力筋，应两端张拉，以减少预应力损失。两端张拉可两端同时进行，也可一端张拉锚固后，在另一端补足。当筋长超过50m时，宜采取分段张拉和锚固措施。

4) 张拉后应可靠锚固，且不应有断丝或滑丝。

(3) 孔道灌浆

预应力筋张拉后，对腐蚀极为敏感，应尽早进行孔道灌浆，以防止预应力筋锈蚀；并通过预应力筋与混凝土粘结，提高结构的整体性和耐久性。灌浆应密实、饱满，并应具有规定的强度。

配制水泥浆应采用硅酸盐或普通硅酸盐水泥（泌水率小），水灰比不得大于0.45，常掺加膨胀剂和减水剂。水泥浆试件的抗压强度不应低于30MPa。其他性能应符合下列规定：

1) 3h自由泌水率宜为0，且不应大于1%，泌水应在24h内全部被水泥浆吸收；

2) 水泥浆中氯离子含量不应超过水泥重量的0.06%；

3) 采用普通灌浆工艺时，24h自由膨胀率不应大于6%；真空灌浆时不大于3%。

灌浆顺序宜先灌下层孔道，后灌上层孔道，以免漏浆堵塞。直线孔道灌浆，应从构件的一端到另一端；曲线孔道灌浆，应从孔道最低处开始向两端进行。

(4) 封锚

张拉后，多余预应力筋宜采用机械切割。锚具外预应力筋的外露长度不应小于其直径的1.5倍，且不应小于30mm。灌浆后，应按照设计要求进行封端处理；当设计无具体要求时，锚具和预应力筋的保护层厚度不应小于：环境为一类时20mm，二a、二b类时50mm，三a、三b类时80mm。

> **例 2-19** 下列关于预应力施工的表述中,正确的是( )。
> A 锚具使用前,预应力筋均应做静载锚固性能试验
> B 预应力筋可采用砂轮锯断、切割机切断或电弧切割
> C 当设计无具体要求时,预应力筋张拉时的混凝土强度不应低于设计的混凝土立方体抗压强度标准值的90%
> D 预应力筋张拉完后应尽早进行孔道灌浆,以防止预应力筋腐蚀
> **解析:** 锚具使用前,当用量不足检验批规定数量的50%,且供货方提供有效的检验报告时,可不做静载锚固性能检验。预应力筋切断不宜用电弧切割。当设计无具体要求时,预应力筋张拉时,同条件养护的混凝土立方体试件抗压强度不应低于设计标准值的75%。
> **答案:** D

四、混凝土工程

混凝土工程包括配料、搅拌、运输、浇灌、振捣和养护等工序。各工序具有紧密的联系和影响,必须保证每一工序的质量,以确保混凝土的强度、刚度、密实性和整体性。

(一)混凝土的制备

混凝土结构施工宜采用预拌混凝土。

1. 原材料质量与检查

(1)水泥

水泥品种与强度等级应根据设计、施工要求,以及工程所处环境条件确定。

水泥进场时,应对其品种、代号、强度等级、包装或散装编号、出厂日期等进行检查,并应对水泥的强度、安定性和凝结时间进行抽样检验。检查数量,按同一厂家、同一品种、同一代号、同一强度等级、同一批号且连续进场的水泥,袋装不超过200t为一批,散装不超过500t为一批,每批抽样不少于一次。检验方法:检查质量证明文件和抽样检验报告。

当使用中水泥质量受不利环境影响或水泥出厂超过3个月(快硬硅酸盐水泥超过1个月)时,应进行复验,并按复验结果使用。

(2)外加剂

外加剂的选用应根据设计、施工要求,以及工程所处环境条件确定,其掺量应通过试验确定。不同品种外加剂首次复合使用时,应检验混凝土外加剂的相容性。

外加剂进场时,应对其品种、性能、出厂日期等进行检查,并应对外加剂的相关性能指标进行检验。检查数量,按同一厂家、同一品种、同一性能、同一批号且连续进场的混凝土外加剂,不超过50t为一批,每批抽样数量不应少于一次。

(3)矿物掺合料

矿物掺合料的选用应根据设计、施工要求,以及工程所处环境条件确定。

矿物掺合料进场时,应对其品种、技术指标、出厂日期等进行检查,并应对矿物掺合料的相关技术指标进行检验。检查数量,按同一厂家、同一品种、同一技术指标、同一批

号且连续进场的矿物掺合料,粉煤灰、石灰石粉、磷渣粉和钢铁渣粉不超过200t为一批,粒化高炉矿渣粉和复合矿物掺合料不超过500t为一批,沸石粉不超过120t为一批,硅灰不超过30t为一批,每批抽样数量不应少于一次。

(4) 粗、细骨料

宜选用粒形良好、质地坚硬的洁净碎石或卵石。粗骨料的最大粒径不应超过构件截面最小尺寸的1/4和钢筋最小净距的3/4;对于实心混凝土板,则不宜超过板厚的1/3和40mm。

普通砂石骨料、经净化处理的海砂、再生骨料均按相应国家标准检查。含泥量应满足施工规范要求。

(5) 混凝土拌制及养护用水采用饮用水时,可不检验;采用中水、搅拌站清洗水、施工现场循环水等其他水源时,应对其成分进行检验。同一水源检查不应少于一次。未经处理海水严禁用于钢筋混凝土、预应力混凝土的拌制和养护。

2. 混凝土配制强度的确定

混凝土配合比设计应经试验确定。由于施工中干扰因素较多,为使混凝土强度保证率达到95%以上,实验室在进行配合比计算和确定时,对低于C60的混凝土应按下式确定配制强度:

$$f_{cu,0} = f_{cu,k} + 1.645\sigma \tag{2-1}$$

式中 $f_{cu,0}$——混凝土的配制强度(MPa);

$f_{cu,k}$——混凝土立方体抗压强度标准值(MPa);

σ——混凝土强度标准差(MPa)。

当不具备30组以上的近期同品种混凝土强度资料时,强度标准差σ可按表2-15取用。

混凝土强度标准差 σ 值(MPa)　　　表2-15

混凝土强度等级	≤C20	C25～C45	C50～C55
σ	4.0	5.0	6.0

当配置C60及以上强度的混凝土时,配制强度应按下式确定:

$$f_{cu,0} \geqslant 1.15 f_{cu,k} \tag{2-2}$$

3. 混凝土的施工配料

混凝土应按国家现行标准《普通混凝土配合比设计规程》JGJ 55的有关规定,根据混凝土强度等级、耐久性和工作性等要求,进行配合比设计。

影响施工配料的因素有两个方面:一是称量不准;二是未按砂、石骨料实际含水率的变化进行施工配合比的换算。所以,为确保混凝土的质量,在施工中必须及时进行施工配合比的换算和严格控制称量。

计量设备的精度应符合现行国家标准,并应定期校准。使用前设备应归零。原材料的计量应按重量计,水和外加剂溶液可按体积计,其偏差不得超过:水泥、矿物掺合料±2%,粗细骨料±3%,水、外加剂±1%,以保证拌合物的质量。

4. 混凝土搅拌机的选择

混凝土搅拌机按其工作原理,可分为自落式和强制式两大类。自落式搅拌机适用于骨料较粗重、流动性较强的混凝土拌制。强制式搅拌机适于搅拌各种混凝土，对于干硬性混凝土、轻骨料混凝土及高性能混凝土必须采用强制式搅拌机拌制。

5. 搅拌时间的确定

搅拌时间是指从原材料全部投入搅拌筒时起，到开始卸料时为止所经历的时间。搅拌时间与搅拌机的类型、鼓筒尺寸、骨料品种、粒径以及混凝土的坍落度等有关。一般来说，轻骨料混凝土比重骨料混凝土搅拌时间长，坍落度小的混凝土比坍落度大的混凝土搅拌时间长，搅拌筒容量大的搅拌时间长，自落式搅拌机比强制式搅拌机的搅拌时间长。表 2-16 为强制式搅拌机的最短搅拌时间限值。当使用自落式搅拌机时，应各增加 30s。搅拌 C60 以上混凝土也应适当延长。

强制式搅拌机搅拌混凝土的最短时间（s） 表 2-16

混凝土坍落度（mm）	搅拌机出料量（L）		
	<250	250~500	>500
≤40	60	90	120
>40 且<100	60	60	90
≥100	60		

6. 开盘鉴定

首次使用的混凝土配合比应进行开盘鉴定，其原材料、强度、凝结时间、稠度等均应满足设计配合比的要求，并保存开盘鉴定资料和强度试验报告。

> **例 2-20** 混凝土结构施工时，对混凝土配合比的要求，下列哪项是不正确的？（ ）
> A 混凝土应根据实际采用的原材料进行配合比设计并进行试配
> B 首次使用的混凝土配合比应进行开盘鉴定
> C 混凝土拌制前应根据砂石含水率测试结果提出施工配合比
> D 进行混凝土配合比设计的目的完全是为了保证混凝土强度
> **解析**：进行混凝土配合比设计不仅是为了保证混凝土强度，还需满足耐久性和工作性等要求。
> **答案**：D

（二）混凝土的运输

1. 对混凝土运输的基本要求

（1）运输、输送、浇筑过程中严禁加水，散落的混凝土严禁用于结构浇筑。
（2）在运输中应避免产生分层离析现象，否则要在浇筑前进行二次搅拌。
（3）运输容器及管道、溜槽应严密、不漏浆、不吸水，保证通畅，并满足环境要求。
（4）尽量缩短运输时间，以减少混凝土性能的变化。
（5）连续浇筑时，运输能力应能保证浇筑强度（单位时间浇筑量）的要求。

2. 运输工具的选择

混凝土的运输可分为地面水平运输、垂直运输和楼面水平运输。
（1）地面水平运输。当采用预拌混凝土或运距较远时，最好采用混凝土搅拌运输车。

(2) 垂直运输。当混凝土量较大时，宜采用混凝土泵送输送。也可采用塔式起重机配合混凝土吊斗运输并完成浇灌。

(3) 楼面水平运输。多采用混凝土泵通过布料杆运输布料，塔式起重机亦可兼顾楼面水平运输，少量时可用双轮手推车。

（三）混凝土的浇筑

1. 浇筑的一般规定

(1) 混凝土浇筑倾落高度：当骨料粒径在 25mm 及以下时不得超过 6m，骨料粒径大于 25mm 时不得超过 3m；否则应使用串筒、溜管、溜槽等，以防下落动能大的粗骨料积聚在结构底部，造成混凝土分层离析。

(2) 不宜在降雨雪时露天浇筑；必须浇筑时，应采取确保混凝土质量的有效措施。

(3) 混凝土必须分层浇灌、分层捣实。每层浇筑的厚度依振捣方法而定：采取插入式振动器振捣时，不超过振动棒长度的 1.25 倍；采用表面式振动器振捣时，不超过 200mm。

(4) 混凝土运输、输送入模的过程应保证混凝土连续浇筑。按规范要求，混凝土运输、输送入模及其间歇的总的延续时间限值见表 2-17。

混凝土运输、输送入模及其间歇总的延续时间限值（min） 表 2-17

条　件	气　温	
	≤25℃	>25℃
不掺外加剂	180	150
掺外加剂	240	210

(5) 同一结构或构件混凝土宜连续浇筑，即各层、块之间不得出现初凝现象。如分层浇筑时，上层混凝土应在下层混凝土初凝之前浇筑完毕。当预计超过时应留置施工缝。

2. 施工缝与后浇带

规范规定，后浇带的留设位置应符合设计要求。后浇带和施工缝的留设及处理方法应符合施工方案要求。

(1) 施工缝

施工缝是指由于设计要求或施工需要分段浇筑而在先、后浇筑的混凝土之间形成的接缝。施工缝处由于连接较差，特别是粗骨料不能相互嵌固，抗剪强度受到很大影响。

施工缝应在混凝土浇筑之前确定，并宜留置在结构受剪力较小且便于施工的部位。施工缝的留置位置规定如下：

1) 柱的水平施工缝宜留置在基础的顶面、梁或柱帽下的 50mm 范围内（图 2-25）。

2) 梁与板应同时浇筑，但当梁断面过大时可先浇筑梁，将水平施工缝留置在板底面以下 20mm 内。

3) 单向板的垂直施工缝可留置在平行于短边的任何位置。

4) 有主次梁的楼盖宜顺着次梁方向浇筑，垂直施工缝应留置在次梁中间的 1/3 跨度范围内（图 2-26）。

图 2-25 浇筑柱的施工缝位置
Ⅰ-Ⅰ、Ⅱ-Ⅱ表示施工缝位置
1—肋形楼盖；2—无梁楼盖

图 2-26 有主次梁楼盖的施工缝位置
1—柱；2—主梁；3—次梁；4—楼板

施工缝留设方法：水平施工缝应在浇筑混凝土前，在钢筋或模板上弹出浇筑控制线。垂直施工缝应采取支模板或固定快易收口网、钢丝网等封挡，以保证缝口垂直。

接缝应在先期浇筑的混凝土强度不低于 1.2MPa 时进行。先在结合面进行粗糙处理和清理润湿，再铺厚度不大于 30mm 的水泥砂浆接浆层，随即浇筑混凝土并细致捣实。

（2）后浇带

后浇带是大面积混凝土结构的刚性接缝，用于不允许设置变形缝且后期变形趋于稳定的结构。包括收缩后浇带和沉降后浇带。前者是为了避免面积或体形原因造成混凝土收缩开裂，后者是为了避免高度或重量差异过大而造成沉降开裂。

后浇带宽度一般为 0.7~1.2m，钢筋不断。常留在梁、板的 1/3 跨度处，可采用支竖向模板留出。后浇带处梁板的底模应单独支设，以便既不妨碍其他部位拆模，又能使后浇带部位保持支撑，而防止其两侧结构受到损伤。

后浇带的混凝土浇筑应待结构变形基本完成后进行。按施工缝处理后，浇筑高一个等级的减缩混凝土，并加强养护。

图 2-27 振捣机械类型与原理

3. 混凝土的密实成型

混凝土只有经密实成型才能达到设计的强度、抗冻性、抗渗性和耐久性。密实成型的主要方法是机械振捣。振动捣实的机械有：内部（插入式）振动器、表面（平板式）振动器、外部（附着式）振动器和振动台（图 2-27）。

施工现场，主要是应用插入式振动器和平板式振动器。前者主要用于厚度较大的基础、柱、墙、梁等结构构件，后者主要用于面积大而厚度小的板类构件。外部振动器对模板要求较高，主要用于厚度较小且钢筋过密的构件；振动台用于构件厂制作构件。

> **例 2-21 （2011）** 现浇钢筋混凝土结构楼面预留后浇带的作用是避免混凝土结构出现（　　）。
>
> 　　A　温度裂缝　　　　B　沉降裂缝　　　　C　承载力降低　　　D　刚度降低
>
> **解析：**《混凝土结构工程施工质量验收规范》GB 50204—2015 条文说明第 7.4.2 条解释，混凝土后浇带对控制混凝土的结构的温度、收缩裂缝有较大作用。仅对楼面预留后浇带，其作用主要是避免混凝土结构出现温度、收缩裂缝，主要用于面积或长度过大，或形状、尺寸有较大变化（如 L 形）等情况下避免温度收缩、干缩等变形造成开裂。
>
> **答案：** A

（四）混凝土的养护

规范规定：混凝土浇筑完毕后应及时进行养护，养护时间以及养护方法应符合施工方案要求。

混凝土的养护是指混凝土浇筑后，在硬化过程中进行温度和湿度的控制，使其达到设计强度。施工现场多采用自然养护法，蒸汽养护法主要用于构件厂。

自然养护是通过洒水、覆盖、喷涂养护剂等方式，使混凝土在规定的时间内保持足够的温湿状态，使其强度得以增强。养护方式应综合考虑现场条件、环境温湿度、构件特点、技术要求、施工操作等因素合理选择，可单独使用或同时使用。

混凝土的自然养护应符合如下规定。

（1）混凝土终凝后应及时进行养护，防止失水开裂。

（2）混凝土的养护时间：硅酸盐水泥、普通硅酸盐水泥或矿渣硅酸盐水泥拌制的混凝土，不得少于 7d；采用缓凝型外加剂或大掺量矿物掺合料配制的混凝土、大体积混凝土、后浇带、抗渗混凝土以及 C60 以上混凝土不得少于 14d。

（3）洒水养护的洒水次数应能保持混凝土始终处于湿润状态。当日最低温度低于 5℃时，不应采用洒水养护。

（4）采用塑料薄膜覆盖养护时，应覆盖严密，并应保持薄膜内有凝结水。

（5）喷涂养护剂养护时，其保湿效果应通过试验检验。喷涂应均匀无遗漏。

（6）混凝土强度达到 1.2MPa 前，不得上人施工或堆放物料。

（五）混凝土质量的检查

1. 对拌合物的检查

（1）预拌混凝土进场时应全数检查并有质量证明文件，其质量应符合现行国家标准《预拌混凝土》GB/T 14902 的规定。

（2）混凝土中氯离子含量和碱总含量应符合现行国家标准《混凝土结构设计规范》GB 50010 的规定和设计要求。同一配合比的混凝土检查不应少于一次。

（3）混凝土拌合物的稠度（体现拌合物的流动性，主要指标是坍落度和维勃稠度，对输送及成型影响颇大）应满足施工方案的要求。

检查数量：对同一配合比混凝土，取样应符合下列规定，并做好稠度抽样检验记录。

1）每拌制 100 盘且不超过 100m³ 时，取样不得少于一次；

2）每工作班拌制不足 100 盘时，取样不得少于一次；

3) 连续浇筑超过 1000m³ 时，每 200m³ 取样不得少于一次；
4) 每一楼层取样不得少于一次。

允许偏差见表 2-18。

混凝土坍落度、维勃稠度的允许偏差值　　　　表 2-18

坍落度（mm）			
设计值	≤40	50～90	≥100
允许偏差	±10	±20	±30
维勃稠度（s）			
设计值	≥11	10～6	≤5
允许偏差	±3	±2	±1

（4）混凝土有耐久性指标要求时，应在施工现场随机抽取试件进行耐久性检验；混凝土有抗冻要求时，应在施工现场进行混凝土含气量检验。其检验结果应符合国家现行有关标准的规定和设计要求。同一配合比的混凝土，取样不应少于一次。

2. 混凝土强度检查

混凝土强度应按现行国家标准《混凝土强度检验评定标准》GB/T 50107 的规定分批检验评定。划入同一检验批的混凝土，其施工持续时间不宜超过 3 个月。检验评定混凝土强度时，应采用 28d 或设计规定龄期的标准养护试件。

对于采用蒸汽养护的构件，其试件应先随构件同条件养护，然后再置入标准养护条件下继续养护至 28d 或设计规定龄期。

混凝土的强度是根据 150mm 边长的标准立方体试块在标准条件下（20±2℃的温度和相对湿度 95% 以上）养护 28d 的抗压强度来确定。当采用非标准尺寸试件时，应将其抗压强度乘以尺寸换算系数（表 2-19），换算成边长为 150mm 的标准尺寸试件抗压强度。

混凝土试件尺寸及强度的尺寸换算系数　　　　表 2-19

骨料最大粒径（mm）	试件尺寸（mm）	强度的尺寸换算系数
≤31.5	100×100×100	0.95
≤40	150×150×150	1.00
≤63	200×200×200	1.05

注：对 C60 及以上的混凝土试件，其强度的尺寸换算系数可通过试验确定。

（1）试件取样

混凝土的强度等级必须符合设计要求。用于检验混凝土强度的试件应在浇筑地点随机抽取。

检查数量：对同一配合比混凝土，取样与试件留置应符合下列规定：
1) 每拌制 100 盘且不超过 100m³ 时，取样不得少于一次；
2) 每工作班拌制不足 100 盘时，取样不得少于一次；

3) 连续浇筑超过 1000m³ 时，每 200m³ 取样不得少于一次；
4) 每一楼层取样不得少于一次；
5) 每次取样应至少留置一组试件。

(2) 混凝土强度的评定

1) 每组试块强度代表值的确定

混凝土强度应分批进行验收。同一验收批的混凝土应由强度等级、龄期、生产工艺和配比相同的混凝土组成。每一验收批的混凝土强度，应以同批内各组标准试件的强度代表值来评定。每组试块的强度代表值按以下规定确定：

① 取三个试块试验结果的平均值，作为该组试块的强度代表值；
② 当三个试块中的最大或最小强度值，与中间值相比超过 15% 时，取中间值；
③ 当三个试块中的最大和最小强度值，与中间值相比均超过 15% 时，该组试件作废。

2) 混凝土强度评定方法

根据混凝土生产情况，在混凝土强度检验评定时，有以下三种评定方法：

① 标准差已知统计法

当混凝土的生产条件在较长时间内能保持一致，且同一品种混凝土的强度变异性能保持稳定时，由连续的三组试块代表一个验收批进行评定。

② 标准差未知统计法

当混凝土的生产条件不能满足上述规定，或在前一个检验期内的同一品种混凝土没有足够的数据用以确定标准差时，应由不少于 10 组的试块代表一个验收批，进行强度评定。

③ 非统计法

对零星生产的预制构件的混凝土或现场搅拌的批量不大的混凝土，可采用非统计法评定。此时，验收批混凝土的强度必须满足：同一验收批混凝土立方体抗压强度平均值不低于 1.15 倍设计标准值，且其中最小值不低于 0.95 倍设计标准值。

例 2-22 （2011）混凝土试件强度的尺寸换算系数为 1.00 时，混凝土试件的尺寸是( )。

A 50mm×50mm×50mm B 100mm×100mm×100mm
C 150mm×150mm×150mm D 200mm×200mm×200mm

解析：《混凝土结构工程施工质量验收规范》GB 50204—2015 第 7.1.2 条规定，混凝土试件尺寸 150mm×150mm×150mm 为标准尺寸试件（用于最大骨料粒径 ≤40mm），强度的尺寸换算系数为 1.00（注：最大骨料粒径 ≤31.5mm 者，做三面边长均为 100mm 的小试件，换算系数 0.95；最大骨料粒径 ≤63mm 者，做三面边长均为 200mm 的大试件，换算系数 1.05）。

答案：C

五、现浇结构工程

【相关真题：2019-086】

现浇混凝土结构是在设计位置支模、浇筑混凝土而成的结构。现浇结构的施工特点是工期较长，湿作业多，劳动条件较差；但结构整体性和抗震性好、耗钢量较少、施工方法较简单，能适应体形复杂的结构。因此，长期以来得到广泛采用。常见现浇钢筋混凝土结构有框架结构、剪力墙结构（常用大模板施工）、框架-剪力墙结构、筒体结构（多用滑升模板、爬升模板施工）。

（一）混凝土浇筑前应完成的工作

(1) 隐蔽工程验收和技术复核；

(2) 对操作人员进行技术交底；

(3) 根据施工方案中的技术要求，检查并确认施工现场具备实施条件；

(4) 施工单位填报浇筑申请单，并经监理单位签认。

（二）现浇结构施工要求

(1) 混凝土拌合物入模温度不应低于5℃，且不应高于35℃。

(2) 混凝土运输、输送、浇筑过程中严禁加水；混凝土运输、输送、浇筑过程中散落的混凝土严禁用于混凝土结构构件的浇筑。

(3) 混凝土应布料均衡。应对模板及支架进行观察和维护，发生异常情况应及时进行处理。混凝土浇筑和振捣应采取防止模板、钢筋、钢构件、预埋件及其定位件移位的措施。

(4) 同一施工段内每排柱子应由外向内对称地顺序浇筑，不应自一端向另一端顺序推进，以防止柱子模板向一侧推移倾斜，造成误差积累过大而难以纠正。

(5) 为防止混凝土墙、柱"烂根"（根部出现蜂窝、麻面、漏筋、漏石、孔洞等现象），在浇筑混凝土前，除了对模板根部缝隙进行封堵外，还应在底部先浇筑20～30mm厚与所浇筑混凝土浆液同成分的水泥砂浆，然后再分层浇筑混凝土，并加强根部振捣。

(6) 梁、板支模起拱，不得减少结构构件的断面高度。

(7) 竖向构件（柱子、墙体）与水平构件（梁、板）宜分两次浇筑，做好施工缝留设与处理。若欲将柱墙与梁板一次浇筑完毕，不留施工缝时，则应在柱墙浇筑完毕后停歇1～1.5h，待其混凝土初步沉实后，再浇筑上面的梁板结构，以防止柱墙与梁板之间由于沉降、泌水不同而产生缝隙。

(8) 对有窗口的剪力墙，在窗口下部应薄层慢浇、加强振捣、排净空气，以防出现孔洞。窗口两侧应对称下料，以防压斜窗口模板。

(9) 当柱、墙混凝土强度比梁、板混凝土高两个等级及以上时，必须保证节点为高标号混凝土。施工时，应在距柱、墙边缘不少于500mm的梁、板内，用快易收口网或钢丝网等进行分隔。然后先浇节点的高标号混凝土，在其初凝前，及时浇筑梁板混凝土。

(10) 梁混凝土宜自两端节点向跨中用赶浆法浇筑。楼板混凝土浇筑应拉线控制厚度和标高。在混凝土初凝前和终凝前，应分别对混凝土裸露表面进行抹面处理。

(11) 对最小边长在1m及以上的结构构件，应按大体积混凝土施工。包括：①制定整体连续浇筑的施工方案。如全面分层，用于面积小的工程；斜面分层，用于面积大的工程；分段分层，用于面积大但厚度较小的工程。②采取防止温度变形造成开裂的措施。如使用低水化热水泥，掺加粉煤灰、矿渣粉替代部分水泥，掺高性能减水剂、缓凝剂，冰水搅拌，低温时浇筑，埋冷却水管等。控制混凝土内外温差不超过25℃，防止表面开裂。

（12）当室外日平均气温连续5d稳定低于5℃时，应采取冬期施工措施，确保混凝土达到受冻临界强度前免遭冻结。

（三）现浇钢筋混凝土施工质量验收要求

（1）现浇结构质量验收应符合下列规定：

1）现浇结构质量验收应在拆模后、混凝土表面未作修整和装饰前进行，并应作记录；

2）已经隐蔽的不可直接观察和量测的内容，可检查隐蔽工程验收记录；

3）修整或返工的结构构件或部位应有实施前后的文字及图像记录。

（2）现浇结构的外观质量缺陷应由监理单位、施工单位等各方根据其对结构性能和使用功能影响的严重程度按表2-20确定。

现浇结构外观质量缺陷　　　　　　　　　　　表2-20

名称	现象	严重缺陷	一般缺陷
露筋	构件内钢筋未被混凝土包裹而外露	纵向受力钢筋有露筋	其他钢筋有少量露筋
蜂窝	混凝土表面缺少水泥砂浆而形成石子外露	构件主要受力部位有蜂窝	其他部位有少量蜂窝
孔洞	混凝土中孔穴深度和长度均超过保护层厚度	构件主要受力部位有孔洞	其他部位有少量孔洞
夹渣	混凝土中夹有杂物且深度超过保护层厚度	构件主要受力部位有夹渣	其他部位有少量夹渣
疏松	混凝土中局部不密实	构件主要受力部位有疏松	其他部位有少量疏松
裂缝	缝隙从混凝土表面延伸至混凝土内部	构件主要受力部位有影响结构性能或使用功能的裂缝	其他部位有少量不影响结构性能或使用功能的裂缝
连接部位缺陷	构件连接处混凝土有缺陷及连接钢筋、连接件松动	连接部位有影响结构传力性能的缺陷	连接部位有基本不影响结构传力性能的缺陷
外形缺陷	缺棱掉角、棱角不直、翘曲不平、飞边凸肋等	清水混凝土构件有影响使用功能或装饰效果的外形缺陷	其他混凝土构件有不影响使用功能的外形缺陷
外表缺陷	构件表面麻面、掉皮、起砂、沾污等	具有重要装饰效果的清水混凝土构件有外表缺陷	其他混凝土构件有不影响使用功能的外表缺陷

（3）现浇结构的外观质量不应有严重缺陷。对已经出现的严重缺陷，应由施工单位提出技术处理方案，并经监理单位认可后进行处理；对裂缝或连接部位的严重缺陷及其他影响结构安全的严重缺陷，技术处理方案尚应经设计单位认可。对经处理的部位应重新验收。

（4）现浇结构的外观质量不应有一般缺陷。对已经出现的一般缺陷，应由施工单位按技术处理方案进行处理。对经处理的部位应重新验收。

（5）现浇结构不应有影响结构性能或使用功能的尺寸偏差；混凝土设备基础不应有影响结构性能或设备安装的尺寸偏差。对超过尺寸允许偏差且影响结构性能或安装、使用功能的部位，应由施工单位提出技术处理方案，并经监理、设计单位认可后进行处理。对经处理的部位应重新验收。

(6) 现浇结构的位置和尺寸偏差及检验方法应符合表 2-21 的规定。

检查数量：按楼层、结构缝或施工段划分检验批。在同一检验批内，对梁、柱和独立基础，应抽查构件数量的 10%，且不应少于 3 件；对墙和板，应按有代表性的自然间抽查 10%，且不应少于 3 间；对大空间结构，墙可按相邻轴线间高度 5m 左右划分检查面，板可按纵、横轴线划分检查面，抽查 10%，且均不应少于 3 面；对电梯井，应全数检查。

现浇结构位置和尺寸允许偏差及检验方法　　　　表 2-21

项　目			允许偏差（mm）	检验方法
轴线位置	整体基础		15	经纬仪及尺量
	独立基础		10	经纬仪及尺量
	柱、墙、梁		8	尺量
垂直度	柱、墙层高	≤6m	10	经纬仪或吊线、尺量
		>6m	12	经纬仪或吊线、尺量
	全高（H）≤300m		$H/30000+20$	经纬仪、尺量
	全高（H）>300m		$H/10000$ 且≤80	经纬仪、尺量
标高	层高		±10	水准仪或拉线、尺量
	全高		±30	水准仪或拉线、尺量
截面尺寸	基础		+15，-10	尺量
	柱、梁、板、墙		+10，-5	尺量
	楼梯相邻踏步高差		6	尺量
电梯井洞	中心位置		10	尺量
	长、宽尺寸		+25，0	尺量
表面平整度			8	2m 靠尺和塞尺量测
预埋件中心位置	预埋板		10	尺量
	预埋螺栓		5	尺量
	预埋管		5	尺量
	其他		10	尺量
预留洞、孔中心线位置			15	尺量

注：1. 检查柱轴线、中心线位置时，沿纵、横两个方向测量，并取其中偏差的较大值。
　　2. H 为全高，单位为 mm。

(7) 现浇设备基础的位置和尺寸应符合设计和设备安装的要求。其位置和尺寸偏差及检验方法应符合表 2-22 的规定。且应全数检查。

现浇设备基础位置和尺寸允许偏差及检验方法　　　　表 2-22

项　目	允许偏差（mm）	检验方法
坐标位置	20	经纬仪及尺量
不同平面标高	0，-20	水准仪或拉线、尺量
平面外形尺寸	±20	尺量

续表

项目		允许偏差（mm）	检验方法
凸台上平面外形尺寸		0，−20	尺量
凹槽尺寸		+20，0	尺量
平面水平度	每米	5	水平尺、塞尺量测
	全长	10	水准仪或拉线、尺量
垂直度	每米	5	经纬仪或吊线、尺量
	全高	10	经纬仪或吊线、尺量
预埋地脚螺栓	中心位置	2	尺量
	顶标高	+20，0	水准仪或拉线、尺量
	中心距	±2	尺量
	垂直度	5	吊线、尺量
预埋地脚螺栓孔	中心线位置	10	尺量
	截面尺寸	+20，0	尺量
	深度	+20，0	尺量
	垂直度	$h/100$ 且 $\leqslant 10$	吊线、尺量
预埋活动地脚螺栓锚板	中心线位置	5	尺量
	标高	+20，0	水准仪或拉线、尺量
	带槽锚板平整度	5	直尺、塞尺量测
	带螺纹孔锚板平整度	2	直尺、塞尺量测

注：1. 检查坐标、中心线位置时，应沿纵、横两个方向测量，并取其中偏差的较大值；
2. h 为预埋地脚螺栓孔孔深，单位为 mm。

例 2-23 （2011）关于现浇混凝土结构外观质量验收的说法，错误的是（ ）。
A 应在混凝土表面未做修整和装饰前进行
B 根据缺陷的性质和数量对外观质量进行评定
C 根据对结构性能和使用功能影响的严重程度由各方共同确定
D 外观质量缺陷性质应由设计单位最终认定

解析：《混凝土结构工程施工质量验收规范》GB 50204—2015 第 8.1.1 条第 1 款规定，现浇结构质量验收应在拆模后、混凝土表面未作修整和装饰前进行，并应作出记录。故 A 选项说法正确。

第 8.2.1 条规定，现浇结构的外观质量不应有严重缺陷；第 8.2.2 条规定，现浇结构的外观质量不应有一般缺陷（非主要受力部位有少量露筋、蜂窝、孔洞、夹渣、疏松裂缝等缺陷，需处理）。可见，B 选项说法正确。

第 8.1.2 条规定，现浇结构的外观质量缺陷应由监理单位、施工单位等各方根据其对结构性能和使用功能影响的严重程度确定。可见，C 选项说法正确，而 D 选项说法错误。

答案：D

> **例 2-24** 混凝土表面缺少水泥砂浆而形成石子外露,这种外观质量缺陷称为( )。
> A 疏松　　　　B 蜂窝　　　　C 外形缺陷　　　D 外表缺陷
> 解析:据《混凝土结构工程施工质量验收规范》GB 50204—2015 表 8.1.2 第二行可见,混凝土表面缺少水泥砂浆而形成石子外露,这种外观质量缺陷称为"蜂窝"。
> 答案:B

六、装配式混凝土结构工程

【相关真题:2021-085,2021-086】

建筑施工装配化是建筑工业发展的重要途径之一,主要包括建筑设计、构件生产和现场装配等内容。它施工速度快、机械化程度高,可大大改善劳动条件、减轻劳动强度、提高劳动生产率;有益于绿色、环保;既有利于科学管理和文明施工,又可加快建设速度。

(一) 装配式结构施工特点

(1) 安装施工受预制构件的类型和质量影响大;
(2) 正确选择起重运输机械是完成施工任务的主导因素;
(3) 构件受力情况变化多;
(4) 高空作业多,容易发生事故,因此应加强安全技术措施。

(二) 结构吊装前的准备

包括:制定安装方案,场地清理与道路铺设,人员、机具的准备,构件的检验与清理,构件的弹线与编号,安装支座的准备,构件运输,构件的堆放,构件的临时加固等。

图 2-28 薄板吊装绑扎

(三) 构件吊装工艺

预制构件的吊装工艺过程:绑扎→起吊→就位→临时固定→校正→最后固定。

吊装梁、板、屋架等跨度较大的构件时,吊索与水平面夹角不宜小于 60°,不应小于 45°。必要时使用铁扁担,以防构件受到过大压力而损坏(图 2-28)。

(四) 结构吊装方案

1. 起重机的选择

起重机选择包括类型、型号和数量三方面。

(1) 起重机的类型。对五层以下的建筑结构吊装,可选用自行杆式起重机(履带式、汽车式、轮胎式),对较高建筑一般需使用塔式起重机。

(2) 起重机的型号。应根据所吊装构件尺寸、重量以及吊装位置来选择确定。所选起重机的三个工作参数——起重量 Q、起重高度 H 和起重半径 R,均应满足结构吊装的要求。当起重机的起重杆跨过已安好的结构去吊装构件时,对自行杆式起重机还需求出起重机的最小臂长,避免起重臂碰撞结构。求最小臂长可用数解法或图解法。

(3) 起重机的数量。起重机台数应根据吊装工程量、工期和起重机的台班产量来确定。

2. 结构吊装方法

(1) 分件吊装法。起重机每次开行一次，仅吊装一种类型的构件，经多次开行，完成全部构件吊装。该法不需频繁更换吊装索具，作业效率高，校正和固定时间较充裕，是常用方法。

(2) 综合吊装法。一个节间、一个节间地吊装。起重机一次开行，就吊完全部构件。该法机械开行路线短，能及早形成稳定的封闭空间；但现场存放构件种类多，作业效率低。可用于已经安装了大型设备而不便于跨内多次开行的工程，或机械仅能在跨内退后安装的多层结构吊装工程。

(五) 装配式结构工程施工质量要求

1. 预制构件

(1) 预制构件的质量应符合国家规范、标准的规定和设计要求。

(2) 专业企业生产的预制构件进场时，预制构件结构性能检验应符合下列规定：

1) 梁板类简支受弯预制构件进场时应进行结构性能检验，并应符合下列规定：

① 钢筋混凝土构件和允许出现裂缝的预应力混凝土构件应进行承载力、挠度和裂缝宽度检验；不允许出现裂缝的预应力混凝土构件应进行承载力、挠度和抗裂检验。

② 对大型构件及有可靠应用经验的构件，可只进行裂缝宽度、抗裂和挠度检验。

③ 对使用数量较少的构件，当能提供可靠依据时，可不进行结构性能检验。

2) 对其他预制构件，除设计有专门要求外，进场时可不做结构性能检验。

3) 对进场时不做结构性能检验的预制构件，应采取下列措施：

① 施工单位或监理单位代表应驻厂监督生产过程。

② 当无驻厂监督时，预制构件进场时应对其主要受力钢筋数量、规格、间距、保护层厚度及混凝土强度等进行实体检验。

4) 检验数量：同一类型（指同一钢种、同一混凝土强度等级、同一生产工艺和同一结构形式）预制构件不超过1000个为一批，每批随机抽取1个构件进行结构性能检验。

(3) 预制构件上的预埋件、预留插筋、预埋管线等的规格和数量以及预留孔、预留洞的数量应符合设计要求。

(4) 预制构件应有标识。外观质量不应有一般缺陷。尺寸偏差及检验方法应符合表2-23的规定。施工过程中临时使用的预埋件，其中心线位置允许偏差可取表2-23中规定数值的2倍。检查数量：同一类型的构件，不超过100个为一批，每批应抽查构件数量的5%，且不应少于3个。

预制构件尺寸允许偏差及检验方法　　　　　　　　　　　表2-23

项　　目		允许偏差（mm）	检验方法
长度	楼板、梁、柱、桁架	＜12m	±5	尺量
		≥12m且＜18m	±10	
		≥18m	±20	
	墙板		±4	

续表

项　目		允许偏差（mm）	检验方法
宽度、高（厚）度	楼板、梁、柱、桁架	±5	尺量一端及中部，取其中偏差绝对值较大处
	墙板	±4	
表面平整度	楼板、梁、柱、墙板内表面	5	2m靠尺和塞尺量测
	墙板外表面	3	
侧向弯曲	楼板、梁、柱	$L/750$ 且 $\leqslant 20$	拉线、直尺量测最大侧向弯曲处
	墙板、桁架	$L/1000$ 且 $\leqslant 20$	
翘曲	楼板	$L/750$	调平尺在两端量测
	墙板	$L/1000$	
对角线	楼板	10	尺量两个对角线
	墙板	5	
预留孔	中心线位置	5	尺量
	孔尺寸	±5	
预留洞	中心线位置	10	尺量
	洞口尺寸、深度	±10	
预埋件	预埋板中心线位置	5	尺量
	预埋板与混凝土面平面高差	0，-5	
	预埋螺栓	2	
	预埋螺栓外露长度	+10，-5	
	预埋套筒、螺母中心线位置	2	
	预埋套筒、螺母与混凝土面平面高差	±5	
预留插筋	中心线位置	5	尺量
	外露长度	+10，-5	
键槽	中心线位置	5	尺量
	长度、宽度	±5	
	深度	±10	

注：1. L 为构件长度，单位为mm；
2. 检查中心线、螺栓和孔道位置偏差时，沿纵、横两个方向量测，并取其中偏差较大值。

（5）预制构件的粗糙面的质量及键槽的数量应符合设计要求。

2. 安装与连接

（1）装配式结构连接部位及叠合构件浇筑混凝土之前，应进行隐蔽工程验收。隐蔽工程验收应包括下列主要内容：

1）混凝土粗糙面的质量，键槽的尺寸、数量、位置；

2）钢筋的牌号、规格、数量、位置、间距，箍筋弯钩的弯折角度及平直段长度；

3）钢筋的连接方式、接头位置、接头数量、接头面积百分率、搭接长度、锚固方式及锚固长度；

4）预埋件、预留管线的规格、数量、位置。

（2）装配式结构的接缝施工质量及防水性能应符合设计要求和国家现行相关标准的要求。预制构件临时固定措施应符合施工方案的要求。

（3）预制构件连接应符合设计要求，并应符合下列规定：

1）套筒灌浆连接接头应进行工艺检验和现场平行加工试件性能检验，灌浆应饱满密实；

2）浆锚搭接连接的钢筋搭接长度应符合设计要求，灌浆应饱满密实；

3）螺栓连接应进行工艺检验和安装质量检验；

4）钢筋机械连接应制作平行加工试件，并进行性能检验。

（4）预制叠合构件的接合面、预制构件连接节点的接合面，应按设计要求做好界面处理并清理干净，后浇混凝土应饱满、密实。

（5）装配式结构采用现浇混凝土连接构件时，构件连接处后浇混凝土的强度应符合设计要求。

（6）装配式结构施工后，其外观质量不应有严重缺陷和一般缺陷，且不应有影响结构性能和安装及使用功能的尺寸偏差。

（7）装配式结构施工后，预制构件位置、尺寸偏差及检验方法应符合设计要求；当设计无具体要求时，应符合表 2-24 的规定。预制构件与现浇结构连接部位的表面平整度应符合表 2-24 的规定。

检查数量：按楼层、结构缝或施工段划分检验批。在同一检验批内，对梁、柱和独立基础，应抽查构件数量的 10%，且不应少于 3 件。对墙和板，应按有代表性的自然间抽查 10%，且不应少于 3 间。对大空间结构，墙可按相邻轴线间高度 5m 左右划分检查面；板可按纵、横轴线划分检查面，抽查 10%，且均不应少于 3 面。

装配式结构构件位置和尺寸允许偏差及检验方法　　　　表 2-24

项目			允许偏差（mm）	检验方法
构件轴线位置	竖向构件（柱、墙板、桁架）		8	经纬仪及尺量
	水平构件（梁、楼板）		5	
标高	梁、柱、墙板、楼板底面或顶面		±5	水准仪或拉线、尺量
构件垂直度	柱、墙板安装后的高度	≤6m	5	经纬仪或吊线、尺量
		>6m	10	
构件倾斜度	梁、桁架		5	经纬仪或吊线、尺量
相邻构件平整度	梁、楼板底面	外露	3	2m 靠尺和塞尺量测
		不外露	5	
	柱、墙板	外露	5	
		不外露	8	
构件搁置长度	梁、板		10	尺量
支座、支垫中心位置	板、梁、柱、墙板、桁架		10	尺量
墙板接缝宽度			±5	尺量

例 2-25 （2021）不允许出现裂缝的预应力混凝土构件进行结构性能检验时，其中哪个内容无需进行检验？（   ）

　　A 承载力　　　　B 挠度　　　　C 抗裂　　　　D 裂缝宽度

　　解析：据《混凝土结构工程施工质量验收规范》GB 50204—2015 第 9.2.2 条第 1 款第 2 点规定，钢筋混凝土构件和允许出现裂缝的预应力混凝土构件应进行承载力、挠度和裂缝宽度检验；不允许出现裂缝的预应力混凝土构件应进行承载力、挠度和抗裂检验。可见，对不允许出现裂缝的预应力混凝土构件，无需（也不可能）进行裂缝宽度检验。

　　答案：D

（六）混凝土结构子分部工程的实体检验与验收

1. 结构实体检验

（1）对涉及混凝土结构安全的有代表性的部位应进行结构实体检验。结构实体检验应包括混凝土强度、钢筋保护层厚度、结构位置与尺寸偏差，以及合同约定的项目；必要时可检验其他项目。

结构实体检验应由监理单位组织施工单位实施，并见证实施过程。施工单位应制定结构实体检验专项方案，并经监理单位审核批准后实施。除结构位置与尺寸偏差外，结构实体检验项目，应由具有相应资质的检测机构完成。

（2）结构实体混凝土强度应按不同强度等级分别检验，检验方法宜采用同条件养护试件方法；当未取得同条件养护试件强度，或同条件养护试件强度不符合要求时，可采用回弹-取芯法进行检验。

混凝土强度检验时的等效养护龄期可取日平均温度逐日累计达到 600℃·d 时所对应的龄期，且不应小于 14d。日平均温度为 0℃ 及以下的龄期不计入。

冬期施工时，等效养护龄期计算时温度可取结构构件实际养护温度；也可根据实际养护条件，按照同条件养护试件强度与在标准养护条件下 28d 龄期试件强度相等的原则，由监理、施工等各方共同确定。

（3）钢筋保护层厚度检验、结构位置与尺寸偏差检验均应符合《混凝土结构工程施工质量验收规范》GB 50204 相关附录的规定。

（4）结构实体检验中，当混凝土强度或钢筋保护层厚度检验结果不满足要求时，应委托具有资质的检测机构按国家现行有关标准的规定进行检测。

2. 混凝土结构子分部工程验收

（1）混凝土结构子分部工程施工质量验收合格应符合下列规定：

1）所含分项工程质量验收应合格；

2）应有完整的质量控制资料；

3）观感质量验收应合格；

4）结构实体检验结果应符合规范要求。

（2）当混凝土结构施工质量不符合要求时，应按下列规定进行处理：

1）经返工、返修或更换构件、部件的，应重新进行验收；

2）经有资质的检测机构按国家现行有关标准检测鉴定达到设计要求的，应予以验收；

3) 经有资质的检测机构按国家现行有关标准检测鉴定达不到设计要求,但经原设计单位核算并确认仍可满足结构安全和使用功能的,可予以验收;

4) 经返修或加固处理能够满足结构可靠性要求的,可根据技术处理方案和协商文件进行验收。

(3) 混凝土结构工程子分部工程施工质量验收合格后,应按规定将验收文件存档备案。

第四节 防 水 工 程

建筑工程防水是防止建筑结构体受到水的渗入、侵蚀,使结构和内部空间免受水的危害而采取的一系列专门措施。防水是建筑工程的一项重要内容,其工程质量直接影响到建(构)筑物的寿命、功能及空间环境。

建筑工程防水按工程部位分为地下防水、屋面防水、外墙防水、室内(厕浴间等)防水等,按构造做法可分为结构自防水和附加防水层防水。

一、基本规定与要求

《建筑与市政工程防水通用规范》GB 55030—2022 及《地下防水工程质量验收规范》GB 50208—2011 和《屋面工程质量验收规范》GB 50207—2012,对工程防水的基本规定与主要要求如下:

(一) 工程防水的原则与工作年限

工程防水应遵循因地制宜、以防为主、防排结合、综合治理的原则。

规范规定建筑工程防水设计工作年限:地下工程不应低于工程结构设计工作年限,屋面工程不应低于 20 年,室内工程不应低于 25 年。

(二) 工程防水的分类

工程按其防水功能的重要程度分为甲、乙、丙三类(表 2-25),按防水的使用环境划分为Ⅰ、Ⅱ、Ⅲ三类(表 2-26)。

建筑工程防水类别　　　　　　　　　　表 2-25

工程类型		工程防水类别		
		甲类	乙类	丙类
建筑工程	地下工程	有人员活动的民用建筑地下室,对渗漏敏感的建筑地下工程	除甲类和丙类以外的建筑地下工程	对渗漏不敏感的物品、设备使用或贮存场所,不影响正常使用的建筑地下工程
	屋面工程	民用建筑和对渗漏敏感的工业建筑屋面	除甲类和丙类以外的建筑屋面	对渗漏不敏感的工业建筑屋面
	外墙工程	民用建筑和对渗漏敏感的工业建筑外墙	渗漏不影响正常使用的工业建筑外墙	—
	室内工程	民用建筑和对渗漏敏感的工业建筑室内楼地面和墙面	—	—

建筑工程防水使用环境类别划分 表 2-26

工程类型		工程防水使用环境类别		
		Ⅰ类	Ⅱ类	Ⅲ类
建筑工程	地下工程	抗浮设防水位标高与地下结构板底标高高差 $H \geq 0$m	抗浮设防水位标高与地下结构板底标高高差 $H < 0$m	—
	屋面工程	年降水量 $P \geq 1300$mm	400mm≤年降水量 $P < 1300$mm	年降水量 $P < 400$mm
	外墙工程	年降水量 $P \geq 1300$mm	400mm≤年降水量 $P < 1300$mm	年降水量 $P < 400$mm
	室内工程	频繁遇水场合，或长期相对湿度 $RH \geq 90\%$	间歇遇水场合	偶发渗漏水可能造成明显损失的场合

(三) 工程防水的等级

<u>工程防水等级应依据工程类别和工程防水的使用环境类别分为三级</u>。工程防水使用环境类别为Ⅱ类的明挖法地下工程，若当地年降水量大于 400mm 时，应按Ⅰ类防水使用环境选用；暗挖法地下工程防水等级应根据工程类别、工程地质条件和施工条件等因素确定。其他工程防水等级不应低于表 2-27 的规定。

工程防水的等级要求 表 2-27

使用环境类别 \ 工程防水类别	甲类	乙类	丙类
Ⅰ类	一级	一级	二级
Ⅱ类	一级	二级	三级
Ⅲ类	二级	三级	三级

(四) 对主要防水材料的要求

防水材料的耐久性应与工程防水设计工作年限相适应。材料性能应与工程使用环境条件相适应；每道防水层厚度应满足防水设防的最小厚度要求；防水材料影响环境的物质和有害物质限量应满足要求。<u>外露使用的防水材料，其燃烧性能等级不应低于 B2 级</u>。

1. 防水混凝土

<u>防水混凝土的施工配合比应通过试验确定，其强度等级不应低于 C25，试配混凝土的抗渗等级应比设计要求提高 0.2MPa</u>，以保证施工后的可靠性。防水混凝土应采取减少开裂的技术措施。防水混凝土除应满足抗压、抗渗和抗裂要求外，尚应满足工程所处环境和工作条件的耐久性要求。

2. 防水卷材和防水涂料

防水材料应经耐水性和热老化测试试验合格，外露使用的防水材料应经人工气候加速老化试验合格。防水卷材搭接接缝的剥离强度应满足标准规定，<u>搭接缝应能在 0.2MPa 压力下 30min 内不透水</u>。

耐根穿刺防水材料应通过耐根穿刺试验。长期处于腐蚀性环境中的防水卷材或防水涂料，应通过腐蚀性介质耐久性试验。

卷材防水层最小厚度应符合表 2-28 的规定。反应型高分子类防水涂料、聚合物乳液类防水涂料、水性聚合物沥青类防水涂料等涂料防水层最小厚度不应小于 1.5mm，热熔施工橡胶沥青类防水涂料防水层最小厚度不应小于 2.0mm。当热熔施工橡胶沥青类防水涂料与防水卷材配套使用且也作为一道防水层时，其厚度不应小于 1.5mm。

卷材防水层最小厚度　　　　　　　　表 2-28

防水卷材类型		卷材防水层最小厚度（mm）
聚合物改性沥青类防水卷材	热熔法施工聚合物改性防水卷材	3.0
	热沥青粘结和胶粘法施工聚合物改性防水卷材	3.0
	预铺反粘防水卷材（聚酯胎类）	4.0
	自粘聚合物改性防水卷材（含湿铺） 聚酯胎类	3.0
	自粘聚合物改性防水卷材（含湿铺） 无胎类及高分子膜基	1.5
合成高分子类防水卷材	均质型、带纤维背衬型、织物内增强型	1.2
	双面复合型	主体片材芯材 0.5
	预铺反粘防水卷材 塑料类	1.2
	预铺反粘防水卷材 橡胶类	1.5
	塑料防水板	1.2

3. 水泥基防水材料

外涂型水泥基渗透结晶型防水材料的性能应符合国家标准的规定，防水层的厚度不应小于 1.0mm，用量不应小于 1.5kg/m²。聚合物水泥防水砂浆与聚合物水泥防水浆料的抗渗压力、粘结强度、抗冻性及吸水率应符合国家标准的规定。地下工程使用时，聚合物水泥防水砂浆防水层的厚度不应小于 6.0mm，掺外加剂、防水剂的砂浆防水层的厚度不应小于 18.0mm。

4. 其他材料

天然钠基膨润土防水毯的单位面积干重不应小于 5.0kg/m²，耐久性指标应符合标准规定。

用于屋面压型金属板的厚度应由结构设计确定，且公称厚度不应小于：压型铝合金面层板为 0.9mm，压型钢板面层板为 0.6mm，压型不锈钢面层板为 0.5mm。

（五）防水工程设计的一般规定

工程防水应进行专项防水设计，设计时注意以下规定。

（1）下列构造层不应作为一道防水层：

1）混凝土屋面板；

2）塑料排水板；

3）不具备防水功能的装饰瓦和不搭接瓦；

4）注浆加固。

（2）种植屋面和地下建（构）筑物种植顶板工程防水等级应为一级，并应至少设置一道具有耐根穿刺性能的防水层，其上应设置保护层。

（3）相邻材料间及其施工工艺不应产生有害的物理和化学作用。

（4）地下工程迎水面主体结构应采用防水混凝土，并应满足抗渗等级要求；防水混凝土结构厚度不应小于250mm，裂缝宽度不应大于结构允许限值且不应贯通；寒冷地区抗冻设防段防水混凝土抗渗等级不应低于P10。

（5）在受中等及以上腐蚀性介质作用的地下工程中，防水混凝土强度等级不应低于C35，设计抗渗等级不应低于P8，迎水面主体结构应采用耐侵蚀性防水混凝土，外设防水层应满足耐腐蚀要求。

（6）排水设施应具备汇集、流径、排放等功能。地下工程集水坑和排水沟应做防水处理，排水沟的纵向坡度不应小于0.2%。

（7）防水节点构造设计应符合下列规定：

1）附加防水层采用防水涂料时，应设置胎体增强材料；

2）结构变形缝设置的橡胶止水带应满足结构允许的最大变形量；

3）穿墙管设置防水套管时，防水套管与穿墙管之间应密封。

（六）防水工程施工的基本规定

（1）防水工程必须由持有资质等级证书的防水专业队伍进行施工，主要施工人员应持有省级及以上建设行政主管部门或其指定单位颁发的执业资格证书或防水专业岗位证书。

（2）防水工程施工前，施工单位应编制防水工程专项施工方案，并应经监理单位或建设单位审查批准后执行。

（3）防水材料及配套辅助材料进场时应提供产品合格证、质量检验报告、使用说明书，并经具备相应资质的检测单位进行抽样检验，并出具复验报告。防水卷材进场复验报告应包含无处理时卷材接缝剥离强度和搭接缝不透水性检测结果。

（4）防水工程的施工，应建立各道工序的自检、交接检和专职人员检查的制度，并有完整的检查记录。防水层验收合格后再进行下道工序的施工。

（5）防水工程隐蔽前，应由施工单位通知有关单位进行验收，并形成隐蔽工程验收记录；未经监理单位或建设单位代表的检查确认，不得进行后续施工。

（6）防水施工前应确认基层已验收合格，基层质量应符合防水材料施工要求。防水层施工完成后，应采取成品保护措施。

（7）防水工程不得在雨天、雪天或五级及以上大风环境下露天施工。防水材料施工环境气温条件宜符合表2-29的规定。

防水材料施工环境气温条件 表2-29

防水材料	施工环境气温条件
高聚物改性沥青防水卷材	冷粘法、自粘法不低于5℃，热熔法不低于-10℃
合成高分子防水卷材	冷粘法、自粘法不低于5℃，焊接法不低于-10℃
有机防水涂料	溶剂型-5～35℃，反应型、水乳型5～35℃
无机防水涂料	5～35℃
防水混凝土、防水砂浆	5～35℃
膨润土防水材料	不低于-20℃

例 2-26 (2021) 关于地下防水工程，说法正确的是( )。
A 膨润土防水材料施工环境温度不低于－10℃
B 无机防水涂料施工环境温度适合在 5～25℃
C 对于高聚物改性沥青防水卷材，采用热熔法施工时的温度不低于－15℃
D 地下防水工程不得在雨天施工

解析：根据《地下防水工程质量验收规范》GB 50208—2011 第 3.0.11 条，地下防水工程不得在雨天、雪天或五级及以上大风环境下露天施工；防水材料施工环境气温条件宜符合表 3.0.11（本教材表 2-29）的规定，由表可知 A、B、C 项错误。故选 D。

答案：D

二、地下防水工程

【相关真题：2022-088，2022-089，2022-090，2022-091，2021-087，2021-089，2021-091，2019-087，2019-089，2019-090】

（一）概述

1. 设计、施工原则与施工特点

地下防水是防止地下水对地下构筑物或建筑基础的浸透，保证地下空间使用功能正常发挥的一项重要工程。地下防水工程的设计与施工原则为：①杜绝防水层对水的吸附和毛细渗透；②接缝严密，形成封闭的整体；③消除所留孔洞、缝隙造成的渗漏；④防止不均匀沉降而拉裂防水层；⑤防水层做至可能渗漏范围以外。

由于地下水是具有一定压力的长期作用，而结构又存在变形缝、施工缝等众多薄弱部位，因此对施工质量要求高。此外，地下防水施工的环境较差，敞露及拖延时间长，受气候及水文条件影响大，成品保护难，因此加大了技术和保证质量的难度。

2. 地下防水工程的范围

地下防水子分部工程又分为 5 个子分部，包括：主体结构防水工程、细部构造防水工程、特殊施工法防水工程、排水工程、注浆工程。其分部分项工程划分见表 2-30。

地下防水工程的分项工程　　　　　　　　表 2-30

子分部工程		分 项 工 程
地下防水工程	主体结构防水	防水混凝土、水泥砂浆防水层、卷材防水层、涂料防水层、塑料防水板防水层、金属板防水层、膨润土防水材料防水层
	细部构造防水	施工缝、变形缝、后浇带、穿墙管、埋设件、预留通道接头、桩头、孔口、坑、池
	特殊施工法结构防水	锚喷支护、地下连续墙、盾构隧道、沉井、逆筑结构
	排水	渗排水、盲沟排水、隧道排水、坑道排水、塑料排水板排水
	注浆	预注浆、后注浆、结构裂缝注浆

3. 地下主体结构的防水做法

采用明挖法施工的地下建筑工程，其现浇混凝土结构防水做法应符合表 2-31 的规定。

主体结构防水做法　　　　　　　　　　表 2-31

防水等级	防水做法	防水混凝土	外设防水层		
			防水卷材	防水涂料	水泥基防水材料
一级	不应少于 3 道	应选，不低于 P8	不少于 2 道；防水卷材或防水涂料不应少于 1 道		
二级	不应少于 2 道	应选，不低于 P8	不少于 1 道；任选		
三级	不应少于 1 道	应选，不低于 P6	—		

4. 地下水位要求、回填与检验要求

（1）地下防水工程施工期间，必须保持地下水位稳定在工程底部最低高程 500mm 以下，必要时应采取降水措施。对采用明沟排水的基坑，应保持基坑干燥。

（2）基坑回填时应采取防水层保护措施。基底至结构底板以上 50mm 范围及结构顶板以上不小于 500mm 范围的回填层压实系数不应小于 0.94。

（3）地下防水工程的分项工程检验批和抽样检验数量应符合下列规定：

1）主体结构防水工程和细部构造防水工程应按结构层、变形缝或后浇带等施工段划分检验批；

2）特殊施工法结构防水工程应按隧道区间、变形缝等施工段划分检验批；

3）排水工程和注浆工程应各为一个检验批；

4）各检验批的抽样检验数量：细部构造应为全数检查，其他按规范的规定。

例 2-27 防水工程施工中，防水细部构造的施工质量检验数量是（　　）。
A 按总防水面积每 10m² 一处　　　　B 按防水施工面积每 10m² 一处
C 按防水细部构造数量的 50%　　　　D 按防水细部构造数量的 100%

解析： 据《地下防水工程质量验收规范》GB 50208—2011 第 3.0.13 条 4 款规定，各检验批的抽样检验数量：细部构造应为全数检查，其他应符合本规范的规定。即防水细部构造应 100% 检查。

答案： D

（二）主体结构防水工程

地下主体结构工程的防水多采用防水混凝土结构自防水加卷材或（和）涂膜柔性防水层的刚柔结合做法。建筑物的地下室多为一、二级防水，常采用二道或多道设防的防水构造（图 2-29）。

1. 防水混凝土结构施工

防水混凝土是通过调整配合比或掺入外加剂、掺合料，以提高自身密实性和抗渗性的特种混凝土。它兼有承重、围护和防水等功能，且耐久性、耐腐蚀性强，造价增加少，也是其他防水层的刚性依托。防水混凝土结构的厚度不得少于 250mm，强度等级不低于 C25，裂缝宽度不应大于结构允许限值且不贯通；迎水面钢筋的保护层厚度不应小于 50mm。防水混凝土不适用于环境温度高于 80℃ 的地下工程。

(1) 防水混凝土配制要求

防水混凝土的配合比应通过试验确定。为了保证施工后的可靠性（抗渗压力保证率在95%以上），在进行防水混凝土试配时，其抗渗等级应比设计要求提高 0.2MPa。

图 2-29　地下室多道防水剖面示例
1—防水混凝土底板与墙体；2—卷材或涂膜防水层；
3—保护层；4—灰土减压层

1）材料：水泥品种宜采用普通硅酸盐水泥或硅酸盐水泥，采用其他品种水泥时应经试验确定。碎石或卵石的粒径宜为 5～40mm，含泥量不大于 1%，泥块含量不宜大于 0.5%。砂宜采用中粗砂，含泥量不大于 3%，泥块含量不宜大于 1%，不宜使用海砂；在没有使用河砂的条件时，应对海砂进行处理后才能使用，且控制氯离子含量不得大于 0.06%。对长期处于潮湿环境的重要结构，所用砂、石，应进行碱活性检验。水应洁净，不含有害物质。

2）配比：胶凝材料总用量不宜小于 320kg/m³，其中水泥用量不得少于 260kg/m³；砂率宜为 35%～40%，泵送时可增至 45%；灰砂比宜为 1∶1.5～1∶2.5；水胶比不得大于 0.50；预拌混凝土的入泵坍落度宜为 120～160mm；预拌混凝土的初凝时间宜为 6～8h。

(2) 防水混凝土施工要求

钢筋绑扎安装时，应留足保护层，不得有负误差。留设保护层必须采用与防水混凝土成分相同的细石混凝土或砂浆垫块。固定钢筋拉钩及绑丝、钢筋焊接的镦粗点及机械式连接的套筒等，不得碰触模板，且均应有足够的保护层。

防水混凝土应配比准确、搅拌均匀，运输应及时、快捷，若有离析现象应进行二次搅拌。当坍落度损失导致其不能满足浇筑要求时，应加入原水胶比的水泥浆或掺加同品种的减水剂进行搅拌，运输与浇筑过程中严禁加水。

防水混凝土应尽量连续浇筑，使其成为封闭的整体。竖向结构与水平结构难以实现连续浇筑时，宜采用底板→底层墙体→底层顶板→墙体→……分几个部位浇筑的程序。对大体积混凝土应制定可靠的综合措施，以防开裂，确保其抗渗性能。

浇筑时，应控制倾落高度，防止分层离析；应分层浇筑，每层厚度不得大于 500mm；采用机械振捣，并避免漏振、欠振和过振。

防水混凝土应及时进行保湿养护，养护温度不得低于 5℃，时间不少于 14d。拆模不宜过早，墙体带模养护不少于 3d。拆模时混凝土表面与环境温差不得超过 15～20℃。冬季施工时不得采用电热法或蒸汽直接加热养护，应采取保湿保温措施。

应按规定留置抗压强度试件和抗渗试件。除留置标准养护抗渗试件外，还应留同条件下的养护试件，其抗渗等级均不应低于设计等级。

(3) 质量要求与检验

1）防水混凝土的原材料、配合比及坍落度必须符合设计要求。拌制混凝土所用材料的品种、规格和用量，每工作班检查不应少于两次。

2）混凝土在浇筑地点的坍落度，每工作班至少检查两次，偏差应在规范允许范围内。

3）防水混凝土抗压强度试件、抗渗性能试件均应在混凝土浇筑地点随机取样制作。

抗渗性能应采用标准条件下养护混凝土抗渗试件的试验结果评定。抗渗试件取样应按：连续浇筑混凝土每500m³应留置一组（6个）抗渗试件，且每项工程不得少于两组；采用预拌混凝土的抗渗试件，留置组数应视结构的规模和要求而定。

4) 大体积防水混凝土的施工应采取材料选择、温度控制、保温保湿等技术措施。在设计许可的情况下，掺粉煤灰混凝土设计强度等级的龄期宜为60d或90d。

5) 防水混凝土分项工程检验批的抽样检验数量，应按混凝土外露面积每100m²抽查1处，每处10m²，且不得少于3处。

6) 防水混凝土的抗渗性能和抗压强度必须符合设计要求。结构表面应坚实、平整，不得有露筋、蜂窝等缺陷；埋设件位置应准确。防水混凝土结构表面的裂缝宽度不应大于0.2mm，且不得贯通。防水混凝土结构厚度不应小于250mm，其允许偏差应为+8mm、-5mm；主体结构迎水面钢筋保护层厚度不应小于50mm，其允许偏差应为±5mm。

例2-28 （2021）下列材料中，不宜用于防水混凝土的是（　　）。
A　硅酸盐水泥　　B　中粗砂　　C　天然海砂　　D　卵石

解析： 根据《地下防水工程质量验收规范》GB 50208—2011 第4.1.2条第1款规定，拌制防水混凝土的水泥宜采用普通硅酸盐水泥或硅酸盐水泥，采用其他品种水泥时应经试验确定。

第4.1.3条第1款规定，砂宜选用中粗砂，含泥量不应大于3.0%，泥块含量不宜大于1.0%。第2款规定，不宜使用海砂；在没有使用河砂的条件时，应对海砂进行处理后才能使用，且控制氯离子含量不得大于0.06%。第2款规定，碎石或卵石的粒径宜为5~40mm，含泥量不应大于1.0%，泥块含量不应大于0.5%。

可见，天然海砂不宜用于防水混凝土。故选C。

答案： C

例2-29 （2018）地下结构防水混凝土首先要满足的要求是（　　）。
A　抗渗等级　　B　抗压强度　　C　抗冻要求　　D　抗侵蚀性

解析：《地下防水工程质量验收规范》GB 50208—2011 第4.1.15条规定，防水混凝土的抗压强度和抗渗性能必须符合设计要求。该条的条文说明称，作为防水混凝土首先要满足设计的抗渗等级要求，同时适应强度要求。一般满足抗渗要求的混凝土，其强度往往会超过设计要求。

答案： A

2. 防水层施工

(1) 水泥砂浆防水层

水泥砂浆防水层适用于地下工程主体结构的迎水面或背水面。不适用于受持续振动或环境温度高于80℃的地下工程。水泥砂浆防水层应采用聚合物水泥防水砂浆、掺外加剂或掺合料的防水砂浆。

1) 材料要求

水泥应使用普通硅酸盐水泥、硅酸盐水泥或特种水泥，不得使用过期或受潮结块的水泥。砂宜采用中砂，含泥量不应大于1.0%，硫化物及硫酸盐含量不应大于1%。拌制用水应为不含有害物质的洁净水。聚合物乳液的外观为均匀液体，无杂质、无沉淀、不分层。外加剂的技术性能应符合相关标准。

2）基层要求

基层表面应平整、坚实、清洁，并应充分湿润、无明水。孔洞、缝隙应采用与防水层相同的水泥砂浆堵塞并抹平。施工前应在埋设件、穿墙管预留凹槽内嵌填密封材料后，再进行水泥砂浆防水层施工。

3）水泥砂浆防水层施工

水泥砂浆的配制，应按所掺材料的技术要求准确计量。分层铺抹或喷涂，铺抹时应压实、抹平，最后一层表面应提浆压光。<u>各层应紧密粘合，每层宜连续施工；必须留设施工缝时，应采用阶梯坡形槎</u>（图 2-30），但与阴阳角处的距离不得小于 200mm。终凝后应及时进行湿养护，养护温度不宜低于 5℃，时间不得少于 14d。聚合物水泥防水砂浆未达到硬化状态时，不得浇水养护或直接受雨水冲刷，硬化后应采用干湿交替的养护方法；潮湿环境中，可在自然条件下养护。

图 2-30 水泥砂浆防水层留槎与接槎示意

4）质量检查与要求

检验批的抽样检验数量，应按施工面积每 100m² 抽查 1 处，每处 10m²，且不得少于 3 处。

防水砂浆的原材料及配合比、防水砂浆的粘结强度和抗渗性能必须符合设计规定。

水泥砂浆防水层与基层之间应结合牢固、无空鼓现象；表面应密实、平整，不得有裂纹、起砂、麻面等缺陷；施工缝留槎位置应正确，接槎应按层次顺序操作，层层搭接紧密；<u>水泥砂浆防水层的平均厚度应符合设计要求，最小厚度不得小于设计厚度的 85%；表面平整度偏差不大于 5mm</u>。

> **例 2-30** （2012）下列关于地下水泥砂浆防水层施工的叙述，错误的是（   ）。
> A 可采用聚合物砂浆
> B 可采用掺外加剂水泥砂浆
> C 防水砂浆施工时应分层铺抹或喷涂
> D 水泥砂浆初凝后应及时养护
>
> **解析：**《地下防水工程质量验收规范》GB 50208—2011 第 4.2.2 条规定，水泥砂浆防水层应采用聚合物水泥防水砂浆、掺外加剂或掺合料的防水砂浆。故 A、B 选项叙述正确。第 4.2.5 条 2 款规定，水泥砂浆防水层应分层涂抹或喷涂，铺抹时应压实、抹平，最后一层表面应提浆压光。故 C 选项叙述正确。第 4.2.5 第 4 款规定，水泥砂浆终凝后应及时进行养护，故 D 选项叙述错误。
>
> **答案：**D

（2）卷材防水层

卷材防水层适用于受侵蚀性介质作用或受振动作用的地下工程。卷材防水层应铺设在<u>主体结构的迎水面——即外防做法</u>，以起到保护结构不受侵蚀、减轻钢筋锈蚀和混凝土碱骨料反应、克服卷材与混凝土基面粘结力不足等作用。按卷材铺贴与结构墙体的施工顺序，分为外贴法（先做结构墙体，后铺贴卷材，再做保护层）和内贴法（先铺贴卷材于保护层上，再做结构墙体）两种施工方法。由于外防外贴法的防水效果优于外防内贴法，所以在施工场地和条件不受限制时一般均采用外防外贴法。

1）材料要求

卷材防水层应采用高聚物改性沥青类防水卷材和合成高分子类防水卷材。所选用的基层处理剂、胶粘剂、密封材料等均应与铺贴的卷材相匹配，并在进场材料检验的同时，按规范进行剪切性能、剥离性能检验。

2）基层处理

铺贴防水卷材前，基面应干净、干燥，并应涂刷基层处理剂。当基面潮湿时，应涂刷湿固化型胶粘剂或潮湿界面隔离剂。

基层阴阳角应做成圆弧或45°坡角，圆弧半径应根据卷材品种确定，当铺贴高聚物改性沥青防水卷材时不应小于50mm，铺贴合成高分子防水卷材时不应小于20mm。在转角处、变形缝、施工缝、穿墙管等部位应铺贴卷材加强层，其宽度不应小于500mm。

3）防水卷材的搭接与接头

防水卷材的搭接宽度应符合表2-32的要求。

防水卷材最小搭接宽度　　　　　　　　表2-32

防水卷材类型	搭接方式	搭接宽度（mm）
聚合物改性沥青类防水卷材	热熔法、热沥青	≥100
	自粘搭接（含湿铺）	≥80
合成高分子类防水卷材	胶粘剂、粘结料	≥100
	胶粘带、自粘胶	≥80
合成高分子类防水卷材	单缝焊	≥60，有效焊接宽度不应小于25
	双缝焊	≥80，有效焊接宽度10×2+空腔宽
	塑料防水板双缝焊	≥100，有效焊接宽度10×2+空腔宽

4）防水卷材的铺贴方法与要求

按照与基体粘结的形式，地下防水卷材的铺贴方法分为冷粘法、热熔法、自粘法等。

① 冷粘法铺贴

冷粘法是采用适当的胶粘剂在常温下粘贴卷材，适用于各种卷材的铺贴。要求：

胶粘剂应涂刷均匀，不得露底、堆积；依据胶粘剂的性能控制胶粘剂涂刷与卷材铺贴的间隔时间；铺贴时不得用力拉伸卷材，排除卷材下面的空气，辊压粘贴牢固；卷材接缝部位应采用专用胶粘剂或胶粘带满粘；接缝口应用密封材料封严，其宽度不应小于10mm。

主体结构侧墙和顶板上的防水卷材应满粘。防水卷材大面不应采用钉钉固定；卷材搭接应密实。当铺贴预铺反粘类防水卷材时，自粘胶层应朝向待浇筑混凝土；防粘隔离膜应在混凝土浇筑前撕除。

② 热熔法铺贴

热熔法是利用火焰加热使卷材表面熔化形成的胶结料粘贴卷材，适用于高聚物改性沥青类卷材的铺贴。要求如下：

火焰加热器加热卷材应均匀，不得加热不足或烧穿卷材；卷材表面热熔后应立即滚铺，排除卷材下面的空气，并粘贴牢固；卷材接缝部位应溢出热熔的改性沥青胶料，并粘贴牢固，封闭严密。

③ 自粘法铺贴

自粘法是将带有胶粘剂的卷材揭去隔离纸或隔离膜后直接粘贴的方法，适用于自带胶膜的各种卷材铺贴。要求如下：

铺贴卷材时，应将有黏性的一面朝向主体结构；外墙、顶板铺贴时，排除卷材下面的空气，辊压粘贴牢固；立面卷材铺贴完成后，应将卷材端头固定，并应用密封材料封严；低温施工时，宜对卷材和基面采用热风适当加热，然后铺贴卷材。

④ PVC卷材的接缝焊接

焊接法是采用热风焊机或焊枪，对PVC等热塑性卷材的搭接缝进行焊接连接的施工方法。要求如下：

焊接前卷材应铺放平整，搭接尺寸准确，焊接缝的结合面应清扫干净；焊接时应先焊长边搭接缝，后焊短边搭接缝；控制热风加热温度和时间，焊接处不得漏焊、跳焊或焊接不牢；焊接时不得损害非焊接部位的卷材。

⑤ 聚乙烯丙纶复合防水卷材的铺贴

该种卷材为湿作业施工。应采用配套的聚合物水泥防水粘结材料；卷材与基层粘贴应采用满粘法，粘结面积不应小于90%；刮涂粘结料应均匀，不得露底、堆积、流淌；固化后的粘结料厚度不应小于1.3mm；卷材接缝部位应挤出粘结料，接缝表面处应涂刮1.3mm厚50mm宽的聚合物水泥粘结料封边；粘结料固化前，不得在其上行走或进行后续作业。

⑥ 高分子自粘胶膜防水卷材的铺贴

该种卷材宜采用预铺反粘法施工。施工时，卷材宜单层铺设；在潮湿基面铺设时，基面应平整坚固、无明水；卷材长边应采用自粘边搭接，短边应采用胶粘带搭接，卷材端部搭接区应相互错开；立面施工时，在自粘边位置距卷材边缘10～20mm内，每隔400mm、600mm应进行机械固定，并应保证固定位置被卷材完全覆盖；浇筑结构混凝土时不得损伤防水层。

5）保护层施工

基坑回填时应采取防水层保护措施。卷材防水层完工并经验收合格后应及时做保护层。顶板的细石混凝土保护层与防水层之间宜设置隔离层。细石混凝土保护层厚度：机械回填时不宜小于70mm，人工回填时不宜小于50mm；底板的细石混凝土保护层厚度不应小于50mm；侧墙宜采用软质保护材料或铺抹20mm厚1:2.5水泥砂浆。

6）卷材防水层的检验与要求

检验批的抽样检验数量，应按铺贴面积每100m^2抽查1处，每处10m^2，且不少于3处。

卷材防水层所用卷材及其配套材料必须符合设计要求。转角处、变形缝、施工缝、穿墙管等部位做法必须符合设计要求。卷材应平整、顺直，搭接尺寸准确，搭接缝应粘贴或焊接牢固，密封严密，不得有扭曲、折皱、起鼓、张口、翘边等现象。搭接宽度的允许偏差为-10mm。

采用外防外贴法铺贴卷材防水层时，立面卷材接槎的搭接宽度：高聚物改性沥青类卷材应为150mm，合成高分子类卷材应为100mm，且上层卷材应盖过下层卷材不应倒槎搭接（图2-31）。

侧墙卷材防水层的保护层与防水层应结合紧密，保护层厚度应符合设计要求。

（3）涂料防水层

涂料防水层适用于受侵蚀性介质作用或受振动作用的地下工程。有机防水涂料能与结构刚柔互补，但粘结力较差，宜用于主体结构的迎水面；无机防水涂料凝固快且与基面有较强的粘结力，宜用于主体结构的迎水面或背水面。

图2-31 墙面卷材防水层错槎接缝示意图

1）材料要求

有机防水涂料应采用反应型、水乳型、聚合物水泥等涂料；无机防水涂料应采用掺外加剂、掺合料的水泥基防水涂料或水泥基渗透结晶型防水涂料。

2）基层要求

有机防水涂料基面应干燥。当基面较潮湿时，应涂刷湿固化型胶粘剂或潮湿界面隔离剂；无机防水涂料施工前，基面应充分润湿，但不得有明水。

3）涂料防水层及保护层的施工要求

① 多组分涂料应按配合比准确计量，搅拌均匀，并应根据有效时间确定每次配制量。

② 涂料应分层涂刷或喷涂，涂层应均匀，涂刷应待前遍涂层干燥成膜后进行。每遍涂刷时应交替改变涂层的涂刷方向，同层涂膜的先后搭压宽度宜为30～50mm，甩槎处接槎宽度不应小于100mm，接涂前应将其甩槎表面处理干净。当遇有降雨时，未完全固化的涂膜应覆盖保护。

③ 采用有机防水涂料时，基层阴阳角处应做成圆弧；在转角处、变形缝、施工缝、穿墙管等部位应加铺胎体材料和增涂防水涂料，宽度不应小于500mm。

④ 大面积使用胎体增强时，胎体材料的搭接宽度不应小于100mm。上下两层和相邻两幅胎体时接缝应错开1/3幅宽，且上下两层胎体不得相互垂直铺贴。

⑤ 涂料防水层完工并经验收合格后应及时做保护层，保护层做法与要求同卷材防水。

4）涂料防水层的检验与要求

涂料防水层分项工程检验批的抽样检验数量，应按涂层面积每$100m^2$抽查1处，每处$10m^2$，且不得少于3处。

涂料防水层所用的材料及配合比必须符合设计要求。涂料防水层的平均厚度应符合设计要求，最小厚度不得小于设计厚度的90%，用针测法检查。涂料防水层应与基层粘结牢固，涂刷均匀，不得流淌、鼓泡、露槎。当设置胎体时，胎体应铺贴平整，涂料应浸透胎体，且胎体不应外露。

（4）塑料防水板防水层

塑料防水板防水层适用于经常承受水压、侵蚀性介质或有振动作用的地下工程。塑料防水板宜铺设在地下工程复合式衬砌的初期支护与二次衬砌之间。

1）基层要求

① 塑料防水板防水层的基面应平整，无尖锐突出物，基面平整度 D/L 不应大于 $1/6$（注：D 为初期支护基面相邻两凸面间凹进去的深度，L 为初期支护基面相邻两凸面间的距离）。

② 初期支护的渗漏水，应在塑料防水板防水层铺设前封堵或引排。

2）基本要求

塑料防水板的铺设应超前二次衬砌混凝土施工，超前距离宜为 5～20m。塑料防水板应采用无钉孔铺设，并牢固地固定在基面上。固定点间距应根据基面平整情况确定，拱部宜为 0.5～0.8m，边墙宜为 1.0～1.5m，底部宜为 1.5～2.0m；局部凹凸较大时，应在凹处加密固定点。铺设应符合下列规定。

① 铺设塑料防水板前应先铺缓冲层，缓冲层应用暗钉圈固定在基面上；缓冲层搭接宽度不应小于 50mm；铺设塑料防水板时，应边铺边用压焊机将塑料防水板与暗钉圈焊接。

② 两幅塑料防水板的搭接宽度不应小于 100mm，下部塑料防水板应压住上部塑料防水板。接缝焊接时，塑料防水板的搭接层数不得超过 3 层。

③ 塑料防水板的搭接缝应采用双焊缝，每条焊缝的有效宽度不应小于 10mm。

④ 塑料防水板铺设时宜设置分区预埋注浆系统。

⑤ 分段设置塑料防水板防水层时，两端应采取封闭措施。

3）验收要求

塑料防水板防水层分项工程检验批的抽样检验数量，应按铺设面积每 100m² 抽查 1 处，每处 10m²，且不得少于 3 处。焊缝检验应按焊缝条数抽查 5%，每条焊缝为 1 处，且不得少于 3 处。

① 塑料防水板及其配套材料必须符合设计要求。检验时，应检查产品合格证、产品性能检测报告和材料进场检验报告。

② 塑料防水板搭接宽度的允许偏差应为 −10mm。搭接缝必须采用双缝热熔焊接，每条焊缝的有效宽度不应小于 10mm，检验方法：双焊缝间空腔内充气检查和尺量检查。

③ 塑料防水板与暗钉圈应焊接牢靠，不得漏焊、假焊和焊穿。铺设应平顺，不得有下垂、绷紧和破损现象。

（5）金属板防水层

金属板防水层适用于抗渗性能要求较高的地下工程。金属板应铺设在主体结构迎水面。

1）基本要求

① 金属板防水层所采用的金属材料和保护材料应符合设计要求。金属板及其焊接材料的规格、外观质量和主要物理性能，应符合国家现行有关标准的规定。

② 金属板表面有锈蚀、麻点或划痕等缺陷时，其深度不得大于该板材厚度的负偏差值。

③ 金属板的拼接及金属板与工程结构的锚固件连接应采用焊接。金属板的拼接焊缝

应进行外观检查和无损检验。

2）验收要求

① 金属板防水层分项工程检验批的抽样检验数量，应按铺设面积每 $10m^2$ 抽查 1 处，每处 $1m^2$，且不得少于 3 处。焊缝表面缺陷检验应按焊缝的条数抽查 5%，且不得少于 1 条焊缝；每条焊缝检查 1 处，总抽查数不得少于 10 处。

② 焊工应持有有效的执业资格证书。

③ 金属板表面不得有明显凹面和损伤。

④ 焊缝不得有裂纹、未熔合、夹渣、焊瘤、咬边、烧穿、弧坑、针状气孔等缺陷。焊缝的焊波应均匀，焊渣和飞溅物应清除干净。

⑤ 保护涂层不得有漏涂、脱皮和反锈现象。

（6）膨润土防水层

膨润土吸收淡水后能变成胶状体，膨胀为自身重量的 5 倍、自身体积的 13 倍左右，依靠粘结性和膨胀性发挥止水功能。常用的膨润土防水材料有针刺法钠基膨润土防水毯、针刺覆膜法钠基膨润土防水毯和胶粘法钠基膨润土防水板三种。

膨润土防水材料防水层适用于 pH 值为 4～10（淡水）的地下环境中，应用于复合式衬砌的初期支护与二次衬砌之间，以及明挖法地下工程主体结构的迎水面。要求防水层两侧必须具有一定的夹持力。

1）材料与基层要求

① 膨润土防水材料中的膨润土颗粒应采用钠基膨润土，不应采用钙基膨润土。

② 铺设防水层的基面应坚实、清洁，不得有明水，基面平整度要求同塑料防水板基面；基层阴阳角应做成圆弧或坡角。

2）基本要求

① 膨润土防水毯的织布面和膨润土防水板的膨润土面，均应与结构外表面密贴。

② 膨润土防水材料应采用水泥钉和垫片固定；立面和斜面上的固定间距宜为 400～500mm，平面上应在搭接缝处固定。

③ 膨润土防水材料的搭接宽度应大于 100mm；搭接部位的固定间距宜为 200～300mm，固定点与搭接边缘的距离宜为 25～30mm，搭接处应涂抹膨润土密封膏。平面搭接缝处可干撒膨润土颗粒，其用量宜为 0.3～0.5kg/m。

④ 膨润土防水材料的收口部位应采用金属压条和水泥钉固定，并用膨润土密封膏覆盖。

⑤ 转角处和变形缝、施工缝、后浇带等部位均应设置宽度不小于 500mm 的加强层，加强层应设置在防水层与结构外表面之间。穿墙管件部位宜采用膨润土橡胶止水条、膨润土密封膏进行加强处理。

⑥ 膨润土防水材料分段铺设时，应采取临时遮挡防护措施。

3）验收要求

① 膨润土防水材料防水层分项工程检验批的抽样检验数量，应按铺设面积每 $100m^2$ 抽查 1 处，每处 $10m^2$，且不得少于 3 处。

② 膨润土防水材料必须符合设计要求。

③ 膨润土防水材料防水层在转角处和变形缝、施工缝、后浇带、穿墙管等部位做法

必须符合设计要求。

④ 膨润土防水毯的织布面或防水板的膨润土面，应朝向工程主体结构的迎水面。

⑤ 立面或斜面铺设的膨润土防水材料应上层压住下层，防水层与基层、防水层与防水层之间应密贴，并应平整无折皱。

⑥ 膨润土防水材料的搭接和收口部位应符合要求。搭接宽度的允许偏差应为－10mm。

> **例 2-31** 受侵蚀性介质或受振动作用的地下建筑防水工程应选择（　　）。
> A 卷材防水层　B 防水混凝土　C 水泥砂浆防水层　D 金属板防水层
> **解析**：据《地下防水工程质量验收规范》GB 50208—2011 第 4.3.1 条规定，卷材防水层适用于受侵蚀性介质作用或受振动作用的地下工程，卷材防水层应铺设在主体结构的迎水面。故选 A。
> **答案**：A

3. 防水细部处理

防水混凝土结构的混凝土施工缝、结构变形缝、后浇带、穿墙管以及穿墙螺栓等埋设件是防水薄弱部位，其设置和构造必须符合设计要求。施工中应认真做好这些细部的处理，并进行全数检查验收，以保证整个防水工程的质量。

《建筑与市政工程防水通用规范》GB 55030—2022 规定了明挖法地下工程结构接缝的防水设防措施，见表 2-33。

明挖法地下工程结构接缝的防水设防措施　　　　表 2-33

施工缝					变形缝					后浇带					诱导缝			
混凝土基渗透结晶型防水材料或外涂型水泥基界面处理剂	预埋注浆管	遇水膨胀止水条或止水胶	中埋式止水带	外贴式止水带	中埋式中孔型橡胶止水带	外贴式中孔型橡胶止水带	可卸式止水带	密封嵌缝材料	外贴防水卷材或外涂防水涂料	补偿收缩混凝土	预埋注浆管	遇水膨胀止水条或止水胶	中埋式止水带	外贴式止水带	中埋式中孔型橡胶止水带	密封嵌缝材料	外贴防水卷材或外涂防水涂料
不应少于2种					应选	不应少于2种			应选	不应少于1种					应选	不应少于1种	

其中，中埋式止水带施工应符合下列规定：

1) 钢板止水带采用焊接连接时应满焊；

2) 橡胶止水带应采用热硫化连接，连接接头不应设在结构转角部位，转角部位应呈圆弧状；

3) 自粘丁基橡胶钢板止水带自粘搭接长度不应小于80mm，当采用机械固定搭接时，搭接长度不应小于50mm；

4) 钢边橡胶止水带铆接时，铆接部位应采用自粘胶带密封。

(1) 混凝土施工缝

防水混凝土应尽量连续浇筑，宜少留施工缝。底板与墙体间的施工缝应留设在高出底板表面不小于300mm的墙体上。拱、板与墙结合的水平施工缝，宜留在拱、板与墙交接处以下150～300mm处；垂直施工缝应避开地下水和裂隙水较多的地段，并宜与变形缝相结合。施工缝距预留孔洞的边缘不小于300mm。

施工缝防水构造，所用止水带、遇水膨胀止水条或止水胶、水泥基渗透结晶型防水涂料和预埋注浆管均必须符合设计要求。常用做法如图2-32所示。

图2-32 防水混凝土施工缝的留设位置及防水措施

中埋式止水带及外贴式止水带埋设位置应准确，固定应牢靠。

遇水膨胀止水条应具有缓膨胀性能；止水条与施工缝基面应密贴，中间不得有空鼓、脱离等现象；止水条应牢固地安装在缝表面或预留凹槽内；止水条采用搭接连接时，搭接宽度不得小于30mm。

遇水膨胀止水胶应采用专用注胶器挤出粘结在施工缝表面，并做到连续、均匀、饱满，无气泡和孔洞，挤出宽度及厚度应符合设计要求；止水胶挤出成型后，固化期内应采取临时保护措施；止水胶固化前不得浇筑混凝土。

预埋注浆管应设置在施工缝断面中部，注浆管与施工缝基面应密贴并固定牢靠，固定间距宜为200～300mm。注浆导管与注浆管的连接应牢固、严密，导管埋入混凝土内的部分应与结构钢筋绑扎牢固，导管的末端应临时封堵严密。

施工缝处继续浇筑混凝土时，已浇筑的混凝土抗压强度不应小于1.2MPa。水平施工缝浇筑前，应将其表面浮浆和杂物清除，然后铺设净浆，涂刷混凝土界面处理剂或水泥基渗透结晶型防水涂料，再铺30～50mm厚的1:1水泥砂浆，并及时浇筑混凝土。垂直施工缝浇筑混凝土前，应将其表面清理干净，再涂刷混凝土界面处理剂或水泥基渗透结晶型防水涂料，并及时浇筑混凝土。

(2) 结构变形缝

变形缝一般包括伸缩缝和沉降缝。为满足变形要求且能密封防水，常采用埋入橡胶、金属止水带的方法，其构造如图2-33所示。所用止水带应能满足结构允许的最大变形。

变形缝防水构造必须符合设计要求。变形缝用止水带、填缝材料和密封材料必须符合设计要求。

中埋式止水带埋设位置应准确，中间空心圆环与变形缝的中心线应重合。其接缝应设

(a) 中埋式止水带与防水层复合　　(b) 中埋式止水带与止水条复合

图 2-33　常见变形缝防水构造示意
1—混凝土结构；2—止水带；3—填缝材料；4—外贴防水层；
5—嵌缝材料；6—背衬材料；7—遇水膨胀止水条

在边墙较高位置上，不得设在结构转角处；接头宜采用热压焊接，接缝应平整、牢固，不得有裂口和脱胶现象。止水带安装时，在转弯处应做成圆弧形；顶板、底板内止水带应安装成盆状，并宜采用专用钢筋套或扁钢固定（图 2-34）。

(a) 钢筋套固定　　(b) 扁钢拉筋固定

图 2-34　止水带固定方法示意图

外贴式止水带在变形缝与施工缝相交部位宜采用十字配件；外贴式止水带在变形缝转角部位宜采用直角配件。止水带埋设位置应准确，固定应牢靠，并与固定止水带的基层密贴，不得出现空鼓、翘边等现象。

安设于结构内侧的可卸式止水带所需配件应一次配齐，转角处应做成 45°坡角，并增加紧固件的数量。

嵌填密封材料的缝内两侧基面应平整、洁净、干燥，并应涂刷基层处理剂；嵌缝底部应设置背衬材料；密封材料嵌填应严密、连续、饱满，粘结牢固。

变形缝处表面粘贴卷材或涂刷涂料前，应在缝上设置隔离层和加强层。

（3）后浇带

后浇带是大面积混凝土结构的刚性接缝，用于不允许设置变形缝且后期变形趋于稳定的结构。包括收缩后浇带和沉降后浇带。防水混凝土后浇带的构造形式见图 2-35。

后浇带留设的位置、宽度、形式以及防水构造应符合设计要求。留置时应采取支模或固定快易收口网等措施，保证留缝位置准确、断口垂直、边缘密实。留缝后应做封挡和遮盖保护，防止后浇带部位和外贴式止水带损坏或缝内进水及垃圾杂物。

后浇混凝土的浇筑时间应符合设计要求。浇筑时，应先做好清理工作，接合面涂刷界面处理剂或水泥基渗透结晶型防水涂料；浇筑补偿收缩混凝土，并细致捣实。后浇带混凝

图 2-35 防水混凝土后浇带的留缝形式与构造
1—先浇混凝土；2—结构主筋；3—后浇补偿收缩混凝土；4—止水钢板；5—遇水膨胀止水条；
6—附加钢筋；7—留缝材料；8—外贴止水带；9—细石混凝土保护层；10—卷材防水层；
11—混凝土垫层

土应一次浇筑，不得留设施工缝；混凝土浇筑后应及时养护，时间不得少于28d。

补偿收缩混凝土的原材料及配合比必须符合设计要求。采用掺膨胀剂的补偿收缩混凝土，其抗压强度、抗渗性能和限制膨胀率必须符合设计要求。

（4）穿墙管

穿墙管防水构造及所用遇水膨胀止水条和密封材料必须符合设计要求。

固定式穿墙管应加焊止水环或环绕遇水膨胀止水圈，并做好防腐处理；穿墙管应在主体结构迎水面预留凹槽，槽内应用密封材料嵌填密实。

套管式穿墙管的套管与止水环及翼环应连续满焊，并做好防腐处理；套管内表面应清理干净，穿墙管与套管之间应用密封材料和橡胶密封圈进行密封处理，并采用法兰盘及螺栓进行固定（图2-36）。

穿墙盒的封口钢板与混凝土结构墙上预埋的角钢应焊严，并从钢板上的预留浇注孔注入改性沥青密封材料或细石混凝土，封填后将浇注孔口用钢板焊接封闭。

当主体结构迎水面有柔性防水层时，防水层与穿墙管连接处应增设加强层。密封材料嵌填应密实、连续、饱满，粘结牢固。

（5）埋设件、桩头

埋设件应进行防腐处理。埋设件端部或预留孔、槽底部的混凝土厚度不得小于250mm；当混凝土厚度小于250mm时，应局部加厚或采取其他防水措施。结构迎水面的埋设件周围应预留凹槽，凹槽内应用密封材料填实。

图 2-36 套管式穿墙管的构造做法
1—翼环；2—嵌缝密封材料；3—衬垫条；4—填缝材料；
5—挡圈；6—套管；7—止水环；8—橡胶圈；9—套管翼盘；
10—螺母；11—双头螺栓；12—短管；13—主管；
14—法兰盘

用于固定防水混凝土墙体模板的螺栓应为防水对拉螺栓套具，可采用工具式螺栓或螺栓加堵头，螺栓上应加焊止水环。拆模后留下的凹槽应用密封材料封堵密实，并用聚合物水泥砂浆抹平。

桩头应涂刷外涂型水泥基渗透结晶型防水涂料，涂刷层与大面防水层的搭接宽度不应小于300mm。防水层应在桩头根部进行密封处理。

（6）预留通道接头

预留通道接头的防水构造及使用的材料（中埋式止水带、遇水膨胀止水条或止水胶、预埋注浆管、密封材料和可卸式止水带）均应符合设计要求。

中埋式止水带埋设位置应准确，其中间空心圆环与通道接头中心线应重合。对先浇的混凝土结构、中埋式止水带和预埋件应及时保护，预埋件应进行防锈处理。

用膨胀螺栓固定可卸式止水带时，止水带与紧固件压块以及止水带与基面之间应结合紧密。采用金属膨胀螺栓时，应选用不锈钢材料或进行防锈处理。

密封材料嵌填应密实、连续、饱满，粘结牢固。预留通道接头外部应设保护墙。

（7）孔口

孔口防水构造及所用防水卷材、防水涂料和密封材料均应符合设计要求。

人员出入口高出地面不应小于500mm；汽车出入口设置明沟排水时，其高出地面宜为150mm，并应采取防雨措施。

窗井的底部在最高地下水位以上时，窗井的墙体和底板应做防水处理，并宜与主体结构断开；窗井或窗井的一部分在最高地下水位以下时，窗井应与主体结构连成整体，其防水层也应连成整体，并应在窗井内设置集水井。窗台下部的墙体和底板应做防水层。

窗井内的底板应低于窗下缘300mm。窗井墙高出室外地面不得小于500mm；窗井外地面应做散水，散水与墙面间应采用密封材料嵌填。嵌填应密实、连续、饱满，粘结牢固。

（8）坑、池

坑、池的防水构造及所用防水混凝土的原材料、配合比及坍落度必须符合设计要求。池底板的混凝土厚度不应小于250mm；当底板的厚度小于250mm时，应采取局部加厚措施，并应使防水层保持连续；施工完后，应及时遮盖和防止杂物堵塞。

坑、池、储水库宜采用防水混凝土整体浇筑，混凝土表面应坚实、平整，不得有露筋、蜂窝和裂缝等缺陷；内部防水层完成后，应进行蓄水试验。

例2-32　（2017）关于地下工程墙体施工缝的说法，错误的是（　　）。
A　施工缝位置一般留在结构承受剪力最大部位
B　采用遇水膨胀止水条时，表面需涂缓膨胀剂
C　采用遇水膨胀止水胶时，止水胶固化前不得浇筑混凝土
D　预埋注浆管应设置在施工缝断面中部

解析：《混凝土结构工程施工规范》GB 50666—2011第8.6.1条规定，施工缝和后浇带宜留设在结构受剪力较小且便于施工的位置。故A选项说法错误。

《地下防水工程质量验收规范》GB 50208—2011第5.1.8条规定，遇水膨胀止水条应具有缓胀性能。该条条文说明称，施工缝采用遇水膨胀止水条时，应在表面涂缓胀剂，防止由于降雨或施工用水使止水条过早膨胀。故B选项说法正确。

第5.1.9条条文说明称，施工缝采用遇水膨胀止水胶时，止水胶固化期内应采取临时保护措施，止水胶固化前不得浇筑混凝土。故C选项说法正确。

第5.1.10条规定，预埋注浆管应设置在施工缝断面中部，与基面密贴固定牢固，注浆导管的末端应临时封堵。故D选项说法正确。

答案： A

例2-33 （2019）关于地下工程后浇带的说法，正确的是（　　）。
A 应设在变形最大的部位
B 宽度宜为500mm
C 应在两侧混凝土龄期28d内浇筑
D 应采用补偿收缩混凝土浇筑

解析：《地下工程防水技术规范》GB 50108—2018第5.2.4条规定，后浇带应设在受力和变形较小的部位，其间距和位置应按结构设计要求确定，宽度宜为700~1000mm。可见，A、B选项说法均不正确。

第5.2.2条规定，后浇带应在其两侧混凝土龄期达到42d后再施工。故C选项说法不正确。

第5.2.3条规定，后浇带应采用补偿收缩混凝土浇筑，其抗渗和抗压强度等级不应低于两侧混凝土。故D选项说法正确。

答案： D

4. 特殊施工方法结构防水

（1）地下连续墙

地下连续墙是指采用机械施工方法成槽、浇灌钢筋混凝土，形成具有截水、防渗、挡土和承重作用的地下墙体。常用作地下工程的主体结构、支护结构以及复合式衬砌的初期支护。

地下连续墙应采用防水混凝土。防水混凝土的原材料、配合比及坍落度必须符合设计要求，且胶凝材料用量不应小于400kg/m³，水胶比不得大于0.55，坍落度不得小于180mm。

为避免坍塌，地下连续墙常采用分单元槽段施工，但应根据工程要求和施工条件尽量减少槽段数量以减少接缝，且槽段接缝应避开拐角部位。叠合式侧墙的地下连续墙与内衬结构连接处，应凿毛并清洗干净，必要时应做特殊防水处理。

地下连续墙施工时，混凝土应按每1个单元槽段留置一组抗压试件，每5个槽段留置一组抗渗试件。工程开挖后，若发现地下连续墙有裂缝、孔洞、露筋等缺陷，应采用聚合物水泥砂浆修补；槽段接缝如有渗漏，应采取注浆、嵌填等措施进行止水处理。

地下连续墙分项工程检验批的抽样检验数量，应按每连续5个槽段抽查1个槽段，且不得少于3个槽段。防水混凝土的抗压强度和抗渗性能必须符合设计要求。槽段接缝构造应符合设计要求，墙面不得有露筋、露石和夹泥现象；墙体表面平整度，临时支护墙体允许偏差应为50mm，单一或复合墙体允许偏差应为30mm。地下连续墙的渗漏水量必须符合设计要求，通过观察和渗漏水检测记录进行检查。

（2）逆筑结构

逆筑结构是指以地下连续墙兼作墙体及混凝土灌注桩等兼作承重立柱,自上而下进行顶板、中楼板和底板施工的主体结构。按地下围护结构的形式分为直接将地下连续墙作为围护结构的逆筑结构和由地下连续墙与内衬构成复合式衬砌的逆筑结构。

直接采用地下连续墙作为围护结构的逆筑结构,有利于降低工程造价、缩短工期和充分利用地下空间。但由于钢筋混凝土是在泥浆中浇筑,质量影响因素多、对耐久性不利,故不能用于一级防水的墙体。施工应符合下列规定:

1) 地下连续墙墙面应凿毛、清洗干净,并宜做水泥砂浆防水层;
2) 地下连续墙与顶板、中楼板、底板接缝部位应凿毛处理,施工缝的施工应符合相关规定;
3) 钢筋接驳器处宜涂刷水泥基渗透结晶型防水涂料。

采用地下连续墙与内衬构成复合式衬砌的逆筑结构,内衬墙垂直施工缝应与地下连续墙的槽段接缝相互错开2.0~3.0m。施工时除应符合上述规定外,为确保达到一、二级防水标准,尚应注意做好后浇接缝处理,要求如下。

1) 顶板及中楼板下部500mm内衬墙应同时浇筑,内衬墙下部应做成斜坡形;斜坡形下部应预留300~500mm空间,并应待下部先浇混凝土施工14d后再行浇筑。
2) 浇筑混凝土前,内衬墙的接缝面应凿毛、清洗干净,并应设置遇水膨胀止水条或止水胶和预埋注浆管。
3) 内衬墙的后浇筑混凝土应采用补偿收缩混凝土,浇筑口宜高于斜坡顶端200mm以上。

底板混凝土应连续浇筑,不宜留设施工缝。底板混凝土达到设计强度后方可停止降水,并应将降水井封堵密实。

5. 排水工程

对无自流排水条件且防水要求较高的地下工程,可采用渗排水、盲沟排水、盲管排水、塑料排水板或机械抽水等排水方法,将地下水有组织地经过排水系统排走,以削弱水对地下结构的压力,减小水对结构的渗透作用,从而辅助地下工程达到降低地下水位和防水目的。

（1）渗排水及盲沟排水

渗排水是将地下工程结构底板下排水层渗出的水通过集水管流入集水井内,然后采用专用水泵机械排水。适用于无自流排水条件、防水要求较高且有抗浮要求的地下工程。渗排水应符合下列规定:

1) 渗排水层用砂、石应洁净,含泥量不应大于2.0%;
2) 粗砂过滤层总厚度宜为300mm,如较厚时应分层铺填;过滤层与基坑土层接触处,应采用厚度为100~150mm、粒径为5~10mm的石子铺填;
3) 集水管应设置在粗砂过滤层下部,坡度不宜小于1%,且不得有倒坡现象。集水管之间的距离宜为5~10m,并与集水井相通;
4) 工程底板与渗排水层之间应做隔浆层,建筑周围的渗排水层顶面应做散水坡。以防止渗排水层堵塞。

盲沟排水一般设在建筑物周围,使地下水流入盲沟内,利用地形使水自动排走。如受地形限制没有自流排水条件时,可将水引到集水井中用泵抽出。盲沟排水适用于地基为弱透水性土层、地下水量不大或排水面积较小,地下水位在结构底板以下或在丰水期地下水位高于结构底板的地下工程。盲沟排水应符合下列规定:

1) 盲沟成型尺寸和坡度应符合设计要求;
2) 盲沟的类型及盲沟与基础的距离应符合设计要求;
3) 盲沟用砂、石应洁净,含泥量不应大于2.0%;
4) 盲沟反滤层的层次和粒径组成应符合表2-34的规定。

盲沟反滤层的层次和粒径组成　　　表2-34

反滤层的层次	建筑物地区地层为砂性土时（塑性指数 $I_P<3$）	建筑地区地层为黏性土时（塑性指数 $I_P>3$）
第一层（贴天然土）	用1~3mm粒径砂子组成	用2~5mm粒径砂子组成
第二层	用3~10mm粒径小卵石组成	用5~10mm粒径小卵石组成

5) 盲沟在转弯处和高低处应设置检查井,出水口处应设置滤水箅子。

渗排水、盲沟排水均应在地基工程验收合格后进行施工。集水管宜采用无砂混凝土管、硬质塑料管或软式透水管,埋置深度和坡度必须符合设计要求,接口应连接牢固,不得扭曲变形和错位。渗排水构造应符合设计要求,铺设应分层、铺平、拍实。盲沟排水构造、反滤层的层次和粒径组成均必须符合设计要求。

(2) 塑料排水板排水

塑料排水板可用于地下工程底板与侧墙的室内明沟、架空地板排水以及地下工程种植顶板排水,还可用于隧道或坑道排水。塑料排水板与土工布结合,可替代传统的陶粒或卵石滤水层,并具有较高的抗压强度和排水、透气等功能。

塑料排水板是以HDPE为主要原料,通过三层共挤在焙融状态下经真空吸塑和对辊压成型工艺制成的新型材料,具有立体空间和一定支撑高度的新型排水材料。塑料排水板的单位面积质量和支点高度应根据设计荷载和流水通量来确定。

塑料排水板应选用抗压强度大且耐久性好的凸凹型排水板。排水构造应符合设计要求,并宜符合以下工艺流程:

1) 室内底板排水按混凝土底板→铺设塑料排水板（支点向下）→混凝土垫层→配筋混凝土面层等顺序进行;

2) 室内侧墙排水按混凝土侧墙→粘贴塑料排水板（支点向墙面）→钢丝网固定→水泥砂浆面层等顺序进行;（注:将排水板支点朝下或朝内墙,支点内灌入混凝土,可起到永久性模板作用;同时,塑料排水板与底板或内墙形成一个密封的空间,能及时排出底板或内墙渗出的水分,起到防潮、排水、隔热、保温的作用。）

3) 种植顶板排水按混凝土顶板→找坡层→防水层→混凝土保护层→铺设塑料排水板（支点向上）→铺设土工布→覆土等顺序进行;（注:将塑料排水板支点朝上,并在排水板上面覆一层土工布,可防止泥水流到排水板内,保持排水畅通。）

4) 隧道或坑道排水按初期支护→铺设土工布→铺设塑料排水板（支点向初期支护）→二次衬砌结构等顺序进行。（注:在初期衬砌洞壁上先铺设一层土工布,防止泥水流到排水板内,保持排水畅通;将塑料排水板支点朝向洞壁,连续的排水板形成的密闭排水层,可将隧道或坑道围岩的裂隙水顺畅地引入排水盲沟。）

铺设塑料排水板应采用搭接法施工，长短边搭接宽度均不应小于100mm。塑料排水板的接缝处宜采用配套胶粘剂粘结或热熔焊接，以使排水板形成一个整体。

地下工程种植顶板种植土若低于周边土体，塑料排水板排水层必须结合排水沟或盲沟分区设置，并保证排水畅通，以防因降水滞水浸没植物根系而造成腐烂。

塑料排水板应与土工布复合使用。土工布宜采用 $200\sim400g/m^2$ 的聚酯无纺布。土工布应铺设在塑料排水板的凸面上，相邻土工布搭接宽度不应小于200mm，搭接部位应采用粘合或缝合。

塑料排水板和土工布必须符合设计要求。塑料排水板排水层必须与排水系统连通，不得有堵塞现象。

6. 注浆工程

注浆是利用配套的机械设备，采用合理的注浆工艺，将适宜的注浆材料注入工程对象，以达到填充、加固、堵水、抬升以及纠偏等目的。注浆施工中，按浆液在地层中的作用方式分为：渗透扩散、劈裂扩散、裂隙填充、挤压填充。

注浆防水工程主要包括在岩土中注浆（按施工顺序分为预注浆、后注浆）和结构裂缝注浆。

（1）预注浆、后注浆

预注浆是在工程开挖前预计涌水量较大的地段或软弱地层中填充、封堵，后注浆是在工程开挖后处理围岩渗漏及初期壁后的空隙回填。

1）注浆方案

应根据工程地质及水文地质条件，按下列规定选择：

① 在工程开挖前，预计涌水量较大的地段、软弱地层，宜采用预注浆；

② 开挖后有大股涌水或大面积渗漏水时，应采用衬砌前围岩注浆；

③ 衬砌后渗漏水严重或充填壁后空隙的地段，宜进行回填注浆；

④ 回填注浆后仍有渗漏水时，宜采用衬砌后围岩注浆。

上述所列方法可单独进行，也可按工程情况综合采用，确保地下工程达到设计的防水等级标准。

2）注浆材料

应根据工程地质、水文地质条件、注浆目的、注浆工艺、设备和成本等因素加以选择。注浆材料应符合下列规定：

① 具有较好的可注性；

② 具有固结体收缩小，良好的粘结性、抗渗性、耐久性和化学稳定性；

③ 低毒并对环境污染小；

④ 注浆工艺简单，施工操作方便，安全可靠。

3）注浆方法

在砂卵石层中宜采用渗透注浆法；在黏土层中宜采用劈裂注浆法；在淤泥质软土中宜采用高压喷射注浆法。

① 渗透注浆法。渗透注浆不破坏原土的颗粒排列，使浆液渗透扩散到土粒间的孔隙，孔隙中的气体和水分被浆液固结体排除，从而使土壤密实达到加固防渗的目的。渗透注浆一般用于渗透系数大于 $10^{-5}cm/s$ 的砂或砂卵石土层。

② 劈裂注浆法。劈裂注浆是在较高的注浆压力下，把浆液渗入渗透性小的土层中，并形成不规则的脉状固结物。由注浆压力而挤密的土体与不受注浆影响的土体构成复合地基，具有一定的密实性和承载能力。劈裂注浆一般用于渗透系数不大于 10^{-6} cm/s 的黏土层。

③ 高压喷射注浆法。高压喷射注浆是利用钻机把带有喷嘴的注浆管钻进土中的预定位置，以高压设备使浆液成为高压流从喷嘴喷出，土粒在喷射流的作用下与浆液混合形成固结体。高压喷射注浆的浆液以水泥类材料为主，化学材料为辅。高压喷射注浆可用于加固软弱地层。

4）注浆浆液选择

① 预注浆宜采用水泥浆液、黏土水泥浆液或化学浆液；

② 后注浆宜采用水泥浆液、水泥砂浆或掺有石灰、黏土、膨润土、粉煤灰的水泥浆液；

③ 注浆浆液配合比应经现场试验确定。

5）注浆过程控制要求

① 根据工程地质条件、注浆目的等控制注浆压力和注浆量；

② 回填注浆应在衬砌混凝土达到设计强度的70％后进行，衬砌后围岩注浆应在充填注浆固结体达到设计强度的70％后进行；

③ 浆液不得溢出地面和超出有效注浆范围，地面注浆结束后注浆孔应封填密实；

④ 注浆范围和建筑物的水平距离很近时，应加强对邻近建筑物和地下埋设物的现场监控；

⑤ 注浆点距离饮用水源或公共水域较近时，注浆施工如有污染应及时采取相应措施。

6）质量要求

配制浆液的原材料和配合比、注浆效果必须符合设计要求。注浆孔的数量、布置间距、钻孔深度及角度，以及注浆各阶段的控制压力和注浆量均应符合设计要求。注浆时浆液不得溢出地面和超出有效注浆范围。注浆对地面产生的沉降量不得超过30mm，地面的隆起不得超过20mm。

（2）结构裂缝注浆

混凝土结构裂缝严重影响工程结构的耐久性，通过注浆可满足结构正常使用和工程的耐久性要求。结构裂缝的堵水注浆适用于宽度大于0.2mm的混凝土结构静止裂缝、贯穿性裂缝。注浆应待结构基本稳定和混凝土达到设计强度后进行，以避免破坏原结构及加固部分。

化学浆材按其功能与用途可分为防渗堵漏型和加固补强型。结构裂缝堵水注浆宜选用聚氨酯、丙烯酸盐等化学浆液；补强加固的结构裂缝注浆宜选用改性环氧树脂、超细水泥等浆液。

正确选用注浆工艺和设备是结构裂缝注浆的关键，应符合下列规定：

① 施工前，应沿缝清除基面上油污杂质；

② 浅裂缝应骑缝粘埋注浆嘴，必要时沿缝开凿"U"形槽并用速凝水泥砂浆封缝；

③ 深裂缝应骑缝钻孔或斜向钻孔至裂缝深部，孔内安设注浆管或注浆嘴，间距应根据裂缝宽度而定，但每条裂缝至少有一个进浆孔和一个排气孔；

④ 注浆嘴及注浆管应设在裂缝的交叉处、较宽处及贯穿处等部位；对封缝的密封效

果应进行检查；

⑤ 注浆后，应待缝内浆液固化完成，方可拆下注浆嘴并进行封口抹平。

注浆材料及其配合比、注浆效果均必须符合设计要求。注浆孔的数量、布置间距、钻孔深度及角度以及注浆各阶段的控制压力和注浆量均应符合设计要求。

三、屋面防水工程

【相关真题：2022-087，2021-092，2019-088，2019-091】

（一）概述

1. 屋面防水等级与一般构造

屋面防水是防止雨水、雪水对屋面的间歇性浸透，保证建筑物的寿命及使用功能正常发挥的一项重要工程。根据建筑物的性质、重要程度、使用功能环境等，屋面工程防水分为3个等级。其防水做法要求见表2-35。金属屋面工程除金属板作为一道防水层外，对一级、二级防水应加铺不少于1道防水卷材。一级防水者宜采用全焊接金属板屋面，且加铺的防水卷材厚度不应小于1.5mm。

平屋面及瓦屋面工程的防水做法　　　　表 2-35

防水等级	防水做法	平屋面防水层		瓦屋面防水层		
		防水卷材	防水涂料	屋面瓦	防水卷材	防水涂料
一级	不应少于3道	卷材防水层不应少于1道		为1道，应选	卷材防水层不应少于1道	
二级	不应少于2道	卷材防水层不应少于1道		为1道，应选	不应少于1道；任选	
三级	不应少于1道	任选		为1道，应选	—	

防水屋面的种类包括卷材防水屋面、涂膜防水屋面、瓦屋面等。下面介绍常用的卷材、涂膜防水屋面的施工。该类防水屋面按防水层与保温层设置位置的不同，分为正置式和倒置式屋面，其构造见图2-37。

图 2-37　卷材、涂膜防水屋面构造做法

2. 施工的基本规定

在前述防水工程施工的基本规定之外,对屋面工程的施工还应符合如下规定。

(1) 屋面工程各构造层的组成材料,应分别与相邻层次的材料相容。

(2) 当进行下道工序或相邻工程施工时,应对屋面已完成部分采取保护措施。伸出屋面的管道、设备或预埋件等,应在保温层和防水层施工前安设完毕。屋面保温层和防水层完工后,不得进行凿孔、打洞或重物冲击等有损屋面的作业。当屋面坡度大于30%时,施工过程中应采取防滑措施。施工过程中应采取防止杂物堵塞排水系统的措施。

(3) 防水层和保护层施工完成后,屋面应进行淋水试验或雨后观察,檐沟、天沟、雨水口等应进行蓄水试验,不得有渗漏和积水现象。检验合格后再进行下一道工序施工。防水层施工完成后,后续工序施工不应损害防水层,在防水层上堆放材料应采取防护隔离措施。

(4) 屋面工程各分项工程宜按屋面面积每 500~1000m^2 划分为一个检验批,不足 500m^2 应按一个检验批。

3. 屋面工程分部、分项工程的划分

屋面工程各子分部工程和分项工程的划分见表2-36。

屋面工程各子分部工程和分项工程的划分　　　　表2-36

分部工程	子分部工程	分项工程
屋面工程	基层与保护	找坡层,找平层,隔汽层,隔离层,保护层
	保温与隔热	板状材料保温层,纤维材料保温层,喷涂硬泡聚氨酯保温层,现浇泡沫混凝土保温层,种植隔热层,架空隔热层,蓄水隔热层
	防水与密封	卷材防水层,涂膜防水层,复合防水层,接缝密封防水
	瓦面与板面	烧结瓦和混凝土瓦铺装,沥青瓦铺装,金属板铺装,玻璃采光顶铺装
	细部构造	檐口,檐沟和天沟,女儿墙和山墙,水落口,变形缝,伸出屋面管道,屋面出入口,反梁过水孔,设施基座,屋脊,屋顶窗

(二) 基层与保护工程

防水层的基层与保护工程涉及与屋面保温层、防水层相关的找坡层、找平层、隔汽层、隔离层和保护层。屋面找坡应满足设计排水坡度要求,结构找坡不应小于3%,材料找坡宜为2%;檐沟、天沟纵向坡度不应小于1%,沟底水落差不得超过200mm。

上人屋面或其他使用功能屋面,其保护及铺面的施工除应符合《屋面工程质量验收规范》GB 50207—2012外,还应符合《建筑地面工程施工质量验收规范》GB 50209—2002等的有关规定。

基层与保护工程各分项工程每个检验批的抽检数量,应按屋面面积每100m^2抽查一处,每处应为10m^2,且不得少于3处。

1. 找坡层与找平层施工

(1) 若屋面板为装配式钢筋混凝土板,则其板缝嵌填混凝土时,板缝内应清理干净,

并应保持湿润；当板缝宽度大于40mm或上窄下宽时，板缝内应按设计要求配置钢筋；嵌填细石混凝土的强度等级不应低于C20，嵌填深度宜低于板面10~20mm，且应振捣密实和浇水养护；板端缝应按设计要求增加防裂的构造措施。

（2）找坡层宜采用轻骨料混凝土；找坡材料应分层铺设和适当压实，表面应平整。

（3）找平层宜采用水泥砂浆或细石混凝土。对整体式基层可抹水泥砂浆，对板块式基层宜浇筑细石混凝土，其厚度与技术要求见表2-37。找平层的抹平工序应在初凝前完成，压光工序应在终凝前完成，终凝后应进行养护。

找平层厚度和技术要求   表2-37

找平层分类	适用的基层	厚度（mm）	技术要求
水泥砂浆	整体现浇混凝土板	15~20	1:2.5水泥砂浆
	整体材料保温层	20~25	
细石混凝土	装配式混凝土板	30~35	C20混凝土，宜加钢筋网片
	板状材料保温层		C20混凝土

（4）为避免大面积找平层开裂而拉裂防水层，找平层应设置分格缝。分格缝的纵横间距均不宜大于6m，分格缝的宽度宜为5~20mm。具体留缝的宽度与间距应符合设计要求。

（5）找坡层和找平层所用材料的质量、配合比及排水坡度均应符合设计要求。找平层应抹平、压光，不得有酥松、起砂、起皮现象。

（6）在突出屋面结构的根部、基层的转角处，找平层应做成圆弧形，且应整齐平顺。

（7）表面平整度的允许偏差，找坡层为7mm，找平层为5mm。用2m靠尺和塞尺检查。

2. 隔汽层

（1）基本要求

隔汽层应设置在结构层与保温层之间，隔汽层应选用气密性、水密性好的材料。

铺设时，隔汽层的基层应平整、干净、干燥。隔汽层采用卷材时，宜空铺，卷材搭接缝应满粘，其搭接宽度不应小于80mm；隔汽层采用涂料时，应涂刷均匀。穿过隔汽层的管线周围应封严，转角处应无折损；凡有缺陷或破损的部位，均应进行返修。在屋面与墙的连接处，隔汽层应沿墙面向上连续铺设，高出保温层上表面不得小于150mm。

（2）验收要求

1）隔汽层所用材料的质量，应符合设计要求。

2）隔汽层不得有破损现象。

3）卷材隔汽层应铺设平整，卷材搭接缝应粘结牢固，密封应严密，不得有扭曲、皱折和起泡等缺陷。

4）涂膜隔汽层应粘结牢固，表面平整，涂布均匀，不得有堆积、起泡和露底等缺陷。

3. 隔离层

（1）当采用块体材料、水泥砂浆或细石混凝土做防水层的保护层时，其与卷材、涂膜防水层之间，应设置隔离层。

（2）隔离层可采用干铺塑料膜、土工布、卷材或铺抹低强度砂浆，所用材料的质量及配合比应符合设计要求，不得有破损和漏铺现象。

（3）铺设时，塑料膜、土工布、卷材应铺设平整，其搭接宽度不应小于50mm，不得有皱折；低强度等级砂浆表面应压实、平整，不得有起壳、起砂现象。

4. 保护层

（1）防水层上的保护层施工，应待卷材铺贴完成或涂料固化成膜，并经检验合格后进行。

（2）用块体材料做保护层时，宜设置分格缝，分格缝纵横间距不应大于10m，分格缝宽度宜为20mm。

（3）用水泥砂浆做保护层时，表面应抹平压光，并应设表面分格缝，分格面积宜为$1m^2$。

（4）用细石混凝土做保护层时，混凝土应振捣密实，表面应抹平压光，分格缝纵横间距不应大于6m。分格缝的宽度宜为10~20mm。

（5）块体材料、水泥砂浆或细石混凝土保护层与女儿墙和山墙之间，应预留宽度为30mm的缝隙，缝内宜填塞聚苯乙烯泡沫塑料，并应用密封材料嵌填密实。

（6）保护层所用材料的质量、配合比及强度等级、排水坡度应符合设计要求。浅色涂料保护层应与防水层粘结牢固，厚薄应均匀，不得漏涂。

（7）保护层的允许偏差和检验方法应符合表2-38的规定。

保护层的允许偏差和检验方法　　　　表2-38

项目	允许偏差（mm）			检验方法
	块体材料	水泥砂浆	细石混凝土	
表面平整度	4.0	4.0	5.0	2m靠尺和塞尺检查
缝格平直	3.0	3.0	3.0	拉线和尺量检查
接缝高低差	1.5	—	—	直尺和塞尺检查
板块间隙宽度	2.0	—	—	尺量检查
保护层厚度	设计厚度的10%，且不得大于5mm			钢针插入和尺量检查

例 2-34　屋面沥青防水卷材上用块体材料做保护层时，应留分格缝，下列哪条分格缝划分面积是正确的？（　　）

A　不宜大于$100m^2$　　　　B　不宜大于$250m^2$
C　不宜大于$150m^2$　　　　D　不宜大于$200m^2$

解析：据《屋面工程质量验收规范》GB 50207—2012第4.5.2条规定："用块体材料做保护层时，宜设置分格缝，分格缝纵横间距不应大于10m，分格缝宽度宜为20mm"，可见，块体材料保护层的分格缝划分面积应不大于$100m^2$。

答案：A

例 2-35　屋面卷材防水层与哪种保护层之间应设置隔离层？（　　）

A　绿豆砂保护层　　　　　　B　聚丙烯酸酯乳液保护层
C　细石混凝土保护层　　　　D　三元乙丙橡胶溶液保护层

> 解析：据《屋面工程质量验收规范》GB 50207—2012 第 4.4.1 条关于隔离层的规定："块体材料、水泥砂浆或细石混凝土与卷材、涂膜防水层之间，应设置隔离层"，即屋面卷材防水层与细石混凝土保护层之间应设置隔离层。
>
> **答案：C**

（三）保温与隔热工程

屋面保温层分为板状材料、纤维材料、整体材料（喷涂硬泡聚氨酯，现浇泡沫混凝土）三种类型。屋面隔热层分为种植、架空、蓄水三种形式。

1. 一般要求

（1）铺设保温层的基层应平整、干燥和干净，以利于控制厚度、保温效果和铺平垫稳。

（2）保温材料在施工过程中应采取防潮、防水和防火等措施。

（3）保温与隔热工程的构造及选用材料应符合设计要求。

（4）保温与隔热工程质量验收除应符合《屋面工程质量验收规范》GB 50207 的规定外，尚应符合《建筑节能工程施工质量验收标准》GB 50411 的有关规定。

（5）保温材料使用时的含水率，应相当于该材料在当地自然风干状态下的平衡含水率。

（6）保温材料的导热系数、表观密度（或干密度）、抗压强度（或压缩强度）、燃烧性能必须符合设计要求。

（7）种植、架空、蓄水隔热层施工前，防水层均应验收合格。

（8）保温与隔热工程各分项工程每个检验批的抽检数量，应按屋面面积每 100m² 抽查 1 处，每处应为 10m²，且不得少于 3 处。

2. 板状材料保温层

（1）基本要求

1）板状材料保温层采用干铺法施工时，板块应紧靠在基层表面上，应铺平垫稳；分层铺设的板块上下层接缝应相互错开，板间缝隙应采用同类材料的碎屑嵌填密实。

2）板状材料保温层采用粘贴法施工时，胶粘剂应与保温材料的材性相容，并应贴严、粘牢；板状材料保温层的平面接缝应挤紧拼严，不得在板块侧面涂抹胶粘剂，超过 2mm 的缝隙应采用相同材料板条或片填塞严实。

3）板状保温材料采用机械固定法施工时，应选择专用螺钉和垫片，固定件与结构层之间应连接牢固。

（2）验收要求

1）板状保温材料的质量，应符合设计要求。检验方法：检查出厂合格证、质量检验报告和进场检验报告。

2）板状材料保温层的厚度应符合设计要求，其正偏差应不限，负偏差应为 5%，且不得大于 4mm。采用钢针插入和尺量检查。

3）屋面热桥部位处理应符合设计要求。

4）板状保温材料铺设应紧贴基层，应铺平垫稳，拼缝应严密，粘贴应牢固。

5）固定件的规格、数量和位置均应符合设计要求，垫片应与保温层表面齐平。

6）板状材料保温层表面平整度的允许偏差为 5mm，接缝高低差的允许偏差为 2mm。

用直尺和塞尺检查。

3. 纤维材料保温层

（1）基本要求

1）纤维保温材料应紧靠在基层表面上，平面接缝应挤紧拼严，上下层接缝应相互错开。

2）屋面坡度较大时，宜采用金属或塑料专用固定件将纤维保温材料与基层固定。

3）纤维材料填充后，不得上人踩踏。

4）装配式骨架纤维保温材料施工时，应先在基层上铺设保温龙骨或金属龙骨，龙骨之间应填充纤维保温材料，再在龙骨上铺钉水泥纤维板。金属龙骨和固定件应经过防锈处理，金属龙骨与基层之间应采取隔热断桥措施。

（2）验收要求

1）纤维保温材料的质量，应符合设计要求。

2）纤维材料保温层的厚度应符合设计要求，其正偏差应不限，毡不得有负偏差，板负偏差应为4%，且不得大于3mm。

3）屋面热桥部位处理应符合设计要求。

4）纤维保温材料铺设应紧贴基层，拼缝应严密，表面应平整。

5）固定件的规格、数量和位置应符合设计要求；垫片应与保温层表面齐平。

6）装配式骨架和水泥纤维板应铺钉牢固，表面应平整；龙骨间距和板材厚度应符合设计要求。

7）具有抗水蒸气渗透外覆面的玻璃棉制品，其外覆面应朝向室内，拼缝应用防水密封胶带封严。

4. 喷涂硬泡聚氨酯保温层

（1）基本要求

1）保温层施工前应对喷涂设备进行调试，并应制备试样进行硬泡聚氨酯的性能检测。

2）喷涂硬泡聚氨酯的配比应准确计量，发泡厚度应均匀一致。

3）喷涂时喷嘴与施工基面的间距应由试验确定。

4）一个作业面应分遍喷涂完成，每遍厚度不宜大于15mm；当日的作业面应当日连续地喷涂施工完毕。

5）硬泡聚氨酯喷涂后20min内严禁上人；喷涂完成后，应及时做保护层。

（2）验收要求

1）喷涂硬泡聚氨酯所用原材料的质量及配合比，应符合设计要求。

2）喷涂硬泡聚氨酯保温层的厚度应符合设计要求，其正偏差应不限，不得有负偏差。用钢针插入和尺量检查。

3）屋面热桥部位处理应符合设计要求。

4）硬泡聚氨酯应分遍喷涂，粘结应牢固，表面应平整，找坡应正确。

5）喷涂硬泡聚氨酯保温层表面平整度的允许偏差为5mm。

5. 现浇泡沫混凝土保温层

（1）基本要求

1）在浇筑泡沫混凝土前，应将基层上的杂物和油污清理干净；基层应浇水湿润，但不得有积水。

2) 保温层施工前应对设备进行调试，并应制备试样进行泡沫混凝土的性能检测。

3) 泡沫混凝土的配合比应准确计量，制备好的泡沫加入水泥料浆中应搅拌均匀。

4) 浇筑过程中，应随时检查泡沫混凝土的湿密度。

（2）验收要求

1) 现浇泡沫混凝土所用原材料的质量及配合比，应符合设计要求。检验方法：检查原材料出厂合格证、质量检验报告和计量措施。

2) 现浇泡沫混凝土保温层的厚度应符合设计要求，其正负偏差应为5%，且不得大于5mm。

3) 屋面热桥部位处理应符合设计要求。

4) 现浇泡沫混凝土应分层施工，粘结应牢固，表面应平整，找坡应正确。

5) 现浇泡沫混凝土不得有贯通性裂缝，以及疏松、起砂、起皮现象。

6) 现浇泡沫混凝土保温层表面平整度的允许偏差为5mm。

6. 种植隔热层

（1）基本要求

1) 种植隔热层与防水层之间宜设细石混凝土保护层。

2) 种植隔热层的屋面坡度大于20%时，其排水层、种植土层应采取防滑措施。

3) 排水层施工应符合下列要求：

① 陶粒的粒径不应小于25mm，大粒径应在下，小粒径应在上；

② 凹凸形排水板宜采用搭接法施工，网状交织排水板宜采用对接法施工；

③ 排水层上应铺设过滤层土工布；

④ 挡墙或挡板的下部应设泄水孔，孔周围应放置疏水粗细骨料。

4) 过滤层土工布应沿种植土周边向上铺设至种植土高度，并应与挡墙或挡板粘牢；土工布的搭接宽度不应小于100mm，接缝宜采用粘合或缝合。

5) 种植土的厚度及自重应符合设计要求。种植土表面应低于挡墙高度100mm。

（2）验收要求

1) 种植隔热层所用材料的质量应符合设计要求。

2) 排水层应与排水系统连通。

3) 挡墙或挡板泄水孔的留设应符合设计要求，并不得堵塞。

4) 陶粒应铺设平整、均匀，厚度应符合设计要求。

5) 排水板应铺设平整，接缝方法应符合国家现行有关标准的规定。

6) 过滤层土工布应铺设平整、接缝严密，其搭接宽度的允许偏差为−10mm。

7) 种植土应铺设平整、均匀，其厚度的允许偏差为±5%，且不得大于30mm。

7. 架空隔热层

（1）基本要求

1) 架空隔热层的高度应按屋面宽度或坡度大小确定。设计无要求时，高度宜为180～300mm。

2) 当屋面宽度大于10m时，应在屋面中部设置通风屋脊，通风门处应设置通风箅子。

3) 架空隔热制品支座底面的卷材、涂膜防水层，应采取加强措施。

4) 架空隔热制品的质量应符合下列要求：

① 非上人屋面的砌块强度等级不应低于 MU7.5，上人屋面的砌块强度等级不应低于 MU10；

② 混凝土板的强度等级不应低于 C20，板厚及配筋应符合设计要求。

(2) 验收要求

1) 架空隔热制品的质量应符合设计要求。

2) 架空隔热制品的铺设应平整、稳固，缝隙勾填应密实。

3) 架空隔热制品距山墙或女儿墙不得小于 250mm。

4) 架空隔热层的高度及通风屋脊、变形缝做法，应符合设计要求。

5) 架空隔热制品接缝高低差的允许偏差为 3mm。

8. 蓄水隔热层

(1) 基本要求

1) 蓄水隔热层与屋面防水层之间应设隔离层。

2) 蓄水池的所有孔洞应预留，不得后凿；所设置的给水管、排水管和溢水管等，均应在蓄水池混凝土施工前安装完毕。

3) 每个蓄水区的防水混凝土应一次浇筑完毕，不得留施工缝。

4) 防水混凝土应用机械振捣密实，表面应抹平和压光，初凝后应覆盖养护，终凝后浇水养护不得少于 14d；蓄水后不得断水。

(2) 验收要求

1) 防水混凝土所用材料的质量及配合比应符合设计要求。检验方法：检查出厂合格证、质量检验报告、进场检验报告和计量措施。

2) 防水混凝土的抗压强度和抗渗性能，应符合设计要求。

3) 蓄水池不得有渗漏现象。检验方法：蓄水至规定高度观察检查。

4) 防水混凝土表面应密实、平整，不得有蜂窝、麻面、露筋等缺陷。

5) 防水混凝土表面的裂缝宽度不应大于 0.2mm，并不得贯通。用刻度放大镜检查。

6) 蓄水池上留设的溢水口、过水孔、排水管、溢水管等，其位置、标高和尺寸均应符合设计要求。

7) 蓄水池结构的允许偏差和检验方法见表 2-39。

蓄水池结构的允许偏差和检验方法　　　　　　　表 2-39

项目	允许偏差（mm）	检验方法
长度、宽度	+15，-10	尺量检查
厚度	±5	尺量检查
表面平整度	5	2m 靠尺和塞尺检查
排水坡度	符合设计要求	坡度尺检查

例 2-36　(2019) 选择屋面保温材料时通常不考虑的指标是（　　）。

A　燃烧性能　　　B　饱和含水率　　　C　导热性能　　　D　表现密度

解析：《屋面工程质量验收规范》GB 50207—2012 第 5.1.7 条规定，保温材料的导热系数、表观密度或干密度、抗压强度或压缩强度、燃烧性能，必须符合设计要求。可见，选择屋面保温材料时通常不考虑的指标是"饱和含水率"，故选 B。
答案：B

（四）屋面防水与密封

该子分部工程包括卷材防水层、涂膜防水层、复合防水层和接缝密封防水等分项工程。

1. 一般要求

（1）防水层施工前，基层应坚实、平整、干净、干燥。

（2）基层处理剂应配比准确，并应搅拌均匀；喷涂或涂刷基层处理剂应均匀一致，待其干燥后应及时进行卷材、涂膜防水层和接缝密封防水施工。

（3）防水层完工并经验收合格后，应及时做好成品保护。

（4）防水与密封工程各分项工程每个检验批的抽检数量，防水层应按屋面面积每 100m² 抽查一处，每处应为 10m²，且不得少于 3 处；接缝密封防水应按每 50m 抽查一处，每处应为 5m，且不得少于 3 处。

2. 卷材防水层

（1）屋面坡度大于 25% 时，卷材应采取满粘和钉压固定措施。

（2）卷材铺贴方向。卷材宜平行屋脊铺贴；上下层卷材不得相互垂直铺贴。

（3）卷材搭接缝（图 2-38）应符合下列规定。

图 2-38 改性沥青防水卷材搭接形式与要求

1）平行屋脊铺贴的卷材应顺流水方向搭接，垂直于屋脊铺贴时应顺主导风向搭接。卷材搭接宽度应符合表 2-32 的规定。

2）相邻两幅卷材短边搭接缝应错开不少于 500mm。

3）上下层卷材长边搭接缝应错开，且不得小于幅宽的 1/3。

（4）铺贴方法与要求

1）冷粘法铺贴

胶粘剂涂刷应均匀，不应露底，不应堆积；应控制胶粘剂涂刷与卷材铺贴的间隔时间；卷材下面的空气应排尽，并应辊压粘贴牢固；卷材铺贴应平整顺直，搭接尺寸应准确，不得扭曲、皱折；接缝口应用密封材料封严，宽度不应小于10mm。

2）热粘法铺贴

熔化热熔型改性沥青胶结料时，宜采用专用导热油炉加热，加热温度不应高于200℃，使用温度不宜低于180℃；粘贴卷材的热熔型改性沥青胶结料厚度宜为1.0～1.5mm；采用热熔型改性沥青胶结料粘贴卷材时，应随刮随铺，并应展平压实。

3）热熔法铺贴

火焰加热器加热卷材应均匀，不得加热不足或烧穿卷材；卷材表面热熔后应立即滚铺，排尽空气、并应辊压粘贴牢固；卷材接缝部位应溢出热熔的改性沥青胶，溢出的改性沥青胶宽度宜为8mm；厚度小于3mm的高聚物改性沥青防水卷材，严禁采用热熔法施工。

4）自粘法铺贴

铺贴卷材时，应将自粘胶底面的隔离纸撕净；接缝口应用密封材料封严，宽度不应小于10mm；低温施工时，接缝部位宜采用热风加热，并应随即粘贴牢固。

5）焊接法铺贴

卷材焊接缝的结合面应干净、干燥，不得有水滴、油污及附着物；焊接时应先焊长边搭接缝，后焊短边搭接缝；控制加热温度和时间，焊接缝不得有漏焊、跳焊、焊焦或焊接不牢现象；焊接时不得损害非焊接部位的卷材。

6）机械固定法铺贴

卷材应采用专用固定件进行机械固定；固定件应设置在卷材搭接缝内，外露固定件应用卷材封严；固定件应垂直钉入结构层有效固定，固定件数量和位置应符合设计要求；卷材搭接缝应粘结或焊接牢固，密封应严密；卷材周边800mm范围内应满粘。

（5）卷材防水层的检验与要求

1）防水卷材及其配套材料的质量，卷材防水层在檐口、檐沟、天沟、水落口、泛水、变形缝和伸出屋面管道处的防水构造，均应符合设计要求。防水层不得有渗漏和积水现象。

2）卷材的搭接缝应粘结或焊接牢固，密封应严密，不得扭曲、皱折和翘边。卷材防水层的收头应与基层粘结，钉压应牢固，密封应严密。铺贴方向应正确，搭接宽度的允许偏差为-10mm。

3）屋面排汽构造的排汽道应纵横贯通，不得堵塞；排汽管应安装牢固，位置正确，封闭应严密。

例2-37　（2017） 当屋面坡度大于多少时，卷材防水层应采取固定措施？（　　）
A　10%　　　　B　15%　　　　C　20%　　　　D　25%

解析： 据《屋面工程质量验收规范》GB 50207—2012 第6.2.1条规定，当"屋面坡度大于25%时，卷材应采取满粘和钉压固定措施"。

答案： D

3. 涂膜防水层

（1）防水涂料应多遍涂布，并应待前一遍涂布的涂料干燥成膜后，再涂布后一遍涂料，且前后两遍涂料的涂布方向应相互垂直。

（2）胎体增强材料宜采用聚酯无纺布或化纤无纺布；胎体增强材料长边搭接宽度不应

小于50mm，短边搭接宽度不应小于70mm；上下层胎体增强材料的长边搭接缝应错开，且不得小于幅宽的1/3；上下层胎体增强材料不得相互垂直铺设。

（3）涂膜防水层的平均厚度应符合设计要求，且最小厚度不得小于设计厚度的80%。检验方法为针测法或取样量测。

（4）涂膜防水层与基层应粘结牢固，表面应平整，涂布应均匀，不得有流淌、皱折、起泡和露胎体等缺陷。涂膜防水层的收头应用防水涂料多遍涂刷。

（5）铺贴胎体增强材料应平整顺直，搭接尺寸准确，排除气泡，并应与涂料粘结牢固；胎体搭接宽度的允许偏差为-10mm。

例2-38 屋面涂膜防水层的最小平均厚度不应小于设计厚度的（ ）。
A 95%　　　　B 90%　　　　C 85%　　　　D 80%
解析：据《屋面工程质量验收规范》GB 50207—2012第6.3.7条规定，屋面"涂膜防水层的平均厚度应符合设计要求，且最小厚度不得小于设计厚度的80%"。
答案：D

例2-39 （2018）关于屋面防水涂料施工的说法，错误的是（ ）。
A 防水涂料应多遍涂布，待前一遍涂料干燥成膜后再涂布后一遍涂料
B 前后两遍涂料的涂布方向应相互垂直
C 在屋面细部处可铺设胎体增强材料
D 上下层胎体增强材料铺设方向相互垂直
解析：《屋面工程质量验收规范》GB 50207—2012第6.3.2条规定，铺设胎体增强材料应符合下列规定：
1 胎体增强材料宜采用聚酯无纺布或化纤无纺布；
2 胎体增强材料长边搭接宽度不应小于50mm，短边搭接宽度不应小于70mm；
3 上下层胎体增强材料的长边搭接缝应错开，且不得小于幅宽的1/3；
4 上下层胎体增强材料不得相互垂直铺设。
答案：D

4. 复合防水层

（1）卷材与涂料复合使用时，涂膜防水层宜设置在卷材防水层的下面。

（2）卷材与涂料复合使用时，防水卷材的粘结质量应符合表2-40的规定。

防水卷材的粘结质量　　　　　　　　　　　　　　　表2-40

项　目	自粘聚合物改性沥青防水卷材和带自粘层的防水卷材	高聚物改性沥青防水卷材胶粘剂	合成高分子防水卷材胶粘剂
粘结剥离强度（N/10mm）	≥10或卷材断裂	≥8或卷材断裂	≥15或卷材断裂
剪切状态下的粘合强度（N/10mm）	≥20或卷材断裂	≥20或卷材断裂	≥20或卷材断裂
浸水168h后粘结剥离强度保持率（%）	—	—	≥70

注：防水涂料作为防水卷材的粘结材料复合使用时，应符合相应的防水卷材胶粘剂的规定。

(3) 卷材与涂膜应粘贴牢固，不得有空鼓和分层现象。防水层的总厚度应符合设计要求。

5. 接缝密封防水

1）密封防水部位的基层应牢固，表面应平整、密实，不得有裂缝、蜂窝、麻面、起皮和起砂现象；清洁、干燥，并应无油污、无灰尘；嵌入的背衬材料与接缝壁间不得留有空隙；宜涂刷基层处理剂，涂刷应均匀，不得漏涂。

2）密封材料嵌填完成后，在固化前应避免灰尘、破损及污染，且不得踩踏。

3）密封材料嵌填应密实、连续、饱满，粘结牢固，不得有气泡、开裂、脱落等缺陷。

4）接缝宽度和密封材料的嵌填深度应符合设计要求，接缝宽度的允许偏差为±10%。

5）嵌填的密封材料表面应平滑，缝边应顺直，应无明显不平和周边污染现象。

6. 瓦面与板面工程

瓦面与板面工程包括烧结瓦、混凝土瓦、沥青瓦和金属板、玻璃采光顶铺装等分项工程。瓦面与板面工程施工前，应对主体结构进行质量验收，并应符合现行国家标准的有关规定。

瓦面与板面工程所用材料的种类及质量、防水构造、铺装或安装尺寸，均应符合设计要求，不得有渗漏现象。各分项工程每个检验批的抽检数量，应按屋面面积每100m^2抽查1处，每处应为10m^2，且不得少于3处。

(1) 一般规定

1）木质望板、檩条、顺水条、挂瓦条等构件，均应做防腐、防蛀和防火处理；金属顺水条、挂瓦条以及金属板、固定件，均应做防锈处理。

2）瓦材或板材与山墙及突出屋面结构的交接处，均应做泛水处理。

3）在大风及地震设防地区或屋面坡度大于100%时，瓦材应采取固定加强措施。

4）瓦材下面应铺设的防水层或防水垫层，其品种、厚度和搭接宽度均应符合设计要求。

5）严寒和寒冷地区的檐口部位，应采取防雪融冰坠的安全措施。

(2) 烧结瓦和混凝土瓦铺装

1）平瓦和脊瓦应边缘整齐、表面光洁，不得有分层、裂纹和露砂等缺陷；平瓦的瓦爪与瓦槽的尺寸应配合。

2）基层、顺水条、挂瓦条的铺设应符合下列规定：

① 基层应平整、干净、干燥，持钉层厚度应符合设计要求；

② 顺水条应垂直正脊方向铺钉在基层上，顺水条间距不宜大于500mm；

③ 挂瓦条的间距应根据瓦片尺寸和屋面坡长经计算确定；

④ 挂瓦条应铺钉平整、牢固，上棱应成一直线。

3）挂瓦应符合下列规定：

① 挂瓦应从两坡的檐口同时对称进行。瓦后爪应与挂瓦条挂牢，并应与邻边、下面两瓦落槽密合；

② 檐口瓦、斜天沟瓦应用镀锌铁丝拴牢在挂瓦条上，每片瓦均应与挂瓦条固定牢固；

③ 整坡瓦面应平整，行列应横平竖直，不得有翘角和张口现象；

④ 正脊和斜脊应铺平挂直，脊瓦搭盖应顺主导风向和流水方向。

4) 烧结瓦和混凝土瓦铺装的有关尺寸，应符合下列规定：

① 瓦屋面檐口挑出墙面的长度不宜小于 300mm；

② 脊瓦在两坡面瓦上的搭盖宽度，每边不应小于 40mm；

③ 脊瓦下端距坡面瓦的高度不宜大于 80mm；

④ 瓦头伸入檐沟、天沟内的长度宜为 50～70mm；

⑤ 金属檐沟、天沟伸入瓦内的宽度不应小于 150mm；

⑥ 瓦头挑出檐口的长度宜为 50～70mm；

⑦ 突出屋面结构的侧面瓦伸入泛水的宽度不应小于 50mm。

5) 烧结瓦和混凝土瓦铺装的质量验收有以下要求。

① 瓦片必须铺置牢固。在大风及地震设防地区或屋面坡度大于 100% 时，应按设计要求采取固定加强措施。

② 挂瓦条分档均匀，铺钉平整、牢固；瓦面平整，行列整齐，搭接紧密，檐口平直。

③ 脊瓦应搭盖正确，间距均匀，封固严密；正脊和斜脊应顺直，无起伏现象。

④ 泛水做法应符合设计要求，并应顺直整齐、结合严密。

(3) 沥青瓦铺装

沥青瓦为薄而轻的片状材料，与基层固定应以钉为主、以粘为辅。沥青瓦下应铺设防水层或防水垫层。

1) 基本要求

① 沥青瓦应边缘整齐，切槽应清晰，厚薄应均匀，表面应无孔洞、楞伤、裂纹、皱折和起泡等缺陷。

② 沥青瓦应自檐口向上铺设，起始层瓦应由瓦片经切除垂片部分后制得，且起始层瓦沿檐口平行铺设并伸出檐口 10mm，并应用沥青基胶粘材料与基层粘结；第一层瓦应与起始层瓦叠合，但瓦切口应向下指向檐口；第二层瓦应压在第一层瓦上且露出瓦切口，但不得超过切口长度。相邻两层沥青瓦的拼缝及切口应均匀错开。

③ 铺设脊瓦时，宜将沥青瓦沿切口剪开分成 3 块作为脊瓦，并应用 2 个固定钉固定，同时应用沥青基胶粘材料密封；脊瓦搭盖应顺主导风向。

④ 沥青瓦的固定应符合下列规定：

a. 沥青瓦铺设时，每张瓦片不得少于 4 个固定钉，在大风地区或屋面坡度大于 100% 时，每张瓦片不得少于 6 个固定钉；

b. 固定钉应垂直钉入沥青瓦压盖面，钉入持钉层深度应符合设计要求，钉帽应与瓦片表面齐平；

c. 屋面边缘部位沥青瓦之间以及起始瓦与基层之间，均应采用沥青基胶粘材料满粘。

⑤ 沥青瓦铺装的有关尺寸应符合下列规定：

a. 脊瓦在两坡面瓦上的搭盖宽度，每边不应小于 150mm；

b. 脊瓦与脊瓦的压盖面不应小于脊瓦面积的 1/2；

c. 沥青瓦挑出檐口的长度宜为 10～20mm；

d. 金属泛水板与沥青瓦的搭盖宽度不应小于 100mm；

e. 金属泛水板与突出屋面墙体的搭接高度不应小于 250mm；

f. 金属滴水板伸入沥青瓦下的宽度不应小于 80mm。

2) 验收要求

① 沥青瓦铺设应搭接正确,瓦片外露部分不得超过切口长度。

② 沥青瓦所用固定钉应垂直钉入持钉层,钉帽不得外露。

③ 沥青瓦应与基层粘钉牢固,瓦面应平整,檐口应平直。

④ 泛水做法应符合设计要求,并应顺直整齐、结合紧密。

(4) 金属板铺装

1) 基本要求

① 金属板材应边缘整齐,表面应光滑,色泽应均匀,外形应规则,不得有翘曲、脱膜和锈蚀等缺陷。

② 金属板材应用专用吊具安装,安装和运输过程中不得损伤金属板材。

③ 金属板材应根据要求板型和深化设计的排板图铺设,并应按设计图纸规定的连接方式固定。

④ 金属板固定支架或支座位置应准确,安装应牢固。

⑤ 金属板屋面铺装的有关尺寸应符合下列规定:

a. 金属板檐口挑出墙面的长度不应小于200mm;

b. 金属板伸入檐沟、天沟内的长度不应小于100mm;

c. 金属泛水板与突出屋面墙体的搭接高度不应小于250mm;

d. 金属泛水板、变形缝盖板与金属板的搭接宽度不应小于200mm;

e. 金属屋脊盖板在两坡面金属板上的搭盖宽度不应小于250mm。

2) 验收要求

① 金属板材及其辅助材料的质量,应符合设计要求。

② 金属板屋面不得有渗漏现象。

③ 金属板铺装应平整、顺滑;排水坡度应符合设计要求。

④ 压型金属板的咬口锁边连接应严密、连续、平整,不得扭曲和裂口。

⑤ 压型金属板的紧固件连接应采用带防水垫圈的自攻螺钉,固定点应设在波峰上;所有自攻螺钉外露的部位均应密封处理。

⑥ 金属面绝热夹芯板的纵向和横向搭接,应符合设计要求。

⑦ 金属板的屋脊、檐口、泛水,直线段应顺直,曲线段应顺畅。

⑧ 金属板材铺装的允许偏差和检验方法见表2-41。

金属板铺装的允许偏差和检验方法 表2-41

项目	允许偏差(mm)	检验方法
檐口与屋脊的平行度	15	拉线和尺量检查
金属板对屋脊的垂直度	单坡长度的1/800,且不大于25	
金属板咬缝的平整度	10	
檐口相邻两板的端部错位	6	
金属板铺装的有关尺寸	符合设计要求	尺量检查

(5) 玻璃采光顶铺装

玻璃采光顶按安装构造分为明框玻璃采光顶、隐框玻璃采光顶和点支承玻璃采光顶三种。

1) 基本要求

① 玻璃采光顶的预埋件应位置准确、安装牢固。

② 采光顶玻璃及玻璃组件的制作，应符合现行行业标准《建筑玻璃采光顶》JG/T 231 的有关规定。

③ 采光顶玻璃表面应平整、洁净，颜色应均匀一致。

④ 玻璃采光顶与周边墙体之间的连接，应符合设计要求。

2) 验收要求

① 采光顶玻璃及其配套材料的质量，应符合设计要求。

② 玻璃采光顶不得有渗漏现象。检验方法为雨后观察或淋水试验。

③ 硅酮耐候密封胶的打注应密实、连续、饱满，粘结应牢固，不得有气泡、开裂、脱落等缺陷。

④ 玻璃采光顶铺装应平整、顺直；排水坡度应符合设计要求。

⑤ 玻璃采光顶的冷凝水收集和排除构造，应符合设计要求。

⑥ 明框玻璃采光顶的外露金属框或压条应横平竖直，压条安装应牢固；隐框玻璃采光顶的玻璃分格拼缝应横平竖直、均匀一致。

⑦ 点支承玻璃采光顶的支承装置应安装牢固，配合应严密；支承装置不得与玻璃直接接触。

⑧ 采光顶玻璃的密封胶缝应横平竖直、深浅一致、宽窄均匀、光滑顺直。

⑨ 玻璃采光顶铺装的允许偏差和检验方法，应符合规范要求。

例 2-40 下列瓦屋面工程做法错误的是（　　）。

A　瓦材或板材与山墙及突出屋面结构的交接处，均应做泛水处理

B　抗震设防，坡度不大，瓦材可以不采取固定加强

C　瓦材的下面应铺设防水层或防水垫层，其品种、厚度和搭接宽度均应符合设计要求

D　严寒和寒冷地区的檐口部位，应采取防雪融冰坠的安全措施

解析：《屋面工程质量验收规范》GB 50207—2012 第 7.1.4 条规定，瓦材或板材与山墙及突出屋面结构的交接处，均应做泛水处理（A 项正确）。第 7.1.5 条规定，在大风及地震设防地区或屋面坡度大于 100% 时，瓦材应采取固定加强措施（B 项正确）。第 7.1.6 条规定，在瓦材的下面应铺设防水层或防水垫层，其品种、厚度和搭接宽度均应符合设计要求（C 项正确）。第 7.1.7 条规定，严寒和寒冷地区的檐口部位，应采取防雪融冰坠的安全措施。故 B 说法有误。

答案：B

（五）屋面细部工程

1. 一般要求

（1）细部构造工程各分项工程每个检验批均应全数进行检验，不得有渗透和积水现象。

（2）屋面细部的防水构造、所使用的材料及热桥部位的保温处理，均应符合设计要求。

2. 施工要求

(1) 檐口 800mm 范围内的卷材应满粘。卷材收头应在找平层的凹槽内用金属压条钉压固定，并应用密封材料封严。端部应抹聚合物水泥砂浆，其下端应做成鹰嘴和滴水槽。

(2) 檐沟、天沟的防水层下应增设附加层，其伸入屋面的宽度不应小于 250mm。檐沟防水层应由沟底翻上至外侧顶部，卷材收头应用金属压条钉压固定，并应用密封材料封严；涂膜收头应用防水涂料多遍涂刷。卷材附加层应顺沟铺贴，以减少在沟内的搭接缝；屋面与天沟交角处宜采取空铺法，沟底则采用满粘法铺贴。外侧顶部及侧面均应抹聚合物水泥砂浆，其下端应做成鹰嘴或滴水槽。

(3) 女儿墙和山墙的压顶向内排水坡度不应小于 5%，压顶内侧下端应做成鹰嘴或滴水槽。女儿墙和山墙的卷材应满粘，卷材收头应用金属压条钉压固定，并应用密封材料封严。女儿墙和山墙的涂膜应直接涂刷至压顶下，涂膜收头处应用防水涂料多遍涂刷。

(4) 水落口周围直径 500mm 范围内坡度不应小于 5%。防水层及附加层伸入水落口杯内不应小于 50mm，并应粘结牢固。

(5) 变形缝的泛水高度及附加层铺设应符合设计要求。防水层应铺贴或涂刷至泛水墙的顶部。等高变形缝顶部宜加扣混凝土或金属盖板。混凝土盖板的接缝应用密封材料封严；金属盖板应铺钉牢固，搭接缝应顺流水方向，并应做好防锈处理。高低跨变形缝在高跨墙面上的防水卷材封盖和金属盖板，应用金属压条钉压固定，并应用密封材料封严。

(6) 伸出屋面管道周围的找平层应抹出高度不小于 30mm 的排水坡。卷材收头应用金属箍固定，并应用密封材料封严；涂膜防水层收头应用防水涂料多遍涂刷。

(7) 屋面出入口的泛水高度不应小于 250mm。防水层收头，垂直出入口应压在压顶圈下，水平出入口压在混凝土踏步下。

(8) 反梁过水孔的防水构造、孔底标高、孔洞尺寸或预埋管管径均应符合设计要求。过水孔的孔洞四周应涂刷防水涂料，预埋管道两端周围与混凝土接触处应留凹槽，并应用密封材料封严。

(9) 设施基座与结构层相连时，防水层应包裹设施基座的上部，并应在地脚螺栓周围做密封处理。设施基座直接放置在防水层上时，基座下应增设附加层，必要时应在其上浇筑厚度不小于 50mm 细石混凝土保护。需经常维护的设施基座周围和屋面出入口至设施之间的人行道，应铺设块体材料或细石混凝土保护层。

例 2-41 关于屋面天沟、檐沟的细部防水构造的说法，错误的是( )。
A 应根据天沟、檐沟的形状要求设置防水附加层
B 在天沟、檐沟与屋面交接处的防水附加层宜空铺
C 防水层需从沟底做起至外檐的顶部
D 卷材附加层应顺沟铺贴

解析：《屋面工程技术规范》GB 50345—2012 第 4.11.11 条第 1 款规定，檐沟和天沟的防水层下应增设附加层，附加层伸入屋面的宽度不应小于 250mm，即必须设置，而与天沟和檐沟的形状无关。

答案： A

第五节　建筑装饰装修工程

建筑装饰装修是指为保护建筑物的主体结构、完善使用功能、协调结构与设备的关系和达到美化效果，采用装饰装修材料或饰物，对其内外表面及空间进行的各种处理过程。

装饰装修工程具有工序多、工艺复杂、工期长、造价高、用工多及质量要求高、成品保护难、环保要求高等特点。使用工厂化生产的构件与材料，用干作业代替湿作业，提高机械化施工程度，实行专业化施工等，是装饰装修施工的发展方向。这对于缩短工期、降低造价、提高质量、减轻劳动强度和保护环境有着重要意义。

建筑装饰装修分部工程分为抹灰、外墙防水、门窗、吊顶、轻质隔墙、饰面板、饰面砖、幕墙、涂饰、裱糊与软包、细部共11个子分部工程；按用途可分为保护性装饰、功能装饰、饰面装饰和空间利用装饰；按部位可分为外墙装饰、内墙装饰、地面装饰和顶棚装饰。

一、基本规定

【相关真题：2022-097，2021-095】

1. 设计方面

（1）建筑装饰装修工程必须进行设计，并应出具完整的施工图设计文件。

（2）建筑装饰装修设计应符合城市规划、消防、环保、节能、减排等有关规定。装饰装修的耐久性应满足使用要求。

（3）承担建筑装饰装修工程设计的单位应对建筑物进行必要的了解和实地勘察，设计深度应满足施工要求。由施工单位完成的深化设计应经设计单位确认。

（4）当既有建筑装饰装修工程设计涉及主体结构和承重结构变动时，应在施工前委托原结构设计单位或具有相应资质等级的设计单位提出设计方案，或由鉴定单位对建筑结构的安全性进行鉴定，依据鉴定结果确定设计方案。

（5）建筑装饰装修工程的防火、防雷和抗震设计应符合现行国家标准的规定。

（6）当墙体或吊顶内的管线可能产生冰冻或结露时，应进行防冻或防结露设计。

2. 材料方面

（1）所用材料的品种、规格和质量应符合设计要求和国家现行标准的规定。当设计无要求时，应符合国家现行标准的规定。不得使用国家明令淘汰的材料。

（2）所用材料的燃烧性能应符合现行国家标准《建筑内部装修设计防火规范》GB 50222和《建筑设计防火规范》GB 50016的规定。

（3）所用材料应符合国家有关建筑装饰装修材料有害物质限量标准的规定。

（4）所有材料、构配件进场时应按批次对品种、规格、外观和尺寸进行验收。包装应完好，并应有产品合格证书、中文说明书及相关性能的检测报告；进口产品应按规定进行商品检验。

（5）进场后需要进行复验的材料种类及项目应符合标准的规定。同一厂家生产的同一品种、同一类型的进场材料应至少抽取一组样品进行复验，当合同另有更高要求时应按合同执行。

（6）当国家规定或合同约定应对材料进行见证检测时，或对材料的质量产生争议时，应进行见证检验。

（7）所使用的材料在运输、储存和施工过程中，必须采取有效措施防止损坏、变质和污染环境。

（8）所使用的材料应按设计要求进行防火、防腐和防虫处理。

3. 施工方面

（1）施工单位应编制施工组织设计并应经过审查批准。施工单位应按有关的施工工艺标准或经审定的施工技术方案施工，并应对施工全过程实行质量控制。

（2）承担建筑装饰装修工程施工的人员上岗前应进行培训。

（3）施工中，不得违反设计文件擅自改动建筑主体、承重结构或主要使用功能；未经设计确认和有关部门批准，不得擅自拆改主体结构和水、暖、电、燃气、通信等配套设施。

（4）施工单位应采取有效措施控制施工现场的各种粉尘、废气、废弃物、噪声、振动等对周围环境造成的污染和危害。

（5）施工单位应建立有关施工安全、劳动保护、防火和防毒等管理制度，并应配备必要的设备、器具和标识。

（6）应在基体或基层的质量验收合格后施工。对既有建筑进行装饰装修前，应对基层进行处理。

（7）施工前应有主要材料的样板或做样板间（件），并应经有关各方确认。

（8）墙面采用保温隔热材料的建筑装饰装修工程，所用保温隔热材料的类型、品种、规格及施工工艺应符合设计要求。

（9）管道、设备等的安装及调试应在建筑装饰装修工程施工前完成，当必须同步进行时，应在饰面层施工前完成。装饰装修工程不得影响管道、设备等的使用和维修。涉及燃气管道和电气工程的建筑装饰装修工程必须符合有关安全管理的规定。

（10）电器安装应符合设计要求。不得直接埋设电线。

（11）隐蔽工程验收应有记录，记录中应包含隐藏部位照片；检验批质量验收应有现场检查原始记录。

（12）室内外装饰装修工程施工的环境条件应满足施工工艺要求。

（13）建筑装饰装修工程施工过程中应做好半成品、成品的保护，防止污染和损坏。

（14）建筑装饰装修工程验收前应将施工现场清理干净。

4. 安全、防火与防污染方面

（1）装修工程施工中，严禁损坏房屋原有绝热设施；严禁损坏受力钢筋；严禁超荷载集中堆放物品；严禁在预制混凝土空心楼板上打孔安装埋件。

施工人员应遵守有关施工安全、劳动保护、防火、防毒的法律、法规。临时用电线路应避开易燃、易爆物品堆放地。暂停施工时应切断电源。

（2）施工单位必须制定施工防火安全制度，施工人员必须严格遵守。易燃物品应相对集中放置在安全区域并应有明显标识。施工现场不得大量积存可燃材料。

施工现场动用电气焊等明火时，必须清除周围及焊渣滴落区的可燃物质，并设专人监督。严禁在施工现场吸烟。严禁在运行中的管道、装有易燃易爆物品的容器和受力构件上进行焊接和切割。

装饰装修不得遮挡消防设施、疏散指示标志及安全出口，并且不应妨碍消防设施和疏散通道的正常使用。不得擅自改动防火门。住宅内部火灾报警系统的穿线管、自动喷水灭火系统的水管线应用独立的吊管架固定，不得借用装饰装修用的吊杆或放置在吊顶上固定。喷淋管线、报警器线路、接线箱及相关器件宜暗装处理。

(3) 按照《民用建筑工程室内环境污染控制标准》GB 50325—2020 规定，民用建筑工程及室内装饰装修工程竣工时应对室内环境质量进行验收。验收时，必须检测室内环境污染物浓度，其限量应符合表 2-42 的规定。检测应在工程完工不少于 7d 后、工程交付使用前进行。检测结果不合限量要求者，严禁交付投入使用。

民用建筑室内环境污染物浓度限量　　　　　　表 2-42

污染物	Ⅰ类民用建筑工程	Ⅱ类民用建筑工程
氡(Bq/m^3)	≤150	≤150
甲醛(mg/m^3)	≤0.07	≤0.08
氨(mg/m^3)	≤0.15	≤0.20
苯(mg/m^3)	≤0.06	≤0.09
甲苯(mg/m^3)	≤0.15	≤0.20
二甲苯(mg/m^3)	≤0.20	≤0.20
TVOC(mg/m^3)	≤0.45	≤0.50

例 2-42　关于装饰装修工程的说法，正确的是（　　）。
A　因装饰装修工程设计原因造成的工程变更，责任应由业主承担
B　对装饰材料的质量发生争议时，应由监理工程师调节并判定责任
C　在主体结构或基体、基层完成后便可进行装饰装修工程施工
D　装饰装修工程施工前应有主要材料的样板或做样板间，并经有关各方确认

解析：①在《建筑装饰装修工程质量验收规范》GB 50210—2001 曾有规定，由于设计原因造成的质量问题应由设计单位负责；在《建筑装饰装修工程质量验收标准》GB 50210—2018（后简称《验收标准》）中虽取消了此规定，但按建筑法等法律法规，上述规定依然成立。故 A 选项说法错误。②依据《验收标准》第 3.2.6 条规定，当国家规定或合同约定应对材料进行见证检验时，或对材料发生争议时，应进行见证检验，故 B 选项说法错误。③依据《验收标准》第 3.3.7 条规定，建筑装饰装修工程应在基体或基层的质量验收合格后施工，故 C 选项说法错误。④据《验收标准》第 3.3.8 条规定，建筑装饰装修工程施工前应有主要材料的样板或做样板间（件），并应经有关各方确认。故 D 说法正确。

答案：D

二、抹灰工程

【相关真题：2019-092】
抹灰工程包括一般抹灰、装饰抹灰、保温层薄抹灰和清水砌体勾缝等分项工程。

（一）构造组成与一般规定

1. 抹灰层的组成

抹灰施工一般需要分层进行，以利于粘结牢固、抹面平整和避免开裂。通常由底层、中层、面层三个层次构成，如图 2-39 所示。

图 2-39 抹灰层的组成

底层的主要作用是与基体粘结，兼初步找平。其材料应与基体的强度及温度变形能力、环境相适应。如砖墙基体，室内宜采用石灰砂浆或水泥石灰砂浆；室外或室内有防潮要求者，则采用水泥砂浆。混凝土或加气混凝土基体，表面宜用水泥砂浆或混合砂浆打底，打底前先刷界面剂。

中层主要起找平作用。所用材料与底层基本相同（面层抹石膏灰者不得用水泥砂浆）；根据质量要求，可一次抹成，亦可分遍进行。

面层主要起装饰作用。室内墙面常用混合砂浆或石膏灰，室外抹灰常用水泥砂浆或水泥石渣类饰面层。对一般抹灰，中层、面层可一次成型；装饰抹灰则按工艺要求。

各抹灰层的厚度取决于基体的材料及表面平整度、砂浆的种类、抹灰质量要求和气候情况。抹水泥砂浆，每遍宜为 5～7mm；石灰砂浆或水泥石灰混合砂浆宜为 7～9mm；罩面层抹麻刀灰、纸筋灰或石膏灰时，不得大于 2～3mm，以免裂缝和起壳而影响质量与美观。

例 2-43 关于抹灰工程底层的说法，错误的是（　　）。
A 主要作用有初步找平及与基层的粘结
B 砖墙面抹灰的底层宜采用水泥砂浆
C 混凝土面的底层宜采用水泥砂浆
D 底层一般分数遍进行
解析： 底层是抹灰与基层的结合层，只抹一遍即可完成。
答案： D

2. 抹灰的一般规定

（1）抹灰所用材料的品种和性能、砂浆的配合比应符合设计要求。

（2）外墙抹灰工程施工前应先安装钢木门窗框、护栏等，应将墙上的施工孔洞堵塞密实，并对基层进行处理。当门窗框与墙体间的缝隙较大时，应在砂浆中掺入少量麻刀嵌塞，以避免堵塞不严或产生收缩裂缝。

（3）室内墙面、柱面和门洞口的阳角做法应符合设计要求。设计无要求时，应采用 M20 水泥砂浆做护角，其高度不应低于 2m，每侧宽度不应小于 50mm（图 2-40）。

（4）抹灰工程应分层进行。当抹灰总厚度大于或等于 35mm 时，应采取加强措施（如挂网）。不同材料基体交接处表面的抹灰，应采取防止开裂的加强措施；当采用加强网时，加强网与各基体的搭接宽度不应小于 100mm（图 2-41）。

（5）当要求抹灰层具有防水、防潮功能时，应采用防水砂浆。

(6) 各种砂浆抹灰层，在凝结前应防止快干、水冲、撞击、振动和受冻；在凝结后应采取措施防止沾污和损坏。水泥砂浆抹灰层应在湿润条件下养护。

图 2-40 护角抹灰
1—门框；2—嵌缝砂浆；3—墙面层砂浆；4—M20 水泥砂浆护角

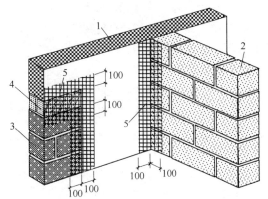
图 2-41 不同材料基体交接处的处理
1—混凝土墙；2—加气块；3—轻骨料砌块；4—斜砌砖；5—加强网

(7) 外墙和顶棚的抹灰层与基层之间及各抹灰层之间必须粘结牢固，以免脱落伤人。

(8) 抹灰工程验收时应检查下列文件和记录：
1) 抹灰工程的施工图、设计说明及其他设计文件；
2) 材料的产品合格证书、性能检验报告、进场验收记录和复验报告；
3) 隐蔽工程验收记录；
4) 施工记录。

(9) 抹灰工程应对下列材料及其性能指标进行复验：
1) 砂浆的拉伸粘结强度；
2) 聚合物砂浆的保水率。

(10) 抹灰工程应对下列隐蔽工程项目进行验收：
1) 抹灰总厚度大于或等于 35mm 时的加强措施；
2) 不同材料基体交接处的加强措施。

(11) 各分项工程的检验批应按下列规定划分：
1) 相同材料、工艺和施工条件的室外抹灰工程每 1000m² 应划分为一个检验批，不足 1000m² 时也应划分为一个检验批；
2) 相同材料、工艺和施工条件的室内抹灰工程每 50 个自然间应划分为一个检验批，不足 50 间也应划分为一个检验批，大面积房间和走廊可按抹灰面积每 30m² 计为 1 间。

(12) 检查数量应符合下列规定：
1) 室内每个检验批应至少抽查 10%，并不得少于 3 间，不足 3 间时应全数检查；
2) 室外每个检验批每 100m² 应至少抽查一处，每处不得小于 10m²。

(二) 一般抹灰工程

一般抹灰是指用水泥砂浆、水泥混合砂浆、聚合物水泥砂浆以及粉刷石膏等作为面层的抹灰。一般抹灰工程按表面效果及质量要求分为普通抹灰和高级抹灰；当设计无要求时，按普通抹灰来验收。

普通抹灰可采用一底、一中、一面三层做法或一底、一面两层做法，总厚度不超过20mm，适用于一般居住、公用和工业建筑，临时性房屋，以及高标准建筑物中的附属用房等。施工时要进行阳角找方、分层涂抹、赶平、压光等。高级抹灰需采用一底、一或二中、一或二面多层做法，总厚度不超过25mm；适用于大型公共建筑物、纪念性建筑物、高级住宅以及有特殊要求的高级建筑等；施工时要进行阴阳角找方、设置灰饼及标筋等标志、分层涂抹、按筋刮平、赶平、修整、表面压光等，以提高表面效果（图2-42~图2-44）。

图 2-42 挂线做标志块及标筋

（1）墙面一般抹灰的施工工艺顺序为：基层处理→贴灰饼→冲筋、做护角→抹底层→抹中层→抹面层。

图 2-43 用托线板挂垂直做标志块

图 2-44 涂抹中层后，用刮杠按筋刮平

（2）施工与验收要求

1) 抹灰前基层表面的尘土、污垢、油渍等应清除干净，并应洒水润湿以利于砂浆粘结。

2) 抹灰层与基层之间及各抹灰层之间必须粘结牢固，抹灰层应无脱层、空鼓，面层应无爆灰和裂缝。否则将会降低对结构的保护作用，且影响装饰效果。

3) 一般抹灰工程的表面质量应符合下列规定：

① 普通抹灰表面应光滑、洁净、接槎平整，分格缝应清晰。

② 高级抹灰表面应光滑、洁净、颜色均匀、无抹纹，分格缝和灰线应清晰美观。

4) 护角、孔洞、槽、盒周围的抹灰表面应整齐、光滑，管道后面的抹灰表面应平整。

5) 抹灰层的总厚度应符合设计要求；水泥砂浆不得抹在石灰砂浆层上；罩面石膏灰不得抹在水泥砂浆层上。

6) 抹灰分格缝的设置应符合设计要求，宽度和深度应均匀，表面应光滑，棱角应整齐。

7) 有排水要求的部位应做滴水线（槽）；滴水线（槽）应整齐顺直，滴水线应内高外低，滴水槽的宽度和深度均不应小于10mm。

8) 一般抹灰工程质量的允许偏差和检验方法应符合表2-43的规定。

一般抹灰的允许偏差和检验方法 表2-43

项次	项　目	允许偏差（mm）		检验方法
		普通抹灰	高级抹灰	
1	立面垂直度	4	3	用2m垂直检测尺检查
2	表面平整度	4	3	用2m靠尺和塞尺检查
3	阴阳角方正	4	3	用200mm直角检测尺检查
4	分格条（缝）直线度	4	3	拉5m线，不足5m拉通线，用钢直尺检查
5	墙裙、勒脚上口直线度	4	3	拉5m线，不足5m拉通线，用钢直尺检查

注：1. 普通抹灰，本表第3项阴角方正可不检查；
　　2. 顶棚抹灰，本表第2项表面平整度可不检查，但应平顺。

例 2-44　关于抹灰工程的说法，错误的是(　　)。
A　墙面与墙护角的抹灰砂浆材料配比相同
B　水泥砂浆不得抹在石灰砂浆层上
C　罩面石膏灰不得抹在水泥砂浆层上
D　抹灰前基层表面应洒水湿润

解析：据《建筑装饰装修工程质量验收标准》GB 50210—2018 第4.1.8条规定，室内墙面、柱面和门洞口的阳角做法应符合设计要求。设计无要求时，应采用不低于M20水泥砂浆做护角，其高度不应低于2m，每侧宽度不应小于50mm。可见，护角所用砂浆有明确的强度要求，且其强度一般都远高于墙面，故A选项配比相同的说法错误。

答案：A

例 2-45　(2019) 关于一般抹灰施工及基层处理的说法，错误的是(　　)。
A　滴水线应外高内低
B　不同材料基体交接处采取加强措施
C　光滑基体表面应作凿毛处理
D　抹灰厚度大于35mm时应采取加强措施

解析：《建筑装饰装修工程质量验收标准》GB 50210—2018 第4.2.9条规定，有排水要求的部位应做滴水线（槽）。滴水线（槽）应整齐顺直，滴水线应内高外低，滴水槽的宽度和深度应满足设计要求，且均不应小于10mm。显然，A选项起不到滴水作用。

答案：A

(三) 保温层薄抹灰工程

在寒冷地区较多采用外墙外保温系统，使得保温层薄抹灰工程做法得到大量应用。施工与验收要求如下。

（1）所用材料的品种和性能应符合设计要求及国家现行标准的规定。

（2）基层质量应符合设计和施工方案的要求。基层表面的尘土、污垢和油渍等应清除干净。基层含水率应满足施工工艺的要求。

（3）保温层薄抹灰及其加强处理应符合设计要求和国家现行标准的有关规定。验收时检查隐蔽工程验收记录和施工记录。

（4）抹灰层与基层之间及各抹灰层之间应粘结牢固，抹灰层应无脱层和空鼓，面层应无爆灰和裂缝。

（5）抹灰表面应光滑、洁净、颜色均匀、无抹纹，分格缝和灰线应清晰美观。

（6）护角、孔洞、槽、盒周围的抹灰表面应整齐、光滑，管道后面的抹灰表面应平整。

（7）保温层薄抹灰层的总厚度应符合设计要求。检验方法：检查施工记录。

（8）保温层薄抹灰分格缝的设置应符合设计要求，宽度和深度应均匀，表面应光滑，棱角应整齐。

（9）有排水要求的部位应做滴水线（槽）。滴水线（槽）应整齐顺直，滴水线应内高外低，滴水槽宽度和深度均不应小于10mm。

（10）质量允许偏差和检验方法应符合表2-43中高级抹灰的规定。

（四）装饰抹灰工程

装饰抹灰按面层做法有水刷石、斩假石、干粘石、假面砖等。其底层做法与要求同一般抹灰。

水刷石面层，是在已经硬化的水泥砂浆底层表面弹分格线、粘贴分格条后，薄刮一层素水泥浆结合层，随即抹10~20mm厚1：（1~1.5）的水泥石粒浆面层，并用铁抹子反复拍平压实；当面层开始凝固时，用刷子蘸水刷掉表面水泥浆使石粒外露，再用喷雾器自上而下喷水冲洗至石粒表面清洁；起出分格条，用素灰修补缝格而成。水刷石有较好的装饰效果，但施工时浪费水资源，并对环境有污染，应尽量减少使用。

干粘石面层，是在已经硬化的水泥砂浆底层上弹分格线、粘分格条后，刮素水泥浆，抹6~7mm厚的1：2.5的水泥砂浆找平层，随即抹4~5mm厚的1：0.5水泥石灰膏粘结层，同时甩粘或机喷石渣、并拍平压实在粘结层上（压入深度不少于1/2粒径），起出分格条，用水泥浆勾缝而成。该做法省石渣、费用低，装饰效果接近水刷石，适用于不易碰触到的外墙面。

斩假石是获得具有天然石经雕琢后纹理质感的抹灰做法。施工时，在1：2水泥砂浆找平层养护硬化后，先弹线分格并粘分格条，刮素水泥浆结合层，随即抹10mm厚的1：1.25水泥石粒浆面层；抹平后用木抹子打磨拍实，用软毛刷蘸水顺待剁纹的方向将表面水泥浮浆轻轻刷掉，至均匀露出石粒为止。24h后洒水养护2~3d，待强度达60%~70%后，用剁斧斩剁，剁纹的深度一般为1/3石粒的粒径。该做法工期较长，可用于墙、柱立面或台阶、窗台平面。

假面砖是在底层、中层砂浆硬化后，先抹2~3mm厚的1：1水泥砂浆结合层，随即抹3~4mm厚、5：1：9（水泥石灰膏细砂）、颜色符合设计要求的面层砂浆；待面层砂浆稍收水后，根据所仿面砖的尺寸分格划线，用铁皮钩子按线依木靠尺划沟，深度以露出底灰为准，并及时将飞边砂粒清扫干净而成。

(1) 装饰抹灰面层的施工工艺顺序为：弹线分格→刮水泥浆或刷界面剂→面层施工→起出分格条→勾缝。

(2) 施工与验收要求

1) 抹灰前基层表面的尘土、污垢、油渍等应清除干净，并应洒水润湿或进行界面处理。

2) 各抹灰层之间及抹灰层与基体之间必须粘接牢固，抹灰层应无脱层、空鼓和裂缝。

3) 装饰抹灰的表面质量应符合下列规定：

① 水刷石表面应石粒清晰、分布均匀、紧密平整、色泽一致，应无掉粒和接槎痕迹；

② 斩假石表面剁纹应均匀顺直、深浅一致，应无漏剁处；阳角处应横剁并留出宽窄一致的不剁边条，棱角应无损坏；

③ 干粘石表面应色泽一致、不露浆、不漏粘，石粒应粘结牢固、分布均匀，阳角处应无明显黑边；

④ 假面砖表面应平整、沟纹清晰、留缝整齐、色泽一致，应无掉角、脱皮、起砂等缺陷。

4) 装饰抹灰分格条（缝）的设置应符合设计要求，宽度和深度应均匀，表面应平整光滑，棱角应整齐。

5) 有排水要求的部位应做滴水线（槽）；滴水线（槽）应整齐顺直，滴水线应内高外低，滴水槽的宽度和深度均不应小于10mm。

6) 装饰抹灰工程质量的允许偏差和检验方法应符合表2-44。

装饰抹灰的允许偏差和检验方法　　　　　　　　表2-44

项次	项目	允许偏差（mm）				检验方法
		水刷石	斩假石	干粘石	假面砖	
1	立面垂直度	5	4	5	5	用2m垂直检测尺检查
2	表面平整度	3	3	5	4	用2m靠尺和塞尺检查
3	阳角方正	3	3	4	4	用20mm直角检测尺检查
4	分格条（缝）直线度	3	3	3	3	拉5m线，不足5m拉通线，用钢直尺检查
5	墙裙、勒脚上口直线度	3	3	—	—	拉5m线，不足5m拉通线，用钢直尺检查

(五) 清水砌体勾缝工程

清水砌体勾缝工程包括砂浆勾缝和原浆勾缝工程。原浆勾缝是在砌体每砌筑一皮后，即对灰缝砌筑砂浆进行勾压而成。砂浆勾缝需在砌墙时将灰缝划出砖墙10～12mm、石墙15～20mm的深度（也可砌墙后剔凿开缝），待砌筑完成后，用溜子将勾缝砂浆填塞并压实，达到设计要求的深度和形状。砖墙常用1∶1水泥细砂砂浆、石墙常用1∶2水泥中砂砂浆。质量要求如下：

(1) 清水砌体勾缝应无漏勾；勾缝材料应粘结牢固、无开裂。

(2) 勾缝应横平竖直，交接处应平顺，宽度和深度应均匀，表面应压实抹平。

(3) 灰缝应颜色一致，砌体表面应洁净。

例 2-46 （2017）基于资源与环境的考虑，应尽量少采用（　　）。
A　水刷石　　　　B　斩假石　　　　C　干粘石　　　　D　假面砖

解析：从各种抹灰的施工工艺可知，水刷石、水磨石均需耗用较多水资源，且产生较多废水，尤以水磨石更甚。因此应尽量少采用。

答案：A

例 2-47　斩假石表面平整度的允许偏差值，下列哪个是符合规范规定的？（　　）
A　2mm　　　　B　3mm　　　　C　4mm　　　　D　5mm

解析：据《建筑装饰装修工程质量验收标准》GB 50210—2018 表 4.4.8（本教材表 2-44）规定，斩假石表面平整度的允许偏差值为 3mm。

答案：B

三、外墙防水工程的验收

外墙防水主要包括外墙砂浆防水、涂膜防水和透气膜防水等分项工程。

（一）一般规定

1. 外墙防水工程验收时应检查的文件和记录包括：

（1）外墙防水工程的施工图、设计说明及其他设计文件；
（2）材料的产品合格证书、性能检验报告、进场验收记录和复验报告；
（3）施工方案及安全技术措施文件；
（4）雨后或现场淋水检验记录；
（5）隐蔽工程验收记录；
（6）施工记录；
（7）施工单位的资质证书及操作人员的上岗证书。

2. 应进行复验的材料及其性能指标：

（1）防水砂浆的粘结强度和抗渗性能；
（2）防水涂料的低温柔性和不透水性；
（3）防水透气膜的不透水性。

3. 应进行隐蔽工程验收的项目：

（1）外墙不同结构材料交接处的增强处理措施的节点；
（2）防水层在变形缝、门窗洞口、穿外墙管道、预埋件及收头等部位的节点；
（3）防水层的搭接宽度及附加层。

4. 检验批的划分、检查数量与要求：

相同材料、工艺和施工条件的外墙防水工程每 1000m² 应划分为一个检验批，不足 1000m² 时也应划分为一个检验批。

每个检验批每 100m² 至少抽查一处，每处检查不得小于 10m²，节点构造应全数检查。

防水层所用砂浆品种及性能应符合设计要求及国家现行标准的有关规定。防水层在变形缝、门窗洞口、穿外墙管道和预埋件等部位的做法应符合设计要求。防水层不得有渗漏现象。

（二）砂浆防水工程

主要要求如下：

(1) 砂浆防水层与基层之间、防水层各层之间均应粘结牢固，不得有空鼓；

(2) 砂浆防水层表面应密实、平整，不得有裂纹、起砂和麻面等缺陷；

(3) 砂浆防水层的施工缝位置及施工方法应符合设计及施工方案要求；

(4) 砂浆防水层厚度应符合设计要求。

（三）涂膜防水工程

主要要求如下：

(1) 涂膜防水层与基层之间应粘结牢固；

(2) 涂膜防水层表面应平整，涂刷应均匀，不得有流坠、露底、气泡、皱折和翘边等缺陷；

(3) 涂膜防水层的厚度应符合设计要求。用针测法或割取 20mm×20mm 实样用卡尺测量检验。

（四）透气膜防水工程

主要要求如下：

(1) 防水透气膜应与基层粘结固定牢固；

(2) 透气膜防水层表面应平整，不得有皱折、伤痕、破裂等缺陷；

(3) 防水透气膜的铺贴方向应正确，纵向搭接缝应错开，搭接宽度应符合设计要求；

(4) 防水透气膜的搭接缝应粘结牢固、密封严密；收头应与基层粘结固定牢固，缝口应严密，不得有翘边现象。

例 2-48 下列外墙防水工程的质量验收项目中，不宜采用观察法的是（　　）。

A　涂膜防水层的厚度

B　砂浆防水层与基层之间粘结牢固状况

C　砂浆防水层表面起砂和麻面等缺陷状况

D　涂膜防水层与基层之间粘结牢固状况

解析：《建筑装饰装修工程质量验收标准》GB 50210—2018 第 5.3.6 条规定，涂膜防水层的厚度应符合设计要求。检验方法：针测法或割取 20mm×20mm 实样用卡尺测量。需注意，通过尺寸数据来判定质量状况者（如涂膜厚度）需进行实测，不宜用观察法检验。故选 A。

第 5.2.4 条规定，砂浆防水层与基层之间及防水层各层之间应粘结牢固，不得有空鼓。检验方法：观察。用小锤轻击检查。第 5.2.5 条规定，砂浆防水层表面应密实、平整，不得有裂纹、起砂和麻面等缺陷。检验方法：观察。第 5.3.4 条规定，涂膜防水层与基层之间应粘结牢固。检验方法：观察。需注意，通过感知能判定质量状况者，可采用观察法检验。

答案： A

四、门窗工程

【相关真题：2022-094，2022-096，2021-093，2021-096，2019-093】

门窗是建筑物中的围护构件。门通常是指连通建筑物的外部和内部空间的出入口，一般设有门扇。门扇关闭时起隔声、保温、隔热、防护等功能，有些还兼起通风、采光作用。门和窗要满足开启方便、关闭紧密、坚固耐久，便于擦洗和维修等要求。此外还应造型美观大方，规格尽量统一。

门窗子分部工程包括木门窗制作与安装、金属门窗安装、塑料门窗安装、特种门安装、门窗玻璃安装等分项工程。

（一）一般规定

(1) 验收时应检查的文件和记录包括：施工图、设计说明及其他设计文件；材料的产品合格证书、性能检测报告、进场验收记录和复验报告；特种门及其附件的生产许可文件；隐蔽工程验收记录；施工记录。

(2) 门窗工程应对下列材料及其性能指标进行复验：

1) 人造木板门的甲醛释放量。

2) 建筑外墙金属窗、塑料窗的气密性能、水密性能和抗风压性能。

(3) 应进行隐蔽工程验收的项目：预埋件和锚固件；隐蔽部位的防腐、填嵌处理；高层金属窗防雷连接节点。

(4) 门窗安装前，应对门窗洞口尺寸及相邻洞口的位置偏差进行检验。同一类型和规格外门窗洞口垂直、水平方向的位置应对齐，位置允许偏差应符合：相邻洞口间不大于10mm；沿全楼高的左右偏移和沿全楼长的上下偏移，当楼高或长小于30m时为15mm，当楼高或长大于等于30m时为20mm。

(5) 金属门窗和塑料门窗安装应采用预留洞口的方法施工。

(6) 木门窗与砖石砌体、混凝土或抹灰层接触处应进行防腐处理；埋入砌体或混凝土中的木砖应进行防腐处理。

(7) 当金属窗或塑料窗为组合窗时，其拼樘料的尺寸、规格、壁厚应符合设计要求。

(8) 建筑外门窗的安装必须牢固。在砌体上安装门窗严禁采用射钉固定。

(9) 特种门安装除应符合设计要求和规范规定外，还应符合国家现行标准的有关规定。

(10) 推拉门窗扇必须安装防脱落装置。

(11) 门窗安全玻璃的使用应符合行业标准《建筑玻璃应用技术规程》JGJ 113 的规定。

(12) 建筑外窗口的防水和排水构造应符合设计要求和国家标准的有关规定。

(13) 各分项工程的检验批应按下列规定划分：

1) 同一品种、类型和规格的木门窗、金属门窗、塑料门窗和门窗玻璃每100樘应划分为一个检验批，不足100樘也应划分为一个检验批；

2) 同一品种、类型和规格的特种门每50樘应划分为一个检验批，不足50樘也应划分为一个检验批。

(14) 检查数量应符合下列规定：

1) 木门窗、金属门窗、塑料门窗和门窗玻璃每个检验批应至少抽查5%，并不得少于3樘，不足3樘时应全数检查；高层建筑的外窗每个检验批应至少抽查10%，并不得少于 6 樘，不足 6 樘时应全数检查；

2）特种门每个检验批应至少抽查 50%，并不得少于 10 樘，不足 10 樘时应全数检查。

> **例 2-49** 下列关于门窗工程施工的说法，错误的是（　　）。
> A 在砌体上安装门窗严禁用射钉
> B 外墙金属门窗应做雨水渗透性能复验
> C 安装门窗所用的预埋件、锚固件应做隐蔽验收
> D 在砌体上安装金属门窗应采用边砌筑边安装的方法
> **解析：** 据《建筑装饰装修工程质量验收标准》GB 50210—2018 第 6.1.8 规定，金属门窗和塑料门窗安装应采用预留洞口的方法施工。即不得采用边安装边砌口或先安装后砌口的方法施工。故 D 选项的说法错误。
> **答案：** D

（二）木门窗制作与安装工程

主要要求如下。

（1）木门窗的品种、类型、规格、尺寸、开启方向、安装位置、连接方式及性能应符合设计要求及国家现行标准的有关规定。

（2）木门窗应采用烘干的木材，含水率及饰面质量应符合国家现行标准的有关规定。防火、防腐、防虫处理应符合设计要求。

（3）木门窗框的安装必须牢固。预埋木砖的防腐处理、固定点的数量、位置及固定方法应符合设计要求。木门窗扇必须安装牢固，并应开关灵活，关闭严密，无倒翘。

（4）木门窗配件的型号、规格和数量应符合设计要求，安装应牢固，位置应正确，功能应满足使用要求。

（5）木门窗表面应洁净，不得有刨痕和锤印。门窗割角和拼缝应严密平整；框、扇裁口应顺直，刨面应平整。木门窗上的槽和孔应边缘整齐，无毛刺。

（6）木门窗与墙体间缝隙的填嵌材料应符合设计要求，填嵌应饱满。严寒和寒冷地区外门窗与砌体间的空隙应填充保温材料。

（7）木门窗批水、盖口条、压缝条、密封条的安装应顺直，与门窗结合应牢固、严密。

（8）木门窗安装的留缝限值、允许偏差和检验方法应符合表 2-45。

平开木门窗安装的留缝限值、允许偏差和检验方法　　表 2-45

项次	项　目	留缝限值（mm）	允许偏差（mm）	检验方法
1	门窗框的正、侧面垂直度	—	1	用 1m 垂直检测尺检查
2	框与扇、扇与扇接缝高低差	—	1	用塞尺检查
3	门窗扇对口缝	1～4	—	用塞尺检查
4	工业厂房、围墙双扇大门对口缝	2～7	—	用塞尺检查
5	门窗扇与上框间留缝	1～3	—	用塞尺检查
6	门窗扇与侧框间留缝	1～3	—	用塞尺检查
7	窗扇与下框间留缝	1～3	—	用塞尺检查
8	门扇与下框间留缝	3～5	—	用塞尺检查

续表

项次	项 目		留缝限值（mm）	允许偏差（mm）	检验方法
9	双层门窗内外框间距		—	4	用钢直尺检查
10	无下框时门扇与地面间留缝	室外门	4~7	—	用钢直尺或塞尺检查
		室内门	4~8	—	
		卫生间门	4~8	—	
		厂房及围墙大门	10~20	—	
11	框与扇搭接宽度	门	—	2	用钢直尺检查
		窗	—	1	

例 2-50 普通卫生间的无下框普通门扇与地面间留缝限值，下列哪项符合规范规定？（　）

A　4~8mm　　　B　6~10mm　　　C　8~12mm　　　D　12~15mm

解析： 据《建筑装饰装修工程质量验收标准》GB 50210—2018 表 6.2.12（本教材表 2-45）平开木门窗安装的留缝限值、允许偏差和检验方法第 11 项规定，卫生间的无下框普通门扇与地面间留缝限值为 4~8mm。

答案： A

（三）金属门窗安装工程

金属门窗主要包括钢门窗、铝合金门窗、涂色镀锌钢板门窗。

(1) 安装工艺流程（无副框）：放线→固定门窗框→填缝→安装门窗扇及玻璃→清理。

(2) 主要要求如下：

1) 金属门窗的品种、类型、规格、尺寸、性能、开启方向、安装位置、连接方式及门窗的型材壁厚应符合设计要求及国家标准规定。金属门窗的防雷、防腐处理及填嵌、密封处理应符合设计要求。

2) 框和副框的安装必须牢固。预埋件的数量、位置、埋设方式、与框的连接方式应符合设计要求。

3) 门窗扇必须安装牢固，并应开关灵活、关闭严密、无倒翘。推拉门窗扇必须有防脱落装置。

4) 配件的型号、规格、数量应符合设计要求，安装应牢固，位置应正确，功能应满足使用要求。

5) 门窗表面应洁净、平整、光滑、色泽一致、无锈蚀、擦伤、无划痕和碰伤；漆膜或保护层应连续。型材的表面处理应符合设计要求及国家标准的规定。

6) 金属门窗推拉门窗扇开关力不应大于 50N，用测力计检查。

7) 门窗框与墙体之间的缝隙应填嵌饱满，并采用密封胶密封；密封胶表面应光滑、顺直、无裂纹；门窗扇的密封胶条或密封毛条应安装完好，不得脱槽，交角处应平顺。

8) 排水孔应畅通，位置和数量应符合设计要求。

9) 门窗安装的留缝限值、允许偏差应符合规范要求，铝合金门窗安装的允许偏差和检验方法见表 2-46。

铝合金门窗安装的允许偏差和检验方法　　　　表 2-46

项次	项　目		允许偏差（mm）	检验方法
1	门窗槽口宽度、高度	≤2000mm	2	用钢尺检查
		>2000mm	3	
2	门窗槽口对角线长度差	≤2500mm	4	用钢尺检查
		>2500mm	5	
3	门窗框的正、侧面垂直度		2	用1m垂直检测尺检查
4	门窗横框的水平度		2	用1m水平尺和塞尺检查
5	门窗横框标高		5	用钢尺检查
6	门窗竖向偏离中心		5	用钢尺检查
7	双层门窗内外框间距		4	用钢尺检查
8	推拉门窗扇与框搭接宽度		门2，窗1	用钢直尺检查

（四）塑料门窗安装工程

(1) 安装工艺流程：检查洞口尺寸→安副框→洞口抹灰→安装门（窗）框→安装门（窗）扇→框边缝隙填嵌→打密封胶→安装五金件→清理。

(2) 主要要求

1) 塑料门窗的品种、类型、规格、尺寸、性能、开启方向、安装位置、连接方式及填嵌密封处理应符合设计要求及国家标准的相关规定，内衬增强型钢的壁厚及设置应符合国家现行产品标准的质量要求。检验内容包括：产品合格证书、性能检测报告、进场验收记录和复验报告；检查隐蔽工程验收记录。

2) 塑料门窗框、附框和扇的安装必须牢固。固定片或膨胀螺栓的数量与位置应正确，连接方式应符合设计要求。固定点应距窗角、中横框、中竖框150~200mm，固定点间距应不大于600mm（图2-45）。

3) 拼樘料截面尺寸及内衬增强型钢的规格、壁厚必须符合设计要求，型钢应与型材内腔紧密吻合，其两端必须与洞口固定牢固。窗框必须与拼樘料连接紧密，固定点间距应不大于600mm。

4) 滑撑铰链的安装应牢固，紧固螺钉应使用不锈钢材质。螺钉与框扇连接处应做防水密封处理。

图 2-45　固定点的位置

5) 门窗扇应开关灵活、关闭严密。推拉门窗扇必须有防脱落装置。

6) 配件的型号、规格、数量应符合设计要求，安装应牢固，位置应正确，使用应灵活功能应满足使用要求。平开窗扇高度大于900mm时，锁闭点应不少于2个。

7) 窗框与洞口间缝隙应采用聚氨酯发泡胶填充，且应均匀、密实，成型后不宜切割。表面应采用密封胶密封。密封胶应粘结牢固，表面应光滑、顺直、无裂纹。

8) 安装后的门窗关闭时，密封面上的密封条应处于压缩状态，密封层数应符合设计要求。密封条应连续完整，装配后应均匀、牢固，应无脱槽、收缩和虚压等现象。密封条接口应严密,且应位于窗的上方。

9) 门窗表面应洁净、平整、光滑,可视面应无划痕、碰伤等缺陷,门窗不得有焊角开裂和型材断裂等现象。旋转窗间隙应基本均匀。

10) **门窗扇的开关力**:平开门窗扇平铰链的开关力应不大于80N,滑撑铰链的开关力应不大于80N并不小于30N;推拉门窗扇的开关力应不大于100N;用测力计检查。

11) 排水孔应畅通,位置和数量应符合设计要求。

12) 塑料门窗安装的允许偏差和检验方法应符合表2-47的规定。

塑料门窗安装的允许偏差和检验方法　　　　　　　　　　表2-47

项次	项目		允许偏差（mm）	检验方法
1	门、窗框外形（高、宽）尺寸长度差	≤1500mm	2	用钢卷尺检查
		>1500mm	3	
2	门、窗框两对角线长度差	≤2000mm	3	用钢卷尺检查
		>2000mm	5	
3	门、窗框（含拼樘料）正、侧面垂直度		3	用1m垂直检测尺检查
4	门、窗框（含拼樘料）水平度		3	用1m水平尺和塞尺检查
5	门、窗下横框的标高		5	用钢卷尺检查,与基准线比较
6	门、窗竖向偏离中心		5	用钢卷尺检查
7	双层门、窗内外框间距		4	用钢卷尺检查
8	平开门窗及上悬、下悬、中悬窗	门、窗扇与框搭接宽度	2	用深度尺或钢直尺检查
		同樘门、窗相邻扇的水平高度差	2	用靠尺和钢直尺检查
		门、窗框扇四周的配合间隙	1	用楔形塞尺检查
9	推拉门窗	门、窗扇与框搭接宽度	2	用深度尺或钢直尺检查
		门、窗扇与框或相邻扇立边平行度	2	用钢直尺检查
10	组合门窗	平整度	3	用2m靠尺和钢直尺检查
		缝直线度	3	用2m靠尺和钢直尺检查

例2-51　塑料门窗工程中,门窗框与墙体间缝隙应采用什么材料填嵌?（　　）
A　水泥砂浆　　　B　水泥白灰砂浆　　　C　聚氨酯发泡胶　　　D　油麻丝
解析:据《建筑装饰装修工程质量验收标准》GB 50210—2018 第6.4.4条规定,窗框与洞口之间的伸缩缝应采用聚氨酯发泡胶填充,表面应采用密封胶密封。
答案:C

(五) 特种门安装工程

特种门包括自动门、全玻门、旋转门等。安装及验收的主要要求如下。

(1) 特种门的质量和性能应符合设计要求。检验方法:检查生产许可证、产品合格证书和性能检验报告。

(2) 特种门的品种、类型、规格、尺寸、开启方向、安装位置及防腐处理应符合设计要求及国家标准的有关规定。

（3）带有机械装置、自动装置或智能化装置的特种门，其机械装置、自动装置或智能化装置的功能应符合设计要求。

（4）安装必须牢固；预埋件及锚固件的数量、位置、埋设方式、与框的连接方式应符合设计要求。

（5）配件应齐全，位置应正确，安装应牢固，功能应满足使用要求和特种门的性能要求。检验方法：观察；手扳检查；检查产品合格证书、性能检测报告和进场验收记录。

（6）特种门的表面装饰应符合设计要求；表面应洁净，无划痕、碰伤。

（7）自动门安装的允许偏差和检验方法应符合表 2-48 的规定。感应时间限值和检验方法应符合表 2-49 的规定。

（8）自动门切断电源应能手动开启。推拉、平开、折叠自动门的手动开启力不应大于 100N，旋转自动门应为 150～300N。

自动门安装的允许偏差和检验方法　　　　　　　　　　　　　表 2-48

序号	项目	允许偏差（mm）				检验方法
		推拉自动门	平开自动门	折叠自动门	旋转自动门	
1	上框、平梁水平度	1	1	1	—	用1m水平尺和塞尺检查
2	上框、平梁直线度	2	2	2	—	用钢直尺和塞尺检查
3	立框垂直度	1	1	1	1	用1m垂直检测尺检查
4	导轨和平梁平行度	2	—	2	2	用钢直尺检查
5	门框固定扇内侧对角线尺寸	2	2	2	2	用钢卷尺检查
6	活动扇与框、横梁、固定扇间隙差	1	1	1	1	用钢直尺检查
7	板材对接缝平整度	0.3	0.3	0.3	0.3	用2m靠尺和塞尺检查

推拉自动门的感应时间限值和检验方法　　　　　　　　　　　　表 2-49

项次	项目	感应时间限值（s）	检验方法
1	开门响应时间	≤0.5	用秒表检查
2	堵门保护延时	16～20	用秒表检查
3	门扇全开启后保持时间	13～17	用秒表检查

例 2-52 推拉自动门安装的质量要求，下列哪条是不正确的？（　　）

A 上框水平度及立框垂直度允许偏差 2mm

B 开门响应时间小于 0.5s

C 堵门保护延时为 16～20s

D 门扇全开启后保持时间为 13～17s

解析：据《建筑装饰装修工程质量验收标准》GB 50210—2018 表 6.5.10 规定，推拉自动门安装的上框水平度及立框垂直度允许偏差均为 1mm。故 A 选项所列数据不正确。

答案：A

（六）门窗玻璃安装工程

门窗玻璃安装工程包括平板、吸热、反射、中空、夹层、夹丝、磨砂、钢化、压花玻璃等玻璃安装工程，主要要求如下。

（1）玻璃的品种、规格、尺寸、色彩、图案和涂膜朝向应符合设计要求。

（2）门窗玻璃裁割尺寸应正确。安装后的玻璃应牢固，不得有裂纹、损伤和松动。

（3）玻璃的安装方法应符合设计要求。固定玻璃的钉子或钢丝卡的数量、规格应保证玻璃安装牢固。

（4）镶钉木压条接触玻璃处，应与裁口边缘平齐。木压条应互相紧密连接，并与裁口边缘紧贴，割角应整齐。

（5）密封条与玻璃、玻璃槽口的接触应紧密、平整。密封胶与玻璃、玻璃槽口的边缘应粘结牢固、接缝平齐。

（6）带密封条的玻璃压条，其密封条必须与玻璃全部贴紧，压条与型材之间应无明显缝隙。

（7）玻璃表面应洁净，不得有腻子、密封胶、涂料等污渍。中空玻璃内外表面均应洁净，玻璃中空层内不得有灰尘和水蒸气。

（8）门窗玻璃不应直接接触型材。单面镀膜玻璃的镀膜层及磨砂玻璃的磨砂面应朝向室内。中空玻璃的单面镀膜玻璃应在最外层，镀膜层应朝向室内。

（9）腻子及密封胶应填抹饱满、粘结牢固、边缘与裁口平齐；固定玻璃的卡子不应露出腻子表面。密封条不得卷边、脱槽、密封条接缝应粘接。

> **例 2-53** 关于玻璃安装，下列哪种说法是不正确的？（　　）
> A 门窗玻璃不应直接接触型材
> B 单面镀膜玻璃的镀膜层应朝向室内
> C 磨砂玻璃的磨砂面应朝向室外
> D 中空玻璃的单面镀膜玻璃应在最外层
> 解析：据《建筑装饰装修工程质量验收标准》GB 50210—2018 第 6.6.1 条规定，门窗"玻璃的层数、品种、规格、尺寸、色彩、图案和涂膜朝向应符合设计要求"。出于功能要求，一般设计都会将镀膜玻璃的镀膜层及磨砂玻璃的磨砂面朝向室内（《建筑装饰装修工程质量验收规范》GB 50210—2001 曾有明确规定）。故 C 选项说法不正确。
> 答案：C

五、吊顶工程
【相关真题：2022-093】

吊顶由吊杆、龙骨、面层三部分组成。吊杆是连接吊顶与楼盖的主要构件，它承担吊顶重量。龙骨在吊顶中起骨架作用，按作用及位置分为主龙骨、次龙骨、边龙骨，按材料分为轻钢龙骨、铝合金龙骨、木龙骨。吊顶面层主要起封闭和装饰作用，按面层材料与安装的形式可分为整体式（面层接缝不外露）、板块式（面层接缝外露）和格栅式（面层由条状、点状材料不连续安装)。吊顶面层的安装主要方法有：粘贴法、固定法、企口法、搁置法等。吊顶的主要构造见图2-46。

图 2-46 吊顶构造示意
1—主龙骨；2—吊杆；3—次龙骨；4—间距龙骨；5—风道；6—吊顶面层；7—灯具；8—出风口

吊顶子分部工程包括整体面层吊顶、板块面层吊顶和格栅吊顶三个分项工程。

吊顶施工的一般工艺流程：弹线→固定吊杆→安装主龙骨→按水平标高线调整主龙骨→固定边龙骨→安装次龙骨→安装罩面板。

(一) 吊顶工程的一般规定

(1) 吊顶工程验收时应检查的文件和记录包括：吊顶工程的施工图、设计说明及其他设计文件；材料的产品合格证书、性能检测报告、进场验收记录和复验报告；隐蔽工程验收记录；施工记录。

(2) 吊顶工程应对人造木板的甲醛释放量进行复验。

(3) 吊顶工程应进行隐蔽工程验收的项目包括：

1) 吊顶内管道、设备的安装及水管试压、风管严密性检验；

2) 木龙骨防火、防腐处理；

3) 埋件；

4) 吊杆安装；

5) 龙骨安装；

6) 填充材料的设置；

7) 反向支撑及钢结构转换层。

(4) 安装龙骨前，应按设计要求对房间净高、洞口标高和吊顶内管道、设备及其支架的标高进行交接检验。

(5) 吊顶工程的木龙骨和木面板必须进行防火处理，并应符合有关设计防火标准的规定。

(6) 吊顶工程中的埋件、钢筋吊杆和型钢吊杆应进行防腐处理。

(7) 安装饰面板前应完成吊顶内管道和设备的调试及验收。

(8) 吊杆距主龙骨端部距离不得大于300mm。当吊杆长度大于1.5m时，应设置反支撑。当吊杆与设备相遇时，应调整并增设吊杆或采用型钢支架。

(9) 重量较大（大于 3kg）的灯具，以及电风扇、投影仪、音响等有振动荷载的设备仪器，不应安装在吊顶工程的龙骨上。

(10) 吊顶埋件与吊杆的连接、吊杆与龙骨的连接、龙骨与面板的连接均应安全可靠。

(11) 吊顶上部网架、钢屋架或吊杆长度大于 2.5m 时，应设有钢结构转换层。

(12) 大面积或狭长形吊顶面层的伸缩缝及分格缝应符合设计要求。

(13) 吊杆、龙骨的材质、规格、安装间距及连接方式应符合设计要求。金属吊杆、龙骨应经过表面防腐处理；木龙骨应进行防腐、防火处理。

(14) 吊顶标高、尺寸、起拱和造型应符合设计要求。面层材料的材质、品种、规格、图案、颜色和性能均应符合设计要求和国家标准。

(15) 饰面板上的灯具、烟感器、喷淋头、风口箅子等设备的位置应合理、美观，与吊顶面层的交接应吻合、严密。

(16) 同一品种的吊顶工程每 50 间应划分为一个检验批，不足 50 间也应划分为一个检验批，大面积房间和走廊可按吊顶面积每 30m² 计为 1 间。每个检验批应至少抽查 10%，并不得少于 3 间，不足 3 间时应全数检查。

> **例 2-54** 吊顶工程中下述哪项安装做法是不正确的？（ ）
> A 小型灯具可固定在面板上　　B 重型灯具可固定在龙骨上
> C 风口箅子可固定在面板上　　D 烟感器、喷淋头可固定在面板上
> **解析：**《建筑装饰装修工程质量验收标准》GB 50210—2018 第 7.1.12 条规定，重型设备和有振动荷载的设备严禁安装在吊顶工程的龙骨上。第 7.2.7 条规定，面板上的灯具、烟感器、喷淋头、风口箅子和检修口等设备设施的位置应合理、美观，与面板的交接应吻合、严密。可见，小型灯具、风口箅子、烟感器、喷淋头等可固定在吊顶面板上，而 B 选项"重型灯具固定在吊顶龙骨上"是被禁止的。故 B 选项的安装做法不正确。
> **答案：**B

（二）整体面层吊顶工程

整体面层吊顶是以轻钢龙骨、铝合金龙骨、木龙骨等为骨架，以石膏板、水泥纤维板、木板等为面层材料的吊顶。主要要求如下。

(1) 吊杆、龙骨和面板的安装必须牢固。

(2) 石膏板、水泥纤维板的接缝应按其施工工艺标准进行板缝防裂处理。安装双层板时，面层板与基层板的接缝应错开，且不得在同一根龙骨上接缝（图 2-47）。

图 2-47　错误接缝

(3) 面层材料表面应洁净、色泽一致，不得有翘曲、裂缝及缺损；压条应平直、宽窄一致。

(4) 金属龙骨的接缝应均匀一致，角缝应吻合，表面应平整，无翘曲、锤印；木质龙骨应顺直，无劈裂、变形。

(5) 吊顶内填充吸声材料的品种和铺设厚度应符合设计要求，并应有防散落措施。

(6) 整体面层吊顶工程安装的允许偏差和检验方法应符合表 2-50 的规定。

整体面层吊顶工程安装的允许偏差和检验方法　　　　表 2-50

项次	项目	允许偏差（mm）	检验方法
1	表面平整度	3	用 2m 靠尺和塞尺检查
2	缝格凹槽直线度	3	拉 5m 线，不足 5m 时拉通线，用钢直尺检查

（三）板块面层吊顶工程

板块面层吊顶是以轻钢龙骨、铝合金龙骨、木龙骨等为骨架，以石膏板、金属板、矿棉板、木板、塑料板、玻璃板和复合板等为饰面材料的吊顶工程。主要要求如下。

（1）当面层材料为玻璃板时，应使用安全玻璃并采取可靠的安全措施。

（2）面板的安装应稳固严密。面板与龙骨的搭接宽度应大于龙骨受力面宽度的 2/3，如图 2-48 所示。

（3）面层材料表面应洁净、色泽一致，不得有翘曲、裂缝及缺损。面板与龙骨的搭接应平整、吻合，压条应平直、宽窄一致。

图 2-48　饰面板与龙骨搭接宽度示意

（4）金属龙骨的接缝应平整、吻合、颜色一致，不得有划伤、擦伤等表面缺陷；木质龙骨应平整、顺直，无劈裂。

（5）吊顶内填充吸声材料的品种和铺设厚度应符合设计要求，并应有防散落措施。

（6）板块面层吊顶工程安装的允许偏差和检验方法应符合表 2-51 的规定。

板块面层吊顶工程安装的允许偏差和检验方法　　　　表 2-51

项次	项目	允许偏差（mm）				检验方法
		石膏板	金属板	矿棉板	木板、塑料板、玻璃板、复合板	
1	表面平整度	3	2	3	2	用 2m 靠尺和塞尺检查
2	接缝直线度	3	2	3	3	拉 5m 线，不足 5m 拉通线，用钢直尺检查
3	接缝高低差	1	1	2	1	用钢直尺和塞尺检查

（四）格栅吊顶工程

格栅吊顶是以轻钢龙骨、铝合金龙骨、木龙骨等为骨架，以金属、木材、塑料和复合材料等为格栅面层的吊顶工程。主要要求如下。

（1）格栅吊顶工程的吊杆、龙骨和格栅的安装应牢固。

（2）格栅表面应洁净、色泽一致，不得有翘曲、裂缝及缺损。格栅角度应一致，边缘应整齐，接口应无错位。压条应平直、宽窄一致。

（3）格栅吊顶内楼板、管线设备等表面处理应符合设计要求，吊顶内各种设备管线布置应合理、美观。

（4）安装允许偏差：金属格栅的表面平整度及格栅直线度均不得大于 2mm，其他格栅的平整度及直线度则均不得大于 3mm。

六、轻质隔墙工程

【相关真题：2019-094】

轻质隔墙子分部工程包括：板材隔墙、骨架隔墙、活动隔墙、玻璃隔墙等分项工程。

（一）一般要求

（1）轻质隔墙工程应对人造木板的甲醛释放量进行复验。

（2）轻质隔墙工程应对下列隐蔽工程项目进行验收：

1）骨架隔墙中设备管线的安装及水管试压；

2）木龙骨防火、防腐处理；

3）预埋件或拉结筋；

4）龙骨安装；

5）填充材料的设置。

（3）轻质隔墙与顶棚和其他墙体的交接处应采取防开裂措施。

（4）民用建筑轻质隔墙工程的隔声性能应符合现行国家标准《民用建筑隔声设计规范》GB 50118 的规定。

（5）轻质隔墙工程验收时应检查下列文件和记录：

1）轻质隔墙工程的施工图、设计说明及其他设计文件；

2）材料的产品合格证书、性能检验报告、进场验收记录和复验报告；

3）隐蔽工程验收记录；

4）施工记录。

（6）同一品种的轻质隔墙工程每 50 间应划分为一个检验批，不足 50 间也应划分为一个检验批，大面积房间和走廊可按轻质隔墙面积每 30m² 计为 1 间。

（7）板材隔墙和骨架隔墙每个检验批应至少抽查 10%，并不得少于 3 间，不足 3 间时应全数检查；活动隔墙和玻璃隔墙每个检验批应至少抽查 20%，并不得少于 6 间，不足 6 间时应全数检查。

（二）板材隔墙工程

板材隔墙包括复合轻质墙板、石膏空心板、增强水泥板和混凝土轻质板等隔墙。

板材隔墙的施工工艺流程：墙位放线→安装定位架→墙板安装→墙底填塞干硬性细石混凝土或砂浆→水暖、电气配合施工。主要要求如下。

（1）隔墙板材的品种、规格、性能、颜色应符合设计要求。有隔声、隔热、阻燃、防潮等特殊要求的工程，板材应有相应性能等级的检测报告。

（2）安装隔墙板材所需预埋件、连接件的位置、数量及连接方法应符合设计要求。

（3）隔墙板材安装应牢固、位置正确，板材不应有裂缝或缺损。

（4）板材隔墙表面应光洁、色泽一致，接缝应均匀、顺直。

（5）隔墙上的孔洞、槽、盒应位置正确、套割方正、边缘整齐。

（6）板材隔墙安装的允许偏差和检验方法见表 2-52。

板材隔墙安装的允许偏差和检验方法　　　　表 2-52

项次	项目	允许偏差（mm）				检验方法
		复合轻质墙板		石膏空心板	增强水泥板、混凝土轻质板	
		金属夹芯板	其他复合板			
1	立面垂直度	2	3	3	3	用 2m 垂直检测尺检查
2	表面平整度	2	3	3	3	用 2m 靠尺和塞尺检查

续表

项次	项目	允许偏差（mm）				检验方法
		复合轻质墙板		石膏空心板	增强水泥板、混凝土轻质板	
		金属夹芯板	其他复合板			
3	阴阳角方正	3	3	3	4	用200mm直角检测尺检查
4	接缝高低差	1	2	2	3	用钢直尺和塞尺检查

（三）骨架隔墙工程

骨架隔墙包括以轻钢龙骨、木龙骨等为骨架，以纸面石膏板、人造木板、水泥纤维板等为墙面板的隔墙。轻钢龙骨纸面石膏板隔墙的构造如图 2-49 所示。

图 2-49 轻钢龙骨纸面石膏板隔墙的构造组成

施工工艺流程：定位放线→隔墙基座施工→安装沿地、沿顶龙骨→安装沿墙竖龙骨（边框龙骨）→安装中间竖龙骨→安装水平通贯龙骨和附加龙骨→铺钉面板→嵌缝处理。墙内若有水电管线或保温材料时，应在一侧面板安装后进行安装或填充。

主要要求如下。

（1）骨架隔墙所用龙骨、配件、墙面板、填充材料及嵌缝材料的品种、规格、性能和木材的含水率应符合设计要求。有隔声、隔热、阻燃、防潮等特殊要求的工程，材料应有相应性能等级的检验报告。

（2）骨架隔墙工程的沿地、沿顶及边框龙骨必须与基体结构连接牢固。地梁所用的材料、尺寸及位置等符合设计要求。

（3）骨架隔墙中龙骨间距和构造连接方法应符合设计要求。骨架内设备管线的安装、门窗洞口等部位的加强龙骨应安装牢固、位置正确，填充材料的品种、厚度及设置应符合设计要求。

（4）木龙骨及木墙面板的防火和防腐处理应符合设计要求。

（5）骨架隔墙表面应平整光滑、色泽一致、洁净、无裂缝，接缝应均匀、顺直。

(6) 墙面板所用接缝材料的接缝方法应符合设计要求，安装应牢固、无脱层、翘曲、折裂及缺损。

(7) 骨架隔墙上的孔洞、槽、盒应位置正确、套割吻合、边缘整齐。墙内的填充材料应干燥，填充应密实、均匀、无下坠。

(8) 骨架隔墙安装的允许偏差和检验方法见表2-53。

骨架隔墙安装的允许偏差和检验方法　　　　表2-53

项次	项目	允许偏差（mm）		检验方法
		纸面石膏板	人造木板、水泥纤维板	
1	立面垂直度	3	4	用2m垂直检测尺检查
2	表面平整度	3	3	用2m靠尺和塞尺检查
3	阴阳角方正	3	3	用200mm直角检测尺检查
4	接缝直线度	—	3	拉5m线，不足5m拉通线，用钢直尺检查
5	压条直线度	—	3	拉5m线，不足5m拉通线，用钢直尺检查
6	接缝高低差	1	1	用钢直尺和塞尺检查

（四）活动隔墙工程

常用活动隔墙分外露式和内藏式，按开合分单侧推拉和双向推拉，按隔扇的铰合方式分单对铰合和连续铰合。

施工顺序：隔扇制作→定位放线→安装沿墙立筋或壁龛→安装上下导轨→隔扇安装与连接→密封条安装→活动隔墙调试。

主要要求如下：

(1) 活动隔墙所用墙板、轨道、配件等材料的品种、规格、性能和人造木板甲醛释放量、燃烧性能应符合设计要求。

(2) 轨道应与基体结构连接牢固，并应位置正确。

(3) 用于组装、推拉和制动的构配件应安装牢固、位置正确，推拉应安全、平稳、灵活。

(4) 活动隔墙的组合方式、安装方法应符合设计要求。

(5) 活动隔墙表面应色泽一致、平整光滑、洁净，线条应顺直、清晰。

(6) 隔墙上的孔洞、槽、盒应位置正确、套割吻合、边缘整齐。

(7) 活动隔墙推拉应无噪声。

(8) 活动隔墙安装的允许偏差和检验方法见表2-54。

活动隔墙安装的允许偏差和检验方法　　　　表2-54

项次	项目	允许偏差（mm）	检验方法
1	立面垂直度	3	用2m垂直检测尺检查
2	表面平整度	2	用2m靠尺和塞尺检查
3	接缝直线度	3	拉5m线，不足5m拉通线，用钢直尺检查
4	接缝高低差	2	用钢直尺和塞尺检查
5	接缝宽度	2	用钢直尺检查

(五) 玻璃隔墙工程

玻璃隔墙包括玻璃板隔墙和玻璃砖隔墙。玻璃板隔墙为玻璃板安装而成，玻璃砖隔墙常采用空心玻璃砖砌筑而成。质量要求如下：

（1）玻璃隔墙工程所用材料的品种、规格、图案、颜色和性能应符合设计要求。玻璃板隔墙应使用安全玻璃。

（2）玻璃板安装及玻璃砖砌筑方法应符合设计要求。

（3）有框玻璃板隔墙的受力杆件应与基体结构连接牢固，玻璃板安装橡胶垫位置应正确。玻璃板安装应牢固，受力应均匀。

（4）无框玻璃板隔墙的受力爪件应与基体结构连接牢固，爪件的数量、位置应正确，爪件与玻璃板的连接应牢固。检验方法：观察；手推检查；检查施工记录。

（5）玻璃门与玻璃墙板的连接、地弹簧的安装位置应符合设计要求。

（6）玻璃砖隔墙砌筑中埋设的拉结筋应与基体结构连接牢固，数量、位置应正确。

（7）玻璃隔墙表面应色泽一致、平整洁净、清晰美观。

（8）玻璃隔墙接缝应横平竖直，玻璃应无裂痕、缺损和划痕。

（9）玻璃板隔墙嵌缝及玻璃砖隔墙勾缝应密实平整、均匀顺直、深浅一致。

（10）玻璃隔墙安装的允许偏差和检验方法见表 2-55。

玻璃隔墙安装的允许偏差和检验方法　　　　表 2-55

项次	项目	允许偏差（mm）		检验方法
		玻璃板	玻璃砖	
1	立面垂直度	2	3	用 2m 垂直检测尺检查
2	表面平整度	—	3	用 2m 靠尺和塞尺检查
3	阴阳角方正	2	—	用 200mm 直角检测尺检查
4	接缝直线度	2	—	拉 5m 线，不足 5m 拉通线，用钢直尺检查
5	接缝高低差	2	3	用钢直尺和塞尺检查
6	接缝宽度	1	—	用钢直尺检查

例 2-55 轻质隔墙工程是指（　　）。
A　加气混凝土砌块隔墙　　　　B　薄型板材隔墙
C　空心砖隔墙　　　　　　　　D　小砌块隔墙

解析： 据《建筑装饰装修工程质量验收标准》GB 50210—2018 第 8.1.1 条规定，轻质隔墙工程"适用于板材隔墙、骨架隔墙、活动隔墙和玻璃隔墙等分项工程的质量验收"，可见，题目的四个选项中只有 B 选项"薄型板材隔墙"属于轻质隔墙范畴。

答案： B

例 2-56（2018）下列轻质隔墙工程的部位中需采取防开裂措施的是（　　）。
A　轻质隔墙与地面的交接处　　　　B　轻质隔墙的纵横墙转角处
C　轻质隔墙与其他墙体的交接处　　D　轻质隔墙与门窗侧边的交接处

解析:《建筑装饰装修工程质量验收标准》GB 50210—2018 第 8.1.7 条规定,轻质隔墙与顶棚和其他墙体的交接处应采取防开裂措施。

答案:C

七、饰面板、饰面砖工程

【相关真题:2022-095,2021-094】

饰面板安装工程主要指在室内外墙面或柱子表面,粘贴或安装石材类、陶瓷类、木质类、金属类及塑料类等板块装饰材料。饰面砖工程是指内墙饰面砖的粘贴和采用满粘法施工的外墙饰面砖的粘贴。其特点是施工面积大,装饰效果及装饰质量要求高。

(一)一般规定

(1)饰面板(砖)工程验收时应检查的文件和记录包括:

1)饰面板(砖)工程的施工图、设计说明及其他设计文件;

2)材料的产品合格证书、性能检测报告、进场验收记录和复验报告;

3)饰面板工程后置埋件的现场拉拔检验报告;

4)外墙饰面砖粘结强度检验报告及施工前粘贴样板;

5)隐蔽工程验收记录;

6)施工记录。

(2)应进行复验的材料及其性能指标:

1)室内用花岗石和瓷质饰面砖的放射性、室内用人造板的甲醛释放量;

2)水泥基粘结材料的粘结强度,与外墙面砖的拉伸粘结强度;

3)外墙陶瓷板及陶瓷面砖的吸水率;

4)严寒及寒冷地区外墙陶瓷板、陶瓷面砖的抗冻性。

(3)饰面板(砖)工程应对下列隐蔽工程项目进行验收:

1)饰面板工程的预埋件(或后置埋件)、龙骨安装、连接节点;

2)饰面砖工程的基层和基体、防水层;

3)防水、保温、防火节点;

4)外墙金属板防雷连接节点。

(4)外墙饰面砖粘贴前,应在待施工的基层上做样板,并对样板的饰面砖粘结强度进行检验,其检验方法和结果判定应符合《建筑工程饰面砖粘结强度检验标准》JGJ 110 的规定。

(5)饰面板(砖)工程的防震缝、伸缩缝、沉降缝等部位的处理应保证缝的使用功能和饰面的完整性。

(6)各分项工程的检验批应按下列规定划分:

1)相同材料、工艺和施工条件的室内饰面板工程每 50 间应划分为一个检验批,不足 50 间也应划分为一个检验批,大面积房间和走廊可按饰面板(砖)面积每 30m² 计为 1 间;

2)相同材料、工艺和施工条件的室外饰面板(砖)工程每 1000m² 应划分为一个检验批,不足 1000m² 也应划分为一个检验批。

(7) 检查数量应符合下列规定:
1) 室内每个检验批应至少抽查10%,并不得少于3间,不足3间时应全数检查;
2) 室外每个检验批每100m²应至少抽查一处,每处不得小于10m²。

> **例 2-57** 饰面板(砖)工程应对下列材料性能指标进行复验的是( )。
> A 粘贴用水泥的抗拉强度　　　　B 人造大理石的抗折强度
> C 外墙陶瓷面砖的吸水率　　　　D 外墙花岗石的放射性
> **解析:** 据《建筑装饰装修工程质量验收标准》GB 50210—2018 第9.1.3 及 10.1.3 条规定的复验项目包括:水泥基粘结材料的粘结强度、外墙陶瓷板及外墙陶瓷面砖的吸水率、室内用花岗石和瓷质面砖的放射性、严寒和寒冷地区外墙陶瓷板及外墙陶瓷面砖的抗冻性等。A、B、D选项所列材料性能指标均不在规定复验项目内。
> **答案:** C

(二) 饰面板安装工程

1. 饰面板安装方法

常用的石材饰面板安装方法有湿挂法和干挂法。

(1) 湿作业法(图2-50)。也称湿挂法,它是传统安装方法,施工简单,但速度慢,易产生空鼓脱落和泛碱现象,仅能用于高度较小、对效果要求不高的部位。该种方法由于弊病较多,已逐渐被干挂法取代。其施工工艺流程为:基体处理→固定钢筋网→预拼编号→固定绑丝→板块就位及临时固定→分层灌水泥砂浆→清理及嵌缝。

(2) 干挂法(图2-51)。它是将石材等饰面板通过连接件固定于结构表面。由于在板块与基体间形成空腔,故受结构变形影响较小,抗震能力强,并可避免泛碱现象;安装时无需间歇等待,施工速度快。现已成为石材饰面板安装的主要方法。

图 2-50 湿作业法安装固定示意

对表面较平整的钢筋混凝土墙体,可采用直接干挂法;对表面不平整的混凝土墙体、非钢筋混凝土墙体或利用饰面板造型的墙体等,则需采用骨架干挂法。

直接干挂法的施工工艺流程是:墙面修整、弹线、打孔→固定连接件→安装板块→调整、固定→嵌缝→清理。骨架干挂法同幕墙工程。

2. 安装要求

对内墙饰面板安装工程和高度不大于24m、抗震设防烈度不大于8度的外墙饰面板安装工程的要求如下。

图 2-51 石材饰面板干挂法安装构造示意图

(1) 饰面板的品种、规格、颜色和性能应符合设计要求及国家现行标准的有关规定,木龙骨、木饰面板和塑料饰面板的燃烧性能等级应符合设计要求。

(2) 饰面板孔、槽的数量、位置和尺寸应符合设计要求。

(3) 饰面板安装工程的龙骨及预埋件(或后置埋件)、连接件的数量、规格、位置、连接方法和防腐处理,以及后置埋件的现场拉拔力均必须符合设计要求。饰面板安装必须牢固。

(4) 饰面板表面应平整、洁净、色泽一致,无裂痕和缺损。石材表面应无泛碱等污染。

(5) 饰面板嵌缝应密实、平直,宽度和深度应符合设计要求,嵌填材料色泽应一致。

(6) 采用满粘法施工的工程,石板、瓷板与基层之间的粘结料应饱满、无空鼓,粘结应牢固。

(7) 采用湿作业法施工的饰面板工程,石材应进行防碱封闭处理。饰面板与基体之间的灌注材料应饱满、密实。

(8) 饰面板上的孔洞应套割吻合,边缘应整齐。

(9) 外墙金属板的防雷装置应与主体结构的装雷装置可靠接通。

(10) 饰面板安装的允许偏差和检验方法见表 2-56。

饰面板安装的允许偏差和检验方法　　　　　　表 2-56

项次	项 目	允许偏差(mm)							检验方法
		石 板			陶瓷板	木板	塑料板	金属板	
		光面	剁斧石	蘑菇石					
1	立面垂直度	2	3	3	2	2	2	2	用2m垂直检测尺检查
2	表面平整度	2	3	—	2	1	2	3	用2m靠尺和塞尺检查
3	阴阳角方正	2	4	4	2	2	2	3	用200mm直角检测尺检查

续表

项次	项目	允许偏差（mm）							检验方法
		石板			陶瓷板	木板	塑料板	金属板	
		光面	剁斧石	蘑菇石					
4	接缝直线度	2	4	4	2	2	2	2	拉 5m 线，不足 5m 拉通线，用钢直尺检查
5	墙裙、勒脚上口直线度	2	3	3	2	2	2	2	拉 5m 线，不足 5m 拉通线，用钢直尺检查
6	接缝高低差	1	3	—	1	1	1	1	用钢直尺和塞尺检查
7	接缝宽度	1	2	2	1	1	1	1	用钢直尺检查

例 2-58 关于饰面板安装工程的说法，正确的是（　　）。
A 对深色花岗石需做放射性复验
B 预埋件、连接件的规格、连接方式必须符合设计要求
C 饰面板的嵌缝材料需进行耐候性复验
D 饰面板与基体之间的灌注材料应有吸水率的复验报告

解析： 据《建筑装饰装修工程质量验收标准》GB 50210—2018 第 9.1.3 及 10.1.3 条规定的复验项目包括：水泥基粘结材料的粘结强度、外墙陶瓷板及外墙陶瓷面砖的吸水率、室内用花岗石的放射性等。A、C、D 选项所列材料性能指标均不在规定复验项目内。据第 9.2.3 及 9.3.3 条规定，饰面板安装工程的预埋件（或后置埋件）、连接件的材质、数量、规格、位置、连接方法和防腐处理，以及后置埋件的现场拉拔力均必须符合设计要求。故 B 选项较符合题意。

答案： B

（三）饰面砖粘贴工程

对内墙饰面砖粘贴工程和高度不大于 100m、抗震设防烈度不大于 8 度、采用满粘法施工的外墙饰面砖粘贴工程的要求如下：

（1）饰面砖的品种、规格、图案、颜色和性能应符合设计要求及国家现行标准的有关规定。

（2）饰面砖粘贴工程的找平、防水、粘结和填缝材料及施工方法应符合设计要求及国家现行标准的有关规定。

（3）饰面砖粘贴必须牢固。检验方法：内墙砖手拍检查，外墙砖检查样板件粘结强度检测报告和施工记录。

（4）满粘法施工的饰面砖应无裂缝，外墙面砖应无空鼓，内墙面砖大面及阳角应无空鼓。

（5）饰面砖表面应平整、洁净、色泽一致，无裂痕和缺损。阴阳角处搭接方式、非整砖使用部位应符合设计要求。墙面突出物周围的饰面砖应整砖套割吻合，边缘应整齐。墙裙、贴脸突出墙面的厚度应一致。

（6）饰面砖接缝应平直、光滑，填嵌应连续、密实；宽度和深度应符合设计要求。伸

缩缝设置及阴阳角构造符合设计要求。

（7）有排水要求的部位应做滴水线（槽）。滴水线（槽）应顺直，流水坡向应正确，坡度应符合设计要求。

（8）饰面砖粘贴的允许偏差和检验方法应符合表 2-57 的规定。

饰面砖粘贴的允许偏差和检验方法　　　　　　表 2-57

项次	项目	允许偏差（mm）		检验方法
		外墙面砖	内墙面砖	
1	立面垂直度	3	2	用2m垂直检测尺检查
2	表面平整度	4	3	用2m靠尺和塞尺检查
3	阴阳角方正	3	3	用200mm直角检测尺检查
4	接缝直线度	3	2	拉5m线，不足5m拉通线，用钢直尺检查
5	接缝高低差	1	1	用钢直尺和塞尺检查
6	接缝宽度	1	1	用钢直尺检查

八、幕墙工程

【**相关真题：2021-097，2019-095**】

建筑幕墙是指由金属构件与各种板材组成的悬挂在主体结构上的围护结构。建筑幕墙按其面板种类可分为玻璃幕墙、金属幕墙、石材幕墙、人造板材幕墙及组合幕墙等。按建筑幕墙的安装形式又可分为散装幕墙、半单元幕墙、单元幕墙和小单元幕墙等。幕墙一般均由骨架结构和幕墙构件两大部分组成。骨架通过连接件悬挂于主体结构上，而幕墙构件则安装在骨架上。一般构造见图 2-52。

图 2-52　常用幕墙组成示意图
1—幕墙构件；2—横梁；3—立柱；4—立柱活动接头；
5—主体结构；6—立柱悬挂点

金属幕墙、石材幕墙及人造板材（包括：瓷板、陶板、微晶玻璃板、木纤维板、纤维水泥板和石材蜂窝板等）幕墙一般均将骨架隐蔽起来，而玻璃幕墙按结构特点，可分为构件式（明框、隐框、半隐框）、单元式、点支承式和全玻璃幕墙等形式。

（一）一般规定

1. 幕墙工程验收时应检查的文件和记录

（1）幕墙工程的施工图、结构及热工计算书、设计说明及其他设计文件。

（2）建筑设计单位对幕墙工程设计的确认文件。

（3）幕墙工程所用各种材料、构件、组件、紧固件及其他附件的产品合格证书、性能检测报告、进场验收记录和复验报告。

（4）幕墙工程所用硅酮结构胶的抽查合格证明，国家批准的检测机构出具的硅酮结构胶相容性和剥离粘结性检验报告，石材用密封胶的耐污染性检验报告。

(5) 后置埋件和槽式预埋件的现场拉拔力检验报告。

(6) 封闭式幕墙的气密性能、水密性能、抗风压性能及层间变形性能检验报告。

(7) 注胶、养护环境的温度、湿度记录，双组份硅酮结构胶的混匀性试验记录及拉断试验记录。

(8) 幕墙与主体结构防雷接地点之间的电阻检测记录。

(9) 隐蔽工程验收记录。

(10) 幕墙构件、组件和面板的加工制作记录，幕墙安装施工记录。

(11) 杆索体系预应力张拉记录。

(12) 现场淋水检验记录。

2. 应进行复验的材料及其性能指标

(1) 铝塑复合板的剥离强度。

(2) 石材及各种人造板材的抗弯强度；寒冷地区石材、人造板材的抗冻性；室内用花岗石的放射性。

(3) 幕墙用结构胶的邵氏硬度、标准条件拉伸粘结强度、相容性试验、剥离粘结性试验；石材用密封胶的污染性。

(4) 中空玻璃的密封性能。

(5) 防火、保温材料的燃烧性能。

(6) 铝材、钢材主要受力杆件的抗拉强度。

3. 需进行隐蔽工程验收的项目

(1) 预埋件（或后置埋件）、锚栓及连接件。

(2) 构件的连接节点。

(3) 变形缝及墙面转角处节点；幕墙封口及与主体结构之间的封堵。

(4) 隐框玻璃板块的固定；

(5) 幕墙防雷连接节点，防火、隔烟节点。

4. 检验批划分和检验执行标准

(1) 幕墙工程各分项工程的检验批应按下列规定划分：

1) 相同设计、材料、工艺和施工条件的幕墙工程每 1000m^2 应划分为一个检验批，不足 1000m^2 也应划分为一个检验批；每个检验批每 100m^2 应至少检查一处，每处不得少于 10m^2；

2) 同一单位工程不连续的幕墙工程应单独划分检验批；

3) 对于异形或有特殊要求的幕墙，检验批的划分应根据幕墙的结构、工艺特点及幕墙工程规模，由监理单位（或建设单位）和施工单位协商确定。

(2) 检验执行标准

幕墙工程主控项目和一般项目的验收内容、检验方法、检查数量应符合现行行业标准《玻璃幕墙工程技术规范》JGJ 102、《金属与石材幕墙工程技术规范》JGJ 133 和《人造板材幕墙工程技术规范》JGJ 336 的规定。

5. 主要质量要求

(1) 幕墙及其连接件应具有足够的承载力、刚度和相对于主体结构的位移能力。幕墙构架立柱的连接金属角码与其他连接件采用螺栓连接时，应有防松动措施。

（2）隐框、半隐框幕墙所采用的结构粘结材料必须是中性硅酮结构密封胶，其性能必须符合《建筑用硅酮结构密封胶》GB 16776 的规定，且应在有效期内使用。

（3）硅酮结构密封胶应打注饱满，并应在温度 15～30℃、相对湿度 50% 以上、洁净的专用注胶室进行，且养护环境、温度、湿度条件应符合结构胶产品的使用规定。

（4）幕墙的防火除应符合设计要求和现行国家标准《建筑设计防火规范》GB 50016 的有关规定外，还应符合下列规定。

1) 应根据防火材料的耐火极限决定防火层的厚度和宽度，并应在楼板处形成防火带。

2) 防火层应采取隔离措施。防火层的衬板应采用经防腐处理且厚度不小于 1.5mm 的钢板，不得采用铝板。

3) 防火层的密封材料应采用防火密封胶。

4) 防火层与玻璃不应直接接触，一块玻璃不应跨两个防火分区。

（5）幕墙与主体结构连接的各种预埋件，其数量、规格、位置和防腐处理必须符合设计要求。

（6）不同金属材料接触时应采用绝缘垫片分隔。

（7）幕墙的变形缝等部位的处理应保证缝的使用功能和饰面的完整性。

（8）幕墙工程所使用的各种材料、构件和组件的质量，幕墙的造型和立面分格均应符合设计要求及国家现行产品标准和工程技术规范的规定。

（二）玻璃幕墙工程

1. 主要要求

对于建筑高度不大于 150m、抗震设防烈度不大于 8 度的隐框玻璃幕墙、半隐框玻璃幕墙、明框玻璃幕墙、全玻幕墙及点支承玻璃幕墙工程，主要要求如下。

（1）玻璃幕墙使用的玻璃应符合下列规定。

1) 应使用安全玻璃，玻璃的品种、规格、颜色、光学性能及安装方向应符合设计要求。

2) 玻璃的厚度不应小于 6.0mm；全玻幕墙玻璃肋的厚度不应小于 12mm。

3) 中空玻璃应采用双道密封。明框幕墙的中空玻璃应采用聚硫密封胶及丁基密封胶；隐框和半隐框幕墙的中空玻璃应采用硅酮结构密封胶及丁基密封胶；镀膜面应在中空玻璃的第 2 或第 3 面上。

4) 幕墙的夹层玻璃应采用聚乙烯醇缩丁醛（PVB）胶片干法加工合成的夹层玻璃。点支承玻璃幕墙夹层玻璃的夹层胶片（PVB）厚度不应小于 0.76mm。

5) 钢化玻璃表面不得有损伤；8.0mm 以下的钢化玻璃应进行引爆处理。

6) 所有幕墙玻璃均应进行边缘处理。

（2）玻璃幕墙与主体结构连接的各种预埋件、连接件、紧固件必须安装牢固，其数量、规格、位置、连接方法和防腐处理应符合设计要求。

（3）各种连接件、紧固件的螺栓应有防松动措施；焊接连接应符合设计要求和焊接规范的规定。

（4）隐框或半隐框玻璃幕墙，每块玻璃下端应设置两个铝合金或不锈钢托条，其长度不应小于 100mm，厚度不应小于 2mm，托条外端应低于玻璃外表面 2mm。

检验方法：观察；检查施工记录。

(5) 明框玻璃幕墙的玻璃安装应符合下列规定：

1) 玻璃槽口与玻璃的配合尺寸应符合设计要求和技术标准的规定；

2) 玻璃与构件不得直接接触，玻璃四周与构件凹槽底部应保持一定的空隙，每块玻璃下部应至少放置两块宽度与槽口宽度相同、长度不小于100mm的弹性定位垫块；玻璃两边嵌入量及空隙应符合设计要求；

3) 玻璃四周橡胶条的材质、型号应符合设计要求，镶嵌应平整，橡胶条长度应比边框内槽长1.5%～2.0%，橡胶条在转角处应斜面断开，并应用粘结剂粘结牢固后嵌入槽内。

(6) 高度超过4m的全玻幕墙应吊挂在主体结构上，吊夹具应符合设计要求，玻璃与玻璃、玻璃与玻璃肋之间的缝隙，应采用硅酮结构密封胶填嵌严密。

(7) 点支承玻璃幕墙应采用带万向头的活动不锈钢爪，其钢爪间的中心距离应大于250mm。

(8) 玻璃幕墙四周、玻璃幕墙内表面与主体结构之间的连接节点、各种变形缝、墙角的连接节点应符合设计要求和技术标准的规定。

(9) 玻璃幕墙应无渗漏。应在易渗漏部位进行淋水检查。

(10) 玻璃幕墙结构胶和密封胶的打注应饱满、密实、连续、均匀、无气泡，宽度和厚度应符合设计要求和技术标准的规定。

(11) 玻璃幕墙开启窗的配件应齐全，安装应牢固，安装位置和开启方向、角度应正确；开启应灵活，关闭应严密。

(12) 玻璃幕墙的防雷装置必须与主体结构的防雷装置可靠连接。

(13) 玻璃幕墙表面应平整、洁净；整幅玻璃的色泽应均匀一致；不得有污染和镀膜损坏。

(14) 明框玻璃幕墙的外露框或压条应横平竖直，颜色、规格应符合设计要求，压条安装应牢固。单元玻璃幕墙的单元拼缝或隐框玻璃幕墙的分格玻璃拼缝应横平竖直、均匀一致。

(15) 玻璃幕墙的密封胶缝应横平竖直、深浅一致、宽窄均匀、光滑顺直。

(16) 防火、保温材料填充应饱满、均匀，表面应密实、平整。

(17) 玻璃幕墙隐蔽节点的遮封装修应牢固、整齐、美观。

(18) 隐框、半隐框玻璃幕墙安装的允许偏差和检验方法应符合表2-58的规定。

隐框、半隐框玻璃幕墙安装的允许偏差和检验方法　　　　表2-58

项次	项　目		允许偏差（mm）	检　验　方　法
1	幕墙垂直度	幕墙高度≤30m	10	用经纬仪检查
		30m＜幕墙高度≤60m	15	
		60m＜幕墙高度≤90m	20	
		幕墙高度＞90m	25	
2	幕墙水平度	层高≤3m	3	用水平仪检查
		层高＞3m	5	

续表

项次	项 目	允许偏差（mm）	检 验 方 法
3	幕墙表面平整度	2	用2m靠尺和塞尺检查
4	板材立面垂直度	3	用垂直检测尺检查
5	板材上沿水平度	2	用1m水平尺和钢直尺检查
6	相邻板材板角错位	1	用钢直尺检查
7	阳角方正	2	用直角检测尺检查
8	接缝直线度	3	拉5m线，不足5m拉通线，用钢直尺检查
9	接缝高低差	1	用钢直尺和塞尺检查
10	接缝宽度	1	用钢直尺检查

2. 玻璃幕墙工程主控项目和一般项目

主控项目是指对安全、节能、环保和主要功能起决定性作用的项目，一般项目是指主控项目以外的项目。

（1）主控项目

1）玻璃幕墙工程所用材料、构件和组件质量；
2）玻璃幕墙的造型和立面分格；
3）玻璃幕墙主体结构上的埋件；
4）玻璃幕墙连接安装质量；
5）隐框或半隐框玻璃幕墙玻璃托条；
6）明框玻璃幕墙的玻璃安装质量；
7）吊挂在主体结构上的全玻璃幕墙吊夹具和玻璃接缝密封；
8）玻璃幕墙节点、各种变形缝、墙角的连接点；
9）玻璃幕墙的防火、保温、防潮材料的设置；
10）玻璃幕墙防水效果；
11）金属框架和连接件的防腐处理；
12）玻璃幕墙开启窗的配件安装质量；
13）玻璃幕墙防雷。

（2）一般项目

1）玻璃幕墙表面质量；
2）玻璃和铝合金型材的表面质量；
3）明框玻璃幕墙的外露框或压条；
4）玻璃幕墙拼缝；
5）玻璃幕墙板缝注胶；
6）玻璃幕墙隐蔽节点的遮封；
7）玻璃幕墙安装偏差。

例 2-59 （2021）关于玻璃幕墙，下列说法错误的是（　　）。
A　玻璃的厚度不应小于 6.0mm　　　　B　硅酮结构密封胶在现场进行浇注
C　中空玻璃应采用双道密封　　　　　D　钢化玻璃表面不得有损伤

解析:《建筑装饰装修工程质量验收标准》GB 50210—2018 第 11.1.10 条规定,硅酮结构密封胶的注胶应在洁净的专用注胶室进行,且养护环境、温度、湿度条件应符合结构胶产品的使用规定。可见,B 选项说法错误。

答案:B

(三) 金属幕墙工程

1. 主要要求

对于建筑高度不大于 150m 的金属幕墙工程的主要要求如下:

(1) 幕墙的防火、保温、防潮材料的设置应符合设计要求,并应密实、均匀、厚度一致。

(2) 板缝注胶应饱满、密实、连续、均匀、无气泡,宽度和厚度应符合设计要求和技术标准的规定。

(3) 金属幕墙上的滴水线、流水坡向应正确、顺直。

2. 金属幕墙工程主控项目和一般项目

(1) 主控项目

1) 金属幕墙工程所用材料和配件质量;

2) 金属幕墙的造型、立面分格、颜色、光泽、花纹和图案;

3) 金属幕墙主体结构上的埋件;

4) 金属幕墙连接安装质量;

5) 金属幕墙的防火、保温、防潮材料的设置;

6) 金属框架和连接件的防腐处理;

7) 金属幕墙防雷;

8) 变形缝、墙角的连接节点;

9) 金属幕墙防水效果。

(2) 一般项目

1) 金属幕墙表面质量;

2) 金属幕墙的压条安装质量;

3) 金属幕墙板缝注胶;

4) 金属幕墙流水坡向和滴水线;

5) 金属板表面质量;

6) 金属幕墙安装偏差。

(四) 石材幕墙工程

1. 主要要求

对于建筑高度不大于 100m、抗震设防烈度不大于 8 度的石材幕墙工程,其主要要求如下。

(1) 石材的抗弯强度不应小于 8.0MPa;吸水率应小于 0.8%。石材幕墙的铝合金挂件厚度不应小于 4.0mm,不锈钢挂件厚度不应小于 3.0mm。

(2) 石材孔、槽的数量、深度、位置、尺寸应符合设计要求。

(3) 石材幕墙表面应平整、洁净，无污染、缺损和裂痕。颜色和花纹应协调一致，无明显色差，无明显修痕。

(4) 石材接缝应横平竖直、宽窄均匀；阴阳角石板压向应正确，板边合缝应顺直；凸凹线出墙厚度应一致，上下口应平直；石材面板上洞口、槽边应套割吻合，边缘应整齐。

2. 石材幕墙工程主控项目和一般项目

(1) 主控项目

1) 石材幕墙工程所用材料质量；
2) 石材幕墙的造型、立面分格、颜色、光泽、花纹和图案；
3) 石材孔、槽加工质量；
4) 石材幕墙主体结构上的埋件；
5) 石材幕墙连接安装质量；
6) 金属框架和连接件的防腐处理；
7) 石材幕墙的防雷；
8) 石材幕墙的防火、保温、防潮材料的设置；
9) 变形缝、墙角的连接节点；
10) 石材表面和板缝的处理；
11) 有防水要求的石材幕墙防水效果。

(2) 一般项目

1) 石材幕墙表面质量；
2) 石材幕墙的压条安装质量；
3) 石材接缝、阴阳角、凸凹线、洞口、槽；
4) 石材幕墙板缝注胶；
5) 石材幕墙流水坡向和滴水线；
6) 石材表面质量；
7) 石材幕墙安装偏差。

(五) 人造板材幕墙工程

1. 主要要求

对于高度不大于100m、抗震设防烈度不大于8度的民用建筑用瓷板、陶板、微晶玻璃板、石材蜂窝复合板、高压热固化木纤维板和纤维水泥板等外墙用人造板材幕墙工程，主要要求如下。

(1) 幕墙支承构件和连接件材料的燃烧性能应为A级；面板材料的燃烧性能，当建筑高度大于50m时应为A级，当建筑高度不大于50m时不应低于B1级；幕墙用保温材料的燃烧性能等级应为A级。

(2) 幕墙所用金属材料和金属配件除不锈钢和耐候钢外，均应根据使用需要，采取有效的表面防腐蚀处理措施。

(3) 瓷板、微晶玻璃板和纤维水泥板幕墙单块面板的面积不宜大于$1.5m^2$。

(4) 人造板材幕墙应按附属于主体结构的外围护结构设计，设计使用年限不应少于25年。

(5) 面板挂件与支承构件之间应采用不锈钢螺栓或不锈钢自钻自攻螺钉连接。螺栓的螺纹规格不应小于 M6，自钻自攻螺钉的螺纹规格不应小于 ST5.5，并采取防松脱和滑移措施。

(6) 人造板材幕墙工程的造型、立面风格、颜色、光泽、花纹和图案应符合设计要求。

(7) 主体结构的预埋件和后置埋件的位置、数量、规格尺寸及后置埋件、槽式预埋件的拉拔力应符合设计要求。

(8) 幕墙面板连接用背栓、预置螺母、抽芯铆钉、连接螺钉的位置、数量、规格尺寸以及拉拔力应符合设计要求。

(9) 幕墙的防火、保温、防潮材料的设置应符合设计要求，填充应密实、均匀、厚度一致。

(10) 幕墙表面应平整、洁净、无污染，颜色基本一致。不得有缺角、裂纹、裂缝、斑痕等不允许的缺陷。瓷板、陶板的施釉表面不得有裂纹和龟裂。

(11) 板缝应平直、均匀。注胶封闭式板缝注胶应饱满、密实、连续、均匀、无气泡，深浅基本一致、缝宽基本均匀、光滑顺直，胶缝的宽度和厚度应符合设计要求；胶条封闭式板缝的胶条应连续、均匀、安装牢固、无脱落，板缝宽度应符合设计要求。

2. 人造板材幕墙工程的主控项目和一般项目

(1) 主控项目
1) 人造板材幕墙工程所用材料、构件和组件质量；
2) 人造板材幕墙的造型、立面分格、颜色、光泽、花纹和图案；
3) 人造板材幕墙主体结构上的埋件；
4) 人造板材幕墙连接安装质量；
5) 金属框架和连接件的防腐处理；
6) 人造板材幕墙防雷；
7) 人造板材幕墙的防火、保温、防潮材料的设置；
8) 变形缝、墙角的连接节点；
9) 有防水要求的人造板材幕墙防水效果。

(2) 一般项目
1) 人造板材幕墙表面质量；
2) 板缝；
3) 人造板材幕墙流水坡向和滴水线；
4) 人造板材表面质量；
5) 人造板材幕墙安装偏差。

例 2-60 关于石材幕墙要求的说法，正确的是（　　）。
A　石材幕墙与玻璃幕墙、金属幕墙安装的垂直度允许偏差值不相等
B　应进行石材用密封胶的耐污染性指标复验
C　应进行石材的抗压强度复验
D　所有挂件采用不锈钢材料或镀锌铁件

> 解析：各种幕墙垂直度允许偏差都相同。石材幕墙应进行抗弯强度复验而不是抗压强度复验。挂件应为不锈钢或铝合金材料。石材用密封胶要做耐污染性指标复验，即B选项的说法正确。
> 答案：B

九、涂饰工程

涂饰是将涂料涂敷于基体表面，且与基体有很好地粘结，干燥后形成完整的装饰、保护膜层。涂料涂饰具有施工简便、装饰效果较好、较为耐用且便于更新等优点。

按涂料种类与涂饰功能，建筑涂饰工程包括水性涂料涂饰、溶剂型涂料涂饰、美术涂饰等分项工程。

（一）一般规定

（1）涂饰工程的基层处理应符合下列要求。

1）新建筑物的混凝土或抹灰基层在用腻子找平或直接涂饰涂料前应涂刷抗碱封闭底漆。

2）既有建筑墙面在用腻子找平或直接涂饰涂料前应清除疏松的旧装修层，并涂刷界面剂。

3）在混凝土或抹灰基层在用溶剂型腻子找平或直接涂刷溶剂型涂料时，含水率不得大于8%；在用乳液型腻子找平或直接涂刷乳液型涂料时，含水率不得大于10%。木材基层的含水率不得大于12%。

4）基层腻子应平整、坚实、牢固，无粉化、起皮和裂缝；内墙找平层的粘结强度应符合《建筑室内用腻子》JG/T 298的规定。

5）厨房、卫生间墙面的找平层必须使用耐水腻子。

（2）水性涂料涂饰工程施工的环境温度应在5~35℃。

（3）涂饰工程施工时，应对与涂层衔接的其他装修材料、邻近的设备等采取有效的保护措施，以避免由涂料造成的沾污。

（4）涂饰工程应在涂层养护期满后进行质量验收。

（5）涂层与其他装修材料和设备衔接处应吻合，界面应清晰。

（6）涂饰工程验收时应检查下列文件和记录：

1）涂饰工程的施工图、设计说明及其他设计文件；

2）材料的产品合格证书、性能检验报告、有害物质限量检验报告和进场验收记录；

3）施工记录。

（7）各分项工程的检验批应按下列规定划分：

1）室外涂饰工程每一栋楼的同类涂料涂饰的墙面每1000㎡应划分为一个检验批，不足1000㎡也应划分为一个检验批；

2）室内涂饰工程同类涂料涂饰墙面每50间应划分为一个检验批，不足50间也应划分为一个检验批，大面积房间和走廊可按涂饰面积每30㎡计为1间。

（8）检查数量应符合下列规定：

1）室外涂饰工程每100㎡应至少检查一处，每处不得小于10㎡；

2）室内涂饰工程每个检验批应至少抽查10%，并不得少于3间，不足3间时应全数检查。

(二) 材料、做法与要求

1. 水性涂料涂饰工程

包括采用乳液型涂料、无机涂料、水溶性涂料等的涂饰工程。按做法分为薄涂料、厚涂料和复层涂料。

要求为：涂饰的颜色、光泽、图案应符合设计要求；应涂饰均匀、粘结牢固，不得漏涂、透底、开裂、起皮和掉粉。

薄涂料、厚涂料的涂饰质量均分为普通级和高级，共同要求是颜色均匀一致，区别于有无泛碱、咬色及光泽均匀程度。质量和检验方法见表2-59～表2-61。

薄涂料的涂饰质量和检验方法 表2-59

项次	项目	普通涂饰	高级涂饰	检验方法
1	颜色	均匀一致	均匀一致	观察
2	光泽、光滑	光泽基本均匀，光滑无挡手感	光泽均匀一致、光滑	
3	泛碱、咬色	允许少量轻微	不允许	
4	流坠、疙瘩	允许少量轻微	不允许	
5	砂眼、刷纹	允许少量轻微砂眼、刷纹通顺	无砂眼、无刷纹	

厚涂料的涂饰质量和检验方法 表2-60

项次	项目	普通涂饰	高级涂饰	检验方法
1	颜色	均匀一致	均匀一致	观察
2	光泽	光泽基本均匀	光泽均匀一致	
3	泛碱、咬色	允许少量轻微	不允许	
4	点状分布	—	疏密均匀	

复层涂料的涂饰质量和检验方法 表2-61

项次	项目	质量要求	检验方法
1	颜色	均匀一致	观察
2	光泽	光泽基本均匀	
3	泛碱、咬色	不允许	
4	喷点疏密程度	均匀，不允许连片	

墙面水性涂料涂饰工程的允许偏差和检验方法应符合表2-62的规定。

墙面水性涂料涂饰工程的允许偏差和检验方法 表2-62

| 项次 | 项目 | 允许偏差（mm） | | | | | 检验方法 |
| | | 薄涂料 | | 厚涂料 | | 复层涂料 | |
		普通涂饰	高级涂饰	普通涂饰	高级涂饰		
1	立面垂直度	3	2	4	3	5	用2m垂直检测尺检查
2	表面平整度	3	2	4	3	5	用2m靠尺和塞尺检查
3	阴阳角方正	3	2	4	3	4	用200mm直角检测尺检查

续表

项次	项目	允许偏差（mm）					检验方法
		薄涂料		厚涂料		复层涂料	
		普通涂饰	高级涂饰	普通涂饰	高级涂饰		
4	装饰线、分色线直线度	2	1	2	1	3	拉5m线，不足5m拉通线，用钢直尺检查
5	墙裙、勒脚上口直线度	2	1	2	1	3	拉5m线，不足5m拉通线，用钢直尺检查

2. 溶剂型涂料涂饰工程

包括采用丙烯酸酯涂料、聚氨酯丙烯酸涂料、有机硅丙烯酸涂料、交联型氟树脂涂料等的涂饰工程。分色漆、清漆。

要求为：涂饰的颜色、光泽、图案应符合设计要求。应涂饰均匀、粘结牢固，不得漏涂、透底、起皮和反锈。

色漆、清漆的涂饰质量也分为普通级和高级。色漆的共同要求是颜色均匀一致，区别是光泽、光滑程度等；清漆的共同要求是木纹清楚，区别是颜色、均匀程度及光泽、光滑程度等。

质量和检验方法应符合表2-63、表2-64的规定，允许偏差见表2-65。

色漆的涂饰质量和检验方法　　　　表2-63

项次	项目	普通涂饰	高级涂饰	检验方法
1	颜色	均匀一致	均匀一致	观察
2	光泽、光滑	光泽基本均匀，光滑无挡手感	光泽均匀一致，光滑	观察、手摸检查
3	刷纹	刷纹通顺	无刷纹	观察
4	裹棱、流坠、皱皮	明显处不允许	不允许	观察

清漆的涂饰质量和检验方法　　　　表2-64

项次	项目	普通涂饰	高级涂饰	检验方法
1	颜色	基本一致	均匀一致	观察
2	木纹	棕眼刮平，木纹清楚	棕眼刮平，木纹清楚	观察
3	光泽、光滑	光泽基本均匀，光滑无挡手感	光泽均匀一致，光滑	观察、手摸检查
4	刷纹	无刷纹	无刷纹	观察
5	裹棱、流坠、皱皮	明显处不允许	不允许	观察

墙面溶剂型涂料涂饰工程的允许偏差和检验方法 表 2-65

项次	项目	允许偏差（mm）				检验方法
		色漆		清漆		
		普通涂饰	高级涂饰	普通涂饰	高级涂饰	
1	立面垂直度	4	3	3	2	用2m垂直检测尺检查
2	表面平整度	4	3	3	2	用2m靠尺和塞尺检查
3	阴阳角方正	4	3	3	2	用200mm直角检测尺检查
4	装饰线、分色线直线度	2	1	2	1	拉5m线，不足5m拉通线，用钢直尺检查
5	墙裙、勒脚上口直线度	2	1	2	1	拉5m线，不足5m拉通线，用钢直尺检查

3. 美术涂饰工程

包括采用套色涂饰、滚花涂饰、仿花纹涂饰等的室内外美术涂饰工程。

要求为：涂饰应均匀、粘结牢固，不得漏涂、透底、开裂、起皮、掉粉和反锈，表面应洁净，不得有流坠现象。仿花纹涂饰的饰面应具有被模仿材料的纹理。套色涂饰的图案不得移位，纹理和轮廓应清晰。允许偏差见表2-66。

墙面美术涂饰工程的允许偏差和检验方法 表 2-66

项次	项目	允许偏差（mm）	检验方法
1	立面垂直度	4	用2m垂直检测尺检查
2	表面平整度	4	用2m靠尺和塞尺检查
3	阴阳角方正	4	用200mm直角检测尺检查
4	装饰线、分色线直线度	2	拉5m线，不足5m拉通线，用钢直尺检查
5	墙裙、勒脚上口直线度	2	拉5m线，不足5m拉通线，用钢直尺检查

例 2-61　（2012）关于涂饰工程，正确的是(　　)。
A　水性涂料涂饰工程施工的环境温度应在0～35℃
B　涂饰工程应在涂层完毕后及时进行质量验收
C　厨房、卫生间墙面必须使用耐水腻子
D　涂刷乳液型涂料时，基层含水率应大于12%

解析：据《建筑装饰装修工程质量验收标准》GB 50210—2018 第12.1.6条规定，水性涂料涂饰工程施工的环境温度应为5～35℃。第12.1.8条规定，涂饰工程应在涂层养护期满后进行质量验收。第12.1.5条第5款规定，厨房、卫生间墙面的找平层应使用耐水腻子。第12.1.5条第3款规定，混凝土或抹灰基层涂刷溶剂型涂料时，含水率不得大于8%；涂刷乳液型涂料时，含水率不得大于10%；木材基层的含水率不得大于12%。故只有C选项说法正确。

答案：C

十、裱糊与软包工程

【相关真题：2019-096】

(一) 一般规定

(1) 裱糊与软包工程验收时应检查下列资料：
1) 裱糊与软包工程的施工图、设计说明及其他设计文件；
2) 饰面材料的样板及确认文件；
3) 材料的产品合格证书、性能检验报告、进场验收记录和复验报告；
4) 饰面材料及封闭底漆、胶粘剂、涂料的有害物质限量检验报告；
5) 隐蔽工程验收记录；
6) 施工记录。

(2) 软包工程应对木材的含水率及人造木板的甲醛释放量进行复验。

(3) 裱糊工程应对基层封闭底漆、腻子、封闭底胶及软包内衬材料进行隐蔽工程验收。

(4) 裱糊前，基层处理要求如下：
1) 新建筑物的混凝土或抹灰基层墙面在刮腻子前应涂刷抗碱封闭底漆；
2) 粉化的旧墙面应先除去粉化层，并在刮腻子前涂刷一层界面处理剂；
3) 混凝土或抹灰基层含水率不得大于8%；木材基层的含水率不得大于12%；
4) 石膏板基层，接缝及裂缝处应贴加强网布后再刮腻子；
5) 基层腻子应平整、坚实、牢固，无粉化、起皮空鼓、疏松裂缝和泛碱；腻子的粘结强度不得小于0.3MPa；
6) 基层表面平整度、立面垂直度及阴阳角方正应达到高级抹灰的要求；
7) 基层表面颜色应一致；
8) 裱糊前应用封闭底胶涂刷基层。

(5) 同一品种的裱糊或软包工程每50间应划分为一个检验批，不足50间也应划分为一个检验批，大面积房间和走廊可按裱糊或软包面积每30m²计为1间。

(6) 检查数量应符合下列规定：
1) 裱糊工程每个检验批应至少抽查5间，不足5间时应全数检查；
2) 软包工程每个检验批应至少抽查10间，不足10间时应全数检查。

(二) 裱糊工程工艺与要求

裱糊工程是指采用粘贴的方法，把可折卷的软质面材固定在墙、柱、顶棚上的施工。包括聚氯乙烯塑料壁纸、纸质壁纸、墙布等的裱糊。

1. 工艺顺序

基层处理→刮腻子→刷封底涂料→润纸刷胶→裱糊→清理修整。

2. 质量要求

(1) 壁纸、墙布的种类、规格、图案、颜色和燃烧性能等级必须符合设计要求及国家现行标准的有关规定。

(2) 各幅拼接应横平竖直，拼接处花纹、图案应吻合，不离缝，不搭接；距离墙面1.5m处正视不显拼缝。

(3) 壁纸、墙布应粘贴牢固，不得有漏贴、补贴、脱层、空鼓和翘边。

(4) 裱糊后的壁纸、墙布表面应平整、色泽应一致，不得有波纹起伏、气泡、裂缝、皱折及斑污，斜视时应无胶痕。

(5) 复合压花壁纸的压痕及发泡壁纸的发泡层应无损坏。壁纸、墙布与各种装饰线、设备线盒应交接严密。

(6) 壁纸、墙布与装饰板、踢脚板、门窗框的交接处应吻合、严密、顺直，与墙面上的电气槽、盒的交接处套割应吻合，不得有缝隙。

(7) 壁纸、墙布阴角处应顺光搭接，阳角处应无接缝。边缘应平直整齐，不得有纸毛、飞刺。

(8) 裱糊工程的允许偏差和检验方法应符合表 2-67 的规定。

裱糊工程的允许偏差和检验方法　　　　表 2-67

项次	项目	允许偏差（mm）	检验方法
1	表面平整度	3	用 2m 靠尺和塞尺检查
2	立面垂直度	3	用 2m 垂直检测尺检查
3	阴阳角方正	3	用 200mm 直角检测尺检查

（三）软包工程工艺与要求

软包装饰是室内装饰中的高档做法，常用于墙面、门等部位。常用材料包括织物、皮革、人造革等。

1. 施工工艺顺序

制作木基层→划线→粘贴衬材→包面层材料→安装边框压条→整理。

2. 质量要求

(1) 软包工程的安装位置及构造做法应符合设计要求。

(2) 软包边框所选木材的材质、颜色、花纹、燃烧性能等级和木材的含水率应符合设计要求及国家现行标准的有关规定。

(3) 软包衬板的材质、品种、规格、含水率应符合设计要求。面料及内衬材料的品种、规格、颜色、图案及燃烧性能等级应符合国家现行标准的有关规定。

(4) 软包工程的龙骨、边框应安装牢固。衬板与基层应连接牢固，无翘曲、变形，拼缝应平直。

(5) 单块软包面料不应有接缝，四周应绷压严密。

(6) 软包工程表面应平整、洁净、无污染，无凹凸不平及皱折；图案应清晰、无色差；整体应协调美观。

(7) 软包边框表面应平整、顺直、光滑、无色差、无钉眼；对缝、拼角应对称，接缝吻合。清漆涂饰木制边框的颜色、木纹应协调一致。

(8) 软包内衬应饱满，边缘应平齐。

(9) 软包墙面与装饰线、踢脚板、门窗框的交接处应吻合、严密、顺直。交接（留缝）方式应符合设计要求。

(10) 软包工程安装的允许偏差和检验方法应符合表 2-68 的规定。

软包工程安装的允许偏差和检验方法　　　　表 2-68

项次	项目	允许偏差（mm）	检验方法
1	单块软包边框水平度	3	用 1m 水平尺和塞尺检查
2	单块软包边框垂直度	3	用 1m 垂直检测尺检查
3	单块软包对角线长度差	3	从框的裁口里角用钢尺检查
4	单块软包宽度、高度	0，−2	从框的裁口里角用钢尺检查
5	分格条（缝）直线度	3	拉 5m 线，不足 5m 拉通线，用钢直尺检查
6	裁口线条结合处高度差	1	用直尺和塞尺检查

例 2-62　下列关于裱糊工程施工的说法，错误的是（　　）。
A　壁纸的对接缝允许在墙的阴角处
B　基层应保持干燥
C　旧墙面在裱糊前应清除酥松的旧装饰层，并涂刷界面剂
D　新建建筑物混凝土基层应涂刷抗碱封闭底漆
解析：据《建筑装饰装修工程质量验收标准》GB 50210—2018 第 13.2.9 条规定，壁纸、墙布阴角处应顺光搭接，阳角处应无接缝。即阴角处只能搭接而不能对接。故 A 选项说法错误。
答案：A

十一、细部工程

细部工程包括：橱柜制作与安装，窗帘盒、窗台板制作与安装，门窗套制作与安装，护栏和扶手制作与安装，花饰制作与安装。

（一）一般要求

（1）应对花岗石的放射性和人造木板的甲醛释放量进行复验。

（2）应进行隐蔽工程验收的部位：预埋件（或后置埋件）、护栏与预埋件的连接节点。

（3）各分项工程的检验批应按下列规定划分：

1）同类制品每 50 间（处）应划分为一个检验批，不足 50 间（处）也应划分为一个检验批；

2）每部楼梯应划分为一个检验批。

（4）橱柜、窗帘盒、窗台板、门窗套和室内花饰每个检验批应至少抽查 3 间（处），不足 3 间（处）时应全数检查；护栏、扶手和室外花饰每个检验批应全数检查。

（二）橱柜制作与安装工程

（1）橱柜制作与安装所用材料的材质、规格、性能、有害物质限量及木材的燃烧性能等级和含水率，应符合设计要求及国家现行标准的有关规定。

（2）橱柜安装预埋件或后置埋件的数量、规格、位置应符合设计要求。

（3）橱柜的造型、尺寸、安装位置、制作和固定方法应符合设计要求，橱柜安装应牢固。

（4）橱柜配件的品种、规格应符合设计要求。配件应齐全，安装应牢固。

(5) 橱柜的抽屉和柜门应开关灵活、回位正确。

(6) 橱柜表面应平整、洁净、色泽一致，不得有裂缝、翘曲及损坏。

(7) 橱柜裁口应顺直、拼缝应严密。

(8) 橱柜安装的允许偏差和检验方法应符合表 2-69 的规定。

橱柜安装的允许偏差和检验方法　　　　　　　　　　表 2-69

项次	项目	允许偏差（mm）	检验方法
1	外形尺寸	3	用钢尺检查
2	立面垂直度	2	用1m垂直检测尺检查
3	门与框架的平行度	2	用钢尺检查

（三）窗台和窗台板制作与安装工程

(1) 窗帘盒和窗台板制作与安装所使用材料的材质、规格、性能、有害物质限量及木材的燃烧性能等级和含水率应符合设计要求及国家现行标准的有关规定。

(2) 窗帘盒和窗台板的造型、规格、尺寸、安装位置和固定方法应符合设计要求。窗帘盒和窗台板的安装应牢固。检验方法：观察，尺量检查，手扳检查（检查牢固状况）。

(3) 窗帘盒配件的品种、规格应符合设计要求，安装应牢固。

(4) 窗帘盒和窗台板表面应平整、洁净、线条顺直、接缝严密、色泽一致，不得有裂缝、翘曲及损坏。

(5) 窗帘盒和窗台板与墙、窗框的衔接应严密，密封胶缝应顺直、光滑。

(6) 窗帘盒和窗台板安装的允许偏差和检验方法应符合表 2-70 的规定。

窗帘盒和窗台板安装的允许偏差和检验方法　　　　　　　表 2-70

项次	项目	允许偏差（mm）	检验方法
1	水平度	2	用1m水平尺和塞尺检查
2	上口、下口直线度	3	拉5m线，不足5m拉通线，用钢直尺检查
3	两端距窗洞口长度差	2	用钢直尺检查
4	两端出墙厚度差	3	用钢直尺检查

（四）门窗套制作与安装工程

(1) 门窗套制作与安装所使用材料的材质、规格、花纹、颜色、性能、有害物质限量及木材的燃烧性能等级和含水率应符合设计要求及国家现行标准的有关规定。

(2) 门窗套的造型、尺寸和固定方法应符合设计要求，安装应牢固。

(3) 门窗套表面应平整、洁净、线条顺直、接缝严密、色泽一致，不得有裂缝、翘曲及损坏。

(4) 门窗套安装的允许偏差和检验方法应符合表 2-71 的规定。

门窗套安装的允许偏差和检验方法　　　　　　　　　表 2-71

项次	项目	允许偏差（mm）	检验方法
1	正、侧面垂直度	3	用1m垂直检测尺检查
2	门窗套上口水平度	1	用1m水平检测尺和塞尺检查
3	门窗套上口直线度	3	拉5m线，不足5m拉通线，用钢直尺检查

(五) 护栏和扶手制作与安装工程

(1) 护栏和扶手制作与安装所使用材料的材质、规格、数量和木材、塑料的燃烧性能等级应符合设计要求。

(2) 护栏和扶手的造型、尺寸及安装位置应符合设计要求。

(3) 护栏和扶手安装预埋件的数量、规格、位置以及护栏与预埋件的连接节点应符合设计要求。

(4) 护栏高度、栏杆间距、安装位置应符合设计要求,护栏安装应牢固。

(5) 栏板玻璃的使用应符合设计要求和现行行业标准《建筑玻璃应用技术规程》JGJ 113 的规定。

(6) 护栏和扶手转角弧度应符合设计要求,接缝应严密,表面应光滑,色泽应一致,不得有裂缝、翘曲及损坏。

(7) 护栏和扶手安装的允许偏差和检验方法应符合表 2-72 的规定。

护栏和扶手安装的允许偏差和检验方法 表 2-72

项次	项目	允许偏差(mm)	检验方法
1	护栏垂直度	3	用 1m 垂直检测尺检查
2	栏杆间距	0, -6	用钢尺检查
3	扶手直线度	4	拉通线,用钢直尺检查
4	扶手高度	+6, 0	用钢尺检查

(六) 花饰制作与安装工程

(1) 花饰制作与安装所使用材料的材质、规格、性能、有害物质限量及木材的燃烧性能等级和含水率应符合设计要求及国家现行标准的有关规定。

(2) 花饰的造型、尺寸应符合设计要求。

(3) 花饰的安装位置和固定方法应符合设计要求,安装应牢固。

(4) 花饰表面应洁净,接缝应严密吻合,不得有歪斜、裂缝、翘曲及损坏。

(5) 花饰安装的允许偏差和检验方法应符合表 2-73 的规定。

花饰安装的允许偏差和检验方法 表 2-73

项次	项目		允许偏差(mm)		检验方法
			室内	室外	
1	条形花饰的水平度或垂直度	每米	1	3	拉线和用 1m 垂直检测尺检查
		全长	3	6	
2	单独花饰中心位置偏移		10	15	拉线和用钢直尺检查

第六节 建筑地面工程

建筑地面是建筑物底层地面和楼(层地)面的总称。建筑地面主要由两大部分组成,即基层和面层。常用地面构造见图2-53。

基层是指面层以下的构造层，包括填充层、隔离层、绝热层、找平层、垫层和基土等。基土是指房心夯实的回填土。垫层根据所用材料不同，可分为刚性垫层和非刚性垫层两类。刚性垫层一般为现浇混凝土；非刚性垫层一般由松散材料夯实而成，如砂、炉渣、矿渣、碎石、灰土等。有特殊要求的基层应采用相应的材料，如有防水要求的隔离层常使用防水涂料、防水卷材等材料。

图2-53 常用地面构造做法

面层是指直接承受各种物理和化学作用的建筑地面的表面层。对面层要求坚固、耐磨、平整、洁净、美观、易清扫、防滑、适当弹性和较小的导热性。面层按使用材料的不同可分为：水泥砂浆地面、水磨石地面、马赛克地面、地砖地面、大理石地面、花岗石地面、木地板地面等；按构成方式和施工工艺的不同分为：整体面层，板块面层和木、竹面层。

建筑地面工程的子分部工程及分项工程划分见表2-74。

建筑地面工程子分部工程、分项工程的划分表　　　　表2-74

分部工程	子分部工程		分项工程
建筑装饰装修工程	地面	整体面层	基层：基土、灰土垫层、砂垫层和砂石垫层、碎石垫层和碎砖垫层、三合土及四合土垫层、炉渣垫层、水泥混凝土垫层和陶粒混凝土垫层、找平层、隔离层、填充层、绝热层
			面层：水泥混凝土面层、水泥砂浆面层、水磨石面层、硬化耐磨面层、防油渗面层、不发火（防爆）面层、自流平面层、涂料面层、塑胶面层、地面辐射供暖的整体面层
		板块面层	基层：基土、灰土垫层、砂垫层和砂石垫层、碎石垫层和碎砖垫层、三合土及四合土垫层、炉渣垫层、水泥混凝土垫层和陶粒混凝土垫层、找平层、隔离层、填充层、绝热层
			面层：砖面层（陶瓷锦砖、缸砖、陶瓷地砖和水泥花砖面层）、大理石面层和花岗石面层、预制板块面层（水泥混凝土板块、水磨石板块、人造石板块面层）、料石面层（条石、块石面层）、塑料板面层、活动地板面层、金属板面层、地毯面层、地面辐射供暖的板块面层
		木、竹面层	基层：基土、灰土垫层、砂垫层和砂石垫层、碎石垫层和碎砖垫层、三合土及四合土垫层、炉渣垫层、水泥混凝土垫层和陶粒混凝土垫层、找平层、隔离层、填充层、绝热层
			面层：实木地板、实木集成地板、竹地板面层（条材、块材面层）、实木复合地板面层（条材、块材面层）、浸渍纸层压木质地板面层（条材、块材面层）、软木类地板面层（条材、块材面层）、地面辐射供暖的木板面层

一、基本规定

（1）从事建筑地面工程施工的建筑施工企业应有质量管理体系和相应的施工工艺技术

标准。

（2）采用的材料或产品应符合设计要求和国家现行有关标准的规定。无国家现行标准的，应具有省级住房和城乡建设行政主管部门的技术认可文件。材料或产品进场时应有质量合格证明文件；还应对型号、规格、外观等进行验收，对重要材料或产品应抽样进行复验。

（3）建筑地面工程采用的大理石、花岗石、料石等天然石材以及砖、预制板块、地毯、人造板材、胶粘剂、涂料、水泥、砂、石、外加剂等材料或产品应符合国家现行有关室内环境污染控制和放射性、有害物质限量的规定。材料进场时应具有检测报告。

（4）有种植要求的建筑地面，其构造做法应符合设计要求和现行行业标准《种植屋面工程技术规程》JGJ 155 的有关规定。设计无要求时，种植地面应低于相邻建筑地面 50mm 以上或作槛台处理。

（5）地面辐射供暖系统的设计、施工及验收应符合现行行业标准《辐射供暖供冷技术规程》JGJ 142 的有关规定。施工验收合格后，方可进行面层铺设；面层分格缝的构造做法应符合设计要求。

（6）建筑地面下的沟槽、暗管、保温、隔热、隔声等工程完工后，应经检验合格并做隐蔽记录，方可进行建筑地面工程的施工。

（7）建筑地面工程基层（各构造层）和面层的铺设，均应待其下一层检验合格后方可施工上一层。建筑地面工程各层铺设前与相关专业的分部（子分部）工程、分项工程以及设备管道安装工程之间，应进行交接检验。

（8）建筑地面工程施工时，各层环境温度的控制应符合材料或产品的技术要求，并应符合下列规定：

1）采用掺有水泥、石灰的拌合料铺设以及用石油沥青胶结料铺贴时，不应低于5℃；
2）采用有机胶粘剂粘贴时，不应低于10℃；
3）采用砂、石材料铺设时，不应低于0℃；
4）采用自流平、涂料铺设时，不应低于5℃，也不应高于30℃。

（9）铺设有坡度的地面，应采用基土高差达到设计要求的坡度；铺设有坡度的楼面（或架空地面），应采用在结构楼层板上变更填充层（或找平层）铺设的厚度，或以结构起坡达到设计要求的坡度。

（10）在冻胀性土上铺设地面时，应按设计要求做好防冻胀土处理后方可施工，且不得在冻胀土层上进行填土施工；在永冻土上铺设地面时，应按建筑节能要求进行隔热、保温处理后方可施工。

（11）室外散水、明沟、踏步、台阶和坡道等，其面层和基层（各构造层）均应符合设计要求。施工时应按规范基层铺设中的基土和相应垫层以及面层的规定执行。

（12）水泥混凝土散水、明沟应设置伸缩缝，其间距不得大于10m，对日晒强烈且昼夜温差超过15℃的地区，其间距宜为4～6m。水泥混凝土散水、明沟和台阶等与建筑物连接处及房屋转角处应设缝处理。上述缝的宽度应为15～20mm，缝内应填嵌柔性密封材料。

（13）建筑地面的变形缝应按设计要求设置，并应符合下列规定：

1）地面的沉降缝、伸缝缩缝和防震缝，应与结构相应缝的位置一致，且应贯通建筑地面的各构造层；

2）沉降缝和防震缝的宽度应符合设计要求，以柔性密封材料填嵌后用板封盖，并应与面层齐平。

（14）当建筑地面采用镶边时，应按设计要求设置并应符合下列规定：

1）在强烈机械作用下的水泥类整体面层与其他类型的面层邻接处，应设置金属镶边构件；

2）具有较大振动或变形的设备基础与周围建筑地面的邻接处，应沿设备基础周边设置贯通建筑地面各构造层的沉降缝（防震缝）；

3）采用水磨石整体面层时，应用同类材料镶边，并用分格条进行分格；

4）条石面层和砖面层与其他面层邻接处，应顶铺的同类材料镶边；

5）采用木、竹面层和塑料板面层时，应用同类材料镶边；

6）地面面层与管沟、孔洞、检查井等邻接处，均应设置镶边；

7）管沟、变形缝等处的建筑地面面层的镶边构件，应在面层铺设前装设；

8）建筑地面的镶边宜与柱、墙面或踢脚线的变化协调一致。

（15）厕浴间、厨房和有排水（或其他液体）要求的建筑地面面层与相连接各类面层的标高差应符合设计要求。

（16）厕浴间和有防滑要求的建筑地面应符合设计防滑要求。

（17）各类面层的铺设宜在室内装饰工程基本完工后进行。木、竹面层、塑料板面层、活动地板面层、地毯面层的铺设，应待抹灰工程、管道试压等完工后进行。

（18）检验同一施工批次、同一配比水泥混凝土和水泥砂浆强度的试块，应按每一层（或检验批）建筑地面工程不少于1组；当其面积大于1000m^{2}时，每增加1000m^{2}应增做1组试块；小于1000m^{2}按1000m^{2}计算，取样1组。检验同一施工批次、同一配比的散水、明沟、踏步、台阶、坡道的水泥混凝土、水泥砂浆强度的试块，应按每150延长米不少于1组。

（19）建筑地面工程施工质量的检验，应符合下列规定：

1）基层（各构造层）和各类面层的分项工程施工质量验收，应按每一层次或每层施工段（或变形缝）划分检验批，高层建筑的标准层可按每三层（不足三层按三层计）划分检验批；

2）每检验批应以各子分部工程的基层（各构造层）和各类面层所划分的分项工程，按自然间（或标准间）检验，抽查数量应随机检验不应少于3间；不足3间应全数检查；其中走廊（过道）应以10延长米为1间，工业厂房（按单跨计）、礼堂、门厅应以两个轴线为1间计算；

3）有防水要求的建筑地面子分部工程的分项工程施工质量，每检验批抽查数量应按其房间总数随机检验不应少于4间，不足4间应全数检查。

（20）建筑地面工程的分项工程施工质量检验的主控项目，应达到规范规定的质量标准，认定为合格；一般项目80%以上的检查点（处）符合规范规定的质量要求，其他检查点（处）不得有明显影响使用，且最大偏差值不超过允许偏差值的50%为合格。

（21）建筑地面工程的施工质量验收应在建筑施工企业自检合格的基础上，由监理单位或建设单位组织有关单位对分项工程、子分部工程进行检验。

(22) 厕浴间楼地面防水层和饰面层完成后，均应进行蓄水试验。最小蓄水高度不应小于 20mm，蓄水时间不得少于 24h。

(23) 建筑地面工程完工后，应对面层采取保护措施。

例 2-63 建筑地面工程施工中，下列各材料铺设时环境温度控制的规定不正确的是（　　）。
A 采用掺有水泥、石灰的拌合料铺设时不应低于 5℃
B 采用石油沥青胶结料铺贴时不应低于 5℃
C 采用有机胶粘剂粘贴时不应低于 10℃
D 采用砂、石材料铺设时，不应低于 10℃

解析： 据《建筑地面工程施工质量验收规范》GB 50209—2010 第 3.0.11 条规定，建筑地面工程施工时，各层材料铺设时环境温度的控制应符合材料或产品的技术要求，并符合：①采用掺有水泥、石灰的拌和料铺设以及用石油沥青胶结料铺贴时，不应低于 5℃；②采用有机胶粘剂粘贴时，不应低于 10℃；③采用砂、石材料铺设时，不应低于 0℃；④采用自流平、涂料铺设时，应为 5～30℃。可见，D 选项所述控制温度不正确。

答案： D

二、地面基层铺设

【相关真题：2022-098，2022-099，2021-099，2019-097】

地面基层铺设是指面层以下包括基土、垫层、找平层、绝热层、隔离层和填充层的铺设施工。

基层铺设的材料质量、密实度和强度等级（或配合比）等应符合设计要求和规范规定。

基层铺设前，其下一层表面应干净、无积水。当垫层、找平层、填充层内埋设暗管时，管道应按设计要求予以稳固。

垫层分段施工时，接槎处应做成阶梯形，每层接槎处的水平距离应错开 0.5～1.0m。接槎处不应设在地面荷载较大的部位。

对有防静电要求的整体地面的基层，应清除残留物，将露出基层的金属物涂绝缘漆两遍晾干。

基层的标高、坡度、厚度等应符合设计要求。基层表面应平整。其允许偏差和检验方法应符合表 2-75 的规定。

（一）基土铺设

基土是指底层地面的地基土层。施工及质量要求如下。

(1) 地面应铺设在均匀密实的基土上。土层结构被扰动的基土应进行换填，并予以压实。压实系数应符合设计要求，一般不低于 0.9。对软弱土层应按设计要求进行处理。

(2) 基土不应用淤泥、腐殖土、冻土、耕植土、膨胀土和建筑杂物作为填土，填土土块的粒径不应大于 50mm。

基层表面的允许偏差和检验方法　　　　　　　　　　　　　　　　表 2-75

项次	项目	允许偏差（mm）													检验方法
		基土	垫层					找平层				填充层		隔离层	绝热层	
		土	砂、砂石、碎石、碎砖	灰土、三合土、四合土、炉渣、水泥混凝土、陶粒混凝土	垫层地板			用胶结料做结合层铺设板块面层	用水泥砂浆做结合层铺设板块面层	用胶粘剂做结合层铺设拼花木板、浸渍纸层压木质地板、实木复合地板、竹地板、软木地板面层	金属板面层	松散材料	板、块材料	防水、防潮、防油渗	板块材料、浇筑材料、喷涂材料	
					木搁栅	拼花实木地板、拼花实木复合地板、软木类地板面层	其他种类面层									
1	表面平整度	15	15	10	3	3	5	3	5	2	3	7	5	3	4	用2m靠尺和楔形塞尺检查
2	标高	0 −50	±20	±10	±5	±5	±8	±5	±8	±4	±4	±4	±4	±4	±4	用水准仪检查
3	坡度	不大于房间相应尺寸的2‰，且不大于30														用坡度尺检查
4	厚度	在个别地方不大于设计厚度的1/10，且不大于20														用钢尺检查

（3）填土时，土料的含水量应在最优范围内，以获得最大压实密度。重要工程或大面积的地面填土前，应取土样，按击实试验确定最优含水量与相应的最大干密度。

（4）填土应分层摊铺（每层厚度不超过250mm）、分层压（夯）实、分层检验其密实度。填土质量应符合现行国家标准《建筑地基基础工程施工质量验收标准》GB 50202 的有关规定。

（5）Ⅰ类建筑基土的氡浓度应符合现行国家标准《民用建筑工程室内环境污染控制标准》GB 50325 的规定。同一工程、同一土源地点检查一组。

（6）基土应均匀密实，压实系数应符合设计要求；设计无要求时，不应小于0.9。

（7）基土表面的允许偏差及检验方法见表 2-75。

（二）垫层的铺设

地面垫层是承受并传递地面荷载于基土上的构造层。垫层种类包括：灰土垫层、砂垫层和砂石垫层、碎石垫层和碎砖垫层、三（四）合土垫层、炉渣垫层、水泥混凝土垫层等。应据所处位置、环境及面层材料要求选用。

垫层表面的允许偏差及检验方法应符合表 2-75 的规定，其他要求如下。

1. 垫层的厚度

垫层的最小厚度取决于所用材料的强度及其颗粒粒径。对于灰土垫层、砂石垫层、三合土、碎石和碎砖垫层，其最小厚度不得小于100mm；对四合土、炉渣、陶粒混凝土垫层则不小于80mm；对砂垫层、水泥混凝土垫层应不小于60mm。

例 2-64 （2012）下列地面垫层最小厚度可以小于 100mm 的是（　　）。
A　砂石垫层　　　　　　　　B　碎石和碎砖垫层
C　三合土垫层　　　　　　　D　炉渣垫层

解析：《建筑地面工程施工质量验收规范》GB 50209—2010 第 4.3.1、4.4.1、4.5.1、4.6.1、4.7.1、4.8.1 条规定，建筑地面垫层的最小厚度归纳为如下三档：灰土垫层、砂石垫层、碎石和碎砖垫层、三合土垫层为 100mm；炉渣垫层、轻骨料混凝土垫层为 80mm；砂垫层、混凝土垫层为 60mm。题目所列选项中，仅有"炉渣垫层"厚度可以小于 100mm，故选 D。

答案：D

2. 灰土垫层

应采用熟化石灰与黏土（或粉质黏土、粉土）的拌合料铺设。熟化石灰粉可采用磨细生石灰，亦可用粉煤灰代替。灰土体积比应符合设计要求。熟化石灰颗粒粒径不应大于 5mm；用土不得含有有机物质，颗粒粒径不应大于 16mm。

灰土垫层应铺设在不受地下水浸泡的基土上，施工后应有防止水浸泡的措施。铺设时应分层夯实，经湿润养护、晾干后方可进行下一道工序施工。灰土垫层不宜在冬期施工，当必须在冬期施工时，应采取可靠措施。

例 2-65　下面对地面工程灰土垫层施工的要求叙述中，哪项是错误的？（　　）
A　熟化石灰可用粉煤灰代替
B　可采用磨细生石灰与黏土按重量比拌和洒水堆放后使用
C　基土及垫层施工后应防止受水浸泡
D　应分层夯实，经湿润养护、晾干后方可进行下一道工序施工

解析：《建筑地面工程施工质量验收规范》GB 50209—2010 第 4.3.2 条规定，熟化石灰粉可采用磨细生石灰，亦可用粉煤灰代替。第 4.3.1 及 4.3.6 条规定，灰土垫层应采用熟化石灰与黏土（或粉质黏土、粉土）的拌合料铺设，灰土体积比应符合设计要求。第 4.3.3 条规定，灰土垫层应铺设在不受地下水浸泡的基土上，施工后应有防止水浸泡的措施。B 选项中"按重量比"的说法不符合规范。

答案：B

3. 砂垫层和砂石垫层

砂应采用中砂。砂石应选用天然级配材料，石子最大粒径不应大于垫层厚度的 2/3。砂和砂石不应含有草根等有机杂质。铺设时不应有粗细颗粒分离现象，压（夯）至不松动为止。

垫层铺设后，其干密度（或贯入度）应符合设计要求。表面不应有砂窝、石堆等现象。

4. 碎石垫层和碎砖垫层

碎石的强度应均匀，最大粒径不应大于垫层厚度的 2/3；碎砖不应采用风化、酥松、夹有有机杂质的砖料，颗粒粒径不应大于 60mm。碎石垫层和碎砖垫层应分层压（夯）实，达到表面坚实、平整。碎石、碎砖垫层的密实度应符合设计要求。

5. 三合土垫层和四合土垫层

三合土垫层应采用石灰、砂（掺入少量黏土）与碎砖的拌合料铺设。四合土垫层应采用水泥、石灰、砂（可掺少量黏土）与碎砖的拌合料铺设。水泥宜采用硅酸盐水泥、普通硅酸盐水泥；熟化石灰颗粒粒径不应大于5mm；砂应用中砂，并不得含有草根等有机物质；碎砖不应采用风化、酥松和夹有有机杂质的砖料，颗粒粒径不应大于60mm。

三合土、四合土的体积比应符合设计要求，铺设时均应分层夯实。

6. 炉渣垫层

炉渣垫层应采用炉渣或水泥与炉渣或水泥、石灰与炉渣的拌合料铺设，体积比应符合设计要求。

炉渣内不应含有有机杂质和未燃尽的煤块，颗粒粒径不应大于40mm，且颗粒粒径在5mm及其以下的颗粒，不得超过总体积的40%。炉渣或水泥炉渣垫层的炉渣，使用前应浇水闷透；水泥石灰炉渣垫层的炉渣，使用前应用石灰浆或熟化石灰（粒径不大于5mm）浇水拌和闷透；闷透时间均不得少于5d。

在垫层铺设前，其下一层应湿润。铺设时应分层压实，表面不得有泌水现象。铺设后应养护，待其凝结后方可进行下一道工序施工。

炉渣垫层施工过程中不宜留施工缝。当必须留缝时应留直槎，并保证间隙处密实，接槎时应先刷水泥浆，再铺炉渣拌合料。

炉渣垫层与其下一层结合应牢固，不应有空鼓和松散炉渣颗粒。通过观察和小锤轻击检查。

7. 水泥混凝土垫层和陶粒混凝土垫层

水泥混凝土垫层和陶粒混凝土垫层应铺设在基土上。当气温长期处于0℃以下，设计无要求时，垫层应设置缩缝，缝的位置、嵌缝做法等应与面层伸、缩缝相一致。

垫层铺设前，当为水泥类基层时，其下一层表面应湿润，以结合紧密，防止空鼓。

室内地面的水泥混凝土垫层和陶粒混凝土垫层，应设置纵向和横向缩缝。以防止在气温降低时，混凝土垫层产生不规则裂缝。纵、横缩缝的间距均不得大于6m。纵向缩缝应做平头缝或加肋板平头缝；当垫层厚度大于150mm时，可做企口缝。平头缝和企口缝的缝间不得放置隔离材料，浇筑时应互相紧贴。企口缝尺寸应符合设计要求。横向缩缝应做假缝，假缝宽度宜为5~20mm，深度宜为垫层厚度的1/3，填缝材料应与地面变形缝的填缝材料相一致（图2-54）。

工业厂房、礼堂、门厅等大面积水泥混凝土、陶粒混凝土垫层应分区段浇筑。分区段应结合变形缝位置、不同类型的建筑地面连接处和设备基础的位置进行划分，并应与设置的纵向、横向缩缝的间距相一致。

水泥混凝土垫层和陶粒混凝土垫层采用的粗骨料，其最大粒径不应大于垫层厚度的2/3，含泥量不应大于3%；砂为中粗砂，其含泥量不应大于3%。陶粒宜选用粉煤灰陶粒、页岩陶粒等，陶粒中粒径小于5mm的颗粒含量应小于10%；粉煤灰陶粒中大于15mm的颗粒含量不应大于5%；陶粒中不得混夹杂物或黏土块。

混凝土的强度等级均应符合设计要求。陶粒混凝土的密度应为800~1400kg/m³。按同一工程、同一强度等级、同一配合比检查一次。

图 2-54 混凝土垫层纵横向缩缝构造
1—面层;2—混凝土垫层;3—纵向缩缝(互相贴紧,不放隔离材料);4—横向缩缝及填缝材料

例 2-66 建筑地面施工中,当水泥混凝土垫层长期处于0℃气温以下时,应设置( )。
A 缩缝   B 沉降缝   C 施工缝   D 分格缝

解析:《建筑地面工程施工质量验收规范》GB 50209—2010 第 4.8.1 条规定,水泥混凝土垫层和陶粒混凝土垫层应铺设在基土上。当气温长期处于0℃以下,设计无要求时,垫层应设置缩缝,缝的位置、嵌缝做法等应与面层伸、缩缝相一致。故选A。

答案:A

(三)找平层

找平层是在垫层、楼板上或填充层(轻质、松散材料)上起整平、找坡或加强作用的构造层。施工及质量的主要要求如下:

(1)找平层宜采用水泥砂浆或水泥混凝土铺设。当厚度小于 30mm 时,宜用水泥砂浆做找平层;当厚度不小于 30mm 时,宜用细石混凝土做找平层。

(2)找平层铺设前,当其下一层有松散填充料时,应予铺平实。有防水要求的建筑地面工程,铺设前必须对立管、套管和地漏与楼板节点之间进行密封处理(图 2-55),并应进行隐蔽验收;排水坡度应符合设计要求。

(3)在预制钢筋混凝土板上铺设找平层前,板缝填嵌的施工应符合下列要求:

1)预制钢筋混凝土板相邻缝底宽不应小于 20mm;

2)填嵌时,板缝内应清理干净,保持湿润;

3)填缝应采用细石混凝土,其强度等级不应

图 2-55 楼面地漏处构造

小于C20。填缝高度应低于板面10～20mm，且振捣密实；填缝后应养护。当填缝混凝土的强度等级达到C15后方可继续施工；

4）当板缝底宽大于40mm时，应按设计要求配置钢筋。

（4）在预制钢筋混凝土板上铺设找平层时，其板端应按设计要求做防裂的构造措施。

（5）找平层采用碎石或卵石的，粒径不应大于其厚度的2/3，含泥量不应大于2%；砂为中粗砂，其含泥量不应大于3%。

（6）水泥砂浆体积比应符合设计要求，且不低于1:3；混凝土强度等级应符合设计要求，且不低于C15，配合比应有试验报告；同一工程、同一强度、同一配合比检查一次。

（7）有防水要求的建筑地面工程的立管、套管、地漏处不应渗漏，坡向应正确、无积水。

（8）在有防静电要求的整体面层的找平层施工前，其下敷设的导电地网系统应与接地引下线和地下接电体有可靠连接，经电性能检测且符合相关要求后进行隐蔽工程验收。

（9）找平层与其下一层结合应牢固，不应有空鼓。表面应密实，不应有起砂、蜂窝和裂缝等缺陷。

（10）找平层的表面允许偏差及检验方法应符合表2-75的规定。

（四）隔离层

地面隔离层是防止建筑地面上各种液体或地下水、潮气渗透地面等作用的构造层；当仅防止地下潮气透过地面时，可称作防潮层。

（1）隔离层材料的防水、防油渗性能、铺设层数（或道数）、上翻高度应符合设计要求。有种植要求的地面隔离层的防根穿刺等应符合现行行业标准《种植屋面工程技术规程》JGJ 155的有关规定。

（2）在水泥类找平层上铺设卷材或涂料类防水、防油渗隔离层时，其表面应坚固、洁净、干燥。铺设前，应涂刷与卷材或涂料性能相容的基层处理剂。

（3）当采用掺有防渗外加剂的水泥类隔离层时，其配合比、强度等级、外加剂的复合掺量等应符合设计要求。隔离层兼做面层时，其材料不得对人体及环境产生不利影响，并应符合现行国家标准《食品安全国家标准 食品安全性毒理学评价程序》GB 15193.1和《生活饮用水卫生标准》GB 5749的有关规定。

（4）铺设隔离层时，在管道穿过楼板面四周，防水、防油渗材料应向上铺涂，并超过套管的上口；在靠近柱、墙处，应高出面层200～300mm或按设计要求的高度铺涂。阴阳角和管道穿过楼板面的根部应增加铺涂附加防水、防油渗隔离层。

（5）厕浴间和有防水要求的建筑地面必须设置防水隔离层。楼层结构必须采用现浇混凝土或整块预制混凝土板，混凝土强度等级不应小于C20。房间的楼板四周除门洞外应做混凝土翻边，高度不应小于200mm，宽同墙厚，混凝土强度等级不应小于C20。施工时结构层标高和预留孔洞位置应准确，严禁乱凿洞。

（6）隔离层材料应符合设计要求和国家现行有关标准的规定。卷材类、涂料类隔离层材料进入施工现场，应对材料的主要物理性能指标进行复验。隔离层的材料、施工质量检验还应符合现行国家标准《屋面工程施工质量验收规范》GB 50207的有关规定。

（7）防水隔离层铺设后，应进行蓄水检验，深度不少于10mm，时间为24h，并做记录。

(8) 防水隔离层严禁渗漏，排水的坡向应正确、排水通畅，排水坡度不应小于1.0%。

(9) 隔离层厚度应符合设计要求。隔离层与其下一层应粘结牢固，不应有空鼓；防水涂层应平整、均匀，无脱皮、起壳、裂缝、鼓泡等缺陷。

(10) 隔离层表面的允许偏差应符合表2-76的规定。

> **例2-67** 建筑地面工程施工中，铺设防水隔离层时，下列施工要求哪项是错误的？（　　）
> A 穿过楼板面的管道四周，防水材料应向上铺涂，并超过套管的上口
> B 在靠近墙面处，高于面层的铺涂高度为100mm
> C 阴阳角应增加铺涂附加防水隔离层
> D 管道穿过楼板面的根部应增加铺涂附加防水隔离层
> **解析：**《建筑地面工程施工质量验收规范》GB 50209—2010 第4.10.5条规定，铺设隔离层时，在管道穿过楼板面四周，防水、防油渗材料应向上铺涂，并超过套管的上口；在靠近柱、墙处，应高出面层200～300mm或按设计要求的高度铺涂。阴阳角和管道穿过楼板面的根部应增加铺涂附加防水、防油渗隔离层。故B选项"高出面层100mm"要求错误。
> **答案：**B

（五）填充层铺设

地面填充层是建筑地面中具有隔声、找坡等作用和暗敷管线的构造层。主要要求为：

(1) 填充层材料的密度应符合设计要求。

(2) 填充层的下一层表面应平整。当为水泥类时，尚应洁净、干燥，并不得有空鼓、裂缝和起砂等缺陷。

(3) 采用松散材料铺设填充层时，应分层铺平拍实；采用板、块状材料铺设填充层时，应分层错缝铺贴。

(4) 有隔声要求的楼面，隔声垫在柱、墙面的上翻高度应超出楼面20mm，且应收口于踢脚线内。地面上有竖向管道时，隔声垫应包裹管道四周，高度同卷向柱、墙面的高度。隔声垫保护膜之间应错缝搭接，搭接长度应大于100mm，并用胶带等封闭。

(5) 隔声垫上部应设置保护层，其构造做法应符合设计要求。当设计无要求时，混凝土保护层厚度不应小于30mm，内配间距不大于200mm×200mm的ϕ6mm钢筋网片。

(6) 有隔声要求的建筑地面工程应符合现行国家标准《建筑隔声评价标准》GB/T 50121、《民用建筑隔声设计规范》GB 50118的有关要求。

(7) 填充层材料应符合设计要求和国家现行有关标准的规定。填充层的厚度、配合比应符合设计要求。对填充材料接缝有密闭要求的应密封良好。

(8) 松散材料填充层铺设应密实；板块状材料填充层应压实、无翘曲。坡度应符合设计要求，不应有倒泛水和积水现象。

(9) 填充层的表面偏差应符合表2-75的规定。用作隔声的填充层应符合表中隔离层的规定。

（六）绝热层铺设

地面绝热层是用于地面阻挡热量传递的构造层。常使用板块材料、浇筑材料或喷涂材料，主要要求如下。

（1）绝热层材料的性能、品种、厚度、构造做法应符合设计要求和国家现行有关标准的规定。

（2）建筑物室内接触基土的首层地面应增设水泥混凝土垫层后方可铺设绝热层，垫层的厚度及强度等级应符合设计要求。首层地面及楼层楼板铺设绝热层前，表面平整度宜控制在3mm以内。

（3）有防水、防潮要求的地面，宜在防水、防潮隔离层施工完毕并验收合格后再铺设绝热层。

（4）穿越地面进入非供暖保温区域的金属管道应采取隔断热桥的措施。

（5）绝热层与地面面层之间应设有水泥混凝土结合层，构造做法及强度等级应符合设计要求。设计无要求时，混凝土结合层的厚度不应小于30mm，层内应设置间距不大于200mm×200mm的φ6mm钢筋网片。

（6）有地下室的建筑，地上、地下交界部位楼板的绝热层应采用外保温做法，绝热层表面应设有外保护层。外保护层应安全、耐候，表面应平整、无裂纹。

（7）建筑物勒脚处绝热层的铺设应符合设计要求。设计无要求时，应符合下列规定：
1）当地区冻土深度不大于500mm时，应采用外保温做法；
2）当地区冻土深度大于500mm且不大于1000mm时，宜采用内保温做法；
3）当地区冻土深度大于1000mm时，应采用内保温做法；
4）当建筑物的基础有防水要求时，宜采用内保温做法；
5）采用外保温做法的绝热层，宜在建筑物主体结构完成后再施工。

（8）绝热层的材料不应采用松散型材料或抹灰浆料。

（9）绝热层材料应符合设计要求和国家现行有关标准的规定。材料进入施工现场时，应进行检验，并应对材料的导热系数、表观密度、抗压强度或压缩强度、阻燃性进行复验。对同一工程、同一材料、同一生产厂家、同一型号、同一规格、同一批号复验一组。

（10）绝热层的板块材料应采用无缝铺贴法铺设。绝热层的厚度应符合设计要求，不应出现负偏差，表面应平整、无开裂。

（11）绝热层与地面面层之间的水泥混凝土结合层或水泥砂浆找平层，表面应平整，允许偏差应符合表2-75中"找平层"的规定。

例2-68 下列楼地面施工做法的说法中，错误的是（　　）。

A　有防水要求的地面工程应对立管、套管、地漏与楼板节点之间进行密封处理，并应进行隐蔽验收

B　有防静电要求的整体地面工程，应对导电地网系统与接地引下线的连接进行隐蔽验收

C　找平层采用碎石或卵石的粒径不应大于其厚度的2/3

D　预制板相邻板缝应采用水泥砂浆嵌填

解析:《建筑地面工程施工质量验收规范》GB 50209—2010 第 4.9.4 条规定，在预制钢筋混凝土楼板上铺设找平层前，相邻板缝应该用不低于 C20 的细石混凝土嵌填，而不是水泥砂浆。

答案：D

三、地面面层铺设

【相关真题：2022-100，2021-100，2019-098，2019-099，2019-100】

地面面层是指直接承受各种物理和化学作用的建筑地面表面层。它包括整体面层，板块面层和木、竹面层三种。

(一) 整体面层铺设

整体地面面层无接缝，它可以通过加工处理，获得丰富的装饰效果，一般造价较低，施工方便。

整体面层子分部工程包括：水泥混凝土（含细石混凝土）面层、水泥砂浆面层、水磨石面层、硬化耐磨面层、防油渗面层、不发火（防爆）面层、自流平面层、涂料面层、塑胶面层、地面辐射供暖的整体面层等分项工程。

1. 一般规定

(1) 铺设整体面层时，其水泥类基层的抗压强度不得小于 1.2MPa；表面应粗糙、洁净、湿润并不得有积水。铺设前宜凿毛或涂刷界面剂，以利于粘结、避免空鼓。硬化耐磨面层、自流平面层的基层处理应符合设计及产品的要求。

(2) 铺设整体面层时，地面变形缝的位置应符合前述"地面工程的基本规定"中之要求；大面积水泥类面层应设置分格缝。

(3) 整体面层施工后，养护时间不应少于 7d，抗压强度应达到 5MPa 后方准上人行走；抗压强度应达到设计要求后，方可正常使用。

(4) 当采用掺有水泥的拌合料做踢脚线时，不得用石灰混合砂浆打底。

(5) 水泥类整体面层的抹平应在水泥初凝前完成，压光工作应在水泥终凝前完成。

(6) 整体面层的允许偏差和检验方法应符合表 2-76 的规定。

整体面层的允许偏差和检验方法　　　　表 2-76

项次	项目	允许偏差（mm）									检验方法
		水泥混凝土面层	水泥砂浆面层	普通水磨石面层	高级水磨石面层	硬化耐磨面层	防油渗混凝土和不发火面层	自流平面层	涂料面层	塑胶面层	
1	表面平整度	5	4	3	2	4	5	2	2	2	用 2m 靠尺和楔形塞尺检查
2	踢脚线上口平直	4	4	3	3	4	4	3	3	3	拉 5m 线和用钢尺检查
3	缝格顺直	3	3	3	2	3	3	2	2	2	

例 2-69 地面工程施工中,铺设整体面层时,水泥类基层的抗压强度不得小于( )。
A 6MPa　　B 1.0MPa　　C 1.2MPa　　D 2.4MPa
解析:《建筑地面工程施工质量验收规范》GB 50209—2010 第 5.1.2 条规定,铺设整体面层时,其水泥类基层的抗压强度不得小于 1.2MPa。
答案:C

2. 水泥混凝土面层与水泥砂浆面层

(1) 面层厚度应符合设计要求。

(2) 混凝土面层铺设不得留施工缝。当施工间隙超过允许时间规定时,应对接槎处进行处理。混凝土采用的粗骨料,最大粒径不应大于面层厚度的 2/3,细石混凝土面层采用的石子粒径不应大于 16mm。混凝土面层的强度等级应符合设计要求,且强度等级不应小于 C20。

(3) 水泥砂浆面层的水泥宜采用硅酸盐水泥、普通硅酸盐水泥,不同品种、不同强度等级的水泥不应混用;砂应为中粗砂,当采用石屑时,其粒径应为 1~5mm,且含泥量不应大于 3%;防水水泥砂浆采用的砂或石屑,其含泥量不应大于 1%。水泥砂浆的体积比应为 1:2,强度等级不应小于 M15。有排水要求的水泥砂浆地面,应坡向正确、排水通畅;防水水泥砂浆面层不应渗漏。

(4) 面层与下一层应结合牢固,且应无空鼓和开裂。当出现空鼓时,空鼓面积不应大于 400cm²,且每自然间或标准间不应多于 2 处。

(5) 面层表面应洁净,不应有裂纹、脱皮、麻面、起砂等缺陷。坡度应符合设计要求,不应有倒泛水和积水现象。

(6) 踢脚线与柱、墙面应紧密结合,踢脚线高度和出柱、墙厚度应符合设计要求且均匀一致。当出现空鼓时,局部空鼓长度不应大于 300mm,且每自然间或标准间不应多于 2 处。

(7) 楼梯、台阶踏步的宽度、高度应符合设计要求。楼层梯段相邻踏步高度差不应大于 10mm;每踏步两端宽度差不应大于 10mm,旋转楼梯梯段的每踏步两端宽度的允许偏差不应大于 5mm。踏步面层应做防滑处理,齿角应整齐,防滑条应顺直、牢固。

例 2-70 地面工程中,关于水泥混凝土整体面层,下述做法哪项不正确?( )
A 强度等级不应小于 C20　　　　B 铺设时不得留施工缝
C 养护时间不少于 7d　　　　　D 抹平应在水泥终凝前完成
解析:《建筑地面工程施工质量验收规范》GB 50209—2010 第 5.1.6 条规定,水泥类整体面层的抹平工作应在水泥初凝前完成,压光工作应在水泥终凝前完成。故 D 选项做法不正确。
答案:D

3. 水磨石面层

(1) 水磨石面层应采用水泥与石粒拌合料铺设,有防静电要求时,拌合料内应按设计要求掺入导电材料。面层厚度除有特殊要求外,宜为12~18mm,且宜按石粒粒径确定。水磨石面层的颜色和图案应符合设计要求。

(2) 白色或浅色的水磨石面层应采用白水泥;深色的水磨石面层宜采用硅酸盐水泥、普通硅酸盐水泥或矿渣硅酸盐水泥;同颜色的面层应使用同一批水泥。同一彩色面层应使用同厂、同批的颜料;其掺入量宜为水泥重量的3%~6%或由试验确定。

(3) 水磨石面层的结合层采用水泥砂浆时,强度等级应符合设计要求且不应小于M10,稠度宜为30~35mm。

(4) 水磨石面层的石粒应采用白云石、大理石等加工而成,石粒应洁净无杂物,其粒径除特殊要求外应为6~16mm;颜料应采用耐光、耐碱的矿物原料,不得使用酸性颜料。

(5) 水磨石面层拌合料的体积比应符合设计要求,且水泥与石粒的比例应为1:1.5~1:2.5。

(6) 普通水磨石面层磨光遍数不应少于3遍。高级水磨石面层的厚度和磨光遍数应由设计确定。水磨石面层磨光后,在涂草酸和上蜡前,其表面不得污染。

(7) 防静电水磨石面层中采用导电金属分格条时,分格条应经绝缘处理,且十字交叉处不得碰接。应在面层施工前及施工完成表面干燥后,进行接地电阻和表面电阻检测,并应做好记录。面层表面经清洁、干燥后,应均匀涂抹一层防静电剂和地板蜡,并应做抛光处理。

(8) 面层与下一层结合应牢固,且应无空鼓、裂纹。当出现空鼓时,空鼓面积不应大于400cm^2,且每自然间或标准间不应多于2处。

(9) 面层表面应光滑,且应无裂纹、砂眼和磨痕;石粒应密实,显露应均匀;颜色图案应一致,不混色;分格条应牢固、顺直和清晰。

(10) 踢脚线与柱、墙面应紧密结合,踢脚线高度及出柱、墙厚度应符合设计要求且均匀一致。当出现空鼓时,局部空鼓长度不应大于300mm,且每自然间或标准间不应多于2处。

(11) 楼梯、台阶踏步的宽度、高度应符合设计要求。楼层梯段相邻踏步高度差不应大于10mm;每踏步两端宽度差不应大于10mm,旋转楼梯梯段的每踏步两端宽度的允许偏差不应大于5mm。踏步面层应做防滑处理,齿角应整齐,防滑条应顺直、牢固。

4. 硬化耐磨面层

硬化耐磨面层是采用金属渣、屑、纤维或石英砂、金刚砂等,并应与水泥类胶凝材料拌合铺设,或在水泥类基层上撒布铺设。要求如下。

(1) 硬化耐磨面层采用拌合料铺设时,水泥的强度不应小于42.5MPa。金属渣、屑、纤维不应有其他杂质,使用前应去油除锈、冲洗干净并干燥;石英砂应用中粗砂,含泥量不应大于2%。

(2) 硬化耐磨面层采用拌合料铺设时,拌合料的配合比应通过试验确定;采用撒布铺设时,耐磨材料的撒布量应符合设计要求,且应在水泥类基层初凝前完成撒布。

(3) 硬化耐磨面层采用拌合料铺设时,宜先铺设一层强度等级不小于M15、厚度不小于20mm的水泥砂浆,或水灰比宜为0.4的素水泥浆结合层。

(4) 硬化耐磨面层采用拌合料铺设时,铺设厚度和拌合料强度应符合设计要求。当设计无要求时，水泥钢（铁）屑面层铺设厚度不应小于30mm，抗压强度不应小于40MPa；水泥石英砂浆面层铺设厚度不应小于20mm，抗压强度不应小于30MPa；钢纤维混凝土面层铺设厚度不应小于40mm，抗压强度不应小于40MPa。

（5）硬化耐磨面层采用撒布铺设时，耐磨材料应撒布均匀，厚度应符合设计要求；混凝土基层或砂浆基层的厚度及强度应符合设计要求。当设计无要求时，混凝土基层的厚度不应小于50mm，强度等级不应小于C25；砂浆基层的厚度不应小于20mm，强度等级不应小于M15。

（6）硬化耐磨面层分格缝的间距及缝深、缝宽、填缝材料应符合设计要求。

（7）硬化耐磨面层铺设后应在湿润条件下静置养护，养护期限应符合材料的技术要求。达到设计强度后方可投入使用。

（8）硬化耐磨面层的厚度、强度等级、耐磨性能应符合设计要求。

5. 防油渗面层

（1）防油渗面层应采用防油渗混凝土铺设或采用防油渗涂料涂刷。

（2）防油渗隔离层及防油渗面层与墙、柱连接处的构造应符合设计要求。

（3）防油渗混凝土面层厚度应符合设计要求，配合比应按设计要求的强度等级和抗渗性能通过试验确定。

（4）防油渗混凝土面层应按厂房柱网分区段浇筑，区段划分及分区段缝应符合设计要求。

（5）<u>防油渗混凝土面层内不得敷设管线</u>。露出面层的电线管、接线盒、预埋套管和地脚螺栓等的处理，以及与墙、柱、变形缝、孔洞等连接处泛水均应采取防油渗措施并应符合设计要求。

（6）防油渗面层采用防油渗涂料时，材料应按设计要求选用，涂层厚度宜为5～7mm。

（7）防油渗混凝土所用的水泥应采用普通硅酸盐水泥；碎石应采用花岗石或石英石，不应使用松散、多孔和吸水率大的石子，粒径为5～16mm，最大粒径不应大于20mm，含泥量不应大于1%；砂应为中砂，且应洁净无杂物；掺入的外加剂和防油渗剂应符合有关标准的规定。<u>防油渗涂料应具有耐油、耐磨、耐火和粘结性能</u>。

（8）<u>防油渗混凝土的强度等级和抗渗性能应符合设计要求，且强度等级不应小于C30，防油渗涂料的粘结强度不应小于0.3MPa</u>。

（9）防油渗混凝土面层与下一层应结合牢固、无空鼓。表面坡度应符合设计要求，不得有倒泛水和积水现象。

> **例 2-71** 在面层中不得敷设管线的整体地面面层是（ ）。
> A 硬化耐磨面层　　　　　　B 防油渗混凝土面层
> C 水泥混凝土面层　　　　　D 自流平面层
> **解析**：《建筑地面工程施工质量验收规范》GB 50209—2010 第5.6.5条规定，防油渗混凝土面层内不得敷设管线。
> **答案**：B

6. 不发火（防爆）面层

不发火（防爆）面层是指采用的材料和硬化后的试件，与金属或石块等坚硬物体发生摩擦、冲击或冲擦等机械作用时，不会产生火花（或火星），不会致使易燃物引起发火或爆炸的建筑地面。主要要求如下：

（1）不发火（防爆）面层应采用水泥类拌合料及其他不发火材料铺设，其材料、厚度及强度等级应符合设计要求。

（2）不发火（防爆）各类面层的铺设应符合相应面层的规定。采用的材料和硬化后的试件，应按规定做不发火性试验。

（3）不发火（防爆）面层中碎石的不发火性必须合格；砂应质地坚硬、表面粗糙，其粒径应为0.15~5mm，含泥量不应大于3%，有机物含量不应大于0.5%；水泥应采用硅酸盐水泥、普通硅酸盐水泥；面层分格的嵌条应采用不发生火花的材料配制。配制时应随时检查，不得混入金属或其他易发生火花的杂质。

（4）面层与下一层应结合牢固，且应无空鼓和开裂。表面应密实，无裂缝、蜂窝、麻面等缺陷。

例 2-72 建筑地面工程中的不发火（防爆的）面层，在原材料选用和配制时，下列哪项不正确？（　　）

A　采用的碎石与金属或石料撞击时不发生火花
B　砂的粒径宜为0.15~5mm
C　面层分格的嵌条应采用不发生火花的材料
D　配制时应抽查

解析：《建筑地面工程施工质量验收规范》GB 50209—2010 第5.7.4条规定，不发火（防爆）面层中碎石的不发火性必须合格［注：本题考试时所用规范GB 50209—2002 第5.7.4曾明确要求：不发火（防爆的）面层采用的碎石应选用大理石、白云石或其他石料加工而成，并以金属或石料撞击时不发生火花为合格；砂应质地坚硬、表面粗糙，其粒径应为0.15~5mm，含泥量不应大于3%，有机物含量不应大于0.5%；水泥应采用硅酸盐水泥、普通硅酸盐水泥；面层分格的嵌条应采用不发生火花的材料配制。配制时应随时检查，不得混入金属或其他易发生火花的杂质］。故仅D选项"配制时抽查"的做法不正确。

答案： D

7. 自流平面层

自流平面层是采用水泥基、石膏基、合成树脂基等拌合物铺设而成地面面层。

（1）自流平面层与墙、柱等连接处的构造做法应符合设计要求，铺设时应分层施工。

（2）自流平面层的基层应平整、洁净，基层的含水率应与面层材料的技术要求相一致。

（3）自流平面层的构造做法、厚度、颜色等应符合设计要求。

（4）有防水、防潮、防油渗、防尘要求的自流平面层应达到设计要求。

（5）自流平面层的铺涂材料应符合设计要求和国家现行有关标准的规定。

（6）自流平面层的涂料进入施工现场时，应有以下有害物质限量合格的检测报告：

1) 水性涂料中的挥发性有机化合物（VOC）和游离甲醛；
2) 溶剂型涂料中的苯、甲苯+二甲苯、挥发性有机化合物（VOC）和游离甲苯二异氰醛酯（TDI）。对同一工程、同一材料、同一厂家、同一型号、同一规格、同一批号检查一次。

（7）自流平面层的基层的强度等级不应小于C20，应分层施工，面层找平施工时不应留有抹痕。各构造层之间应粘结牢固，层与层之间不应出现分离、空鼓现象。

（8）自流平面层表面不应有开裂、漏涂和倒泛水、积水等现象。表面应光洁，色泽应均匀、一致，不应有起泡、泛砂等现象。

8. 涂料面层

（1）地面涂料面层应采用丙烯酸、环氧、聚氨酯等树脂型涂料涂刷。涂料应符合设计要求和国家现行有关标准的规定。

（2）涂料面层的基层应平整、洁净，强度等级不应小于C20，含水率应与涂料的技术要求相一致。

（3）涂料面层的厚度、颜色应符合设计要求，铺设时应分层施工。

（4）涂料进入施工现场时，应有苯、甲苯＋二甲苯、挥发性有机化合物（VOC）和游离甲苯二异氰醛酯（TDI）限量合格的检测报告。

（5）涂料面层的表面不应有开裂、空鼓、漏涂和倒泛水、积水等现象。

（6）涂料找平层应平整，不应有刮痕。面层应光洁，色泽应均匀、一致，不应有起泡、起皮、泛砂等现象。

9. 塑胶面层

（1）塑胶面层应采用现浇型塑胶材料或塑胶卷材，宜在沥青混凝土或水泥类基层上铺设。

（2）基层的强度和厚度应符合设计要求，表面应平整、干燥、洁净，无油脂及其他杂质。

（3）塑胶面层铺设时的环境温度宜为10～30℃。

（4）塑胶面层采用的材料应符合设计要求和国家现行有关标准的规定。检验方法为：观察检查和检查型式检验报告、出厂检验报告、出厂合格证。检查的数量为：现浇型塑胶材料按同一工程、同一配合比检查一次；塑胶卷材按同一工程、同一材料、同一生产厂家、同一型号、同一规格、同一批号检查一次。

（5）现浇型塑胶面层的配合比应符合设计要求，成品试件应检测合格。

（6）现浇型塑胶面层与基层应粘结牢固，面层厚度应一致，表面颗粒应均匀，不应有裂痕、分层、气泡、脱（秃）粒等现象；塑胶卷材面层的卷材与基层应粘结牢固，面层不应有断裂、起泡、起鼓、空鼓、脱胶、翘边、溢液等现象。

（7）塑胶面层的各组合层厚度、坡度、表面平整度应符合设计要求。

（8）塑胶面层应表面洁净，图案清晰，色泽一致；拼缝处的图案、花纹应吻合，无明显高低差及缝隙，无胶痕；与周边接缝应严密，阴阳角应方正、收边整齐。

（9）塑胶卷材面层的焊缝应平整、光洁，无焦化变色、斑点、焊瘤、起鳞等缺陷，焊缝凹凸允许偏差不应大于0.6mm。

10. 地面辐射供暖的整体面层

地面辐射供暖是指在建筑地面中铺设绝热层、隔离层、供热做法、填充层等构成的供热系统。其整体面层施工要求如下：

(1) 地面辐射供暖的整体面层宜采用水泥混凝土、水泥砂浆等，应在填充层上铺设；

(2) 采用的材料或产品除应符合设计要求和本规范相应面层的规定外，还应具有耐热性、热稳定性、防水、防潮、防霉变等特点；

(3) 面层铺设时不得扰动填充层，不得向填充层内楔入任何物件；

(4) 分格缝应符合设计要求，面层与柱、墙之间应留不小于10mm的空隙。

（二）板块面层铺设

板块面层是采用人工预制各种块材和加工的天然石板材铺砌的面层。这类板、块材面层质地坚硬、刚性大、易清洗、耐磨、花色多、色泽艳丽、美观，但造价高、施工质量要求高。

板块面层子分部工程包括砖面层、大理石和花岗石面层、预制板块面层、料石面层、塑料板面层、活动地板面层、金属板面层、地毯面层、地面辐射供暖的板块面层等分项工程。

1. 一般规定

(1) 铺设板块面层时，其水泥类基层的抗压强度不得小于1.2MPa。

(2) 铺设板块面层的结合层和板块间的填缝采用水泥砂浆时，应符合下列规定：

1) 配制水泥砂浆应采用硅酸盐水泥、普通硅酸盐水泥或矿渣硅酸盐水泥；

2) 配制水泥砂浆的砂应符合现行行业标准的有关规定；

3) 水泥砂浆的体积比（或强度等级）应符合设计要求。

(3) 结合层和板块面层填缝的胶结材料应符合国家现行有关标准的规定和设计要求。

(4) 铺设水泥混凝土板块、水磨石板块、人造石板块、陶瓷锦砖、陶瓷地砖、缸砖、水泥花砖、料石、大理石、花岗石等面层的结合层和填缝材料采用水泥砂浆时，在面层铺设后，表面应覆盖、湿润，养护时间不应少于7d。当板块面层的水泥砂浆结合层的抗压强度达到设计要求后，方可正常使用。

(5) 大面积板块面层的伸、缩缝及分格缝应符合设计要求。

(6) 板块类踢脚线施工时，不得采用混合砂浆打底。

(7) 板块面层的允许偏差和检验方法应符合表2-77的规定。

板块面层的允许偏差和检验方法　　　　　表2-77

项次	项目	允许偏差（mm）										检验方法
		陶瓷锦砖面层、高级水磨石板、陶瓷地砖面层	缸砖面层	水泥花砖面层	水磨石板块面层	大理石面层、花岗石面层、人造石面层、金属板面层	塑料板面层	水泥混凝土板块面层	碎拼大理石、碎拼花岗石面层	活动地板面层	条石面层	块石面层	
1	表面平整度	2.0	4.0	3.0	3.0	1.0	2.0	4.0	3.0	2.0	10	10	用2m靠尺和楔形塞尺检查

续表

项次	项目	允许偏差（mm）											检验方法
		陶瓷锦砖面层、高级水磨石板、陶瓷地砖面层	缸砖面层	水泥花砖面层	水磨石板块面层	大理石面层、花岗石面层、人造石面层、金属板面层	塑料板面层	水泥混凝土板块面层	碎拼大理石、碎拼花岗石面层	活动地板面层	条石面层	块石面层	
2	缝格平直	3.0	3.0	3.0	3.0	2.0	3.0	3.0	—	2.5	8.0	8.0	拉5m线和用钢尺检查
3	接缝高低差	0.5	1.5	0.5	1.0	0.5	0.5	1.5	—	0.4	2.0	—	用钢尺和楔形塞尺检查
4	踢脚线上口平直	3.0	4.0	—	4.0	1.0	2.0	4.0	1.0	—	—	—	拉5m线和用钢尺检查
5	板块间隙宽度	2.0	2.0	2.0	2.0	1.0	—	6.0	—	0.3	5.0	—	用钢尺检查

2. 砖面层

砖面层包括陶瓷锦砖、缸砖、陶瓷地砖和水泥花砖，应在结合层上铺设。

（1）在水泥砂浆结合层上铺贴缸砖、陶瓷地砖和水泥花砖面层时，应符合下列规定：

1）在铺贴前，应对砖的规格尺寸、外观质量、色泽等进行预选；需要时，浸水湿润、晾干待用；

2）勾缝和压缝应采用同品种、同强度等级、同颜色的水泥，并做养护和保护。

（2）在水泥砂浆结合层上铺贴陶瓷锦砖面层时，砖底面应洁净，每联陶瓷锦砖之间、与结合层之间以及在墙角、镶边和靠柱、墙处应紧密贴合。在靠柱、墙处不得采用砂浆填补。

（3）在胶结料结合层上铺贴缸砖面层时，缸砖应干净，铺贴应在胶结料凝结前完成。

（4）砖面层所用板块产品应符合设计要求和国家现行有关标准的规定。砖面层所用板块产品进入施工现场时，应有放射性限量合格的检测报告。

（5）面层与下一层的结合（粘结）应牢固，无空鼓（单块砖边角允许有局部空鼓，但每自然间或标准间的空鼓砖不应超过总数的5%）。

（6）砖面层的表面应洁净、图案清晰，色泽应一致，接缝应平整，深浅应一致，周边应顺直。板块应无裂纹、掉角和缺楞等缺陷。

(7) 面层邻接处的镶边用料及尺寸应符合设计要求，边角应整齐、光滑。

(8) 踢脚线表面应洁净，与柱、墙面的结合应牢固。踢脚线高度及出柱、墙厚度应符合设计要求，且均匀一致。

(9) 楼梯、台阶踏步的宽度、高度应符合设计要求。踏步板块的缝隙宽度应一致；楼层梯段相邻踏步高度差不应大于10mm；每踏步两端宽度差不应大于10mm，旋转楼梯梯段的每踏步两端宽度的允许偏差不应大于5mm。踏步面层应做防滑处理，齿角应整齐，防滑条应顺直、牢固。

(10) 面层表面的坡度应符合设计要求，不倒泛水、无积水；与地漏、管道结合处应严密牢固，无渗漏。

3. 大理石面层和花岗石面层

(1) 大理石、花岗石面层采用天然大理石、花岗石（或碎拼大理石、碎拼花岗石）板材，应在结合层上铺设（图2-56）。

图2-56 石材楼地面构造做法

(2) 板材有裂缝、掉角、翘曲和表面有缺陷时应予剔除，品种不同的板材不得混杂使用；在铺设前，应根据石材的颜色、花纹、图案、纹理等按设计要求，试拼编号。

(3) 铺设大理石、花岗石面层前，板材应浸湿、晾干；结合层与板材应分段同时铺设。

(4) 大理石、花岗石面层所用板块产品应符合设计要求和国家现行有关标准的规定。

(5) 大理石、花岗石面层所用板块产品进入施工现场时，应有放射性限量合格的检测报告。

(6) 面层与下一层应结合牢固，无空鼓（单块板块边角允许有局部空鼓，但每自然间或标准间的空鼓板块不应超过总数的5%）。

(7) 大理石、花岗石面层铺设前，板块的背面和侧面应进行防碱处理。

(8) 大理石、花岗石面层的表面应洁净、平整、无磨痕，且应图案清晰，色泽一致，接缝均匀，周边顺直，镶嵌正确，板块应无裂纹、掉角、缺棱等缺陷。

(9) 踢脚线表面应洁净，与柱、墙面的结合应牢固。踢脚线高度及出柱、墙厚度应符合设计要求，且均匀一致。

（10）面层表面的坡度应符合设计要求，不倒泛水、无积水；与地漏、管道结合处应严密牢固，无渗漏。用观察、泼水或用坡度尺及蓄水检查。

> **例 2-73** 下列关于大理石、花岗石楼地面面层的施工的说法中，错误的是（　　）。
> A 面层应铺设在结合层上
> B 板材的放射性限量合格检测报告是质量验收的主控项目
> C 在板材的背面、侧面应进行防碱处理
> D 整块面层与碎拼面层的表面平整度允许偏差值相等
> **解析：**《建筑地面工程施工质量验收规范》GB 50209—2010 表 6.1.8（表 2-77）规定，大理石、花岗石整块面层的平整度允许偏差是 1.0mm，碎拼面层的平整度允许偏差是 3.0mm。故 D 选项说法错误。
> **答案：**D

4. 预制板块面层

预制板块面层是采用水泥混凝土板块、水磨石板块、人造石板块，应在结合层上铺设。

（1）水泥混凝土板块面层的缝隙中，应采用水泥浆（或砂浆）填缝；彩色混凝土板块、水磨石板块、人造石板块应用同色水泥浆（或砂浆）擦缝。

（2）强度和品种不同的预制板块不宜混杂使用。

（3）板块间的缝隙宽度应符合设计要求。当设计无要求时，混凝土板块面层缝宽不宜大于 6mm，水磨石板块、人造石板块间的缝宽不应大于 2mm。预制板块面层铺完 24h 后，应用水泥砂浆灌缝至 2/3 高度，再用同色水泥浆擦（勾）缝。

（4）预制板块面层所用板块产品应符合设计要求和国家现行有关标准的规定。

（5）预制板块面层所用板块产品进入施工现场时，应有放射性限量合格的检测报告。

（6）面层与下一层应粘合牢固、无空鼓（单块板块边角允许有局部空鼓，但每自然间或标准间的空鼓板块不应超过总数的 5%）。

（7）预制板块表面应无裂缝、掉角、翘曲等明显缺陷。

（8）预制板块面层应平整洁净，图案清晰，色泽一致，接缝均匀，周边顺直，镶嵌正确。

（9）面层邻接处的镶边用料尺寸应符合设计要求，边角应整齐、光滑。

（10）踢脚线表面应洁净，与柱、墙面的结合应牢固。踢脚线高度及出柱、墙厚度应符合设计要求，且均匀一致。

5. 料石面层

料石面层是采用天然条石和块石，应在结合层上铺设。

（1）条石和块石面层所用的石材的规格、技术等级和厚度应符合设计要求。条石的质量应均匀，形状为矩形六面体，厚度为 80~120mm；块石形状为直棱柱体，顶面粗琢平整，底面面积不宜小于顶面面积的 60%，厚度为 100~150mm。

（2）不导电的料石面层的石料应采用辉绿岩石加工制成。填缝材料亦采用辉绿岩石加工的砂嵌实。耐高温的料石面层的石料，应按设计要求选用。

（3）条石面层的结合层宜采用水泥砂浆，其厚度应符合设计要求；块石面层的结合层宜采用砂垫层，其厚度不应小于60mm；基土层应为均匀密实的基土或夯实的基土。

（4）石材应符合设计要求和国家现行有关标准的规定；条石的强度等级应大于MU60，块石的强度等级应大于MU30。

（5）石材进入施工现场时，应有放射性限量合格的检测报告。

（6）面层与下一层应结合牢固、无松动。

（7）条石面层应组砌合理，无十字缝，铺砌方向和坡度应符合设计要求；块石面层石料缝隙应相互错开，通缝不应超过两块石料。

6. 塑料板面层

（1）塑料板面层应采用塑料板块材、塑料板焊接、塑料卷材以胶粘剂在水泥类基层上采用满粘或点粘法铺设。

（2）水泥类基层表面应平整、坚硬、干燥、密实、洁净、无油脂及其他杂质，不应有麻面、起砂、裂缝等缺陷。

（3）胶粘剂应按基层材料和面层材料使用的相容性要求，通过试验确定，其质量应符合国家现行有关标准的规定。

（4）焊条成分和性能应与被焊的板相同，其质量应符合有关技术标准的规定，并应有出厂合格证。

（5）铺贴塑料板面层时，室内相对湿度不宜大于70%，温度宜为10~32℃。

（6）塑料板面层施工完成后的静置时间应符合产品的技术要求。

（7）防静电塑料板配套的胶粘剂、焊条等应具有防静电性能。

（8）塑料板面层所用的塑料板块、塑料卷材、胶粘剂等应符合设计要求和国家现行有关标准的规定。

（9）塑料板面层采用的胶粘剂进入施工现场时，应有以下有害物质限量合格的检测报告：

1）溶剂型胶粘剂中的挥发性有机化合物（VOC）、苯、甲苯+二甲苯；

2）水性胶粘剂中的挥发性有机化合物（VOC）和游离甲醛。

（10）面层与下一层的粘结应牢固，不翘边、不脱胶、无溢胶（单块板块边角允许有局部脱胶，但每自然间或标准间的脱胶板块不应超过总数的5%；卷材局部脱胶处面积不应大于20cm²，且相隔间距应大于或等于50cm）。

（11）塑料板面层应表面洁净，图案清晰，色泽一致，接缝应严密、美观。拼缝处的图案、花纹应吻合，无胶痕；与柱、墙边交接应严密，阴阳角收边应方正。

（12）板块的焊接，焊缝应平整、光洁，无焦化变色、斑点、焊瘤和起鳞等缺陷，其凹凸允许偏差不应大于0.6mm。焊缝的抗拉强度应不小于塑料板强度的75%。

（13）镶边用料应尺寸准确、边角整齐、拼缝严密、接缝顺直。

（14）踢脚线宜与地面面层对缝一致，踢脚线与基层的粘合应密实。

7. 活动地板面层

（1）活动地板面层宜用于有防尘和防静电要求的专业用房的建筑地面。应采用特制的平压刨花板为基材，表面可饰以装饰板，底层应用镀锌板经粘结胶合形成活动地板块，配以横梁、橡胶垫条和可供调节高度的金属支架组装成架空板，应在水泥类面层（或基层）上铺设。

（2）活动地板所有的支座柱和横梁应构成框架一体，并与基层连接牢固；支架抄平后高度应符合设计要求。

（3）活动地板面层应包括标准地板、异形地板和地板附件（即支架和横梁组件）。采用的活动地板块应平整、坚实，面层承载力不应小于 7.5MPa，A 级板的系统电阻应为 $1.0\times10^5 \sim 1.0\times10^8 \Omega$，B 级板的系统电阻应为 $1.0\times10^7 \sim 1.0\times10^{10} \Omega$。

（4）活动地板面层的金属支架应支承在现浇水泥混凝土基层（或面层）上，基层表面应平整、光洁、不起灰。

（5）当房间的防静电要求较高，需要接地时，应将活动地板面层的金属支架、金属横梁连通跨接，并与接地体相连，接地方法应符合设计要求。

（6）活动板块与横梁接触搁置处应达到四角平整、严密。

（7）当活动地板不符合模数时，其不足部分可在现场根据实际尺寸将板块切割后镶补，并应配装相应的可调支撑和横梁。切割边不经处理不得镶补安装，并不得有局部膨胀变形情况。

（8）活动地板在门口处或预留洞口处应符合设置构造要求，四周侧边应用耐磨硬质板材封闭或用镀锌钢板包裹，胶条封边应符合耐磨要求。

（9）活动地板与柱、墙面接缝处的处理应符合设计要求，设计无要求时应做木踢脚线；通风口处，应选用异形活动地板铺贴。

（10）用于电子信息系统机房的活动地板面层，其施工质量检验尚应符合现行国家标准《数据中心基础设施施工及验收规范》GB 50462 的有关规定。

（11）活动地板应符合设计要求和国家现行有关标准的规定，且应具有耐磨、防潮、阻燃、耐污染、耐老化和导静电等性能。

（12）活动地板面层应安装牢固，无裂纹、掉角和缺棱等缺陷。

（13）活动地板面层应排列整齐、表面洁净、色泽一致、接缝均匀、周边顺直。

例 2-74 下列关于活动地板的构造做法错误的是（　　）。
A　活动地板所有的支座柱和横梁应构成框架一体，并与基层连接牢固
B　活动地板块应平整、坚实，面层承载力不得小于规定数值
C　当活动地板不符合模数时，在现场根据实际尺寸切割板块后即可镶补安装
D　在预留洞口处，活动地板块四周侧边应用耐磨硬质板材封闭或用镀锌钢板包裹，胶条封边应符合耐磨要求

解析：《建筑地面工程施工质量验收规范》GB 50209—2010 表 6.7.7 条规定，当活动地板不符合模数时，其不足部分可在现场根据实际尺寸将板块切割后镶补，并应配装相应的可调支撑和横梁。切割边不经处理不得镶补安装，并不得有局部膨胀变形情况。即切割边应经处理后方可镶补安装，故 C 选项"切割后即可镶补安装"的做法错误。

答案：C

8. 金属板面层

金属板面层采用镀锌板、镀锡板、复合钢板、彩色涂层钢板、铸铁板、不锈钢板、铜板及其他合成金属板铺设。

(1) 金属板面层及其配件宜使用不锈蚀或经过防锈处理的金属制品。

(2) 用于通道（走道）和公共建筑的金属板面层，应按设计要求进行防腐、防滑处理。

(3) 金属板面层的接地做法应符合设计要求。

(4) 具有磁吸性的金属板面层不得用于有磁场所。

(5) 面层与基层的固定方法、面层的接缝处理应符合设计要求。

(6) 面层及其附件如需焊接，焊缝质量应符合设计要求和现行国家标准《钢结构工程施工质量验收规范》GB 50205 的有关规定。

(7) 面层与基层的结合应牢固，无翘边、松动、空鼓等。

(8) 金属板应符合设计要求和国家现行有关标准的规定。表面应无裂痕、刮伤、刮痕、翘曲等外观质量缺陷。

(9) 面层应平整、洁净、色泽一致，接缝应均匀，周边应顺直。镶边用料及尺寸应符合设计要求，边角应整齐。

(10) 踢脚线表面应洁净，与柱、墙面的结合应牢固。踢脚线高度及出柱、墙厚度应符合设计要求，且均匀一致。

9. 地毯面层

地毯面层是采用地毯块材或卷材，以空铺法或实铺法铺设。要求如下：

(1) 铺设地毯的地面面层（或基层）应坚实、平整、洁净、干燥，无凹坑、麻面、起砂、裂缝，并不得有油污、钉头及其他突出物。

(2) 地毯衬垫应满铺平整，地毯拼缝处不得露底衬。

(3) 空铺地毯面层应符合下列要求：

1) 块材地毯宜先拼成整块，然后按设计要求铺设；

2) 块材地毯的铺设，块与块之间应挤紧服帖；

3) 卷材地毯宜先长向缝合，然后按设计要求铺设；

4) 地毯面层的周边应压入踢脚线下；

5) 地毯面层与不同类型的建筑地面面层的连接处，其收口做法应符合设计要求。

(4) 实铺地毯面层应符合下列要求：

1) 实铺地毯面层采用的金属卡条（倒刺板）、金属压条、专用双面胶带、胶粘剂等应符合设计要求；

2) 铺设时，地毯的表面层宜张拉适度，四周应采用卡条固定；门口处宜用金属压条或双面胶带等固定；

3) 地毯周边应塞入卡条和踢脚线下；

4) 地毯面层采用胶粘剂或双面胶带粘结时，应与基层粘贴牢固。

(5) 楼梯地毯面层铺设时，梯段顶级（头）地毯应固定于平台上，其宽度应不小于标准楼梯台阶踏步尺寸；阴角处应固定牢固；梯段末级（头）地毯与水平段地毯的连接处应顺畅、牢固。

(6) 地毯面层采用的材料应符合设计要求和国家现行有关标准的规定。

(7) 地毯面层采用的材料进入施工现场时,应有地毯、衬垫、胶粘剂中的挥发性有机化合物(VOC)和甲醛限量合格的检测报告。

(8) 地毯表面应平服,拼缝处应粘贴牢固、严密平整、图案吻合。

(9) 地毯表面不应起鼓、起皱、翘边、卷边、显拼缝、露线和毛边,绒面毛应顺光一致,毯面应洁净、无污染和损伤。

(10) 地毯同其他面层连接处、收口处和墙边、柱子周围应顺直、压紧。

10. 地面辐射供暖的板块面层

(1) 地面辐射供暖的板块面层宜采用缸砖、陶瓷地砖、花岗石、水磨石板块、人造石板块、塑料板等,应在填充层上铺设(图2-57)。

图 2-57 地面辐射供暖一般构造

(2) 地面辐射供暖的板块面层采用胶结材料粘贴铺设时,填充层的含水率应符合胶结材料的技术要求。

(3) 地面辐射供暖的板块面层铺设时不得扰动填充层,不得向填充层内楔入任何物件。面层铺设尚应符合面层材料相关的铺设要求。

(4) 地面辐射供暖的板块面层采用的材料或产品除应符合设计要求和本规范相应面层的规定外,还应具有耐热性、热稳定性、防水、防潮、防霉变等特点。

(5) 地面辐射供暖的板块面层的伸、缩缝及分格缝应符合设计要求;面层与柱、墙之间应留不小于10mm的空隙。

(三) 木、竹面层铺设

木、竹地面面层是指表面由木、竹板铺钉或胶合而成的地面。它的优点是富有弹性、耐磨、不起灰、易洁、不泛潮、纹理及色泽自然美观、蓄热系数小。但也存在耐火性差、潮湿环境下易腐朽、易产生裂缝和翘曲变形等缺陷。

木、竹面层子分部工程有实木地板面层、实木集成地板面层、竹地板面层、实木复合地板面层、浸渍纸层压木质地板面层(即强化复合木地板)、软木类地板面层、地面辐射供暖的木板面层等(包括免刨、免漆类)面层分项工程。

木、竹地面按构造及安装方法,可分为空铺法和实铺法。空铺法需设置搁栅,按有无地垄墙等分为架空铺设和不架空铺设(图2-58);实铺法不设搁栅,按与基层的关系分为无粘结(可设垫层地板)和有粘结(面层直接与水泥类基层粘结),粘贴形式又分为满粘

图 2-58 某不架空木地板构造平面

和点粘式。

1. 一般规定

(1) 木搁栅、垫木、垫层地板等采用木材的树种、选材标准和铺设时的含水率以及防腐、防蛀处理等,均应符合相应国家标准的规定。材料应符合设计要求。进场时应对其断面尺寸、含水率等主要技术指标进行抽检。

(2) 固定和加固用的金属件应采用不锈蚀或经过防锈处理的金属件。

(3) 与厕浴间、厨房等潮湿场所相邻的木、竹面层的连接处应做防水(防潮)处理。

(4) 在水泥类基层上铺设木、竹面层时,基层表面应坚硬、平整、洁净、不起砂,表面含水率不应大于8%。

(5) 搁栅下架空结构层(或构造层)的质量及检验,应符合国家相应标准的规定。

(6) 通风构造层(包括室内通风沟、地面通风孔、室外通风窗等),均应符合设计要求。

(7) 面层采用的地板、铺设时的木(竹)材含水率、胶粘剂等应符合设计要求和国家现行有关标准的规定。

(8) 地板面层材料进场时,应有以下有害物质限量合格的检测报告:

1) 地板中的游离甲醛(释放量或含量);

2) 溶剂型胶粘剂中的挥发性有机化合物(VOC)、苯、甲苯+二甲苯;

3) 水性胶粘剂中的挥发性有机化合物(VOC)和游离甲醛。

(9) 木搁栅、垫木和垫层地板等应做防腐、防蛀处理。

(10) 木、竹面层施工的允许偏差和检验方法应符合表2-78的规定。

木、竹面层的允许偏差和检验方法   表2-78

项次	项目	允许偏差(mm)				检验方法
		实木地板、实木集成地板、竹地板面层			浸渍纸层压木质地板、实木复合地板、软木类地板面层	
		松木地板	硬木地板	拼花地板		
1	板面缝隙宽度	1.0	0.5	0.2	0.5	用钢尺检查
2	表面平整度	3.0	2.0	2.0	2.0	用2m靠尺和楔形塞尺检查

续表

项次	项目	允许偏差（mm）				检验方法
		实木地板、实木集成地板、竹地板面层			浸渍纸层压木质地板、实木复合地板、软木类地板面层	
		松木地板	硬木地板、竹地板	拼花地板		
3	踢脚线上口平齐	3.0	3.0	3.0	3.0	拉5m线和用钢尺检查
4	板面拼缝平直	3.0	3.0	3.0	3.0	
5	相邻板材高差	0.5	0.5	0.5	0.5	用钢尺和楔形塞尺检查
6	踢脚线与面层的接缝	1.0				楔形塞尺检查

2. 实木地板、实木集成地板、竹地板面层

（1）地板面层应采用条材或块材或拼花，以空铺或实铺方式在基层上铺设。

（2）采用双层面层和单层面层铺设，其厚度应符合设计要求；其选材应符合国家现行有关标准的规定。

（3）铺设面层时，其木搁栅的截面尺寸、间距和固定方法等均应符合设计要求。

（4）木搁栅固定时，不得损坏基层和预埋管线。木搁栅应垫实钉牢，与柱、墙之间留出20mm的缝隙，表面应平直，其间距不宜大于300mm。木搁栅安装应牢固、平直。

（5）当面层下铺设垫层地板时，垫层地板的髓心应向上，板间缝隙不应大于3mm，与柱、墙之间应留8~12mm的空隙，表面应刨平。

（6）面层铺设时，相邻板材接头位置应错开不小于300mm的距离；与柱、墙之间应留8~12mm的空隙。

（7）面层采用粘、钉工艺时，接缝应对齐，粘、钉应严密；缝隙宽度应均匀一致；铺设应牢固；粘结应无空鼓、松动；表面应洁净，无溢胶现象。

（8）实木地板、实木集成地板面层应刨平、磨光，无明显刨痕和毛刺等现象；图案应清晰，颜色应均匀一致。

（9）竹地板面层的品种与规格应符合设计要求，板面应无翘曲；面层缝隙应严密；接头位置应错开，表面应平整、洁净。

（10）席纹实木地板面层、拼花实木地板面层的铺设应符合规范的有关要求。

（11）采用实木制作的踢脚线，背面应抽槽并做防腐处理。踢脚线应表面光滑，接缝严密，高度一致。

3. 实木复合地板面层

（1）实木复合地板面层采用的材料、铺设方式、铺设方法、厚度以及垫层地板铺设等要求，均与实木地板相同。

（2）面层应采用空铺法或粘贴法（满粘或点粘）铺设。采用粘贴法铺设时，粘贴材料应按设计要求选用，并应具有耐老化、防水、防菌、无毒等性能。

（3）面层下衬垫的材料和厚度应符合设计要求。

（4）大面积铺设实木复合地板面层时，应分段铺设，分段缝的处理应符合设计要求。

> **例 2-75** 下列实木复合地板的说法中，正确的是（　　）。
> A 大面积铺设时应连续铺设
> B 相邻板材接头位置应错开，间距不小于 300mm
> C 不应采用粘贴法铺设
> D 不应采用无龙骨空铺法铺设
> **解析**：《建筑地面工程施工质量验收规范》GB 50209—2010 第 7.3.5 条规定，大面积铺设实木复合地板面层时，应分段铺设。可见 A 选项说法错误。第 7.3.4 条规定，实木复合地板面层铺设时，相邻板材接头位置应错开，间距不小于 300mm。可见 B 选项说法正确。第 7.3.2 条规定，实木复合地板面层应采用空铺法或粘贴法（满粘或点粘）铺设。可见 C 选项说法错误。第 7.3.4 条还规定，当面层采用无龙骨的空铺法铺设时，应在面层与柱、墙之间的空隙内加设金属弹簧卡或木楔子。即可以采用"无龙骨的空铺法"铺设，但需用弹簧卡或木楔子与墙、柱顶紧，可见 D 选项说法错误。
> **答案**：B

4. 浸渍纸层压木质地板面层

(1) 面层应采用条材或块材，以空铺或粘贴方式在基层上铺设。

(2) 可采用有垫层地板和无垫层地板的方式铺设。垫层地板的材料和厚度应符合设计要求。

(3) 地板面层的图案和颜色应符合设计要求，图案应清晰，颜色应一致，板面应无翘曲。

(4) 其他安装铺设要求同木地板。

5. 软木类地板面层

(1) 软木类地板面层应采用软木地板或软木复合地板的条材或块材，在水泥类基层或垫层地板上铺设。软木地板面层应采用粘贴方式铺设，软木复合地板面层应采用空铺方式铺设。

(2) 软木类地板面层的厚度应符合设计要求。

(3) 垫层地板在铺设时，与柱、墙之间应留不大于 20mm 的空隙，表面应刨平。

(4) 相邻板材接头位置应错开不小于 1/3 板长且不小于 200mm 的距离。

(5) 软木类地板面层的拼图、颜色等应符合设计要求，板面应无翘曲。

(6) 其他安装铺设要求同木地板。

6. 地面辐射供暖的木板面层

(1) 地面辐射供暖的木板面层宜采用实木复合地板、浸渍纸层压木质地板等。采用的材料或产品除应符合设计要求和规范相应面层的规定外，还应具有耐热性、热稳定性、防水、防潮、防霉变等特点。

(2) 面层应在填充层上铺设。可采用空铺法或胶粘法（满粘或点粘）铺设。当面层设置垫层地板时，垫层地板的材料和厚度应符合设计要求。

(3) 与填充层接触的龙骨、垫层地板、面层地板等均应采用胶粘法铺设。铺设时，填充层的含水率应符合胶粘剂的技术要求。

（4）面层铺设时不得扰动填充层，不得向填充层内楔入任何物件。面层铺设应符合实木复合地板、浸渍纸层压木质地板的规定。

（5）面层采用无龙骨的空铺法铺设时，应在填充层上铺设一层耐热防潮纸（布）。防潮纸（布）应采用胶粘搭接，搭接尺寸应合理，铺设后表面应平整，无皱褶。

（6）面层与柱、墙之间应留不小于10mm的空隙。

习　题

2-1　见证检验是指（　　），按照有关规定从施工现场随机抽取试样，送至具备相应资质的检测机构进行检验的活动。
A　工程监理单位在施工单位或建设单位的见证下
B　建设单位在施工单位或工程监理单位的见证下
C　施工单位在工程监理单位或建设单位的见证下
D　检测机构在施工单位或工程监理单位的见证下

2-2　复验是指建筑材料、设备等进入施工现场后，在（　　）符合要求的基础上，按照有关规定从施工现场抽取试样送至试验室进行检验的活动。
A　外观质量和数量检查
B　质量证明文件核查
C　外观质量检查和质量证明文件核查
D　外观质量和数量检查、质量证明文件核查

2-3　主控项目是指建筑工程中对（　　）起决定性作用的检验项目。
A　质量、进度、安全和费用
B　自检、互检、交接检和竣工验收
C　结构安全、节能环保、使用功能和建筑寿命
D　安全、节能、环境保护和主要使用功能

2-4　质量验收是通过对工程进行检查检验、对技术文件进行审核，并根据（　　）以书面形式对工程质量是否达到合格作出确认。
A　设计文件和相关标准　　　　　　B　设计图纸和国家规范
C　工程合同和设计图纸　　　　　　D　国家标准和验收规范

2-5　质量验收的对象包括（　　）。
A　检验批、分项工程、分部工程
B　分项工程、分部工程、单位工程
C　分项工程、分部工程、单位工程、群体工程
D　检验批、分项工程、分部工程、单位工程、隐蔽工程

2-6　按照《建筑工程施工质量统一验收标准》的规定，为保证施工质量，施工现场应具有（　　）。①健全的质量管理体系；②相应的施工技术标准；③施工质量检验制度；④综合施工质量水平评定考核制度；⑤施工质量管理计划
A　①②③④　　　　B　①②③⑤　　　　C　①③④⑤　　　　D　②③④⑤

2-7　未实行监理的建筑工程，应由（　　）履行监理职责。
A　工程设计负责人　　　　　　　　B　承包单位技术负责人
C　建设单位相关人员　　　　　　　D　地区质量监督部门责成人员

2-8　对进场的材料是否进行复验以及复验哪些指标，没有决定权的是（　　）。
A　专业工程施工规范　　　　　　　B　专业工程验收规范

C 本工程设计文件 D 本工程施工组织设计

2-9 对涉及( )的重要材料、产品,应进行复验,并应经监理工程师检查认可。
A 质量、进度、安全和成本
B 抗冻、耐久、节能环保和装饰效果
C 安全、节能、环境保护和主要使用功能
D 结构安全、节能环保、使用功能和建筑寿命

2-10 每道施工工序完成后,经( )符合规定后,才能进行下道工序施工。
A 施工单位自检　　B 设计单位检验　　C 监理单位检验　　D 后续施工单位

2-11 在下列( )条件下,不允许调整抽样复验、试验数量。
A 同一项目中由相同施工单位施工的多个单位工程,使用同一生产厂家的同品种、同规格、同批次的材料、构配件、设备
B 同一施工单位在现场加工的成品、半成品、构配件用于同一项目中的多个单位工程
C 在同一项目中,针对同一抽样对象已有检验成果可以重复利用
D 同一施工单位有丰富施工经验和成功案例

2-12 当专业验收规范对工程中的验收项目未作出相应规定时,应由( )制定专项验收要求。
A 建设单位组织监理、设计、施工等相关单位
B 设计单位组织建设、监理、施工等相关单位
C 监理单位组织建设、设计、施工等相关单位
D 施工单位组织建设、监理、设计等相关单位

2-13 下列关于施工质量验收的说法,不正确的是( )。
A 工程质量验收均应在施工单位自检合格的基础上进行
B 检验批的质量应按主控项目和一般项目验收
C 对涉及结构安全、节能、环境保护和使用功能的重要分部工程,应在验收前按规定进行抽样检验
D 工程的观感质量,应通过验收资料及图片、视频等进行检查确认

2-14 评判工程质量是否合格的依据,不包括( )。
A 工程勘察、设计文件　　　　B 建筑工程施工质量统一验收标准
C 相关专业施工规范　　　　　D 相关专业验收规范

2-15 下列关于建筑工程质量验收划分的说法,错误的是( )。
A 建筑工程施工质量验收应划分为单位工程、分部工程、分项工程和检验批
B 具备独立施工条件并能形成独立使用功能的建筑物或构筑物为一个单位工程,对于规模较大的单位工程,可将其能形成独立使用功能的部分划分为一个子单位工程
C 分部工程可按专业性质、工程部位确定;当分部工程较大或较复杂时,可按材料种类、施工特点、施工程序、专业系统及类别划分为若干子分部工程
D 检验批可按主要工种、材料、施工工艺、设备类别进行划分

2-16 施工前,应由( )制定分项工程和检验批的划分方案。
A 施工单位　　　　B 设计单位　　　　C 监理单位　　　　D 建设单位

2-17 室外的建筑小品、亭台、水景、连廊、花坛、场坪绿化、景观桥等,每一项都属于一个( )。
A 单位工程　　　　B 子单位工程　　　　C 分部工程　　　　D 分项工程

2-18 关于检验批质量验收合格的说法,不符合规定的是( )。
A 主控项目的质量经抽样检验均应合格
B 一般项目的质量经抽样检验应基本合格
C 一般项目当采用计数抽样时,合格点率应符合有关专业验收规范的规定,且不得存在严重缺陷

D 应具有完整的施工操作依据、质量验收记录

2-19 下列关于分项工程质量验收的说法，不正确的是( )。
A 应在所含检验批验收的基础上进行
B 所含检验批的质量均应合格
C 所含检验批的质量验收记录应完整
D 分主控项目和一般项目进行验收

2-20 下列有关分部工程质量验收合格的说法，不正确的是( )。
A 所含分项工程的质量均应验收合格
B 质量控制资料应完整
C 有关安全、节能、环境保护和主要使用功能的检验资料应完整
D 观感质量应符合要求

2-21 有关单位工程质量验收合格的说法，不正确的是( )。
A 所含分部工程的质量均应验收合格
B 质量控制资料应完整
C 所含分部工程中有关安全、节能、环境保护和主要使用功能的检验资料应完整
D 观感质量的抽查结果应符合相关专业验收规范的规定

2-22 当建筑工程施工质量不符合要求时，以下说法不正确的是( )。
A 经返工或返修的检验批，可不再进行验收
B 经有资质的检测机构检测鉴定能够达到设计要求的检验批，应予以验收
C 经有资质的检测机构检测鉴定达不到设计要求、但经原设计单位核算认可能够满足安全和使用功能的检验批，可予以验收
D 经返修或加固处理的分项、分部工程，满足安全及使用功能要求时，可按技术处理方案和协商文件的要求予以验收

2-23 下列有关建筑工程质量验收组织的说法，不正确的是( )。
A 检验批应由专业监理工程师组织施工单位项目专业质量检查员、专业工长等进行验收
B 分项工程应由专业监理工程师组织施工单位项目专业技术负责人等进行验收
C 分部工程应由总监理工程师组织施工单位项目负责人和项目技术负责人等进行验收
D 单位工程应由总监理工程师组织建设、施工、设计、勘察等单位项目负责人进行验收

2-24 下列有关单位工程施工质量验收的程序，正确的是( )。
① 施工单位向建设单位提交工程竣工报告，申请工程竣工验收；
② 总监理工程师组织各专业监理工程师对工程质量进行竣工预验收；
③ 施工单位组织内部有关人员进行自检；
④ 施工单位对存在的施工质量问题整改
A ①②③④　　　B ③④②①　　　C ④③②①　　　D ③②④①

2-25 设计单位项目负责人可不参加的质量验收是( )。
A 地基与基础分部工程的验收　　B 主体结构、节能分部工程的验收
C 建筑装饰装修、屋面分部工程的验收　　D 单位工程竣工验收

2-26 关于单位工程质量竣工验收记录表填写人的说法，不正确的是( )。
A 验收记录应由施工单位填写
B 验收结论由监理单位填写
C 综合验收结论由建设单位填写
D 综合验收结论应经参加验收各方共同商定，由建设单位填写

2-27 (2018，2021)砌体工程施工中，砌体中上下皮砌块搭接长度小于规定数值的竖向灰缝被称

为( )。

A 通缝 B 错缝 C 假缝 D 瞎缝

2-28 下列关于砌体结构施工的说法,错误的是( )。
A 基底标高不同时,应由低处向高处搭砌
B 宽度小于1m的窗间墙不得设置脚手眼
C 宽度超过300mm的洞口上部,应设置钢筋混凝土过梁
D 正常条件下,小砌块砌体每日砌筑高度不宜超过1.5m或一步脚手架高度

2-29 (2018)通常情况下,用于控制砌筑墙体每皮砖及灰缝竖向尺寸的方法是( )。
A 放线 B 摆砖样 C 立皮数杆 D 铺灰砌砖

2-30 砌体施工时,下述对砌筑砂浆要求不正确的是( )。
A 水泥进场时应对其强度、安定性进行复验
B 拌制砂浆时不得直接使用消石灰粉
C 现场拌制时各种材料应采用体积比计量
D 加水拌制后3h内用完

2-31 (2017)一般情况下,基础墙砌筑宜选用的砂浆是( )。
A 水泥砂浆 B 石灰砂浆 C 混合砂浆 D 特种砂浆

2-32 (2017)竖向灰缝砂浆的饱满度对砌体影响最大的是( )。
A 抗压强度 B 抗剪强度 C 抗弯强度 D 抗拉强度

2-33 (2012)砖墙砌体留直槎时,应放拉结钢筋,下列说法错误的是( )。
A 每半砖放一根 B 端部弯成90°弯钩
C 间距不大于500mm D 两端延伸长度从留槎处算起应不小于400mm

2-34 关于砖砌体工程施工的说法,错误的是( )。
A 砌筑烧结普通砖时,砖应提前1~2d适当湿润
B 非气候干燥炎热时,混凝土实心砖不需要浇水湿润
C 砖砌体挑出层的外皮砖,应整砖丁砌
D 有冻胀环境和条件的地区,地面以下可采用多孔砖

2-35 (2018)抗震设防烈度7度地区的砖砌体施工中,关于临时间断处留槎的说法,正确的是( )。
A 不得留斜槎 B 直槎应做成平槎
C 转角必须留直槎 D 直槎必须做成凸槎

2-36 关于混凝土小型空心砌块砌体工程,下列表述正确的是( )。
A 防潮层以下的砌体应采用不低于C30的混凝土灌孔
B 水平灰缝和竖向灰缝的砂浆饱满度,按净面积计算均不得低于80%
C 小砌块应底面朝下砌于墙上
D 小型空心砌块的产品龄期不应小于28d

2-37 砌体的构造柱与墙体连接处要砌成马牙槎。马牙槎要先退后进,高度不超过( )。
A 200mm B 300mm C 500mm D 600mm

2-38 某填充墙采用轻骨料混凝土空心砌块砌筑,下列做法错误的是( )。
A 厨房、卫生间墙底现浇150mm高混凝土坎台
B 水平、垂直灰缝的砂浆饱满度不低于80%和60%
C 上下层错缝搭接长度最小为90mm
D 大面积墙体砌筑完成14d以后,顶部用普通砖斜砌,与梁板顶牢

2-39 关于砌体工程冬期施工的说法,错误的是( )。

A 当室外日平均气温连续 5d 稳定低于 5℃时,应采取冬期施工措施
B 砌体用块体不得遭水浸冻
C 冻结的石灰膏经融化后也不能使用
D 砖砌体在 0℃条件下砌筑时,砖可不浇水但应增大砂浆稠度

2-40 (2017)下列砌体冬期施工应控制的温度中,错误的是( )。
A 砂浆拌和水的最高温度
B 砂浆拌和时砂的最高温度
C 掺外加剂法施工时砂浆的最高温度
D 暖棚法施工中块体砌筑时的最低温度

2-41 关于混凝土结构工程检验批的质量验收,如下对合格的说法不正确的是( )。
A 主控项目抽样检验均应合格
B 一般项目抽样检验应合格
C 一般项目采用计数抽样检验时,合格点率不低于 60%,且无严重缺陷
D 有完整的质量检验记录,重要工序有完整的施工操作记录

2-42 (2018)现浇混凝土结构工程的模板及其支架的设计依据不包括( )。
A 工程结构稳定性　B 安装工况　C 使用工况　D 拆除工况

2-43 (2019)根据《混凝土结构工程施工质量验收规范》GB 50204—2015,现浇混凝土结构及其支架设计时,通常不作为基本要求的是( )。
A 耐候性　B 承载力　C 稳固性　D 刚度

2-44 (2021)支设模板不考虑( )的要求。
A 冻融预防　B 起拱设置　C 经济性　D 排水设施

2-45 (2018)关于现浇混凝土结构的模板和支架施工的说法,正确的是( )。
A 模板及其支架的拆除顺序应由项目监理工程师确定
B 安装现浇结构的上层模板及其支架时,上下层模板支架的竖杆宜错开
C 在涂刷模板隔离剂时,不得沾污钢筋和混凝土接槎处
D 在混凝土浇筑前,必须对模板浇水湿润

2-46 混凝土结构施工时,有关后浇带模板说法正确的是( )。
A 支顶和拆除应按施工图设计要求执行
B 支顶和拆除应按监理工程师的指令执行
C 模板及支架均应独立设置
D 模板及支架应与其他模板连成整体

2-47 成型钢筋进场时,应抽取试件做哪几项检验?( )
Ⅰ 屈服强度; Ⅱ 抗拉强度; Ⅲ 伸长率; Ⅳ 重量偏差
A Ⅱ、Ⅲ　B Ⅰ、Ⅲ　C Ⅱ、Ⅲ、Ⅳ　D Ⅰ、Ⅱ、Ⅲ、Ⅳ

2-48 在混凝土结构预应力分项工程验收的一般项目中,预应力成孔管道进场检验的内容不包括( )。
A 外观质量检查　B 抗拉强度检验　C 径向刚度检验　D 抗渗漏性能检验

2-49 对混凝土拌合物的要求中,下述不正确的是( )。
A 不应有严重离析
B 稠度应满足施工方案的要求
C 有耐久性、抗冻性指标要求者,应在现场取样进行相关检验
D 首次使用的配合比应进行开盘鉴定

2-50 关于施工缝或后浇带处浇筑混凝土,做法正确的是( )。
A 结合面应为光滑面,并应清除浮浆、松动石子、软弱混凝土层
B 结合面处应洒水湿润,并留少量积水

C 柱、墙浇筑前，底部先垫 50～100mm 厚的水泥砂浆
D 当设计无具体要求时，后浇带混凝土强度等级宜比两侧混凝土提高一级

2-51 混凝土浇筑后应及时养护，用硅酸盐水泥配制的混凝土，浇水养护时间不得少于（ ）。
A 3d　　　　　　B 7d　　　　　　C 9d　　　　　　D 14d

2-52 （2019）关于现浇混凝土结构外观质量验收的说法，错误的是（ ）。
A 应在混凝土表面未做修整和装饰前进行
B 根据缺陷的性质和数量对外观质量进行评定
C 根据其对结构性能和使用功能影响的严重程度由各方共同确定
D 外观质量缺陷性质应由设计单位最终认定

2-53 对允许出现裂缝的预应力混凝土梁板类装配式构件，应进行的检验不包括（ ）。
A 承载力检验　　B 挠度检验　　C 裂缝宽度检验　　D 抗裂检验

2-54 （2021）梁板类简支受弯预制构件进场时应进行结构性能检验，对于有可靠应用经验的大型构件，可不进行检验的项目是（ ）。
A 承载力　　　　B 抗裂　　　　C 裂缝宽度　　　　D 挠度

2-55 下列关于工程防水的说法，正确的是（ ）。
A 工程防水应遵循因地制宜、以排为主、防排结合、综合治理的原则
B 地下工程防水的设计工作年限不应低于 50 年
C 种植屋面和地下建（构）筑物种植顶板工程防水等级应不低于二级，并设置耐根穿刺的保护层
D 防水层验收合格后方可进行下一道工序的施工

2-56 依据工程类别和工程防水使用环境类别，工程防水等级分为（ ）。
A 两个等级　　　B 三个等级　　　C 四个等级　　　D 五个等级

2-57 采用明挖法施工的现浇混凝土地下建筑工程，当为一级防水时，下列说法错误的是（ ）。
A 防水做法应不少于 3 道，且迎水面结构必须是防水混凝土
B 外设防水层应至少有 1 道为防水卷材或防水涂料
C 外设防水层不可采用水泥基防水材料
D 所用防水混凝土的抗渗等级不低于 P8

2-58 下列关于防水混凝土要求的说法，错误的是（ ）。
A 防水混凝土的强度等级不应低于 C25
B 防水混凝土试配时，其抗渗等级应比设计要求提高 0.2MPa
C 防水混凝土除应满足抗压、抗渗和抗裂要求外，尚应满足工程所处环境和工作条件的耐久性要求
D 防水混凝土结构的厚度不应小于 300mm

2-59 对年降水量为 400mm 及以上的民用建筑，其屋面防水等级为（ ）。
A 一级　　　　　B 二级　　　　　C 三级　　　　　D 四级

2-60 对于防水等级为二级的平屋面，其防水做法要求是（ ）。
A 防水层不应少于 1 道，卷材、涂料、水泥基材料均可
B 防水层不应少于 2 道，其中至少 1 道应为涂料防水层
C 防水层不应少于 3 道，其中至少 1 道应为卷材防水层
D 防水层不应少于 2 道，其中至少 1 道应为卷材防水层

2-61 关于防水混凝土使用水泥的说法，正确的是（ ）。
A 宜采用普通硅酸盐水泥　　　　　B 宜采用矿渣硅酸盐水泥
C 宜采用粉煤灰硅酸盐水泥　　　　D 宜采用火山灰硅酸盐水泥

2-62 （2017）下列措施中，属于提高地下结构自防水功能的是（ ）。

  A 在结构墙体的内侧面做防水处理   B 在结构墙体的外侧面做防水处理
  C 调整混凝土的配合比或加入外加剂   D 在结构墙体的迎水面做防水保护层

2-63 (2012)抗渗混凝土养护期不得少于(　　)。
  A 7d   B 12d   C 14d   D 21d

2-64 关于防水混凝土配比及施工的要求，下列表述不正确的是(　　)。
  A 确定配合比试配时，抗渗水压值应比设计值提高 0.2MPa
  B 水胶比不得大于 0.5
  C 结构厚度不应小于 200mm
  D 结构表面的裂缝宽度不应大于 0.2mm，且不得贯通

2-65 (2019、2022)地下结构防水混凝土首先要满足的要求是(　　)。
  A 抗渗等级   B 抗压强度   C 抗冻要求   D 抗侵蚀性

2-66 防水混凝土最好一次浇筑不留施工缝，如必须留，下列做法不正确的是(　　)。
  A 垂直施工缝避开水多地段
  B 水平施工缝留在距底板上表面不小于 200mm 的墙身上
  C 留缝处加止水带、遇水膨胀止水条或预埋注浆管，其材料及构造应符合设计要求
  D 接缝时已浇混凝土强度不低于 1.2MPa

2-67 (2018、2019)关于地下工程后浇带的说法，正确的是(　　)。
  A 应设在变形最大的部位
  B 宽度宜为 300～600mm
  C 后浇带应在其两侧混凝土龄期 42d 内浇筑
  D 后浇带混凝土应采用补偿收缩混凝土

2-68 (2018)关于地下连续墙的说法，错误的是(　　)。
  A 适用于地下工程的主体结构、支护结构以及复合式衬砌的初期支护
  B 采用防水混凝土材料，其坍落度不得大于 150mm
  C 根据工程要求的施工条件减少槽段数量
  D 如有裂缝、孔洞、露筋等缺陷，应采用聚合物水泥砂浆修补

2-69 地下防水卷材铺贴施工，下列要求中错误的是(　　)。
  A 卷材应铺在结构迎水面
  B 改性沥青防水卷材的短边和长边搭接宽度均不少于 100mm
  C 两层卷材不得相互垂直铺贴，接缝错开 1/3 幅宽
  D 底板下的防水层施工验收后，浇筑不少于 40mm 厚细石混凝土保护层

2-70 屋面找坡与找平层施工，下述不正确的是(　　)。
  A 材料找坡的坡度宜为 2%，檐沟、天沟纵坡坡度不小于 1%
  B 找坡层宜用轻骨料混凝土分层铺设，适当压实
  C 找平层设置分格缝，纵横间距不大于 6m
  D 找平层的抹平工序应在终凝前完成

2-71 (2019)选择屋面保温材料时通常不考虑的指标是(　　)。
  A 燃烧性能   B 饱和含水率   C 导热性能   D 表现密度

2-72 屋面防水保护层施工中，下面做法不正确的是(　　)。
  A 在卷材防水层上用水泥砂浆铺块材，设置了隔离层
  B 细石混凝土保护层与女儿墙之间留 30mm 缝隙
  C 水泥砂浆保护层的分格间距为 6m×6m
  D 块体材料保护层设置分格缝

2-73 (2018)屋面涂膜防水层施工的说法，错误的是（　）。
A 防水涂料应分多遍涂布
B 待前一遍涂料干燥成膜后，再涂布后一遍涂料
C 前后两遍涂料的涂布方向应相互垂直
D 上下层胎体增强材料铺设方向相互垂直

2-74 (2021)下列关于屋面工程的说法中，正确的是（　）。
A 在大风及地震设防地区或屋面坡度大于90%时，瓦材应采取固定加强措施
B 瓦材下应铺设防水层
C 顺水条应垂直正脊方向铺钉在基层上，顺水条间距不宜大于300mm
D 脊瓦搭盖应顺主导风向和流水方向

2-75 屋面工程防水设计的工作年限不应低于（　）。
A 结构设计工作年限　　B 25年　　　　C 20年　　　　D 10年

2-76 关于屋面工程细部构造验收的说法，正确的是（　）。
A 檐沟防水层应由沟底翻上至外侧顶部
B 女儿墙和山墙的压顶向外排水坡度不应小于5%
C 水落口周围直径300m范围内坡度不应小于5%
D 屋面出入口的泛水高度不应小于200mm

2-77 (2013)关于普通抹灰的质量要求，墙面表面平整度允许偏差不应大于（　）。
A 8mm　　　　　　B 5mm　　　　　　C 4mm　　　　　　D 3mm

2-78 关于抹灰工程的说法，错误的是（　）。
A 设计无要求时，室内墙面的阳角应用水泥砂浆做护角
B 抹灰层具有防潮要求时，应采用防水砂浆
C 水泥砂浆不得抹在石灰砂浆层上，罩面石膏灰不得抹在水泥砂浆层上
D 抹灰工程立面垂直度检验应使用塞尺

2-79 (2018、2019)关于门窗工程的说法，错误的是（　）。
A 对人造木材需做甲醛指标的复验
B 特种门及其附件需有生产许可文件
C 在砌体上安装门窗应采用射钉固定
D 木门窗与砖石砌体接触处应做防腐处理

2-80 (2021)门窗材料进场时，不需进行性能指标复验的项目是（　）。
A 抗风压性能　　B 平面变形性能　　C 气密性能　　D 水密性能

2-81 (2021)下列关于砌体上安装金属门窗框做法，正确的是（　）。
A 采用预留洞口后安装的方法施工　　B 采用边安装边砌口的方法施工
C 采用先安装后砌口的方法施工　　　D 采用射钉固定于砌体上的方法施工

2-82 (2017)对组合窗拼樘料的规格、尺寸、壁厚等必须由设计确定，这是基于下列哪项要求？（　）
A 建筑立面　　B 使用功能　　C 承受荷载　　D 施工工艺

2-83 对于塑料门窗的安装，下列要求错误的是（　）。
A 采用边安装边砌口的方法施工
B 固定位置应距门窗角150～200mm，固定点间距不大于600mm
C 门窗框与墙体间的缝隙应采用聚氨酯发泡胶填充，表面用密封胶密封
D 推拉门窗扇的开关力不大于100N，平开门窗扇的开关力不应大于80N

2-84 关于吊顶工程，下列表述符合规范规定的是（　）。

A 电扇、重型灯具应吊在主龙骨或附加龙骨上
B 安装面板前应完成吊顶内管道和设备的安装
C 吊杆距主龙骨端部距离大于 500mm 时应增加吊杆
D 吊顶面层为双层纸面石膏板时，上下层的接缝应错开且不在同一龙骨上

2-85 (2017)吊顶工程中隐蔽工程验收项目不包括（　　）。
A 木龙骨防火、防腐处理　　　　B 吊顶工程施工图
C 吊杆安装　　　　　　　　　　D 填充材料的设置

2-86 (2012)下列对石膏板整体面层吊顶接缝的处理，正确的是（　　）。
A 防裂处理　　B 嵌缝纸面处理　　C 防火处理　　D 贴布处理

2-87 (2018)下列轻质隔墙工程的部位中需采取防开裂措施的是（　　）。
A 轻质隔墙与地面的交接处　　　B 轻质隔墙的纵横墙转角处
C 轻质隔墙与其他墙体的交接处　D 轻质隔墙与门窗侧边的交接处

2-88 (2019)下列轻质隔墙工程验收项目中，不属于隐蔽验收项目的是（　　）。
A 隔墙板甲醛释放量　　　　　　B 隔墙内水管试压
C 木龙骨防火与防腐　　　　　　D 填充材料的设置

2-89 下列关于轻质隔墙施工的表述中，正确的是（　　）。
A 轻质隔墙工程包括加气混凝土砌块隔墙、板材隔墙、骨架隔墙、活动隔墙、玻璃隔墙
B 轻质隔墙与顶棚和其他墙体的交接处应采取防开裂措施
C 轻钢龙骨纸面石膏板隔墙的龙骨安装时，应先安装沿墙竖龙骨
D 活动隔墙轨道必须与吊顶主龙骨连接牢固

2-90 关于饰面板工程中有关材料及其性能指标进行复验的说法，错误的是（　　）。
A 室内花岗石板的放射性　　　　B 水泥基粘结料的粘结强度
C 室内用人造木板的甲醛释放量　D 内墙陶瓷板的吸水率

2-91 (2021)在饰面板工程中，不属于隐蔽工程验收内容的是（　　）。
A 预埋件　　B 饰面层　　C 连接节点　　D 防火节点

2-92 关于饰面板工程施工，表述正确的是（　　）。
A 石板孔、槽的数量、位置和尺寸应符合设计要求
B 后置埋件的现场拉拔力应符合施工方案的要求
C 采用湿作业法施工的饰面板工程，石材应进行防碱背涂处理
D 满粘法施工的石板与基层间的粘结料饱满度应达到 90% 以上，粘结应牢固

2-93 (2021)室内装修工程需要检测甲醛的材料是（　　）。
A 人造木板　　B 大理石　　C 瓷砖　　D 墙纸

2-94 (2021)关于玻璃幕墙，下列说法错误的是（　　）。
A 玻璃的厚度不应小于 6.0mm　　B 硅酮结构密封胶在现场进行浇筑
C 中空玻璃应采用双道密封　　　D 钢化玻璃表面不得有损伤

2-95 石材外幕墙工程施工前，应进行的石材性能指标复验与检查不含下列哪项？（　　）
A 石材的弯曲强度　　　　　　　B 寒冷地区石材的耐冻融性
C 花岗石的放射性　　　　　　　D 密封胶的污染性

2-96 (2019)幕墙工程隐蔽验收内容不包括（　　）。
A 幕墙防雷连接节点　　　　　　B 幕墙防火隔烟节点
C 幕墙板缝注胶　　　　　　　　D 单元式幕墙的封口

2-97 以下对涂饰施工要求中，不正确的是（　　）。
A 新建筑的混凝土或抹灰表面应涂刷抗碱封闭底漆，旧墙面清理干净并刷界面剂

  B 混凝土或抹灰基层含水率，用溶剂型涂料时不超过8%，用乳液型涂料时不超过10%

  C 厨房、卫生间墙面必须使用耐水腻子

  D 水性涂料施工的环境温度应在0～35℃

2-98 (2017)下列水性涂料涂饰面层中，验收规范允许少量轻微泛碱、咬色的是（　　）。

  A 薄涂料普通涂饰面层   B 厚涂料高级涂饰面层

  C 复层涂饰面层   D 美术涂饰面层

2-99 (2018、2019)下列裱糊工程的基层中，需要涂刷抗碱封闭底漆的是（　　）。

  A 新建筑物的混凝土墙面   B 新建筑物的吊顶表面

  C 新建筑物的轻质隔墙面   D 老建筑的原始墙面

2-100 关于裱糊工程施工，以下要求不正确的是（　　）。

  A 工程验收时应检查施工图、设计说明及其他设计文件，饰面材料的样板及确认文件

  B 裱糊前应用封闭底胶涂刷基层

  C 裱糊应横平竖直、图案吻合，2.5m处观察不显拼缝

  D 阴角处应搭接

2-101 门窗套制作与安装分项工程属于哪个子分部工程？（　　）

  A 涂饰工程 B 门窗工程 C 细部工程 D 裱糊与软包工程

2-102 建筑地面工程施工及质量验收时，整体面层地面属于（　　）。

  A 分部工程 B 子分部工程 C 分项工程 D 没有规定

2-103 建筑地面工程施工中，下列各种材料铺设时环境温度的控制规定，错误的是（　　）。

  A 采用掺有水泥、石灰的拌合料铺设时不应低于5℃

  B 采用自流平、涂料铺设时，不应低于5℃，也不应高于30℃

  C 采用有机胶粘剂粘贴时不应低于10℃

  D 采用砂、石材料铺设时不应低于-5℃

2-104 在建筑地面工程中，下列垫层的最小允许厚度为80mm的是（　　）。

  A 碎石垫层 B 砂垫层 C 炉渣垫层 D 水泥混凝土垫层

2-105 地面工程中，四合土垫层的拌合材料不包括下列哪项？（　　）

  A 石灰 B 砂，可掺入少量黏土 C 碎石 D 水泥

2-106 (2017)下列关于地面工程施工的说法，正确的是（　　）。

  A 碎石垫层的厚度不应小于60mm

  B 在干燥的水泥类基层上铺设水泥混凝土垫层

  C 卫生间地面铺设前需对立管、套管、地漏等处节点密封进行隐蔽工程验收

  D 有地暖的楼面应增设水泥混凝土垫层后方可铺设绝热层

2-107 (2021)地面垫层中应采用的砂为（　　）。

  A 粗砂 B 中砂 C 细砂 D 特细砂

2-108 下述对地面工程灰土垫层的要求中，哪项是错误的？（　　）

  A 熟化石灰可采用粉煤灰代替

  B 可采用磨细生石灰与黏土按重量比拌和洒水堆放后施工

  C 基土及垫层施工后应防止受水浸泡

  D 应分层夯实并经湿润养护、晾干后方可进行下一道工序施工

2-109 以下关于混凝土地面垫层做法，不正确的是（　　）。

  A 水泥混凝土垫层应铺设在基土上

  B 骨料粒径不大于垫层的厚度的3/4

  C 设置纵横间距均不大于6m的缩缝，且与面层伸缩缝位置一致

D 工业厂房、礼堂、门厅等大面积水泥混凝土垫层应分区段浇筑

2-110 (2019)厚度25mm的地面找平层，最适宜采用的材料是（　）。
A 水泥砂浆　　　B 混合砂浆　　　C 细石混凝土　　　D 普通混凝土

2-111 (2018)关于地面找平施工的说法，正确的是（　）。
A 在松散的填充料上宜直接铺设找平层
B 找平层表面应平整光滑
C 卫生间地面铺设找平层前需对立管的套管、地漏等进行隐蔽工程验收
D 预制板缝采用水泥砂浆填缝时，其填缝高度与预制板面相平

2-112 建筑地面工程施工中，铺设防水隔离层时，下列施工要求错误的是（　）。
A 穿过楼板面的管道四周，防水材料应向上铺涂超过套管的上口
B 隔离层做至墙面上的高度，至少应高于地面面层100mm
C 管道根部、阴阳角处均应增加铺涂附加防水隔离层
D 防水隔离层施工后必须做蓄水检验

2-113 (2018、2019)下列地面面层中，不得敷设管线的是（　）。
A 水泥混凝土面层　　　B 硬化耐磨面层
C 水泥砂浆面层　　　　D 防油渗面层

2-114 有关水泥砂浆、混凝土地面面层的施工要求中，下述有误的是（　）。
A 水泥混凝土面层采用的粗骨料，其最大粒径不应大于面层厚度的2/3
B 水泥混凝土面层的强度等级不应低于C20
C 水泥砂浆面层的体积比应为1∶2，强度等级不低于M15
D 施工后养护时间不小于5d，抗压强度达到1.2MPa后才准上人行走

2-115 关于水磨石地面面层，下述要求中错误的是（　）。
A 拌合料采用体积比
B 浅色的面层应采用白水泥
C 普通水磨石面层磨光遍数不少于3遍
D 防静电水磨石面层拌合料应掺入绝缘材料

2-116 (2017)下列关于建筑地面工程整体面层铺设的说法，正确的是（　）。
A 水泥类整体面层，抹平工作应在水泥终凝前完成
B 水泥类面层必须设置分格缝
C 整体面层的养护时间不应少于7天
D 铺设整体面层时，水泥类基层的抗压强度不宜小于1.2MPa

2-117 (2021)下列材料用于室内装修，（　）是不需要进行放射性检测的。
A 地砖地面　　　B 大理石地面　　　C 活动地板地面　　　D 预制块材地面

2-118 (2017)铺设地砖结合层的水泥砂浆不宜选用（　）。
A 硅酸盐水泥　　　　　B 普通硅酸盐水泥
C 矿渣硅酸盐水泥　　　D 粉煤灰硅酸盐水泥

2-119 (2019、2018)关于地面工程饰面砖及饰面板面层施工的说法，正确的是（　）。
A 饰面砖面层可以在水泥混合砂浆结合层上铺设
B 陶瓷锦砖铺贴至柱、墙处应用砂浆填补
C 大理石、花岗石板材应浸湿，并在保持充分湿润的状态下铺设
D 大理石、花岗石面层铺贴前，板材的背面和侧面应进行防碱处理

2-120 在铺设木地板施工中，以下选项中不合要求的是（　）。
A 木搁栅、垫木、垫层地板含水率及防腐、防蛀处理均应符合现行国家标准的规定
B 木搁栅与墙之间应留20mm空隙，搁栅间距不大于300mm
C 垫层地板铺设时应髓心向下，四周与墙顶紧

D 相邻面层板接头位置应当错开不小于300mm，与墙应留出8~12mm的空隙

2-121 (2019、2018)关于木地板施工的说法，错误的是(　　)。
A 实木踢脚线背面应抽槽并做防腐处理
B 大面积实木复合地板面层应整体一次连续铺设
C 软木地板面层应采用粘贴方式铺设
D 无龙骨空铺地面辐射供暖木板面层时，应在填充层上铺设耐热防潮纸

2-122 关于地面辐射供暖的面层铺设，以下表述不正确的是(　　)。
A 面层材料应具有耐热性、热稳定性、防水、防潮、防霉变特点
B 地砖或石材铺设时不得扰动填充层
C 板块面层或木竹面层铺设时，均应与柱、墙之间留不小于10mm的空隙
D 填充层上安装木地板的龙骨应采用钉固法

2-123 (2017)地面辐射供暖的非整体面层不宜选用(　　)。
A 陶瓷地砖　　　B 人造石板　　　C 实木复合地板　　　D 软木复合地板

参考答案及解析

2-1 解析：《建筑工程施工质量验收统一标准》GB 50300—2013第2.0.4条。
答案：C

2-2 解析：《建筑工程施工质量验收统一标准》GB 50300—2013第2.0.5条。
答案：C

2-3 解析：《建筑工程施工质量验收统一标准》GB 50300—2013第2.0.8条。
答案：D

2-4 解析：《建筑工程施工质量验收统一标准》GB 50300—2013第2.0.7条规定，验收是指建筑工程质量在施工单位自行检查合格的基础上，由工程质量验收责任方组织、工程建设相关单位参加，对检验批、分项、分部、单位工程及隐蔽工程的质量进行抽样检验，对技术文件进行审核，并根据设计文件和相关标准以书面形式对工程质量是否达到合格标准作出确认。
答案：A

2-5 解析：同2-4。
答案：D

2-6 解析：《建筑工程施工质量验收统一标准》GB 50300—2013第3.0.1条规定，施工现场应具有健全的质量管理体系、相应的施工技术标准、施工质量检验制度和综合施工质量水平评定考核制度。
答案：A

2-7 解析：《建筑工程施工质量验收统一标准》GB 50300—2013第3.0.2条规定，未实行监理的建筑工程，建设单位相关人员应履行本标准涉及的监理职责。
答案：C

2-8 解析：《建筑工程施工质量验收统一标准》GB 50300—2013第3.0.3条第1款规定，凡涉及安全、节能、环境保护和主要使用功能的重要材料、产品，应按各专业工程施工规范、验收规范和设计文件等规定进行复验，并应经监理工程师检查认可。
答案：D

2-9 解析：同2-8。
答案：C

2-10 解析：《建筑工程施工质量验收统一标准》GB 50300—2013第3.0.3条第2款规定，各施工工序应按施工技术标准进行质量控制，每道施工工序完成后，经施工单位自检符合规定后，才能进行下一道工序施工。各专业工种之间的相关工序应进行交接检验，并应记录。

答案：A

2-11 解析：《建筑工程施工质量验收统一标准》GB 50300—2013 第 3.0.4 条规定，符合下列条件之一时，可按相关专业验收规范的规定适当调整抽样复验、试验数量，调整后的抽样复验、试验方案应由施工单位编制，并报监理单位审核确认。所列条件为 A、B、C 选项所示。
答案：D

2-12 解析：《建筑工程施工质量验收统一标准》GB 50300—2013 第 3.0.5 条规定，当专业验收规范对工程中的验收项目未作出相应规定时，应由建设单位组织监理、设计、施工等相关单位制定专项验收要求。涉及安全、节能、环境保护等项目的专项验收要求应由建设单位组织专家论证。
答案：A

2-13 解析：《建筑工程施工质量验收统一标准》GB 50300—2013 第 3.0.6 条第 7 款规定，工程的观感质量应由验收人员现场检查，共同确认。
答案：D

2-14 解析：《建筑工程施工质量验收统一标准》GB 50300—2013 第 3.0.7 条规定，建筑工程施工质量验收合格应符合下列规定：1) 符合工程勘察、设计文件的要求；2) 符合本标准和相关专业验收规范的规定。
答案：C

2-15 解析：《建筑工程施工质量验收统一标准》GB 50300—2013 第 4.0.1～4.0.3 条规定同 A、B、C 三选项。第 4.0.5、4.0.4 条规定，检验批可根据施工、质量控制和专业验收的需要，按工程量、楼层、施工段、变形缝进行划分；而分项工程才可按主要工种、材料、施工工艺、设备类别进行划分。
答案：D

2-16 解析：《建筑工程施工质量验收统一标准》GB 50300—2013 第 4.0.7 条规定，施工前，应由施工单位制定分项工程和检验批的划分方案，并由监理单位审核。
答案：A

2-17 解析：由《建筑工程施工质量验收统一标准》GB 50300—2013 第 4.0.8 条及附录 C 可见，所列各项均属于"附属建筑及室外环境"单位工程中"室外环境"子单位工程中的分部工程。
答案：C

2-18 解析：《建筑工程施工质量验收统一标准》GB 50300—2013 第 5.0.1 条第 2 款规定，一般项目的质量经抽样检验应合格。
答案：B

2-19 解析：由《建筑工程施工质量验收统一标准》GB 50300—2013 第 5.0.1 条规定，检验批质量验收才分主控项目和一般项目。
答案：D

2-20 解析：由《建筑工程施工质量验收统一标准》GB 50300—2013 第 5.0.3、5.0.4 条规定，分部工程质量验收要求"有关安全、节能、环境保护和主要使用功能的抽样检验结果应符合相应规定"，而单位工程质量验收才要求"有关安全、节能、环境保护和主要使用功能的检验资料应完整"。
答案：C

2-21 解析：《建筑工程施工质量验收统一标准》GB 50300—2013 第 5.0.4 条第 4、5 款规定，主要使用功能的抽查结果应符合相关专业验收规范的规定，观感质量应符合要求。
答案：D

2-22 解析：《建筑工程施工质量验收统一标准》GB 50300—2013 第 5.0.6 条第 1 款规定，经返工或返修的检验批，应重新进行验收。

答案：A

2-23 解析：《建筑与市政工程施工质量控制通用规范》GB 55032—2022 第 4.3.4 条第 5 款规定，单位工程完工后，建设单位应在竣工预验收合格后组织监理、施工、设计、勘察单位等相关单位项目负责人进行工程竣工验收。可见 D 选项说法不正确。

答案：D

2-24 解析：《建筑工程施工质量验收统一标准》GB 50300—2013 第 6.0.5 条规定，单位工程完工后，施工单位应组织有关人员进行自检。总监理工程师应组织各专业监理工程师对工程质量进行竣工预验收。存在施工质量问题时，应由施工单位进行整改。整改完毕后，由施工单位向建设单位提交工程竣工报告，申请工程竣工验收。

答案：D

2-25 解析：《建筑工程施工质量验收统一标准》GB 50300—2013 第 6.0.3 条规定，勘察、设计单位项目负责人和施工单位技术、质量部门负责人应参加地基与基础分部工程的验收。设计单位项目负责人和施工单位技术、质量部门负责人应参加主体结构、节能分部工程的验收。第 6.0.6 条规定，建设单位收到工程竣工报告后，应由建设单位项目负责人组织监理、施工、设计、勘察等单位项目负责人进行单位工程验收。可见应选 C。

答案：C

2-26 解析：《建筑工程施工质量验收统一标准》GB 50300—2013 附录 H 规定，质量竣工验收记录表中的验收记录应由施工单位填写；验收结论由监理单位填写；综合验收结论应经参加验收各方共同商定，由建设单位填写，并对工程质量是否符合设计文件和相关标准的规定及总体质量水平作出评价。

答案：C

2-27 解析：《砌体结构工程施工质量验收规范》GB 50203—2011 第 2.0.11 条规定，"通缝"是指砌体中上下皮块体搭接长度小于规定数值的竖向灰缝。故选 A。而"错缝"与通缝相反，是指砌体中上下皮块体搭接长度满足规定数值的竖向灰缝。第 2.0.10 条规定，"假缝"是指为掩盖砌体灰缝内在质量缺陷，砌筑砌体时仅在靠近砌体表面处抹有砂浆，而内部无砂浆的竖向灰缝。第 2.0.9 条规定，"瞎缝"是指砌体中相邻块体间无砌筑砂浆，又彼此接触的水平缝或竖向缝。

答案：A

2-28 解析：《砌体结构工程施工质量验收规范》GB 50203—2011 第 3.0.6 条第 1 款规定，基底标高不同时，应从低处砌起，并应由高处向低处搭砌。且搭砌长度不应小于基础底的高差，搭砌长度范围内下层基础应扩大砌筑。以保证基础的整体性和传递荷载。故 A 选项"应由低处向高处搭砌"的说法是错误的。

第 3.0.9 条第 3 款规定，宽度小于 1m 的窗间墙不得设置脚手眼。故 B 选项说法正确。

第 3.0.11 条规定，宽度超过 300mm 的洞口上部，应设置钢筋混凝土过梁。故 C 选项说法正确。

第 3.0.19 条规定，正常施工条件下，砖砌体、小砌块砌体每日砌筑高度宜控制在 1.5m 或一步脚手架高度内。故 D 选项说法正确。

答案：A

2-29 解析：皮数杆是划有每皮砖和灰缝的厚度以及门窗洞口、过梁、楼板、预埋件等标高位置的一种木制标杆。它是砌筑时控制砌体水平灰缝厚度和竖向尺寸位置的标志。因此，《砌体结构工程施工质量验收规范》GB 50203—2011 第 3.0.7 条规定，砌筑墙体应设置皮数杆。可见，通常情况下，用于控制砌筑墙体每皮砖及灰缝竖向尺寸的方法是"立皮数杆"，故选 C。

答案：C

2-30 解析：《砌体结构工程施工质量验收规范》GB 50203—2011 第 4.0.1 条第 1 款规定，水泥进场时应对其品种、等级、包装或散装仓号、出厂日期等进行检查，并应对其强度、安定性进行复验。故 A 选项要求正确。

第 4.0.3 条第 2 款规定，建筑生石灰、建筑生石灰粉熟化为石灰膏，其熟化时间分别不得少于 7d 和 2d；沉淀池中储存的石灰膏，应防止干燥、冻结和污染，严禁采用脱水硬化的石灰膏；建筑生石灰粉、消石灰粉不得替代石灰膏配制水泥石灰砂浆。可见，B 选项要求正确。

砌筑砂浆属于结构用材料，不同于抹灰砂浆，故规范第 4.0.5 条规定，砌筑砂浆应进行配合比设计；第 4.0.8 条规定，配制砌筑砂浆时，各组分材料应采用质量计量。可见，C 选项要求不正确。

第 4.0.10 条规定，现场拌制的砂浆应随拌随用，拌制的砂浆应在 3h 内使用完毕；当施工期间最高气温超过 30℃时，应在 2h 内使用完毕。可见，D 选项要求正确。

答案：C

2-31 解析：水泥砂浆强度高，且属于水硬性材料，故基础及处于潮湿环境的砌体应使用水泥砂浆砌筑。

答案：A

2-32 解析：竖向灰缝砂浆对相邻块体粘接固定起到重要作用。因此，《砌体结构工程施工质量验收规范》GB 50203—2011 第 5.1.12 条文说明称，竖向灰缝砂浆的饱满度一般对砌体的抗压强度影响不大，但是对砌体的抗剪强度影响明显。

答案：B

2-33 解析：《砌体结构工程施工质量验收规范》GB 50203—2011 第 5.2.4 条规定，留直槎时加设拉结钢筋数量为：沿墙高每 500mm 设一道，每道不少于 2 根 $\phi 6$，且按每 120mm 墙厚 1 根放置；钢筋末端应有 90°弯钩；埋入长度从留槎处算起每边均不应小于 0.5m 或 1m（抗震设防者）。可见 D 选项说法错误。

答案：D

2-34 解析：《砌体结构工程施工质量验收规范》GB 50203—2011 第 5.1.6 条规定，砌筑烧结普通砖、烧结多孔砖、蒸压灰砂砖、蒸压粉煤灰砖砌体时，砖应提前 1~2d 适当湿润，严禁采用干砖或处于吸水饱和状态的砖砌筑。块材湿润程度宜符合：烧结类块体的相对含水率 60%～70%；混凝土多孔砖及混凝土实心砖不需浇水湿润，但在气候干燥炎热时，宜在砌筑前对其喷水湿润。可见 A、B 选项说法正确。

第 5.1.8 条规定，240mm 厚承重墙的每层墙的最上一皮砖，砖砌体的阶台水平面上及挑出层的外皮砖，应整砖丁砌。可见 C 选项说法正确。

第 5.1.4 条规定，有冻胀环境和条件的地区，地面以下或防潮层以下的砌体，不应采用多孔砖。第 5.1.4 条的条文说明称，冻胀和潮湿环境，对多孔砖的耐久性有不利影响，故 D 选项的说法错误。

答案：D

2-35 解析：《砌体结构工程施工质量验收规范》GB 50203—2011 第 5.2.3 条规定，砖砌体的转角处和交接处应同时砌筑，严禁无可靠措施的内外墙分砌施工。第 5.2.4 条规定，非抗震设防及抗震设防烈度为 6、7 度地区的临时间断处，当不能留斜槎时，除转角处外，可留直槎，但直槎必须做成凸槎，且应加设拉结钢筋。可见，D 选项说法正确。

答案：D

2-36 解析：《砌体结构工程施工质量验收规范》GB 50203—2011 第 6.1.6 条规定，底层室内地面以下或防潮层以下的砌体，应采用强度等级不低于 C20（或 Cb20）的混凝土灌实小砌块的孔洞。可见，A 选项"C30"表述错误。

第 6.2.2 条规定，砌体水平灰缝和竖向灰缝的砂浆饱满度，按净面积计算不得低于 90%。

可见，B选项"80%"的表述错误。

第6.1.10条规定，小砌块应将生产时的底面朝上反砌于墙上。可见，C选项"底面朝下"表述错误。

第6.1.3条规定，施工采用的小砌块的产品龄期不应小于28d。故D选项表述正确。

答案：D

2-37 解析：《砌体结构工程施工质量验收规范》GB 50203—2011第8.2.3条，构造柱与墙体的连接规定：墙体应砌成马牙槎，马牙槎凹凸尺寸不宜小于60mm，高度不应超过300mm，马牙槎应先退后进，对称砌筑。可见，B选项数据正确。

答案：B

2-38 解析：《砌体结构工程施工质量验收规范》GB 50203—2011第9.1.6条规定，在厨房、卫生间、浴室等处采用轻骨料混凝土小型空心砌块、蒸压加气混凝土砌块砌筑墙体时，墙底部宜现浇混凝土坎台，其高度宜为150mm。可见，A选项做法正确。

第9.3.2条表9.3.2规定，蒸压加气混凝土砌块、轻骨料混凝土小型空心砌块砌体，其水平、垂直灰缝的砂浆饱满度均应达到80%以上。故B选项做法错误。

第9.3.4条规定，砌筑填充墙时应错缝搭砌，蒸压加气混凝土砌块搭砌长度不应小于砌块长度的1/3；轻骨料混凝土小型空心砌块搭砌长度不应小于90mm。故C选项做法正确。

第9.1.9条规定，填充墙砌体砌筑，应待承重主体结构检验批验收合格后进行。填充墙与承重主体结构间的空（缝）隙部位施工，应在填充墙砌筑14d后进行。故D选项做法正确。

答案：B

2-39 解析：《砌体结构工程施工质量验收规范》GB 50203—2011第10.0.1条规定，当室外日平均气温连续5d稳定低于5℃时，砌体工程应采取冬期施工措施。故A选项说法正确。

第10.0.4条第3款规定，砌体用块体不得遭水浸冻。故B说法正确。

第10.0.4条第1款规定，石灰膏、电石膏等应防止受冻，如遭冻结，应经融化后使用。故C选项说法错误。

第10.0.7条第1款规定，烧结普通砖、烧结多孔砖、蒸压灰砂砖、蒸压粉煤灰砖、烧结空心砖、吸水率较大的轻骨料混凝土小型空心砌块在气温高于0℃条件下砌筑时，应浇水湿润；在气温低于、等于0℃条件下砌筑时，可不浇水，但必须增大砂浆稠度。故D说法正确。

答案：C

2-40 解析：《砌体结构工程施工质量验收规范》GB 50203—2011第10.0.8条规定，拌和砂浆时水的温度不得超过80℃，砂的温度不得超过40℃。故A、B选项所述正确。第10.0.9条规定，采用砂浆掺外加剂法、暖棚法施工时，砂浆使用温度不应低于5℃。故C选项所述错误。第10.0.10条规定，采用暖棚法施工时，块体砌筑时的温度不应低于5℃。故D选项所述正确。

答案：C

2-41 解析：《混凝土结构工程施工质量验收规范》GB 50204—2015第3.0.4条规定，混凝土结构工程检验批的质量验收应包括实物检查和资料检查，并应符合下列规定：1. 主控项目的质量经抽样检验均应合格。2. 一般项目的质量经抽样检验应合格；一般项目当采用计数抽样检验时，除有专门规定外，其合格点率应达到80%及以上，且不得有严重缺陷。3. 应具有完整的质量检验记录，重要工序应具有完整的施工操作记录。可见，C选项说法不正确。

答案：C

2-42 解析：《混凝土结构工程施工质量验收规范》GB 50204—2015第4.1.2条规定，模板及支架应根据安装、使用和拆除工况进行设计，并应满足承载力、刚度和整体稳固性要求。可见，模板及其支架的设计依据不包括"工程结构稳定性"。

答案：A

2-43　解析：《混凝土结构工程施工质量验收规范》GB 50204—2015 第 4.1.2 条规定，模板及支架应根据安装、使用和拆除工况进行设计，并应满足承载力、刚度和整体稳固性要求。可见，模板及其支架的设计时，不作为基本要求的是"耐候性"。故选 A。

答案：A

2-44　解析：《混凝土结构工程施工质量验收规范》GB 50204—2015 第 4.2.4 条规定，支架竖杆和竖向模板安装在土层上时，应符合下列规定：①土层应坚实、平整，其承载力或密实度应符合施工方案的要求，②应有防水、排水措施，对冻胀性土，应有预防冻融措施。第 4.2.7 条规定，模板的起拱应符合现行国家标准《混凝土结构工程施工规范》GB 50666 的规定，并应符合设计及施工方案的要求。可见，不考虑"经济性"的要求，故选 C。

答案：C

2-45　解析：《混凝土结构工程施工质量验收规范》GB 50204—2015 第 4.1.3 条规定，模板及支架的拆除应符合现行国家标准《混凝土结构工程施工规范》GB 50666 的规定和施工方案的要求。《混凝土结构工程施工质量验收规范》GB 50204—2002 第 4.1.3 条规定，模板及其支架的拆除顺序及安全措施应按施工技术方案执行。可见，拆除的时间、方法、顺序等均不应由项目监理工程师确定。故 A 选项说法不正确。

　　该规范第 4.2.8 条规定，现浇混凝土结构多层连续支模应符合施工方案的规定。上下层模板支架的竖杆宜对准。竖杆下垫板的设置应符合施工方案的要求。可见，B 选项说法错误。

　　该规范第 4.2.6 条规定，隔离剂的品种和涂刷方法应符合施工方案的要求。隔离剂不得影响结构性能及装饰施工；不得沾污钢筋、预应力筋、预埋件和混凝土接槎处；不得对环境造成污染。可见，C 选项说法正确。

　　《混凝土结构工程施工规范》GB 50666—2011 第 8.3.1 条规定，浇筑混凝土前，应清除模板内或垫层上的杂物。表面干燥的地基、垫层、模板上应洒水湿润；现场环境温度高于 35℃时，宜对金属模板洒水降温；洒水后不得留有积水。可见，在某些特定条件下（如木板模板、高温时的金属模板）才要对模板浇水，而非必须。故 D 选项说法错误。

答案：C

2-46　解析：《混凝土结构工程施工质量验收规范》GB 50204—2015 第 4.2.3 条规定，后浇带处的模板及支架应独立设置。且全数检查。可见，C 选项说法正确。

答案：C

2-47　解析：《混凝土结构工程施工质量验收规范》GB 50204—2015 第 5.2.2 条规定，成型钢筋进场时，应抽取试件作屈服强度、抗拉强度、伸长率和重量偏差检验，检验结果应符合国家现行有关标准的规定。可见，题干所列四项内容均需检验。

答案：D

2-48　解析：《混凝土结构工程施工质量验收规范》GB 50204—2015 第 6.2.8 条规定，预应力成孔管道进场时，应进行管道外观质量检查、径向刚度和抗渗漏性能检验。可见，"抗拉强度"不属于规定的管道进场检验内容。

答案：B

2-49　解析：《混凝土结构工程施工质量验收规范》GB 50204—2015 第 7.3.2 条规定，混凝土拌合物不应离析。可见，A 选项所述"严重离析"不正确。

　　第 7.3.5 条规定，混凝土拌合物稠度应满足施工方案的要求。故 B 选项所述正确。

　　第 7.3.6 条规定，混凝土有耐久性指标要求时，应在施工现场随机抽取试件进行耐久性检验。

　　第 7.3.7 条规定，混凝土有抗冻要求时，应在施工现场进行混凝土含气量检验。可见，C 选项所述正确。

第7.3.4条规定，首次使用的混凝土配合比应进行开盘鉴定，其原材料、强度、凝结时间、稠度等应满足设计配合比的要求。故 D 选项所述正确。

答案：A

2-50 解析：《混凝土结构工程施工规范》GB 50666—2011 第 8.3.10 条规定，施工缝或后浇带处浇筑混凝土，应符合下列规定：

  1 结合面应为粗糙面，并应清除浮浆、松动石子、软弱混凝土层；

  2 结合面应洒水湿润，但不得有积水；

  3 施工缝处已浇混凝土强度不应低于 1.2MPa；

  4 柱、墙水平施工缝水泥砂浆接浆层厚度不应大于 30mm，接浆层水泥砂浆应与混凝土浆液成分相同；

  5 后浇带混凝土强度等级及性能应符合设计要求；当设计无具体要求时，后浇带混凝土强度等级宜比两侧混凝土提高一级，并应采用减少收缩的技术措施。

可见，只有 D 选项做法正确。

答案：D

2-51 解析：《混凝土结构工程施工质量验收规范》GB 50204—2015 第 7.4.3 条规定，混凝土浇筑完毕后应及时进行养护，养护时间以及养护方法应符合施工方案要求。《混凝土结构工程施工规范》GB 50666—2011 第 8.5.2 条规定，采用硅酸盐水泥、普通硅酸盐水泥、矿渣硅酸盐水泥配制的混凝土，养护时间不应少于 7d；掺加缓凝剂或大量矿物掺合料的混凝土、抗渗混凝土、C60 以上混凝土、后浇带混凝土，养护时间均不应少于 14d。故选 B。

答案：B

2-52 解析：《混凝土结构工程施工质量验收规范》GB 50204—2015 第 8.1.1 条第 1 款规定，现浇结构质量验收应在拆模后、混凝土表面未作修整和装饰前进行，并应作出记录。故 A 选项说法正确。该规范第 8.2.1 条规定，现浇结构的外观质量不应有严重缺陷；第 8.2.2 条规定，现浇结构的外观质量不应有一般缺陷。可见，B 选项说法正确。

该规范 8.1.2 条规定，现浇结构的外观质量缺陷应由监理单位、施工单位等各方根据其对结构性能和使用功能影响的严重程度按表 8.1.2（本教材表 2-20）确定。可见，C 选项说法正确，而 D 选项说法错误。

答案：D

2-53 解析：《混凝土结构工程施工质量验收规范》GB 50204—2015 第 9.2.2 条规定，专业企业生产的预制构件进场时，对梁板类简支受弯预制构件应进行结构性能检验。其中：钢筋混凝土构件和允许出现裂缝的预应力混凝土构件应进行承载力、挠度和裂缝宽度检验；不允许出现裂缝的预应力混凝土构件应进行承载力、挠度和抗裂检验。可见，在抗裂性能方面，对允许出现裂缝的预应力混凝土构件不需做"抗裂检验"，而要做"裂缝宽度"检验。

答案：D

2-54 解析：《混凝土结构工程施工质量验收规范》GB 50204—2015 第 9.2.2 条规定，专业企业生产的预制构件进场时，预制构件结构性能检验应符合下列规定。

梁板类简支受弯预制构件进场时应进行结构性能检验，并应符合下列规定：

① 结构性能检验应符合国家现行相关标准的有关规定及设计的要求，检验要求和试验方法应符合本规范附录 B 的规定。

② 钢筋混凝土构件和允许出现裂缝的预应力混凝土构件应进行承载力、挠度和裂缝宽度检验；不允许出现裂缝的预应力混凝土构件应进行承载力、挠度和抗裂检验。

③ 对大型构件及有可靠应用经验的构件，可只进行裂缝宽度、抗裂和挠度检验。

④ 对使用数量较少的构件，当能提供可靠依据时，可不进行结构性能检验。

由第③款可知，可不进行检验的项目是"承载力"，故选 A。

答案：A

2-55 解析：《建筑与市政工程防水通用规范》GB 55030—2022 第 2.0.1 条规定，工程防水应遵循因地制宜、以防为主、防排结合、综合治理的原则。故 A 选项"以排为主"的说法错误。第 2.0.1 条规定，地下工程防水设计工作年限不应低于工程结构设计工作年限。故 B 选项说法错误。第 4.1.3 条规定，种植屋面和地下建（构）筑物种植顶板工程防水等级应为一级，并应至少设置一道具有耐根穿刺性能的防水层，其上应设置保护层。故 C 选项说法错误。第 5.1.12 条规定，应在防水层验收合格后进行下一道工序的施工。故 D 选项说法正确。

答案：D

2-56 解析：《建筑与市政工程防水通用规范》GB 55030—2022 第 2.0.6 条规定，工程防水等级应依据工程类别和工程防水使用环境类别分为一级、二级、三级。暗挖法地下工程防水等级应根据工程类别、工程地质条件和施工条件等因素确定，其他工程防水等级不应低于下列规定：

  1）一级防水：Ⅰ类、Ⅱ类防水使用环境下的甲类工程；Ⅰ类防水使用环境下的乙类工程；

  2）二级防水：Ⅲ类防水使用环境下的甲类工程；Ⅱ类防水使用环境下的乙类工程；Ⅰ类防水使用环境下的丙类工程；

  3）三级防水：Ⅲ类防水使用环境下的乙类工程；Ⅱ类、Ⅲ类防水使用环境下的丙类工程。

答案：B

2-57 解析：《建筑与市政工程防水通用规范》GB 55030—2022 第 4.2.1 条规定，明挖法地下工程现浇混凝土结构主体结构防水做法应符合表 4.2.1（题 2-57 解表-1）的规定。

主体结构防水做法   题 2-57 解表-1

防水等级	防水做法	防水混凝土	外设防水层		
			防水卷材	防水涂料	水泥基防水材料
一级	不应少于 3 道	为 1 道，应选	不少于 2 道；防水卷材或防水涂料不应少于 1 道		
二级	不应少于 2 道	为 1 道，应选	不少于 1 道；任选		
三级	不应少于 1 道	为 1 道，应选	—		

注：水泥基防水材料指防水砂浆、外涂型水泥基渗透结晶防水材料。

可见，A、B 选项说法正确，C 选项说法错误。

由第 4.2.3 条规定，明挖法地下工程防水混凝土的最低抗渗等级应符合表 4.2.3（题 2-57 解表-2）的规定。

明挖法地下工程防水混凝土最低抗渗等级   题 2-57 解表-2

防水等级	市政工程现浇混凝土结构	建筑工程现浇混凝土结构	装配式衬砌
一级	P8	P8	P10
二级	P6	P8	P10
三级	P6	P6	P8

可见，D 选项说法正确。

答案：C

2-58 解析：《建筑与市政工程防水通用规范》GB 55030—2022 第 3.2.1 条规定，防水混凝土的施工配合比应通过试验确定，其强度等级不应低于 C25，适配混凝土的抗渗等级应比设计要求提高

0.2MPa。故 A、B 选项说法正确。

第 3.2.3 条规定，防水混凝土除应满足抗压、抗渗和抗裂要求外，尚应满足工程所处环境和工作条件的耐久性要求。故 C 选项说法正确。

第 4.1.5 条规定，地下工程迎水面主体结构应采用防水混凝土，并应符合下列规定：
1) 防水混凝土应满足抗渗等级要求；
2) 防水混凝土结构厚度不应小于 250mm；
3) 防水混凝土的裂缝宽度不应大于结构允许限值，并不应贯通；
4) 寒冷地区抗冻设防段防水混凝土抗渗等级不应低于 P10。

可见，D 选项说法错误。

答案：D

2-59 解析：《建筑与市政工程防水通用规范》GB 55030—2022 第 2.0.3 条规定，工程按其防水功能重要程度分为甲类、乙类和丙类，具体划分应符合表 2.0.3（本教材表 2-25）的规定。由表可知，民用建筑的地下、屋面、外墙、室内工程防水均为甲类。

第 2.0.4 条规定，工程防水使用环境类别划分应符合表 2.0.4（本教材表 2-26）的规定。由表可知，处于年降水量 400mm 及以上环境的屋面工程，其防水使用环境为Ⅰ类或Ⅱ类。依据第 2.0.6 条第 1 款，一级防水：Ⅰ类、Ⅱ类防水使用环境下的甲类工程；Ⅰ类防水使用环境下的乙类工程（也可见本教材表 2-27）可以判断，年降水量为 400mm 及以上环境的民用建筑，其屋面防水等级为一级。故选 A。

答案：A

2-60 解析：《建筑与市政工程防水通用规范》GB 55030—2022 第 4.4.1 条第 1 款规定，平屋面工程的防水做法应符合表 4.4.1-1 的规定。可见 D 选项所述要求正确。需注意，水泥基材料不可作为屋面的一道防水层。

答案：D

2-61 解析：《地下防水工程质量验收规范》GB 50208—2011 第 4.1.2 条，水泥的选择应符合下列规定：
1) 宜采用普通硅酸盐水泥或硅酸盐水泥，采用其他品种水泥时应经试验确定；
2) 在受侵蚀性介质作用时，应按介质的性质选用相应的水泥品种；
3) 不得使用过期或受潮结块的水泥，并不得将不同品种或强度等级的水泥混合使用。

故 A 选项说法正确。

答案：A

2-62 解析：地下结构自防水指的是利用防水混凝土结构自身防水。故 A、B、D 选项所述均属于附加防水层防水，不属于结构自防水范畴。

答案：C

2-63 解析：按《混凝土结构施工规范》GB 50666—2011 第 8.5.2 条及《地下防水工程质量验收规范》GB 50208—2011 第 5.3.8 条规定，混凝土养护时间可分 3 个时间限值：一般混凝土不少于 7d；掺缓凝剂或大掺量矿物拌合料的混凝土、抗渗混凝土、C60 以上混凝土、后浇带混凝土均不少于 14d；抗渗混凝土的后浇带则不少于 28d。故 C 选项正确。

答案：C

2-64 解析：《地下防水工程质量验收规范》GB 50208—2011 第 4.1.7 条第 1 款规定，防水混凝土的配合比应经试验确定，试配要求的抗渗水压值应比设计值提高 0.2MPa。故 A 选项表述正确。

第 4.1.7 条第 3 款规定，水胶比不得大于 0.50，有侵蚀性介质时水胶比不宜大于 0.45。可见，B 选项表述正确。

第 4.1.19 条规定，防水混凝土结构厚度不应小于 250mm，其允许偏差应为 +8mm、

—5mm。可见，C选项表述错误。

第4.1.18条规定，防水混凝土结构表面的裂缝宽度不应大于0.2mm，且不得贯通。故D选项表述正确。

答案：C

2-65 解析：《地下防水工程质量验收规范》GB 50208—2011 第4.1.15条规定，防水混凝土的抗压强度和抗渗性能必须符合设计要求。该条的条文说明，"作为防水混凝土首先要满足设计的抗渗等级要求，同时适应强度要求。一般满足抗渗要求的混凝土，其强度往往会超过设计要求"。故选A。

答案：A

2-66 解析：《地下防水工程质量验收规范》GB 50208—2011 第5.1.3条规定，墙体水平施工缝应留设在高出底板表面不小于300mm的墙体上。拱、板与墙结合的水平施工缝，宜留在拱、板与墙交接处以下150~300mm处；垂直施工缝应避开地下水和裂隙水较多的地段，并宜与变形缝相结合。可见，A选项做法正确，B选项做法不正确。

第5.1.1条规定，施工缝用止水带、遇水膨胀止水条或止水胶、水泥基渗透结晶型防水涂料和预埋注浆管必须符合设计要求；第5.1.2条规定，施工缝防水构造必须符合设计要求。可见，C选项做法正确。

第5.1.4条规定，在施工缝处继续浇筑混凝土时，已浇筑的混凝土抗压强度不应小于1.2MPa。故D选项做法正确。

答案：B

2-67 解析：《地下防水工程技术规范》GB 50108—2008 第5.2.4条规定，后浇带应设在受力和变形较小的部位，其间距和位置应按结构设计要求确定，宽度宜为700~1000mm。可见，A、B选项说法均不正确。

第5.2.2条规定，后浇带应在其两侧混凝土龄期达到42d后再施工。故C选项说法不正确。

第5.2.3条规定，后浇带应采用补偿收缩混凝土浇筑，其抗渗和抗压强度等级不应低于两侧混凝土。故D选项说法正确。

答案：D

2-68 解析：《地下防水工程质量验收规范》GB 50208—2011 第6.2.1条规定，地下连续墙适用于地下工程的主体结构、支护结构以及复合式衬砌的初期支护。故A选项说法正确。

第6.2.2条规定，地下连续墙应采用防水混凝土。胶凝材料用量不应小于400kg/m³，水胶比不得大于0.55，坍落度不得小于180mm。故B选项说法错误。

第6.2.5条规定，地下连续墙应根据工程要求和施工条件减少槽段数量（注：以减少防水薄弱的接缝之数量）；地下连续墙槽段接缝应避开拐角部位。

第6.2.6地下连续墙如有裂缝、孔洞、露筋等缺陷，应采用聚合物水泥砂浆修补；地下连续墙槽段接缝如有渗漏，应采用引排或注浆封堵。故C、D选项说法正确。

答案：B

2-69 解析：《地下防水工程质量验收规范》GB 50208—2011 第4.3.1条规定，卷材防水层适用于受侵蚀性介质作用或受振动作用的地下工程；卷材防水层应铺设在主体结构的迎水面。故A选项要求正确。

第4.3.6条表4.3.6（本教材表2-32）规定，改性沥青防水卷材的搭接宽度均为100mm。故B选项要求正确。

第4.3.6条规定，铺贴双层卷材时，上下两层和相邻两幅卷材的接缝应错开1/3~1/2幅宽，且两层卷材不得相互垂直铺贴。故C选项要求正确。

第4.3.6条规定，卷材防水层完工并经验收合格后应及时做保护层，底板的细石混凝土保护层厚度不应小于 50mm。可见，D 选项要求错误。

答案：D

2-70 解析：《屋面工程质量验收规范》GB 50207—2012 第 4.1.3 条规定，屋面找坡应满足设计排水坡度要求，结构找坡不应小于 3%，材料找坡宜为 2%；檐沟、天沟纵向找坡不应小于 1%，沟底水落差不得超过 200mm。故 A 选项所述正确。

第 4.2.2 条规定，找坡层宜采用轻骨料混凝土；找坡材料应分层铺设和适当压实，表面应平整。故 B 选项所述正确。

第 4.2.2 条规定，找平层分格缝纵横间距不宜大于 6m，分格缝的宽度宜为 5~20mm。故 C 选项所述正确。

第 4.2.2 条规定，找平层宜采用水泥砂浆或细石混凝土；找平层的抹平工序应在初凝前完成，压光工序应在终凝前完成，终凝后应进行养护。故 D 选项所述不正确。

答案：D

2-71 解析：《屋面工程质量验收规范》GB 50207—2012 第 5.1.7 条规定，保温材料的导热系数、表观密度或干密度、抗压强度或压缩强度、燃烧性能，必须符合设计要求。可见，选择屋面保温材料时通常不考虑的指标是"饱和含水率"，故选 B。

答案：B

2-72 解析：《屋面工程质量验收规范》GB 50207—2012 第 4.4.1 条规定，块体材料、水泥砂浆或细石混凝土保护层与卷材、涂膜防水层之间，应设置隔离层。故 A 选项做法正确。

第 4.5.5 条规定，块体材料、水泥砂浆或细石混凝土保护层与女儿墙和山墙之间，应预留宽度为 30mm 的缝隙，缝内宜填塞聚苯乙烯泡沫塑料，并应用密封材料嵌填密实。故 B 选项做法正确。

第 4.5.3 条规定，用水泥砂浆做保护层时，表面应抹平压光，并应设表面分格缝，分格面积宜为 1m²。故 C 选项做法不正确，而细石混凝土的分格缝为纵横间距不应大于 6m，缝宽为 10~20mm。

第 4.5.2 条规定，用块体材料做保护层时，宜设置分格缝，分格缝纵横间距不应大于 10m，分格缝宽度宜为 20mm。故 D 选项做法正确。

答案：C

2-73 解析：《屋面工程质量验收规范》GB 50207—2012 第 6.3.1 条规定，防水涂料应多遍涂布，并应待前一遍涂布的涂料干燥成膜后，再涂布后一遍涂料，且前后两遍涂料的涂布方向应相互垂直。可见，A、B、C 选项说法正确。

第 6.3.2 条规定，铺设胎体增强材料应符合下列规定：

1 胎体增强材料宜采用聚酯无纺布或化纤无纺布；
2 胎体增强材料长边搭接宽度不应小于 50mm，短边搭接宽度不应小于 70mm；
3 上下层胎体增强材料的长边搭接缝应错开，且不得小于幅宽的 1/3；
4 上下层胎体增强材料不得相互垂直铺设。

可见，D 选项"相互垂直"说法错误。

答案：D

2-74 解析：《屋面工程质量验收规范》GB 50207—2012 第 7.1.5 条规定，在大风及地震设防地区或屋面坡度大于 100% 时，瓦材应采取固定加强措施。故 A 选项说法错误。

第 7.1.6 条规定，在瓦材的下面应铺设防水层或防水垫层，其品种、厚度和搭接宽度均应符合设计要求。故 B 选项说法错误。（需注意：《建筑与市政工程防水通用规范》GB 55030—2022 第 4.4.1 条第 2 款规定，三级防水的瓦屋面可只设屋面瓦）

第 7.2.2 条，基层、顺水条、挂瓦条的铺设应符合下列规定：

1）基层应平整、干净、干燥，持钉层厚度应符合设计要求；

2）顺水条应垂直正脊方向铺钉在基层上，顺水条表面应平整，其间距不宜大于500mm。故C选项说法错误。

第7.2.3条第4款规定，正脊和斜脊应铺平挂直，脊瓦搭盖应顺主导风向和流水方向。故D选项说法正确。

答案：D

2-75 解析：《建筑与市政工程防水通用规范》GB 55030—2022第2.0.0条，工程防水设计工作年限应符合下列规定：

1）地下工程防水设计工作年限不应低于工程结构设计工作年限；

2）屋面工程防水设计工作年限不应低于20年；

3）室内工程防水设计工作年限不应低于25年；

4）桥梁工程桥面防水设计工作年限不应低于桥面铺装设计工作年限；

5）非侵蚀性介质蓄水类工程内壁防水层设计工作年限不应低于10年。

答案：C

2-76 解析：《屋面工程质量验收规范》GB 50207—2012第8.3.4条规定，檐沟防水层应由沟底翻上至外侧顶部。故A选项说法正确。

第8.4.2条规定，女儿墙和山墙的压顶向内排水坡度不应小于5%，压顶内侧下端应做成鹰嘴或滴水槽。故B选项"向外排水"的说法不正确。

第8.5.4条规定，水落口周围直径500m范围内坡度不应小于5%。故C选项"300m范围内"的说法不正确。

第8.8.5条规定，屋面出入口的泛水高度不应小于250mm。故D选项"200mm"的说法不正确。

可见，说法正确的只有A选项。

答案：A

2-77 解析：《建筑装饰装修工程质量验收标准》GB 50210—2018第4.2.10条规定，一般抹灰工程质量的允许偏差，如立面垂直度、表面平整度、阴阳角方正、分格条（缝）及墙裙勒脚上口的直线度等，对普通抹灰均为4mm，对高级抹灰均为3mm。

答案：C

2-78 解析：《建筑装饰装修工程质量验收标准》GB 50210—2018第4.1.8条规定，室内墙面、柱面和门洞口的阳角做法应符合设计要求。设计无要求时，应采用不低于M20水泥砂浆做护角，其高度不应低于2m，每侧宽度不应小于50mm。故A选项说法正确。

第4.1.9条规定，当要求抹灰层具有防水、防潮功能时，应采用防水砂浆。故B选项说法正确。

第4.2.7条规定，抹灰层的总厚度应符合设计要求；水泥砂浆不得抹在石灰砂浆层上；罩面石膏灰不得抹在水泥砂浆层上。故C选项说法正确。

第4.2.10条（一般抹灰）、第4.3.10条（保温层薄抹灰）、第4.4.8（装饰抹灰）相应的抹灰允许偏差和检验方法表格中规定，立面垂直度检验方法均为"用2m垂直检测尺检查"。故D选项说法错误（注：检查平整度需用塞尺）。

答案：D

2-79 解析：《建筑装饰装修工程质量验收标准》GB 50210—2018第6.1.3条规定，门窗工程应对下列材料及其性能指标进行复验：1人造木板门的甲醛释放量；2建筑外窗的气密性能、水密性能和抗风压性能。故A选项说法正确。

第6.1.2条规定，门窗工程验收时应检查下列文件和记录：1门窗工程的施工图、设计说明及其他设计文件；2 材料的产品合格证书、性能检验报告、进场验收记录和复验报告；3 特种门及其配件的生产许可文件；4 隐蔽工程验收记录；5 施工记录。可见，B 选项说法正确。

第 6.1.11 条规定，建筑外门窗安装必须牢固。在砌体上安装门窗严禁采用射钉固定。可见，C 选项说法错误。

第 6.1.9 条规定，木门窗与砖石砌体、混凝土或抹灰层接触处应进行防腐处理。可见，D 选项说法正确。

答案：C

2-80 解析：《建筑装饰装修工程质量验收标准》GB 50210—2018 第 6.1.3 条规定，门窗工程应对下列材料及其性能指标进行复验：1）人造木板门的甲醛释放量；2）建筑外窗的气密性能、水密性能和抗风压性能。故选 B。

答案：B

2-81 解析：《建筑装饰装修工程质量验收标准》GB 50210—2018 第 6.1.8 条规定，金属门窗和塑料门窗安装应采用预留洞口的方法施工（即不得采用边安装边砌口或先安装后砌口的方法施工）。第 6.1.11 条规定，在砌体上安装门窗严禁采用射钉固定。故选 A。

答案：A

2-82 解析：拼樘料的作用不仅是连接多樘窗，而且起着重要的固定作用。因此，《建筑装饰装修工程质量验收标准》GB 50210—2018 第 6.1.10 条规定，当金属窗或塑料窗为组合窗时，其拼樘料的尺寸、规格、壁厚应符合设计要求。第 6.4.3 条还规定，塑料组合门窗使用的拼樘料截面尺寸及内衬增强型钢的形状和壁厚应符合设计要求。可见，都是承受荷载的要求。

答案：C

2-83 解析：《建筑装饰装修工程质量验收标准》GB 50210—2018 第 6.1.8 条规定，金属门窗和塑料门窗安装应采用预留洞口的方法施工。故 A 选项要求错误。

第 6.4.2 条规定，塑料门窗固定点应距窗角、中横框、中竖框 150～200mm，固定点间距不应大于 600mm。可见，B 选项要求正确。

第 6.4.4 条规定，窗框与洞口之间的伸缩缝内应采用聚氨酯发泡胶填充，发泡胶填充应均匀、密实。表面应采用密封胶密封。可见，C 选项要求正确。

第 6.4.10 条规定，塑料平开门窗扇平铰链的开关力不应大于 80N，滑撑铰链的开关力不应大于 80N 且不应小于 30N；塑料推拉门窗扇的开关力不应大于 100N。检验方法：观察；用测力计。可见，D 选项要求正确。

答案：A

2-84 解析：《建筑装饰装修工程质量验收标准》GB 50210—2018 第 7.1.12 条规定，重型设备和有振动荷载的设备严禁安装在吊顶工程的龙骨上。故 A 选项表述不符合规范规定。

第 7.1.10 条规定，安装面板前应完成吊顶内管道和设备的调试及验收。故 B 选项表述不符合规范规定。

第 7.1.11 条规定，吊杆距主龙骨端部距离不得大于 300mm。当吊杆长度大于 1500mm 时，应设置反支撑。可见，主龙骨端部悬挑大于 300mm 是不允许的，故 C 选项表述不符合规范规定。

第 7.2.5 条规定，整体面层吊顶石膏板、水泥纤维板的接缝应按其施工工艺标准进行板缝防裂处理。安装双层板时，面层板与基层板的接缝应错开，并不得在同一根龙骨上接缝。故 D 选项表述符合规范规定。

答案：D

2-85 解析：《建筑装饰装修工程质量验收标准》GB 50210—2018 第 7.1.4 条规定，吊顶工程应对下列隐蔽工程项目进行验收：

1）吊顶内管道、设备的安装及水管试压、风管严密性检验；

2）木龙骨防火、防腐处理；

3）埋件；

4）吊杆安装；

5）龙骨安装；

6）填充材料的设置；

7）反支撑及钢结构转换层。

可见，隐蔽工程验收项目不包括吊顶工程施工图。

答案：B

2-86 解析：《建筑装饰装修工程质量验收标准》GB 50210—2018 第 7.2.5 条规定，石膏板、水泥纤维板的接缝应按其施工工艺标准进行板缝防裂处理。

答案：A

2-87 解析：《建筑装饰装修工程质量验收标准》GB 50210—2018 第 8.1.7 条规定，轻质隔墙与顶棚和其他墙体的交接处应采取防开裂措施。

答案：C

2-88 解析：《建筑装饰装修工程质量验收标准》GB 50210—2018 第 8.1.4 条规定，轻质隔墙工程应对下列隐蔽工程项目进行验收：

1 骨架隔墙中设备管线的安装及水管试压；

2 木龙骨防火和防腐处理；

3 预埋件或拉结筋；

4 龙骨安装；

5 填充材料的设置。

可见，"隔墙板甲醛释放量"不属于隐蔽验收的项目，故选 A。需注意，按照 8.1.3 条规定，若隔墙板使用人造木板，则应复验其甲醛释放量。

答案：A

2-89 解析：由《建筑装饰装修工程质量验收标准》GB 50210—2018 第 8.1.1 条可知，建筑装饰装修分部工程中的轻质隔墙子分部工程包括板材隔墙、骨架隔墙、活动隔墙、玻璃隔墙 4 个分项工程，不包括砖或砌块隔墙。故 A 选项表述错误。

第 8.1.7 条规定，轻质隔墙与顶棚和其他墙体的交接处应采取防开裂措施，故 B 选项表述正确。

按照装饰装修工艺标准，轻钢龙骨纸面石膏板隔墙安装的主要工艺流程为：定位放线→隔墙基座施工→安装沿地、沿顶龙骨→安装沿墙竖龙骨→安装中间竖龙骨→安装水平通贯龙骨、附加龙骨→铺钉纸面石膏板→嵌缝处理，可见龙骨安装时，应先安装沿地、沿顶水平龙骨。故 C 选项表述错误。

第 8.4.2 条规定，活动隔墙轨道应与基体结构连接牢固，并应位置正确。故 D 选项表述错误。

答案：B

2-90 解析：《建筑装饰装修工程质量验收标准》GB 50210—2018 第 9.1.3 条规定，饰面板工程应对下列材料及其性能指标进行复验：

1 室内用花岗石板的放射性、室内用人造木板的甲醛释放量；

2 水泥基粘结料的粘结强度；

3 外墙陶瓷板的吸水率；

4 严寒和寒冷地区外墙陶瓷板的抗冻性。

可见，D 选项说法错误。

答案：D

2-91 解析：《建筑装饰装修工程质量验收标准》GB 50210—2018 第 9.1.4 条规定，饰面板工程应对下列隐蔽工程项目进行验收：1) 预埋件（或后置埋件）；2) 龙骨安装；3) 连接节点；4) 防水、保温、防火节点；5) 外墙金属板防雷连接节点。故选 B。

答案：B

2-92 解析：《建筑装饰装修工程质量验收标准》GB 50210—2018 第 9.2.2 条规定，石板孔、槽的数量、位置和尺寸应符合设计要求。故 A 选项表述正确。

第 9.2.3 和 9.3.3 条均规定，预埋件（或后置埋件）、连接件的材质、数量、规格、位置、连接方法和防腐处理应符合设计要求。后置埋件的现场拉拔力应符合设计要求。可见，并非"符合施工方案的要求"，故 B 选项表述错误。

第 9.2.7 条规定，采用湿作业法施工的石板安装工程，石板应进行防碱封闭处理（注：2001 版规范要求"防碱背涂处理"，2018 版标准改为"防碱封闭处理"，即增加了四周侧边的防碱处理）。故 C 选项表述错误。

第 9.2.4、第 9.3.4 条规定，采用满粘法施工的石板、陶瓷板工程，板与基层之间的粘结料应饱满、无空鼓，粘结应牢固。故 D 选项表述错误。

答案：A

2-93 解析：从《建筑装饰装修工程质量验收标准》GB 50210—2018 第 6.1.3 条、7.1.3 条、8.1.3 条、9.1.3 条、13.1.3 条、14.1.3 条可以看出，无论是门窗工程，还是吊顶工程、轻质隔墙工程、饰面板工程、软包工程、细部工程等，室内装修工程只要使用人造木板都必须复验其甲醛释放量。而对大理石、瓷砖、墙纸无此检测要求。故选 A。

答案：A

2-94 解析：《建筑装饰装修工程质量验收标准》GB 50210—2018 第 11.1.10 条，硅酮结构密封胶的注胶应在洁净的专用注胶室进行，且养护环境、温度、湿度条件应符合结构胶产品的使用规定。可见，B 选项说法错误。

答案：B

2-95 解析：《建筑装饰装修工程质量验收标准》GB 50210—2018 第 11.1.3 条规定，幕墙工程应对下列材料及其性能指标进行复验：

  1 铝塑复合板的剥离强度；

  2 石材、瓷板、陶板、微晶玻璃板、木纤维板、纤维水泥板和石材蜂窝板的抗弯强度；严寒、寒冷地区石材、瓷板、陶板、纤维水泥板和石材蜂窝板的抗冻性；室内用花岗石的放射性；

  3 幕墙用结构胶的邵氏硬度、标准条件拉伸粘结强度、相容性试验、剥离粘结性试验；石材用密封胶的污染性；

  4 中空玻璃的密封性能；

  5 防火、保温材料的燃烧性能；

  6 铝材、钢材主受力杆件的抗拉强度。

由第 2 款可见，C 选项所述"放射性"，对室内用花岗石需复验，而题干所述"外幕墙"未要求复验。

答案：C

2-96 解析：《建筑装饰装修工程质量验收标准》GB 50210—2018 第 11.1.4 条规定，幕墙工程应对下列隐蔽工程项目进行验收：

  1 预埋件或后置埋件、锚栓及连接件；

  2 构件的连接节点；

  3 幕墙四周、幕墙内表面与主体结构之间的封堵；

4 伸缩缝、沉降缝、防震缝及墙面转角节点；
5 隐框玻璃板块的固定；
6 幕墙防雷连接节点；
7 幕墙防火、隔烟节点；
8 单元式幕墙的封口节点。

可见，幕墙工程隐蔽验收内容不包括"幕墙板缝注胶"。故选 C。

答案：C

2-97 解析：《建筑装饰装修工程质量验收标准》GB 50210—2018 第 12.1.5 条规定，涂饰工程的基层处理应符合下列规定：
1 新建筑物的混凝土或抹灰基层在用腻子找平或直接涂饰涂料前应涂刷抗碱封闭底漆；
2 既有建筑墙面在用腻子找平或直接涂饰涂料前应清除疏松的旧装修层，并涂刷界面剂；
3 混凝土或抹灰基层在用溶剂型腻子找平或直接涂刷溶剂型涂料时，含水率不得大于 8%；在用乳液型腻子找平或直接涂刷乳液型涂料时，含水率不得大于 10%，木材基层的含水率不得大于 12%；
4 找平层应平整、坚实、牢固，无粉化、起皮和裂缝；内墙找平层的粘结强度应符合现行行业标准《建筑室内用腻子》JG/T 298 的规定；
5 厨房、卫生间墙面的找平层应使用耐水腻子。

由上可见，A、B、C 选项要求正确。

标准第 12.1.6 条规定，水性涂料涂饰工程施工的环境温度应为 5～35℃。故 D 选项要求不正确。

答案：D

2-98 解析：根据《建筑装饰装修工程质量验收标准》GB 50210—2018 第 12.2.5 条、12.2.6 条表格（本教材表 2-59、表 2-60），在薄涂料或厚涂料的普通涂饰面层中允许少量轻微泛碱、咬色，高级涂饰、复层涂饰、美术涂饰中均不允许。

答案：A

2-99 解析：《建筑装饰装修工程质量验收标准》GB 50210—2018 第 13.1.4 条规定，裱糊工程应对基层封闭底漆、腻子、封闭底胶进行隐蔽工程验收。裱糊前，基层处理应达到下列规定：
1 新建筑物的混凝土抹灰基层墙面在刮腻子前应涂刷抗碱封闭底漆；
2 粉化的旧墙面应先除去粉化层，并在刮涂腻子前涂刷一层界面处理剂；
3 混凝土或抹灰基层含水率不得大于 8%；木材基层的含水率不得大于 12%；
4 石膏板基层，接缝及裂缝处应贴加强网布后再刮腻子；
5 基层腻子应平整、坚实、牢固，无粉化、起皮、空鼓、酥松、裂缝和泛碱，腻子的粘结强度不得小于 0.3MPa；
6 基层表面平整度、立面垂直度及阴阳角方正应达到高级抹灰的要求；
7 基层表面颜色应一致；
8 裱糊前应用封闭底胶涂刷基层。

由该条第 1 款可见，需要涂刷抗碱封闭底漆的是"新建筑物的混凝土或抹灰基层"，故选 A。

答案：A

2-100 解析：《建筑装饰装修工程质量验收标准》GB 50210—2018 第 13.1.2 条第 1 款、第 2 款规定，裱糊与软包工程验收时应检查的资料包括裱糊与软包工程的施工图、设计说明及其他设计文件；饰面材料的样板及确认文件。可见，A 选项要求正确。

第 13.1.4 条第 8 款规定，裱糊前应用封闭底胶涂刷基层。故 B 选项要求正确。

第13.2.3条规定，裱糊后各幅拼接应横平竖直，拼接处花纹、图案应吻合，应不离缝、不搭接、不显拼缝。检验方法：距离墙面1.5m处观察。可见，C选项"2.5m处观察"要求错误。

第13.2.9条规定，壁纸、墙布阴角处应顺光搭接，阳角处应无接缝。可见，阴角处是应搭接的，故D选项要求正确。

答案：C

2-101 解析：据《建筑装饰装修工程质量验收标准》GB 50210—2018第14.1.1条细部工程的一般规定：本章适用于固定橱柜制作与安装、窗帘盒和窗台板制作与安装、门窗套制作与安装、护栏和扶手制作与安装、花饰制作与安装等分项工程的质量验收。可见，门窗套制作与安装分项工程属于细部子分部工程。

答案：C

2-102 解析：由《建筑地面工程质量验收规范》GB 50209—2010第3.0.1条表3.0.1（本教材表2-74）规定可知，在建筑装饰装修分部工程中包含建筑地面子分部工程，而建筑地面子分部工程又分为3个子分部工程：整体面层子分部工程，板块面层子分部工程和木、竹面层子分部工程。即，整体面层地面属于地面子分部工程下的子分部工程。

答案：B

2-103 解析：《建筑地面工程质量验收规范》GB 50209—2010第3.0.11条规定，建筑地面工程施工时，各层环境温度的控制应符合材料或产品的技术要求，并应符合下列规定：

1 采用掺有水泥、石灰的拌和料铺设以及用石油沥青胶结料铺贴时，不应低于5℃；
2 采用有机胶粘剂粘贴时，不应低于10℃；
3 采用砂、石材料铺设时，不应低于0℃；
4 采用自流平、涂料铺设时，不应低于5℃，也不应高于30℃。

可见，D选项所述温度错误。

答案：D

2-104 解析：据《建筑地面工程质量验收规范》GB 50209—2010第4.3~4.8条规定可归纳得出，垫层的最小厚度取决于所用材料的强度及其颗粒粒径，分为3个等级：对于灰土垫层、砂石垫层、三合土垫层、碎石垫层和碎砖垫层，其最小厚度不得小于100mm；对炉渣垫层、陶粒混凝土垫层、四合土垫层则不小于80mm；对砂垫层、水泥混凝土垫层应不小于60mm。可见，所列选项中最小允许厚度为80mm的是炉渣垫层。

答案：C

2-105 解析：《建筑地面工程质量验收规范》GB 50209—2010第4.6.1条规定，三合土垫层应采用石灰、砂（可掺入少量黏土）与碎砖的拌合料铺设，其厚度不应小于100mm。四合土垫层应采用水泥、石灰、砂（可掺少量黏土）与碎砖的拌合料铺设，其厚度不应小于80mm。可见，四合土是在三合土中增加了水泥，即四合土垫层的拌和材料不包括碎石。

答案：C

2-106 解析：《建筑地面工程施工质量验收规范》GB 50209—2010第4.5.1条规定，碎石垫层和碎砖垫层的厚度不应小于100mm。故A选项说法错误。

第4.8.3条规定，在水泥类基层上铺设水泥混凝土垫层时，基层表面应湿润。故B选项说法错误。

第4.9.3条规定，有防水要求的建筑地面工程，铺设找平层前必须对立管、套管和地漏与楼板节点之间进行密封处理，并应进行隐蔽验收。即"密封进行隐蔽工程验收"应在找平层铺设前进行。故C选项说法不准确。

第4.12.2条规定，建筑物室内接触基土的首层地面应增设水泥混凝土垫层后方可铺设绝热层，而对混凝土楼面则不需要。故D选项说法错误。

相比之下，C 选项较符合题意。

答案：C

2-107　解析：《建筑地面工程施工质量验收规范》GB 50209—2010 第 4.4.3 条规定，砂和砂石不应含有草根等有机杂质，砂应采用中砂，石子最大粒径不应大于垫层厚度的 2/3。故选 B。

答案：B

2-108　解析：《建筑地面工程质量验收规范》GB 50209—2010 第 4.3.1 条、4.3.2 条规定，灰土垫层应采用熟化石灰与黏土（或粉质黏土、粉土）的拌合料铺设，其厚度不应小于 100mm。熟化石灰粉可采用磨细生石灰，亦可用粉煤灰代替。故 A 选项所述正确。

第 4.3.6 条规定，灰土体积比应符合设计要求。可见，B 选项所述"按重量比"要求错误。

第 4.3.3 条规定，灰土垫层应铺设在不受地下水浸泡的基土上。施工后应有防止水浸泡的措施。故 C 选项所述正确。

第 4.3.4 条规定，灰土垫层应分层夯实，经湿润养护、晾干后方可进行下一道工序施工。故 D 选项要求正确。

答案：B

2-109　解析：《建筑地面工程质量验收规范》GB 50209—2010 第 4.8.1 条规定，水泥混凝土垫层和陶粒混凝土垫层应铺设在基土上。故 A 选项所述做法正确。

第 4.8.8 条规定，水泥混凝土垫层采用的粗骨料，其最大粒径不应大于垫层厚度的 2/3，含泥量不应大于 3%。故 B 选项所述做法不正确。

第 4.8.4 条规定，室内地面的水泥混凝土垫层应设置纵向缩缝和横向缩缝；纵向缩缝、横向缩缝的间距均不得大于 6m。故 C 选项所述做法正确。

第 4.8.6 条规定，工业厂房、礼堂、门厅等大面积水泥混凝土应分区段浇筑。分区段应结合变形缝位置、不同类型的建筑地面连接处和设备基础的位置进行划分，并应与设置的纵向、横向缩缝的间距相一致。故 D 选项所述做法正确。

答案：B

2-110　解析：《建筑地面工程质量验收规范》GB 50209—2010 第 4.9.1 条规定，当找平层厚度小于 30mm 时，宜用水泥砂浆做找平层；当找平层厚度不小于 30mm 时，宜用细石混凝土做找平层。故选 A。

答案：A

2-111　解析：《建筑地面工程质量验收规范》GB 50209—2010 第 4.9.2 条规定，找平层铺设前，当其下一层有松散填充料时，应予铺平振实。故 A 选项说法不正确。

第 4.9.10 条规定，找平层表面应密实，不应有起砂、蜂窝和裂缝等缺陷。可见，不要求"平整光滑"，故 B 选项说法不正确。

第 4.9.3 条规定，有防水要求的建筑地面工程，铺设前必须对立管、套管和地漏与楼板节点之间进行密封处理，并应进行隐蔽验收；排水坡度应符合设计要求。可见，C 选项对卫生间（有防水要求）的说法正确。

第 4.9.4 条规定，在预制钢筋混凝土板上铺设找平层前，板缝填嵌的施工应符合下列要求：

1　预制钢筋混凝土板相邻缝底宽不应小于 20mm；

2　填嵌时，板缝内应清理干净，保持湿润；

3　填缝应采用细石混凝土，其强度等级不应小于 C20。填缝高度应低于板面 10～20mm，且振捣密实；填缝后应养护。当填缝混凝土的强度等级达到 C15 后方可继续施工；

4　当板缝底宽大于 40mm 时，应按设计要求配置钢筋。

由该条第 3 款可知，D 选项"填缝高度与预制板面相平"的说法不正确。

答案：C

2-112 解析：《建筑地面工程质量验收规范》GB 50209—2010 第 4.10.5 条规定，铺设隔离层时，在管道穿过楼板面四周，防水、防油渗材料应向上铺涂，并超过套管的上口。故 A 选项要求正确。

第 4.10.5 条还规定，在靠近柱、墙处，应高出面层 200～300mm 或按设计要求的高度铺涂。故 B 选项"100mm"要求错误。

第 4.10.5 条又规定，阴阳角和管道穿过楼板面的根部应增加铺涂附加防水隔离层。故 C 选项要求正确。

第 4.10.7 条规定，防水隔离层铺设后，应按规范的规定进行蓄水检验，并作记录。故 D 选项要求正确。

答案：B

2-113 解析：《建筑地面工程质量验收规范》GB 50209—2010 第 5.6.1 条规定，防油渗面层应采用防油渗混凝土铺设或采用防油渗涂料涂刷；第 5.6.5 条规定，防油渗混凝土面层内不得敷设管线。可见，题中所列地面面层中，不得敷设管线的是"防油渗面层"。

答案：D

2-114 解析：《建筑地面工程质量验收规范》GB 50209—2010 第 5.2.3 条规定，水泥混凝土采用的粗骨料，最大粒径不应大于面层厚度的 2/3，细石混凝土面层采用的石子粒径不应大于 16mm。故 A 选项要求正确。

第 5.2.5 条规定，水泥混凝土面层的强度等级应符合设计要求，且强度等级不应小于 C20。故 B 选项要求正确。

第 5.3.4 条规定，水泥砂浆的体积比（强度等级）应符合设计要求，且体积比应为 1：2，强度等级不应小于 M15。故 C 选项要求正确。

第 5.1.4 条规定，整体面层施工后，养护时间不应少于 7d；抗压强度应达到 5MPa 后方准上人行走；抗压强度应达到设计要求后，方可正常使用。可见，D 选项要求错误。

答案：D

2-115 解析：《建筑地面工程质量验收规范》GB 50209—2010 第 5.4.9 条规定，水磨石面层拌合料的体积比应符合设计要求，且水泥与石粒的比例应为 1：1.5～1：2.5。可见，A 选项要求正确。

第 5.4.2 条规定，白色或浅色的水磨石面层应采用白水泥；深色的水磨石面层宜采用硅酸盐水泥、普通硅酸盐水泥或矿渣硅酸盐水泥。可见，B 选项要求正确。

第 5.4.5 条规定，普通水磨石面层磨光遍数不应少于 3 遍，高级水磨石面层的厚度和磨光遍数应由设计确定。可见，C 选项要求正确。

第 5.4.1 条规定，水磨石面层应采用水泥与石粒拌合料铺设，有防静电要求时，拌合料内应按设计要求掺入导电材料。可见，D 选项"掺入绝缘材料"的要求错误。

答案：D

2-116 解析：《建筑地面工程施工质量验收规范》GB 50209—2010 第 5.1.6 条规定，水泥类整体面层的抹平应在水泥初凝前完成，压光工作应在水泥终凝前完成。故 A 选项说法错误。

第 5.1.3 条规定，大面积水泥类面层应设置分格缝。故 B 选项说法错误。

第 5.1.4 条规定，整体面层施工后，养护时间不应少于 7d；抗压强度应达到 5MPa 后方准上人行走；抗压强度应达到设计要求后，方可正常使用。故 C 选项说法正确。

第 5.1.2 条规定，铺设整体面层时，其水泥类基层的抗压强度不得小于 1.2MPa。故 D 选项"不宜"的说法错误。

答案：C

2-117 解析：《建筑地面工程施工质量验收规范》GB 50209—2010 第 3.0.4 条规定，建筑地面工程采用的大理石、花岗石、料石等天然石材以及砖、预制板块、地毯、人造板材、胶粘剂、涂料、水泥、砂、石、外加剂等材料或产品应符合国家现行有关室内环境污染控制和放射性、有害物质限量的规定。材料进场时应具有检测报告。

而需要进行放射性检测的材料该规范有具体规定。第 6.2.6 条、6.3.5 条、6.4.7 条、6.5.6 条分别规定，砖面层所用板块，大理石、花岗石面层所用板块，预制板块面层所用板块，料石面层所用石材等产品进入施工现场时，应有放射性限量合格的检测报告。可见，不包括活动地板。故选 C。

答案：C

2-118 解析：《建筑地面工程施工质量验收规范》GB 50209—2010 第 6.1.3 条规定，铺设板块面层的结合层和板块间的填缝采用水泥砂浆时，配制水泥砂浆应采用硅酸盐水泥、普通硅酸盐水泥或矿渣硅酸盐水泥。

答案：D

2-119 解析：《建筑地面工程质量验收规范》GB 50209—2010 第 6.2.1 条规定，砖面层可采用陶瓷锦砖、缸砖、陶瓷地砖和水泥花砖，应在结合层上铺设。第 6.2.2 条、6.2.3 条均规定了在水泥砂浆结合层上铺贴缸砖、陶瓷地砖和水泥花砖面层及陶瓷锦砖的要求。故 A 选项"可以在水泥混合砂浆结合层上铺设"的说法不正确。

第 6.2.3 条规定，在水泥砂浆结合层上铺贴陶瓷锦砖面层时，砖底面应洁净，每联陶瓷锦砖之间、与结合层之间以及在墙角、镶边和靠柱、墙处应紧密贴合。在靠柱、墙处不得采用砂浆填补。故 B 选项的说法不正确。

第 6.3.3 条规定，铺设大理石、花岗石面层前，板材应浸湿、晾干；结合层与板材应分段同时铺设。故 C 选项的说法与规范"浸湿、晾干"的字面要求不符（但需注意：规范要求的"晾干"是指表面无明水，内部应是湿润的。即 C 选项说法值得商榷），可认为说法不正确。

第 6.3.7 条规定，大理石、花岗石面层铺设前，板块的背面和侧面应进行防碱处理。故 D 选项的说法正确。

答案：D

2-120 解析：《建筑地面工程质量验收规范》GB 50209—2010 第 7.1.2 条规定，木、竹地板面层下的木搁栅、垫木、垫层地板等采用木材的树种、选材标准和铺设时木材含水率以及防腐、防蛀处理等，均应符合现行国家标准《木结构工程施工质量验收规范》GB 50206 的有关规定。故 A 选项所述符合要求。

第 7.2.3 条规定，木搁栅应垫实钉牢，与柱、墙之间留出 20mm 的缝隙，表面应平直，其间距不宜大于 300mm。故 B 选项所述符合要求。

第 7.2.4 条规定，当面层下铺设垫层地板时，垫层地板的髓心应向上，板间缝隙不应大于 3mm，与柱、墙之间应留 8~12mm 的空隙，表面应刨平。故 C 选项所述不符合要求。

第 7.2.5 条规定，实木地板、实木集成地板、竹地板面层铺设时，相邻板材接头位置应错开不小于 300mm 的距离；与柱、墙之间应留 8~12mm 的空隙。故 D 选项所述符合要求。

答案：C

2-121 解析：《建筑地面工程质量验收规范》GB 50209—2010 第 7.2.6 条规定，采用实木制作的踢脚线，背面应抽槽并做防腐处理。故 A 选项的说法正确。

第 7.3.5 条规定，大面积铺设实木复合地板面层时，应分段铺设，分段缝的处理应符合设计要求。可见，B 选项的说法错误。

第 7.5.1 条规定，软木地板面层应采用粘贴方式铺设，软木复合地板面层应采用空铺方式铺设。故 C 选项的说法正确。

第 7.6.8 条规定，地面辐射供暖的木板面层采用无龙骨的空铺法铺设时，应在填充层上铺设一层耐热防潮纸（布）。故 D 选项的说法正确。

答案：B

2-122 **解析**：《建筑地面工程质量验收规范》GB 50209—2010 第 5.11.3 条、第 6.10.4 条、第 7.6.5 条均规定，地面辐射供暖的整体面层、板块面层、木板面层所采用的材料或产品除应符合设计要求和本规范相应面层的规定外，还应具有耐热性、热稳定性、防水、防潮、防霉变等特点。故 A 选项表述正确。

第 6.10.3 条规定，地面辐射供暖的板块面层铺设时不得扰动填充层，不得向填充层内楔入任何物件。故 B 选项表述正确。

第 6.10.5 条规定，地面辐射供暖的板块面层的伸缩缝及分格缝应符合设计要求；面层与柱、墙之间应留不小于 10mm 的空隙。故 C 选项表述正确。

第 7.6.3 条规定，与填充层接触的龙骨、垫层地板、面层地板等应采用胶粘法铺设。故 D 选项表述错误。

答案：D

2-123 **解析**：非整体面层包括板块面层和木竹面层。地面辐射供暖的面层应具有较好的导热能力，又要有较好的耐热性。《建筑地面工程施工质量验收规范》GB 50209—2010 第 6.10.1 条规定，地面辐射供暖的板块面层宜采用缸砖、陶瓷地砖、花岗石、水磨石板块、人造石板块、塑料板等，应在填充层上铺设。

第 7.6.1 条规定，地面辐射供暖的木板面层宜采用实木复合地板、浸渍纸层压木质地板等。采用的材料或产品除应符合设计要求和规范相应面层的规定外，还应具有耐热性、热稳定性、防水、防潮、防霉变等特点。可见，软木复合地板不宜选用。

答案：D

第三章 设计业务管理

本章考试大纲：掌握注册建筑师考试、注册、执业、继续教育及注册建筑师权利与义务等方面的规定；掌握各阶段设计文件编制的原则、依据、程序、质量和深度要求及修改设计文件的规定，以及执行工程建设标准管理方面的规定；掌握与建筑勘察设计行业密切相关的从业要求及规定；掌握对工程建设中各种违法、违纪行为的处罚规定；了解与建筑工程勘察设计有关的法律、行政法规的基本精神或政策要点；了解设计项目招标投标、承包发包及签订设计合同等市场行为方面的规定；了解工程建设程序和建设工程监理的有关规定；了解建设工程项目管理和工程总承包管理内容；了解加强历史文化保护、绿色可持续发展等行业发展要求。

本章复习重点：注册建筑师考试、注册、执业、继续教育及注册建筑师权利与义务等方面的规定；各阶段设计文件编制的原则、依据、程序、质量和深度要求及修改设计文件的规定，以及执行工程建设标准管理方面的规定；与建筑勘察设计行业密切相关的从业要求及规定；对工程建设中各种违法、违纪行为的处罚规定。

本章将从注册建筑师管理的有关规定、设计文件编制的有关规定、与工程勘察设计有关的法规、工程监理的有关规定、建设工程项目管理和工程总承包管理、行业发展的要求六个方面梳理知识要点。

第一节 注册建筑师管理的有关规定

注册建筑师是指依法取得注册建筑师证书并从事房屋建筑设计及相关业务的人员。我国注册建筑师分为一级注册建筑师和二级注册建筑师。

我国注册建筑师管理体制分为中央和地方两级。在中央设立全国注册建筑师考试管理委员会，在地方设立省、自治区、直辖市注册建筑师考试管理委员会，负责本行政区域内的注册建筑师管理工作。

一、注册建筑师的考试

国家实行注册建筑师全国统一考试制度。注册建筑师全国统一考试办法，由国务院建设行政主管部门会同国务院人事行政主管部门商国务院其他有关行政主管部门共同制定，由全国注册建筑师管理委员会组织实施。注册建筑师考试分为一级注册建筑师考试和二级注册建筑师考试。

申请参加注册建筑师考试者，可向省、自治区、直辖市注册建筑师管理委员会报名，经省、自治区、直辖市注册建筑师管理委员会审查，符合《中华人民共和国注册建筑师条例》关于申请参加一级、二级注册建筑师考试条件规定的，方可参加考试。

经一级、二级注册建筑师考试，在有效期内全部科目考试合格的，分别由全国注册建筑师管理委员会和省、自治区、直辖市注册建筑师管理委员会核发国务院建设主管部门和人事主管部门共同用印的一级、二级注册建筑师执业资格证书。自考试之日起，九十日内公布考试成绩；自考试成绩公布之日起，三十日内颁发执业资格证书。

二、建筑师的注册

考试合格，取得注册建筑师资格，除注册建筑师条例规定不能注册的之外，均可注册。

不能注册的情形有：

(1) 不具有完全民事行为能力的；
(2) 因受刑事处罚，自刑事处罚执行完毕之日起至申请注册之日止不满五年的；
(3) 因在建筑设计或相关业务中犯有错误，受行政处罚或者撤职以上行政处分，自处罚、处分之日起至注册之日止不满两年的；
(4) 受吊销注册建筑师证书的行政处罚，自处罚之日起至申请注册之日止不满五年的；
(5) 有国务院规定的不予注册的其他情形的。一级注册建筑师的注册机构是全国注册建筑师考试管理委员会，二级注册建筑师的注册机构是省、自治区、直辖市注册建筑师考试管理委员会。

注册建筑师注册的有效期为2年。

三、注册建筑师的执业

【相关真题：2019-002】

注册建筑师的执业范围如下：

(1) 建筑设计；
(2) 建筑设计技术咨询；
(3) 建筑物调查和鉴定；
(4) 对本人主持设计的项目进行施工指导和监督；
(5) 国务院建设行政主管部门规定的其他业务。

注册建筑师的执业范围不得超越其所在的建筑设计单位的执业范围。

一级注册建筑师的建筑设计范围不受建筑规模和工程复杂程度的限制，二级注册建筑师的建筑设计范围只限于承担国家规定的民用建筑等级三级（含三级）以下项目。

四、注册建筑师的继续教育

【相关真题：2018-003，2018-005】

注册建筑师在每一个注册期内应当达到全国注册建筑师管理委员会制定的继续教育标准。继续教育作为注册建筑师逾期初始注册、延续注册、重新申请注册的条件之一。

继续教育分为必修课和选修课，在每一个注册有效期内各为40学时。

五、注册建筑师的权利、义务与责任

【相关真题：2022-005】

1. **注册建筑师的权利**

（1）以注册建筑师的名义执行注册建筑师业务；

（2）国家规定的一定面积、跨度和高度以上的房屋建筑，应由注册建筑师设计；

（3）任何单位和个人修改注册建筑师的设计图纸应征得该注册建筑师同意（因特殊情况不能征得该注册建筑师同意的除外）。

2. **注册建筑师应履行的义务**

（1）遵守法律、法规和职业道德，维护社会公共利益；

（2）保证建筑设计质量，并在其负责的图纸上签字；

（3）保守在执业中知悉的单位和个人的秘密；

（4）不得同时受聘于两个或两个以上的建筑设计单位执行业务；

（5）不得准许他人以本人名义执行业务。

3. **注册建筑师的法律责任**

注册建筑师有以下行为之一时要予以处罚：

（1）以个人名义承接注册建筑师业务，收取费用的；

（2）同时受聘于两个或两个以上建筑设计单位执行业务的；

（3）在建筑设计或者相关业务中，侵犯他人合法权益的；

（4）准许他人以本人名义执行业务的；

（5）二级注册建筑师以一级名义执行业务的，或者超越国家规定的执业范围执行业务的。

因建筑设计质量不合格发生重大责任事故，造成重大损失的，对该建筑设计负有直接责任的注册建筑师，由县级以上人民政府建设行政主管部门责令停止执行业务；情节严重的，由全国注册建筑师管理委员会或者省、自治区、直辖市注册建筑师管理委员会吊销注册建筑师证书。

六、《中华人民共和国注册建筑师条例》

【相关真题：2022-003，2021-020，2018-001】

1995年9月23日中华人民共和国国务院令第184号——《中华人民共和国注册建筑师条例》发布，并自1995年9月23日起施行。2019年4月23日，根据国务院令第714号《国务院关于修改部分行政法规的决定》修正了第八条。

2019年修订版《中华人民共和国注册建筑师条例》摘录如下。

第一章 总 则

第一条 为了加强对注册建筑师的管理，提高建筑设计质量与水平，保障公民生命和财产安全，维护社会公共利益，制定本条例。

第二条 本条例所称注册建筑师，是指依法取得注册建筑师并从事房屋建筑设计及相关业务的人员。注册建筑师分为一级注册建筑和二级注册建筑师。

第三条 注册建筑师的考试、注册和执业，适用本条例。

第四条 国务院建设行政主管部门、人事行政主管部门和省、自治区、直辖市人民政府建设行政主管部门、人事行政主管部门依照本条例的规定对注册建筑师的考试、注册和执业实施指导和监督。

第五条 全国注册建筑师管理委员会和省、自治区、直辖市注册建筑师管理委员会，依照本条例的规定负责注册建筑师的考试和注册的具体工作。全国注册建筑师管理委员会由国务院建设行政主管部门、人事行政主管部门、其他有关行政主管部门的代表和建筑设计专家组成。省、自治区、直辖市注册建筑师管理委员会由省、自治区、直辖市建设行政主管部门、人事行政主管部门、其他有关行政主管部门的代表和建筑设计专家组成。

第六条 注册建筑师可以组建注册建筑师协会，维护会员的合法权益。

第二章 考试和注册

第七条 国家实行注册建筑师全国统一考试制度，注册建筑师全国统一考试办法，由国务院建设行政主管部门会同国务院人事行政主管部门商国务院其他有关行政主管部门共同制定，由全国注册建筑师管理委员会组织实施。

第八条 符合下列条件之一的，可以申请参加一级注册建筑师考试：

（一）取得建筑学硕士以上学位或者相近专业工学博士学位，并从事建筑设计或者相关业务2年以上的；

（二）取得建筑学学士学位或者相近专业工学硕士学位，并从事建筑设计或者相关业务3年以上的；

（三）具有建筑学专业大学本科毕业学历并从事建筑设计或者相关业务5年以上的，或者具有建筑学相近专业大学本科毕业学历并从事建筑设计或者相关业务7年以上的；

（四）取得高级工程师技术职称并从事建筑设计或者相关业务3年以上的，或者取得工程师技术职称并从事建筑设计或者相关业务5年以上的；

（五）不具有前四项规定的条件，但设计成绩突出，经全国注册建筑师管理委员会认定达到前四项规定的专业水平的。

前款第（三）～第（五）项规定的人员应当取得学士学位。

第九条 符合下列条件之一的，可以申请参加二级注册建筑师考试：

（一）具有建筑学或者相近专业大学本科毕业以上学历，从事建筑设计或者相关业务2年以上的；

（二）具有建筑设计技术专业或者相近专业大专毕业以上学历，并从事建筑设计或者相关业务3年以上的；

（三）具有建筑设计技术专业4年制中专毕业学历，并从事建筑设计或者相关业务5年以上的；

（四）具有建筑设计技术相近专业中专毕业学历，并从事建筑设计或者相关业务7年以上的；

（五）取得助理工程师以上技术职称，并从事建筑设计或者相关业务3年以上的。

第十条 本条例履行前已取得高级、中级技术职称的建筑设计人员，经所在单位推荐，可以按照注册建筑师全国统一考试办法的规定，免予部分科目的考试。

第十一条 注册建筑师考试合格，取得相应的注册建筑师资格的，可以申请注册。

第十二条 一级注册建筑师的注册，由全国注册建筑师管理委员会负责；二级注册建筑师的注册，由省、自治区、直辖市注册建筑师管理委员会负责。

第十三条 有下列情形之一的，不予注册：

（一）不具有完全民事行为能力的；

（二）因受刑事处罚，自刑罚执行完毕之日起至申请注册之日止不满5年的；

（三）因在建筑设计或者相关业务中犯有错误受行政处罚或者撤职以上行政处分，自处罚之日止不满2年的；

（四）受吊销注册建筑师证书的行政处罚，自处罚决定之日起至申请注册之日止不满5年；

（五）有国务院规定不予注册的其他情形的。

第十四条　全国注册建筑师管理委员会和省、自治区、直辖市注册建筑师管理委员会依照本条例第十三条的规定，决定不予注册的，应当自决定之日起15日内书面通知申请人；申请人有异议的，可以自收到通知之日起15日内向国务院建设行政主管部门或省、自治区、直辖市人民政府建设行政主管部门申请复议。

第十五条　全国注册建筑师管理委员会应当将准予注册的一级注册建筑师名单报国务院建设行政主管部门备案；省、自治区、直辖市注册建筑师管理委员会应当将准予注册的二级注册建筑师名单报省、自治区、直辖市人民政府建设行政主管部门备案。国务院建设行政主管部门或者省、自治区、直辖市人民政府建设行政主管部门发现有关注册建筑师管理委员会的注册不符合本条例规定的，应当通知有关注册建筑师管理委员会撤销注册，收回注册建筑师证书。

第十六条　准予注册的申请人，分别由全国注册建筑师管理委员会和省、自治区、直辖市注册建筑师管理委员会核发由国务院建设行政主管部门统一制作的一级注册建筑师证书或者二级注册建筑师证书。

第十七条　注册建筑师注册的有效期为2年。有效期届满需要继续注册的，应当在期满前30日内办理注册手续。

第十八条　已取得注册建筑师证书的人员，除本条例第十五条第二款规定的情形外，注册后有下列情形之一的，由准予注册的全国注册建筑师管理委员会或者省、自治区、直辖市注册建筑师管理委员会撤销注册，收回注册建筑师证书：

（一）完全丧失民事行为能力的；

（二）受刑事处罚的；

（三）因在建筑设计或者相关业务中犯有错误，受到行政处罚或者撤职以上行政处分的；

（四）自行停止注册建筑师业务满2年的。

被撤销注册的当事人对撤销注册、收回注册建筑师证书有异议的，可以自接到撤销注册、收回注册建筑师证书的通知之日起15日内向国务院建设行政主管部门或者省、自治区、直辖市人民政府建设行政主管部门申请复议。

第十九条　被撤销注册的人员可以依照本条例的规定重新注册。

第三章　执　　业

第二十条　注册建筑师的执业范围：

（一）建筑设计；

（二）建筑设计技术咨询；

（三）建筑物调查与鉴定；

（四）对本人主持设计的项目进行施工指导和监督；

（五）国务院建设行政主管部门规定的其他业务。

第二十一条 注册建筑师执行业务，应当加入建筑设计单位。建筑设计单位的资质等级及其业务范围，由国务院建设行政主管部门规定。

第二十二条 一级注册建筑师的执业范围不受建筑规模和工程复杂程度的限制。二级注册建筑师的执业范围不得超越国家规定的建筑规模和工程复杂程度。

第二十三条 注册建筑师执行业务，由建筑设计单位统一接受委托并统一收费。

第二十四条 因设计质量造成的经济损失，由建筑设计单位承担赔偿责任；建筑设计单位有权向签字的注册建筑师追偿。

第四章 权利和义务

第二十五条 注册建筑师有权以注册建筑师的名义执行注册建筑师业务。非注册建筑师不得以注册建筑师的名义执行注册建筑师业务。二级注册建筑师不得以一级注册建筑师的名义执行业务，也不得超越国家规定的二级注册建筑师的执业范围执行业务。

第二十六条 国家规定的一定跨度、距径和高度以上的房屋建筑，应当由注册建筑师进行设计。

第二十七条 任何单位和个人修改注册建筑师的设计图纸，应当征得该注册建筑师的同意；但是，因特殊情况不能征得该注册建筑师同意的除外。

第二十八条 注册建筑师应当履行下列义务：

（一）遵守法律、法规和职业道德，维护社会公共利益；
（二）保证建设设计的质量，并在其负责的设计图纸上签字；
（三）保守在执业中知悉的单位和个人的秘密；
（四）不得同时受聘于二个以上建筑设计单位执行业务；
（五）不得准许他人以本人名义执行业务。

第五章 法律责任

第二十九条 以不正当手段取得注册建筑师考试合格资格或者注册建筑师证书的，由全国注册建筑师管理委员会或者省、自治区、直辖市注册建筑师管理委员会取消考试合格资格或者吊销注册建筑师证书；对负有直接责任的主管人员和其他直接责任人员，依法给予行政处分。

第三十条 未经注册擅自以注册建筑师名义从事注册建筑师业务的，由县级以上人民政府建设行政主管部门责令停止违法活动，没收违法所得，并可以处以违法所得5倍以下的罚款；造成损失的，应当承担赔偿责任。

第三十一条 注册建筑师违反本条例规定，有下列行为之一的，由县级以上人民政府建设行政主管部门责令停止违法活动，没收违法所得，并可以处以违法所得5倍以下的罚款；情节严重的，可以责令停止执行业务或者由全国注册建筑师管理委员会或者省、自治区、直辖市注册建筑师管理委员会吊销注册建筑师证书：

（一）以个人名义承接注册建筑师业务、收取费用的；
（二）同时受聘于二个以上建筑设计单位执行业务的；
（三）在建筑设计或者相关业务中侵犯他人合法权益的；
（四）准许他人以本人名义执行业务的；
（五）二级注册建筑师以一级注册建筑师的名义执行业务或者超越国家规定的执业范

围执行业务的。

第三十二条 因建筑设计质量不合格发生重大责任事故，造成重大损失的，对该建筑设计负有直接责任的注册建筑师，由县级以上人民政府建设行政主管部门责令停止执行业务；情节严重的，由全国注册建筑师管理委员会或者省、自治区、直辖市注册建筑师管理委员会吊销注册建筑师证书。

第三十三条 违反本条例规定，未经注册建筑师同意擅自修改其设计图纸的，由县级以上人民政府建设行政主管部门责令纠正；造成损失的，应当承担赔偿责任。

第三十四条 违反本条例规定的，构成犯罪的，依法追究刑事责任。

例 3-1　（2022） 注册建筑师被责令停止执业的情形是（　　）。
A　建筑设计不合格发生重大责任事故，造成重大损失
B　在规定注册周期内继续教育未达标的
C　在执业过程中实施商业贿赂的
D　允许他人以自己的名义从事执业活动的

解析：《中华人民共和国注册建筑师条例》第三十二条，因建筑设计质量不合格发生重大责任事故，造成重大损失的，对该建筑设计负有直接责任的注册建筑师，由县级以上人民政府建设行政主管部门责令停止执行业务；情节严重的，由全国注册建筑师管理委员会或者省、自治区、直辖市注册建筑师管理委员会吊销注册建筑师证书。

答案： A

七、《中华人民共和国注册建筑师条例实施细则》

【相关真题：2022-001，2022-002，2018-002，2018-004】

《中华人民共和国注册建筑师条例实施细则》2008年1月29日发布，自2008年3月15日起施行。1996年7月1日建设部颁布的《中华人民共和国注册建筑师条例实施细则》（建设部令第52号）同时作废。

2008年修订版《注册建筑师条例实施细则》摘录如下。

第一章　总　则

第一条 根据《中华人民共和国行政许可法》和《中华人民共和国注册建筑师条例》（以下简称《条例》），制定本细则。

第二条 中华人民共和国境内注册建筑师的考试、注册、执业、继续教育和监督管理，适用本细则。

第三条 注册建筑师，是指经考试、特许、考核认定取得中华人民共和国注册建筑师执业资格证书（以下简称执业资格证书），或者经资格互认方式取得建筑师互认资格证书（以下简称互认资格证书），并按照本细则注册，取得中华人民共和国注册建筑师注册证书（以下简称注册证书）和中华人民共和国注册建筑师执业印章（以下简称执业印章），从事建筑设计及相关业务活动的专业技术人员。

未取得注册证书和执业印章的人员，不得以注册建筑师的名义从事建筑设计及相关业务活动。

第四条 国务院建设主管部门、人事主管部门按职责分工对全国注册建筑师考试、注册、执业和继续教育实施指导和监督。

省、自治区、直辖市人民政府建设主管部门、人事主管部门按职责分工对本行政区域内注册建筑师考试、注册、执业和继续教育实施指导和监督。

第五条 全国注册建筑师管理委员会负责注册建筑师考试、一级注册建筑师注册、制定颁布注册建筑师有关标准以及相关国际交流等具体工作。

省、自治区、直辖市注册建筑师管理委员会负责本行政区域内注册建筑师考试、注册以及协助全国注册建筑师管理委员会选派专家等具体工作。

第六条 全国注册建筑师管理委员会委员由国务院建设主管部门商人事主管部门聘任。

全国注册建筑师管理委员会由国务院建设主管部门、人事主管部门、其他有关主管部门的代表和建筑设计专家组成，设主任委员一名、副主任委员若干名。全国注册建筑师管理委员会秘书处设在建设部执业资格注册中心。全国注册建筑师管理委员会秘书处承担全国注册建筑师管理委员会的日常工作职责，并承担相应的法律责任。

省、自治区、直辖市注册建筑师管理委员会由省、自治区、直辖市人民政府建设主管部门商同级人事主管部门参照本条第一款、第二款规定成立。

第二章 考 试

第七条 注册建筑师考试分为一级注册建筑师考试和二级注册建筑师考试。注册建筑师考试实行全国统一考试，每年进行一次。遇特殊情况，经国务院建设主管部门和人事主管部门同意，可调整该年度考试次数。

注册建筑师考试由全国注册建筑师管理委员会统一部署，省、自治区、直辖市注册建筑师管理委员会组织实施。

第八条 一级注册建筑师考试内容包括：建筑设计前期工作、场地设计、建筑设计与表达、建筑结构、环境控制、建筑设备、建筑材料与构造、建筑经济、施工与设计业务管理、建筑法规等。上述内容分成若干科目进行考试。科目考试合格有效期为8年。

二级注册建筑师考试内容包括：场地设计、建筑设计与表达、建筑结构与设备、建筑法规、建筑经济与施工等。上述内容分成若干科目进行考试。科目考试合格有效期为4年。

第九条 《条例》第八条第（一）、（二）、（三）项，第九条第（一）项中所称相近专业，是指大学本科及以上建筑学的相近专业，包括城市规划、建筑工程和环境艺术等专业。

《条例》第九条第（二）项所称相近专业，是指大学专科建筑设计的相近专业，包括城乡规划、房屋建筑工程、风景园林、建筑装饰技术和环境艺术等专业。

《条例》第九条第（四）项所称相近专业，是指中等专科学校建筑设计技术的相近专业，包括工业与民用建筑、建筑装饰、城镇规划和村镇建设等专业。

《条例》第八条第（五）项所称设计成绩突出，是指获得国家或省部级优秀工程设计铜质或二等奖（建筑）及以上奖励。

第十条 申请参加注册建筑师考试者，可向省、自治区、直辖市注册建筑师管理委员会报名，经省、自治区、直辖市注册建筑师管理委员会审查，符合《条例》第八条或者第九条规定的，方可参加考试。

第十一条 经一级注册建筑师考试，在有效期内全部科目考试合格的，由全国注册建筑师管理委员会核发国务院建设主管部门和人事主管部门共同用印的一级注册建筑师执业资格证书。

经二级注册建筑师考试，在有效期内全部科目考试合格的，由省、自治区、直辖市注册建筑师管理委员会核发国务院建设主管部门和人事主管部门共同用印的二级注册建筑师执业资格证书。

自考试之日起，90日内公布考试成绩；自考试成绩公布之日起，30日内颁发执业资格证书。

第十二条 申请参加注册建筑师考试者，应当按规定向省、自治区、直辖市注册建筑师管理委员会交纳考务费和报名费。

第三章 注 册

第十三条 注册建筑师实行注册执业管理制度。取得执业资格证书或者互认资格证书的人员，必须经过注册方可以注册建筑师的名义执业。

第十四条 取得一级注册建筑师资格证书并受聘于一个相关单位的人员，应当通过聘用单位向单位工商注册所在地的省、自治区、直辖市注册建筑师管理委员会提出申请；省、自治区、直辖市注册建筑师管理委员会受理后提出初审意见，并将初审意见和申请材料报全国注册建筑师管理委员会审批；符合条件的，由全国注册建筑师管理委员会颁发一级注册建筑师注册证书和执业印章。

第十五条 省、自治区、直辖市注册建筑师管理委员会在收到申请人申请一级注册建筑师注册的材料后，应当及时做出是否受理的决定，并向申请人出具书面凭证；申请材料不齐全或者不符合法定形式的，应当在5日内一次性告知申请人需要补正的全部内容。逾期不告知的，自收到申请材料之日起即为受理。

对申请初始注册的，省、自治区、直辖市注册建筑师管理委员会应当自受理申请之日起20日内审查完毕，并将申请材料和初审意见报全国注册建筑师管理委员会。全国注册建筑师管理委员会应当自收到省、自治区、直辖市注册建筑师管理委员会上报材料之日起，20日内审批完毕并作出书面决定。

审查结果由全国注册建筑师管理委员会予以公示，公示时间为10日，公示时间不计算在审批时间内。

全国注册建筑师管理委员会自做出审批决定之日起10日内，在公众媒体上公布审批结果。

对申请变更注册、延续注册的，省、自治区、直辖市注册建筑师管理委员会应当自受理申请之日起10日内审查完毕。全国注册建筑师管理委员会应当自收到省、自治区、直辖市注册建筑师管理委员会上报材料之日起，15日内审批完毕并作出书面决定。

二级注册建筑师的注册办法由省、自治区、直辖市注册建筑师管理委员会依法制定。

第十六条 注册证书和执业印章是注册建筑师的执业凭证，由注册建筑师本人保管、使用。

注册建筑师由于办理延续注册、变更注册等原因，在领取新执业印章时，应当将原执业印章交回。

禁止涂改、倒卖、出租、出借或者以其他形式非法转让执业资格证书、互认资格证书、注册证书和执业印章。

第十七条 申请注册建筑师初始注册，应当具备以下条件：

（一）依法取得执业资格证书或者互认资格证书；

（二）只受聘于中华人民共和国境内的一个建设工程勘察、设计、施工、监理、招标代理、造价咨询、施工图审查、城乡规划编制等单位（以下简称聘用单位）；

（三）近3年内在中华人民共和国境内从事建筑设计及相关业务一年以上；

（四）达到继续教育要求；

（五）没有本细则第二十一条所列的情形。

第十八条 初始注册者可以自执业资格证书签发之日起3年内提出申请。逾期未申请者，须符合继续教育的要求后方可申请初始注册。

初始注册需要提交下列材料：

（一）初始注册申请表；

（二）资格证书复印件；

（三）身份证明复印件；

（四）聘用单位资质证书副本复印件；

（五）与聘用单位签订的聘用劳动合同复印件；

（六）相应的业绩证明；

（七）逾期初始注册的，应当提交达到继续教育要求的证明材料。

第十九条 注册建筑师每一注册有效期为2年。注册建筑师注册有效期满需继续执业的，应在注册有效期届满30日前，按照本细则第十五条规定的程序申请延续注册。延续注册有效期为2年。

延续注册需要提交下列材料：

（一）延续注册申请表；

（二）与聘用单位签订的聘用劳动合同复印件；

（三）注册期内达到继续教育要求的证明材料。

第二十条 注册建筑师变更执业单位，应当与原聘用单位解除劳动关系，并按照本细则第十五条规定的程序办理变更注册手续。变更注册后，仍延续原注册有效期。

原注册有效期届满在半年以内的，可以同时提出延续注册申请。准予延续的，注册有效期重新计算。

变更注册需要提交下列材料：

（一）变更注册申请表；

（二）新聘用单位资质证书副本的复印件；

（三）与新聘用单位签订的聘用劳动合同复印件；

（四）工作调动证明或者与原聘用单位解除聘用劳动合同的证明文件、劳动仲裁机构出具的解除劳动关系的仲裁文件、退休人员的退休证明复印件；

（五）在办理变更注册时提出延续注册申请的，还应当提交在本注册有效期内达到继续教育要求的证明材料。

第二十一条 申请人有下列情形之一的，不予注册：

（一）不具有完全民事行为能力的；

（二）申请在两个或者两个以上单位注册的；

（三）未达到注册建筑师继续教育要求的；

（四）因受刑事处罚，自刑事处罚执行完毕之日起至申请注册之日止不满5年的；

（五）因在建筑设计或者相关业务中犯有错误受行政处罚或者撤职以上行政处分，自处罚、处分决定之日起至申请之日止不满2年的；

（六）受吊销注册建筑师证书的行政处罚，自处罚决定之日起至申请注册之日止不满5年的；

（七）申请人的聘用单位不符合注册单位要求的；

（八）法律、法规规定不予注册的其他情形。

第二十二条 注册建筑师有下列情形之一的，其注册证书和执业印章失效：

（一）聘用单位破产的；

（二）聘用单位被吊销营业执照的；

（三）聘用单位相应资质证书被吊销或者撤回的；

（四）已与聘用单位解除聘用劳动关系的；

（五）注册有效期满且未延续注册的；

（六）死亡或者丧失民事行为能力的；

（七）其他导致注册失效的情形。

第二十三条 注册建筑师有下列情形之一的，由注册机关办理注销手续，收回注册证书和执业印章或公告注册证书和执业印章作废：

（一）有本细则第二十二条所列情形发生的；

（二）依法被撤销注册的；

（三）依法被吊销注册证书的；

（四）受刑事处罚的；

（五）法律、法规规定应当注销注册的其他情形。

注册建筑师有前款所列情形之一的，注册建筑师本人和聘用单位应当及时向注册机关提出注销注册申请；有关单位和个人有权向注册机关举报；县级以上地方人民政府建设主管部门或者有关部门应当及时告知注册机关。

第二十四条 被注销注册者或者不予注册者，重新具备注册条件的，可以按照本细则第十五条规定的程序重新申请注册。

第二十五条 高等学校（院）从事教学、科研并具有注册建筑师资格的人员，只能受聘于本校（院）所属建筑设计单位从事建筑设计，不得受聘于其他建筑设计单位。在受聘于本校（院）所属建筑设计单位工作期间，允许申请注册。获准注册的人员，在本校（院）所属建筑设计单位连续工作不得少于2年。具体办法由国务院建设主管部门商教育主管部门规定。

第二十六条 注册建筑师因遗失、污损注册证书或者执业印章，需要补办的，应当持在公众媒体上刊登的遗失声明的证明，或者污损的原注册证书和执业印章，向原注册机关申请补办。原注册机关应当在10日内办理完毕。

第四章 执 业

第二十七条 取得资格证书的人员,应当受聘于中华人民共和国境内的一个建设工程勘察、设计、施工、监理、招标代理、造价咨询、施工图审查、城乡规划编制等单位,经注册后方可从事相应的执业活动。

从事建筑工程设计执业活动的,应当受聘并注册于中华人民共和国境内一个具有工程设计资质的单位。

第二十八条 注册建筑师的执业范围具体为:

(一)建筑设计;

(二)建筑设计技术咨询;

(三)建筑物调查与鉴定;

(四)对本人主持设计的项目进行施工指导和监督;

(五)国务院建设主管部门规定的其他业务。

本条第一款所称建筑设计技术咨询包括建筑工程技术咨询,建筑工程招标、采购咨询,建筑工程项目管理,建筑工程设计文件及施工图审查,工程质量评估,以及国务院建设主管部门规定的其他建筑技术咨询业务。

第二十九条 一级注册建筑师的执业范围不受工程项目规模和工程复杂程度的限制。二级注册建筑师的执业范围只限于承担工程设计资质标准中建设项目设计规模划分表中规定的小型规模的项目。

注册建筑师的执业范围不得超越其聘用单位的业务范围。注册建筑师的执业范围与其聘用单位的业务范围不符时,个人执业范围服从聘用单位的业务范围。

第三十条 注册建筑师所在单位承担民用建筑设计项目,应当由注册建筑师任工程项目设计主持人或设计总负责人;工业建筑设计项目,须由注册建筑师任工程项目建筑专业负责人。

第三十一条 凡属工程设计资质标准中建筑工程建设项目设计规模划分表规定的工程项目,在建筑工程设计的主要文件(图纸)中,须由主持该项设计的注册建筑师签字并加盖其执业印章,方为有效。否则设计审查部门不予审查,建设单位不得报建,施工单位不准施工。

第三十二条 修改经注册建筑师签字盖章的设计文件,应当由原注册建筑师进行;因特殊情况,原注册建筑师不能进行修改的,可以由设计单位的法人代表书面委托其他符合条件的注册建筑师修改,并签字、加盖执业印章,对修改部分承担责任。

第三十三条 注册建筑师从事执业活动,由聘用单位接受委托并统一收费。

第五章 继续教育

第三十四条 注册建筑师在每一注册有效期内应当达到全国注册建筑师管理委员会制定的继续教育标准。继续教育作为注册建筑师逾期初始注册、延续注册、重新申请注册的条件之一。

第三十五条 继续教育分为必修课和选修课,在每一注册有效期内各为40学时。

第六章 监督检查

第三十六条 国务院建设主管部门对注册建筑师注册执业活动实施统一的监督管理。县级以上地方人民政府建设主管部门负责对本行政区域内的注册建筑师注册执业活动实施监督管理。

第三十七条 建设主管部门履行监督检查职责时,有权采取下列措施:
(一)要求被检查的注册建筑师提供资格证书、注册证书、执业印章、设计文件(图纸);
(二)进入注册建筑师聘用单位进行检查,查阅相关资料;
(三)纠正违反有关法律、法规和本细则及有关规范和标准的行为。

建设主管部门依法对注册建筑师进行监督检查时,应当将监督检查情况和处理结果予以记录,由监督检查人员签字后归档。

第三十八条 建设主管部门在实施监督检查时,应当有两名以上监督检查人员参加,并出示执法证件,不得妨碍注册建筑师正常的执业活动,不得谋取非法利益。

注册建筑师和其聘用单位对依法进行的监督检查应当协助与配合,不得拒绝或者阻挠。

第三十九条 注册建筑师及其聘用单位应当按照要求,向注册机关提供真实、准确、完整的注册建筑师信用档案信息。

注册建筑师信用档案应当包括注册建筑师的基本情况、业绩、良好行为、不良行为等内容。违法违规行为、被投诉举报处理、行政处罚等情况应当作为注册建筑师的不良行为记入其信用档案。

注册建筑师信用档案信息按照有关规定向社会公示。

第七章 法 律 责 任

第四十条 隐瞒有关情况或者提供虚假材料申请注册的,注册机关不予受理,并由建设主管部门给予警告,申请人一年之内不得再次申请注册。

第四十一条 以欺骗、贿赂等不正当手段取得注册证书和执业印章的,由全国注册建筑师管理委员会或省、自治区、直辖市注册建筑师管理委员会撤销注册证书并收回执业印章,3年内不得再次申请注册,并由县级以上人民政府建设主管部门处以罚款。其中没有违法所得的,处以1万元以下罚款;有违法所得的处以违法所得3倍以下且不超过3万元的罚款。

第四十二条 违反本细则,未受聘并注册于中华人民共和国境内一个具有工程设计资质的单位,从事建筑工程设计执业活动的,由县级以上人民政府建设主管部门给予警告,责令停止违法活动,并可处以1万元以上3万元以下的罚款。

第四十三条 违反本细则,未办理变更注册而继续执业的,由县级以上人民政府建设主管部门责令限期改正;逾期未改正的,可处以5000元以下的罚款。

第四十四条 违反本细则,涂改、倒卖、出租、出借或者以其他形式非法转让执业资格证书、互认资格证书、注册证书和执业印章的,由县级以上人民政府建设主管部门责令改正,其中没有违法所得的,处以1万元以下罚款;有违法所得的处以违法所得3倍以下且不超过3万元的罚款。

第四十五条 违反本细则,注册建筑师或者其聘用单位未按照要求提供注册建筑师信用档案信息的,由县级以上人民政府建设主管部门责令限期改正;逾期未改正的,可处以1000元以上1万元以下的罚款。

第四十六条 聘用单位为申请人提供虚假注册材料的,由县级以上人民政府建设主管部门给予警告,责令限期改正;逾期未改正的,可处以1万元以上3万元以下的罚款。

第四十七条 有下列情形之一的,全国注册建筑师管理委员会或者省、自治区、直辖市注册建筑师管理委员会可以撤销其注册：

（一）全国注册建筑师管理委员会或者省、自治区、直辖市注册建筑师管理委员会的工作人员滥用职权、玩忽职守颁发注册证书和执业印章的；

（二）超越法定职权颁发注册证书和执业印章的；

（三）违反法定程序颁发注册证书和执业印章的；

（四）对不符合法定条件的申请人颁发注册证书和执业印章的；

（五）依法可以撤销注册的其他情形。

第四十八条 县级以上人民政府建设主管部门、人事主管部门及全国注册建筑师管理委员会或者省、自治区、直辖市注册建筑师管理委员会的工作人员，在注册建筑师管理工作中，有下列情形之一的，依法给予处分；构成犯罪的，依法追究刑事责任：

（一）对不符合法定条件的申请人颁发执业资格证书、注册证书和执业印章的；

（二）对符合法定条件的申请人不予颁发执业资格证书、注册证书和执业印章的；

（三）对符合法定条件的申请不予受理或者未在法定期限内初审完毕的；

（四）利用职务上的便利，收受他人财物或者其他好处的；

（五）不依法履行监督管理职责，或者发现违法行为不予查处的。

第八章 附 则

第四十九条 注册建筑师执业资格证书由国务院人事主管部门统一制作；一级注册建筑师注册证书、执业印章和互认资格证书由全国注册建筑师管理委员会统一制作；二级注册建筑师注册证书和执业印章由省、自治区、直辖市注册建筑师管理委员会统一制作。

第五十条 香港特别行政区、澳门特别行政区、台湾地区的专业技术人员按照国家有关规定和有关协议，报名参加全国统一考试和申请注册。

外籍专业技术人员参加全国统一考试按照对等原则办理；申请建筑师注册的，其所在国应当已与中华人民共和国签署双方建筑师对等注册协议。

第五十一条 本细则自2008年3月15日起施行。1996年7月1日建设部颁布的《中华人民共和国注册建筑师条例实施细则》（建设部令第52号）同时废止。

例3-2 （2022）属于注册建筑师进行建筑设计技术咨询的是（　　）。

A 对项目进行施工指导和监督
B 工程质量评估
C 授权他人以自己名义进行执业
D 建筑物调查与鉴定

解析：《中华人民共和国注册建筑师条例实施细则》第二十八条，注册建筑师的执业范围具体为：建筑设计、建筑设计技术咨询、建筑物调查与鉴定、对本人主持设计的项目进行施工指导和监督、国务院建设主管部门规定的其他业务。

本条第一款所称的建筑设计技术咨询包括建筑工程技术咨询、建筑工程招标、采购咨询，建筑工程项目管理，建筑工程设计文件及施工图审查，工程质量评估，以及国务院建设主管部门规定的其他建筑技术咨询业务。

答案： B

第二节 设计文件编制的有关规定

一、编制设计文件的原则

根据《建设工程勘察设计管理条例》(2017年10月7日修订版)第二十六条、二十七条的规定,编制设计文件,应当满足下列要求:

(1) 编制方案设计文件,应当满足编制初步设计文件和控制概算的需要;

(2) 编制初步设计文件,应当满足编制施工招标文件、主要设备材料订货和编制施工图设计文件的需要;

(3) 编制施工图设计文件,应当满足设备材料采购、非标准设备制作和施工的需要,并注明建设工程合理使用年限;

(4) 设计文件中选用的材料、构配件、设备,应当注明其规格、型号、性能等技术指标,其质量要求必须符合国家规定的标准。除有特殊要求的建筑材料、专用设备和工艺生产线等外,设计单位不得指定生产厂、供应商。

二、编制设计文件的依据
【相关真题:2022-012】

2000年9月25日中华人民共和国国务院令第293号公布《建设工程勘察设计管理条例》(后简称为《条例》),并自公布之日起施行。2015年6月12日中华人民共和国国务院令第662号公布《国务院关于修改〈建设工程勘察设计管理条例〉的决定》第一次修订。2017年10月7日中华人民共和国国务院令第687号公布《国务院关于修改部分行政法规的决定》第二次修订。

第一次修订的《条例》增加一条,作为第四十条:"违反本条例规定,勘察、设计单位未依据项目批准文件,城乡规划及专业规划,国家规定的建设工程勘察、设计深度要求编制建设工程勘察、设计文件的,责令限期改正;逾期不改正的,处10万元以上30万元以下的罚款;造成工程质量事故或者环境污染和生态破坏的,责令停业整顿,降低资质等级;情节严重的,吊销资质证书;造成损失的,依法承担赔偿责任。"此外,将第二十五条第一款中的"城市规划"修改为"城乡规划",并对条文顺序作相应调整。

第二次修订的《条例》将第三十三条第一款修改为:"施工图设计文件审查机构应当对房屋建筑工程、市政基础设施工程施工图设计文件中涉及公共利益、公众安全、工程建设强制性标准的内容进行审查。县级以上人民政府交通运输等有关部门应当按照职责对施工图设计文件中涉及公共利益、公众安全、工程建设强制性标准的内容进行审查。"

2017年修订版《建设工程勘察设计管理条例》第四章摘录如下。

第二十五条 编制建设工程勘察、设计文件,应当以下列规定为依据:
(一) 项目批准文件;
(二) 城乡规划;
(三) 工程建设强制性标准;
(四) 国家规定的建设工程勘察、设计深度要求。

铁路、交通、水利等专业建设工程，还应当以专业规划的要求为依据。

第二十六条　编制建设工程勘察文件，应当真实、准确，满足建设工程规划、选址、设计、岩土治理和施工的需要。

编制方案设计文件，应当满足编制初步设计文件和控制概算的需要。

编制初步设计文件，应当满足编制施工招标文件、主要设备材料订货和编制施工图设计文件的需要。

编制施工图设计文件，应当满足设备材料采购、非标准设备制作和施工的需要，并注明建设工程合理使用年限。

第二十七条　设计文件中选用的材料、构配件、设备，应当注明其规格、型号、性能等技术指标，其质量要求必须符合国家规定的标准。

除有特殊要求的建筑材料、专用设备和工艺生产线等外，设计单位不得指定生产厂、供应商。

第二十八条　建设单位、施工单位、监理单位不得修改建设工程勘察、设计文件；确需修改建设工程勘察、设计文件的，应当由原建设工程勘察、设计单位修改。经原建设工程勘察、设计单位书面同意，建设单位也可以委托其他具有相应资质的建设工程勘察、设计单位修改。修改单位对修改的勘察、设计文件承担相应责任。

施工单位、监理单位发现建设工程勘察、设计文件不符合工程建设强制性标准、合同约定的质量要求的，应当报告建设单位，建设单位有权要求建设工程勘察、设计单位对建设工程勘察、设计文件进行补充、修改。建设工程勘察、设计文件内容需要作重大修改的，建设单位应当报经原审批机关批准后，方可修改。

第二十九条　建设工程勘察、设计文件中规定采用的新技术、新材料，可能影响建设工程质量和安全，又没有国家技术标准的，应当由国家认可的检测机构进行试验、论证，出具检测报告，并经国务院有关部门或者省、自治区、直辖市人民政府有关部门组织的建设工程技术专家委员会审定后，方可使用。

第三十条　建设工程勘察、设计单位应当在建设工程施工前，向施工单位和监理单位说明建设工程勘察、设计意图，解释建设工程勘察、设计文件。

建设工程勘察、设计单位应当及时解决施工中出现的勘察、设计问题。

三、设计文件编制深度的相关规定

【相关真题：2021-008，2021-009，2022-011】

2016年，住房和城乡建设部组织对《建筑工程设计文件编制深度规定》（2008年版）进行修编，2016版的深度规定于2017年1月1日起施行，2008版同时作废。新规定与2008年版规定相比主要变化如下：

（1）新增绿色建筑技术应用的内容；
（2）新增装配式建筑设计内容；
（3）新增建筑设备控制相关规定；
（4）新增建筑节能设计要求，包括各相关专业的设计文件和计算书深度要求；
（5）新增结构工程超限设计可行性论证报告内容；
（6）新增建筑幕墙、基坑支护及建筑智能化专项设计内容；

（7）根据建筑工程项目在审批、施工等方面对设计文件深度要求的变化，对原规定中的部分条文作了修改，使之更加适用于目前的工程项目设计，尤其是民用建筑工程项目设计。

2016年版《建筑工程设计文件编制深度规定》摘录如下。

1 总 则

1.0.1 为加强对建筑工程设计文件编制工作的管理，保证各阶段设计文件的质量和完整性，特制定本规定。

1.0.2 本规定适用于境内和援外的民用建筑、工业厂房、仓库及其配套工程的新建、改建、扩建工程设计。

1.0.3 本规定是设计文件编制深度的基本要求。在满足本规定的基础上，设计深度尚应符合各类专项审查和工程所在地的相关要求。

1.0.4 建筑工程一般应分为方案设计、初步设计和施工图设计三个阶段；对于技术要求相对简单的民用建筑工程，当有关主管部门在初步设计阶段没有审查要求，且合同中没有做初步设计的约定时，可在方案设计审批后直接进入施工图设计。

1.0.5 各阶段设计文件编制深度应按以下原则进行（具体应执行第2、3、4章条款）；

  1 方案设计文件，应满足编制初步设计文件的需要，应满足方案审批或报批的需要。

  注：本规定仅适用于报批方案设计文件编制深度。对于投标方案设计文件的编制深度，应执行住房和城乡建设部颁发的相关规定。

  2 初步设计文件，应满足编制施工图设计文件的需要，应满足初步设计审批的需要。

  3 施工图设计文件，应满足设备材料采购、非标准设备制作和施工的需要。

  注：对于将项目分别发包给几个设计单位或实施设计分包的情况，设计文件相互关联处的深度应满足各承包或分包单位设计的需要。

1.0.7 当设计合同对设计文件编制深度另有要求时，设计文件编制深度应同时满足本规定和设计合同的要求。

1.0.11 当建设单位另行委托相关单位承担项目专项设计（包括二次设计）时，主体建筑设计单位应提出专项设计的技术要求并对主体结构和整体安全负责。专项设计单位应依据本规定相关章节的要求以及主体建筑设计单位提出的技术要求进行专项设计并对设计内容负责。

1.0.12 装配式建筑工程设计中宜在方案阶段进行"技术策划"，其深度应符合本规定相关章节的要求。预制构件生产之前应进行装配式建筑专项设计，包括预制混凝土构件加工详图设计。主体建筑设计单位应对预制构件深化设计进行会签，确保其荷载、连接以及对主体结构的影响均符合主体结构设计的要求。

2 方 案 设 计

2.1.1 方案设计文件。

  1 设计说明书，包括各专业设计说明以及投资估算等内容；对于涉及建筑节能、环保、绿色建筑、人防等设计的专业，其设计说明应有相应的专门内容；

2 总平面图以及相关建筑设计图纸（若为城市区域供热或区域燃气调压站，应提供热能动力专业的设计图纸，具体见2.3.3条）；

　　3 设计委托或设计合同中规定的透视图、鸟瞰图、模型等。

2.1.2 方案设计文件的编排顺序。

　　1 封面：写明项目名称、编制单位、编制年月；

　　2 扉页：写明编制单位法定代表人、技术总负责人、项目总负责人及各专业负责人的姓名，并经上述人员签署或授权盖章；

　　3 设计文件目录；

　　4 设计说明书；

　　5 设计图纸。

2.1.3 装配式建筑技术策划文件。

　　1 技术策划报告，包括技术策划依据和要求、标准化设计要求、建筑结构体系、建筑围护系统、建筑内装体系、设备管线等内容；

　　2 技术配置表，装配式结构技术选用及技术要点；

　　3 经济性评估，包括项目规模、成本、质量、效率等内容；

　　4 预制构件生产策划，包括构件厂选择、构件制作及运输方案，经济性评估等。

3 初 步 设 计

3.1.1 初步设计文件。

　　1 设计说明书，包括设计总说明、各专业设计说明。对于涉及建筑节能、环保、绿色建筑、人防、装配式建筑等，其设计说明应有相应的专项内容；

　　2 有关专业的设计图纸；

　　3 主要设备或材料表；

　　4 工程概算书；

　　5 有关专业计算书（计算书不属于必须交付的设计文件，但应按本规定相关条款的要求编制）。

3.1.2 初步设计文件的编排顺序。

　　1 封面：写明项目名称、编制单位、编制年月；

　　2 扉页：写明编制单位法定代表人、技术总负责人、项目总负责人和各专业负责人的姓名，并经上述人员签署或授权盖章；

　　3 设计文件目录；

　　4 设计说明书；

　　5 设计图纸（可单独成册）；

　　6 概算书（应单独成册）。

3.10.1 建设项目设计概算是初步设计文件的重要组成部分。概算文件应单独成册。设计概算文件由封面、签署页（扉页）、目录、编制说明、建设项目总概算表、工程建设其他费用表、单项工程综合概算表、单位工程概算书等内容组成。

4 施 工 图 设 计

4.1.1 施工图设计文件。

1 合同要求所涉及的所有专业的设计图纸（含图纸目录、说明和必要的设备、材料表，见第4.2节至第4.8节）以及图纸总封面；对于涉及建筑节能设计的专业，其设计说明应有建筑节能设计的专项内容；涉及装配式建筑设计的专业，其设计说明及图纸应有装配式建筑专项设计内容；

2 合同要求的工程预算书；

注：对于方案设计后直接进入施工图设计的项目，若合同未要求编制工程预算书，施工图设计文件应包括工程概算书。

3 各专业计算书。计算书不属于必须交付的设计文件，但应按本规定相关条款的要求编制并归档保存。

4.1.2 总封面标识内容。

1 项目名称；

2 设计单位名称；

3 项目的设计编号；

4 设计阶段；

5 编制单位法定代表人、技术总负责人和项目总负责人的姓名及其签字或授权盖章；

6 设计日期（即设计文件交付日期）。

4.9.1 施工图预算文件包括封面、签署页（扉页）、目录、编制说明、建设项目总预算表、单项工程综合预算表、单位工程预算书。

4.9.2 封面、签署页（扉页）、目录，参照第4.1.2条。

5 专项设计

5.1 建筑幕墙设计

5.1.1 本节规定适用于建筑幕墙中的玻璃幕墙、金属幕墙、石材幕墙等工程的设计。其他类型幕墙的设计可参照本节规定执行。

5.1.2 建筑幕墙工程设计一般按初步设计和施工图设计两个阶段进行。

5.1.3 在初步设计阶段，幕墙设计文件包括设计说明书、设计图纸、力学计算书，其编排顺序为：封面、扉面、目录、设计说明书、设计图纸、力学计算书。

5.1.4 在施工图设计阶段，幕墙设计文件包括设计说明书、设计图纸、计算书，其编排顺序为：封面、扉面、目录、设计说明书、设计图纸、计算书。

5.2 基坑与边坡工程设计

5.2.1 在初步设计阶段，深基坑专项设计文件中应有设计说明、设计图纸。

5.2.4 在施工图阶段，基坑支护设计文件应包括设计说明、设计施工图纸和计算书。

5.3 建筑智能化设计

5.3.1 智能化专项设计根据需要可分为方案设计、初步设计、施工图设计及深化设计四个阶段。

1 方案设计、初步设计、施工图设计各阶段设计文件编制深度应符合1.0.5的要求；

2 深化设计应满足设备材料采购、非标准设备制作、施工和调试的需要；

3 设计单位应配合深化设计单位了解系统的情况及要求，审核深化设计单位的设计图纸。

5.3.2 方案设计文件

1 在方案设计阶段，建筑智能化设计文件应包括设计说明书、系统造价估算。

5.3.3 初步设计文件

1 在初步设计阶段,建筑智能化设计文件一般应包括图纸目录、设计说明书、设计图纸。

5.4 预制混凝土构件加工图设计

5.4.1 预制构件加工图设计文件。

1 图纸目录及数量表、设计说明;

2 合同要求的全部设计图纸;

3 与预制构件现场安装相关的施工验算。计算书不属于必须交付的设计文件,但应归档保存。

4 预制构件加工图由施工图设计单位设计,也可由其他单位设计经施工图设计单位审核通过后方可实施。设计文件按本规定相关条款的要求编制并归档保存。

条 文 说 明

4.1.1-2 工程预算书不是施工图设计文件必须包括的内容。但当合同明确要求编制工程预算书,且合同规定的设计费中包括单独收取的工程预算书编制费时,设计方应按本规定的要求向建设单位提供工程预算书。

> **例 3-3 (2019)** 必须作为工程设计文件编制依据的是( )。
> A 城乡规划
> B 工程勘察设计收费标准
> C 技术专家评审意见
> D 质量保证体系要求
> **解析:**《建设工程勘察设计管理条例》第二十五条,编制建设工程勘察、设计文件,应当以下列规定为依据:1) 项目批准文件;2) 城乡规划;3) 工程建设强制性标准;4) 国家规定的建设工程勘察、设计深度要求。铁路、交通、水利等专业建设工程,还应当以专业规划的要求为依据。
> **答案:** A

四、修改设计文件的相关规定

【相关真题:2022-013,2021-019】

根据《建设工程勘察设计管理条例》(2017年10月7日修订版)第二十八条的规定:建设单位、施工单位、监理单位不得修改建设工程勘察、设计文件;确需修改建设工程勘察、设计文件的,应当由原建设工程勘察、设计单位修改。经原建设工程勘察、设计单位书面同意,建设单位也可以委托其他具有相应资质的建设工程勘察、设计单位修改。修改单位对修改的勘察、设计文件承担相应责任。

施工单位、监理单位发现建设工程勘察、设计文件不符合工程建设强制性标准、合同约定的质量要求的,应当报告建设单位,建设单位有权要求建设工程勘察、设计单位对建设工程勘察、设计文件进行补充、修改。

建设工程勘察、设计文件内容需要作重大修改的,建设单位应当报经原审批机关批准后，方可修改。

五、其他规定

建设工程勘察设计文件中规定采用的新技术、新材料，可能影响建设工程质量和安全，又没有国家技术标准的，应当由国家认可的检测机构进行试验、论证，出具检测报告，并经国务院有关部门或者省、自治区、直辖市人民政府有关部门组织的建设工程技术专家委员会审定后，方可使用。

第三节　与工程勘察设计有关的法规

本节主要介绍以下 17 个与工程建设有关的主要法律、法规，具体如下：《中华人民共和国建筑法》《建设工程质量管理条例》《建设工程勘察设计管理条例》《中华人民共和国招标投标法》《必须招标的工程项目规定》《中华人民共和国招标投标法实施条例》《建筑工程设计招标投标管理办法》《建筑工程勘察设计资质管理规定》《房屋建筑和市政基础设施工程施工图设计文件审查管理办法》《中华人民共和国民法典》《中华人民共和国安全生产法》《建筑工程安全生产管理条例》《实施工程建设强制性标准监督规定》《建筑工程消防设计审查验收管理暂行规定》《建筑工程建立范围和规模标准规定》《工程监理企业资质管理规定》《房屋建筑和市政基础设施项目工程总承包管理办法》。

一、我国法规的基本体系

按现行立法权限，我国的法规可分为 5 个层次，即：
(1) 全国人大及其常委会通过的法律
(2) 国务院发布的行政规定
(3) 国务院各部委发布的规章制度
(4) 地方人大制定的地方法律
(5) 地方行政部门制定并发布的地方规章制度
举例如下（地方法律、规章不再举例）。

(一) 法律

中华人民共和国建筑法	1998 年 3 月 1 日起实施；2011 年 4 月 22 日修改；2011 年 7 月 1 日起实施（修订版）；2019 年 4 月 23 日修改。
中华人民共和国安全生产法	2002 年 11 月 1 日起实施；2009 年 8 月 27 日修改；2014 年 8 月 31 日修改；2021 年 6 月 10 日修改。
中华人民共和国招标投标法	2000 年 1 月 1 日起实施；2017 年 12 月 27 日修改。
中华人民共和国民法典	2021 年 1 月 1 日起实施。
中华人民共和国行政许可法	2004 年 7 月 1 日起实施；2019 年 4 月修订。

中华人民共和国节约能源法	1998年1月1日起实施；2007年10月28日修改；2008年4月1日起实施（修订版）；2018年10月26日修改。
中华人民共和国环境保护法	1989年12月26日起实施；2014年4月24日修订；2015年1月1日起实施（修订版）。
中华人民共和国城乡规划法	2008年1月1日起实施；2015年4月24日修改；2019年4月23日修改。
中华人民共和国环境影响评价法	2003年9月1日起施行；2016年7月2日修改；2018年12月29日修改。
中华人民共和国城市房地产管理法	1995年1月1日起实施；2007年8月30日修改；2009年8月27日修改；2019年8月26日修改。
中华人民共和国土地管理法	1986年6月25日起实施；1988年12月29日修改；1998年8月29日修订；1999年1月1日起施行（修订版）；2004年8月28日修改；2019年8月26日修改。
（二）行政规定	
建筑工程勘察设计管理条例	2000年9月25日起实施；2017年10月7日修订。
建筑工程质量管理条例	2000年1月30日起实施；2017年10月7日修订；2019年4月23日又作了修订。
建筑工程安全生产管理条例	2004年2月1日起实施。
中华人民共和国注册建筑师条例	1995年9月23日起实施；2019年4月23日修订。
中华人民共和国城镇国有土地使用权出让和转让暂行条例	1990年5月19日起实施；2020年11月29日修改。
物业管理条例	2003年6月8日起实施；2007年8月26日修改；2016年2月6日修改；2018年3月19日修改。
中华人民共和国招标投标法实施条例	2012年2月1日起实施；2017年3月1日修订；2018年3月19日修订；2019年3月2日修订。
（三）部门规章	
实施工程建设强制性标准监督规定	2000年8月25日起施行；2015年1月22日修改；2021年3月30日修改。
建筑工程消防设计审查验收管理暂行规定	2020年6月1日起实施。

必须招标的工程项目规定	2000年8月25日起实施；2015年1月22日修订；2021年3月30日修改。
建筑工程设计招标投标管理办法	2000年10月18日起实施；2017年1月24日修改；2017年5月1日起施行（修订版）。
房屋建筑和市政基础设施项目工程总承包管理办法	2020年3月1日起施行。
房屋建筑和市政基础设施工程施工图设计文件审查管理办法	2013年8月1日起实施；2018年12月29日修改。
中华人民共和国注册建筑师条例实施细则	1996年7月1日起施行；2008年1月29日修改；2008年3月15日起施行（修订版）。
建筑工程勘察设计资质管理规定	2007年9月1日起实施；2015年5月4日修订；2016年9月13日修订；2018年12月22日修订。
建筑业企业资质管理规定	2015年3月1日起实施。
工程监理企业资质管理规定	2007年8月1日起实施；2015年5月4日修改；2016年9月13日修改；2018年12月22日修改。
建筑工程监理范围和规模标准规定	2001年1月17日起实施。
建筑工程施工许可管理办法	1999年12月1日起实施；2001年7月4日修改；2014年6月25日修改；2014年10月25日起实施（修订版）；2018年9月28日发布2018年9月19日的修订内容并实施；2021年3月30日修改并实施。
国有土地上房屋征收与补偿条例	2011年1月21日起实施。
城市商品房预售管理办法	1995年1月1日起实施；2001年8月15日修改；2004年7月20日修改。

二、《中华人民共和国建筑法》

《中华人民共和国建筑法》自1998年3月1日起施行。2011年4月22日，根据第十一届全国人大常委会第20次会议《关于修改〈中华人民共和国建筑法〉的决定》进行修改，2011年7月1日执行。2019年全国人大又对第八条做了修改。

2019年版《中华人民共和国建筑法》摘录如下。

第二章 建 筑 许 可
第一节 建筑工程施工许可

第七条 建筑工程开工前，建设单位应当按照国家有关规定向工程所在地县级以上人民政府建设行政主管部门申请领取施工许可证；但是，国务院建设行政主管部门确定的限额以下的小型工程除外。

按照国务院规定的权限和程序批准开工报告的建筑工程，不再领取施工许可证。

第八条 申请领取施工许可证，应当具备下列条件：

（一）已经办理该建筑工程用地批准手续；

（二）依法应当办理建设工程规划许可证的，已经取得规划许可证；

（三）需要拆迁的，其拆迁进度符合施工要求；

（四）已经确定建筑施工企业；

（五）有满足施工需要的资金安排、施工图纸及技术资料；

（六）有保证工程质量和安全的具体措施。

建设行政主管部门应当自收到申请之日起七日内，对符合条件的申请颁发施工许可证。

第九条 建设单位应当自领取施工许可证之日起三个月内开工，因故不能按期开工的，应当向发证机关申请延期；延期以两次为限，每次不超过三个月。既不开工又不申请延期或者超过延期时限的，施工许可证自行废止。

第十条 在建的建筑工程因故中止施工的，建设单位应当自中止施工之日起一个月内，向发证机关报告，并按照规定做好建筑工程的维护管理工作。

建筑工程恢复施工时，应当向发证机关报告；中止施工满一年的工程恢复施工前，建设单位应当报发证机关核验施工许可证。

第十一条 按照国务院有关规定批准开工报告的建筑工程，因故不能按期开工或者中止施工的，应当及时向批准机关报告情况。因故不能按期开工超过六个月的，应当重新办理开工报告的批准手续。

第二节 从业资格

第十二条 从事建筑活动的建筑施工企业、勘察单位、设计单位和工程监理单位，应当具备下列条件：

（一）符合国家规定的注册资本；

（二）与其从事的建筑活动相适应的具有法定执业资格的专业技术人员；

（三）有从事相关建筑活动所应有的技术装备；

（四）法律、行政法规规定的其他条件。

第十三条 从事建筑活动的建筑施工企业、勘察单位、设计单位和工程监理单位，按照其拥有的注册资本、专业技术人员、技术装备和已完成的建筑工程业绩等资质条件，划分为不同的资质等级，经资质审查合格，取得相应等级的资质证书后，方可在其资质等级许可的范围内从事建筑活动。

第十四条 从事建筑活动的专业技术人员，应当依法取得相应的执业资格证书，并在执业资格证书许可的范围内从事建筑活动。

例3-4 建筑工程开工前，哪一个单位应当按照国家有关规定向工程所在地县级以上人民政府建设行政主管部门申请领取施工许可证？（　　）

A　建设单位　　　　　B　设计单位　　　　C　施工单位　　　　D　监理单位

解析:《建筑法》第七条规定:建筑工程开工前,建设单位应当按照国家有关规定向工程所在地县级以上人民政府建设行政主管部门申请领取施工许可证。

答案:A

例 3-5 根据《中华人民共和国建筑法》的规定,建筑工程保修范围和最低保修期限,由下列何者规定?(　　)

A　由建设方与施工方协议规定
B　由省、自治区、直辖市建设行政主管部门规定
C　在相关施工规程中规定
D　由国务院规定

解析:《建筑法》第六十二条规定:建筑工程实行质量保修制度。具体的保修范围和最低保修期限由国务院规定。

答案:D

三、《建设工程质量管理条例》

【相关真题:2021-003,2019-012,2019-017,2019-020】

2000年1月30日中华人民共和国国务院令第279号发布,根据2017年10月7日《国务院关于修改部分行政法规的决定》第一次修订,根据2019年4月23日《国务院关于修改部分行政法规的决定》第二次修订。

2019年版《建设工程质量管理条例》摘录如下。

第一章　总　　则

第三条　建设单位、勘察单位、设计单位、施工单位、工程监理单位依法对建设工程质量负责。

第五条　从事建设工程活动,必须严格执行基本建设程序,坚持先勘察、后设计、再施工的原则。

县级以上人民政府及其有关部门不得超越权限审批建设项目或者擅自简化基本建设程序。

第六条　国家鼓励采用先进的科学技术和管理方法,提高建设工程质量。

第二章　建设单位的质量责任和义务

第十条　建设工程发包单位,不得迫使承包方以低于成本的价格竞标,不得任意压缩合理工期。

建设单位不得明示或者暗示设计单位或者施工单位违反工程建设强制性标准,降低建设工程质量。

第十一条　施工图设计文件审查的具体办法,由国务院建设行政主管部门、国务院其他有关部门制定。

第三章　勘察、设计单位的质量责任和义务

第十八条　从事建设工程勘察、设计的单位应当依法取得相应等级的资质证书,并在其资质等级许可的范围内承揽工程。

禁止勘察、设计单位超越其资质等级许可的范围或者以其他勘察、设计单位的名义承揽工程。禁止勘察、设计单位允许其他单位或者个人以本单位的名义承揽工程。

勘察、设计单位不得转包或者违法分包所承揽的工程。

第十九条 勘察、设计单位必须按照工程建设强制性标准进行勘察、设计，并对其勘察、设计的质量负责。

注册建筑师、注册结构工程师等注册执业人员应当在设计文件上签字，对设计文件负责。

第二十条 勘察单位提供的地质、测量、水文等勘察成果必须真实、准确。

第二十一条 设计单位应当根据勘察成果文件进行建设工程设计。

设计文件应当符合国家规定的设计深度要求，注明工程合理使用年限。

第二十二条 设计单位在设计文件中选用的建筑材料、建筑构配件和设备，应当注明规格、型号、性能等技术指标，其质量要求必须符合国家规定的标准。

除有特殊要求的建筑材料、专用设备、工艺生产线等外，设计单位不得指定生产厂、供应商。

第二十三条 设计单位应当就审查合格的施工图设计文件向施工单位作出详细说明。

第二十四条 设计单位应当参与建设工程质量事故分析，并对因设计造成的质量事故，提出相应的技术处理方案。

第六章 建设工程质量保修

第三十九条 建设工程实行质量保修制度。

建设工程承包单位在向建设单位提交工程竣工验收报告时，应当向建设单位出具质量保修书。质量保修书中应当明确建设工程的保修范围、保修期限和保修责任等。

第四十条 在正常使用条件下，建设工程的最低保修期限为：

（一）基础设施工程、房屋建筑的地基基础工程和主体结构工程，为设计文件规定的该工程的合理使用年限；

（二）屋面防水工程、有防水要求的卫生间、房间和外墙面的防渗漏，为5年；

（三）供热与供冷系统，为2个供暖期、供冷期；

（四）电气管线、给排水管道、设备安装和装修工程，为2年。

其他项目的保修期限由发包方与承包方约定。

建设工程的保修期，自竣工验收合格之日起计算。

第四十一条 建设工程在保修范围和保修期限内发生质量问题的，施工单位应当履行保修义务，并对造成的损失承担赔偿责任。

第四十二条 建设工程在超过合理使用年限后需要继续使用的，产权所有人应当委托具有相应资质等级的勘察、设计单位鉴定，并根据鉴定结果采取加固、维修等措施，重新界定使用期。

第八章 罚 则

第五十四条 违反本条例规定，建设单位将建设工程发包给不具有相应资质等级的勘察、设计、施工单位或者委托给不具有相应资质等级的工程监理单位的，责令改正，处50万元以上100万元以下的罚款。

第五十五条 违反本条例规定，建设单位将建设工程肢解发包的，责令改正，处工程合同价款0.5%以上1%以下的罚款；对全部或者部分使用国有资金的项目，并可以暂停项目执行或者暂停资金拨付。

第五十六条 违反本条例规定，建设单位有下列行为之一的，责令改正，处20万元以上50万元以下的罚款：

（一）迫使承包方以低于成本的价格竞标的；
（二）任意压缩合理工期的；
（三）明示或者暗示设计单位或者施工单位违反工程建设强制性标准，降低工程质量的；
（四）施工图设计文件未经审查或者审查不合格，擅自施工的；
（五）建设项目必须实行工程监理而未实行工程监理的；
（六）未按照国家规定办理工程质量监督手续的；
（七）明示或者暗示施工单位使用不合格的建筑材料、建筑构配件和设备的；
（八）未按照国家规定将竣工验收报告、有关认可文件或者准许使用文件报送备案的。

第五十七条 违反本条例规定，建设单位未取得施工许可证或者开工报告未经批准，擅自施工的，责令停止施工，限期改正，处工程合同价款1%以上2%以下的罚款。

第五十八条 违反本条例规定，建设单位有下列行为之一的，责令改正，处工程合同价款2%以上4%以下的罚款；造成损失的，依法承担赔偿责任：

（一）未组织竣工验收，擅自交付使用的；
（二）验收不合格，擅自交付使用的；
（三）对不合格的建设工程按照合格工程验收的。

第五十九条 违反本条例规定，建设工程竣工验收后，建设单位未向建设行政主管部门或者其他有关部门移交建设项目档案的，责令改正，处1万元以上10万元以下的罚款。

第六十条 违反本条例规定，勘察、设计、施工、工程监理单位超越本单位资质等级承揽工程的，责令停止违法行为，对勘察、设计单位或者工程监理单位处合同约定的勘察费、设计费或者监理酬金1倍以上2倍以下的罚款；对施工单位处工程合同价款百分之二以上百分之四以下的罚款，可以责令停业整顿，降低资质等级；情节严重的，吊销资质证书；有违法所得的，予以没收。

未取得资质证书承揽工程的，予以取缔，依照前款规定处以罚款；有违法所得的，予以没收。

以欺骗手段取得资质证书承揽工程的，吊销资质证书，依照本条第一款规定处以罚款；有违法所得的，予以没收。

第六十一条 违反本条例规定，勘察、设计、施工、工程监理单位允许其他单位或者个人以本单位名义承揽工程的，责令改正，没收违法所得，对勘察、设计单位和工程监理单位处合同约定的勘察费、设计费和监理酬金1倍以上2倍以下的罚款；对施工单位处工程合同价款百分之二以上百分之四以下的罚款；可以责令停业整顿，降低资质等级；情节严重的，吊销资质证书。

第六十二条 违反本条例规定，承包单位将承包的工程转包或者违法分包的，责令改正，没收违法所得，对勘察、设计单位处合同约定的勘察费、设计费百分之二十五以上百分之五十以下的罚款；对施工单位处工程合同价款百分之零点五以上百分之一以下的罚款；可以责令停业整顿，降低资质等级；情节严重的，吊销资质证书。

工程监理单位转让工程监理业务的,责令改正,没收违法所得,处合同约定的监理酬金百分之二十五以上百分之五十以下的罚款;可以责令停业整顿,降低资质等级;情节严重的,吊销资质证书。

第六十三条 违反本条例规定,有下列行为之一的,责令改正,处10万元以上30万元以下的罚款:
(一)勘察单位未按照工程建设强制性标准进行勘察的;
(二)设计单位未根据勘察成果文件进行工程设计的;
(三)设计单位指定建筑材料、建筑构配件的生产厂、供应商的;
(四)设计单位未按照工程建设强制性标准进行设计的。

第七十二条 违反本条例规定,注册建筑师、注册结构工程师、监理工程师等注册执业人员因过错造成质量事故的,责令停止执业1年;造成重大质量事故的,吊销执业资格证书,5年以内不予注册;情节特别恶劣的,终身不予注册。

第七十三条 依照本条例规定,给予单位罚款处罚的,对单位直接负责的主管人员和其他直接责任人员处单位罚款数额5%以上10%以下的罚款。

第七十四条 建设单位、设计单位、施工单位、工程监理单位违反国家规定,降低工程质量标准,造成重大安全事故,构成犯罪的,对直接责任人员依法追究刑事责任。

第七十七条 建设、勘察、设计、施工、工程监理单位的工作人员因调动工作、退休等原因离开该单位后,被发现在该单位工作期间违反国家有关建设工程质量管理规定,造成重大工程质量事故的,仍应当依法追究法律责任。

例3-6 (2019)建设工程竣工时,必须具备的条件之一是( )。
A 有设计、施工、监理这三个单位分别签署的施工图合格文件
B 有工程使用的主要建筑材料、建筑构配件和设备的进场试验报告
C 有设备供应商签署的工程保修书
D 有物业委托管理合同

解析:《建设工程质量管理条例》第十六条 建设单位收到建设工程竣工报告后,应当组织设计、施工、工程监理等有关单位进行竣工验收。建设工程竣工验收应当具备下列条件:
(一)完成建设工程设计和合同约定的各项内容;
(二)有完整的技术档案和施工管理资料;
(三)有工程使用的主要建筑材料、建筑构配件和设备的进场试验报告;
(四)有勘察、设计、施工、工程监理等单位分别签署的质量合格文件;
(五)有施工单位签署的工程保修书。

答案:B

四、建设工程勘察设计发包与承包的有关规定
【相关真题:2022-007】
(一)《中华人民共和国建筑法》

2019年版《建筑法》对建设工程发包与承包的规定，摘录如下。

第三章　建筑工程发包与承包
第二节　发　包

第十九条　建筑工程依法实行招标发包，对不适于招标发包的可以直接发包。

第二十条　建筑工程实行公开招标的，发包单位应当依照法定程序和方式，发布招标公告，提供载有招标工程的主要技术要求、主要的合同条款、评标的标准和方法以及开标、评标、定标的程序等内容的招标文件。

开标应当在招标文件规定的时间、地点公开进行。开标后应当按照招标文件规定的评标标准和程序对标书进行评价、比较，在具备相应资质条件的投标者中，择优选定中标者。

第二十一条　建筑工程招标的开标、评标、定标由建设单位依法组织实施，并接受有关行政主管部门的监督。

第二十二条　建筑工程实行招标发包的，发包单位应当将建筑工程发包给依法中标的承包单位。建筑工程实行直接发包的，发包单位应当将建筑工程发包给具有相应资质条件的承包单位。

第二十三条　政府及其所属部门不得滥用行政权力，限定发包单位将招标发包的建筑工程发包给指定的承包单位。

第二十四条　提倡对建筑工程实行总承包，禁止将建筑工程肢解发包。

建筑工程的发包单位可以将建筑工程的勘察、设计、施工、设备采购一并发包给一个工程总承包单位，也可以将建筑工程勘察、设计、施工、设备采购的一项或者多项发包给一个工程总承包单位；但是，不得将应当由一个承包单位完成的建筑工程肢解成若干部分发包给几个承包单位。

第二十五条　按照合同约定，建筑材料、建筑构配件和设备由工程承包单位采购的，发包单位不得指定承包单位购入用于工程的建筑材料、建筑构配件和设备或者指定生产厂、供应商。

第三节　承　包

第二十六条　承包建筑工程的单位应当持有依法取得的资质证书，并在其资质等级许可的业务范围内承揽工程。

禁止建筑施工企业超越本企业资质等级许可的业务范围或者以任何形式用其他建筑施工企业的名义承揽工程。禁止建筑施工企业以任何形式允许其他单位或者个人使用本企业的资质证书、营业执照，以本企业的名义承揽工程。

第二十七条　大型建筑工程或者结构复杂的建筑工程，可以由两个以上的承包单位联合共同承包。共同承包的各方对承包合同的履行承担连带责任。

两个以上不同资质等级的单位实行联合共同承包的，应当按照资质等级低的单位的业务许可范围承揽工程。

第二十八条　禁止承包单位将其承包的全部建筑工程转包给他人，禁止承包单位将其承包的全部建筑工程肢解以后以分包的名义分别转包给他人。

第二十九条　建筑工程总承包单位可以将承包工程中的部分工程发包给具有相应资质

条件的分包单位；但是，除总承包合同中约定的分包外，必须经建设单位认可。施工总承包的，建筑工程主体结构的施工必须由总承包单位自行完成。

建筑工程总承包单位按照总承包合同的约定对建设单位负责；分包单位按照分包合同的约定对总承包单位负责。总承包单位和分包单位就分包工程对建设单位承担连带责任。

禁止总承包单位将工程分包给不具备相应资质条件的单位。禁止分包单位将其承包的工程再分包。

（二）《建设工程勘察设计管理条例》
【相关真题：2021-007，2019-013，2019-007】

2017年版《建筑工程勘察设计管理条例》对建设工程勘察设计发包与承包的规定，摘录如下：

第三章 建设工程勘察设计发包与承包

第十二条 建设工程勘察、设计发包依法实行招标发包或者直接发包。

第十三条 建设工程勘察、设计应当依照《中华人民共和国招标投标法》的规定，实行招标发包。

第十四条 建设工程勘察、设计方案评标，应当以投标人的业绩、信誉和勘察、设计人员的能力以及勘察、设计方案的优劣为依据，进行综合评定。

第十五条 建设工程勘察、设计的招标人应当在评标委员会推荐的候选方案中确定中标方案。但是，建设工程勘察、设计的招标人认为评标委员会推荐的候选方案不能最大限度满足招标文件规定的要求的，应当依法重新招标。

第十六条 下列建设工程的勘察、设计，经有关主管部门批准，可以直接发包：

（一）采用特定的专利或者专有技术的；

（二）建筑艺术造型有特殊要求的；

（三）国务院规定的其他建设工程的勘察、设计。

第十七条 发包方不得将建设工程勘察、设计业务发包给不具有相应勘察、设计资质等级的建设工程勘察、设计单位。

第十八条 发包方可以将整个建设工程的勘察、设计发包给一个勘察、设计单位；也可以将建设工程的勘察、设计分别发包给几个勘察、设计单位。

第十九条 除建设工程主体部分的勘察、设计外，经发包方书面同意，承包方可以将建设工程其他部分的勘察、设计再分包给其他具有相应资质等级的建设工程勘察、设计单位。

第二十条 建设工程勘察、设计单位不得将所承揽的建设工程勘察、设计转包。

第二十一条 承包方必须在建设工程勘察、设计资质证书规定的资质等级和业务范围内承揽建设工程的勘察、设计业务。

第二十二条 建设工程勘察、设计的发包方与承包方，应当执行国家规定的建设工程勘察、设计程序。

第二十三条 建设工程勘察、设计的发包方与承包方应当签订建设工程勘察、设计合同。

第二十四条 建设工程勘察、设计发包方与承包方应当执行国家有关建设工程勘察费、设计费的管理规定。

> **例3-7** （2021）根据《建设工程勘察设计管理条例》，下列说法中正确的是（ ）。
> A 建设工程勘察、设计单位不得将所承揽的建设工程勘察、设计转包
> B 采用特定的专利或者专有技术的建设工程的勘察、设计不可直接发包
> C 建筑艺术造型有特殊要求的建设工程的勘察、设计不可直接发包
> D 建设工程勘察、设计单位资质证书和执业人员注册证书，由省建设行政主管部门统一制作
>
> **解析：**《建设工程勘察设计管理条例》第十六条，下列建设工程的勘察、设计，经有关主管部门批准，可以直接发包：①采用特定的专利或者专有技术的；②建筑艺术造型有特殊要求的；③国务院规定的其他建设工程的勘察、设计。
>
> 第十一条 建设工程勘察、设计单位资质证书和执业人员注册证书，由国务院建设行政主管部门统一制作。
>
> 第二十条 建设工程勘察、设计单位不得将所承揽的建设工程勘察、设计转包。故选A。
>
> **答案：** A

五、设计项目招标投标的有关规定

（一）《中华人民共和国招标投标法》

【相关真题：2021-004，2019-004】

2017年版《中华人民共和国招标投标法》对必须进行招标的工程建设项目范围的规定，摘录如下。

第三条 在中华人民共和国境内进行下列工程建设项目包括项目的勘察、设计、施工、监理以及与工程建设有关的重要设备、材料等的采购，必须进行招标：

（一）大型基础设施、公用事业等关系社会公共利益、公众安全的项目；

（二）全部或者部分使用国有资金投资或者国家融资的项目；

（三）使用国际组织或者外国政府贷款、援助资金的项目。

（二）《必须招标的工程项目规定》

2018年3月27日，国家发展和改革委员会印发了第16号令《必须招标的工程项目规定》（以下简称《新规定》），该《新规定》将于2018年6月1日起正式施行。《新规定》施行后，原第3号令《工程建设项目招标范围和规模标准规定》将同时废止。

《新规定》全文如下。

第一条 为了确定必须招标的工程项目，规范招标投标活动，提高工作效率、降低企

业成本、预防腐败，根据《中华人民共和国招标投标法》第三条的规定，制定本规定。

第二条 全部或者部分使用国有资金投资或者国家融资的项目包括：

（一）使用预算资金 200 万元人民币以上，并且该资金占投资额 10%以上的项目；

（二）使用国有企业事业单位资金，并且该资金占控股或者主导地位的项目。

第三条 使用国际组织或者外国政府贷款、援助资金的项目包括：

（一）使用世界银行、亚洲开发银行等国际组织贷款、援助资金的项目；

（二）使用外国政府及其机构贷款、援助资金的项目。

第四条 不属于本规定第二条、第三条规定情形的大型基础设施、公用事业等关系社会公共利益、公众安全的项目，必须招标的具体范围由国务院发展改革部门会同国务院有关部门按照确有必要、严格限定的原则制订，报国务院批准。

第五条 本规定第二条至第四条规定范围内的项目，其勘察、设计、施工、监理以及与工程建设有关的重要设备、材料等的采购达到下列标准之一的，必须招标：

（一）施工单项合同估算价在 400 万元人民币以上；

（二）重要设备、材料等货物的采购，单项合同估算价在 200 万元人民币以上；

（三）勘察、设计、监理等服务的采购，单项合同估算价在 100 万元人民币以上。

同一项目中可以合并进行的勘察、设计、施工、监理以及与工程建设有关的重要设备、材料等的采购，合同估算价合计达到前款规定标准的，必须招标。

第六条 本规定自 2018 年 6 月 1 日起施行。

（三）《中华人民共和国招标投标法实施条例》

【相关真题：2019-003，2019-006】

2011 年 12 月 20 日中华人民共和国国务院令第 613 号公布了《中华人民共和国招标投标法实施条例》，根据 2017 年 3 月 1 日《国务院关于修改和废止部分行政法规的决定》第一次修订，根据 2018 年 3 月 19 日《国务院关于修改和废止部分行政法规的决定》第二次修订，根据 2019 年 3 月 2 日《国务院关于修改部分行政法规的决定》第三次修订。

2019 年版《中华人民共和国招标投标法实施条例》摘录如下。

第一条 为了规范招标投标活动，根据《中华人民共和国招标投标法》（以下简称招标投标法），制定本条例。

第二条 招标投标法第三条所称工程建设项目，是指工程以及与工程建设有关的货物、服务。

前款所称工程，是指建设工程，包括建筑物和构筑物的新建、改建、扩建及其相关的装修、拆除、修缮等；所称与工程建设有关的货物，是指构成工程不可分割的组成部分，且为实现工程基本功能所必需的设备、材料等；所称与工程建设有关的服务，是指为完成工程所需的勘察、设计、监理等服务。

第七条 按照国家有关规定需要履行项目审批、核准手续的依法必须进行招标的项目，其招标范围、招标方式、招标组织形式应当报项目审批、核准部门审批、核准。项目审批、核准部门应当及时将审批、核准确定的招标范围、招标方式、招标组织形式通报有关行政监督部门。

第八条 国有资金占控股或者主导地位的依法必须进行招标的项目，应当公开招标；

但有下列情形之一的，可以邀请招标：

（一）技术复杂、有特殊要求或者受自然环境限制，只有少量潜在投标人可供选择；

（二）采用公开招标方式的费用占项目合同金额的比例过大。

有前款第二项所列情形，属于本条例第七条规定的项目，由项目审批、核准部门在审批、核准项目时作出认定；其他项目由招标人申请有关行政监督部门作出认定。

第三十二条 招标人不得以不合理的条件限制、排斥潜在投标人或者投标人。招标人有下列行为之一的，属于以不合理条件限制、排斥潜在投标人或者投标人：

（一）就同一招标项目向潜在投标人或者投标人提供有差别的项目信息；

（二）设定的资格、技术、商务条件与招标项目的具体特点和实际需要不相适应或者与合同履行无关；

（三）依法必须进行招标的项目以特定行政区域或者特定行业的业绩、奖项作为加分条件或者中标条件；

（四）对潜在投标人或者投标人采取不同的资格审查或者评标标准；

（五）限定或者指定特定的专利、商标、品牌、原产地或者供应商；

（六）依法必须进行招标的项目非法限定潜在投标人或者投标人的所有制形式或者组织形式；

（七）以其他不合理条件限制、排斥潜在投标人或者投标人。

第三十九条 禁止投标人相互串通投标。有下列情形之一的，属于投标人相互串通投标：

（一）投标人之间协商投标报价等投标文件的实质性内容；

（二）投标人之间约定中标人；

（三）投标人之间约定部分投标人放弃投标或者中标；

（四）属于同一集团、协会、商会等组织成员的投标人按照该组织要求协同投标；

（五）投标人之间为谋取中标或者排斥特定投标人而采取的其他联合行动。

第四十条 有下列情形之一的，视为投标人相互串通投标：

（一）不同投标人的投标文件由同一单位或者个人编制；

（二）不同投标人委托同一单位或者个人办理投标事宜；

（三）不同投标人的投标文件载明的项目管理成员为同一人；

（四）不同投标人的投标文件异常一致或者投标报价呈规律性差异；

（五）不同投标人的投标文件相互混装；

（六）不同投标人的投标保证金从同一单位或者个人的账户转出。

第四十一条 禁止招标人与投标人串通投标。有下列情形之一的，属于招标人与投标人串通投标：

（一）招标人在开标前开启投标文件并将有关信息泄露给其他投标人；

（二）招标人直接或者间接向投标人泄露标底、评标委员会成员等信息；

（三）招标人明示或者暗示投标人压低或者抬高投标报价；

（四）招标人授意投标人撤换、修改投标文件；

（五）招标人明示或者暗示投标人为特定投标人中标提供方便；

（六）招标人与投标人为谋求特定投标人中标而采取的其他串通行为。

第四十二条 使用通过受让或者租借等方式获取的资格、资质证书投标的,属于招标投标法第三十三条规定的以他人名义投标。投标人有下列情形之一的,属于招标投标法第三十三条规定的以其他方式弄虚作假的行为:

(一) 使用伪造、变造的许可证件;

(二) 提供虚假的财务状况或者业绩;

(三) 提供虚假的项目负责人或者主要技术人员简历、劳动关系证明;

(四) 提供虚假的信用状况;

(五) 其他弄虚作假的行为。

第四十四条 招标人应当按照招标文件规定的时间、地点开标。投标人少于3个的,不得开标;招标人应当重新招标。投标人对开标有异议的,应当在开标现场提出,招标人应当当场作出答复,并制作记录。

第五十一条 有下列情形之一的,评标委员会应当否决其投标:

(一) 投标文件未经投标单位盖章和单位负责人签字;

(二) 投标联合体没有提交共同投标协议;

(三) 投标人不符合国家或者招标文件规定的资格条件;

(四) 同一投标人提交两个以上不同的投标文件或者投标报价,但招标文件要求提交备选投标的除外;

(五) 投标报价低于成本或者高于招标文件设定的最高投标限价;

(六) 投标文件没有对招标文件的实质性要求和条件作出响应;

(七) 投标人有串通投标、弄虚作假、行贿等违法行为。

第五十三条 评标完成后,评标委员会应当向招标人提交书面评标报告和中标候选人名单。中标候选人应当不超过3个,并标明排序。评标报告应当由评标委员会全体成员签字。对评标结果有不同意见的评标委员会成员应当以书面形式说明其不同意见和理由,评标报告应当注明该不同意见。评标委员会成员拒绝在评标报告上签字又不书面说明其不同意见和理由的,视为同意评标结果。

第五十五条 国有资金占控股或者主导地位的依法必须进行招标的项目,招标人应当确定排名第一的中标候选人为中标人。排名第一的中标候选人放弃中标、因不可抗力不能履行合同、不按照招标文件要求提交履约保证金,或者被查实存在影响中标结果的违法行为等情形,不符合中标条件的,招标人可以按照评标委员会提出的中标候选人名单排序依次确定其他中标候选人为中标人,也可以重新招标。

(四)《建筑工程设计招标投标管理办法》
【相关真题:2019-004,2019-005】

《建筑工程设计招标投标管理办法》(住房和城乡建设部令2017年第33号)2017年1月24日发布,自2017年5月1日起施行。2000年10月18日建设部颁布的《建筑工程设计招标投标管理办法》(建设部令第82号)同时废止。

2017年版《管理办法》全文如下。

第一条 为规范建筑工程设计市场,提高建筑工程设计水平,促进公平竞争,繁荣建筑创作，根据《中华人民共和国建筑法》《中华人民共和国招标投标法》《建设工程勘察设计管理条例》和《中华人民共和国招标投标法实施条例》等法律法规，制定本办法。

第二条 依法必须进行招标的各类房屋建筑工程，其设计招标投标活动，适用本办法。

第三条 国务院住房和城乡建设主管部门依法对全国建筑工程设计招标投标活动实施监督。

县级以上地方人民政府住房和城乡建设主管部门依法对本行政区域内建筑工程设计招标投标活动实施监督，依法查处招标投标活动中的违法违规行为。

第四条 建筑工程设计招标范围和规模标准按照国家有关规定执行，有下列情形之一的，可以不进行招标：

（一）采用不可替代的专利或者专有技术的；

（二）对建筑艺术造型有特殊要求，并经有关主管部门批准的；

（三）建设单位依法能够自行设计的；

（四）建筑工程项目的改建、扩建或者技术改造，需要由原设计单位设计，否则将影响功能配套要求的；

（五）国家规定的其他特殊情形。

第五条 建筑工程设计招标应当依法进行公开招标或者邀请招标。

第六条 建筑工程设计招标可以采用设计方案招标或者设计团队招标，招标人可以根据项目特点和实际需要选择。

设计方案招标，是指主要通过对投标人提交的设计方案进行评审确定中标人。

设计团队招标，是指主要通过对投标人拟派设计团队的综合能力进行评审确定中标人。

第七条 公开招标的，招标人应当发布招标公告。邀请招标的，招标人应当向3个以上潜在投标人发出投标邀请书。

招标公告或者投标邀请书应当载明招标人名称和地址、招标项目的基本要求、投标人的资质要求以及获取招标文件的办法等事项。

第八条 招标人一般应当将建筑工程的方案设计、初步设计和施工图设计一并招标。确需另行选择设计单位承担初步设计、施工图设计的，应当在招标公告或者投标邀请书中明确。

第九条 鼓励建筑工程实行设计总包。实行设计总包的，按照合同约定或者经招标人同意，设计单位可以不通过招标方式将建筑工程非主体部分的设计进行分包。

第十条 招标文件应当满足设计方案招标或者设计团队招标的不同需求，主要包括以下内容：

（一）项目基本情况；

（二）城乡规划和城市设计对项目的基本要求；

（三）项目工程经济技术要求；

（四）项目有关基础资料；

（五）招标内容；

（六）招标文件答疑、现场踏勘安排；

（七）投标文件编制要求；

（八）评标标准和方法；

（九）投标文件送达地点和截止时间；

（十）开标时间和地点；

（十一）拟签订合同的主要条款；

（十二）设计费或者计费方法；

（十三）未中标方案补偿办法。

第十一条 招标人应当在资格预审公告、招标公告或者投标邀请书中载明是否接受联合体投标。采用联合体形式投标的，联合体各方应当签订共同投标协议，明确约定各方承担的工作和责任，就中标项目向招标人承担连带责任。

第十二条 招标人可以对已发出的招标文件进行必要的澄清或者修改。澄清或者修改的内容可能影响投标文件编制的，招标人应当在投标截止时间至少15日前，以书面形式通知所有获取招标文件的潜在投标人，不足15日的，招标人应当顺延提交投标文件的截止时间。

潜在投标人或者其他利害关系人对招标文件有异议的，应当在投标截止时间10日前提出。招标人应当自收到异议之日起3日内作出答复；作出答复前，应当暂停招标投标活动。

第十三条 招标人应当确定投标人编制投标文件所需要的合理时间，自招标文件开始发出之日起至投标人提交投标文件截止之日止，时限最短不少于20日。

第十四条 投标人应当具有与招标项目相适应的工程设计资质。境外设计单位参加国内建筑工程设计投标的，按照国家有关规定执行。

第十五条 投标人应当按照招标文件的要求编制投标文件。投标文件应当对招标文件提出的实质性要求和条件作出响应。

第十六条 评标由评标委员会负责。

评标委员会由招标人代表和有关专家组成。评标委员会人数为5人以上单数，其中技术和经济方面的专家不得少于成员总数的2/3。建筑工程设计方案评标时，建筑专业专家不得少于技术和经济方面专家总数的2/3。

评标专家一般从专家库随机抽取，对于技术复杂、专业性强或者国家有特殊要求的项目，招标人也可以直接邀请相应专业的中国科学院院士、中国工程院院士、全国工程勘察设计大师以及境外具有相应资历的专家参加评标。

投标人或者与投标人有利害关系的人员不得参加评标委员会。

第十七条 有下列情形之一的，评标委员会应当否决其投标：

（一）投标文件未按招标文件要求经投标人盖章和单位负责人签字；

（二）投标联合体没有提交共同投标协议；

（三）投标人不符合国家或者招标文件规定的资格条件；

（四）同一投标人提交两个以上不同的投标文件或者投标报价，但招标文件要求提交备选投标的除外；

（五）投标文件没有对招标文件的实质性要求和条件作出响应；

（六）投标人有串通投标、弄虚作假、行贿等违法行为；

（七）法律法规规定的其他应当否决投标的情形。

第十八条 评标委员会应当按照招标文件确定的评标标准和方法，对投标文件进行评审。

采用设计方案招标的，评标委员会应当在符合城乡规划、城市设计以及安全、绿色、节能、环保要求的前提下，重点对功能、技术、经济和美观等进行评审。

采用设计团队招标的，评标委员会应当对投标人拟从事项目设计的人员构成、人员业绩、人员从业经历、项目解读、设计构思、投标人信用情况和业绩等进行评审。

第十九条 评标委员会应当在评标完成后，向招标人提出书面评标报告，推荐不超过3个中标候选人，并标明顺序。

第二十条 招标人应当公示中标候选人。采用设计团队招标的，招标人应当公示中标候选人投标文件中所列主要人员、业绩等内容。

第二十一条 招标人根据评标委员会的书面评标报告和推荐的中标候选人确定中标人。招标人也可以授权评标委员会直接确定中标人。

采用设计方案招标的，招标人认为评标委员会推荐的候选方案不能最大限度满足招标文件规定的要求的，应当依法重新招标。

第二十二条 招标人应当在确定中标人后及时向中标人发出中标通知书，并同时将中标结果通知所有未中标人。

第二十三条 招标人应当自确定中标人之日起15日内，向县级以上地方人民政府住房和城乡建设主管部门提交招标投标情况的书面报告。

第二十四条 县级以上地方人民政府住房和城乡建设主管部门应当自收到招标投标情况的书面报告之日起5个工作日内，公开专家评审意见等信息，涉及国家秘密、商业秘密的除外。

第二十五条 招标人和中标人应当自中标通知书发出之日起30日内，按照招标文件和中标人的投标文件订立书面合同。

第二十六条 招标人、中标人使用未中标方案的，应当征得提交方案的投标人同意并付给使用费。

第二十七条 国务院住房和城乡建设主管部门，省、自治区、直辖市人民政府住房和城乡建设主管部门应当加强建筑工程设计评标专家和专家库的管理。

建筑专业专家库应当按建筑工程类别细化分类。

第二十八条 住房和城乡建设主管部门应当加快推进电子招标投标，完善招标投标信息平台建设，促进建筑工程设计招标投标信息化监管。

第二十九条 招标人以不合理的条件限制或者排斥潜在投标人的，对潜在投标人实行歧视待遇的，强制要求投标人组成联合体共同投标的，或者限制投标人之间竞争的，由县级以上地方人民政府住房和城乡建设主管部门责令改正，可以处1万元以上5万元以下的罚款。

第三十条 招标人澄清、修改招标文件的时限，或者确定的提交投标文件的时限不符合本办法规定的，由县级以上地方人民政府住房和城乡建设主管部门责令改正，可以处10万元以下的罚款。

第三十一条 招标人不按照规定组建评标委员会，或者评标委员会成员的确定违反本办法规定的，由县级以上地方人民政府住房和城乡建设主管部门责令改正，可以处10万元以下的罚款，相应评审结论无效，依法重新进行评审。

第三十二条 招标人有下列情形之一的，由县级以上地方人民政府住房和城乡建设主管部门责令改正，可以处中标项目金额10‰以下的罚款；给他人造成损失的，依法承担赔偿责任；对单位直接负责的主管人员和其他直接责任人员依法给予处分：

（一）无正当理由未按本办法规定发出中标通知书；

（二）不按照规定确定中标人；

（三）中标通知书发出后无正当理由改变中标结果；

（四）无正当理由未按本办法规定与中标人订立合同；

（五）在订立合同时向中标人提出附加条件。

第三十三条 投标人以他人名义投标或者以其他方式弄虚作假，骗取中标的，中标无效，给招标人造成损失的，依法承担赔偿责任；构成犯罪的，依法追究刑事责任。

投标人有前款所列行为尚未构成犯罪的，由县级以上地方人民政府住房和城乡建设主管部门处中标项目金额5‰以上10‰以下的罚款，对单位直接负责的主管人员和其他直接责任人员处单位罚款数额5%以上10%以下的罚款；有违法所得的，并处没收违法所得；情节严重的，取消其1年至3年内参加依法必须进行招标的建筑工程设计招标的投标资格，并予以公告，直至由工商行政管理机关吊销营业执照。

第三十四条 评标委员会成员收受投标人的财物或者其他好处的，评标委员会成员或者参加评标的有关工作人员向他人透露对投标文件的评审和比较、中标候选人的推荐以及与评标有关的其他情况的，由县级以上地方人民政府住房和城乡建设主管部门给予警告，没收收受的财物，可以并处3000元以上5万元以下的罚款。

评标委员会成员有前款所列行为的，由有关主管部门通报批评并取消担任评标委员会成员的资格，不得再参加任何依法必须进行招标的建筑工程设计招标投标的评标；构成犯罪的，依法追究刑事责任。

第三十五条 评标委员会成员违反本办法规定，对应当否决的投标不提出否决意见的，由县级以上地方人民政府住房和城乡建设主管部门责令改正；情节严重的，禁止其在一定期限内参加依法必须进行招标的建筑工程设计招标投标的评标；情节特别严重的，由有关主管部门取消其担任评标委员会成员的资格。

第三十六条 住房和城乡建设主管部门或者有关职能部门的工作人员徇私舞弊、滥用职权或者玩忽职守，构成犯罪的，依法追究刑事责任；不构成犯罪的，依法给予行政处分。

第三十七条 市政公用工程及园林工程设计招标投标参照本办法执行。

例3-8 （2022）对于招标人在订立建筑工程设计合同时，向中标人提出附加条件的行为，有权给予行政处罚的单位是（　　）。

A 县级以上地方人民政府住房城市建设主管部门

B 省级人民政府住房城市建设主管部门

C 县级以上地方人民政府

D 省级人民政府

解析：根据《建筑工程设计招标投标管理办法》第三十二条，招标人有下列情形之一的，由县级以上地方人民政府住房城乡建设主管部门责令改正，可以处中标项目金额10‰以下的罚款；给他人造成损失的，依法承担赔偿责任；对单位直接负责的主管人员和其他直接责任人员依法给予处分：（一）无正当理由未按本办法规定发出中标通知书；（二）不按照规定确定中标人；（三）中标通知书发出后无正当理由改变中标结果；（四）无正当理由未按本办法规定与中标人订立合同；（五）在订立合同时向中标人提出附加条件。故选项A正确。

答案：A

例3-9 （2019）招标人应当确定投标人编制投标文件所需要的合理时间，自招标文件开始发出之日起至投标人提交投标文件截止之日止，时限最短不少于（　　）。

A　10日　　　　B　20日　　　　C　25日　　　　D　30日

解析：《建筑工程设计招标投标管理办法》第十三条，招标人应当确定投标人编制投标文件所需要的合理时间，自招标文件开始发出之日起至投标人提交投标文件截止之日止，时限最短不少于20日。

答案：B

六、设计企业资质资格管理的有关规定

（一）《建设工程勘察设计管理条例》

【相关真题：2021-006，2021-010，2019-019】

《建设工程勘察设计管理条例》于2000年9月25日公布并施行。2017年10月7日，根据中华人民共和国国务院令第687号，对2015年修订版作了相应的修改且自发布之日起施行（以下简称"新标准"）。"新标准"对从事建设工程勘察、设计活动的单位所实行资质管理的规定如下。

第二章　资质资格管理

第七条　国家对从事建设工程勘察、设计活动的单位，实行资质管理制度。具体办法由国务院建设行政主管部门商国务院有关部门制定。

第八条　建设工程勘察、设计单位应当在其资质等级许可的范围内承揽建设工程勘察、设计业务。

禁止建设工程勘察、设计单位超越其资质等级许可的范围或者以其他建设工程勘察、设计单位的名义承揽建设工程勘察、设计业务。禁止建设工程勘察、设计单位允许其他单位或者个人以本单位的名义承揽建设工程勘察、设计业务。

第九条　国家对从事建设工程勘察、设计活动的专业技术人员，实行执业资格注册管理制度。

未经注册的建设工程勘察、设计人员，不得以注册执业人员的名义从事建设工程勘察、设计活动。

第十条　建设工程勘察、设计注册执业人员和其他专业技术人员只能受聘于一个建设工程勘察、设计单位；未受聘于建设工程勘察、设计单位的，不得从事建设工程的勘察、设计活动。

第十一条　建设工程勘察、设计单位资质证书和执业人员注册证书，由国务院建设行政主管部门统一制作。

（二）《建设工程勘察设计资质管理规定》

2007年6月26日建设部令第160号公布《建设工程勘察设计资质管理规定》自2007年9月1日起实施。2001年7月25日建设部颁布的《建设工程勘察设计企业资质管理规定》（建设部令第93号）同时废止。

2015年5月4日住房和城乡建设部令第24号公布，将《建设工程勘察设计资质管理规定》（建设部令第160号）第三条中的"注册资本"修改为"资产"。

2016年9月13日住房和城乡建设部令第32号公布，将《建设工程勘察设计资质管理规定》（建设部令第160号）第四条第一款中的"建设主管部门"修改为"住房城乡建设主管部门"。其余条款依此修改。

将第八条修改为："申请工程勘察甲级资质、工程设计甲级资质，以及涉及铁路、交通、水利、信息产业、民航等方面的工程设计乙级资质的，可以向企业工商注册所在地的省、自治区、直辖市人民政府住房城乡建设主管部门提交申请材料。"

"省、自治区、直辖市人民政府住房城乡建设主管部门收到申请材料后，应当在5日内将全部申请材料报审批部门。"

"国务院住房城乡建设主管部门在收到申请材料后，应当依法作出是否受理的决定，并出具凭证；申请材料不齐全或者不符合法定形式的，应当在5日内一次性告知申请人需要补正的全部内容。逾期不告知的，自收到申请材料之日起即为受理。"

"国务院住房城乡建设主管部门应当自受理之日起20日内完成审查。自作出决定之日起10日内公告审批结果。其中，涉及铁路、交通、水利、信息产业、民航等方面的工程设计资质，由国务院住房城乡建设主管部门送国务院有关部门审核，国务院有关部门应当在15日内审核完毕，并将审核意见送国务院住房城乡建设主管部门。"

"组织专家评审所需时间不计算在上述时限内，但应当明确告知申请人。"

2018年12月22日住房和城乡建设部令第45号公布，将建设部令第160号（根据住房城乡建设部令第24号、住房城乡建设部令第32号修正）第十一条修改为："企业申请工程勘察、工程设计资质，应在资质许可机关的官方网站或审批平台上提出申请，提交资金、专业技术人员、技术装备和已完成的业绩等电子材料"。删去第十二条和第十三条对相关条文顺序作相应调整。

按新规定工程设计资质标准分为四个序列：

工程设计综合资质（只设甲级）；

工程设计行业资质（共有21个行业，一般只设甲、乙级，建筑市政公路等还可设丙级）；

工程设计专业资质（一般只设甲、乙级，个别专业可设丙级，建筑可设丙、丁级）；

工程设计专项资质，如：装饰、智能、幕墙、轻钢结构、风景园林、消防、环境工程照明工程等。

取得工程设计综合资质的企业，其承接工程设计业务范围不受限制。工程设计综合资质的条件包括下列几个方面：

1. 资历和信誉

（1）具有独立企业法人资格。

（2）注册资本不少于6000万元人民币。

（3）近3年年平均工程勘察设计营业收入不少于10000万元人民币，且近5年内两次工程勘察设计营业收入在全国勘察设计企业排名列前50名以内，或近5年内两次企业营业税金及附加在全国勘察设计企业排名列前50名以内。

（4）具有两个工程设计行业甲级资质，且近10年内独立承担大型建设项目工程设计每行业不少于3项，并已建成投产。

或同时具有某1个工程设计行业甲级资质和其他3个不同行业甲级工程设计的专业资质，且近10年内独立承担大型建设项目工程设计不少于4项。其中，工程设计行业甲级相应业绩不少于1项，工程设计专业甲级相应业绩各不小于1项，并已建成投产。

2. 技术条件

（1）技术力量雄厚，专业配备合理。企业具有初级以上专业技术职称且从事工程勘察设计的人员不少于500人，其中具备注册执业资格或高级专业技术职称的不少于200人，且注册专业不少于5个，5个专业的注册人员总数不低于40人。

企业从事工程项目管理且具备建造师或监理工程师注册执业资格的人员不少于4人。

（2）企业主要技术负责人或总工程师应当具有大学本科以上学历、15年以上设计经历，主持过大型项目工程设计不少于2项，具备注册执业资格或高级专业技术职称。

（3）拥有与工程设计有关的专利、专有技术、工艺包（软件包）不少于3项。

（4）近10年获得过全国级优秀工程设计奖、全国优秀工程勘察奖、国家级科技进步奖的奖项不少于5项，或省部级（行业）优秀工程设计一等奖（金奖）、省部级（行业）科技进步一等奖的奖项不少于5项。

（5）近10年主编2项或参编过5项以上国家、行业工程建设标准、规范、定额。

3. 技术装备及管理水平

（1）有完善的技术装备及固定工作场所，且主要固定工作场所建筑面积不少于1万平方米。

（2）有完善的企业技术、质量、安全和档案管理，通过ISO 9000族标准质量体系认证。

（3）具有与承担建设项目工程总承包或工程项目管理相适应的组织机构或管理体系。

取得工程设计行业资质的企业，可以承接同级别相应行业的工程设计业务。

取得工程设计专项资质的企业，可以承接同级别相应的专项工程设计业务。

取得工程设计行业资质的企业，可以承接本行业范围内同级别的相应专项工程设计业务，不需再单独领取工程设计专项资质。

例 3-10 （2019） 违反《建设工程勘察设计管理条例》规定，设计单位超越本单位资质等级承包工程的，对设计单位的处罚方式不包括（　　）。

A 罚款　　B 没收违法所得　　C 责令停业整顿　　D 吊销营业执照

> **解析：**《建设工程勘察设计管理条例》第八条，建设工程勘察、设计单位应当在其资质等级许可的范围内承揽建设工程勘察设计业务。
>
> 禁止建设工程勘察、设计单位超越其资质等级许可的范围或者以其他建设工程勘察设计单位的名义承揽建设工程勘察、设计业务。禁止建设工程勘察、设计单位允许其他单位或者个人以本单位的名义承揽建设工程勘察、设计业务。
>
> 第三十五条，违反本条例第八条规定的，责令停止违法行为，处合同约定的勘察费设计费1倍以上2倍以下的罚款，有违法所得的，予以没收；可以责令停业整顿，降低资质等级；情节严重的，吊销资质证书。
>
> **答案：** D

七、建筑工程施工图设计文件审查
【相关真题：2021-011】

施工图审查是指建设主管部门认定的施工图审查机构（以下简称"审查机构"）按照有关法律、法规，对施工图涉及公共利益、公众安全和工程建设强制性标准的内容进行的审查。全国范围内开展施工图审查，始于2004年8月23日，当时的建设部颁发了134号令《房屋建筑和市政基础设施工程施工图设计文件审查管理办法》。

2013年住房和城乡建设部对施工图审查办法作了修改，颁布了住建部13号令，2013年8月1日开始执行新的《房屋建筑和市政基础设施工程施工图设计文件审查管理办法》，并废止了原建设部发布的134号令，审查内容增加了绿色建筑标准的审查。

2017年10月23日，国务院总理李克强签署了国务院令第687号，公布了《国务院关于修改部分行政法规的决定》。为依法推进简政放权、放管结合、优化服务改革，国务院对取消行政审批项目涉及的行政法规进行了清理，决定对15部行政法规的部分条款予以修改。修改的内容主要包括：在取消行政审批事项方面通过修改了《建设工程质量管理条例》《建设工程勘察设计管理条例》等15部行政法规的35个条款。

将《建设工程质量管理条例》第十一条第一款修改为："施工图设计文件审查的具体办法，由国务院建设行政主管部门、国务院其他有关部门制定。"

将《建设工程勘察设计管理条例》第三十三条第一款修改为："施工图设计文件审查机构应当对房屋建筑工程、市政基础设施工程施工图设计文件中涉及公共利益、公众安全、工程建设强制性标准的内容进行审查。县级以上人民政府交通运输等有关部门应当按照职责对施工图设计文件中涉及公共利益、公众安全、工程建设强制性标准的内容进行审查。"

从这两处修改可以看出条款中取消了"应当将施工图设计文件报县级以上人民政府建设行政主管部门或者其他有关部门审查"的规定，即政府相关部门对施工图的审查没有了法定义务和责任。

住房和城乡建设部于2018年12月29日又一次修订《房屋建筑和市政基础设施工程施工图设计文件审查管理办法》，提出"逐步推行以政府购买服务方式开展施工图设计文件审查"并将消防设计审核、人防设计审查等技术审查并入施工图设计文件审查，相关部门不再进行技术审查。

2018年版《房屋建筑和市政基础设施工程施工图设计文件审查管理办法》摘录如下。

第一条　为了加强对房屋建筑工程、市政基础设施工程施工图设计文件审查的管理，提高工程勘察设计质量，根据《建设工程质量管理条例》《建设工程勘察设计管理条例》等行政法规，制定本办法。

第二条　在中华人民共和国境内从事房屋建筑工程、市政基础设施工程施工图设计文件审查和实施监督管理的，应当遵守本办法。

第三条　国家实施施工图设计文件（含勘察文件，以下简称施工图）审查制度。

本办法所称施工图审查，是指施工图审查机构（以下简称审查机构）按照有关法律、法规，对施工图涉及公共利益、公众安全和工程建设强制性标准的内容进行的审查。施工图审查应当坚持先勘察、后设计的原则。

施工图未经审查合格的，不得使用。从事房屋建筑工程、市政基础设施工程施工、监理等活动，以及实施对房屋建筑和市政基础设施工程质量安全监督管理，应当以审查合格的施工图为依据。

第四条　国务院住房城乡建设主管部门负责对全国的施工图审查工作实施指导、监督。

县级以上地方人民政府住房城乡建设主管部门负责对本行政区域内的施工图审查工作实施监督管理。

第五条　省、自治区、直辖市人民政府住房城乡建设主管部门应当会同有关主管部门按照本办法规定的审查机构条件，结合本行政区域内的建设规模，确定相应数量的审查机构，逐步推行以政府购买服务方式开展施工图设计文件审查。具体办法由国务院住房城乡建设主管部门另行规定。

审查机构是专门从事施工图审查业务，不以营利为目的的独立法人。

省、自治区、直辖市人民政府住房城乡建设主管部门应当将审查机构名录报国务院住房城乡建设主管部门备案，并向社会公布。

第六条　审查机构按承接业务范围分两类，一类机构承接房屋建筑、市政基础设施工程施工图审查业务范围不受限制；二类机构可以承接中型及以下房屋建筑、市政基础设施工程的施工图审查。房屋建筑、市政基础设施工程的规模划分，按照国务院住房城乡建设主管部门的有关规定执行。

第七条　一类审查机构应当具备下列条件：

（一）有健全的技术管理和质量保证体系。

（二）审查人员应当有良好的职业道德；有15年以上所需专业勘察、设计工作经历；主持过不少于5项大型房屋建筑工程、市政基础设施工程相应专业的设计或者甲级工程勘察项目相应专业的勘察；已实行执业注册制度的专业，审查人员应当具有一级注册建筑师、一级注册结构工程师或者勘察设计注册工程师资格，并在本审查机构注册；未实行执业注册制度的专业，审查人员应当具有高级工程师职称；近5年内未因违反工程建设法律法规和强制性标准受到行政处罚。

（三）在本审查机构专职工作的审查人员数量：从事房屋建筑工程施工图审查的，结构专业审查人员不少于7人，建筑专业不少于3人，电气、暖通、给排水、勘察等专业审查人员各不少于2人；从事市政基础设施工程施工图审查的，所需专业的审查人员不少于7人，其他必须配套的专业审查人员各不少于2人；专门从事勘察文件审查的，勘察专业审查人员不少于7人。

承担超限高层建筑工程施工图审查的，还应当具有主持过超限高层建筑工程或者100米以上建筑工程结构专业设计的审查人员不少于3人。

（四）60岁以上审查人员不超过该专业审查人员规定数的1/2。

（五）注册资金不少于300万元。

第八条 二类审查机构应当具备下列条件：

（一）有健全的技术管理和质量保证体系。

（二）审查人员应当有良好的职业道德；有10年以上所需专业勘察、设计工作经历；主持过不少于5项中型以上房屋建筑工程、市政基础设施工程相应专业的设计或者乙级以上工程勘察项目相应专业的勘察；已实行执业注册制度的专业，审查人员应当具有一级注册建筑师、一级注册结构工程师或者勘察设计注册工程师资格，并在本审查机构注册；未实行执业注册制度的专业，审查人员应当具有高级工程师职称；近5年内未因违反工程建设法律法规和强制性标准受到行政处罚。

（三）在本审查机构专职工作的审查人员数量：从事房屋建筑工程施工图审查的，结构专业审查人员不少于3人，建筑、电气、暖通、给排水、勘察等专业审查人员各不少于2人；从事市政基础设施工程施工图审查的，所需专业的审查人员不少于4人，其他必须配套的专业审查人员各不少于2人；专门从事勘察文件审查的，勘察专业审查人员不少于4人。

（四）60岁以上审查人员不超过该专业审查人员规定数的1/2。

（五）注册资金不少于100万元。

第九条 建设单位应当将施工图送审查机构审查，但审查机构不得与所审查项目的建设单位、勘察设计企业有隶属关系或者其他利害关系。送审管理的具体办法由省、自治区、直辖市人民政府住房城乡建设主管部门按照"公开、公平、公正"的原则规定。

建设单位不得明示或者暗示审查机构违反法律法规和工程建设强制性标准进行施工图审查，不得压缩合理审查周期、压低合理审查费用。

第十条 建设单位应当向审查机构提供下列资料并对所提供资料的真实性负责：

（一）作为勘察、设计依据的政府有关部门的批准文件及附件；

（二）全套施工图；

（三）其他应当提交的材料。

第十一条 审查机构应当对施工图审查下列内容：

（一）是否符合工程建设强制性标准；

（二）地基基础和主体结构的安全性；

（三）消防安全性；

（四）人防工程（不含人防指挥工程）防护安全性；

（五）是否符合民用建筑节能强制性标准，对执行绿色建筑标准的项目，还应当审查

是否符合绿色建筑标准;

（六）勘察设计企业和注册执业人员以及相关人员是否按规定在施工图上加盖相应的图章和签字;

（七）法律、法规、规章规定必须审查的其他内容。

第十二条 施工图审查原则上不超过下列时限:

（一）大型房屋建筑工程、市政基础设施工程为 15 个工作日，中型及以下房屋建筑工程、市政基础设施工程为 10 个工作日。

（二）工程勘察文件，甲级项目为 7 个工作日，乙级及以下项目为 5 个工作日。

以上时限不包括施工图修改时间和审查机构的复审时间。

第十三条 审查机构对施工图进行审查后，应当根据下列情况分别作出处理:

（一）审查合格的，审查机构应当向建设单位出具审查合格书，并在全套施工图上加盖审查专用章。审查合格书应当由各专业的审查人员签字，经法定代表人签发，并加盖审查机构公章。审查机构应当在出具审查合格书后 5 个工作日内，将审查情况报工程所在地县级以上地方人民政府住房城乡建设主管部门备案。

（二）审查不合格的，审查机构应当将施工图退建设单位并出具审查意见告知书，说明不合格原因。同时，应当将审查意见告知书及审查中发现的建设单位、勘察设计企业和注册执业人员违反法律、法规和工程建设强制性标准的问题，报工程所在地县级以上地方人民政府住房城乡建设主管部门。

施工图退建设单位后，建设单位应当要求原勘察设计企业进行修改，并将修改后的施工图送原审查机构复审。

第十四条 任何单位或者个人不得擅自修改审查合格的施工图;确需修改的，凡涉及本办法第十一条规定内容的，建设单位应当将修改后的施工图送原审查机构审查。

第十五条 勘察设计企业应当依法进行建设工程勘察、设计，严格执行工程建设强制性标准，并对建设工程勘察、设计的质量负责。

审查机构对施工图审查工作负责，承担审查责任。施工图经审查合格后，仍有违反法律、法规和工程建设强制性标准的问题，给建设单位造成损失的，审查机构依法承担相应的赔偿责任。

第十六条 审查机构应当建立、健全内部管理制度。施工图审查应当有经各专业审查人员签字的审查记录。审查记录、审查合格书、审查意见告知书等有关资料应当归档保存。

第十七条 已实行执业注册制度的专业，审查人员应当按规定参加执业注册继续教育。

未实行执业注册制度的专业，审查人员应当参加省、自治区、直辖市人民政府住房城乡建设主管部门组织的有关法律、法规和技术标准的培训，每年培训时间不少于 40 学时。

第十八条 按规定应当进行审查的施工图，未经审查合格的，住房城乡建设主管部门不得颁发施工许可证。

第十九条 县级以上人民政府住房城乡建设主管部门应当加强对审查机构的监督检查，主要检查下列内容:

（一）是否符合规定的条件;

（二）是否超出范围从事施工图审查;

（三）是否使用不符合条件的审查人员；

（四）是否按规定的内容进行审查；

（五）是否按规定上报审查过程中发现的违法违规行为；

（六）是否按规定填写审查意见告知书；

（七）是否按规定在审查合格书和施工图上签字盖章；

（八）是否建立健全审查机构内部管理制度；

（九）审查人员是否按规定参加继续教育。

县级以上人民政府住房城乡建设主管部门实施监督检查时，有权要求被检查的审查机构提供有关施工图审查的文件和资料，并将监督检查结果向社会公布。涉及消防安全性、人防工程（不含人防指挥工程）防护安全性的，由县级以上人民政府有关部门按照职责分工实施监督检查和行政处罚，并将监督检查结果向社会公布。

第二十四条　审查机构违反本办法规定，有下列行为之一的，由县级以上地方人民政府住房城乡建设主管部门责令改正，处3万元罚款，并记入信用档案；情节严重的，省、自治区、直辖市人民政府住房城乡建设主管部门不再将其列入审查机构名录：

（一）超出范围从事施工图审查的；

（二）使用不符合条件审查人员的；

（三）未按规定的内容进行审查的；

（四）未按规定上报审查过程中发现的违法违规行为的；

（五）未按规定填写审查意见告知书的；

（六）未按规定在审查合格书和施工图上签字盖章的；

（七）已出具审查合格书的施工图，仍有违反法律、法规和工程建设强制性标准的。

第二十五条　审查机构出具虚假审查合格书的，审查合格书无效，县级以上地方人民政府住房城乡建设主管部门处3万元罚款，省、自治区、直辖市人民政府住房城乡建设主管部门不再将其列入审查机构名录。

审查人员在虚假审查合格书上签字的，终身不得再担任审查人员；对于已实行执业注册制度的专业审查人员，还应当依照《建设工程质量管理条例》第七十二条、《建设工程安全生产管理条例》第五十八条规定予以处罚。

第二十六条　建设单位违反本办法规定，有下列行为之一的，由县级以上地方人民政府住房城乡建设主管部门责令改正，处3万元罚款；情节严重的，予以通报：

（一）压缩合理审查周期的；

（二）提供不真实送审资料的；

（三）对审查机构提出不符合法律、法规和工程建设强制性标准要求的。

建设单位为房地产开发企业的，还应当依照《房地产开发企业资质管理规定》进行处理。

第二十七条　依照本办法规定，给予审查机构罚款处罚的，对机构的法定代表人和其他直接责任人员处机构罚款数额5%以上10%以下的罚款，并记入信用档案。

第二十八条　省、自治区、直辖市人民政府住房城乡建设主管部门未按照本办法规定确定审查机构的，国务院住房城乡建设主管部门责令改正。

第二十九条　国家机关工作人员在施工图审查监督管理工作中玩忽职守、滥用职权、徇私舞弊，构成犯罪的，依法追究刑事责任；尚不构成犯罪的，依法给予行政处分。

第三十一条 本办法自 2013 年 8 月 1 日起施行，修订内容自 2018 年 12 月 29 日起施行。原建设部 2004 年 8 月 23 日发布的《房屋建筑和市政基础设施工程施工图设计文件审查管理办法》（建设部令第 134 号）同时废止。

2019 年 3 月 26 日国务院办公厅发布《关于全面开展工程建设项目审批制度改革的实施意见》（以下简称《实施意见》）。为了实现在 2019 年上半年将工程项目审批时限压缩在 120 个工作日内，《实施意见》提出要进一步精简审批环节，要求"试点地区在加快探索取消施工图审查（或缩小审查范围）、实行告知承诺制和设计人员终身负责制等方面，尽快形成可复制、可推广的经验"。

这是近年来国务院首次明确提出要取消施工图审查制度，而且对取消施工图审查之后的责任落地提出了解决办法，即告知承诺制以及设计师终身负责制。

例 3-11 （2021） 工程建设中施工图设计审查内容不包括（　　）。
A 地基基础和主体结构的安全性
B 设计合同中规定的限额设计内容
C 是否符合工程建设强制性标准
D 是否符合民用建筑节能强制性标准

解析：《房屋建筑和市政基础设施工程施工图设计文件审查管理办法》第十一条，审查机构应当对施工图审查下列内容：
（一）是否符合工程建设强制性标准；
（二）地基基础和主体结构的安全性；
（三）消防安全性；
（四）人防工程（不含人防指挥工程）防护安全性；
（五）是否符合民用建筑节能强制性标准，对执行绿色建筑标准的项目，还应当审查是否符合绿色建筑标准；
（六）勘察设计企业和注册执业人员以及相关人员是否按规定在施工图上加盖相应的图章和签字；
（七）法律、法规、规章规定必须审查的其他内容。
答案：B

八、《中华人民共和国民法典　第三编　合同》
【相关真题：2022-008，2022-010】

《中华人民共和国民法典》（后简称《民法典》）于 2020 年 5 月 28 日第十三届全国人民代表大会第三次会议通过，2021 年 1 月 1 日起实施，其第三编"合同"摘录如下。

第一分编 通 则

第一章 一般规定

第四百六十三条 本编调整因合同产生的民事关系。

第四百六十四条 合同是民事主体之间设立、变更、终止民事法律关系的协议。

婚姻、收养、监护等有关身份关系的协议，适用有关该身份关系的法律规定；没有规定的，可以根据其性质参照适用本编规定。

第四百六十五条 依法成立的合同，受法律保护。

依法成立的合同，仅对当事人具有法律约束力，但是法律另有规定的除外。

第四百六十六条 当事人对合同条款的理解有争议的，应当依据本法第一百四十二条第一款的规定，确定争议条款的含义。

（编者注：第一百四十二条第一款的表述是：有相对人的意思表示的解释，应当按照所使用的词句，结合相关条款、行为的性质和目的、习惯以及诚信原则，确定意思表示的含义。）

合同文本采用两种以上文字订立并约定具有同等效力的，对各文本使用的词句推定具有相同含义。各文本使用的词句不一致的，应当根据合同的相关条款、性质、目的以及诚信原则等予以解释。

第四百六十七条 本法或者其他法律没有明文规定的合同，适用本编通则的规定，并可以参照适用本编或者其他法律最相类似合同的规定。

在中华人民共和国境内履行的中外合资经营企业合同、中外合作经营企业合同、中外合作勘探开发自然资源合同，适用中华人民共和国法律。

第四百六十八条 非因合同产生的债权债务关系，适用有关该债权债务关系的法律规定；没有规定的，适用本编通则的有关规定，但是根据其性质不能适用的除外。

第二章 合同的订立

第四百六十九条 当事人订立合同，可以采用书面形式、口头形式或者其他形式。

书面形式是合同书、信件、电报、电传、传真等可以有形地表现所载内容的形式。

以电子数据交换、电子邮件等方式能够有形地表现所载内容，并可以随时调取查用的数据电文，视为书面形式。

第四百七十条 合同的内容由当事人约定，一般包括下列条款：

（一）当事人的姓名或者名称和住所；
（二）标的；
（三）数量；
（四）质量；
（五）价款或者报酬；
（六）履行期限、地点和方式；
（七）违约责任；
（八）解决争议的方法。

当事人可以参照各类合同的示范文本订立合同。

第四百七十一条 当事人订立合同，可以采取要约、承诺方式或者其他方式。

第四百七十二条 要约是希望与他人订立合同的意思表示,该意思表示应当符合下列条件:

(一) 内容具体确定;

(二) 表明经受要约人承诺,要约人即受该意思表示约束。

第四百七十三条 要约邀请是希望他人向自己发出要约的表示。拍卖公告、招标公告、招股说明书、债券募集办法、基金招募说明书、商业广告和宣传、寄送的价目表等为要约邀请。

商业广告和宣传的内容符合要约条件的,构成要约。

第四百七十四条 要约生效的时间适用本法第一百三十七条的规定。

(编者注:第一百三十七条的规定是:以对话方式作出的意思表示,相对人知道其内容时生效。

以非对话方式作出的意思表示,到达相对人时生效。以非对话方式作出的采用数据电文形式的意思表示,相对人指定特定系统接收数据电文的,该数据电文进入该特定系统时生效;未指定特定系统的,相对人知道或者应当知道该数据电文进入其系统时生效。当事人对采用数据电文形式的意思表示的生效时间另有约定的,按照其约定。)

第四百七十五条 要约可以撤回。要约的撤回适用本法第一百四十一条的规定。

(编者注:第一百四十一条的规定是:行为人可以撤回意思表示。撤回意思表示的通知应当在意思表示到达相对人前或者与意思表示同时到达相对人。)

第四百七十六条 要约可以撤销,但是有下列情形之一的除外:

(一) 要约人以确定承诺期限或者其他形式明示要约不可撤销;

(二) 受要约人有理由认为要约是不可撤销的,并已经为履行合同做了合理准备工作。

第四百七十七条 撤销要约的意思表示以对话方式作出的,该意思表示的内容应当在受要约人作出承诺之前为受要约人所知道;撤销要约的意思表示以非对话方式作出的,应当在受要约人作出承诺之前到达受要约人。

第四百七十八条 有下列情形之一的,要约失效:

(一) 要约被拒绝;

(二) 要约被依法撤销;

(三) 承诺期限届满,受要约人未作出承诺;

(四) 受要约人对要约的内容作出实质性变更。

第四百七十九条 承诺是受要约人同意要约的意思表示。

第四百八十条 承诺应当以通知的方式作出;但是,根据交易习惯或者要约表明可以通过行为作出承诺的除外。

第四百八十一条 承诺应当在要约确定的期限内到达要约人。

要约没有确定承诺期限的,承诺应当依照下列规定到达:

(一) 要约以对话方式作出的,应当即时作出承诺;

(二) 要约以非对话方式作出的,承诺应当在合理期限内到达。

第四百八十二条 要约以信件或者电报作出的,承诺期限自信件载明的日期或者电报交发之日开始计算。信件未载明日期的,自投寄该信件的邮戳日期开始计算。要约以电话、传真、电子邮件等快速通信方式作出的,承诺期限自要约到达受要约人时开始计算。

第四百八十三条 承诺生效时合同成立，但是法律另有规定或者当事人另有约定的除外。

第四百八十四条 以通知方式作出的承诺，生效的时间适用本法第一百三十七条的规定（见第四百七十四条编者注）。

承诺不需要通知的，根据交易习惯或者要约的要求作出承诺的行为时生效。

第四百八十五条 承诺可以撤回。承诺的撤回适用本法第一百四十一条的规定（见第四百七十五条编者注）。

第四百八十六条 受要约人超过承诺期限发出承诺，或者在承诺期限内发出承诺，按照通常情形不能及时到达要约人的，为新要约；但是，要约人及时通知受要约人该承诺有效的除外。

第四百八十七条 受要约人在承诺期限内发出承诺，按照通常情形能够及时到达要约人，但是因其他原因致使承诺到达要约人时超过承诺期限的，除要约人及时通知受要约人因承诺超过期限不接受该承诺外，该承诺有效。

第四百八十八条 承诺的内容应当与要约的内容一致。受要约人对要约的内容作出实质性变更的，为新要约。有关合同标的、数量、质量、价款或者报酬、履行期限、履行地点和方式、违约责任和解决争议方法等的变更，是对要约内容的实质性变更。

第四百八十九条 承诺对要约的内容作出非实质性变更的，除要约人及时表示反对或者要约表明承诺不得对要约的内容作出任何变更外，该承诺有效，合同的内容以承诺的内容为准。

第四百九十条 当事人采用合同书形式订立合同的，自当事人均签名、盖章或者按指印时合同成立。在签名、盖章或者按指印之前，当事人一方已经履行主要义务，对方接受时，该合同成立。

法律、行政法规规定或者当事人约定合同应当采用书面形式订立，当事人未采用书面形式但是一方已经履行主要义务，对方接受时，该合同成立。

第四百九十一条 当事人采用信件、数据电文等形式订立合同要求签订确认书的，签订确认书时合同成立。

当事人一方通过互联网等信息网络发布的商品或者服务信息符合要约条件的，对方选择该商品或者服务并提交订单成功时合同成立，但是当事人另有约定的除外。

第四百九十二条 承诺生效的地点为合同成立的地点。

采用数据电文形式订立合同的，收件人的主营业地为合同成立的地点；没有主营业地的，其住所地为合同成立的地点。当事人另有约定的，按照其约定。

第四百九十三条 当事人采用合同书形式订立合同的，最后签名、盖章或者按指印的地点为合同成立的地点，但是当事人另有约定的除外。

第四百九十四条 国家根据抢险救灾、疫情防控或者其他需要下达国家订货任务、指令性任务的，有关民事主体之间应当依照有关法律、行政法规规定的权利和义务订立合同。

依照法律、行政法规的规定负有发出要约义务的当事人，应当及时发出合理的要约。

依照法律、行政法规的规定负有作出承诺义务的当事人，不得拒绝对方合理的订立合同要求。

第四百九十五条 当事人约定在将来一定期限内订立合同的认购书、订购书、预订书等，构成预约合同。

当事人一方不履行预约合同约定的订立合同义务的，对方可以请求其承担预约合同的违约责任。

第四百九十六条 格式条款是当事人为了重复使用而预先拟定，并在订立合同时未与对方协商的条款。

采用格式条款订立合同的，提供格式条款的一方应当遵循公平原则确定当事人之间的权利和义务，并采取合理的方式提示对方注意免除或者减轻其责任等与对方有重大利害关系的条款，按照对方的要求，对该条款予以说明。提供格式条款的一方未履行提示或者说明义务，致使对方没有注意或者理解与其有重大利害关系的条款的，对方可以主张该条款不成为合同的内容。

第四百九十七条 有下列情形之一的，该格式条款无效：

（一）具有本法第一编第六章第三节（见第五百零八条编者注）和本法第五百零六条规定的无效情形；

（二）提供格式条款一方不合理地免除或者减轻其责任、加重对方责任、限制对方主要权利；

（三）提供格式条款一方排除对方主要权利。

第四百九十八条 对格式条款的理解发生争议的，应当按照通常理解予以解释。对格式条款有两种以上解释的，应当作出不利于提供格式条款一方的解释。格式条款和非格式条款不一致的，应当采用非格式条款。

第四百九十九条 悬赏人以公开方式声明对完成特定行为的人支付报酬的，完成该行为的人可以请求其支付。

第五百条 当事人在订立合同过程中有下列情形之一，造成对方损失的，应当承担赔偿责任：

（一）假借订立合同，恶意进行磋商；

（二）故意隐瞒与订立合同有关的重要事实或者提供虚假情况；

（三）有其他违背诚信原则的行为。

第五百零一条 当事人在订立合同过程中知悉的商业秘密或者其他应当保密的信息，无论合同是否成立，不得泄露或者不正当地使用；泄露、不正当地使用该商业秘密或者信息，造成对方损失的，应当承担赔偿责任。

第三章 合同的效力

第五百零二条 依法成立的合同，自成立时生效，但是法律另有规定或者当事人另有约定的除外。

依照法律、行政法规的规定，合同应当办理批准等手续的，依照其规定。未办理批准等手续影响合同生效的，不影响合同中履行报批等义务条款以及相关条款的效力。应当办理申请批准等手续的当事人未履行义务的，对方可以请求其承担违反该义务的责任。

依照法律、行政法规的规定，合同的变更、转让、解除等情形应当办理批准等手续的，适用前款规定。

第五百零三条 无权代理人以被代理人的名义订立合同，被代理人已经开始履行合同义务或者接受相对人履行的,视为对合同的追认。

第五百零四条　法人的法定代表人或者非法人组织的负责人超越权限订立的合同,除相对人知道或者应当知道其超越权限外,该代表行为有效,订立的合同对法人或者非法人组织发生效力。

第五百零五条　当事人超越经营范围订立的合同的效力,应当依照本法第一编第六章第三节(见第五百零八条编者注)和本编的有关规定确定,不得仅以超越经营范围确认合同无效。

第五百零六条　合同中的下列免责条款无效:
(一)造成对方人身损害的;
(二)因故意或者重大过失造成对方财产损失的。

第五百零七条　合同不生效、无效、被撤销或者终止的,不影响合同中有关解决争议方法的条款的效力。

第五百零八条　本编对合同的效力没有规定的,适用本法第一编第六章的有关规定。
(编者注:民法典第一编第六章的内容如下。)

第六章　民事法律行为
第一节　一般规定

第一百三十三条　民事法律行为是民事主体通过意思表示设立、变更、终止民事法律关系的行为。

第一百三十四条　民事法律行为可以基于双方或者多方的意思表示一致成立,也可以基于单方的意思表示成立。

法人、非法人组织依照法律或者章程规定的议事方式和表决程序作出决议的,该决议行为成立。

第一百三十五条　民事法律行为可以采用书面形式、口头形式或者其他形式;法律、行政法规规定或者当事人约定采用特定形式的,应当采用特定形式。

第一百三十六条　民事法律行为自成立时生效,但是法律另有规定或者当事人另有约定的除外。

行为人非依法律规定或者未经对方同意,不得擅自变更或者解除民事法律行为。

第二节　意思表示

第一百三十七条　以对话方式作出的意思表示,相对人知道其内容时生效。

以非对话方式作出的意思表示,到达相对人时生效。以非对话方式作出的采用数据电文形式的意思表示,相对人指定特定系统接收数据电文的,该数据电文进入该特定系统时生效;未指定特定系统的,相对人知道或者应当知道该数据电文进入其系统时生效。当事人对采用数据电文形式的意思表示的生效时间另有约定的,按照其约定。

第一百三十八条　无相对人的意思表示,表示完成时生效。法律另有规定的,依照其规定。

第一百三十九条　以公告方式作出的意思表示,公告发布时生效。

第一百四十条　行为人可以明示或者默示作出意思表示。

沉默只有在有法律规定、当事人约定或者符合当事人之间的交易习惯时,才可以视为意思表示。

第一百四十一条 行为人可以撤回意思表示。撤回意思表示的通知应当在意思表示到达相对人前或者与意思表示同时到达相对人。

第一百四十二条 有相对人的意思表示的解释,应当按照所使用的词句,结合相关条款、行为的性质和目的、习惯以及诚信原则,确定意思表示的含义。

无相对人的意思表示的解释,不能完全拘泥于所使用的词句,而应当结合相关条款、行为的性质和目的、习惯以及诚信原则,确定行为人的真实意思。

第三节 民事法律行为的效力

第一百四十三条 具备下列条件的民事法律行为有效:

(一)行为人具有相应的民事行为能力;

(二)意思表示真实;

(三)不违反法律、行政法规的强制性规定,不违背公序良俗。

第一百四十四条 无民事行为能力人实施的民事法律行为无效。

第一百四十五条 限制民事行为能力人实施的纯获利益的民事法律行为或者与其年龄、智力、精神健康状况相适应的民事法律行为有效;实施的其他民事法律行为经法定代理人同意或者追认后有效。

相对人可以催告法定代理人自收到通知之日起三十日内予以追认。法定代理人未作表示的,视为拒绝追认。民事法律行为被追认前,善意相对人有撤销的权利。撤销应当以通知的方式作出。

第一百四十六条 行为人与相对人以虚假的意思表示实施的民事法律行为无效。

以虚假的意思表示隐藏的民事法律行为的效力,依照有关法律规定处理。

第一百四十七条 基于重大误解实施的民事法律行为,行为人有权请求人民法院或者仲裁机构予以撤销。

第一百四十八条 一方以欺诈手段,使对方在违背真实意思的情况下实施的民事法律行为,受欺诈方有权请求人民法院或者仲裁机构予以撤销。

第一百四十九条 第三人实施欺诈行为,使一方在违背真实意思的情况下实施的民事法律行为,对方知道或者应当知道该欺诈行为的,受欺诈方有权请求人民法院或者仲裁机构予以撤销。

第一百五十条 一方或者第三人以胁迫手段,使对方在违背真实意思的情况下实施的民事法律行为,受胁迫方有权请求人民法院或者仲裁机构予以撤销。

第一百五十一条 一方利用对方处于危困状态、缺乏判断能力等情形,致使民事法律行为成立时显失公平的,受损害方有权请求人民法院或者仲裁机构予以撤销。

第一百五十二条 有下列情形之一的,撤销权消灭:

(一)当事人自知道或者应当知道撤销事由之日起一年内、重大误解的当事人自知道或者应当知道撤销事由之日起九十日内没有行使撤销权;

(二)当事人受胁迫,自胁迫行为终止之日起一年内没有行使撤销权;

(三)当事人知道撤销事由后明确表示或者以自己的行为表明放弃撤销权。

当事人自民事法律行为发生之日起五年内没有行使撤销权的,撤销权消灭。

第一百五十三条 违反法律、行政法规的强制性规定的民事法律行为无效。但是,该强制性规定不导致该民事法律行为无效的除外。

违背公序良俗的民事法律行为无效。

第一百五十四条 行为人与相对人恶意串通，损害他人合法权益的民事法律行为无效。

第一百五十五条 无效的或者被撤销的民事法律行为自始没有法律约束力。

第一百五十六条 民事法律行为部分无效，不影响其他部分效力的，其他部分仍然有效。

第一百五十七条 民事法律行为无效、被撤销或者确定不发生效力后，行为人因该行为取得的财产，应当予以返还；不能返还或者没有必要返还的，应当折价补偿。有过错的一方应当赔偿对方由此所受到的损失；各方都有过错的，应当各自承担相应的责任。法律另有规定的，依照其规定。

第四节 民事法律行为的附条件和附期限

第一百五十八条 民事法律行为可以附条件，但是根据其性质不得附条件的除外。附生效条件的民事法律行为，自条件成就时生效。附解除条件的民事法律行为，自条件成就时失效。

第一百五十九条 附条件的民事法律行为，当事人为自己的利益不正当地阻止条件成就的，视为条件已经成就；不正当地促成条件成就的，视为条件不成就。

第一百六十条 民事法律行为可以附期限，但是根据其性质不得附期限的除外。附生效期限的民事法律行为，自期限届至时生效。附终止期限的民事法律行为，自期限届满时失效。）

第四章 合同的履行

第五百零九条 当事人应当按照约定全面履行自己的义务。

当事人应当遵循诚信原则，根据合同的性质、目的和交易习惯履行通知、协助、保密等义务。

当事人在履行合同过程中，应当避免浪费资源、污染环境和破坏生态。

第五百一十条 合同生效后，当事人就质量、价款或者报酬、履行地点等内容没有约定或者约定不明确的，可以协议补充；不能达成补充协议的，按照合同相关条款或者交易习惯确定。

第五百一十一条 当事人就有关合同内容约定不明确，依据前条规定仍不能确定的，适用下列规定：

（一）质量要求不明确的，按照强制性国家标准履行；没有强制性国家标准的，按照推荐性国家标准履行；没有推荐性国家标准的，按照行业标准履行；没有国家标准、行业标准的，按照通常标准或者符合合同目的的特定标准履行。

（二）价款或者报酬不明确的，按照订立合同时履行地的市场价格履行；依法应当执行政府定价或者政府指导价的，依照规定履行。

（三）履行地点不明确，给付货币的，在接受货币一方所在地履行；交付不动产的，在不动产所在地履行；其他标的，在履行义务一方所在地履行。

（四）履行期限不明确的，债务人可以随时履行，债权人也可以随时请求履行，但是应当给对方必要的准备时间。

（五）履行方式不明确的，按照有利于实现合同目的的方式履行。

（六）履行费用的负担不明确的，由履行义务一方负担；因债权人原因增加的履行费用，由债权人负担。

第五百一十二条 通过互联网等信息网络订立的电子合同的标的为交付商品并采用快递物流方式交付的，收货人的签收时间为交付时间。电子合同的标的为提供服务的，生成的电子凭证或者实物凭证中载明的时间为提供服务时间；前述凭证没有载明时间或者载明时间与实际提供服务时间不一致的，以实际提供服务的时间为准。

电子合同的标的物为采用在线传输方式交付的，合同标的物进入对方当事人指定的特定系统且能够检索识别的时间为交付时间。

电子合同当事人对交付商品或者提供服务的方式、时间另有约定的，按照其约定。

第五百一十三条 执行政府定价或者政府指导价的，在合同约定的交付期限内政府价格调整时，按照交付时的价格计价。逾期交付标的物的，遇价格上涨时，按照原价格执行；价格下降时，按照新价格执行。逾期提取标的物或者逾期付款的，遇价格上涨时，按照新价格执行；价格下降时，按照原价格执行。

第五百一十四条 以支付金钱为内容的债，除法律另有规定或者当事人另有约定外，债权人可以请求债务人以实际履行地的法定货币履行。

第五百一十五条 标的有多项而债务人只需履行其中一项的，债务人享有选择权；但是，法律另有规定、当事人另有约定或者另有交易习惯的除外。

享有选择权的当事人在约定期限内或者履行期限届满未作选择，经催告后在合理期限内仍未选择的，选择权转移至对方。

第五百一十六条 当事人行使选择权应当及时通知对方，通知到达对方时，标的确定。标的确定后不得变更，但是经对方同意的除外。

可选择的标的发生不能履行情形的，享有选择权的当事人不得选择不能履行的标的，但是该不能履行的情形是由对方造成的除外。

第五百一十七条 债权人为二人以上，标的可分，按照份额各自享有债权的，为按份债权；债务人为二人以上，标的可分，按照份额各自负担债务的，为按份债务。

按份债权人或者按份债务人的份额难以确定的，视为份额相同。

第五百一十八条 债权人为二人以上，部分或者全部债权人均可以请求债务人履行债务的，为连带债权；债务人为二人以上，债权人可以请求部分或者全部债务人履行全部债务的，为连带债务。

连带债权或者连带债务，由法律规定或者当事人约定。

第五百一十九条 连带债务人之间的份额难以确定的，视为份额相同。

实际承担债务超过自己份额的连带债务人，有权就超出部分在其他连带债务人未履行的份额范围内向其追偿，并相应地享有债权人的权利，但是不得损害债权人的利益。其他连带债务人对债权人的抗辩，可以向该债务人主张。

被追偿的连带债务人不能履行其应分担份额的，其他连带债务人应当在相应范围内按比例分担。

第五百二十条 部分连带债务人履行、抵销债务或者提存标的物的，其他债务人对债权人的债务在相应范围内消灭；该债务人可以依据前条规定向其他债务人追偿。

部分连带债务人的债务被债权人免除的，在该连带债务人应当承担的份额范围内，其他债务人对债权人的债务消灭。

部分连带债务人的债务与债权人的债权同归于一人的,在扣除该债务人应当承担的份额后,债权人对其他债务人的债权继续存在。

债权人对部分连带债务人的给付受领迟延的,对其他连带债务人发生效力。

第五百二十一条 连带债权人之间的份额难以确定的,视为份额相同。

实际受领债权的连带债权人,应当按比例向其他连带债权人返还。

连带债权参照适用本章连带债务的有关规定。

第五百二十二条 当事人约定由债务人向第三人履行债务,债务人未向第三人履行债务或者履行债务不符合约定的,应当向债权人承担违约责任。

法律规定或者当事人约定第三人可以直接请求债务人向其履行债务,第三人未在合理期限内明确拒绝,债务人未向第三人履行债务或者履行债务不符合约定的,第三人可以请求债务人承担违约责任;债务人对债权人的抗辩,可以向第三人主张。

第五百二十三条 当事人约定由第三人向债权人履行债务,第三人不履行债务或者履行债务不符合约定的,债务人应当向债权人承担违约责任。

第五百二十四条 债务人不履行债务,第三人对履行该债务具有合法利益的,第三人有权向债权人代为履行;但是,根据债务性质、按照当事人约定或者依照法律规定只能由债务人履行的除外。

债权人接受第三人履行后,其对债务人的债权转让给第三人,但是债务人和第三人另有约定的除外。

第五百二十五条 当事人互负债务,没有先后履行顺序的,应当同时履行。一方在对方履行之前有权拒绝其履行请求。一方在对方履行债务不符合约定时,有权拒绝其相应的履行请求。

第五百二十六条 当事人互负债务,有先后履行顺序,应当先履行债务一方未履行的,后履行一方有权拒绝其履行请求。先履行一方履行债务不符合约定的,后履行一方有权拒绝其相应的履行请求。

第五百二十七条 应当先履行债务的当事人,有确切证据证明对方有下列情形之一的,可以中止履行:

(一)经营状况严重恶化;

(二)转移财产、抽逃资金,以逃避债务;

(三)丧失商业信誉;

(四)有丧失或者可能丧失履行债务能力的其他情形。

当事人没有确切证据中止履行的,应当承担违约责任。

第五百二十八条 当事人依据前条规定中止履行的,应当及时通知对方。对方提供适当担保的,应当恢复履行。中止履行后,对方在合理期限内未恢复履行能力且未提供适当担保的,视为以自己的行为表明不履行主要债务,中止履行的一方可以解除合同并可以请求对方承担违约责任。

第五百二十九条 债权人分立、合并或者变更住所没有通知债务人,致使履行债务发生困难的,债务人可以中止履行或者将标的物提存。

第五百三十条 债权人可以拒绝债务人提前履行债务,但是提前履行不损害债权人利益的除外。

债务人提前履行债务给债权人增加的费用，由债务人负担。

第五百三十一条 债权人可以拒绝债务人部分履行债务，但是部分履行不损害债权人利益的除外。

债务人部分履行债务给债权人增加的费用，由债务人负担。

第五百三十二条 合同生效后，当事人不得因姓名、名称的变更或者法定代表人、负责人、承办人的变动而不履行合同义务。

第五百三十三条 合同成立后，合同的基础条件发生了当事人在订立合同时无法预见的、不属于商业风险的重大变化，继续履行合同对于当事人一方明显不公平的，受不利影响的当事人可以与对方重新协商；在合理期限内协商不成的，当事人可以请求人民法院或者仲裁机构变更或者解除合同。

人民法院或者仲裁机构应当结合案件的实际情况，根据公平原则变更或者解除合同。

第五百三十四条 对当事人利用合同实施危害国家利益、社会公共利益行为的，市场监督管理和其他有关行政主管部门依照法律、行政法规的规定负责监督处理。

第五章 合同的保全

第五百三十五条 因债务人怠于行使其债权或者与该债权有关的从权利，影响债权人的到期债权实现的，债权人可以向人民法院请求以自己的名义代位行使债务人对相对人的权利，但是该权利专属于债务人自身的除外。

代位权的行使范围以债权人的到期债权为限。债权人行使代位权的必要费用，由债务人负担。

相对人对债务人的抗辩，可以向债权人主张。

第五百三十六条 债权人的债权到期前，债务人的债权或者与该债权有关的从权利存在诉讼时效期间即将届满或者未及时申报破产债权等情形，影响债权人的债权实现的，债权人可以代位向债务人的相对人请求其向债务人履行、向破产管理人申报或者作出其他必要的行为。

第五百三十七条 人民法院认定代位权成立的，由债务人的相对人向债权人履行义务，债权人接受履行后，债权人与债务人、债务人与相对人之间相应的权利义务终止。债务人对相对人的债权或者与该债权有关的从权利被采取保全、执行措施，或者债务人破产的，依照相关法律的规定处理。

第五百三十八条 债务人以放弃其债权、放弃债权担保、无偿转让财产等方式无偿处分财产权益，或者恶意延长其到期债权的履行期限，影响债权人的债权实现的，债权人可以请求人民法院撤销债务人的行为。

第五百三十九条 债务人以明显不合理的低价转让财产、以明显不合理的高价受让他人财产或者为他人的债务提供担保，影响债权人的债权实现，债务人的相对人知道或者应当知道该情形的，债权人可以请求人民法院撤销债务人的行为。

第五百四十条 撤销权的行使范围以债权人的债权为限。债权人行使撤销权的必要费用，由债务人负担。

第五百四十一条 撤销权自债权人知道或者应当知道撤销事由之日起一年内行使。自债务人的行为发生之日起五年内没有行使撤销权的，该撤销权消灭。

第五百四十二条 债务人影响债权人的债权实现的行为被撤销的，自始没有法律约束力。

第六章 合同的变更和转让

第五百四十三条 当事人协商一致，可以变更合同。

第五百四十四条 当事人对合同变更的内容约定不明确的，推定为未变更。

第五百四十五条 债权人可以将债权的全部或者部分转让给第三人，但是有下列情形之一的除外：

（一）根据债权性质不得转让；

（二）按照当事人约定不得转让；

（三）依照法律规定不得转让。

当事人约定非金钱债权不得转让的，不得对抗善意第三人。当事人约定金钱债权不得转让的，不得对抗第三人。

第五百四十六条 债权人转让债权，未通知债务人的，该转让对债务人不发生效力。

债权转让的通知不得撤销，但是经受让人同意的除外。

第五百四十七条 债权人转让债权的，受让人取得与债权有关的从权利，但是该从权利专属于债权人自身的除外。

受让人取得从权利不应因该从权利未办理转移登记手续或者未转移占有而受到影响。

第五百四十八条 债务人接到债权转让通知后，债务人对让与人的抗辩，可以向受让人主张。

第五百四十九条 有下列情形之一的，债务人可以向受让人主张抵销：

（一）债务人接到债权转让通知时，债务人对让与人享有债权，且债务人的债权先于转让的债权到期或者同时到期；

（二）债务人的债权与转让的债权是基于同一合同产生。

第五百五十条 因债权转让增加的履行费用，由让与人负担。

第五百五十一条 债务人将债务的全部或者部分转移给第三人的，应当经债权人同意。

债务人或者第三人可以催告债权人在合理期限内予以同意，债权人未作表示的，视为不同意。

第五百五十二条 第三人与债务人约定加入债务并通知债权人，或者第三人向债权人表示愿意加入债务，债权人未在合理期限内明确拒绝的，债权人可以请求第三人在其愿意承担的债务范围内和债务人承担连带债务。

第五百五十三条 债务人转移债务的，新债务人可以主张原债务人对债权人的抗辩；原债务人对债权人享有债权的，新债务人不得向债权人主张抵销。

第五百五十四条 债务人转移债务的，新债务人应当承担与主债务有关的从债务，但是该从债务专属于原债务人自身的除外。

第五百五十五条 当事人一方经对方同意，可以将自己在合同中的权利和义务一并转让给第三人。

第五百五十六条 合同的权利和义务一并转让的，适用债权转让、债务转移的有关规定。

第七章 合同的权利义务终止

第五百五十七条 有下列情形之一的,债权债务终止:

(一)债务已经履行;

(二)债务相互抵销;

(三)债务人依法将标的物提存;

(四)债权人免除债务;

(五)债权债务同归于一人;

(六)法律规定或者当事人约定终止的其他情形。

合同解除的,该合同的权利义务关系终止。

第五百五十八条 债权债务终止后,当事人应当遵循诚信等原则,根据交易习惯履行通知、协助、保密、旧物回收等义务。

第五百五十九条 债权债务终止时,债权的从权利同时消灭,但是法律另有规定或者当事人另有约定的除外。

第五百六十条 债务人对同一债权人负担的数项债务种类相同,债务人的给付不足以清偿全部债务的,除当事人另有约定外,由债务人在清偿时指定其履行的债务。

债务人未作指定的,应当优先履行已经到期的债务;数项债务均到期的,优先履行对债权人缺乏担保或者担保最少的债务;均无担保或者担保相等的,优先履行债务人负担较重的债务;负担相同的,按照债务到期的先后顺序履行;到期时间相同的,按照债务比例履行。

第五百六十一条 债务人在履行主债务外还应当支付利息和实现债权的有关费用,其给付不足以清偿全部债务的,除当事人另有约定外,应当按照下列顺序履行:

(一)实现债权的有关费用;

(二)利息;

(三)主债务。

第五百六十二条 当事人协商一致,可以解除合同。

当事人可以约定一方解除合同的事由。解除合同的事由发生时,解除权人可以解除合同。

第五百六十三条 有下列情形之一的,当事人可以解除合同:

(一)因不可抗力致使不能实现合同目的;

(二)在履行期限届满前,当事人一方明确表示或者以自己的行为表明不履行主要债务;

(三)当事人一方迟延履行主要债务,经催告后在合理期限内仍未履行;

(四)当事人一方迟延履行债务或者有其他违约行为致使不能实现合同目的;

(五)法律规定的其他情形。

以持续履行的债务为内容的不定期合同,当事人可以随时解除合同,但是应当在合理期限之前通知对方。

第五百六十四条 法律规定或者当事人约定解除权行使期限,期限届满当事人不行使的,该权利消灭。

法律没有规定或者当事人没有约定解除权行使期限,自解除权人知道或者应当知道解除事由之日起一年内不行使,或者经对方催告后在合理期限内不行使的,该权利消灭。

第五百六十五条 当事人一方依法主张解除合同的,应当通知对方。合同自通知到达对方时解除;通知载明债务人在一定期限内不履行债务则合同自动解除,债务人在该期限内未履行债务的，合同自通知载明的期限届满时解除。对方对解除合同有异议的，任何一方当事人均可以请求人民法院或者仲裁机构确认解除行为的效力。

当事人一方未通知对方，直接以提起诉讼或者申请仲裁的方式依法主张解除合同，人民法院或者仲裁机构确认该主张的，合同自起诉状副本或者仲裁申请书副本送达对方时解除。

第五百六十六条　合同解除后，尚未履行的，终止履行；已经履行的，根据履行情况和合同性质，当事人可以请求恢复原状或者采取其他补救措施，并有权请求赔偿损失。

合同因违约解除的，解除权人可以请求违约方承担违约责任，但是当事人另有约定的除外。

主合同解除后，担保人对债务人应当承担的民事责任仍应当承担担保责任，但是担保合同另有约定的除外。

第五百六十七条　合同的权利义务关系终止，不影响合同中结算和清理条款的效力。

第五百六十八条　当事人互负债务，该债务的标的物种类、品质相同的，任何一方可以将自己的债务与对方的到期债务抵销；但是，根据债务性质、按照当事人约定或者依照法律规定不得抵销的除外。

当事人主张抵销的，应当通知对方。通知自到达对方时生效。抵销不得附条件或者附期限。

第五百六十九条　当事人互负债务，标的物种类、品质不相同的，经协商一致，也可以抵销。

第五百七十条　有下列情形之一，难以履行债务的，债务人可以将标的物提存：

（一）债权人无正当理由拒绝受领；

（二）债权人下落不明；

（三）债权人死亡未确定继承人、遗产管理人，或者丧失民事行为能力未确定监护人；

（四）法律规定的其他情形。

标的物不适于提存或者提存费用过高的，债务人依法可以拍卖或者变卖标的物，提存所得的价款。

第五百七十一条　债务人将标的物或者将标的物依法拍卖、变卖所得价款交付提存部门时，提存成立。

提存成立的，视为债务人在其提存范围内已经交付标的物。

第五百七十二条　标的物提存后，债务人应当及时通知债权人或者债权人的继承人、遗产管理人、监护人、财产代管人。

第五百七十三条　标的物提存后，毁损、灭失的风险由债权人承担。提存期间，标的物的孳息归债权人所有。提存费用由债权人负担。

第五百七十四条　债权人可以随时领取提存物。但是，债权人对债务人负有到期债务的，在债权人未履行债务或者提供担保之前，提存部门根据债务人的要求应当拒绝其领取提存物。

债权人领取提存物的权利，自提存之日起五年内不行使而消灭，提存物扣除提存费用后归国家所有。但是，债权人未履行对债务人的到期债务，或者债权人向提存部门书面表示放弃领取提存物权利的，债务人负担提存费用后有权取回提存物。

第五百七十五条　债权人免除债务人部分或者全部债务的，债权债务部分或者全部终止，但是债务人在合理期限内拒绝的除外。

第五百七十六条 债权和债务同归于一人的，债权债务终止，但是损害第三人利益的除外。

第八章 违约责任

第五百七十七条 当事人一方不履行合同义务或者履行合同义务不符合约定的，应当承担继续履行、采取补救措施或者赔偿损失等违约责任。

第五百七十八条 当事人一方明确表示或者以自己的行为表明不履行合同义务的，对方可以在履行期限届满前请求其承担违约责任。

第五百七十九条 当事人一方未支付价款、报酬、租金、利息，或者不履行其他金钱债务的，对方可以请求其支付。

第五百八十条 当事人一方不履行非金钱债务或者履行非金钱债务不符合约定的，对方可以请求履行，但是有下列情形之一的除外：

（一）法律上或者事实上不能履行；

（二）债务的标的不适于强制履行或者履行费用过高；

（三）债权人在合理期限内未请求履行。

有前款规定的除外情形之一，致使不能实现合同目的的，人民法院或者仲裁机构可以根据当事人的请求终止合同权利义务关系，但是不影响违约责任的承担。

第五百八十一条 当事人一方不履行债务或者履行债务不符合约定，根据债务的性质不得强制履行的，对方可以请求其负担由第三人替代履行的费用。

第五百八十二条 履行不符合约定的，应当按照当事人的约定承担违约责任。对违约责任没有约定或者约定不明确，依据本法第五百一十条的规定仍不能确定的，受损害方根据标的的性质以及损失的大小，可以合理选择请求对方承担修理、重作、更换、退货、减少价款或者报酬等违约责任。

第五百八十三条 当事人一方不履行合同义务或者履行合同义务不符合约定的，在履行义务或者采取补救措施后，对方还有其他损失的，应当赔偿损失。

第五百八十四条 当事人一方不履行合同义务或者履行合同义务不符合约定，造成对方损失的，损失赔偿额应当相当于因违约所造成的损失，包括合同履行后可以获得的利益；但是，不得超过违约一方订立合同时预见到或者应当预见到的因违约可能造成的损失。

第五百八十五条 当事人可以约定一方违约时应当根据违约情况向对方支付一定数额的违约金，也可以约定因违约产生的损失赔偿额的计算方法。

约定的违约金低于造成的损失的，人民法院或者仲裁机构可以根据当事人的请求予以增加；约定的违约金过分高于造成的损失的，人民法院或者仲裁机构可以根据当事人的请求予以适当减少。

当事人就迟延履行约定违约金的，违约方支付违约金后，还应当履行债务。

第五百八十六条 当事人可以约定一方向对方给付定金作为债权的担保。定金合同自实际交付定金时成立。

定金的数额由当事人约定；但是，不得超过主合同标的额的百分之二十，超过部分不产生定金的效力。实际交付的定金数额多于或者少于约定数额的，视为变更约定的定金数额。

第五百八十七条 债务人履行债务的，定金应当抵作价款或者收回。给付定金的一方不履行债务或者履行债务不符合约定，致使不能实现合同目的的，无权请求返还定金；收受定金的一方不履行债务或者履行债务不符合约定，致使不能实现合同目的的，应当双倍返还定金。

第五百八十八条 当事人既约定违约金，又约定定金的，一方违约时，对方可以选择适用违约金或者定金条款。

定金不足以弥补一方违约造成的损失的，对方可以请求赔偿超过定金数额的损失。

第五百八十九条 债务人按照约定履行债务，债权人无正当理由拒绝受领的，债务人可以请求债权人赔偿增加的费用。

在债权人受领迟延期间，债务人无须支付利息。

第五百九十条 当事人一方因不可抗力不能履行合同的，根据不可抗力的影响，部分或者全部免除责任，但是法律另有规定的除外。因不可抗力不能履行合同的，应当及时通知对方，以减轻可能给对方造成的损失，并应当在合理期限内提供证明。

当事人迟延履行后发生不可抗力的，不免除其违约责任。

第五百九十一条 当事人一方违约后，对方应当采取适当措施防止损失的扩大；没有采取适当措施致使损失扩大的，不得就扩大的损失请求赔偿。

当事人因防止损失扩大而支出的合理费用，由违约方负担。

第五百九十二条 当事人都违反合同的，应当各自承担相应的责任。

当事人一方违约造成对方损失，对方对损失的发生有过错的，可以减少相应的损失赔偿额。

第五百九十三条 当事人一方因第三人的原因造成违约的，应当依法向对方承担违约责任。当事人一方和第三人之间的纠纷，依照法律规定或者按照约定处理。

第五百九十四条 因国际货物买卖合同和技术进出口合同争议提起诉讼或者申请仲裁的时效期间为四年。

第二分编 典 型 合 同

……

第十八章 建 设 工 程 合 同

第七百八十八条 建设工程合同是承包人进行工程建设，发包人支付价款的合同。

建设工程合同包括工程勘察、设计、施工合同。

第七百八十九条 建设工程合同应当采用书面形式。

第七百九十条 建设工程的招标投标活动，应当依照有关法律的规定公开、公平、公正进行。

第七百九十一条 发包人可以与总承包人订立建设工程合同，也可以分别与勘察人、设计人、施工人订立勘察、设计、施工承包合同。发包人不得将应当由一个承包人完成的建设工程支解成若干部分发包给数个承包人。

总承包人或者勘察、设计、施工承包人经发包人同意，可以将自己承包的部分工作交由第三人完成。第三人就其完成的工作成果与总承包人或者勘察、设计、施工承包人向发包人承担连带责任。承包人不得将其承包的全部建设工程转包给第三人或者将其承包的全部建设工程支解以后以分包的名义分别转包给第三人。

禁止承包人将工程分包给不具备相应资质条件的单位。禁止分包单位将其承包的工程再分包。建设工程主体结构的施工必须由承包人自行完成。

第七百九十二条 国家重大建设工程合同，应当按照国家规定的程序和国家批准的投资计划、可行性研究报告等文件订立。

第七百九十三条 建设工程施工合同无效，但是建设工程经验收合格的，可以参照合同关于工程价款的约定折价补偿承包人。

建设工程施工合同无效，且建设工程经验收不合格的，按照以下情形处理：

（一）修复后的建设工程经验收合格的，发包人可以请求承包人承担修复费用；

（二）修复后的建设工程经验收不合格的，承包人无权请求参照合同关于工程价款的约定折价补偿。

发包人对因建设工程不合格造成的损失有过错的，应当承担相应的责任。

第七百九十四条 勘察、设计合同的内容一般包括提交有关基础资料和概预算等文件的期限、质量要求、费用以及其他协作条件等条款。

第七百九十五条 施工合同的内容一般包括工程范围、建设工期、中间交工工程的开工和竣工时间、工程质量、工程造价、技术资料交付时间、材料和设备供应责任、拨款和结算、竣工验收、质量保修范围和质量保证期、相互协作等条款。

第七百九十六条 建设工程实行监理的，发包人应当与监理人采用书面形式订立委托监理合同。发包人与监理人的权利和义务以及法律责任，应当依照本编委托合同以及其他有关法律、行政法规的规定。

第七百九十七条 发包人在不妨碍承包人正常作业的情况下，可以随时对作业进度、质量进行检查。

第七百九十八条 隐蔽工程在隐蔽以前，承包人应当通知发包人检查。发包人没有及时检查的，承包人可以顺延工程日期，并有权请求赔偿停工、窝工等损失。

第七百九十九条 建设工程竣工后，发包人应当根据施工图纸及说明书、国家颁发的施工验收规范和质量检验标准及时进行验收。验收合格的，发包人应当按照约定支付价款，并接收该建设工程。

建设工程竣工经验收合格后，方可交付使用；未经验收或者验收不合格的，不得交付使用。

第八百条 勘察、设计的质量不符合要求或者未按照期限提交勘察、设计文件拖延工期，造成发包人损失的，勘察人、设计人应当继续完善勘察、设计，减收或者免收勘察、设计费并赔偿损失。

第八百零一条 因施工人的原因致使建设工程质量不符合约定的，发包人有权请求施工人在合理期限内无偿修理或者返工、改建。经过修理或者返工、改建后，造成逾期交付的，施工人应当承担违约责任。

第八百零二条 因承包人的原因致使建设工程在合理使用期限内造成人身损害和财产损失的，承包人应当承担赔偿责任。

第八百零三条 发包人未按照约定的时间和要求提供原材料、设备、场地、资金、技术资料的，承包人可以顺延工程日期，并有权请求赔偿停工、窝工等损失。

第八百零四条 因发包人的原因致使工程中途停建、缓建的，发包人应当采取措施弥补或者减少损失，赔偿承包人因此造成的停工、窝工、倒运、机械设备调迁、材料和构件积压等损失和实际费用。

第八百零五条 因发包人变更计划，提供的资料不准确，或者未按照期限提供必需的勘察、设计工作条件而造成勘察、设计的返工、停工或者修改设计，发包人应当按照勘察人、设计人实际消耗的工作量增付费用。

第八百零六条 承包人将建设工程转包、违法分包的，发包人可以解除合同。

发包人提供的主要建筑材料、建筑构配件和设备不符合强制性标准或者不履行协助义务，致使承包人无法施工，经催告后在合理期限内仍未履行相应义务的，承包人可以解除合同。

合同解除后，已经完成的建设工程质量合格的，发包人应当按照约定支付相应的工程价款；已经完成的建设工程质量不合格的，参照本法第七百九十三条的规定处理。

第八百零七条 发包人未按照约定支付价款的，承包人可以催告发包人在合理期限内支付价款。发包人逾期不支付的，除根据建设工程的性质不宜折价、拍卖外，承包人可以与发包人协议将该工程折价，也可以请求人民法院将该工程依法拍卖。建设工程的价款就该工程折价或者拍卖的价款优先受偿。

第八百零八条 本章没有规定的，适用承揽合同的有关规定。

……

附　则

第一千二百六十条 本法自2021年1月1日起施行。《中华人民共和国婚姻法》《中华人民共和国继承法》《中华人民共和国民法通则》《中华人民共和国收养法》《中华人民共和国担保法》《中华人民共和国合同法》《中华人民共和国物权法》《中华人民共和国侵权责任法》《中华人民共和国民法总则》同时废止。

例3-12 （2021） 建设合同包括（　　）。
A 项目可行性合同、勘察合同、工程设计合同
B 勘察合同、设计合同、施工合同
C 工程设计合同、施工合同、监理合同
D 施工合同、监理合同、测试合同
解析：依据《民法典》第七百八十八条，建设工程合同包括工程勘察、设计、施工合同。
答案：B

例3-13 （2019） 关于建筑工程合同承包人可以顺延工期的说法，错误的是（　　）。
A 发包人没有按通知时间及时检查承包人的隐蔽工程而致工程延期的
B 设计人未按时收到发包人应提供的资料而不能如期完成设计文件的
C 因施工原因致工程某部位有缺陷，发包人要求施工人返工而延期的
D 发包人未按照约定的时间提供场地的

> 解析：《民法典》第七百九十八条规定，隐蔽工程在隐蔽以前，承包人应当通知发包人检查。发包人没有及时检查的，承包人可以顺延工程日期，并有权要求赔偿停工、窝工等损失。所以 A 选项正确。
>
> 第八百零一条规定，因施工人的原因致使建设工程质量不符合约定的，发包人有要求施工人在合理期限内无偿修理或者返工、改建。经过修理或者返工、改建后，造成逾期交付的，施工人应当承担违约责任。所以 C 的说法是错误的，施工方应承担责任。
>
> 答案：C

九、安全生产管理的有关规定

（一）《中华人民共和国安全生产法》

根据 2009 年 8 月 27 日第十一届全国人民代表大会常务委员会第十次会议《关于修改部分法律的决定》第一次修正，根据 2014 年 8 月 31 日第十二届全国人民代表大会常务委员会第十次会议《关于修改〈中华人民共和国安全生产法〉的决定》第二次修正，根据 2021 年 6 月 10 日第十三届全国人民代表大会常务委员会第二十九次会议《关于修改〈中华人民共和国安全生产法〉的决定》第三次修正。新修订的《安全生产法》自 2021 年 9 月 1 日起施行。

2021 年版《安全生产法》摘录如下。

第三条 安全生产工作坚持中国共产党的领导。

安全生产工作应当以人为本，坚持人民至上、生命至上，把保护人民生命安全摆在首位，树牢安全发展理念，坚持安全第一、预防为主、综合治理的方针，从源头上防范化解重大安全风险。

安全生产工作实行管行业必须管安全、管业务必须管安全、管生产经营必须管安全，强化和落实生产经营单位主体责任与政府监管责任，建立生产经营单位负责、职工参与、政府监管、行业自律和社会监督的机制。

第四条 生产经营单位必须遵守本法和其他有关安全生产的法律、法规，加强安全生产管理，建立健全全员安全生产责任制和安全生产规章制度，加大对安全生产资金、物资、技术、人员的投入保障力度，改善安全生产条件，加强安全生产标准化、信息化建设，构建安全风险分级管控和隐患排查治理双重预防机制，健全风险防范化解机制，提高安全生产水平，确保安全生产。

平台经济等新兴行业、领域的生产经营单位应当根据本行业、领域的特点，建立健全并落实全员安全生产责任制，加强从业人员安全生产教育和培训，履行本法和其他法律、法规规定的有关安全生产义务。

第五条 "生产经营单位的主要负责人是本单位安全生产第一责任人，对本单位的安全生产工作全面负责。其他负责人对职责范围内的安全生产工作负责。

第十条 国务院应急管理部门依照本法，对全国安全生产工作实施综合监督管理；县级以上地方各级人民政府应急管理部门依照本法，对本行政区域内安全生产工作实施综合监督管理。

(二)《建设工程安全生产管理条例》

2003年11月12日国务院第28次常务会议通过，2003年11月24日中华人民共和国国务院令第393号公布，自2004年2月1日起施行。

《建设工程安全生产管理条例》摘录如下。

第七条 建设单位不得对勘察、设计、施工、工程监理等单位提出不符合建设工程安全生产法律、法规和强制性标准规定的要求，不得压缩合同约定的工期。

第十三条 设计单位应当按照法律、法规和工程建设强制性标准进行设计，防止因设计不合理导致生产安全事故的发生。

设计单位应当考虑施工安全操作和防护的需要，对涉及施工安全的重点部位和环节在设计文件中注明，并对防范生产安全事故提出指导意见。

采用新结构、新材料、新工艺的建设工程和特殊结构的建设工程，设计单位应当在设计中提出保障施工作业人员安全和预防生产安全事故的措施建议。

设计单位和注册建筑师等注册执业人员应当对其设计负责。

第五十五条 违反本条例的规定，建设单位有下列行为之一的，责令限期改正，处20万元以上50万元以下的罚款；造成重大安全事故，构成犯罪的，对直接责任人员，依照刑法有关规定追究刑事责任；造成损失的，依法承担赔偿责任：

(一) 对勘察、设计、施工、工程监理等单位提出不符合安全生产法律、法规和强制性标准规定的要求的；

(二) 要求施工单位压缩合同约定的工期的；

(三) 将拆除工程发包给不具有相应资质等级的施工单位的。

第五十六条 违反本条例的规定，勘察单位、设计单位有下列行为之一的，责令限期改正，处10万元以上30万元以下的罚款；情节严重的，责令停业整顿，降低资质等级，直至吊销资质证书；造成重大安全事故，构成犯罪的，对直接责任人员，依照刑法有关规定追究刑事责任；造成损失的，依法承担赔偿责任：

(一) 未按照法律、法规和工程建设强制性标准进行勘察、设计的；

(二) 采用新结构、新材料、新工艺的建设工程和特殊结构的建设工程，设计单位未在设计中提出保障施工作业人员安全和预防生产安全事故的措施建议的。

第五十八条 注册执业人员未执行法律、法规和工程建设强制性标准的，责令停止执业3个月以上1年以下；情节严重的，吊销执业资格证书，5年内不予注册；造成重大安全事故的，终身不予注册；构成犯罪的，依照刑法有关规定追究刑事责任。

(三)《实施工程建设强制性标准监督规定》

【相关真题：2022-009，2022-016，2021-012，2019-010，2019-014】

2000年8月25日，中华人民共和国建设部令第81号首次公布并实行了《实施工程建设强制性标准监督规定》(以下简称《规定》)，2015年1月22日住建部令对该《规定》

作了相应的修订，2021年3月30日住房和城乡建设部令第52号又作了修改。

2021年版《实施工程建设强制性标准监督规定》摘录如下。

第一条 为加强工程建设强制性标准实施的监督工作，保证建设工程质量，保障人民的生命、财产安全，维护社会公共利益，根据《中华人民共和国标准化法》《中华人民共和国标准化法实施条例》《建设工程质量管理条例》等法律法规，制定本规定。

第三条 本规定所称工程建设强制性标准是指直接涉及工程质量、安全、卫生及环境保护等方面的工程建设标准强制性条文。

国家工程建设标准强制性条文由国务院住房城乡建设主管部门会同国务院有关主管部门确定。

第五条 建设工程勘察、设计文件中规定采用的新技术、新材料，可能影响建设工程质量和安全，又没有国家技术标准的，应当由国家认可的检测机构进行试验、论证，出具检测报告，并经国务院有关主管部门或者省、自治区、直辖市人民政府有关主管部门组织的建设工程技术专家委员会审定后，方可使用。

第六条 建设项目规划审查机构应当对工程建设规划阶段执行强制性标准的情况实施监督。

施工图设计文件审查单位应当对工程建设勘察、设计阶段执行强制性标准的情况实施监督。

建筑安全监督管理机构应当对工程建设施工阶段执行施工安全强制性标准的情况实施监督。

工程质量监督机构应当对工程建设施工、监理、验收等阶段执行强制性标准的情况实施监督。

第七条 建设项目规划审查机关、施工设计图设计文件审查单位、建筑安全监督管理机构、工程质量监督机构的技术人员必须熟悉、掌握工程建设强制性标准。

第八条 工程建设标准批准部门应当定期对建设项目规划审查机关、施工图设计文件审查单位、建筑安全监督管理机构、工程质量监督机构实施强制性标准的监督进行检查，对监督不力的单位和个人给予通报批评，建议有关部门处理。

第九条 工程建设标准批准部门应当对工程项目执行强制性标准情况进行监督检查。监督检查可以采取重点检查、抽查和专项检查的方式。

第十条 强制性标准监督检查的内容包括：

（一）有关工程技术人员是否熟悉、掌握强制性标准；

（二）工程项目的规划、勘察、设计、施工、验收等是否符合强制性标准的规定；

（三）工程项目采用的材料、设备是否符合强制性标准的规定；

（四）工程项目的安全、质量是否符合强制性标准的规定；

（五）工程中采用的导则、指南、手册、计算机软件的内容是否符合强制性标准的规定。

第十一条 工程建设标准批准部门应当将强制性标准监督检查结果在一定范围内公告。

第十二条 工程建设强制性标准的解释由工程建设标准批准部门负责。

有关标准具体技术内容的解释，工程建设标准批准部门可以委托该标准的编制管理单位负责。

第十三条 工程技术人员应当参加有关工程建设强制性标准的培训，并可以计入继续教育学时。

第十六条 建设单位有下列行为之一的，责令改正，并处以20万元以上50万元以下的罚款：

（一）明示或者暗示施工单位使用不合格的建筑材料、建筑构配件和设备的；

（二）明示或者暗示设计单位或者施工单位违反工程建设强制性标准，降低工程质量的。

第十七条 勘察、设计单位违反工程建设强制性标准进行勘察、设计的，责令改正，并处以10万元以上30万元以下的罚款。

有前款行为，造成工程质量事故的，责令停业整顿，降低资质等级；情节严重的，吊销资质证书；造成损失的，依法承担赔偿责任。

第十八条 施工单位违反工程建设强制性标准的，责令改正，处工程合同价款2%以上4%以下的罚款；造成建设工程质量不符合规定的质量标准的，负责返工、修理，并赔偿因此造成的损失；情节严重的，责令停业整顿，降低资质等级或者吊销资质证书。

第十九条 工程监理单位违反强制性标准规定，将不合格的建设工程以及建筑材料、建筑构配件和设备按照合格签字的，责令改正，处50万元以上100万元以下的罚款，降低资质等级或者吊销资质证书；有违法所得的，予以没收；造成损失的，承担连带赔偿责任。

例3-14 （2019）根据《实施工程建设强制性标准监督规定》，工程质量监督机构进行强制性标准监督检查的内容包括（　　）。

A 设计单位的质量管理体系认证是否符合强制性标准规定
B 工程项目采用的计算机是否符合强制性标准规定
C 工程项目采用的材料是否符合强制性标准规定
D 工程项目的运行是否符合强制性标准规定

解析：《实施工程建设强制性标准监督规定》第十条，强制性标准监督检查的内容包括：
① 有关工程技术人员是否熟悉、掌握强制性标准；
② 工程项目的规划、勘察、设计、施工、验收等是否符合强制性标准的规定；
③ 工程项目采用的材料、设备是否符合强制性标准的规定；
④ 工程项目的安全、质量是否符合强制性标准的规定；
⑤ 工程中采用的导则、指南、手册、计算机软件的内容是否符合强制性标准的规定。

答案：C

（四）《建筑工程消防设计审查验收管理暂行规定》

【相关真题：2021-067】

2020年1月19日，中华人民共和国住房和城乡建设部令第51号公布了《建筑工程消防设计审查验收管理暂行规定》，自 2020 年 6 月 1 日起施行。

《建筑工程消防设计审查验收管理暂行规定》摘录如下：

第一章 总 则

第一条 为了加强建设工程消防设计审查验收管理，保证建设工程消防设计、施工质量，根据《中华人民共和国建筑法》《中华人民共和国消防法》《建设工程质量管理条例》等法律、行政法规，制定本规定。

第二条 特殊建设工程的消防设计审查、消防验收，以及其他建设工程的消防验收备案（以下简称备案）、抽查，适用本规定。

本规定所称特殊建设工程，是指本规定第十四条所列的建设工程。

本规定所称其他建设工程，是指特殊建设工程以外的其他按照国家工程建设消防技术标准需要进行消防设计的建设工程。

第三条 国务院住房和城乡建设主管部门负责指导监督全国建设工程消防设计审查验收工作。

县级以上地方人民政府住房和城乡建设主管部门（以下简称消防设计审查验收主管部门）依职责承担本行政区域内建设工程的消防设计审查、消防验收、备案和抽查工作。

跨行政区域建设工程的消防设计审查、消防验收、备案和抽查工作，由该建设工程所在行政区域消防设计审查验收主管部门共同的上一级主管部门指定负责。

第七条 从事建设工程消防设计审查验收的工作人员，以及建设、设计、施工、工程监理、技术服务等单位的从业人员，应当具备相应的专业技术能力，定期参加职业培训。

第二章 有关单位的消防设计、施工质量责任与义务

第八条 建设单位依法对建设工程消防设计、施工质量负首要责任。设计、施工、工程监理、技术服务等单位依法对建设工程消防设计、施工质量负主体责任。建设、设计、施工、工程监理、技术服务等单位的从业人员依法对建设工程消防设计、施工质量承担相应的个人责任。

第九条 建设单位应当履行下列消防设计、施工质量责任和义务：

（一）不得明示或者暗示设计、施工、工程监理、技术服务等单位及其从业人员违反建设工程法律法规和国家工程建设消防技术标准，降低建设工程消防设计、施工质量；

（二）依法申请建设工程消防设计审查、消防验收，办理备案并接受抽查；

（三）实行工程监理的建设工程，依法将消防施工质量委托监理；

（四）委托具有相应资质的设计、施工、工程监理单位；

（五）按照工程消防设计要求和合同约定，选用合格的消防产品和满足防火性能要求的建筑材料、建筑构配件和设备；

（六）组织有关单位进行建设工程竣工验收时，对建设工程是否符合消防要求进行查验；

（七）依法及时向档案管理机构移交建设工程消防有关档案。

第十条 设计单位应当履行下列消防设计、施工质量责任和义务：

（一）按照建设工程法律法规和国家工程建设消防技术标准进行设计，编制符合要求的消防设计文件，不得违反国家工程建设消防技术标准强制性条文；

（二）在设计文件中选用的消防产品和具有防火性能要求的建筑材料、建筑构配件和设备，应当注明规格、性能等技术指标，符合国家规定的标准；

（三）参加建设单位组织的建设工程竣工验收，对建设工程消防设计实施情况签章确认，并对建设工程消防设计质量负责。

第十一条 施工单位应当履行下列消防设计、施工质量责任和义务：

（一）按照建设工程法律法规、国家工程建设消防技术标准，以及经消防设计审查合格或者满足工程需要的消防设计文件组织施工，不得擅自改变消防设计进行施工，降低消防施工质量；

（二）按照消防设计要求、施工技术标准和合同约定检验消防产品和具有防火性能要求的建筑材料、建筑构配件和设备的质量，使用合格产品，保证消防施工质量；

（三）参加建设单位组织的建设工程竣工验收，对建设工程消防施工质量签章确认，并对建设工程消防施工质量负责。

第十二条 工程监理单位应当履行下列消防设计、施工质量责任和义务：

（一）按照建设工程法律法规、国家工程建设消防技术标准，以及经消防设计审查合格或者满足工程需要的消防设计文件实施工程监理；

（二）在消防产品和具有防火性能要求的建筑材料、建筑构配件和设备使用、安装前，核查产品质量证明文件，不得同意使用或者安装不合格的消防产品和防火性能不符合要求的建筑材料、建筑构配件和设备；

（三）参加建设单位组织的建设工程竣工验收，对建设工程消防施工质量签章确认，并对建设工程消防施工质量承担监理责任。

第十三条 提供建设工程消防设计图纸技术审查、消防设施检测或者建设工程消防验收现场评定等服务的技术服务机构，应当按照建设工程法律法规、国家工程建设消防技术标准和国家有关规定提供服务，并对出具的意见或者报告负责。

第三章 特殊建设工程的消防设计审查

第十四条 具有下列情形之一的建设工程是特殊建设工程：

（一）总建筑面积大于二万平方米的体育场馆、会堂，公共展览馆、博物馆的展示厅；

（二）总建筑面积大于一万五千平方米的民用机场航站楼、客运车站候车室、客运码头候船厅；

（三）总建筑面积大于一万平方米的宾馆、饭店、商场、市场；

（四）总建筑面积大于二千五百平方米的影剧院，公共图书馆的阅览室，营业性室内健身、休闲场馆，医院的门诊楼，大学的教学楼、图书馆、食堂，劳动密集型企业的生产加工车间，寺庙、教堂；

（五）总建筑面积大于一千平方米的托儿所、幼儿园的儿童用房，儿童游乐厅等室内儿童活动场所，养老院、福利院，医院、疗养院的病房楼，中小学校的教学楼、图书馆、食堂，学校的集体宿舍，劳动密集型企业的员工集体宿舍；

（六）总建筑面积大于五百平方米的歌舞厅、录像厅、放映厅、卡拉OK厅、夜总会、游艺厅、桑拿浴室、网吧、酒吧，具有娱乐功能的餐馆、茶馆、咖啡厅；

（七）国家工程建设消防技术标准规定的一类高层住宅建筑；

（八）城市轨道交通、隧道工程，大型发电、变配电工程；

（九）生产、储存、装卸易燃易爆危险物品的工厂、仓库和专用车站、码头，易燃易爆气体和液体的充装站、供应站、调压站；

（十）国家机关办公楼、电力调度楼、电信楼、邮政楼、防灾指挥调度楼、广播电视楼、档案楼；

（十一）设有本条第一项至第六项所列情形的建设工程；

（十二）本条第十项、第十一项规定以外的单体建筑面积大于四万平方米或者建筑高度超过五十米的公共建筑。

第十五条 对特殊建设工程实行消防设计审查制度。

特殊建设工程的建设单位应当向消防设计审查验收主管部门申请消防设计审查，消防设计审查验收主管部门依法对审查的结果负责。

特殊建设工程未经消防设计审查或者审查不合格的，建设单位、施工单位不得施工。

第十六条 建设单位申请消防设计审查，应当提交下列材料：

（一）消防设计审查申请表；

（二）消防设计文件；

（三）依法需要办理建设工程规划许可的，应当提交建设工程规划许可文件；

（四）依法需要批准的临时性建筑，应当提交批准文件。

第十七条 特殊建设工程具有下列情形之一的，建设单位除提交本规定第十六条所列材料外，还应当同时提交特殊消防设计技术资料：

（一）国家工程建设消防技术标准没有规定，必须采用国际标准或者境外工程建设消防技术标准的；

（二）消防设计文件拟采用的新技术、新工艺、新材料不符合国家工程建设消防技术标准规定的。

前款所称特殊消防设计技术资料，应当包括特殊消防设计文件，设计采用的国际标准、境外工程建设消防技术标准的中文文本，以及有关的应用实例、产品说明等资料。

第四章　特殊建设工程的消防验收

第二十六条 对特殊建设工程实行消防验收制度。

特殊建设工程竣工验收后，建设单位应当向消防设计审查验收主管部门申请消防验收；未经消防验收或者消防验收不合格的，禁止投入使用。

第二十九条 消防设计审查验收主管部门受理消防验收申请后，应当按照国家有关规定，对特殊建设工程进行现场评定。现场评定包括对建筑物防（灭）火设施的外观进行现场抽样查看；通过专业仪器设备对涉及距离、高度、宽度、长度、面积、厚度等可测量的指标进行现场抽样测量；对消防设施的功能进行抽样测试、联调联试消防设施的系统功能等内容。

第五章　其他建设工程的消防设计、备案与抽查

第三十二条 其他建设工程，建设单位申请施工许可或者申请批准开工报告时，应当提供满足施工需要的消防设计图纸及技术资料。

未提供满足施工需要的消防设计图纸及技术资料的，有关部门不得发放施工许可证或者批准开工报告。

第三十三条 对其他建设工程实行备案抽查制度。

其他建设工程经依法抽查不合格的，应当停止使用。

第三十四条 其他建设工程竣工验收合格之日起五个工作日内，建设单位应当报消防设计审查验收主管部门备案。

建设单位办理备案，应当提交下列材料：

（一）消防验收备案表；

（二）工程竣工验收报告；

（三）涉及消防的建设工程竣工图纸。

本规定第二十七条有关建设单位竣工验收消防查验的规定，适用于其他建设工程。

第四节　工程监理的有关规定

一、监理的由来与发展

1988年7月建设部颁发了《关于开展监理工作的通知》。对建设监理的范围、对象、监理的内容、开展监理的步骤等做出明确规定。并选择了八个城市和部委开始了监理试点。1996年监理进入全面推行阶段。

2001年3月建设部办公厅颁发了《关于认真组织学习、宣传和贯彻〈建设工程监理范围和规模标准规定〉和〈建设工程监理规范〉的通知》，为了贯彻执行《建筑法》和《建设工程质量管理条例》，进一步完善我国的工程监理制度，规范工程监理行为，提高工程监理水平，制定了《建设工程监理范围和规模标准规定》（建设部令第86号），并颁布了国家标准《建设工程监理规范》GB 50319—2000。《建设工程监理规范》是我国第一个关于规范工程监理活动的国家标准，也是建立和推行工程监理制度十多年来实践经验的科学总结。《建设工程监理范围和规模标准规定》《建设工程监理规范》的颁布和实施，使我国的工程监理进一步走上法治化、标准化、规范化的轨道，对于完善工程监理制度，规范工程监理行为，提高工程监理水平，具有十分重要的意义。直至2013年5月13日，住房和城乡建设部批准《建设工程监理规范》GB/T 50319—2013为国家标准后，《规范》GB 50319—2000才同时废止。

（一）《中华人民共和国建筑法》

【相关真题：2022-006，2019-018】

2019年版《建筑法》第四章对建筑工程监理的规定，摘录如下。

第三十条 国家推行建筑工程监理制度。国务院可以规定实行强制监理的建筑工程的范围。

第三十一条 实行监理的建筑工程，由建设单位委托具有相应资质条件的工程监理单位监理。建设单位与其委托的工程监理单位应当订立书面委托监理合同。

第三十二条 建筑工程监理应当依照法律、行政法规及有关的技术标准、设计文件和建筑工程承包合同，对承包单位在施工质量、建设工期和建设资金使用等方面，代表建设单位实施监督。

工程监理人员认为工程施工不符合工程设计要求、施工技术标准和合同约定的，有权要求建筑施工企业改正。

工程监理人员发现工程设计不符合建筑工程质量标准或者合同约定的质量要求的,应当报告建设单位要求设计单位改正。

第三十三条 实施建筑工程监理前,建设单位应当将委托的工程监理单位、监理的内容及监理权限,书面通知被监理的建筑施工企业。

第三十四条 工程监理单位应当在其资质等级许可的监理范围内,承担工程监理业务。

工程监理单位应当根据建设单位的委托,客观、公正地执行监理任务。

工程监理单位与被监理工程的承包单位以及建筑材料、建筑构配件和设备供应单位不得有隶属关系或者其他利害关系。

工程监理单位不得转让工程监理业务。

第三十五条 工程监理单位不按照委托监理合同的约定履行监理义务,对应当监督检查的项目不检查或者不按照规定检查,给建设单位造成损失的,应当承担相应的赔偿责任。

工程监理单位与承包单位串通,为承包单位谋取非法利益,给建设单位造成损失的,应当与承包单位承担连带赔偿责任。

(二)《建设工程监理范围和规模标准的规定》

《建筑工程监理范围和规模标准规定》(2001年1月17日施行)对建筑工程监理的规定,摘录如下。

第二条 下列建设工程必须实行监理:
(一)国家重点建设工程;
(二)大中型公用事业工程;
(三)成片开发建设的住宅小区工程;
(四)利用外国政府或者国际组织贷款、援助资金的工程;
(五)国家规定必须实行监理的其他工程。

第三条 国家重点建设工程是指依据《国家重点建设项目管理办法》所确定的对国民经济和社会发展有重大影响的骨干项目。

第四条 大中型公用事业工程是指项目总投资额在3000万元以上的下列工程项目:
(一)供水、供电、供气、供热等市政工程项目;
(二)科技、教育、文化等项目;
(三)体育、旅游、商业等项目;
(四)卫生、社会福利等项目;
(五)其他公用事业项目。

第五条 成片开发建设的住宅小区工程,建筑面积在5万平方米以上的住宅建设工程必须实行监理;5万平方米以下的住宅建设工程,可以实行监理,具体范围和规模标准,由省、自治区、直辖市人民政府建设行政主管部门规定。

为了保证住宅质量,对高层住宅及地基、结构复杂的多层住宅建设工程应当实行监理。

第六条 利用外国政府或者国际组织贷款、援助资金的工程范围包括:

（一）使用世界银行、亚洲开发银行等国际组织贷款资金的项目；

（二）用国外政府及其机构贷款资金的项目；

（三）使用国际组织或者国外政府援助资金的项目。

第七条 国家规定必须实行监理的其他工程是指：

（一）项目总投资额在 3000 万元以上关系社会公共利益、公众安全的下列基础设施项目：

（1）煤炭、石油、化工、天然气、电力、新能源等项目；

（2）铁路、公路、管道、水运、民航以及其他交通运输业等项目；

（3）邮政、电信枢纽、通信、信息网络等项目；

（4）防洪、灌溉、排涝、发电、引（供）水、滩涂治理、水资源保护、水土保持等水利建设项目；

（5）道路、桥梁、地铁和轻轨交通、污水排放及处理、垃圾处理、地下管道、公共停车场等城市基础设施项目；

（6）生态环境保护项目；

（7）其他基础设施项目。

（二）学校、影剧院、体育场馆项目。

二、监理的任务及工作内容

【相关真题：2021-018】

2013 年住房和城乡建设部公告第 35 号颁布实施了《建设工程监理规范》GB/T 50319—2013，规范内容包括了监理规划及监理实施细则，工程质量、造价、进度控制及安全生产管理的监理工作，工程变更、索赔及施工合同争议处理，监理文件资料管理，设备采购与设备监造等监理工作内容。摘录如下。

三控两管一协调：

投资控制、质量控制、进度控制、合同管理、信息管理、协调各方关系并履行建设工程安全生产管理法定职责的服务活动。

施工阶段监理工作的范围：依据建设单位与监理单位签订的建设监理合同文本中所涉及的范围。施工阶段是从施工前准备、开工审批手续、分包审查、材料设备厂家选定、施工进度、施工质量及工程造价控制到竣工结算、缺损责任认定和工程保修的全过程。

1. *施工准备阶段*

参与设计交底；

审定施工组织设计；

查验施工测量放线成果；

第一次工地会议；

施工监理交底；

核查开工条件并签发开工令。

2. *施工阶段*

（1）施工进度控制

1) 审批施工进度计划;
2) 监督实施进度计划;
3) 及时调整进度计划。
(2) 施工质量控制
1) 对施工现场有目的地进行巡视检查和旁站监理;
2) 核查并认定工程的预检项目;
3) 核查验收并签认隐蔽工程;
4) 核查验收并签认进场的材料;
5) 核查并签认分项工程验收;
6) 核查并签认分部工程验收;
7) 参与竣工验收并签发有关文件;
8) 参与或协助质量问题和质量事故的处理。
(3) 造价控制
1) 依据概预算合同,建立工程量台账;
2) 审查承包单位编制的各阶段资金使用计划;
3) 严格做好工程量计量和工程款的支付;
4) 做好竣工结算。
(4) 合同管理
1) 采取动态管理合同的办法,对不符合合同约定的行为,提前向建设单位和承包单位发出通报,防止偏离合同约定的事件发生;
2) 设计变更,设计洽商的管理;
3) 工程暂停及复工令;
4) 工程延期的审批;
5) 违约处理;
6) 对合同争议的调节。
(5) 工程保修期的监理
1) 在保修期内监理要定期回访,检查出现的各种问题,并备案归档;
2) 检查保修合同规定的缺损修复质量;
3) 对缺损原因及责任进行调查和确认;
4) 协助建设单位结算保修抵押金。

> **例 3-15** (2019) 工程监理人员发现工程设计不符合建筑工程质量标准时,应当向( )报告。
> A 建设单位 B 设计单位 C 施工单位 D 质量监督单位
> 提示:见《建筑法》第三十二条。
> 答案:A

三、监理单位的资质与管理

2007年6月26日建设部令第158号颁布《工程监理企业资质管理规定》,自2007年

8月1日施行，原来2001年8月29日建设部颁布的《工程监理企业资质管理规定》（建设部令第102号）同时废止。根据2015年5月4日住建部令第24号，住房城乡建设部决定对《工程监理企业资质管理规定》（建设部令第158号）进行修改，根据2016年9月13日住建部令第32号，又对其进行了修改，根据2018年12月22日住建部令第45号，再一次对其进行了修改。2019年2月1日住房和城乡建设部又对甲级监理企业中注册人员指标作出放宽调整。

工程监理企业资质分为综合资质、专业资质和事务所资质。其中，专业资质按照工程性质和技术特点划分为若干工程类别。

综合资质、事务所资质不分级别。专业资质分为甲级、乙级；其中，房屋建筑、水利水电、公路和市政公用专业资质可设立丙级。

第五节　建设工程项目管理和工程总承包管理

一、建设工程项目管理

2017年5月4日，住房和城乡建设部公告第1536号公布，住房和城乡建设部批准《建设工程项目管理规范》为国家标准，编号为GB/T 50326—2017，自2018年1月1日起实施。原国家标准《建设工程项目管理规范》GB/T 50326—2006同时废止。

《建设工程项目管理规范》GB/T 50326—2017摘录如下。

3　基　本　规　定

3.1.2　组织应遵循策划、实施、检查、处置的动态管理原理，确定项目管理流程，建立项目管理制度，实施项目系统管理，持续改进管理绩效，提高相关方满意水平，确保实现项目管理目标。

3.2.2　项目范围管理的过程应包括下列内容：
　　1　范围计划；
　　2　范围界定；
　　3　范围确认；
　　4　范围变更控制。

3.2.3　组织应把项目范围管理贯穿于项目的全过程。

3.3.1　项目管理机构应按项目管理流程实施项目管理。项目管理流程应包括启动、策划、实施、监控和收尾过程，各个过程之间相对独立，又相互联系。

3.4.1　组织应建立项目管理制度。项目管理制度应包括下列内容：
　　1　规定工作内容、范围和工作程序、方式的规章制度；
　　2　规定工作职责、职权和利益的界定及其关系的责任制度。

3.5.2　组织应确定项目系统管理方法。系统管理方法应包括下列方法：
　　1　系统分析；
　　2　系统设计；
　　3　系统实施；
　　4　系统综合评价。

3.6.3 组织应通过实施下列项目管理活动使相关方满意：
1 遵守国家有关法律和法规；
2 确保履行工程合同要求；
3 保障健康和安全，减少或消除项目对环境造成的影响；
4 与相关方建立互利共赢的合作关系；
5 构建良好的组织内部环境；
6 通过相关方满意度的测评，提升相关方管理水平。

4 项目管理责任制度

4.1.3 建设工程项目各实施主体和参与方应建立项目管理责任制度，明确项目管理组织和人员分工，建立各方相互协调的管理机制。

4.1.4 建设工程项目各实施主体和参与方法定代表人应书面授权委托项目管理机构负责人，并实行项目负责人责任制。

4.5.3 编制项目管理目标责任书应依据下列信息：
1 项目合同文件；
2 组织管理制度；
3 项目管理规划大纲；
4 组织经营方针和目标；
5 项目特点和实施条件与环境。

5 项目管理策划

5.1.3 项目管理策划应包括下列管理过程：
1 分析、确定项目管理的内容与范围；
2 协调、研究、形成项目管理策划结果；
3 检查、监督、评价项目管理策划过程；
4 履行其他确保项目管理策划的规定责任。

5.1.4 项目管理策划应遵循下列程序：
1 识别项目管理范围；
2 进行项目工作分解；
3 确定项目的实施方法；
4 规定项目需要的各种资源；
5 测算项目成本；
6 对各个项目管理过程进行策划。

8 设计与技术管理

8.2.1 设计管理应根据项目实施过程，划分下列阶段：
1 项目方案设计；
2 项目初步设计；
3 项目施工图设计；
4 项目施工；
5 项目竣工验收与竣工图；
6 项目后评价。

8.2.3 项目方案设计阶段，项目管理机构应配合建设单位明确设计范围、划分设计界面、设计招标工作，确定项目设计方案，做出投资估算，完成项目方案设计任务。

8.2.4 项目初步设计阶段，项目管理机构应完成项目初步设计任务，做出设计概算，或对委托的设计承包人初步设计内容实施评审工作，并提出勘察工作需求，完成地勘报告申报管理工作。

8.2.5 项目施工图设计阶段，项目管理机构应根据初步设计要求，组织完成施工图设计或审查工作，确定施工图预算，并建立设计文件收发管理制度和流程。

8.2.6 项目施工阶段，项目管理机构应编制施工组织设计，组织设计交底、设计变更控制和深化设计，根据施工需求组织或实施设计优化工作，组织关键施工部位的设计验收管理工作。

8.2.7 项目竣工验收与竣工图阶段，项目管理机构应组织项目设计负责人参与项目竣工验收工作，并按照约定实施或组织设计承包人对设计文件进行整理归档，编制竣工决算，完成竣工图的编制、归档、移交工作。

8.2.8 项目后评价阶段，项目管理机构应实施或组织设计承包人针对项目决策至项目竣工后运营阶段设计工作进行总结，对设计管理绩效开展后评价工作。

8.3.1 项目管理机构应实施项目技术管理策划，确定项目技术管理措施，进行项目技术应用活动。项目技术管理措施应包括下列主要内容：

  1 技术规格书；
  2 技术管理规划；
  3 施工组织设计、施工措施、施工技术方案；
  4 采购计划。

10 质 量 管 理

10.1.4 项目质量管理应按下列程序实施：

  1 确定质量计划；
  2 实施质量控制；
  3 开展质量检查与处置；

10.3.1 项目质量控制应确保下列内容满足规定要求：

  1 实施过程的各种输入；
  2 实施过程控制点的设置；
  3 实施过程的输出；
  4 各个实施过程之间的接口。

10.3.3 设计质量控制应包括下列流程：

  1 按照设计合同要求进行设计策划；
  2 根据设计需求确定设计输入；
  3 实施设计活动并进行设计评审；
  4 验证和确认设计输出；
  5 实施设计变更控制。

19 管 理 绩 效 评 价

19.3.1 项目管理绩效评价应包括下列范围：

  1 项目实施的基本情况；

2 项目管理分析与策划；

3 项目管理方法与创新；

4 项目管理效果验证。

19.3.2 项目管理绩效评价应包括下列内容：

1 项目管理特点；

2 项目管理理念、模式；

3 主要管理对策、调整和改进；

4 合同履行与相关方满意度；

5 项目管理过程检查、考核、评价；

6 项目管理实施成果。

二、工程总承包管理

【相关真题：2021-002】

2019年12月23日，为贯彻落实《中共中央、国务院关于进一步加强城市规划建设管理工作的若干意见》和《国务院办公厅关于促进建筑业持续健康发展的意见》（国办发〔2017〕19号），住房和城乡建设部、国家发展改革委制定了《房屋建筑和市政基础设施项目工程总承包管理办法》，自2020年3月1日起施行。

2020年版《房屋建筑和市政基础设施项目工程总承包管理办法》摘录如下。

第一章 总 则

第三条 本办法所称工程总承包，是指承包单位按照与建设单位签订的合同，对工程设计、采购、施工或者设计、施工等阶段实行总承包，并对工程的质量、安全、工期和造价等全面负责的工程建设组织实施方式。

第四条 工程总承包活动应当遵循合法、公平、诚实守信的原则，合理分担风险，保证工程质量和安全，节约能源，保护生态环境，不得损害社会公共利益和他人的合法权益。

第五条 国务院住房和城乡建设主管部门对全国房屋建筑和市政基础设施项目工程总承包活动实施监督管理。国务院发展改革部门依据固定资产投资建设管理的相关法律法规履行相应的管理职责。

县级以上地方人民政府住房和城乡建设主管部门负责本行政区域内房屋建筑和市政基础设施项目工程总承包（以下简称工程总承包）活动的监督管理。县级以上地方人民政府发展改革部门依据固定资产投资建设管理的相关法律法规在本行政区域内履行相应的管理职责。

第二章 工程总承包项目的发包和承包

第六条 建设单位应当根据项目情况和自身管理能力等，合理选择工程建设组织实施方式。

建设内容明确、技术方案成熟的项目，适宜采用工程总承包方式。

第七条 建设单位应当在发包前完成项目审批、核准或者备案程序。采用工程总承包方式的企业投资项目，应当在核准或者备案后进行工程总承包项目发包。采用工程总承包方式的政府投资项目，原则上应当在初步设计审批完成后进行工程总承包项目发包；其中，按照国家有关规定简化报批文件和审批程序的政府投资项目，应当在完成相应的投资决策审批后进行工程总承包项目发包。

第八条 建设单位依法采用招标或者直接发包等方式选择工程总承包单位。

工程总承包项目范围内的设计、采购或者施工中，有任一项属于依法必须进行招标的项目范围且达到国家规定规模标准的，应当采用招标的方式选择工程总承包单位。

第九条 建设单位应当根据招标项目的特点和需要编制工程总承包项目招标文件，主要包括以下内容：

（一）投标人须知；

（二）评标办法和标准；

（三）拟签订合同的主要条款；

（四）发包人要求，列明项目的目标、范围、设计和其他技术标准，包括对项目的内容、范围、规模、标准、功能、质量、安全、节约能源、生态环境保护、工期、验收等的明确要求；

（五）建设单位提供的资料和条件，包括发包前完成的水文地质、工程地质、地形等勘察资料，以及可行性研究报告、方案设计文件或者初步设计文件等；

（六）投标文件格式；

（七）要求投标人提交的其他材料。

建设单位可以在招标文件中提出对履约担保的要求，依法要求投标文件载明拟分包的内容；对于设有最高投标限价的，应当明确最高投标限价或者最高投标限价的计算方法。

推荐使用由住房和城乡建设部会同有关部门制定的工程总承包合同示范文本。

第十条 工程总承包单位应当同时具有与工程规模相适应的工程设计资质和施工资质，或者由具有相应资质的设计单位和施工单位组成联合体。工程总承包单位应当具有相应的项目管理体系和项目管理能力、财务和风险承担能力，以及与发包工程相类似的设计、施工或者工程总承包业绩。

设计单位和施工单位组成联合体的，应当根据项目的特点和复杂程度，合理确定牵头单位，并在联合体协议中明确联合体成员单位的责任和权利。联合体各方应当共同与建设单位签订工程总承包合同，就工程总承包项目承担连带责任。

第十一条 工程总承包单位不得是工程总承包项目的代建单位、项目管理单位、监理单位、造价咨询单位、招标代理单位。

政府投资项目的项目建议书、可行性研究报告、初步设计文件编制单位及其评估单位，一般不得成为该项目的工程总承包单位。政府投资项目招标人公开已经完成的项目建议书、可行性研究报告、初步设计文件的，上述单位可以参与该工程总承包项目的投标，经依法评标、定标，成为工程总承包单位。

第十二条 鼓励设计单位申请取得施工资质，已取得工程设计综合资质、行业甲级资质、建筑工程专业甲级资质的单位，可以直接申请相应类别施工总承包一级资质。鼓励施工单位申请取得工程设计资质，具有一级及以上施工总承包资质的单位可以直接申请相应类别的工程设计甲级资质。完成的相应规模工程总承包业绩可以作为设计、施工业绩申报。

第十四条 评标委员会应当依照法律规定和项目特点，由建设单位代表、具有工程总承包项目管理经验的专家，以及从事设计、施工、造价等方面的专家组成。

第十五条 建设单位和工程总承包单位应当加强风险管理，合理分担风险。

建设单位承担的风险主要包括：

（一）主要工程材料、设备、人工价格与招标时基期价相比，波动幅度超过合同约定幅度的部分；

（二）因国家法律法规政策变化引起的合同价格的变化；

（三）不可预见的地质条件造成的工程费用和工期的变化；

（四）因建设单位原因产生的工程费用和工期的变化；

（五）不可抗力造成的工程费用和工期的变化。

具体风险分担内容由双方在合同中约定。

鼓励建设单位和工程总承包单位运用保险手段增强防范风险能力。

第三章 工程总承包项目实施

第十七条 建设单位根据自身资源和能力，可以自行对工程总承包项目进行管理，也可以委托勘察设计单位、代建单位等项目管理单位，赋予相应权利，依照合同对工程总承包项目进行管理。

第十八条 工程总承包单位应当建立与工程总承包相适应的组织机构和管理制度，形成项目设计、采购、施工、试运行管理以及质量、安全、工期、造价、节约能源和生态环境保护管理等工程总承包综合管理能力。

第十九条 工程总承包单位应当设立项目管理机构，设置项目经理，配备相应管理人员，加强设计、采购与施工的协调，完善和优化设计，改进施工方案，实现对工程总承包项目的有效管理控制。

第二十一条 工程总承包单位可以采用直接发包的方式进行分包。但以暂估价形式包括在总承包范围内的工程、货物、服务分包时，属于依法必须进行招标的项目范围且达到国家规定规模标准的，应当依法招标。

第二十二条 建设单位不得迫使工程总承包单位以低于成本的价格竞标，不得明示或者暗示工程总承包单位违反工程建设强制性标准、降低建设工程质量，不得明示或者暗示工程总承包单位使用不合格的建筑材料、建筑构配件和设备。

工程总承包单位应当对其承包的全部建设工程质量负责，分包单位对其分包工程的质量负责，分包不免除工程总承包单位对其承包的全部建设工程所负的质量责任。

工程总承包单位、工程总承包项目经理依法承担质量终身责任。

第二十六条 建设单位和工程总承包单位应当加强设计、施工等环节管理，确保建设地点、建设规模、建设内容等符合项目审批、核准、备案要求。

政府投资项目所需资金应当按照国家有关规定确保落实到位，不得由工程总承包单位或者分包单位垫资建设。政府投资项目建设投资原则上不得超过经核定的投资概算。

例3-16 （2021）根据《工程总承包管理办法》总承包单位可以是总承包项目的（　　）。

A 代建单位　　　　　　　　B 监理单位
C 项目管理单位　　　　　　D 设计单位

解析： 住房和城乡建设部2020年发布的《房屋建筑和市政基础设施项目工程总承包管理办法》第十一条规定：工程总承包单位不得是工程总承包项目的代建单位、项目管理单位、监理单位、造价咨询单位、招标代理单位。

答案： D

第六节　行业发展的要求

一、环境保护与绿色可持续发展

(一)《中华人民共和国环境保护法》

《中华人民共和国环境保护法》自1989年12月26日起实施；2014年4月24日人大常委会第八次会议通过修订，自2015年1月1日起实施。

2015年版《环境保护法》摘录如下。

第一章　总　则

第四条　保护环境是国家的基本国策。国家采取有利于节约和循环利用资源、保护和改善环境、促进人与自然和谐的经济、技术政策和措施，使经济社会发展与环境保护相协调。

第五条　环境保护坚持保护优先、预防为主、综合治理、公众参与、损害担责的原则。

第二章　监　督　管　理

第十七条　国家建立、健全环境监测制度。国务院环境保护主管部门制定监测规范，会同有关部门组织监测网络，统一规划国家环境质量监测站（点）的设置，建立监测数据共享机制，加强对环境监测的管理。

第十九条　编制有关开发利用规划，建设对环境有影响的项目，应当依法进行环境影响评价。

未依法进行环境影响评价的开发利用规划，不得组织实施；未依法进行环境影响评价的建设项目，不得开工建设。

第二十条　国家建立跨行政区域的重点区域、流域环境污染和生态破坏联合防治协调机制，实行统一规划、统一标准、统一监测、统一的防治措施。

第二十四条　县级以上人民政府环境保护主管部门及其委托的环境监察机构和其他负有环境保护监督管理职责的部门，有权对排放污染物的企业事业单位和其他生产经营者进行现场检查。被检查者应当如实反映情况，提供必要的资料。实施现场检查的部门、机构及其工作人员应当为被检查者保守商业秘密。

第二十五条　企业事业单位和其他生产经营者违反法律法规规定排放污染物，造成或者可能造成严重污染的，县级以上人民政府环境保护主管部门和其他负有环境保护监督管理职责的部门，可以查封、扣押造成污染物排放的设施、设备。

第二十六条　国家实行环境保护目标责任制和考核评价制度。县级以上人民政府应当将环境保护目标完成情况纳入对本级人民政府负有环境保护监督管理职责的部门及其负责人和下级人民政府及其负责人的考核内容，作为对其考核评价的重要依据。考核结果应当向社会公开。

第三章　保护和改善环境

第三十二条　国家加强对大气、水、土壤等的保护，建立和完善相应的调查、监测、评估和修复制度。

第三十三条　各级人民政府应当加强对农业环境的保护，促进农业环境保护新技术的使用，加强对农业污染源的监测预警，统筹有关部门采取措施，防治土壤污染和土地沙化、盐渍化、贫瘠化、石漠化、地面沉降以及防治植被破坏、水土流失、水体富营养化、水源枯竭、种源灭绝等生态失调现象，推广植物病虫害的综合防治。

第三十六条　国家鼓励和引导公民、法人和其他组织使用有利于保护环境的产品和再生产品，减少废弃物的产生。

国家机关和使用财政资金的其他组织应当优先采购和使用节能、节水、节材等有利于保护环境的产品、设备和设施。

第三十七条　地方各级人民政府应当采取措施，组织对生活废弃物的分类处置、回收利用。

第四章　防治污染和其他公害

第四十条　国家促进清洁生产和资源循环利用。

第四十一条　建设项目中防治污染的设施，应当与主体工程同时设计、同时施工、同时投产使用。防治污染的设施应当符合经批准的环境影响评价文件的要求，不得擅自拆除或者闲置。

第四十三条　排放污染物的企业事业单位和其他生产经营者，应当按照国家有关规定缴纳排污费。排污费应当全部专项用于环境污染防治，任何单位和个人不得截留、挤占或者挪作他用。

第四十四条　国家实行重点污染物排放总量控制制度。重点污染物排放总量控制指标由国务院下达，省、自治区、直辖市人民政府分解落实。企业事业单位在执行国家和地方污染物排放标准的同时，应当遵守分解落实到本单位的重点污染物排放总量控制指标。

第四十五条　国家依照法律规定实行排污许可管理制度。实行排污许可管理的企业事业单位和其他生产经营者应当按照排污许可证的要求排放污染物；未取得排污许可证的，不得排放污染物。

第四十八条　生产、储存、运输、销售、使用、处置化学物品和含有放射性物质的物品，应当遵守国家有关规定，防止污染环境。

第六章　法　律　责　任

第五十九条　企业事业单位和其他生产经营者违法排放污染物，受到罚款处罚，被责令改正，拒不改正的，依法作出处罚决定的行政机关可以自责令改正之日的次日起，按照原处罚数额按日连续处罚。

第六十一条　建设单位未依法提交建设项目环境影响评价文件或者环境影响评价文件未经批准，擅自开工建设的，由负有环境保护监督管理职责的部门责令停止建设，处以罚款,并可以责令恢复原状。

第六十三条 企业事业单位和其他生产经营者有下列行为之一,尚不构成犯罪的,除依照有关法律法规规定予以处罚外,由县级以上人民政府环境保护主管部门或者其他有关部门将案件移送公安机关,对其直接负责的主管人员和其他直接责任人员,处十日以上十五日以下拘留;情节较轻的,处五日以上十日以下拘留:

(一)建设项目未依法进行环境影响评价,被责令停止建设,拒不执行的;

(二)违反法律规定,未取得排污许可证排放污染物,被责令停止排污,拒不执行的;

(三)通过暗管、渗井、渗坑、灌注或者篡改、伪造监测数据,或者不正常运行防治污染设施等逃避监管的方式违法排放污染物的;

(四)生产、使用国家明令禁止生产、使用的农药,被责令改正,拒不改正的。

第六十八条 地方各级人民政府、县级以上人民政府环境保护主管部门和其他负有环境保护监督管理职责的部门有下列行为之一的,对直接负责的主管人员和其他直接责任人员给予记过、记大过或者降级处分;造成严重后果的,给予撤职或者开除处分,其主要负责人应当引咎辞职:

(一)不符合行政许可条件准予行政许可的;

(二)对环境违法行为进行包庇的;

(三)依法应当作出责令停业、关闭的决定而未作出的;

(四)对超标排放污染物、采用逃避监管的方式排放污染物、造成环境事故以及不落实生态保护措施造成生态破坏等行为,发现或者接到举报未及时查处的;

(五)违反本法规定,查封、扣押企业事业单位和其他生产经营者的设施、设备的;

(六)篡改、伪造或者指使篡改、伪造监测数据的;

(七)应当依法公开环境信息而未公开的;

(八)将征收的排污费截留、挤占或者挪作他用的;

(九)法律法规规定的其他违法行为。

(二)《中华人民共和国环境影响评价法》

《中华人民共和国环境影响评价法》自2003年9月1日起施行。2016年7月2日第十二届全国人民代表大会常务委员会第二十一次会议重新修订。自2016年9月1日施行。2018年12月29日,第二十四号主席令发布,《全国人民代表大会常务委员会关于修改〈中华人民共和国劳动法〉等七部法律的决定》由全国人大常委会第七次会议通过。其中对《中华人民共和国环境影响评价法》作出修改,环境影响评价资质正式取消。

2018年版《中华人民共和国环境影响评价法》摘录如下。

第二章 规划的环境影响评价

第七条 国务院有关部门、设区的市级以上地方人民政府及其有关部门,对其组织编制的土地利用的有关规划,区域、流域、海域的建设、开发利用规划,应当在规划编制过程中组织进行环境影响评价,编写该规划有关环境影响的篇章或者说明。

规划有关环境影响的篇章或者说明,应当对规划实施后可能造成的环境影响作出分析、预测和评估,提出预防或者减轻不良环境影响的对策和措施,作为规划草案的组成部分一并报送规划审批机关。

未编写有关环境影响的篇章或者说明的规划草案,审批机关不予审批。

第八条 国务院有关部门、设区的市级以上地方人民政府及其有关部门,对其组织编制的工业、农业、畜牧业、林业、能源、水利、交通、城市建设、旅游、自然资源开发的有关专项规划(以下简称专项规划),应当在该专项规划草案上报审批前,组织进行环境影响评价,并向审批该专项规划的机关提交环境影响报告书。

前款所列专项规划中的指导性规划,按照本法第七条的规定进行环境影响评价。

第九条 依照本法第七条、第八条的规定进行环境影响评价的规划的具体范围,由国务院环境保护行政主管部门会同国务院有关部门规定,报国务院批准。

第十条 专项规划的环境影响报告书应当包括下列内容:

(一)实施该规划对环境可能造成影响的分析、预测和评估;
(二)预防或者减轻不良环境影响的对策和措施;
(三)环境影响评价的结论。

第十一条 专项规划的编制机关对可能造成不良环境影响并直接涉及公众环境权益的规划,应当在该规划草案报送审批前,举行论证会、听证会,或者采取其他形式,征求有关单位、专家和公众对环境影响报告书草案的意见。但是,国家规定需要保密的情形除外。

编制机关应当认真考虑有关单位、专家和公众对环境影响报告书草案的意见,并应当在报送审查的环境影响报告书中附具对意见采纳或者不采纳的说明。

第十二条 专项规划的编制机关在报批规划草案时,应当将环境影响报告书一并附送审批机关审查;未附送环境影响报告书的,审批机关不予审批。

第十三条 设区的市级以上人民政府在审批专项规划草案,作出决策前,应当先由人民政府指定的环境保护行政主管部门或者其他部门召集有关部门代表和专家组成审查小组,对环境影响报告书进行审查。审查小组应当提出书面审查意见。

参加前款规定的审查小组的专家,应当从按照国务院环境保护行政主管部门的规定设立的专家库内的相关专业的专家名单中,以随机抽取的方式确定。

由省级以上人民政府有关部门负责审批的专项规划,其环境影响报告书的审查办法,由国务院环境保护行政主管部门会同国务院有关部门制定。

第十四条 审查小组提出修改意见的,专项规划的编制机关应当根据环境影响报告书结论和审查意见对规划草案进行修改完善,并对环境影响报告书结论和审查意见的采纳情况作出说明;不采纳的,应当说明理由。设区的市级以上人民政府或者省级以上人民政府有关部门在审批专项规划草案时,应当将环境影响报告书结论以及审查意见作为决策的重要依据。

在审批中未采纳环境影响报告书结论以及审查意见的,应当作出说明,并存档备查。

第十五条 对环境有重大影响的规划实施后,编制机关应当及时组织环境影响的跟踪评价,并将评价结果报告审批机关;发现有明显不良环境影响的,应当及时提出改进措施。

第三章 建设项目的环境影响评价

第十六条 国家根据建设项目对环境的影响程度,对建设项目的环境影响评价实行分类管理。建设单位应当按照下列规定组织编制环境影响报告书、环境影响报告表或者填报环境影响登记表(以下统称环境影响评价文件):

（一）可能造成重大环境影响的，应当编制环境影响报告书，对产生的环境影响进行全面评价；

（二）可能造成轻度环境影响的，应当编制环境影响报告表，对产生的环境影响进行分析或者专项评价；

（三）对环境影响很小、不需要进行环境影响评价的，应当填报环境影响登记表。

建设项目的环境影响评价分类管理名录，由国务院环境保护行政主管部门制定并公布。

第十七条　建设项目的环境影响报告书应当包括下列内容：

（一）建设项目概况；

（二）建设项目周围环境现状；

（三）建设项目对环境可能造成影响的分析、预测和评估；

（四）建设项目环境保护措施及其技术、经济论证；

（五）建设项目对环境影响的经济损益分析；

（六）对建设项目实施环境监测的建议；

（七）环境影响评价的结论。

环境影响报告表和环境影响登记表的内容和格式，由国务院环境保护行政主管部门制定。

第十八条　建设项目的环境影响评价，应当避免与规划的环境影响评价相重复。作为一项整体建设项目的规划，按照建设项目进行环境影响评价，不进行规划的环境影响评价。已经进行了环境影响评价的规划包含具体建设项目的，规划的环境影响评价结论应当作为建设项目环境影响评价的重要依据，建设项目环境影响评价的内容应当根据规划的环境影响评价审查意见予以简化。

第十九条　建设单位可以委托技术单位对其建设项目开展环境影响评价，编制建设项目环境影响报告书、环境影响报告表；建设单位具备环境影响评价技术能力的，可以自行对其建设项目开展环境影响评价，编制建设项目环境影响报告书、环境影响报告表。

编制建设项目环境影响报告书、环境影响报告表应当遵守国家有关环境影响评价标准、技术规范等规定。

国务院生态环境主管部门应当制定建设项目环境影响报告书、环境影响报告表编制的能力建设指南和监管办法。

接受委托为建设单位编制建设项目环境影响报告书、环境影响报告表的技术单位，不得与负责审批建设项目环境影响报告书、环境影响报告表的生态环境主管部门或者其他有关审批部门存在任何利益关系。

第二十条　建设单位应当对建设项目环境影响报告书、环境影响报告表的内容和结论负责，接受委托编制建设项目环境影响报告书、环境影响报告表的技术单位对其编制的建设项目环境影响报告书、环境影响报告表承担相应责任。

设区的市级以上人民政府生态环境主管部门应当加强对建设项目环境影响报告书、环境影响报告表编制单位的监督管理和质量考核。

负责审批建设项目环境影响报告书、环境影响报告表的生态环境主管部门应当将编制单位、编制主持人和主要编制人员的相关违法信息记入社会诚信档案，并纳入全国信用信息共享平台和国家企业信用信息公示系统向社会公布。

任何单位和个人不得为建设单位指定编制建设项目环境影响报告书、环境影响报告表的技术单位。

第二十一条 除国家规定需要保密的情形外，对环境可能造成重大影响、应当编制环境影响报告书的建设项目，建设单位应当在报批建设项目环境影响报告书前，举行论证会、听证会，或者采取其他形式，征求有关单位、专家和公众的意见。

建设单位报批的环境影响报告书应当附具对有关单位、专家和公众的意见采纳或者不采纳的说明。

第二十二条 建设项目的环境影响报告书、报告表，由建设单位按照国务院的规定报有审批权的环境保护行政主管部门审批。

审批部门应当自收到环境影响报告书之日起六十日内，收到环境影响报告表之日起三十日内，分别作出审批决定并书面通知建设单位。

国家对环境影响登记表实行备案管理。

第二十三条 国务院环境保护行政主管部门负责审批下列建设项目的环境影响评价文件：

（一）核设施、绝密工程等特殊性质的建设项目；

（二）跨省、自治区、直辖市行政区域的建设项目；

（三）由国务院审批的或者由国务院授权有关部门审批的建设项目。

前款规定以外的建设项目的环境影响评价文件的审批权限，由省、自治区、直辖市人民政府规定。

建设项目可能造成跨行政区域的不良环境影响，有关环境保护行政主管部门对该项目的环境影响评价结论有争议的，其环境影响评价文件由共同的上一级环境保护行政主管部门审批。

第二十四条 建设项目的环境影响评价文件经批准后，建设项目的性质、规模、地点、采用的生产工艺或者防治污染、防止生态破坏的措施发生重大变动的，建设单位应当重新报批建设项目的环境影响评价文件。

建设项目的环境影响评价文件自批准之日起超过五年，方决定该项目开工建设的，其环境影响评价文件应当报原审批部门重新审核；原审批部门应当自收到建设项目环境影响评价文件之日起十日内，将审核意见书面通知建设单位。

第二十五条 建设项目的环境影响评价文件未依法经审批部门审查或者审查后未予批准的，建设单位不得开工建设。

第二十六条 建设项目建设过程中，建设单位应当同时实施环境影响报告书、环境影响报告表以及环境影响评价文件审批部门审批意见中提出的环境保护对策措施。

第二十七条 在项目建设、运行过程中产生不符合经审批的环境影响评价文件的情形的，建设单位应当组织环境影响的后评价，采取改进措施，并报原环境影响评价文件审批部门和建设项目审批部门备案；原环境影响评价文件审批部门也可以责成建设单位进行环境影响的后评价，采取改进措施。

第二十八条 生态环境主管部门应当对建设项目投入生产或者使用后所产生的环境影响进行跟踪检查，对造成严重环境污染或者生态破坏的，应当查清原因、查明责任。对属于建设项目环境影响报告书、环境影响报告表存在基础资料明显不实，内容存在重大缺陷、遗漏或者虚假，环境影响评价结论不正确或者不合理等严重质量问题的，依照本法第三十二条的规定追究建设单位及其相关责任人员和接受委托编制建设项目环境影响报告书、环境影响报告表的技术单位及其相关人员的法律责任；属于审批部门工作人员失职、渎职，对依法不应批准的建设项目环境影响报告书、环境影响报告表予以批准的，依照本法第三十四条的规定追究其法律责任。

第三十二条 建设项目环境影响报告书、环境影响报告表存在基础资料明显不实，内容存在重大缺陷、遗漏或者虚假，环境影响评价结论不正确或者不合理等严重质量问题的，由设区的市级以上人民政府生态环境主管部门对建设单位处五十万元以上二百万元以下的罚款，并对建设单位的法定代表人、主要负责人、直接负责的主管人员和其他直接责任人员，处五万元以上二十万元以下的罚款。

接受委托编制建设项目环境影响报告书、环境影响报告表的技术单位违反国家有关环境影响评价标准和技术规范等规定，致使其编制的建设项目环境影响报告书、环境影响报告表存在基础资料明显不实，内容存在重大缺陷、遗漏或者虚假，环境影响评价结论不正确或者不合理等严重质量问题的，由设区的市级以上人民政府生态环境主管部门对技术单位处所收费用三倍以上五倍以下的罚款；情节严重的，禁止从事环境影响报告书、环境影响报告表编制工作；有违法所得的，没收违法所得。

编制单位有本条第一款、第二款规定的违法行为的，编制主持人和主要编制人员五年内禁止从事环境影响报告书、环境影响报告表编制工作；构成犯罪的，依法追究刑事责任，并终身禁止从事环境影响报告书、环境影响报告表编制工作。

第三十三条 负责审核、审批、备案建设项目环境影响评价文件的部门在审批、备案中收取费用的，由其上级机关或者监察机关责令退还；情节严重的，对直接负责的主管人员和其他直接责任人员依法给予行政处分。

（三）《绿色建筑评价标准》
【相关真题：2021-058，2021-059，2021-061，2019-064，2019-065】

2006年3月7日，建设部批准《绿色建筑评价标准》为国家标准，编号为GB/T 50378—2006，自2006年6月1日起实施。2014年4月15日，住房和城乡建设部批准《绿色建筑评价标准》GB/T 50378—2014为国家标准，自2015年1月1日起实施，原《绿色建筑评价标准》GB/T 50378—2006同时废止。2019年3月13日，住房和城乡建设部公告2019年第61号公布，批准《绿色建筑评价标准》为国家标准，编号为GB/T 50378—2019，自2019年8月1日起实施。原《绿色建筑评价标准》GB/T 50378—2014同时废止。

《绿色建筑评价标准》GB/T 50378—2019摘录如下。

3 基 本 规 定
3.1 一 般 规 定

3.1.1 绿色建筑评价应以单栋建筑或建筑群为评价对象。评价对象应落实并深化上位法定规划及相关专项规划提出的绿色发展要求；涉及系统性、整体性的指标，应基于建筑所属工程项目的总体进行评价。

3.1.2 绿色建筑评价应在建筑工程竣工后进行。在建筑工程施工图设计完成后，可进行预评价。

3.1.3 申请评价方应对参评建筑进行全寿命期技术和经济分析，选用适宜技术、设备和材料，对规划、设计、施工、运行阶段进行全过程控制，并应在评价时提交相应分析、测试报告和相关文件。申请评价方应对所提交资料的真实性和完整性负责。

3.2 评价与等级划分

3.2.1 绿色建筑评价指标体系应由安全耐久、健康舒适、生活便利、资源节约、环境宜居5类指标组成，且每类指标均包括控制项评分和项；评价指标体系还统一设置加分项。

3.2.2 控制项的评定结果应为达标或不达标；评分项和加分项的评定结果应为分值。

3.2.6 绿色建筑划分应为基本级、一星级、二星级、三星级4个等级。

3.2.7 当满足全部控制项要求时，绿色建筑等级应为基本级。

3.2.8 绿色建筑星级等级应按下列规定确定：

    1 一星级、二星级、三星级3个等级的绿色建筑均应满足本标准全部控制项的要求，且每类指标的评分项得分不应小于其评分项满分值的30%；

    2 一星级、二星级、三星级3个等级的绿色建筑均应进行全装修，全装修工程质量、选用材料及产品质量应符合国家现行有关标准的规定；

    3 当总得分分别达到60分、70分、85分且应满足表3.2.8的要求时，绿色建筑等级分别为一星级、二星级、三星级。

例3-17 （2021） 绿色建筑评价开展的时间是（   ）。

  A 工程施工准备阶段   B 工程施工过程中

  C 建筑工程竣工后进行   D 工程投入使用阶段

解析：《绿色建筑评价标准》GB/T 50378—2019 第3.1.2条，绿色建筑评价应在建筑工程竣工后进行。在建筑工程施工图设计完成后，可进行预评价。

答案： C

（四）《民用建筑绿色设计规范》

【相关真题：2021-060】

2010年11月17日，住房和城乡建设部公告第806号公布，批准《民用建筑绿色设计规范》为行业标准，编号为JGJ/T 229—2010，自2011年10月1日起实施。

《民用建筑绿色设计规范》JGJ/T 229—2010摘录如下。

3 基本规定

3.0.1 绿色设计应综合建筑全寿命周期的技术与经济特性，采用有利于促进建筑与环境可持续发展的场地、建筑形式、技术、设备和材料。

3.0.2 绿色设计应体现共享、平衡、集成的理念。在设计过程中，规划、建筑、结构、给水排水、暖通空调、燃气、电气与智能化、室内设计、景观、经济等各专业应紧密配合。

3.0.3 绿色设计应遵循因地制宜的原则，结合建筑所在地域的气候、资源、生态环境、经济、人文等特点进行。

3.0.4 民用建筑绿色设计应进行绿色设计策划。

3.0.5 方案和初步设计阶段的设计文件应有绿色设计专篇，施工图设计文件中应注明对绿色建筑施工与建筑运营管理的技术要求。

3.0.6 民用建筑在设计理念、方法、技术应用等方面应积极进行绿色设计创新。

4 绿色设计策划

4.1 一般规定

4.1.1 绿色设计策划应明确绿色建筑的项目定位、建设目标及对应的技术策略、增量成本与效益，并编制绿色设计策划书。

4.2 策划内容

4.2.1 绿色设计策划应包括下列内容：
 1 前期调研；
 2 项目定位与目标分析；
 3 绿色设计方案；
 4 技术经济可行性分析。

4.2.2 前期调研应包括下列内容：
 1 场地调研：包括地理位置、场地生态环境、场地气候环境、地形地貌、场地周边环境、道路交通和市政基础设施规划条件等；
 2 市场调研：包括建设项目的功能要求、市场需求、使用模式、技术条件等；
 3 社会调研：包括区域资源、人文环境、生活质量、区域经济水平与发展空间、公众意见与建议、当地绿色建筑激励政策等。

4.2.3 项目定位与目标分析应包括下列内容：
 1 明确项目自身特点和要求；
 2 确定达到现行国家标准《绿色建筑评价标准》GB/T 50378 或其他绿色建筑相关标准的相应等级或要求；
 3 确定适宜的实施目标，包括节地与室外环境的目标、节能与能源利用的目标、节水与水资源利用的目标、节材与材料资源利用的目标、室内环境质量的目标、运营管理的目标等。

4.2.4 绿色设计方案的确定宜符合下列要求：
 1 优先采用被动设计策略；
 2 选用适宜、集成技术；
 3 选用高性能建筑产品和设备；
 4 当实际条件不符合绿色建筑目标时，可采取调整、平衡和补充措施。

4.2.5 经济技术可行性分析应包括下列内容：
 1 技术可行性分析；
 2 经济效益、环境效益与社会效益分析；
 3 风险评估。

> **例 3-18** （2021）下列关于绿色建筑优先采用措施的说法中，错误的是（ ）。
> A 主动设计策略　　　　　　B 集成技术体系
> C 高性能建筑产品　　　　　D 高性能设备
> **解析：** 根据《民用建筑绿色设计规范》JGJ/T 229—2021 第 4.2.4 条，绿色设计方案的确定宜符合下列要求：
> 1. 优先采用被动设计策略；
> 2. 选用适宜、集成技术；
> 3. 选用高性能建筑产品和设备；
> 4. 当实际条件不符合绿色建筑目标时，可采取调整、平衡和补充措施。
> **答案：** A

二、加强历史文化保护

我国的历史文化保护工作的开展主要是以文物保护为中心，确立了"文物保护单位"制度。1982 年施行《中华人民共和国文物保护法》，逐步形成以《文物保护法》《城乡规划法》《非物质文化遗产保护法》《历史文化名城名镇名村保护条例》《文物保护法实施条例》"三法两条例"为骨干的"三法两条例"的历史文化保护法律制度体系。

(一)《历史文化名城名镇名村保护条例》

2008 年 4 月 22 日，中华人民共和国国务院令第 524 号公布，《历史文化名城名镇名村保护条例》已经国务院第 3 次常务会议通过，自 2008 年 7 月 1 日起施行。该条例共 6 章 48 条。条例的制定旨在加强历史文化名城、名镇、名村的保护与管理，继承中华民族优秀历史文化遗产。

《历史文化名城名镇名村保护条例》摘录如下。

第一章 总 则

第一条 为了加强历史文化名城、名镇、名村的保护与管理，继承中华民族优秀历史文化遗产，制定本条例。

第二条 历史文化名城、名镇、名村的申报、批准、规划、保护，适用本条例。

第三条 历史文化名城、名镇、名村的保护应当遵循科学规划、严格保护的原则，保持和延续其传统格局和历史风貌，维护历史文化遗产的真实性和完整性，继承和弘扬中华优秀传统文化，正确处理经济社会发展和历史文化遗产保护的关系。

第四条 国家对历史文化名城、名镇、名村的保护给予必要的资金支持。

历史文化名城、名镇、名村所在地的县级以上地方人民政府，根据本地实际情况安排保护资金，列入本级财政预算。

国家鼓励企业、事业单位、社会团体和个人参与历史文化名城、名镇、名村的保护。

第五条 国务院建设主管部门会同国务院文物主管部门负责全国历史文化名城、名镇、名村的保护和监督管理工作。

地方各级人民政府负责本行政区域历史文化名城、名镇、名村的保护和监督管理工作。

第六条 县级以上人民政府及其有关部门对在历史文化名城、名镇、名村保护工作中做出突出贡献的单位和个人，按照国家有关规定给予表彰和奖励。

第二章 申报与批准

第七条 具备下列条件的城市、镇、村庄，可以申报历史文化名城、名镇、名村：

（一）保存文物特别丰富；

（二）历史建筑集中成片；

（三）保留着传统格局和历史风貌；

（四）历史上曾经作为政治、经济、文化、交通中心或者军事要地，或者发生过重要历史事件，或者其传统产业、历史上建设的重大工程对本地区的发展产生过重要影响，或者能够集中反映本地区建筑的文化特色、民族特色。

申报历史文化名城的，在所申报的历史文化名城保护范围内还应当有2个以上的历史文化街区。

第八条 申报历史文化名城、名镇、名村，应当提交所申报的历史文化名城、名镇、名村的下列材料：

（一）历史沿革、地方特色和历史文化价值的说明；

（二）传统格局和历史风貌的现状；

（三）保护范围；

（四）不可移动文物、历史建筑、历史文化街区的清单；

（五）保护工作情况、保护目标和保护要求。

第九条 申报历史文化名城，由省、自治区、直辖市人民政府提出申请，经国务院建设主管部门会同国务院文物主管部门组织有关部门、专家进行论证，提出审查意见，报国务院批准公布。

申报历史文化名镇、名村，由所在地县级人民政府提出申请，经省、自治区、直辖市人民政府确定的保护主管部门会同同级文物主管部门组织有关部门、专家进行论证，提出审查意见，报省、自治区、直辖市人民政府批准公布。

第十条 对符合本条例第七条规定的条件而没有申报历史文化名城的城市，国务院建设主管部门会同国务院文物主管部门可以向该城市所在地的省、自治区人民政府提出申报建议；仍不申报的，可以直接向国务院提出确定该城市为历史文化名城的建议。

对符合本条例第七条规定的条件而没有申报历史文化名镇、名村的镇、村庄，省、自治区、直辖市人民政府确定的保护主管部门会同同级文物主管部门可以向该镇、村庄所在地的县级人民政府提出申报建议；仍不申报的，可以直接向省、自治区、直辖市人民政府提出确定该镇、村庄为历史文化名镇、名村的建议。

第十一条 国务院建设主管部门会同国务院文物主管部门可以在已批准公布的历史文化名镇、名村中，严格按照国家有关评价标准，选择具有重大历史、艺术、科学价值的历史文化名镇、名村，经专家论证，确定为中国历史文化名镇、名村。

第十二条 已批准公布的历史文化名城、名镇、名村，因保护不力使其历史文化价值受到严重影响的，批准机关应当将其列入濒危名单，予以公布，并责成所在地城市、县人民政府限期采取补救措施，防止情况继续恶化，并完善保护制度，加强保护工作。

第三章 保 护 规 划

第十三条 历史文化名城批准公布后，历史文化名城人民政府应当组织编制历史文化名城保护规划。

历史文化名镇、名村批准公布后，所在地县级人民政府应当组织编制历史文化名镇、名村保护规划。

保护规划应当自历史文化名城、名镇、名村批准公布之日起1年内编制完成。

第十四条 保护规划应当包括下列内容：

（一）保护原则、保护内容和保护范围；
（二）保护措施、开发强度和建设控制要求；
（三）传统格局和历史风貌保护要求；
（四）历史文化街区、名镇、名村的核心保护范围和建设控制地带；
（五）保护规划分期实施方案。

第十五条 历史文化名城、名镇保护规划的规划期限应当与城市、镇总体规划的规划期限相一致；历史文化名村保护规划的规划期限应当与村庄规划的规划期限相一致。

第十六条 保护规划报送审批前，保护规划的组织编制机关应当广泛征求有关部门、专家和公众的意见；必要时，可以举行听证。

保护规划报送审批文件中应当附具意见采纳情况及理由；经听证的，还应当附具听证笔录。

第十七条 保护规划由省、自治区、直辖市人民政府审批。

保护规划的组织编制机关应当将经依法批准的历史文化名城保护规划和中国历史文化名镇、名村保护规划，报国务院建设主管部门和国务院文物主管部门备案。

第十八条 保护规划的组织编制机关应当及时公布经依法批准的保护规划。

第十九条 经依法批准的保护规划，不得擅自修改；确需修改的，保护规划的组织编制机关应当向原审批机关提出专题报告，经同意后，方可编制修改方案。修改后的保护规划，应当按照原审批程序报送审批。

第二十条 国务院建设主管部门会同国务院文物主管部门应当加强对保护规划实施情况的监督检查。

县级以上地方人民政府应当加强对本行政区域保护规划实施情况的监督检查，并对历史文化名城、名镇、名村保护状况进行评估；对发现的问题，应当及时纠正、处理。

第四章 保 护 措 施

第二十一条 历史文化名城、名镇、名村应当整体保护，保持传统格局、历史风貌和空间尺度，不得改变与其相互依存的自然景观和环境。

第二十二条 历史文化名城、名镇、名村所在地县级以上地方人民政府应当根据当地经济社会发展水平，按照保护规划，控制历史文化名城、名镇、名村的人口数量，改善历史文化名城、名镇、名村的基础设施、公共服务设施和居住环境。

第二十三条 在历史文化名城、名镇、名村保护范围内从事建设活动，应当符合保护规划的要求，不得损害历史文化遗产的真实性和完整性，不得对其传统格局和历史风貌构成破坏性影响。

第二十四条 在历史文化名城、名镇、名村保护范围内禁止进行下列活动：

（一）开山、采石、开矿等破坏传统格局和历史风貌的活动；

（二）占用保护规划确定保留的园林绿地、河湖水系、道路等；

（三）修建生产、储存爆炸性、易燃性、放射性、毒害性、腐蚀性物品的工厂、仓库等；

（四）在历史建筑上刻画、涂污。

第二十五条 在历史文化名城、名镇、名村保护范围内进行下列活动，应当保护其传统格局、历史风貌和历史建筑；制订保护方案，经城市、县人民政府城乡规划主管部门会同同级文物主管部门批准，并依照有关法律、法规的规定办理相关手续：

（一）改变园林绿地、河湖水系等自然状态的活动；

（二）在核心保护范围内进行影视摄制、举办大型群众性活动；

（三）其他影响传统格局、历史风貌或者历史建筑的活动。

第二十六条 历史文化街区、名镇、名村建设控制地带内的新建建筑物、构筑物，应当符合保护规划确定的建设控制要求。

第二十七条 对历史文化街区、名镇、名村核心保护范围内的建筑物、构筑物，应当区分不同情况，采取相应措施，实行分类保护。

历史文化街区、名镇、名村核心保护范围内的历史建筑，应当保持原有的高度、体量、外观形象及色彩等。

第二十八条 在历史文化街区、名镇、名村核心保护范围内，不得进行新建、扩建活动。但是，新建、扩建必要的基础设施和公共服务设施除外。

在历史文化街区、名镇、名村核心保护范围内，新建、扩建必要的基础设施和公共服务设施的，城市、县人民政府城乡规划主管部门核发建设工程规划许可证、乡村建设规划许可证前，应当征求同级文物主管部门的意见。

在历史文化街区、名镇、名村核心保护范围内，拆除历史建筑以外的建筑物、构筑物或者其他设施的，应当经城市、县人民政府城乡规划主管部门会同同级文物主管部门批准。

第二十九条 审批本条例第二十八条规定的建设活动，审批机关应当组织专家论证，并将审批事项予以公示，征求公众意见，告知利害关系人有要求举行听证的权利。公示时间不得少于20日。

利害关系人要求听证的，应当在公示期间提出，审批机关应当在公示期满后及时举行听证。

第三十条 城市、县人民政府应当在历史文化街区、名镇、名村核心保护范围的主要出入口设置标志牌。

任何单位和个人不得擅自设置、移动、涂改或者损毁标志牌。

第三十一条 历史文化街区、名镇、名村核心保护范围内的消防设施、消防通道，应当按照有关的消防技术标准和规范设置。确因历史文化街区、名镇、名村的保护需要，无法按照标准和规范设置的，由城市、县人民政府公安机关消防机构会同同级城乡规划主管部门制订相应的防火安全保障方案。

第三十二条 城市、县人民政府应当对历史建筑设置保护标志，建立历史建筑档案。

历史建筑档案应当包括下列内容：

（一）建筑艺术特征、历史特征、建设年代及稀有程度；

（二）建筑的有关技术资料；

（三）建筑的使用现状和权属变化情况；

（四）建筑的修缮、装饰装修过程中形成的文字、图纸、图片、影像等资料；

（五）建筑的测绘信息记录和相关资料。

第三十三条　历史建筑的所有权人应当按照保护规划的要求，负责历史建筑的维护和修缮。

县级以上地方人民政府可以从保护资金中对历史建筑的维护和修缮给予补助。

历史建筑有损毁危险，所有权人不具备维护和修缮能力的，当地人民政府应当采取措施进行保护。

任何单位或者个人不得损坏或者擅自迁移、拆除历史建筑。

第三十四条　建设工程选址，应当尽可能避开历史建筑；因特殊情况不能避开的，应当尽可能实施原址保护。

对历史建筑实施原址保护的，建设单位应当事先确定保护措施，报城市、县人民政府城乡规划主管部门会同同级文物主管部门批准。

因公共利益需要进行建设活动，对历史建筑无法实施原址保护、必须迁移异地保护或者拆除的，应当由城市、县人民政府城乡规划主管部门会同同级文物主管部门，报省、自治区、直辖市人民政府确定的保护主管部门会同同级文物主管部门批准。

本条规定的历史建筑原址保护、迁移、拆除所需费用，由建设单位列入建设工程预算。

第三十五条　对历史建筑进行外部修缮装饰、添加设施以及改变历史建筑的结构或者使用性质的，应当经城市、县人民政府城乡规划主管部门会同同级文物主管部门批准，并依照有关法律、法规的规定办理相关手续。

第三十六条　在历史文化名城、名镇、名村保护范围内涉及文物保护的，应当执行文物保护法律、法规的规定。

第五章　法　律　责　任

第三十七条　违反本条例规定，国务院建设主管部门、国务院文物主管部门和县级以上地方人民政府及其有关主管部门的工作人员，不履行监督管理职责，发现违法行为不予查处或者有其他滥用职权、玩忽职守、徇私舞弊行为，构成犯罪的，依法追究刑事责任；尚不构成犯罪的，依法给予处分。

第三十八条　违反本条例规定，地方人民政府有下列行为之一的，由上级人民政府责令改正，对直接负责的主管人员和其他直接责任人员，依法给予处分：

（一）未组织编制保护规划的；

（二）未按照法定程序组织编制保护规划的；

（三）擅自修改保护规划的；

（四）未将批准的保护规划予以公布的。

第三十九条　违反本条例规定，省、自治区、直辖市人民政府确定的保护主管部门或者城市、县人民政府城乡规划主管部门，未按照保护规划的要求或者未按照法定程序履行本条例第二十五条、第二十八条、第三十四条、第三十五条规定的审批职责的，由本级人民政府或者上级人民政府有关部门责令改正，通报批评；对直接负责的主管人员和其他直接责任人员，依法给予处分。

第四十条 违反本条例规定，城市、县人民政府因保护不力，导致已批准公布的历史文化名城、名镇、名村被列入濒危名单的，由上级人民政府通报批评；对直接负责的主管人员和其他直接责任人员，依法给予处分。

第四十一条 违反本条例规定，在历史文化名城、名镇、名村保护范围内有下列行为之一的，由城市、县人民政府城乡规划主管部门责令停止违法行为、限期恢复原状或者采取其他补救措施；有违法所得的，没收违法所得；逾期不恢复原状或者不采取其他补救措施的，城乡规划主管部门可以指定有能力的单位代为恢复原状或者采取其他补救措施，所需费用由违法者承担；造成严重后果的，对单位并处50万元以上100万元以下的罚款，对个人并处5万元以上10万元以下的罚款；造成损失的，依法承担赔偿责任：

（一）开山、采石、开矿等破坏传统格局和历史风貌的；
（二）占用保护规划确定保留的园林绿地、河湖水系、道路等的；
（三）修建生产、储存爆炸性、易燃性、放射性、毒害性、腐蚀性物品的工厂、仓库等的。

第四十二条 违反本条例规定，在历史建筑上刻画、涂污的，由城市、县人民政府城乡规划主管部门责令恢复原状或者采取其他补救措施，处50元的罚款。

第四十三条 违反本条例规定，未经城乡规划主管部门会同同级文物主管部门批准，有下列行为之一的，由城市、县人民政府城乡规划主管部门责令停止违法行为、限期恢复原状或者采取其他补救措施；有违法所得的，没收违法所得；逾期不恢复原状或者不采取其他补救措施的，城乡规划主管部门可以指定有能力的单位代为恢复原状或者采取其他补救措施，所需费用由违法者承担；造成严重后果的，对单位并处5万元以上10万元以下的罚款，对个人并处1万元以上5万元以下的罚款；造成损失的，依法承担赔偿责任：

（一）改变园林绿地、河湖水系等自然状态的；
（二）进行影视摄制、举办大型群众性活动的；
（三）拆除历史建筑以外的建筑物、构筑物或者其他设施的；
（四）对历史建筑进行外部修缮装饰、添加设施以及改变历史建筑的结构或者使用性质的；
（五）其他影响传统格局、历史风貌或者历史建筑的。

有关单位或者个人经批准进行上述活动，但是在活动过程中对传统格局、历史风貌或者历史建筑构成破坏性影响的，依照本条第一款规定予以处罚。

第四十四条 违反本条例规定，损坏或者擅自迁移、拆除历史建筑的，由城市、县人民政府城乡规划主管部门责令停止违法行为、限期恢复原状或者采取其他补救措施；有违法所得的，没收违法所得；逾期不恢复原状或者不采取其他补救措施的，城乡规划主管部门可以指定有能力的单位代为恢复原状或者采取其他补救措施，所需费用由违法者承担；造成严重后果的，对单位并处20万元以上50万元以下的罚款，对个人并处10万元以上20万元以下的罚款；造成损失的，依法承担赔偿责任。

第四十五条 违反本条例规定，擅自设置、移动、涂改或者损毁历史文化街区、名镇、名村标志牌的，由城市、县人民政府城乡规划主管部门责令限期改正；逾期不改正的,对单位处 1 万元以上 5 万元以下的罚款,对个人处 1000 元以上 1 万元以下的罚款。

第四十六条 违反本条例规定,对历史文化名城、名镇、名村中的文物造成损毁的,依照文物保护法律、法规的规定给予处罚;构成犯罪的,依法追究刑事责任。

(二)《关于在城乡建设中加强历史文化保护传承的意见》

2021 年 9 月 3 日,中共中央办公厅、国务院办公厅印发了《关于在城乡建设中加强历史文化保护传承的意见》。该意见指出,到 2025 年,多层级多要素的城乡历史文化保护传承体系初步构建,历史文化保护传承工作融入城乡建设的格局基本形成;到 2035 年,系统完整的城乡历史文化保护传承体系全面建成,城乡历史文化遗产得到有效保护、充分利用,不敢破坏、不能破坏、不想破坏的体制机制全面建成。

《关于在城乡建设中加强历史文化保护传承的意见》摘录如下。

在城乡建设中系统保护、利用、传承好历史文化遗产,对延续历史文脉、推动城乡建设高质量发展、坚定文化自信、建设社会主义文化强国具有重要意义。为进一步在城乡建设中加强历史文化保护传承,现提出如下意见。

一、总体要求

(一)指导思想。以习近平新时代中国特色社会主义思想为指导,深入贯彻党的十九大和十九届二中、三中、四中、五中全会精神,紧紧围绕统筹推进"五位一体"总体布局和协调推进"四个全面"战略布局,始终把保护放在第一位,以系统完整保护传承城乡历史文化遗产和全面真实讲好中国故事、中国共产党故事为目标,本着对历史负责、对人民负责的态度,加强制度顶层设计,建立分类科学、保护有力、管理有效的城乡历史文化保护传承体系;完善制度机制政策、统筹保护利用传承,做到空间全覆盖、要素全囊括,既要保护单体建筑,也要保护街巷街区、城镇格局,还要保护好历史地段、自然景观、人文环境和非物质文化遗产,着力解决城乡建设中历史文化遗产屡遭破坏、拆除等突出问题,确保各时期重要城乡历史文化遗产得到系统性保护,为建设社会主义文化强国提供有力保障。

(二)工作原则

坚持统筹谋划、系统推进。坚持国家统筹、上下联动,充分发挥各级党委和政府在城乡历史文化保护传承中的组织领导和综合协调作用,统筹规划、建设、管理,加强监督检查和问责问效,促进历史文化保护传承与城乡建设融合发展,增强工作的整体性、系统性。

坚持价值导向、应保尽保。以历史文化价值为导向,按照真实性、完整性的保护要求,适应活态遗产特点,全面保护好古代与近现代、城市与乡村、物质与非物质等历史文化遗产,在城乡建设中树立和突出各民族共享的中华文化符号和中华民族形象,弘扬和发展中华优秀传统文化、革命文化、社会主义先进文化。

坚持合理利用、传承发展。坚持以人民为中心,坚持创造性转化、创新性发展,将保护传承工作融入经济社会发展、生态文明建设和现代生活,将历史文化与城乡发展相融合,发挥历史文化遗产的社会教育作用和使用价值,注重民生改善,不断满足人民日益增长的美好生活需要。

坚持多方参与、形成合力。鼓励和引导社会力量广泛参与保护传承工作，充分发挥市场作用，激发人民群众参与的主动性、积极性，形成有利于城乡历史文化保护传承的体制机制和社会环境。

（三）主要目标

到 2025 年，多层级多要素的城乡历史文化保护传承体系初步构建，城乡历史文化遗产基本做到应保尽保，形成一批可复制可推广的活化利用经验，建设性破坏行为得到明显遏制，历史文化保护传承工作融入城乡建设的格局基本形成。

到 2035 年，系统完整的城乡历史文化保护传承体系全面建成，城乡历史文化遗产得到有效保护、充分利用，不敢破坏、不能破坏、不想破坏的体制机制全面建成，历史文化保护传承工作全面融入城乡建设和经济社会发展大局，人民群众文化自觉和文化自信进一步提升。

二、构建城乡历史文化保护传承体系

（四）准确把握保护传承体系基本内涵。城乡历史文化保护传承体系是以具有保护意义、承载不同历史时期文化价值的城市、村镇等复合型、活态遗产为主体和依托，保护对象主要包括历史文化名城、名镇、名村（传统村落）、街区和不可移动文物、历史建筑、历史地段，与工业遗产、农业文化遗产、灌溉工程遗产、非物质文化遗产、地名文化遗产等保护传承共同构成的有机整体。建立城乡历史文化保护传承体系的目的是在城乡建设中全面保护好中国古代、近现代历史文化遗产和当代重要建设成果，全方位展现中华民族悠久连续的文明历史、中国近现代历史进程、中国共产党团结带领中国人民不懈奋斗的光辉历程、中华人民共和国成立与发展历程、改革开放和社会主义现代化建设的伟大征程。

（五）分级落实保护传承体系重点任务。建立城乡历史文化保护传承体系三级管理体制。国家、省（自治区、直辖市）分别编制全国城乡历史文化保护传承体系规划纲要及省级规划，建立国家级、省级保护对象的保护名录和分布图，明确保护范围和管控要求，与相关规划做好衔接。市县按照国家和省（自治区、直辖市）要求，落实保护传承工作属地责任，加快认定公布市县级保护对象，及时对各类保护对象设立标志牌、开展数字化信息采集和测绘建档、编制专项保护方案，制定保护传承管理办法，做好保护传承工作。具有重要保护价值、地方长期未申报的历史文化资源可按相关标准列入保护名录。

三、加强保护利用传承

（六）明确保护重点。划定各类保护对象的保护范围和必要的建设控制地带，划定地下文物埋藏区，明确保护重点和保护要求。保护文物本体及其周边环境，大力实施原址保护，加强预防性保护、日常保养和保护修缮。保护不同时期、不同类型的历史建筑，重点保护体现其核心价值的外观、结构和构件等，及时加固修缮，消除安全隐患。保护能够真实反映一定历史时期传统风貌和民族、地方特色的历史地段。保护历史文化街区的历史肌理、历史街巷、空间尺度和景观环境，以及古井、古桥、古树等环境要素，整治不协调建筑和景观，延续历史风貌。保护历史文化名城、名镇、名村（传统村落）的传统格局、历史风貌、人文环境及其所依存的地形地貌、河湖水系等自然景观环境，注重整体保护，传承传统营建智慧。保护非物质文化遗产及其依存的文化生态，发挥非物质文化遗产的社会功能和当代价值。

（七）严格拆除管理。在城市更新中禁止大拆大建、拆真建假、以假乱真，不破坏地形地貌、不砍老树，不破坏传统风貌，不随意改变或侵占河湖水系，不随意更改老地名。切实保护能够体现城市特定发展阶段、反映重要历史事件、凝聚社会公众情感记忆的既有建筑，不随意拆除具有保护价值的老建筑、古民居。对于因公共利益需要或者存在安全隐患不得不拆除的，应进行评估论证，广泛听取相关部门和公众意见。

（八）推进活化利用。坚持以用促保，让历史文化遗产在有效利用中成为城市和乡村的特色标识和公众的时代记忆，让历史文化和现代生活融为一体，实现永续传承。加大文物开放力度，利用具备条件的文物建筑作为博物馆、陈列馆等公共文化设施。活化利用历史建筑、工业遗产，在保持原有外观风貌、典型构件的基础上，通过加建、改建和添加设施等方式适应现代生产生活需要。探索农业文化遗产、灌溉工程遗产保护与发展路径，促进生态农业、乡村旅游发展，推动乡村振兴。促进非物质文化遗产合理利用，推动非物质文化遗产融入现代生产生活。

（九）融入城乡建设。统筹城乡空间布局，妥善处理新城和老城关系，合理确定老城建设密度和强度，经科学论证后，逐步疏解与历史文化保护传承不相适应的工业、仓储物流、区域性批发市场等城市功能。按照留改拆并举、以保留保护为主的原则，实施城市生态修复和功能完善工程，稳妥推进城市更新。加强重点地段建设活动管控和建筑、雕塑设计引导，保护好传统文化基因，鼓励继承创新，彰显城市特色，避免"千城一面、万楼一貌"。依托历史文化街区和历史地段建设文化展示、传统居住、特色商业、休闲体验等特定功能区，完善城市功能，提升城市活力。采用"绣花""织补"等微改造方式，增加历史文化名城、名镇、名村（传统村落）、街区和历史地段的公共开放空间，补足配套基础设施和公共服务设施短板。加强多种形式应急力量建设，制定应急处置预案，综合运用人防、物防、技防等手段，提高历史文化名城、名镇、名村（传统村落）、街区和历史地段的防灾减灾救灾能力。统筹乡村建设与历史文化名镇、名村（传统村落）及历史地段、农业文化遗产、灌溉工程遗产的保护利用。

（十）弘扬历史文化。在保护基础上加强对各类历史文化遗产的研究阐释工作，多层次、全方位、持续性挖掘其历史故事、文化价值、精神内涵。分层次、分类别串联各类历史文化遗产，构建融入生产生活的历史文化展示线路、廊道和网络，处处见历史、处处显文化，在城乡建设中彰显城市精神和乡村文明，让广大人民群众在日用而不觉中接受文化熏陶。加大宣传推广力度，组织开展传统节庆活动、纪念活动、文化年等形式多样的文化主题活动，创新表达方式，以新闻报道、电视剧、电视节目、纪录片、动画片、短视频等多种形式充分展现中华文明的影响力、凝聚力和感召力。

四、建立健全工作机制

（十一）加强统筹协调。住房城乡建设、文物部门要履行好统筹协调职责，加强与宣传、发展改革、工业和信息化、民政、财政、自然资源、水利、农业农村、商务、文化和旅游、应急管理、林草等部门的沟通协商，强化城乡建设与各类历史文化遗产保护工作协同，加强制度、政策、标准的协调对接。加强跨区域、跨流域历史文化遗产的整体保护，结合国家文化公园建设保护等重点工作，积极融入国家重大区域发展战略。

（十二）健全管理机制。建立历史文化资源调查评估长效机制，持续开展调查、评估和认定工作，及时扩充保护对象，丰富保护名录。坚持基本建设考古前置制度，建立历史文化遗产保护提前介入城乡建设的工作机制。推进保护修缮的全过程管理，优化对各类保护对象实施保护、修缮、改造、迁移的审批管理，加强事中事后监管。探索活化利用底线管理模式，分类型、分地域建立项目准入正负面清单，定期评估，动态调整。建立全生命周期的建筑管理制度，结合工程建设项目审批制度改革，加强对既有建筑改建、拆除管理。

（十三）推动多方参与。鼓励各方主体在城乡历史文化保护传承的规划、建设、管理各环节发挥积极作用。明确所有权人、使用人和监管人的保护责任，严格落实保护管理要求。简化审批手续，制定优惠政策，稳定市场预期，鼓励市场主体持续投入历史文化保护传承工作。

（十四）强化奖励激励。鼓励地方政府研究制定奖补政策，通过以奖代补、资金补助等方式支持城乡历史文化保护传承工作。开展绩效跟踪评价，及时总结各地保护传承工作中的好经验好做法，对保护传承工作成效显著、群众普遍反映良好的，予以宣传推广。对在保护传承工作中作出突出贡献的组织和个人，按照国家有关规定予以表彰、奖励。

（十五）加强监督检查。建立城乡历史文化保护传承日常巡查管理制度，市县根据当地实际情况将巡查工作纳入社区网格化管理、城市管理综合执法等范畴。建立城乡历史文化保护传承评估机制，定期评估保护传承工作情况、保护对象的保护状况。健全监督检查机制，严格依法行政，加强执法检查，及时发现并制止各类违法破坏行为。国家相关主管部门及时开展抽查检查。鼓励公民、法人和其他组织举报涉及历史文化保护传承的违法违规行为。加强对城乡历史文化遗产数据的整合共享，提升监测管理水平，逐步实现国家、省（自治区、直辖市）、市县三级互联互通的动态监管。

（十六）强化考核问责。将历史文化保护传承工作纳入全国文明城市测评体系。强化对领导干部履行历史文化保护传承工作中经济责任情况的审计监督，审计结果以及整改情况作为考核、任免、奖惩被审计领导干部的重要参考。对列入保护名录但因保护不力造成历史文化价值受到严重影响的历史文化名城、名镇、名村（传统村落）、街区和历史建筑、历史地段，列入濒危名单，限期进行整改，整改不合格的退出保护名录。对不尽责履职、保护不力，造成已列入保护名录的保护对象或应列入保护名录而未列入的历史文化资源的历史文化价值受到严重破坏的，依规依纪依法对相关责任人和责任单位作出处理。加大城乡历史文化保护传承的公益诉讼力度。

五、完善保障措施

（十七）坚持和加强党的全面领导。各级党委和政府要深刻认识在城乡建设中加强历史文化保护传承的重要意义，始终把党的领导贯穿保护传承工作的各方面各环节，确保党中央、国务院有关决策部署落到实处。

（十八）完善法律法规。修改《历史文化名城名镇名村保护条例》，加强与文物保护法等法律法规的衔接，制定修改相关地方性法规，为做好城乡历史文化保护传承工作提供法治保障。

（十九）加大资金投入。健全城乡历史文化保护传承工作的财政保障机制，中央和地方财政要依据各级事权做好资金保障。地方政府要将保护资金列入本级财政预算，重点支持国家级、省级重大项目和革命老区、民族地区、边疆地区、脱贫地区的历史文化保护传承工作。鼓励按照市场化原则加大金融支持力度，拓展资金渠道。

（二十）加强教育培训。在各级党校（行政学院）、干部学院相关班次中增加培训课程,提高领导干部在城乡建设中保护传承历史文化的意识和能力。围绕典型违法案例开展领导干部专项警示教育。加强高等学校、职业学校相关学科专业建设。加强专业人才队伍建设,建设城乡历史文化保护传承国家智库。开展技术人员和基层管理人员的专业培训,建立健全修缮技艺传承人和工匠的培训、评价机制,弘扬工匠精神。

习　题

3-1 (2022)下列不属于吊销注册建筑师职业资格证书的情形是(　　)。
A 以不正当手段取得注册建筑师考试合格资格或者注册建筑师证书
B 以个人名义承接注册建筑师业务、收取费用
C 同时受聘于二个以上建筑设计单位执行业务
D 与受聘单位建立聘用关系

3-2 (2022)高校老师通过了注册建筑师考试,他可以申请注册的单位是(　　)。
A 所在大学建筑设计院　　　　B 本地设计院
C 外地设计院　　　　　　　　D 国营设计院

3-3 (2022)以下说法正确的是(　　)。
A 注册建筑师在设计文件上签字,并对设计文件负责
B 注册建筑师因过错造成质量事故的,责令停止执业2年
C 注册建筑师造成重大质量事故的,终身不予注册
D 因设计质量造成的经济损失,由建筑师承担赔偿责任

3-4 (2022)监理工程师与被监理工程项目有直接利害关系,可以兼职以下哪个单位工作?(　　)
A 设计单位　　B 施工单位　　C 材料供应　　D 设备厂家

3-5 (2022)下列关于分包的说法正确的是(　　)。
A 部分发包　　　　　　　　B 部分转包
C 禁止分包单位再分包　　　D 分包后由分包单位再分包

3-6 (2022)因发包人提供的资料不准确而造成设计的返工、停工或者修改设计(　　)。
A 发包人不承担赔偿责任　　　　B 设计单位有权要求赔偿
C 设计单位可以顺延交图日期　　D 按设计人实际消耗的工作量增付费用

3-7 (2022)下列哪些情况监理承担连带赔偿责任?(　　)
A 将不合格材料按合格签字使用　　B 重大责任事故隐瞒不报
C 怠慢现场检查　　　　　　　　　D 发布错误指令导致质量事故

3-8 (2022)下列关于施工合同无效的说法正确的是(　　)。
A 验收合格,发包人按照工程合同价款支付承包人
B 验收不合格,经修复后验收合格,发包人需承担修复费用
C 验收不合格,经修复后验收仍不合格,承包人有权要求发包人进行费用补偿
D 因发包人过错造成工程质量问题的,发包人需要承担相应的责任

3-9 (2022)根据《建设工程勘察设计管理条例》关于设计文件编制的说法,正确的是(　　)。
A 编制方案设计文件,应当满足编制初步设计和施工图预算的要求
B 编制初步设计方案,应当满足非标设备材料的制作和编制施工图预算的要求
C 编制施工图设计文件,应当满足编制控制概算、设备材料和施工需要
D 设计文件中选用材料、构配件、设备,应当注明其规格、型号、性能等技术指标

3-10 (2022)根据《建设工程勘察设计管理条例》可不作为编制设计文件的依据的是(　　)。
A 项目批准文件　　　　　　B 评审专家建议

427

　　　　C 城乡规划　　　　　　　　　　D 工程建设强制性标准

3-11 (2022)根据《建设工程勘察设计管理条例》,下列关于设计文件修改的说法,正确的是(　　)。
　　　A 建设单位可以直接委托其他具有相应资质的建设工程设计单位修改
　　　B 修改单位与原设计单位对修改的设计文件承担连带责任
　　　C 设计文件需作重大修改时,建设单位应报经原审批单位批准后,方可修改
　　　D 建设单位无权要求设计修改

3-12 (2022)工程建设标准批准部门对项目执行强制性标准情况进行监督的方法是(　　)。
　　　A 全部检查　　　B 重点检查　　　C 按50%比例抽查　　　D 按20%比例抽查

3-13 (2022)根据《招标投标法实施条例》,以下说法正确的是(　　)。
　　　A 潜在投标人对招标文件有异议的,应当在投标截止时间10日前提出
　　　B 招标人应当自收到异议之日起5个工作日内作出答复
　　　C 潜在投标人对资格预审文件有异议的,应当在提交资格预审申请文件截止时间3日前提出
　　　D 发包人未回复时,投标正常进行

3-14 (2022)以出让方式取得土地使用权的建设方,超过出让合同约定的动工开发日期一年未满二年的,可以征收相当于土地使用权出让金的百分之多少以下的土地闲置费?(　　)
　　　A 10%　　　　B 20%　　　　C 25%　　　　D 30%

3-15 (2022)以下不属于绿色建筑评价体系指标内容的是(　　)。
　　　A 安全耐久　　　B 经济适用　　　C 资源节约　　　D 环境宜居

3-16 (2022)以下不属于绿色建筑措施方法的是(　　)。
　　　A 优先采用主动设计策略　　　　　　　B 优先采用被动设计策略
　　　C 选用适宜、集成技术　　　　　　　　D 选用高性能建筑产品和设备

3-17 (2019)依据《注册建筑师条例》,关于注册建筑师执业范围的说法,错误的是(　　)。
　　　A 可进行建筑设计
　　　B 可进行建筑物调查和鉴定
　　　C 不得对自己设计的项目进行施工监督
　　　D 可进行建筑设计技术咨询

3-18 (2019)投标人相互串通投标的情形不包括(　　)。
　　　A 不同投标人的投标文件由同一单位或者个人编制
　　　B 投标人之间协商投标报价等投标文件的实质性内容
　　　C 投标人之间曾经有过业务合作
　　　D 不同投标人的投标保证金从同一单位或者个人的账户转出

3-19 (2021)招标人和投标人订立合同的时间是自中标通知书发出之日起(　　)日内。
　　　A 14　　　　B 15　　　　C 28　　　　D 30

3-20 (2019)依据《建设工程设计招标投标管理办法》,关于建筑工程设计可以不进行招标的做法,错误的是(　　)。
　　　A 采用不可替代的专利或者专有技术的
　　　B 建设单位承诺能够自行设计的
　　　C 对建筑艺术造型有特殊要求,并经有关主管部门批准的
　　　D 建筑工程项目的改建、扩建或者技术改造,需要由原设计单位设计,否则将影响功能配套要求的

3-21 (2019)依据《招标投标法实施条例》,评标完成后,评标委员会应当向招标人提供招标报告和中标候选人名单。中标候选人应当不超过(　　)。
　　　A 5个　　　　B 4个　　　　C 3个　　　　D 2个

3-22 (2019)依据《建设工程勘察设计管理条例》，编制初步设计文件应满足（　　）。
A 全部设备材料采购的需要　　　　B 控制概算的需要
C 施工的需要　　　　　　　　　　D 编制施工图设计文件需要

3-23 (2020)下列不属于建筑设计施工图文件编制深度中要求标注的内容是（　　）。
A 标明规格　　B 标明性能　　C 标明型号　　D 标明厂家

3-24 (2019)依据《建设工程质量管理条例》，委托监理的项目，建设单位拨付工程款，必须（　　）。
A 项目总监理工程师签字　　　　　B 项目设计总结构师签字
C 建设单位总工程师签字　　　　　D 建设单位总经济师签字

3-25 (2019)工程监理人员发现工程设计不符合建筑工程质量标准的，应当（　　）。
A 要求设计单位改正　　　　　　　B 报告建设单位要求设计单位改正
C 要求施工单位停工　　　　　　　D 报告建设单位要求施工单位改正

3-26 (2021)关于设计单位应承担的消防设计的责任和义务，下列说法正确的是（　　）。
A 应该对消防设计质量承担首要责任
B 应负责申请消防审查
C 挑选满足防火要求的建筑产品、材料、配件和设备并检验其质量
D 参加工程项目竣工验收，并对消防设计实施情况盖章确认

3-27 (2019)注册建筑师违反《建设工程质量管理条例》规定，因过错造成一般质量事故的（　　）。
A 责令停止执业1年　　　　　　　B 5年以内不允许注册
C 吊销执业资格证书　　　　　　　D 终身不予注册

3-28 (2021)绿色建筑分为（　　）等级。
A 6个　　　　B 3个　　　　C 5个　　　　D 4个

3-29 (2021)作为绿色居住建筑，纯装饰性构件的造价不应超过所在单栋建筑总造价的多少？（　　）
A 0.5%　　　B 1%　　　　C 2%　　　　D 3%

3-30 (2020) 以下说法，不满足二级注册建筑师报考条件的是（　　）。
A 建筑学本科毕业，从事建筑设计2年
B 建筑设计相近专业大专毕业，从事建筑设计3年
C 建筑设计中专毕业，从事建筑设计3年
D 获得建筑设计助理工程师职称，从事建筑设计3年

参考答案及解析

3-1 **解析：**《中华人民共和国注册建筑师条例》第二十九条，以不正当手段取得注册建筑师考试合格资格或者注册建筑师证书的，由全国注册建筑师管理委员会或者省、自治区、直辖市注册建筑师管理委员会取消考试合格资格或者吊销注册建筑师证书；对负有直接责任的主管人员和其他直接责任人员，依法给予行政处分。故选项A错误。

第三十一条，注册建筑师违反本条例规定，有下列行为之一的，由县级以上人民政府建设行政主管部门责令停止违法活动，没收违法所得，并可以处以违法所得5倍以下的罚款；情节严重的，可以责令停止执行业务或者由全国注册建筑师管理委员会或者省、自治区、直辖市注册建筑师管理委员会吊销注册建筑师证书：

（一）以个人名义承接注册建筑师业务、收取费用的；
（二）同时受聘于二个以上建筑设计单位执行业务的；
（三）在建筑设计或者相关业务中侵犯他人合法权益的；
（四）准许他人以本人名义执行业务的；
（五）二级注册建筑师以一级注册建筑师的名义执行业务或者超越国家规定的执业范围执行

业务的。故选项 B、C 错误。

答案：D

3-2 解析：《中华人民共和国注册建筑师条例实施细则》第十四条，取得一级注册建筑师资格证书并受聘于一个相关单位的人员，应当通过聘用单位向单位工商注册所在地的省、自治区、直辖市注册建筑师管理委员会提出申请。

申请注册建筑师初始注册，应当具备以下条件，只受聘于中华人民共和国境内的一个建设工程勘察、设计、施工、监理、招标代理、造价咨询、施工图审查、城乡规划编制等单位（以下简称聘用单位）。

与大学建筑系教授相关的单位就是所在大学的建筑设计院。因此，该高校老师只能受聘于所在大学的建筑设计院从事建筑设计。

答案：A

3-3 解析：《建设工程质量管理条例》第十九条，注册建筑师、注册结构工程师等注册执业人员应当在设计文件上签字，对设计文件负责。第七十二条违反本条例规定，注册建筑师、注册结构工程师、监理工程师等注册执业人员因过错造成质量事故的，责令停止执业 1 年；造成重大质量事故的，吊销执业资格证书，5 年以内不予注册；情节特别恶劣的，终身不予注册。

根据《中华人民共和国注册建筑师条例》第三十四条，因设计质量造成的经济损失由建筑设计单位承担赔偿责任；建筑设计单位有权向签字的注册建筑师追偿。

答案：A

3-4 解析：《中华人民共和国建筑法》第三十四条，工程监理单位与被监理工程的承包单位以及建筑材料、建筑构配件和设备供应单位不得有隶属关系或者其他利害关系。

《建设工程质量管理条例》第三十五条，工程监理单位与被监理工程的施工承包单位以及建筑材料、建筑构配件和设备供应单位隶属关系或者其他利害关系的，不得承担该项建设工程的监理业务。

答案：A

3-5 解析：《中华人民共和国民法典》第七百九十一条，总承包人或者勘察、设计、施工承包人经发包人同意，可以将自己承包的部分工作交由第三人完成。第三人就其完成的工作成果与总承包人或者勘察、设计、施工承包人向发包人承担连带责任。承包人不得将其承包的全部建设工程转包给第三人或者将其承包的全部建设工程支解以后以分包的名义分别转包给第三人。

禁止承包人将工程分包给不具备相应资质条件的单位。禁止分包单位将其承包的工程再分包。建设工程主体结构的施工必须由承包人自行完成。

答案：C

3-6 解析：《中华人民共和国民法典》第八百零五条，因发包人变更计划、提供的资料不准确，或者未按照期限提供必需的勘察、设计工作条件而造成勘察、设计的返工、停工或者修改设计，发包人应当按照勘察人、设计人实际消耗的工作量增付费用。

答案：D

3-7 解析：《实施工程建设强制性标准监督规定》第十九条，工程监理单位违反强制性标准规定，将不合格的建设工程以及建筑材料、建筑构配件和设备按照合格签字的，责令改正，处 50 万元以上 100 万元以下的罚款，降低资质等级或者吊销资质证书；有违法所得的，予以没收；造成损失的，承担连带赔偿责任。

答案：A

3-8 解析：《中华人民共和国民法典》第七百九十三条，建设工程施工合同无效，但是建设工程经验收合格的，可以参照合同关于工程价款的约定折价补偿承包人。

建设工程施工合同无效，且建设工程经验收不合格的，按照以下情形处理：

（一）修复后的建设工程经验收合格的，发包人可以请求承包人承担修复费用；

（二）修复后的建设工程经验收不合格的，承包人无权请求参照合同关于工程价款的约定折价补偿；

发包人对因建设工程不合格造成的损失有过错的，应当承担相应的责任。

答案：D

3-9 解析：《建设工程物察设计管理条例》第二十六条，编制方案设计文件，应当满足编制初步设计文件和控制概算的需要。

编制初步设计文件，应当满足编制施工招标文件、主要设备材料订货和编制施工图设计文件的需要。

编制施工图设计文件，应当满足设备材料采购、非标准设备制作和施工的需要，并注明建设工程合理使用年限。

第二十七条，设计文件中选用的材料、构配件、设备，应当注明其规格、型号、性能等技术指标，其质量要求必须符合国家规定的标准。

除有特殊要求的建筑材料、专用设备和工艺生产线等外，设计单位不得指定生产厂、供应商。

答案：D

3-10 解析：《建设工程勘察设计管理条例》第二十五条，编制建设工程勘察、设计文件，应当以下列规定为依据：

① 项目批准文件；

② 城乡规划；

③ 工程建设强制性标准；

④ 国家规定的建设工程勘察、设计深度要求。

铁路、交通、水利等专业建设工程，还应当以专业规划的要求为依据。

答案：B

3-11 解析：根据《建设工程勘察设计管理条例》第二十八条，建设单位、施工单位、监理单位不得修改建设工程勘察、设计文件；确需修改建设工程勘察、设计文件的，应当由原建设工程勘察、设计单位修改。经原建设工程勘察、设计单位书面同意，建设单位也可以委托其他具有相应资质的建设工程勘察、设计单位修改。修改单位对修改的勘察、设计文件承担相应责任。

施工单位、监理单位发现建设工程勘察、设计文件不符合工程建设强制性标准、合同约定的质量要求的，应当报告建设单位，建设单位有权要求建设工程勘察、设计单位对建设工程勘察、设计文件进行补充、修改。

建设工程勘察、设计文件内容需要作重大修改的，建设单位应当报经原审批机关批准后，方可修改。

答案：C

3-12 解析：《实施工程建设强制性标准监督规定》第九条，工程建设标准批准部门应当对工程项目执行强制性标准情况进行监督检查。监督检查可以采取重点检查、抽查和专项检查的方式。

答案：B

3-13 解析：根据《中华人民共和国招标投标法实施条例》第二十二条，潜在投标人或者其他利害关系人对资格预审文件有异议的，应当在提交资格预审申请文件截止时间 2 日前提出；对招标文件有异议的，应当在投标截止时间 10 日前提出。招标人应当自收到异议之日起 3 日内作出答复；作出答复前，应当暂停招标投标活动。

答案：A

3-14 解析：《中华人民共和国城市房地产管理法》第二十六条，以出让方式取得土地使用权进行房地产开发的，必须按照土地使用权出让合同约定的土地用途、动工开发期限开发土地。超过出让合同约定的动工开发日期满一年未动工开发的，可以征收相当于土地使用权出让金20%以下的土地闲置费；满二年未动工开发的，可以无偿收回土地使用权；但是，因不可抗力或者政府、政府有关部门的行为或者动工开发必需的前期工作造成动工开发迟延的除外。

答案：B

3-15　解析：《绿色建筑评价标准》GB/T 50378—2019 第 3.2.1 条，绿色建筑评价指标体系应由安全耐久、健康舒适、生活便利、资源节约、环境宜居 5 类指标组成，且每类指标均包括控制项和评分项；评价指标体系还统一设置加分项。

答案：B

3-16　解析：《民用建筑绿色设计规范》JGJ/T 229—2010 第 4.2.4 条，绿色设计方案的确定宜符合下列要求：

1. 优先采用被动设计策略；
2. 选用适宜、集成技术；
3. 选用高性能建筑产品和设备；
4. 当实际条件不符合绿色建筑目标时，可采取调整、平衡和补充措施。

答案：A

3-17　解析：《注册建筑师条例》第二十条　注册建筑师的执业范围：

（一）建筑设计；
（二）建筑设计技术咨询；
（三）建筑物调查与鉴定；
（四）对本人主持设计的项目进行施工指导和监督；
（五）国务院建设行政主管部门规定的其他业务。

答案：C

3-18　解析：《招标投标法实施条例》第三十九条　禁止投标人相互串通投标。有下列情形之一的，属于投标人相互串通投标：

（一）投标人之间协商投标报价等投标文件的实质性内容；

第四十条　有下列情形之一的，视为投标人相互串通投标：

（一）不同投标人的投标文件由同一单位或者个人编制；
（六）不同投标人的投标保证金从同一单位或者个人的账户转出。

答案：C

3-19　解析：《中华人民共和国招标投标法》第四十六条，招标人和中标人应当自中标通知书发出之日起三十日内，按照招标文件和中标人的投标文件订立书面合同。招标人和中标人不得再行订立背离合同实质性内容的其他协议。故选 D。

答案：D

3-20　解析：《建设工程设计招标投标管理办法》第四条，建筑工程设计招标范围和规模标准按照国家有关规定执行，有下列情形之一的，可以不进行招标：

（一）采用不可替代的专利或者专有技术的；
（二）对建筑艺术造型有特殊要求，并经有关主管部门批准的；
（三）建设单位依法能够自行设计的；
（四）建筑工程项目的改建、扩建或者技术改造，需要由原设计单位设计，否则将影响功能配套要求的；
（五）国家规定的其他特殊情形。

由此可知，选项 B 应为"建设单位依法能够自行设计"，而非"承诺能够设计"，故错误的是 B。

答案：B

3-21 解析：《招标投标法实施条例》第五十三条　评标完成后，评标委员会应当向招标人提交书面评标报告和中标候选人名单。中标候选人应当不超过 3 个，并标明排序。

答案：C

3-22 解析：《建设工程勘察设计管理条例》第二十六条　编制建设工程勘察文件，应当真实、准确，满足建设工程规划、选址、设计、岩土治理和施工的需要。

编制方案设计文件，应当满足编制初步设计文件和控制概算的需要。

编制初步设计文件，应当满足编制施工招标文件、主要设备材料订货和编制施工图设计文件的需要。

答案：D

3-23 解析：《建设工程质量管理条例》第二十二条，设计单位在设计文件中选用的建筑材料、建筑构配件和设备，应当注明规格、型号、性能等等技术指标，其质量要求必须符合国家规定的标准。

除有特殊要求的建筑材料、专用设备、工艺生产线等外，设计单位不得指定生产厂、供应商。

答案：D

3-24 解析：《建设工程质量管理条例》第三十七条　工程监理单位应当选派具备相应资格的总监理工程师和监理工程师进驻施工现场。

未经监理工程师签字，建筑材料、建筑构配件和设备不得在工程上使用或者安装，施工单位不得进行下一道工序的施工。未经总监理工程师签字，建设单位不拨付工程款，不进行竣工验收。

答案：A

3-25 解析：《建筑法》第三十二条　工程监理人员发现工程设计不符合建筑工程质量标准或者合同约定的质量要求的，应当报告建设单位要求设计单位改正。

答案：B

3-26 解析：《建设工程消防设计审查验收管理暂行规定》第八条规定，建设单位依法对建设工程消防设计、施工、工程监理、技术服务等单位依法对建设工程消防设计、施工质量负主体责任。建设、设计、施工、工程监理、技术服务等单位的从业人员对建设工程消防设计、施工质量承担相应的个人责任。

第十条规定，设计单位应当履行的消防设计、施工质量责任和义务：

① 按照建设工程法律法规和国家工程建设消防技术标准进行设计，编制符合要求的消防设计文件，不得违反国家工程建设消防技术标准强制性条文；

② 在设计文件中选用的消防产品和具有防火性能要求的建筑材料、建筑构配件和设备，应当注明规格、性能等技术指标，符合国家规定的标准；

③ 参加建设单位组织的建设工程竣工验收，对建设工程消防设计实施情况签章确认，并对建设工程消防设计质量负责。

答案：D

3-27 解析：《建设工程质量管理条例》第七十二条　违反本条例规定，注册建筑师、注册结构工程师、监理工程师等注册执业人员因过错造成质量事故的，责令停止执业 1 年；造成重大质量事故的，吊销执业资格证书，5 年以内不予注册；情节特别恶劣的，终身不予注册。

答案：A

3-28 解析：《绿色建筑评价标准》GB/T 50378—2019 第 3.2.6 条，绿色建筑划分应为基本级、一星级、二星级、三星级 4 个等级。

答案：D

3-29 解析：《绿色建筑评价标准》GB/T 50378—2019 第 7.1.9 条，建筑造型要素应简约，应无大量装饰性构件，并应符合下列规定：

1) 住宅建筑的装饰性构件造价占建筑总造价的比例不应大于 2%；
2) 公共建筑的装饰性构件造价占建筑总造价的比例不应大于 1%。

答案：C

3-30 解析：《中华人民共和国注册建筑师条例》第九条，符合下列条件之一的，可以申请参加二级注册建筑师考试：

（一）具有建筑学或者相近专业大学本科毕业以上学历，从事建筑设计或者相关业务 2 年以上的；

（二）具有建筑设计技术专业或者相近专业大学毕业以上学历，并从事建筑设计或者相关业务 3 年以上的；

（三）具有建筑设计技术专业 4 年制中专毕业学历，并从事建筑设计或者相关业务 5 年以上的；

（四）具有建筑设计技术相近专业中专毕业学历，并从事建筑设计或者相关业务 7 年以上的；

（五）取得助理工程师以上技术职称，并从事建筑设计或者相关业务 3 年以上的。

答案：C

2024年度二级注册建筑师资格考试

建筑经济 施工与设计业务管理

真 题 试 卷

01. 下列建设总投资中，属于工程建设其他费的是（　　）。
    A 工器具购置费
    B 建筑安装工程费
    C 建设用地费
    D 流动资金

02. 建筑安装工程费用按照构成要素划分，下列属于企业管理费的是（　　）。
    A 劳动保护费
    B 养老保险费
    C 工伤保险费用
    D 住房公积金

03. 关于投资可行性研究报告的作用，下列说法不正确的是（　　）。
    A 企业可行性研究报告是政府投资主管部门核准项目的依据
    B 政府可行性研究报告是政府投资项目主管部门决策的依据
    C 可行性研究报告可代替项目的申请报告
    D 可行性研究是金融机构发放贷款的依据

04. 下列财务分析指标中，属于动态指标的是（　　）。
    A 资产负债率
    B 偿债备付率
    C 投资收益率
    D 净年值

05. 关于流动资金估算，下列说法正确的是（　　）。
    A 流动资金＝流动资产－流动负债
    B 流动资金＝预付账款＋存货＋现金
    C 流动资金＝预付账款－预收账款＋应收账款
    D 流动资金＝原材料存货＋应收账款－应付账款

06. 关于限额设计，下列说法正确的是（　　）。
    A 按照批准的投资调整工程规模
    B 可以通过改变设计依据达到投资的有效途径
    C 适度降低使用功能实现限额设计控制
    D 限额设计的实施包括目标制定、目标分解、目标推进和成果评价四个阶段

07. 关于建筑工程概算的编制方法，下列说法中正确的是（　　）。
    A 一般有扩大单价法、概算指标法和预算定额法
    B 采用扩大单价方式，首先要根据初步设计图纸和说明，再计算工程量
    C 采用扩大单价法时，简单易行，准确度差
    D 当采用初步设计深度不够，不能准确计算工程量，采用扩大单价法

08. 关于施工图预算对建设单位的作用，下列说法正确的是(　　)。
    A 确定项目的最终决策
    B 由建设单位编制
    C 是工程造价管理的最高限额
    D 是支付施工单位工程进度款的依据

09. 关于工程量清单的说法，下列说法中正确的是(　　)。
    A 非国有资金投资的建设工程招标，招标人可编制最高投标限价
    B 工程量清单的准确性和完整性应由投标人负责
    C 招标工程量清单必须由招标人编制
    D 发承包人均按照工程量清单履行合同，不能更改工程量清单里的工程量

10. 下列关于最高投标限价的说法中，正确的是(　　)。
    A 招标人必须编制最高投标限价
    B 投标价可以高于最高投标限价
    C 最高投标限价不包含总承包服务费
    D 规费、税金按照国家和行业部门的规定标准要求计算

11. 关于施工索赔，下列说法中正确的是(　　)。
    A 施工索赔包括工期索赔、费用索赔和利润索赔
    B 承包人可以向发包人索赔，发包人也可以向承包人索赔
    C 费用索赔是施工承包单位要求建设单位补偿其经济损失和利润损失
    D 工程索赔中最关键和最主要的依据是工程建设强制性标准

12. 下列施工过程中发生的情形会导致施工变更的是(　　)。
    A 管理人员变化　　　　　　　　B 施工条件变化
    C 施工人员变化　　　　　　　　D 设备、材料、部件的调整

13. 发包人现场代表与承包人现场代表就施工过程中涉及责任事件所作的是(　　)。
    A 计日工签证　　　　　　　　　B 索赔签证
    C 现场签证　　　　　　　　　　D 工程签证

14. 关于工程竣工结算，下列说法中正确的是(　　)。
    A 工程竣工结算文件由发包人编制
    B 工程竣工结算不包括索赔事项
    C 政府投资项目工程竣工结算不经过财政部门审查
    D 未按照约定的时间编制结算文件视为自动放弃，应按照合同约定时间结算

15. 建设项目后评价指标中，以下属于社会效益性评价指标的是(　　)。
    A 工期、进度、质量
    B 总投资、建设投资、资金控制
    C 物种、植被
    D 征地拆迁、生活保障

16. 未实行监理的项目中，应履行监理单位职责的单位是（　　）。
    A 建设单位　　　　　　　　　　B 建设主管部门
    C 设计单位的项目设计组　　　　D 质量监督部门

17. 制定分项工程和检验批划分方案的单位是（　　）。
    A 建设单位　　　　　　　　　　B 设计单位
    C 施工单位　　　　　　　　　　D 监理单位

18. 关于相关的验收规范，可以调整复验实验的数量不包括（　　）。
    A 同一项目中使用同一生产厂家的同品种、同规格、同批次的材料、构配件、设备
    B 同一施工单位在现场加工的成品、半成品、构配件用于同一项目中的多个单位工程
    C 同一项目中由不同施工单位施工的多个单位工程
    D 工程中针对相同的抽样对象，已有的检验成果可以重复利用

19. 当建筑工程施工质量不符合要求，下列处理方式中错误的是（　　）。
    A 经返工或返修的检验批应重新验收
    B 经有资质的检测机构检测鉴定能达到设计要求的检验批，应予以验收
    C 经有资质的检测机构检测鉴定达不到设计要求，但经原设计单位核算认可能够满足安全和使用功能的检验批，也不予以验收
    D 经返修或加固处理的分项、分部工程，确认能够满足安全及使用功能要求时，应按技术处理方案和协商文件的要求予以验收

20. 下列分部工程中，设计单位项目负责人可以不参加的是（　　）。
    A 地基与基础分部工程　　　　　B 主体结构
    C 建筑电气工程　　　　　　　　D 节能分部工程

21. 下列砌体工程中，可以不征得设计单位同意的是（　　）。
    A 留置临时施工洞口　　　　　　B 墙体上设脚手眼
    C 在墙体埋设管道　　　　　　　D 开凿水平沟槽

22. 下列砌体结构工程的做法中，正确的是（　　）。
    A 配制砌筑砂浆时，各组分材料应采用体积计量
    B 与构造柱相邻部位砌体应砌成马牙槎，马牙槎应先进后退
    C 严禁采用干砖或处于吸水饱和状态的烧结砖
    D 砌筑墙体时，小砌块产品龄期不应小于14d

23. 装配式结构构件位置和尺寸允许偏差的检验方法中，以下不能用尺量检验的是（　　）。
    A 轴线位置　　　　　　　　　　B 相邻构件平整度
    C 构件垂直度　　　　　　　　　D 标高

24. 钢筋代换要出具文件的是（　　）。
    A 建设单位　　　　　　　　　　B 监理单位

    C　设计单位　　　　　　　　　　　D　施工单位

25. 以下选项中，负责组织混凝土实体检验的单位是(　　)。
    A　建设单位　　　　　　　　　　　B　设计单位
    C　监理单位　　　　　　　　　　　D　施工单位

26. 混凝土结构出现严重缺陷需要进行处理，制定处理方案的是(　　)。
    A　建设单位　　　　　　　　　　　B　设计单位
    C　监理单位　　　　　　　　　　　D　施工单位

27. 下列不属于屋面工程隐蔽验收的部位是(　　)。
    A　卷材、涂膜防水层　　　　　　　B　保温层的铺设方式
    C　开裂部位的附加防水层　　　　　D　接缝的密封处理

28. 下列关于卷材防水层的说法中，正确的是(　　)。
    A　卷材防水层应铺设在主体结构的背水面
    B　顶板保护层采用人工回填的厚度不大于50mm
    C　铺贴双层卷材时，两层卷材相互垂直铺贴
    D　底板可采用细石混凝土保护层

29. 下列关于蓄水隔热层的说法中，错误的是(　　)。
    A　蓄水隔热层与屋面防水层之间应设隔离层
    B　蓄水池的所有孔洞应预留，不得后凿
    C　每个蓄水区的防水混凝土应一次浇筑完毕
    D　防水混凝土的养护时间不小于7天

30. 下列关于卷材防水层施工的说法中，正确的是(　　)。
    A　屋面坡度大于30％时，卷材应采取满粘和钉压固定措施
    B　上下层卷材相互垂直铺贴
    C　平行于屋脊的卷材搭接缝，应顺着流水方向
    D　相邻两幅卷材长边搭接缝应错开

31. 下列关于瓦屋面的说法中，错误的是(　　)。
    A　在大风及地震设防地区或屋面坡度大于100％时，瓦片应采取固定加强措施
    B　沥青瓦屋面坡度小于20％的时候，采用粘结的方法
    C　瓦屋面檐沟、天沟的防水层，可采用金属板材
    D　烧结瓦屋面的坡度不应小于30％

32. 关于建筑装饰装修方案，下列做法中错误的是(　　)。
    A　施工单位应编制施工组织设计并经过审查批准
    B　涉及承重结构变动时，委托原结构设计单位提出设计方案
    C　涉及承重结构变动时，委托具有相应能力的施工单位进行安全复核
    D　施工前，由施工单位制定单位工程、分部工程、分项工程和检验批的划分方案

33. 下列关于建筑装饰装修施工的说法中，错误的是(　　)。

A 建筑装饰装修工程应具完整的施工图设计文件
B 金属门窗安装应采用预留洞口的方法施工
C 轻质隔墙与顶棚和其他墙体的交接处应采取防开裂措施
D 验收后施工现场的垃圾清理干净

34. 下列项目中，采用小锤轻击方法检验的是（   ）。
    A 砂浆防水层防渗漏
    B 抹灰层之间连接牢固，无脱层、空鼓
    C 金属门窗扇安装牢固、开关灵活
    D 饰面砖粘贴牢固

35. 建筑装饰装修工程中，无需进行复验的指标是（   ）。
    A 室内人造地板的传热系数
    B 抹灰工程中，砂浆的拉伸粘结强度
    C 建筑外窗的抗风压性能
    D 室内用花岗石板的放射性

36. 下列不属于隐蔽工程验收项目内容的是（   ）。
    A 吊顶内设备的安装   B 门窗工程
    C 幕墙防雷连接节点   D 饰面砖

37. 下列关于玻璃幕墙的说法中，错误的是（   ）。
    A 玻璃的厚度不应小于6.0mm   B 中空玻璃应采用双道密封
    C 钢化玻璃表面不得有损伤   D 硅酮结构密封胶必须现场注胶

38. 关于地面基层铺设，下列说法中错误的是（   ）。
    A 地面应铺设在均匀密实的基土上   B 基土不应用建筑杂物作为填土
    C 灰土垫层适宜在冬期施工   D 水泥混凝土垫层的厚度不应小于60mm

39. 三合土与四合土相比较，缺少的材料是（   ）。
    A 水泥   B 石灰   C 砂   D 碎砖

40. 关于大理石、花岗石的铺设，下列说法中正确的是（   ）。
    A 应在结合层上铺设
    B 板材应浸湿，并在湿润的状态下铺设
    C 铺设后，板块的背面和侧面应进行防碱处理
    D 碎拼的面层表面平整度允许偏差值为5mm

41. 下列关于资质申请的说法中，正确的是（   ）。
    A 工程设计综合资质设甲级和乙级
    B 工程设计行业资质设甲级、乙级和丙级
    C 企业首次申请工程设计资质，可直接申请甲级
    D 企业首次申请设计资质，最高不超乙级

42. 关于设计单位的质量责任和义务，下列说法中错误的是（   ）。

A 设计单位必须按照工程建设强制性标准进行设计,并对设计的质量负责
B 设计单位应按勘察成果文件进行设计
C 设计单位在设计文件中不得指定生产厂、供应商
D 设计单位与注册建筑师对因质量造成的损失承担连带赔偿责任

43. 未取得高级工程师职称,不可担任总承包项目经理的是( )。
    A 注册建筑师   B 建造师
    C 注册咨询工程师(投资)   D 监理工程师

44. 下列行为中,属于注册建筑师合法行为的是( )。
    A 具有注册建筑师资格的高校教师,可自行选择注册单位
    B 被注销注册者,不得重新申请注册
    C 不准他人以本人名义执业的
    D 可以个人名义接收委托并收取设计费用

45. 对于注册申请人,不予注册的情形是( )。
    A 被吊销过执业证书的
    B 曾受到刑事处罚
    C 曾受到行政处罚,自处罚决定之日起至申请之日止不满二年
    D 已达到退休年龄

46. 下列项目中可以不招标的项目是( )。
    A 必须采用特定专利的
    B 建设单位委托原设计单位进行设计的
    C 建设项目局部需进行特殊处理的
    D 建设单位能够自行施工的

47. 下列公用事业项目采购可不参加招标的是( )。
    A 单项资金合同估算价2000万元   B 空调合同的采购估算价600万元
    C 幕墙合同估算价500万元   D 设计服务采购估算价80万元

48. 下列关于设计的发包与承包说法中,错误的是( )。
    A 发包人可与总承包人订立合同,也可分别与勘察人、设计人、施工人订立合同
    B 设计招标人中标后,按照合同约定将项目的非主体、非关键部分进行分包
    C 经发包人同意,将主体部分的设计分包给其他人
    D 禁止分包单位将其承包的工程再分包

49. 设计文件的编制依据不包括( )。
    A 城乡规划   B 项目批准文件
    C 施工方案   D 工程建设强制性标准

50. 以下选项中,初步设计文件应满足( )。
    A 控制概算的需要
    B 编制初步设计文件的需要

C 编制施工招标文件的需要
D 设备材料采购的需要

51. 下列关于施工图设计文件的说法中，正确的是(   )。
    A 由设计单位报送施工图设计文件审查
    B 对涉及有节能的专业的设计，在设计说明中应有节能设计的专项内容
    C 必须交付各专业计算书
    D 施工图设计文件应满足方案审批或报批的需要

52. 关于对原设计文件进行重大修改，下列说法中正确的是(   )。
    A 建设单位可以直接委托其他具有相应资质的建设工程设计单位修改
    B 建设单位必须委托建设工程原设计单位修改
    C 修改单位与原设计单位对修改的设计文件承担连带责任
    D 建设单位应报原审批机关批准后方可修改

53. 关于团体标准，下列说法中正确的是(   )。
    A 具备自主创新的技术
    B 不得高于强制性国家标准的要求
    C 需要社会团体协助市场主体，共同确定团体标准
    D 团体标准要求本团体强制使用

54. 建设工程设计文件中采用新技术、新材料，可能影响建设工程质量和安全又没有国家技术标准的，其检验报告的检测机构的资格应(   )。
    A 由国务院有关主管部门认可
    B 由省级人民政府认可
    C 由市级人民政府认可
    D 由行业协会认可

55. 下列关于城市规划的说法中，错误的是(   )。
    A 修建性详细规划、建设工程设计方案的总平面图确需修改的，城乡规划主管部门必须采取听证会，听取利害关系人的意见
    B 因依法修改规划给利害关系人合法权益造成损失的，应当依法给予补偿
    C 未经核实或者经核实不符合规划条件的，建设单位不得组织竣工验收
    D 建设单位应当在竣工验收后六个月内向城乡规划主管部门报送有关竣工验收资料

56. 下列关于工程监理的说法中，错误的是(   )。
    A 工程监理单位应当在其资质等级许可的监理范围内，承担工程监理业务
    B 工程监理单位不得转让工程监理业务
    C 未经总监理工程师签字，建设单位不拨付工程款，不进行竣工验收
    D 工程监理单位与被监理工程的施工单位、设计单位、材料构配件和设备供应单位不得有利害关系

57. 在消防设计中，以下不属于设计单位履行的职责是(   )。
    A 编制符合要求的消防设计文件

B 对建设工程消防设计质量负责

C 参加建设单位组织的建设工程竣工验收

D 申请消防审查验收备案等

58. 以下不属于监理范围的是( )。

   A 施工质量　　　B 建设工期　　　C 质量保修　　　D 建设资金使用

59. 以下选项中,注册建筑师的处罚方式包括( )。

   A 对注册建筑师处以行政拘留的行政处罚

   B 由县级以上人民政府建设行政主管部门没收违法所得

   C 对注册建筑师处以罚金

   D 对注册建筑师处以拘役的刑事处罚

60. 注册建筑师在执业过程中,因过错造成重大质量安全事故的,应承担的相关法律责任是( )。

   A 吊销执业资格证书,终身不予注册

   B 吊销执业资格证书,5年内不予注册

   C 责令停止执业1年

   D 承担赔偿责任

参考答案及解析

01. **解析**：建设项目总投资包括①建设投资；②建设期利息；③流动资金。其中建设投资又包括①设备及工器具购置费；②建筑安装工程费；③工程建设其他费；④预备费。建设投资中的工程建设其他费用包括①建设用地费；②与项目建设有关的其他费用；③与企业未来生产经营有关的其他费用。其中建设用地费包括农用土地征用费和取得国有土地使用费；与项目建设有关的其他费用包括建设单位管理费、建设单位临时设施费、勘察设计费、研究试验费、工程监理费、工程保险费、引进技术和进口设备其他费用、环境影响评价费、劳动安全卫生评价费、工程质量监督费、特殊设备安全监督检验费、市政公用设施建设和绿化补偿费；与未来企业生产经营有关的费用包括联合试运转费、生产准备费、办公和生活家具购置费。故选项C正确。
    答案：C

02. **解析**：建筑安装工程费用项目按费用构成要素组成划分为人工费、材料（含工程设备）费、施工机具使用费、企业管理费、利润、规费和税金（增值税）。其中企业管理费是指建筑安装企业组织施工生产和经营管理所需的费用，包括管理人员工资、办公费、差旅交通费、固定资产使用费、工具用具使用费、劳动保险和职工福利费、劳动保护费、检验试验费、工会经费、职工教育经费、财产保险费、财务费、税金及附加（指企业按规定缴纳的房产税、车船税、土地使用税、印花税、城市维护建设税、教育税附加、地方教育附加等）、其他。选项A属于企业管理费，选项B、C、D属于规费，故选项A正确。
    答案：A

03. **解析**：可行性研究报告与项目申请报告是不同性质的两个文件。可行性研究报告是论证投资项目在技术上、经济上的可行性；项目申请报告是企业投资建设政府核准项目时，为获得项目核准机关对拟建项目的行政许可，按核准要求报送的项目论证报告。政府有关部门从维护公共利益的角度进行核准。项目申请报告的作用是从政府公共管理的角度，回答项目建设的外部性、公共性事项，包括维护经济安全、合理开发利用资源、保护生态环境、优化重大布局、保障公众利益、防止出现垄断等，为核准机关对项目进行核准提供依据。故选项C不正确。
    答案：C

04. **解析**：财务分析指标包括盈利能力分析指标、偿债能力指标等。盈利能力分析评价指标分为静态评价指标和动态评价指标。静态评价指标包括：静态投资回收期、投资收益率，其中投资收益率又包括总投资收益率和资本金净利润率指标。盈利能力分析的动态分析指标包括：财务净现值、财务内部收益率、财务净现值率、动态投资回收期。净现值、净年值、内部收益率都属于动态评价指标。

偿债能力指标包括利息备付率、偿债备付率、资产负债率等，均为静态指标。故选项 D 正确。

答案： D

05. **解析：** 流动资金是指建设项目投产后，为维持正常生产年份的正常经营，用于购买原材料、燃料、支付工资及其他生产经营费用等所必不可少的周转资金。流动资金等于项目投产运营后所需全部流动资产减去流动负债后的余额，即：流动资金＝流动资产－流动负债。故选项 A 正确。

答案： A

06. **解析：** 限额设计是指按照投资或造价的限额开展满足技术要求的设计工作。即按照可行性研究报告批准的投资限额进行初步设计，按照批准的初步设计概算进行施工图设计，按照施工图预算对施工图设计中各专业设计文件作出决策的设计工作程序。

   限额设计的实施是建设工程造价目标的动态反馈和管理过程，可分为目标制定、目标分解、目标推进和成果评价四个阶段。

   采用限额设计，首先应保证设计的技术标准、使用功能符合国家和行业标准以及合同要求，建设规模应满足可行性研究和合同的要求。选项 A、B、C 错误，故选 D。

答案： D

07. **解析：** 建筑工程概算的编制方法又称概算定额法（扩大单价法）、概算指标法、类似工程预算法等。

   概算定额法又叫扩大单价法或扩大结构定额法，是利用概算定额编制单位建筑工程概算的方法。当初步设计建设项目达到一定深度，建筑结构比较明确，基本上能按初步设计图纸计算出楼面、地面、墙体、门窗和屋面等分部工程的工程量时，可采用这种方法编制建筑工程概算。

   采用这种方法首先根据初步设计图纸和说明书，按概算定额中的项目计算工程量，然后再根据计算的工程量套用相应的扩大单位估价、计算材料、人工、机械使用费，再计算其他各项费用，汇总而成单位建筑工程费。这种方法编制的建筑工程概算相对比较准确。

   故选项 B 正确，选项 A、C、D 错误。

答案： B

08. **解析：** 施工图预算是办理财务拨款、工程贷款和工程结算的依据。选项 D 正确。确定项目的最终决策发生在策划阶段，施工图预算的编制是在项目决策后的勘察设计阶段，选项 A 错误。施工图预算由设计单位编制，选项 B 错误。经批准的设计概算是工程造价管理的最高限额，选项 C 错误。故选项 D 符合题意。

答案： D

09. **解析：** 根据《建设工程工程量清单计价规范》GB 50500—2013 相关条款如下。

   2.0.45 "招标控制价"招标人根据国家或省级、行业建设主管部门颁发的有关计价依据和办法，以及拟定的招标文件和招标工程量清单，结合工程具体情况编制的招标工程的最高投标限价。

3.1.2 非国有资金投资的建设工程，宜采用工程量清单计价。

4.1.1 招标工程量清单应由具有编制能力的招标人或受其委托、具有相应资质的工程造价咨询人编制。

4.1.2 招标工程量清单必须作为招标文件的组成部分，其准确性和完整性应由招标人负责。

4.1.3 招标工程量清单是工程量清单计价的基础，应作为编制招标控制价、投标报价、计算或调整工程量、索赔等的依据之一。

5.1.1 国有资金投资的建设工程招标，招标人必须编制招标控制价。

根据 3.1.2 条和 5.1.1 条，选项 A 正确。

根据 4.1.1 条，选项 C 错误；根据 4.1.2 条，选项 B 错误；根据 4.1.3 条，选项 D 错误。

根据住房和城乡建设部颁布的《建筑工程施工发包与承包计价管理办法》（住建部令 第 16 号）的规定，国有资金投资的建筑工程招标的，应当设有最高投标限价；非国有资金投资的建筑工程招标的，可以设有最高投标限价或者招标标底。

答案：A

10. 解析：根据《建设工程工程量清单计价规范》GB 50500—2013 相关条款如下。

5.1.1：国有资金投资的建设工程招标，招标人必须编制招标控制价。

《中华人民共和国招标投标法实施条例》规定的最高投标限价与《建设工程工程量清单计价规范》GB 50500—2013 中的招标控制价内涵相同，即规范中的"招标控制价"就是最高投标限价。国有资金投资的建设工程招标，招标人必须编制最高投标限价。对于非国有资金投资的建设工程招标，不一定设有最高投标限价。故选项 A 错误。

6.1.5 投标人的投标报价高于招标控制价的应予废标。

投标价不能高于招标人设定的最高投标限价（招标控制价）。故选项 B 错误。

最高投标限价包括分部分项工程费、措施项目费、其他项目费、规费和增值税。总承包服务费属于其他项目费。故选项 C 错误。

3.1.6 规费和增值税必须按国家或省级、行业建设主管部门的规定计算，不得作为竞争性费用。故选项 D 正确。

答案：D

11. 解析：工程索赔分为工期索赔和费用索赔，不包括利润索赔。故选项 A 错误。

工程索赔是指在工程合同履行过程中，当事人一方因非己方的原因而遭受经济损失或工期延误，按照合同约定或法律规定，应由对方承担责任，而向对方提出工期和（或）费用补偿要求的行为。承包人可以向发包人索赔，发包人也可以向承包人索赔。故选项 B 正确。

费用索赔是施工承包单位（承包人）要求建设单位（发包人）补偿其经济损失，不包括利润损失。故选项 C 错误。

工程索赔中最关键和最主要的依据是工程施工合同文件。故选项 D 错误。

答案：B

12. **解析**：根据《建设工程施工合同（示范文本）》中的工程变更条款，工程变更包括下列情形：①增加或减少合同中任何工作，或追加额外的工作；②取消合同中任何工作，但转由他人实施的工作除外；③改变合同中任何工作的质量标准或其他特性；④改变工程的基线、标高、位置和尺寸；⑤改变工程的时间安排或实施顺序。施工条件变化会引起相关合同条件发生变化，故选项 B 正确。其他选项不符合工程变更相关条款，故错误。

    答案：B

13. **解析**：根据《建设工程工程量清单计价规范》GB 50500—2013 中第 2.0.24 条，"现场签证"专指在工程建设的施工过程中，发承包双方的现场代表（或其委托人）对施工过程中由于发包人的责任致使承包人在工程施工中合同内容外发生了额外的费用或其他与合同约定事项不符的情况，由承包人通过书面形式向发包人提出并予以签字确认的证明。故选项 C 正确。

    答案：C

14. **解析**：根据《建设工程价款结算暂行办法》相关条款如下。

    第十四条 工程完工后，双方应按照约定的合同价款及合同价款调整内容以及索赔事项，进行工程竣工结算（故选项 B 错误）。

    1. 单位工程竣工结算由承包人编制，发包人审查；实行总承包的工程，由具体承包人编制，在总承包人审查的基础上，发包人审查（故选项 A 错误）。

    2. 单项工程竣工结算或建设项目竣工总结算由总（承）包人编制，发包人可直接进行审查，也可以委托具有相应资质的工程造价咨询机构进行审查。政府投资项目，由同级财政部门审查。单项工程竣工结算或建设项目竣工总结算经发、承包人签字盖章后有效（故选项 C 错误）。

    承包人应在合同约定期限内完成项目竣工结算编制工作，未在规定期限内完成的并且提不出正当理由延期的，责任自负。

    第十六条 承包人如未在规定时间内提供完整的工程竣工结算资料，经发包人催促后 14 天内仍未提供或没有明确答复，发包人有权根据已有资料进行审查，责任由承包人自负（故选项 D 正确）。

    答案：D

15. **解析**：项目后评价的基本指标包括工程技术、财务和经济、生态与环境、社会效益、管理效能、项目目标和可持续性等评价指标。其中项目社会效益评价主要指标包括利益相关群体、移民和拆迁、项目区贫困人口、最低生活保障线等。故选项 D 正确。

    工期、进度、质量属于工程技术评价指标。故选项 A 错误。
    总投资、建设投资、资金控制属于财务和经济评价指标。故选项 B 错误。
    物种、植被属于生态与环境评价指标。故选项 C 错误。

    答案：D

16. **解析**：根据《建筑工程施工质量验收统一标准》GB 50300—2013 中第 3.0.2 条，未实行监理的建筑工程，建设单位相关人员应履行本标准涉及的监理职责。故选项 A 表述正确。

答案：A

17. 解析：根据《建筑工程施工质量验收统一标准》GB 50300—2013 中第 4.0.7 条，施工前，应由施工单位制定分项工程和检验批的划分方案，并由监理单位审核。对于附录 B 及相关专业验收规范未涵盖的分项工程和检验批，可由建设单位组织监理、施工等单位协商确定。故选项 C 表述正确。

答案：C

18. 解析：根据《建筑工程施工质量验收统一标准》GB 50300—2013 第 3.0.4 条，符合下列条件之一时，可按相关专业验收规范的规定适当调整抽样复验、试验数量，调整后的抽样复验、试验方案应由施工单位编制，并报监理单位审核确认。

  1. 同一项目中由相同施工单位施工的多个单位工程，使用同一生产厂家的同品种、同规格、同批次的材料、构配件、设备（包括选项 A）；

  2. 同一施工单位在现场加工的成品、半成品、构配件用于同一项目中的多个单位工程（包括选项 B）；

  3. 在同一项目中，针对同一抽样对象已有检验成果可以重复利用（包括选项 D）。
故不包括选项 C。

答案：C

19. 解析：根据《建筑工程施工质量验收统一标准》GB 50300—2013 第 5.0.6 条，当建筑工程施工质量不符合要求时，应按下列规定进行处理：

  1. 经返工或返修的检验批，应重新进行验收（选项 A 表述正确）；

  2. 经有资质的检测机构检测鉴定能够达到设计要求的检验批，应予以验收（选项 B 表述正确）；

  3. 经有资质的检测机构检测鉴定达不到设计要求、但经原设计单位核算认可能够满足安全和使用功能的检验批，可予以验收（选项 C 表述错误）；

  4. 经返修或加固处理的分项、分部工程，满足安全及使用功能要求时，可按技术处理方案和协商文件的要求予以验收（选项 D 表述正确）。

答案：C

20. 解析：根据《建筑工程施工质量验收统一标准》GB 50300—2013 第 6.0.3 条，分部工程应由总监理工程师组织施工单位项目负责人和项目技术负责人等进行验收。

  勘察、设计单位项目负责人和施工单位技术、质量部门负责人应参加地基与基础分部工程的验收（包括了选项 A）。

  设计单位项目负责人和施工单位技术、质量部门负责人应参加主体结构、节能分部工程的验收（包括了选项 B、D）。

  故选项 C 正确。

答案：C

21. 解析：根据《砌体结构工程施工质量验收规范》GB 50203—2011 相关条款如下。

  3.0.8　在墙上留置临时施工洞口，其侧边离交接处墙面不应小于 500mm，洞口净宽度不应超过1m。抗震设防烈度为9度的地区建筑物的临时施工洞口位置,应会同设计单位确定。

可见,"留置临时施工洞口"有时需征求设计单位意见,故选项A表述有误。

3.0.9 不得在下列墙体或部位设置脚手眼:

1. 120mm厚墙、清水墙、料石墙、独立柱和附墙柱;
2. 过梁上与过梁成60°角的三角形范围及过梁净跨度1/2的高度范围内;
3. 宽度小于1m的窗间墙;
4. 门窗洞口两侧石砌体300mm,其他砌体200mm范围内;转角处石砌体600mm,其他砌体450mm范围内;
5. 梁或梁垫下及其左右500mm范围内;
6. 设计不允许设置脚手眼的部位;
7. 轻质墙体;
8. 夹心复合墙外叶墙。

可见,《砌体结构工程施工质量验收规范》对脚手眼仅有位置限制,而无"需征求设计单位意见"的要求。故选项B表述正确。

3.0.11 设计要求的洞口、管道、沟槽应于砌筑时正确留出或预埋,未经设计同意,不得打凿墙体和在墙体上开凿水平沟槽。宽度超过300mm的洞口上部,应设置钢筋混凝土过梁。不应在截面长边小于500mm的承重墙体、独立柱内埋设管线。

故选项C、D表述错误。

答案: B

22. **解析:** 根据《砌体结构工程施工质量验收规范》GB 50203—2011相关条款如下。

4.0.8 配制砌筑砂浆时,各组分材料应采用质量计量(故选项A做法错误)。

8.2.3 构造柱与墙体的连接处应符合下列规定:墙体应砌成马牙槎,马牙槎凹凸尺寸不宜小于60mm,高度不应超过300mm,马牙槎应先退后进,对称砌筑(故选项B"马牙槎应先进后退"的做法错误)。

5.1.6 砌筑烧结普通砖、烧结多孔砖、蒸压灰砂砖、蒸压粉煤灰砖砌体时,砖应提前1～2d适度湿润,严禁采用干砖或处于吸水饱和状态的砖砌筑(故选项C做法正确)。

6.1.3 施工采用的小砌块的产品龄期不应小于28d(故选项D做法错误)。

答案: C

23. **解析:** 根据《混凝土结构工程施工质量验收规范》GB 50204—2015 第9.3.9条,装配式结构施工后,预制构件位置、尺寸偏差及检验方法应符合设计要求;当设计无具体要求时,应符合表9.3.9的规定。预制构件与现浇结构连接部位的表面平整度应符合表9.3.9的规定。

装配式结构构件位置和尺寸允许偏差及检验方法 表9.3.9

项目		允许偏差(mm)	检验方法
构件轴线位置	竖向构件(柱、墙板、桁架)	8	经纬仪及尺量
	水平构件(梁、楼板)	5	

续表

项目			允许偏差(mm)	检验方法
标高	梁、柱、墙板楼板底面或顶面		±5	水准仪或拉线、尺量
构件垂直度	柱、墙板安装后的高度	≤6m	5	经纬仪或吊线、尺量
		>6m	10	
构件倾斜度	梁、桁架		5	经纬仪或吊线、尺量
相邻构件平整度	梁、楼板底面	外露	3	2m靠尺和塞尺量测
		不外露	5	
	柱、墙板	外露	5	
		不外露	8	
构件搁置长度	梁、板		±10	尺量
支座、支垫中心位置	板、梁、柱、墙板、桁架		10	尺量
墙板接缝宽度			±5	尺量

据表9.3.9可知，选项A、C、D均可用"尺量"的方法检验。而相邻构件平整度则需采用"2m靠尺和塞尺量测"的检验方法，虽然也可归结为"尺量法"，但与其他几个项目的检验方法有较大区别，故选项B较符合题意。

答案：B

24. 解析：根据《混凝土结构通用规范》GB 55008—2021中第2.0.11条，当施工中进行混凝土结构构件的钢筋、预应力筋代换时，应符合设计规定的构件承载能力、正常使用、配筋构造及耐久性能要求，并应取得设计变更文件。故选项C表述正确。

答案：C

25. 解析：根据《混凝土结构工程施工质量验收规范》GB 50204—2015中第10.1.1条，结构实体检验应由监理单位组织施工单位实施，并见证实施过程。施工单位应制定结构实体检验专项方案，并经监理单位审核批准后实施。除结构位置与尺寸偏差外，结构实体检验项目，应由具有相应资质的检测机构完成。故选项C表述正确。

答案：C

26. 解析：根据《混凝土结构工程施工质量验收规范》GB 50204—2015中第8.2.1条，现浇结构的外观质量不应有严重缺陷。对已经出现的严重缺陷，应由施工单位提出技术处理方案，并经监理单位认可后进行处理；对裂缝或连接部位的严重缺陷及其他影响结构安全的严重缺陷，技术处理方案尚应经设计单位认可。对经处理的部位应重新验收。故选项D表述正确。

答案：D

27. 解析：根据《屋面工程质量验收规范》GB 50207—2012中第9.0.6条，屋面工程应对下列部位进行隐蔽工程验收：

1. 卷材、涂膜防水层的基层（选项 A 不属于）；
2. 保温层的隔汽和排汽措施；
3. 保温层的铺设方式、厚度、板材缝隙填充质量及热桥部位的保温措施（选项 B 属于）；
4. 接缝的密封处理（选项 D 属于）；
5. 瓦材与基层的固定措施；
6. 檐沟、天沟、泛水、水落口和变形缝等细部做法；
7. 在屋面易开裂和渗水部位的附加层（选项 C 属于）；
8. 保护层与卷材、涂膜防水层之间的隔离层；
9. 金属板材与基层的固定和板缝间的密封处理；
10. 坡度较大时，防止卷材和保温层下滑的措施。

答案：A

28. 解析：根据《地下防水工程质量验收规范》GB 50208—2011 相关规定如下。

    4.3.1 卷材防水层适用于受侵蚀性介质作用或受振动作用的地下工程；卷材防水层应铺设在主体结构的迎水面（故选项 A 说法错误）。

    4.3.6 防水卷材的搭接宽度应符合表 4.3.6 的要求。铺贴双层卷材时，上下两层和相邻两幅卷材的接缝应错开 1/3～1/2 幅宽，且两层卷材不得相互垂直铺贴（故选项 C 说法错误）。

    4.3.13 卷材防水层完工并经验收合格后应及时做保护层。保护层应符合下列规定：

    1. 顶板的细石混凝土保护层与防水层之间宜设置隔离层。细石混凝土保护层厚度：机械回填时不宜小于 70mm，人工回填时不宜小于 50mm（故选项 B 说法错误）；
    2. 底板的细石混凝土保护层厚度不应小于 50mm（故选项 D 说法正确）；
    3. 侧墙宜采用软质保护材料或铺抹 20mm 厚 1：2.5 水泥砂浆。

    答案：D

29. 解析：根据《屋面工程质量验收规范》GB 50207—2012 相关规定如下。

    5.8.1 蓄水隔热层与屋面防水层之间应设隔离层（故选项 A 说法正确）。

    5.8.2 蓄水池的所有孔洞应预留，不得后凿；所设置的给水管、排水管和溢水管等，均应在蓄水池混凝土施工前安装完毕（故选项 B 说法正确）。

    5.8.3 每个蓄水区的防水混凝土应一次浇筑完毕，不得留施工缝（故选项 C 说法正确）。

    5.8.4 防水混凝土应用机械振捣密实，表面应抹平和压光，初凝后应覆盖养护，终凝后浇水养护不得少于 14d；蓄水后不得断水（故选项 D 说法错误）。

    答案：D

30. 解析：根据《屋面工程质量验收规范》GB 50207—2012 相关条款如下。

    6.2.1 屋面坡度大于 25% 时，卷材应采取满粘和钉压固定措施（故选项 A 说法错误）。

    6.2.2 卷材铺贴方向应符合下列规定：

1. 卷材宜平行屋脊铺贴；
2. 上下层卷材不得相互垂直铺贴（故选项 B 说法错误）。

6.2.3 卷材搭接缝应符合下列规定：

1. 平行屋脊的卷材搭接缝应顺流水方向（故选项 C 说法正确）；
2. 相邻两幅卷材短边搭接缝应错开，且不得小于 500mm（故选项 D 说法错误）；
3. 上下层卷材长边搭接缝应错开，且不得小于幅宽的 1/3。

答案：C

31. 解析：根据《屋面工程技术规范》GB 50345—2012 相关条款如下。

    4.8.4 在大风及地震设防地区或屋面坡度大于 100%时，瓦片应采取固定加强措施（故选项 A 说法正确）。

    4.8.8 瓦屋面檐沟、天沟的防水层，可采用防水卷材或防水涂膜，也可采用金属板材（故选项 C 说法正确）。

    4.8.9 烧结瓦、混凝土瓦屋面的坡度不应小于 30%（故选项 D 说法正确）。

    4.8.13 沥青瓦屋面的坡度不应小于 20%（故选项 B 说法错误）。

    答案：B

32. 解析：根据《建筑装饰装修工程质量验收标准》GB 50210—2018 第 3.3.1 条，施工单位应编制施工组织设计并经过审查批准。施工单位应按有关的施工工艺标准或经审定的施工技术方案施工，并应对施工全过程实行质量控制（选项 A 做法正确）。

    根据《建筑与市政工程施工质量控制通用规范》GB 55032—2022 相关条款如下。

    3.3.7 装饰装修工程施工应符合下列规定：

    1. 当既有建筑装饰装修工程设计涉及主体结构和承重结构变动时，应在施工前委托原结构设计单位或具有相应资质等级的设计单位提出设计方案，或由鉴定单位对建筑结构的安全性进行鉴定，依据鉴定结果确定设计方案（选项 B 做法正确，选项 C 做法错误）；
    2. 建筑外墙外保温系统与外墙的连接应牢固，保温系统各层之间的连接应牢固；
    3. 建筑外门窗应安装牢固，推拉门窗扇应配备防脱落装置；
    4. 临空处设置的用于防护的栏杆以及无障碍设施的安全抓杆应与主体结构连接牢固；
    5. 重量较大的灯具，以及电风扇、投影仪、音响等有振动荷载的设备仪器，不应安装在吊顶工程的龙骨上。

    4.1.2 施工前，应由施工单位制定单位工程、分部工程、分项工程和检验批的划分方案，并应由监理单位审核通过后实施。施工现场情况与附录不同时，应按实际情况进行分部工程、分项工程和检验批划分，由建设单位组织监理单位、施工单位共同确定（故选项 D 做法正确）。

    答案：C

33. 解析：根据《建筑装饰装修工程质量验收标准》GB 50210—2018 相关条款如下。

    3.1.1 建筑装饰装修工程应进行设计，并应出具完整的施工图设计文件（故选项 A 说法正确）。

  6.1.8 金属门窗和塑料门窗安装应采用预留洞口的方法施工（故选项 B 说法正确）。

  8.1.7 轻质隔墙与顶棚和其他墙体的交接处应采取防开裂措施（故选项 C 说法正确）。

  3.3.15 建筑装饰装修工程验收前应将施工现场清理干净（故选项 D 说法错误）。

  答案：D

34. 解析：根据《建筑装饰装修工程质量验收标准》GB 50210—2018 相关条款如下。

  5.2.3 砂浆防水层不得有渗漏现象。检验方法：检查雨后或现场淋水检验记录（故选项 A 说法错误）。

  4.2.4 抹灰层与基层之间及各抹灰层之间应粘结牢固，抹灰层应无脱层和空鼓，面层应无爆灰和裂缝。检验方法：观察；用小锤轻击检查；检查施工记录（故选项 B 说法正确）。

  6.3.3 金属门窗扇应安装牢固、开关灵活、关闭严密、无倒翘。推拉门窗扇应安装防止扇脱落的装置。检验方法：观察；开启和关闭检查；手扳检查（故选项 C 说法错误）。

  10.2.3 内墙饰面砖粘贴应牢固。检验方法：手拍检查，检查施工记录（故选项 D 说法错误）。

  答案：B

35. 解析：根据《建筑装饰装修工程质量验收标准》GB 50210—2018 相关条款如下。

  4.1.3 抹灰工程应对下列材料及其性能指标进行复验：

  1. 砂浆的拉伸粘结强度（选项 B 需复验）；

  2. 聚合物砂浆的保水率。

  6.1.3 门窗工程应对下列材料及其性能指标进行复验：

  1. 人造木板门的甲醛释放量；

  2. 建筑外窗的气密性能、水密性能和抗风压性能（选项 C 需复验）。

  9.1.3 饰面板工程应对下列材料及其性能指标进行复验：

  1. 室内用花岗石板的放射性、室内用人造木板的甲醛释放量（选项 D 需复验）；

  2. 水泥基粘结料的粘结强度；

  3. 外墙陶瓷板的吸水率；

  4. 严寒和寒冷地区外墙陶瓷板的抗冻性。

  故选项 A 符合题意。

  答案：A

36. 解析：根据《建筑装饰装修工程质量验收标准》GB 50210—2018 相关条款如下。

  7.1.4 吊顶工程应对下列隐蔽工程项目进行验收：

  1. 吊顶内管道、设备的安装及水管试压、风管严密性检验（包含选项 A）；

  2. 木龙骨防火、防腐处理；

  3. 埋件；

  4. 吊杆安装；

5. 龙骨安装；

6. 填充材料的设置；

7. 反支撑及钢结构转换层。

6.1.2 门窗工程验收时应检查下列文件和记录：

1. 门窗工程的施工图、设计说明及其他设计文件；

2. 材料的产品合格证书、性能检验报告、进场验收记录和复验报告；

3. 特种门及其配件的生产许可文件；

4. 隐蔽工程验收记录（包含选项B）；

5. 施工记录。

11.1.4 幕墙工程应对下列隐蔽工程项目进行验收：

1. 预埋件或后置埋件、锚栓及连接件；

2. 构件的连接节点；

3. 幕墙四周、幕墙内表面与主体结构之间的封堵；

4. 伸缩缝、沉降缝、防震缝及墙面转角节点；

5. 隐框玻璃板块的固定；

6. 幕墙防雷连接节点（包含选项C）；

7. 幕墙防火、隔烟节点；

8. 单元式幕墙的封口节点。

10.1.4 饰面砖工程应对下列隐蔽工程项目进行验收：

1. 基层和基体；

2. 防水层（不包含选项D）。

答案：D

37. **解析**：根据《建筑装饰装修工程质量验收标准》GB 50210—2018 第 11.1.10 条，硅酮结构密封胶的注胶应在洁净的专用注胶室进行，且养护环境、温度、湿度条件应符合结构胶产品的使用规定。故选项D说法错误。

答案：D

38. **解析**：根据《建筑地面工程施工质量验收规范》GB 50209—2010 相关条款如下。

4.2.1 地面应铺设在均匀密实的基土上。土层结构被扰动的基土应进行换填，并予以压实。压实系数应符合设计要求（选项A说法正确）。

4.2.5 基土不应用淤泥、腐殖土、冻土、耕植土、膨胀土和建筑杂物作为填土，填土土块的粒径不应大于50mm（选项B说法正确）。

4.3.5 灰土垫层不宜在冬期施工。当必须在冬期施工时，应采取可靠措施（选项C说法错误）。

4.8.2 水泥混凝土垫层的厚度不应小于60mm；陶粒混凝土垫层的厚度不应小于80mm（选项D说法正确）。

答案：C

39. **解析**：根据《建筑地面工程施工质量验收规范》GB 50209—2010 第 4.6.1 条，三合土垫层应采用石灰、砂（可掺入少量黏土）与碎砖的拌和料铺设，其厚度不应小于

100mm；四合土垫层应采用水泥、石灰、砂（可掺少量黏土）与碎砖的拌和料铺设，其厚度不应小于80mm。可见，三合土不用水泥，故选项A正确。

答案：A

40. 解析：根据《建筑地面工程施工质量验收规范》GB 50209—2010 相关条款如下。

　　6.3.1　大理石、花岗石面层采用天然大理石、花岗石（或碎拼大理石、碎拼花岗石）板材，应在结合层上铺设（故选项A说法正确）。

　　6.3.3　铺设大理石、花岗石面层前，板材应浸湿、晾干；结合层与板材应分段同时铺设（故选项B说法错误）。

　　6.3.7　大理石、花岗石面层铺设前，板块的背面和侧面应进行防碱处理（故选项C说法错误）。

　　6.1.8　板块面层的允许偏差和检验方法应符合表6.1.8的规定。表6.1.8规定的碎拼的面层表面平整度允许偏差值为3mm（故选项D说法错误）。

答案：A

41. 解析：根据《建设工程勘察设计资质管理规定》相关条款如下。

　　第六条　工程设计资质分为工程设计综合资质、工程设计行业资质、工程设计专业资质和工程设计专项资质。

　　工程设计综合资质只设甲级；工程设计行业资质、工程设计专业资质、工程设计专项资质设甲级、乙级（故选项A、B错误）。

　　第十五条　企业首次申请、增项申请工程勘察、工程设计资质，其申请资质等级最高不超过乙级，且不考核企业工程勘察、工程设计业绩（故选项C错误，选项D正确）。

答案：D

42. 解析：根据《建设工程质量管理条例》相关条款如下。

　　第十九条　勘察、设计单位必须按照工程建设强制性标准进行勘察、设计，并对其勘察、设计的质量负责（故选项A正确）。

　　第二十一条　设计单位应当根据勘察成果文件进行建设工程设计（故选项B正确）。

　　第二十二条　设计单位在设计文件中选用的建筑材料、建筑构配件和设备，应当注明规格、型号、性能等技术指标，其质量要求必须符合国家规定的标准。

　　除有特殊要求的建筑材料、专用设备、工艺生产线等外，设计单位不得指定生产厂、供应商（故选项C正确）。

　　根据《中华人民共和国注册建筑师条例》中第二十四条　因设计质量造成的经济损失由建筑设计单位承担赔偿责任；建筑设计单位有权向签字的注册建筑师追偿（故选项D错误）。

答案：D

43. 解析：根据《房屋建筑和市政基础设施项目工程总承包管理办法》相关条款如下。

　　第二十条　工程总承包项目经理应当具备下列条件：

　　（一）取得相应工程建设类注册执业资格，包括注册建筑师、勘察设计注册工程师、注册建造师或者注册监理工程师等；未实施注册执业资格的，取得高级专业技术职称（选项 A、B、D 均可担任）；

（二）担任过与拟建项目相类似的工程总承包项目经理、设计项目负责人、施工项目负责人或者项目总监理工程师；

（三）熟悉工程技术和工程总承包项目管理知识以及相关法律法规、标准规范；

（四）具有较强的组织协调能力和良好的职业道德。

工程总承包项目经理不得同时在两个或者两个以上工程项目担任工程总承包项目经理、施工项目负责人。

故选项 C 符合题意。

答案：C

44. 解析：根据《中华人民共和国注册建筑师条例实施细则》相关条款如下。

第二十四条 被注销注册者或者不予注册者，重新具备注册条件的，可以按照本细则第十五条规定的程序重新申请注册（故选项 B 错误）。

第二十五条 高等学校（院）从事教学、科研并具有注册建筑师资格的人员，只能受聘于本校（院）所属建筑设计单位从事建筑设计，不得受聘于其他建筑设计单位。在受聘于本校（院）所属建筑设计单位工作期间，允许申请注册。获准注册的人员，在本校（院）所属建筑设计单位连续工作不得少于二年。具体办法由国务院建设主管部门商教育主管部门规定（故选项 A 错误）。

根据《中华人民共和国注册建筑师条例》：

第二十三条 注册建筑师执行业务，由建筑设计单位统一接受委托并统一收费（故选项 D 错误）。

第二十八条 注册建筑师应当履行下列义务：

（一）遵守法律、法规和职业道德，维护社会公共利益；

（二）保证建设设计的质量，并在其负责的设计图纸上签字；

（三）保守在执业中知悉的单位和个人的秘密；

（四）不得同时受聘于二个以上建筑设计单位执行业务；

（五）不得准许他人以本人名义执行业务（故选项 C 正确）。

答案：C

45. 解析：根据《中华人民共和国注册建筑师条例实施细则》相关条款如下。

第二十一条 申请人有下列情形之一的，不予注册：

（一）不具有完全民事行为能力的；

（二）申请在两个或者两个以上单位注册的；

（三）未达到注册建筑师继续教育要求的；

（四）因受刑事处罚，自刑事处罚执行完毕之日起至申请注册之日止不满五年的；

（五）因在建筑设计或者相关业务中犯有错误受行政处罚或者撤职以上行政处分，自处罚、处分决定之日起至申请之日止不满二年的（故选项 C 正确）；

（六）受吊销注册建筑师证书的行政处罚，自处罚决定之日起至申请注册之日止不满五年的；

（七）申请人的聘用单位不符合注册单位要求的；

（八）法律、法规规定不予注册的其他情形。

答案：C

46. 解析：根据《建筑工程设计招标投标管理办法》相关条款如下。

    第四条　建筑工程设计招标范围和规模标准按照国家有关规定执行，有下列情形之一的，可以不进行招标：

    （一）采用不可替代的专利或者专有技术的（故选项A正确，选项C错误）；

    （二）对建筑艺术造型有特殊要求，并经有关主管部门批准的；

    （三）建设单位依法能够自行设计的（故选项D错误）；

    （四）建筑工程项目的改建、扩建或者技术改造，需要由原设计单位设计，否则将影响功能配套要求的（故选项B错误）；

    （五）国家规定的其他特殊情形。

    答案：A

47. 解析：根据《必须招标的工程项目规定》相关条款如下。

    第五条　本规定第二条至第四条规定范围内的项目，其勘察、设计、施工、监理以及与工程建设有关的重要设备、材料等的采购达到下列标准之一的，必须招标：

    （一）施工单项合同估算价在400万元人民币以上；

    （二）重要设备、材料等货物的采购，单项合同估算价在200万元人民币以上（故选项B、C错误）；

    （三）勘察、设计、监理等服务的采购，单项合同估算价在100万元人民币以上（故选项A错误，选项D正确）。

    答案：D

48. 解析：根据《中华人民共和国民法典》相关条款如下。

    第七百九十一条　发包人可以与总承包人订立建设工程合同，也可以分别与勘察人、设计人、施工人订立勘察、设计、施工承包合同。发包人不得将应当由一个承包人完成的建设工程支解成若干部分发包给数个承包人（故选项A正确）。

    总承包人或者勘察、设计、施工承包人经发包人同意，可以将自己承包的部分工作交由第三人完成。第三人就其完成的工作成果与总承包人或者勘察、设计、施工承包人向发包人承担连带责任。承包人不得将其承包的全部建设工程转包给第三人或者将其承包的全部建设工程支解以后以分包的名义分别转包给第三人。

    禁止承包人将工程分包给不具备相应资质条件的单位。禁止分包单位将其承包的工程再分包。建设工程主体结构的施工必须由承包人自行完成（故选项D正确）。

    根据《中华人民共和国招标投标法》第四十八条，中标人应当按照合同约定履行义务，完成中标项目。中标人不得向他人转让中标项目，也不得将中标项目肢解后分别向他人转让。中标人按照合同约定或者经招标人同意，可以将中标项目的部分非主体、非关键性工作分包给他人完成。接受分包的人应当具备相应的资格条件，并不得再次分包。中标人应当就分包项目向招标人负责，接受分包的人就分包项目承担连带责任。故选项B正确，选项C错误。

答案：C

49. **解析**：根据《建设工程勘察设计管理条例》第二十五条，编制建设工程勘察、设计文件，应当以下列规定为依据：

（一）项目批准文件（包括选项 A）；

（二）城乡规划（包括选项 B）；

（三）工程建设强制性标准（包括选项 D）；

（四）国家规定的建设工程勘察、设计深度要求。

铁路、交通、水利等专业建设工程，还应当以专业规划的要求为依据。

答案：C

50. **解析**：根据《建设工程勘察设计管理条例》第二十六条，编制建设工程勘察文件，应当真实、准确，满足建设工程规划、选址、设计、岩土治理和施工的需要。编制方案设计文件，应当满足编制初步设计文件和控制概算的需要。编制初步设计文件，应当满足编制施工招标文件、主要设备材料订货和编制施工图设计文件的需要。编制施工图设计文件，应当满足设备材料采购、非标准设备制作和施工的需要，并注明建设工程合理使用年限。选项 C 正确。

答案：C

51. **解析**：根据《房屋建筑和市政基础设施工程施工图设计文件 审查管理办法》相关条款如下。

第九条 建设单位应当将施工图送审查机构审查。建设单位可以自主选择审查机构，但是审查机构不得与所审查项目的建设单位、勘察设计企业有隶属关系或者其他利害关系（故选项 A 错误）。

根据《建筑工程设计文件编制深度规定》相关条款如下。

1.0.5 各阶段设计文件编制深度应按以下原则进行：1 方案设计文件，应满足编制初步设计文件的需要，应满足方案审批或报批的需要。2 初步设计文件，应满足编制施工图设计文件的需要，应满足初步设计审批的需要。3 施工图设计文件，应满足设备材料采购、非标准设备制作和施工的需要（故选项 D 错误）。

4.1.1 施工图设计文件。1 合同要求所涉及的所有专业的设计图纸以及图纸总封面；对于涉及建筑节能设计的专业，其设计说明应有建筑节能设计的专项内容；涉及装配式建筑设计的专业，其设计说明及图纸应有装配式建筑专项设计内容；2 合同要求的工程预算书；3 各专业计算书。计算书不属于必须交付的设计文件，但应按本规定相关条款的要求编制并归档保存（故选项 B 正确，选项 C 错误）。

答案：B

52. **解析**：根据《建设工程勘察设计管理条例》相关条款如下。

第二十八条 建设单位、施工单位、监理单位不得修改建设工程勘察、设计文件；确需修改建设工程勘察、设计文件的，应当由原建设工程勘察、设计单位修改。经原建设工程勘察、设计单位书面同意，建设单位也可以委托其他具有相应资质的建设工程勘察、设计单位修改。修改单位对修改的勘察、设计文件承担相应责任（故选项 A、B、C 错误）。

施工单位、监理单位发现建设工程勘察、设计文件不符合工程建设强制性标准、合同约定的质量要求的,应当报告建设单位,建设单位有权要求建设工程勘察、设计单位对建设工程勘察、设计文件进行补充、修改。

建设工程勘察、设计文件内容需要作重大修改的,建设单位应当报经原审批机关批准后,方可修改(故选项D正确)。

答案:D

53. 解析:根据《中华人民共和国标准化法》相关条款如下。

第十八条 国家鼓励学会、协会、商会、联合会、产业技术联盟等社会团体协调相关市场主体共同制定满足市场和创新需要的团体标准,由本团体成员约定采用或者按照本团体的规定供社会自愿采用(故选项A、D错误,选项C正确)。

第二十一条 推荐性国家标准、行业标准、地方标准、团体标准、企业标准的技术要求不得低于强制性国家标准的相关技术要求(故选项B错误)。

答案:C

54. 解析:根据《中华人民共和国认证认可条例》第四条,国家对认证认可工作实行在国务院认证认可监督管理部门统一管理、监督和综合协调下,各有关方面共同实施的工作机制;第九条,取得认证机构资质,应当经国务院认证认可监督管理部门批准,并在批准范围内从事认证活动。未经批准,任何单位和个人不得从事认证活动。

根据《实施工程建设强制性标准监督规定》第五条,建设工程勘察、设计文件中规定采用的新技术、新材料,可能影响建设工程质量和安全,又没有国家技术标准的,应当由国家认可的检测机构进行试验、论证,出具检测报告,并经国务院有关主管部门或者省、自治区、直辖市人民政府有关主管部门组织的建设工程技术专家委员会审定后,方可使用。故选项A正确。

答案:A

55. 解析:根据《中华人民共和国城乡规划法》相关条款如下。

第四十五条 县级以上地方人民政府城乡规划主管部门按照国务院规定对建设工程是否符合规划条件予以核实。未经核实或者经核实不符合规划条件的,建设单位不得组织竣工验收(故选项C正确)。

建设单位应当在竣工验收后六个月内向城乡规划主管部门报送有关竣工验收资料(故选项D正确)。

第五十条 在选址意见书、建设用地规划许可证、建设工程规划许可证或者乡村建设规划许可证发放后,因依法修改城乡规划给被许可人合法权益造成损失的,应当依法给予补偿。

经依法审定的修建性详细规划、建设工程设计方案的总平面图不得随意修改;确需修改的,城乡规划主管部门应当采取听证会等形式,听取利害关系人的意见;因修改给利害关系人合法权益造成损失的,应当依法给予补偿(故选项B正确,选项A错误)。

答案:A

56. 解析:根据《建设工程质量管理条例》第三十五条,工程监理单位与被监理工程的施工承包单位以及建筑材料、建筑构配件和设备供应单位有隶属关系或者其他利害关系的，不得承担该项建设工程的监理业务。故选项 D 错误。

答案：D

57. 解析：根据《建设工程消防设计审查验收管理暂行规定》相关条款如下：

    第十条　设计单位应当履行下列消防设计、施工质量责任和义务：

    （一）按照建设工程法律法规和国家工程建设消防技术标准进行设计，编制符合要求的消防设计文件，不得违反国家工程建设消防技术标准强制性条文（故选项 A 属于）；

    （二）在设计文件中选用的消防产品和具有防火性能要求的建筑材料、建筑构配件和设备，应当注明规格、性能等技术指标，符合国家规定的标准；

    （三）参加建设单位组织的建设工程竣工验收，对建设工程消防设计实施情况签章确认，并对建设工程消防设计质量负责（故选项 B、C 属于）。

    第九条　建设单位应当履行下列消防设计、施工质量责任和义务：

    （二）依法申请建设工程消防设计审查、消防验收，办理备案并接受抽查（选项 D 属于建设单位的责任和义务，不属于设计单位的职责）。

    答案：D

58. 解析：根据《中华人民共和国建筑法》第三十二条，建筑工程监理应当依照法律、行政法规及有关的技术标准、设计文件和建筑工程承包合同，对承包单位在施工质量、建设工期和建设资金使用等方面，代表建设单位实施监督。选项 C 不属于。

    答案：C

59. 解析：根据《中华人民共和国注册建筑师条例》第三十一条，注册建筑师违反本条例规定，有下列行为之一的，由县级以上人民政府建设行政主管部门责令停止违法活动，没收违法所得，并可以处以违法所得 5 倍以下的罚款；情节严重的，可以责令停止执行业务或者由全国注册建筑师管理委员会或者省、自治区、直辖市注册建筑师管理委员会吊销注册建筑师证书。故选项 B 正确。

    答案：B

60. 解析：根据《建设工程质量管理条例》第七十二条，违反本条例规定，注册建筑师、注册结构工程师、监理工程师等注册执业人员因过错造成质量事故的，责令停止执业 1 年；造成重大质量事故的，吊销执业资格证书，5 年以内不予注册；情节特别恶劣的，终身不予注册。故选项 B 正确。

    答案：B